普通高等学校土木工程专业新编系列教材

基础工程

赵春彦◎主　编

文　妮◎副主编

魏丽敏　阮　波◎主　审

中国铁道出版社有限公司

2024年·北　京

内容简介

本书系统地介绍了铁路桥梁和建筑工程中常见的基础类型及其设计原理、计算方法、施工技术和检(监)测技术等。全书包括绪论、岩土工程勘察、天然地基上浅基础的设计、天然地基上浅基础的施工、连续基础、桩和桩基的构造与施工、桩基础的设计计算、沉井基础及其他深基础八章。本书在编写过程中融入前沿的理论、技术和方法,将课程思政纳入教材内容,配有配套数字资源,同时创建课程智能体,随书配置智答基础工程助手。

本书为高等学校土木工程、道路与铁道工程专业教材,也可作为相近专业(如工程管理等)的教材,同时高职高专以及广大土木工程技术人员也可参考。

图书在版编目(CIP)数据

基础工程 / 赵春彦主编. -- 北京 : 中国铁道出版社有限公司, 2024. 12. --(普通高等学校土木工程专业新编系列教材). -- ISBN 978-7-113-31712-6

Ⅰ. TU47

中国国家版本馆 CIP 数据核字第 2024PG7136 号

书　　名:**基础工程**
作　　者:赵春彦

责任编辑:李露露　　编辑部电话:(010)51873240　　电子邮箱:790970739@qq.com
封面设计:高博越
责任校对:刘　畅
责任印制:高春晓

出版发行:中国铁道出版社有限公司(100054,北京市西城区右安门西街 8 号)
网　　址:https://www.tdpress.com
印　　刷:河北宝昌佳彩印刷有限公司
版　　次:2024 年 12 月第 1 版　2024 年 12 月第 1 次印刷
开　　本:787 mm×1 092 mm 1/16　印张:20.25　字数:514 千
书　　号:ISBN 978-7-113-31712-6
定　　价:56.00 元

前 言

“基础工程”是土木工程、道路与铁道工程专业的核心课程，旨在培养掌握基础工程勘察、设计、施工和检(监)测技术及管理的复合型人才。

近些年来我国土木工程的大规模建设，全面推动了基础工程的创新和发展，新技术、新材料和新工艺层出不穷，国家也对相关规范进行了较大规模地调整、修订和补充，原有的“基础工程”教材已不能适应时代要求。因此，为反映基础工程技术的最新发展水平，必须采用基础工程的最新规范体系，重新组织教材内容，编写合乎现代学习要求的基础工程教材。鉴于此，本书吸取近年来基础工程学科的新进展，并采用国家及有关行业关于基础工程的最新规范和规程，如《铁路桥涵设计规范》(TB 10002—2017)、《铁路桥涵地基和基础设计规范》(TB 10093—2017)、《铁路桥涵混凝土结构设计规范》(TB 10092—2017)、《公路桥涵地基与基础设计规范》(JTG 3363—2019)、《建筑基桩检测技术规范》(JGJ 106—2014)和《建筑地基基础设计规范》(GB 50007—2011)等，使之更具先进性、科学性和实用性。

本书立足于高等教育特点，主要针对铁路和建筑行业的基础工程对象进行系统性编写，除了紧随时代步伐，融入前沿的理论、技术和方法，实现内容创新之外，还结合内容配套了视频和虚拟仿真等数字化资源，实现了教材的立体化育人功能，并基于本书和主要参考资料创建了智能体，可进行在线即时答疑和组题等，同时也将课程思政纳入教材，使其在传授知识的同时，实现对学生道德素养和价值观念的培养，引领学生全面发展，可为教师进行“基础工程”课程思政的建设提供参考。

本书由中南大学赵春彦任主编，武汉铁路职业技术学院文妮任副主编。中南大学魏丽敏、阮波任主审，参与编写人员有中南大学郑国勇、何群、杨奇，具体编写分工为：赵春彦(第1章、第5章～第7章)、杨奇(第2章)、郑国勇(第3章)、文妮(第4章)、何群(第8章)。

在本书编写过程中，编者得到了中南大学聂如松、林宇亮、叶新宇、牛建东、方理刚、冷伍明、杨果林、张国祥等专家学者的指导和帮助，还参阅了许多专家、学者在教学、科研、设计和施工中积累的相关资料和优秀教材，在此向他们致以诚挚的谢意！

受编者水平所限，书中难免存在疏漏和不当之处，敬请专家和读者批评指正。

编 者

2024年6月

目 录

1 绪 论

1.1 基础工程的定义和分类

岩土工程学是运用土力学及岩石力学的基本理论和基本方法，结合工程地质学和水文地质学的知识，去解决广义的土木工程领域内的各种工程（基础工程、道路工程、水利工程、地下建筑、隧道工程、环境工程、海洋工程等）问题。或者说解决土作为建筑物地基、建筑材料、周围介质的问题，以及用土工方法解决其他工程问题（渗流问题、环境问题等）。基础工程学研究的对象是各类建筑物（房屋建筑、桥梁建筑、水工建筑、近海工程、地下工程等）的地基基础和挡土结构物的设计和施工，以及为满足基础工程要求进行的地基处理方法。可以认为，基础工程是岩土工程的一个重要组成部分，即用岩土工程的基本理论和方法去解决地基基础方面的工程问题。

任何建筑物都建在地层上，因此，建筑物的全部荷载都由它下面的地层来承担。受建筑物影响的那一部分地层称为地基，建筑物向地基传递荷载的下部结构物称为基础。地基基础是保证建筑物安全和满足使用要求的关键之一。而基础工程则是指采用工程措施，改变或改善基础的天然条件，使之符合设计要求的工程。基础工程范围涵盖各类建筑物（房屋建筑、桥梁建筑、水工建筑、近海工程、地下工程等）的地基基础设计和施工、挡土结构物的设计和施工、土石方工程以及满足基础工程要求而进行的地基处理方法等。

对于某一建筑结构而言，在岩土地层之上的工程为上部结构工程，而基础工程则为包括地基和基础在内的下部结构工程。"基础工程"是研究下部结构物（基础）与岩土（地基）相互作用共同承担上部结构物所产生的各种强度、变形和稳定问题。因此，地基和基础的设计往往不能截然划分，正确的基础设计必须建立在合理的地基评价基础上。"地基""基础"在英语中为同一名词"Foundation"，反映了两者的不可分割性。同时，由于基础是建筑物结构的一部分，在基础设计中需要大量的结构计算，所以基础工程学也与结构计算理论和计算技术密切相关。

一般来说，基础可分为两类。通常把埋置深度小于 5 m 或基础埋深小于宽度的基础称为浅基础；否则即为深基础，深基础一般需要采用专门的施工方法和机具进行建造。开挖基坑后可以直接修筑基础的地基，称为天然地基。不能满足要求而需要事先进行人工处理的地基，称为人工地基。当建筑物地基由多层土组成时，直接与基础底面接触的土层称为持力层，持力层以下的其他土层称为下卧层。持力层和下卧层都应满足地基设计的要求。

基础是建筑物在地面以下的结构部分，与上部结构一样应满足强度、刚度和耐久性的要求。将基础从上部结构分出研究是由于以下原因：

（1）基础是直接与地基土接触的结构部分，与地基土的关系比上部结构密切得多。在设计中，除考虑上部结构传下的荷载、基础的材料和结构形式外，还必须考虑地基土的强度和变形特性，而常规的上部结构设计往往不考虑基础。

(2)基础施工有专门的技术和方法,包括基坑开挖、施工降水、桩基础和其他深基础的专项技术、各类地基处理技术等。基础施工受自然条件和环境条件的影响要比上部结构大得多。

(3)基础有独特的功能和构造要求。例如地下室的功能和抗浮防渗要求、抗变形和抗震构造、特殊土地基上的构造等。

1.2 基础工程的内容和学习特点

基础工程包括地基与基础的勘察、设计、施工和监测。本课程主要介绍地基和基础的设计原理,同时也简要介绍一些必要的勘察、施工和监测知识。

基础工程设计包括基础设计和地基设计两大部分。基础设计包括资料收集、基础类型的选择、基础埋置深度及基底面积的确定、基础内力和断面计算、基础稳定性计算、基础变形计算等。如果地下部分是多层结构,基础设计还包括地下结构的计算。地基设计包括地基承载力确定、地基变形计算、地基稳定性计算等。当地基承载力不足或压缩性很大而不能满足设计要求时,还需要进行地基处理设计。

基础的类型和结构形式很多,设计时应选择能适应上部结构又符合地基承载性能的技术上可行、经济上合理的基础类型和结构方案。基础设计必须满足以下三个基本要求:

(1)强度要求。通过基础而作用在地基上的荷载不能超过地基的承载能力,保证地基土不因地基中的剪应力超过地基土的强度而破坏和失稳,并应有足够的安全储备。

(2)变形要求。基础的设计还应保证基础沉降或其他特征变形不超过建筑物的允许值,保证上部结构不因沉降或其他特征变形过大而受损或影响正常使用。

(3)其他要求。基础除满足以上要求外,还应满足基础使用功能如设地下室等、基础稳定性和基础结构本身强度、刚度及耐久性的要求。

工程地质学和土力学是基础工程学的主要基础,其中土的基本特性,以及土力学中关于强度、变形、稳定、地基承载力等的基本内容和地基计算方法等都是必须掌握的。除此之外,基础工程学还涉及弹性力学、塑性力学、动力学、结构设计和施工等学科领域。因此,它的内容广泛分散、实用性强,处理工程实际问题时需要合理利用工程地质勘察资料,将基础理论和工程经验进行结合,在设计中做到技术可靠和经济合理。

本课程的学习特点是根据建筑物对基础功能的特殊要求,首先通过勘探、室内土工试验、原位测试等,了解岩土地层的工程性质,然后结合工程实际,运用土力学和工程结构的基本原理,分析岩土地层与基础工程结构物的相互作用及其变形与稳定的规律,通过承载力、变形和稳定性等各项检算,确定合理的基础工程方案和建造技术措施,确保建筑物的安全与稳定。

(1)应明确任何一个成功的基础工程都是工程地质学、土力学、结构计算知识的运用和工程实践经验的完美结合,在某些情况下,施工可能是决定基础工程成败的关键。

(2)应了解上部结构、基础和地基作为一个整体是协调工作的,一些常规计算方法不考虑三者共同工作是有条件的,在评价计算结果中应考虑这种影响,并采取相应的构造措施。

(3)应明确我国地域辽阔,由于自然地理环境不同,分布着多种多样的土类。某些土类(湿陷性黄土、软土、膨胀土、红黏土和多年冻土等)还具有不同于一般土类的特殊性质。因此,地基基础问题的发生和解决具有明显的区域性特征,基础工程设计时应有针对性地分析和研究。

(4)应清楚地基处理方法不是万能的,各种方法都有它的加固机理和适用范围,应该根据土的特性和工程特点选用不同的处理方法。

1.3 基础工程的重要性

基础工程是土木工程的一个组成部分，其重要性表现在以下几个方面：

(1)地基基础问题是土木工程领域普遍存在的问题。基础设计和施工是整座建筑物设计和施工中必不可少的一环，掌握基础工程的设计理论和方法、了解施工原理和过程是不可缺少的。当地基条件复杂或者恶劣时，基础工程经常会成为工程中的难点和首要解决的问题。而由于土的复杂性、勘测工作的有限性等造成岩土工程的不确定性和经验性，基础工程问题又往往成为工程师感到最难把握的问题。

(2)地基基础造价占土建总造价相当大的比例。视其复杂程度和设计、施工的合理与否，可以变动百分之几到百分之几十之间。这样高的造价既要求基础的设计和施工必须保证建筑物的安全和正常使用，同时也要求选择最合适的设计方案和施工方法，以降低基础部分的造价。

(3)基础工程是建筑物的根本，属于地下隐蔽工程，一旦发生事故，修复非常困难且代价高。

基础工程从古至今涌现出了许多优秀成功的典型案例，除了很好地保证了建筑物的正常安全使用之外，在延绵优秀建筑物文化方面也功不可没。

(1)赵州桥(图 1.1)，始建于隋代，由匠师李春设计建造，是世界上现存年代久远、跨度最大、保存最完整的单孔坦弧敞肩石拱桥，桥台基础为浅基础，基础的埋置深度为 2～2.5 m，直接建在天然砂石上，并在此基础上用 5 层石条砌成桥台，每层较上一层都稍出台。

图 1.1 赵州桥

(2)武汉长江大桥(图 1.2)，是新中国成立后在“天堑”长江上修建的第一座大桥，是我国第一座复线铁路、公路两用桥，桥身共有八墩九孔，八个桥墩除第七墩外，其他都采用新型的管柱基础结构，这是由我国首创的新型基础方法，其精湛的工艺体现了桥梁工作者敢于创新的科学精神。

图 1.2 武汉长江大桥

(3)港珠澳大桥，是我国境内一座连接香港、广东珠海和澳门的桥隧工程，其建设创下多项世界之最。全长 55 km，其中包含 22.9 km 的桥梁工程和 6.7 km 的海底隧道，桥墩 224 座，桥塔 7 座；其中，江海直达船航道桥(图 1.3)是一座中央单索面三塔钢箱梁斜拉桥，共 3 个主墩和 4 个边辅墩，基础均采用群桩钢管复合桩基础。

图 1.3　港珠澳大桥之江海直达船航道桥

(4)北京中信大厦，又名中国尊(图 1.4)，是中国中信集团总部大楼，2014 年 6 月 8 日，北京中信大厦被评为“中国当代十大建筑”，地基基坑深度 38 m，局部达到 40 m，其基础底板东西长 136 m、南北宽 84 m。塔楼区、过渡区底板厚度分别为 6.5 m、4.5 m，总体积达 56 000 m^3。为实现不间断浇筑，项目动用 200 台混凝土罐车、组织 2 000 余名建设者共同作业。底板的浇筑完成与下部 896 根基础桩形成坚实有力的基础，共同托起拔地 528 m 高的摩天大楼。

图 1.4　中国尊

(5)上海中心大厦(图 1.5)，是我国上海市的一座巨型高层地标式摩天大楼，其设计高度超过附近的上海环球金融中心。建筑主体为 119 层，总高为 632 m。建造地点位于一个河流三角洲，土质松软，含有大量黏土。在竖起钢梁前，工程师打了 980 个基桩，深度达到 86 m，而后浇筑 60 881 m^3 混凝土进行加固，形成一个 6 m 厚的基础底板。

图 1.5 上海中心大厦

工程事故常常由地基基础事故所引起，下面举几个典型的例子。

(1)上海倒楼事件。2009 年 6 月 23 日凌晨 5 点 35 分许，位于上海市闵行区淀浦河南岸的在建楼盘“莲花河畔景苑”7 号楼，1 座高 38 m、至少 1 万 t 重的 13 层高楼，在不到 10 min 的时间里向南侧整体倾倒，最终异常完整地平躺在两栋楼间的空地上，如图 1.6 所示。

图 1.6 上海倒楼事件

房屋倾倒的主要原因是，紧贴 7 号楼北侧，在短期内堆土过高，最高处达 10 m 左右；与此同时，紧邻大楼南侧的地下车库基坑正在开挖，开挖深度 4.6 m，大楼两侧的压力差使土体产生水平位移，过大的水平力超过了桩基的横向承载能力，导致房屋倾倒。显然，施工顺序和周边环境改变对工程安全有较大影响。

(2)杭州地铁基坑事件。2008 年 11 月 15 日 15 时 20 分，浙江省杭州市地铁 1 号线湘湖站工段施工工地(露天开挖作业)发生地面塌陷事故。坍塌首先从基坑西面地段开始，紧接着基坑里的支撑管架不断倒塌，然后整个路面开始下陷，造成长约 100 m、宽约 50 m 的正在施工区域塌陷。施工现场西侧路基下陷达 6 m 左右，将施工挡土墙全部推垮，自来水管、排污管断裂，大量污水涌出，同时东侧河水及淤泥向施工塌陷地点溃泄，导致施工塌陷区域逐渐被泥水淹没，如图 1.7 所示。

图 1.7　杭州地铁基坑事件

由于基坑土方开挖过程中，基坑超挖、钢管支撑架设不及时、垫层未及时浇筑、钢支撑体系存在薄弱环节等因素，引起局部范围地下连续墙墙底产生过大侧向位移，造成支撑轴力过大及严重偏心。同时，基坑监测失效，未采取有效补救措施。以上直接因素致使部分钢管支撑失稳，钢管支撑体系整体破坏，基坑两侧地下连续墙向坑内产生严重位移，其中西侧中部墙体横向断裂并倒塌，出现塌陷。

(3)铁路路基下沉。2005 年 5 月 9 日上午，浙江萧甬铁路路基发生整体下沉事故。发生塌陷的铁路位于浙江余姚市牟山镇境内，塌陷路段全长 100 多米，两条铁道全部悬空，塌陷处的铁轨严重变形，路基旁的树木、电线杆纷纷倾倒，旁边的一条机耕路也被横向折断，向南侧平移了 5～6 m，导致行车中断，如图 1.8 所示。

图 1.8　萧甬铁路路基下沉

(4)市政路面塌陷。近年来,一些城市相继报道路面塌陷的事故,大部分原因为路基回填不密实或路面下水土流失引起地基掏空造成的。如 2016 年 5 月,江西某城市基坑出现涌水涌砂,造成周边道路塌陷。塌陷处呈椭圆形,最长直径达 10 m,如图 1.9 所示。不仅国内出现城市道路塌陷的报道,国外也有类似报道。

图 1.9 道路塌陷

从上面列举的工程事故案例可看出,地基基础工程事故可能在土木工程的各个领域内发生。地基基础工程事故的发生轻则延误工期、造成经济损失,重则造成人员伤亡,甚至引发社会问题。

综上所述,基础工程是土木工程非常重要的组成部分,应引起足够的重视。

1.4 我国基础工程的现状与发展

基础工程是一项古老的工程技术,发展到今天已成为一门专门的科学。随着高速铁路、城市轨道交通、各类桥梁和港口码头、高层多层建筑及地下空间开发建设等,我国基础工程获得了蓬勃发展,取得了举世瞩目的成就。

(1)加强设计施工技术的规范化管理。全国各地产政学研企共同合作,有计划地适时编制和修订了一系列的地基基础、桩基础和基坑工程的技术标准规范,包括适用于全国的,适用于不同部门不同专业(如建筑、铁路、公路、桥梁、港口、城市轨道交通等),适用于不同地质条件(如软土、膨胀土、湿陷性黄土、红土、季节性冻土、岩溶地区等),以及适用于不同省区市的地方性标准规范,从而形成了全国的较完整的标准规范体系,使勘察、设计、施工、检测、监理、验收等各项工作纳入了规范化管理范畴。

(2)成功研发推广了适用于不同地质条件不同工程要求的一系列新桩型,进而提高桩基承载能力和节约资源,其中最常用的桩型包括钻孔扩底桩、挤扩桩、旋挖钻孔桩、长螺旋钻孔压灌桩、多支盘桩、先张法预应力管桩、后张法预应力大直径管桩、钻孔咬合桩、壁板桩、薄壁筒桩、长螺杆桩、CFG 桩等,并在工程实践中创新了诸多实用的新工法。

(3)从引进借鉴到自主创新,成功研制了适合我国不同地质和环境条件的多种桩工机械产品,如旋挖钻孔桩机、长螺旋钻孔桩机、全套管钻孔桩机、SMW 工法多轴搅拌机、大吨位静压桩机、连续墙挖槽机等,机械的主要性能有的已接近或达到了国际先进水平,市场占有率逐步提高。

(4)在各类混凝土灌注桩中通过系统研究普遍推广了卓有成效的“桩身、桩端后注浆工艺”，不仅消除了桩身泥皮和桩端沉渣的通病，并且加固了桩周和桩底一定范围的土体，从而使桩身质量获得更可靠的保证，桩基沉降得以减小，单桩承载力大幅度提高。

(5)在桩基设计中，通过持续研究探索建筑物上部结构与地基基础共同作用的理念，因地制宜、因工程制宜，推广了疏桩基础设计；沉降控制复合桩基设计；长短桩结合设计；刚柔性桩结合设计；端承桩复合桩基设计；CFG 桩复合桩基设计；现浇大直径管桩复合地基设计；变刚度调平设计等一系列新的设计方法，取得了良好的技术经济和环境效益。与此同时推广了概念设计、动态设计、优化设计等新的设计理念，使设计方案更为经济合理，切实可行。

(6)针对城市中建筑物、交通和人口密集地区深基坑周边地上地下的复杂环境，对深基坑支护结构的设计，由强度控制转变为变形控制，并加强施工中动态观测监控，以确保地上地下周边环境的安全。推广应用了三维可视化控制技术，使设计、施工和管理人员能够对施工过程实施全方位可视化的监控。

(7)在深基坑支护结构中，因地制宜、因工程因环境制宜，成功开发应用了水泥土重力式围护墙技术、地下连续墙技术、桩板墙技术、型钢水泥土搅拌墙技术等多种创新技术，取得了良好的经济、环境和社会效益；在码头挡土墙、防洪堤、建桥围堰中，成功应用了新型的组合式大宽度钢板桩技术。

(8)在深基坑工程长期大量的实践中，逐步形成并成功推行了支护结构与主体结构全逆作法、半逆作法，主楼与裙楼顺逆结合法，中心与周边顺逆结合法等多种新的设计施工技术，倡导和推广了考虑时空效应的设计施工方法，均取得显著的经济、环境和社会效益。

(9)新中国成立以后，我国的地基处理技术主要经历了起步应用和发展创新两个大的阶段。20 世纪 50～60 年代开始是我国地基处理技术的起步应用阶段，由于国家经济比较落后，我国从苏联等国家引进了浅层处理、密实、排水预压等技术。20 世纪 80 年代以来是我国地基处理技术的发展创新阶段，我国结合自身经济及技术特点，因地制宜，在地基处理新方法、施工机械、施工工艺和材料等方面，发展了适合我国国情的置换、排水固结、加筋与复合地基、灌入固化物、振密挤密、托换与纠倾、冷热处理等地基处理技术，形成了我国特色的地基处理与加固技术体系，许多方面已经处于国际领先水平。

课程思政

本章从总体上对“基础工程”做了全面介绍，课程思政紧贴内容，其育人举措和思路可从以下方面展开：

(1)从建(构)筑物的重要性，进一步外延至学习、工作和生活，明确做人做事打好基础的重要性。

(2)引入大国典型工程代表如武汉长江大桥、港珠澳大桥等基础工程成功案例，自觉增强对我国工程建设的自信，进一步延伸至对我国社会制度的自信。

(3)引入典型的基础工程失败案例如上海倒楼和杭州地铁坍塌事故案例，明确事故造成的人员伤亡和经济损失等危害，自觉树立“安全重于泰山”的工程理念，增强责任意识。

(4)通过学习如武汉长江大桥首创的管柱基础，港珠澳大桥隧道复合基础等我国基础工程的自主创新技术，同时结合基础工程的发展史，树立敢于创新、勇攀高峰的科学精神，自觉构建创新思维。

思考题与习题

1.1 什么是地基？什么是基础？什么是基础工程？三者之间有何联系和区别？

1.2 基础工程课程有哪些特点？如何突破其学习困境？

1.3 如何理解基础工程的重要性？

1.4 基础工程的发展主要体现在哪些方面？当前基础工程发展的热点是什么？可能会碰到哪些技术和伦理问题？

1.5 结合基础工程的发展，说说创新的意义。

2 岩土工程勘察

2.1 概　　述

岩土工程勘察是工程建设的先行官。工程勘察成果是建设工程项目规划、选址、设计的重要依据,也是保证施工安全的重要因素和前提条件。因此,先勘察、后设计,再施工,是工程建设必须遵守的程序,是国家一再强调的十分重要的基本政策。《岩土工程勘察规范》(GB 50021—2001)(2009 年版)规定:“各项建设工程在设计和施工之前,必须按基本建设程序进行岩土工程勘察。”

岩土工程勘察是指根据建设工程的要求,查明、分析、评价建设场地的地质、环境特征和岩土工程条件,并编制勘察文件的活动。因此,它有明确的工程针对性,是为满足工程建设的要求而开展的,是岩土工程的一个有机组成部分,除勘察外,岩土工程还包括设计、施工、检验、监测和监理等,它们既有一定的分工,又密切联系,不宜进行机械地分割。岩土工程勘察的任务是查明情况,提供数据,分析评价和提出处理建议,目的是保证工程安全,提高投资效益,并促进社会和经济的可持续发展。

场地或其附近存在不良地质作用和地质灾害时,如岩溶、滑坡、泥石流、地震区、地下采空区等,这些场地条件复杂多变,对工程安全和环境保护的威胁很大,必须精心勘察,精心分析评价。此外,勘察时不仅要查明现状,还要预测今后的发展趋势。工程建设对环境会产生重大影响,在一定程度上干扰了地质作用原有的动态平衡。大填大挖、加载卸载、蓄水排水,控制不好会导致灾难。勘察工作既要对工程安全负责,又要对环境保护负责。

2.2 工程勘察分级

在岩土工程国际标准和欧洲地基基础规范中,都提出了岩土工程分级的规定,不同等级的岩土工程勘察要求是不相同的。第一类是小型而且比较简单的结构,通过经验与定性的勘察工作就可以满足基本要求,不必进行大量的勘察工作;第二类是可以使用常规的设计与施工程序,需要定量与常规的工程勘察资料来满足设计与施工的要求,但不需要进行特殊的试验研究;第三类是很大的或特殊的结构物,具有异常危险或特别复杂的地基和荷载条件下的结构物,除了按第二类常规的勘察工作之外,还需进行有特殊要求的勘察工作。

对工程勘察分级的思想是十分可取的,因为工程建设的规模和复杂程度相差很大,对勘察工作的要求也应加以区别,对于特殊的工程自然应当提出特殊的要求,进行特殊项目的勘察,但若用于一般的工程那当然是浪费了,规范应当对不同性质的工程项目规定不同的勘察要求,在保证满足设计与施工要求的基础上尽可能地节省工作量。这是一种区别对待、分级处理的思想,在编制我国国家标准《岩土工程勘察规范》时吸收了国际上的这一做法,根据我国的工程实践经验提出了岩土工程勘察分级的规定。

为了突出重点，区别对待，以利管理，《岩土工程勘察规范》(GB 50021—2001)(2009 年版)规定，岩土工程勘察等级应根据工程安全等级、场地等级和地基等级综合分析确定，下面分别讨论这三个方面的规定，以及综合确定岩土工程勘察等级的方法。

2.2.1 工程重要性等级

工程重要性等级是根据工程规模和特征，以及由于岩土工程问题造成工程破坏或者影响正常使用的后果的严重性进行划分，其划分标准见表 2.1。

表 2.1 工程重要性等级

重要性等级	破坏后果	工程类型
一级	很严重	重要工程
二级	严 重	一般工程
三级	不严重	次要工程

由于涉及各行各业，涉及房屋建筑、地下洞室、线路、电厂及其他工业建筑、废弃物处理工程等，很难做出具体的划分标准。以住宅和一般公用建筑为例，30 层以上的可定为一级，7～30 层的可定为二级；6 层和 6 层以下的可定为三级。

2.2.2 场地等级

场地等级按照场地的复杂程度划分，复杂程度包括对建筑物抗震的影响、不良地质作用是否发育、地质环境的被破坏程度和地形地貌的复杂性等因素，可按表 2.2 确定。对于一级、二级场地，只要满足其中一个条件即可判定，对于三级场地则须全部满足。

表 2.2 场地等级

因 素	一级(复杂)	二级(中等复杂)	三级(简单)
建筑抗震	危险的地段	不利的地段	设防烈度小于等于 6 度，对建筑抗震有利
不良地质作用	强烈发育	一般发育	不发育
地质环境	受到强烈破坏	受到一般破坏	未受破坏
地形地貌	复杂	较复杂	简单
地下水位	有影响工程的多层地下水和岩溶裂隙水等	基础位于地下水位以下	无影响

注：①“不良地质作用强烈发育”是指泥石流沟谷、崩解、滑坡、土洞、塌陷、岸边冲刷、地下强烈潜蚀等极不稳定的场地；

②“地质环境”是指人为因素和自然因素引起的地下采空、地面沉降、地裂缝、化学污染和水位上升等；

③“受到强烈破坏”是指对工程的安全已构成直接威胁，如浅层采空、地面沉降盆地的边缘地带、横跨地裂缝、因蓄水而沼泽化等；“受到一般破坏”是指已有或将有上述现象，但不强烈，对工程安全的影响不严重。

2.2.3 地基等级

地基等级应根据地基土特征按表 2.3 确定。对于一级、二级地基，只要满足其中一个条件即可判定，对于三级地基则须全部满足。

表 2.3　地基等级

因　　素	一级(复杂)	二级(中等复杂)	三级(简单)
岩土种类	岩土种类多,很不均匀,性质变化大	岩土种类较多,不均匀,性质变化较大	岩土种类单一,均匀,性质变化不大
特殊岩土	严重湿陷、膨胀、盐渍、污染的特殊性岩土	除一级地基规定以外的特殊性岩土	无特殊性岩土

多年冻土情况特殊,勘察经验不多,应列为一级地基。“严重湿陷、膨胀、盐渍、污染的特殊性岩土”是指Ⅲ级和Ⅲ级以上的自重湿陷性土、Ⅲ级膨胀性土等。其他需作专门处理的,以及变化复杂,同一场地上存在多种强烈程度不同的特殊性岩土时,也应列为一级地基。

2.2.4　工程勘察等级的综合划分

根据工程重要性等级、场地等级和地基等级的分项判定,再按表 2.4 对岩土工程勘察等级加以综合划分。

表 2.4　工程勘察等级划分

勘察等级	确定勘察等级的条件		
	工程重要等级	场地等级	地基等级
甲级	一项或者多项为一级		
乙级	甲级和丙级外的勘察项目		
丙级	均为三级		

注:建筑在岩质地基上的一级工程,场地复杂程度等级和地基复杂程度等级均为三级时,岩土工程勘察等级可定为乙级。

一般情况下,勘察等级可在勘察工作开始前,通过搜集已有资料确定,但随着勘察工作的开展,对自然认识的深入,勘察等级也可能发生改变。

2.3　工程勘察基本要求

岩土工程勘察应有明确的针对性,不同工程类型的勘察要求并不相同,这里仅介绍房屋建筑和构筑物的勘察基本要求。

2.3.1　工程勘察的主要工作内容

房屋建筑和构筑物(以下简称建筑物)的岩土工程勘察,应在搜集建筑物上部荷载、功能特点、结构类型、基础形式、埋置深度和变形限制等方面资料的基础上进行。其主要工作内容应符合下列规定:

(1)查明场地与地基的稳定性、地层结构、持力层和下卧层的工程特性、土的应力历史和地下水条件以及不良地质作用等;

(2)提供满足设计、施工所需的岩土参数,确定地基承载力,预测地基变形性状;

(3)提出地基基础、基坑支护、工程降水和地基处理设计与施工方案的建议;

(4)提出对建筑物有影响的不良地质作用的防治方案建议;

(5)对于抗震设防烈度等于或大于6度的场地,进行场地与地基的地震效应评价。

2.3.2 不同勘察阶段的划分及内容要求

勘察工作宜分阶段进行,这是根据我国工程建设的实际情况和数十年勘察工作的经验规定的。勘察是一种探索性很强的工作,总有一个从未知到知,从知之不多到知之较多的过程,对自然的认识总是由粗而细,由浅而深,不可能一步到位。况且,各设计阶段对勘察成果也有不同的要求,因此,分阶段勘察的原则必须坚持。

勘察阶段按先后顺序一般分为可行性研究勘察阶段、初步勘察阶段、详细勘察阶段和施工勘察阶段。可行性研究勘察应符合选择场址方案的要求,初步勘察应符合初步设计的要求,详细勘察应符合施工图设计的要求,而对于场地条件复杂或有特殊要求的工程,宜进行施工勘察。

需要特别说明的是,各行业设计阶段的划分不完全一致,工程的规模和要求各不相同,场地和地基的复杂程度差别也很大,因此,要求每个工程都分阶段勘察,是不实际也是不必要的。如对场地较小且无特殊要求的工程可合并勘察阶段。当建筑物平面位置布置已经确定,且场地或其附近已有岩土工程资料时,可根据实际情况,直接进行详细勘察。

1)可行性研究勘察阶段

在可行性研究勘察阶段,应对拟建场地的稳定性和适宜性作出评价,并应符合下列要求。

(1)搜集区域地质、地形地貌、地震、矿产、当地的工程地质资料、岩土工程和建筑经验等资料;

(2)在充分搜集和分析已有资料的基础上,通过踏勘,了解场地的地层、构造、岩石和土的性质、不良地质作用及地下水等工程地质资料;

(3)对拟建场地工程地质条件复杂,已有资料不能满足要求时,应根据具体情况进行工程地质测绘及必要的勘探工作;

(4)当有两个或两个以上拟选场地时,应进行比选分析。

2)初步勘察阶段

初步勘察应对场地内拟建建筑地段的稳定性做出评价,并进行下列主要工作:

(1)搜集拟建工程的有关文件、工程地质和岩土工程资料以及工程场地范围的地形图;

(2)初步查明地质构造、地层结构、岩土工程特性、地下水埋藏条件;

(3)查明场地不良地质作用的成因、分布、规模、发展趋势,并对场地的稳定性做出评价;

(4)对抗震设防烈度等于或大于6度的场地,应对场地和地基的地震效应做出初步评价;

(5)季节性冻土地区,应调查场地土的标准冻结深度;

(6)初步判定水和土对建筑材料的腐蚀性;

(7)高层建筑初步勘察时,应对可能采取的地基基础类型、基坑开挖与支护、工程降水方案进行初步分析评价。

初步勘察的勘探工作应符合下列要求:

(1)勘探线应垂直地貌单元、地质构造线及地层界线布置;

(2)每个地貌单元均应布置勘探点,在地貌单元交接部位和地层变化较大的地段,勘探点应予加密;

(3)在地形平坦地区,可按方格网布置勘探点;

(4)对岩质地基,勘探线和勘探点的布置,勘探孔的深度,应根据地质构造、岩体特性、风化情况等,按地方标准和当地经验确定;对土质地基,应符合下列要求:

①初步勘察勘探线、勘探点间距可按表 2.5 确定，局部异常地段应予加密。

表 2.5 勘探线、勘探点间距 单位：m

地基复杂程度等级	初步勘察		详细勘察
	勘探线间距	勘探点间距	勘探点间距
一级（复杂）	50～100	30～50	10～15
二级（中等复杂）	75～150	40～100	15～30
三级（简单）	150～300	75～200	30～50

注：①表中间距不适用于地球物理勘探；
②控制性勘探点宜占勘探点总数的 1/5～1/3，且每个地貌单元均应有控制性勘探点。

②初步勘察勘探孔的深度可按表 2.6 确定。

表 2.6 初步勘察勘探孔深度 单位：m

工程重要性等级	一般性勘探孔	控制性勘探孔
一级（重要工程）	≥15	≥30
二级（一般工程）	10～15	15～30
三级（次要工程）	6～10	10～20

注：①勘探孔包括钻孔、探井和原位测试孔等；
②特殊用途的钻孔除外。

当遇到下列情形之一时，应适当增减勘探孔深度：

a. 当勘探孔的地面标高与预计整平地面标高相差较大时，应按其差值调整勘探孔深度；

b. 在预定深度内遇到基岩时，除控制性勘探孔仍应钻入基岩适当深度外，其他勘探孔达到确认的基岩后即可终止钻进；

c. 在预定深度内有厚度较大，且分布均匀的坚实土层（如碎石土、密实砂、老沉积土等）时，除控制性勘探孔应达到规定深度外，一般性勘探孔的深度可适当减小；

d. 当预定深度内有软弱土层时，勘探孔深度应适当增加，部分控制性勘探孔应穿透软弱土层或达到预计控制深度；

e. 对重型工业建筑应根据结构特点和荷载条件适当增加勘探孔深度。

③初步勘察采取土试样和进行原位测试应符合下列要求：

a. 采取土试样和进行原位测试的勘探点应结合地貌单元、地层结构和土的工程性质布置，其数量可占勘探点总数的 1/4～1/2；

b. 采取土试样的数量和孔内原位测试的竖向间距，应按地层特点和土的均匀程度确定；每层土均应采取土样或进行原位测试，其数量不宜少于 6 个。

④初步勘察应进行下列水文地质工作：

a. 调查含水层的埋藏条件，地下水类型、补给排泄条件，各层地下水位，调查其变化幅度，必要时应设置长期观测孔，监测水位变化；

b. 当需绘制地下水等水位线图时，应根据地下水的埋藏条件和层位，统一量测地下水位；

c. 当地下水可能浸湿基础时，应采取水试样进行腐蚀性评价。

3）详细勘察阶段

详细勘察应按单体建筑物或建筑群提出详细的岩土工程资料和设计、施工所需的岩土参数；对建筑地基作出岩土工程评价，并对地基类型、基础形式、地基处理、基坑支护、工程降水和不良地质作用的防治等提出建议。主要应进行下列工作：

(1)搜集附有坐标和地形的建筑总平面图，场区的地面整平标高，建筑物的性质、规模、荷载、结构特点，基础形式、埋置深度，地基允许变形等资料；

(2)查明不良地质作用的成因、类型、分布范围、发展趋势及危害程度，提出整治方案的建议；

(3)查明建筑范围内岩土层的类型、深度、分布、工程特性，分析和评价地基的稳定性、均匀性和承载力；

(4)对需进行沉降计算的建筑物，提供地基变形计算参数，预测建筑物的变形特征；

(5)查明埋藏的河道、沟浜、墓穴、防空洞、孤石等对工程不利的埋藏物；

(6)查明地下水的埋藏条件，提供地下水位及其变化幅度；

(7)在季节性冻土性地区，提供场地土的标准冻结深度；

(8)判定水和土对建筑材料的腐蚀性；

(9)对抗震设防烈度大于或等于6度的场地，应按抗震要求划分场地土类型和场地类别；抗震设防烈度大于或等于7度的场地，还应分析预测地震效应，判定饱和砂土或饱和粉土的地震液化，计算液化指数；

(10)应论证地下水在施工期间对工程和环境的影响；对情况复杂的重要工程，需论证使用期间水位变化和需提出抗浮设防水位时，应进行专门研究。

详细勘察勘探点布置和勘探孔深度，应根据建筑物特性和岩土工程条件确定。对岩质地基，应根据地质构造、岩体特性、风化情况等，结合建筑物对地基的要求，按地方标准或当地经验确定；对土质地基，应符合下列规定：

(1)勘探点的间距可按表2.5确定。

(2)勘探点布置应符合下列规定：

①勘探点宜按建筑物周边线和角点布置，无特殊要求的其他建筑物可按建筑物或建筑群的范围布置；

②同一建筑范围内的主要受力层或有影响的下卧层起伏较大时，应加密勘探点，查明其变化；

③重大设备基础应单独布置勘探点；重大的动力机器基础和高耸构筑物，勘探点不宜少于3个；

④勘探手段宜采用钻探与触探相配合，在复杂地质条件、湿陷性土、膨胀岩土、风化岩和残积土地区，宜布置适量探井；

⑤单栋高层建筑勘探点的布置，应满足对地基均匀性评价的要求，且不应少于4个；对密集的高层建筑群，勘探点可适当减少，但每栋建筑物至少应有1个控制性勘探点。

(3)详细勘察的勘探深度自基础底面算起，应符合下列规定：

①勘探孔深度应能控制地基主要受力层，当基础底面宽度不大于5 m时，勘探孔的深度对条形基础不应小于基础底面宽度的3倍，对单独柱基不应小于1.5倍，且不应小于5 m。

②对高层建筑和需作变形验算的地基，控制性勘探孔的深度应超过地基变形计算深度；高层建筑的一般性勘探孔应达到基底下0.5～1.0倍的基础宽度，并深入稳定分布的地层。地基变形计算深度，对中、低压缩性土可取附加压力等于上覆土层有效自重压力20%的深度；对于高压缩性土层可取附加压力等于上覆土层有效自重压力10%的深度。

③对仅有地下室的建筑或高层建筑的裙房，当不能满足抗浮设计要求，需设置抗浮桩或锚杆时，勘探孔深度应满足抗拔承载力评价的要求；其控制性勘探孔的深度可适当减小，但应深

入稳定分布地层，且根据荷载和土质条件不宜小于基底下0.5～1.0倍基础宽度。

④当有大面积地面堆载或软弱下卧层时，应适当加深控制性勘探孔的深度。

⑤在上述规定深度内遇基岩或厚层碎石土等稳定地层时，勘探孔深度可适当调整。

⑥当需进行地基整体稳定性验算时，控制性勘探孔深度应根据具体条件满足验算要求。

⑦当需确定场地抗震类别而邻近无可靠的覆盖层厚度资料时，应布置波速测试孔，其深度应满足确定覆盖层厚度的要求。

⑧大型设备基础勘探孔深度不宜小于基础底面宽度的2倍。

⑨当需进行地基处理时，勘探孔的深度应满足地基处理设计与施工要求；当采用桩基时，勘探孔的深度应满足《岩土工程勘察规范》(GB 50021—2001)(2009年版)第4.9节的要求。

详细勘察采取土试样和进行原位测试应满足岩土工程评价要求，并应符合下列规定：

(1)采取土试样和进行原位测试的勘探孔的数量，应根据地层结构、地基土的均匀性和工程特点确定，且不应少于勘探孔总数的1/2，钻探取土试样孔的数量不应少于勘探孔总数的1/3；

(2)每个场地每一主要土层的原状土试样或原位测试数据不应少于6件(组)，当采用连续记录的静力触探或动力触探为主要勘察手段时，每个场地不应少于3个孔；

(3)在地基主要受力层内，对厚度大于0.5 m的夹层或透镜体，应采取土试样或进行原位测试；

(4)当土层性质不均匀时，应增加取土试样或原位测试数量。

4)施工勘察阶段

基坑或基槽开挖后，岩土条件与勘察资料不符合或发现必须查明的异常情况时，应进行施工勘察；在工程施工或使用期间，当地基土、边坡体、地下水等发生未曾估计到的变化时，应进行监测，并对工程和环境的影响进行分析评价。

2.4 工程地质测绘与调查

为查明场地及其附近的地貌、地质条件，对稳定性和适宜性做出评价，工程地质测绘和调查具有很重要的意义。岩石出露或地貌、地质条件较复杂的场地应进行工程地质测绘。对地质条件简单的场地，可用调查代替工程地质测绘。工程地质测绘和调查宜在可行性研究或初步勘察阶段进行，在可行性研究阶段搜集资料时，宜包括航空相片、卫星相片的解译结果；详细勘察时，可在初步勘察测绘和调查的基础上，对某些专门地质问题(如滑坡、断裂等)作必要的补充调查。

工程地质测绘和调查的范围，应包括场地及其附近地段。测绘的比例尺和精度应符合下列要求：

(1)测绘的比例尺，可行性研究勘察可选用1∶5 000～1∶50 000；初步勘察可选用1∶2 000～1∶10 000；详细勘察可选用1∶500～1∶2 000；条件复杂时，比例尺可适当放大。

(2)对工程有重要影响的地质单元体(滑坡、断层、软弱夹层、洞穴等)，可采用扩大比例尺表示。

(3)地质界线和地质观测点的测绘精度，在图上不应低于3 mm。

地质观测点的布置是否合理，是否具有代表性，对于成图的质量至关重要。地质观测点的布置、密度和定位应满足下列要求：

(1)在地质构造线、地层接触线、岩性分界线、标准层位和每个地质单元体应有地质观测点；

(2)地质观测点的密度应根据场地的地貌、地质条件、成图比例尺和工程要求等确定，并应具代表性；

(3)地质观测点应充分利用天然和已有的人工露头，当露头少时，应根据具体情况布置一定数量的探坑或探槽；

(4)地质观测点的定位应根据精度要求选用适当方法。地质观测点的定位标测，对成图的质量影响很大，常采用以下方法：

①目测法：适用于小比例尺的工程地质测绘，该法系根据地形、地物以目估或步测距离标测；

②半仪器法：适用于中等比例尺的工程地质测绘，它是借助罗盘仪、气压计等简单的仪器测定方位和高度，使用步测或测绳量测距离；

③仪器法：适用于大比例尺的工程地质测绘，即借助经纬仪、水准仪等较精密的仪器测定地质观测点的位置和高程；对于有特殊意义的地质观测点，如地质构造线、不同时代地层接触线、岩性分界线、软弱夹层、地下水露头以及有不良地质作用等特殊地质观测点，宜用仪器定位。

④卫星定位系统(GPS)：满足精度条件下均可应用。

对于工程地质测绘和调查的内容，应与岩土工程紧密结合，应着重针对岩土工程的实际问题。宜包括下列内容：

(1)查明地形、地貌特征及其与地层、构造、不良地质作用的关系，划分地貌单元。

(2)查明岩土的性质、成因、年代、厚度和分布。对岩层应鉴定其风化程度，对土层应区分新近沉积土、各种特殊性土。

(3)查明岩体结构类型，各类结构面(尤其是软弱结构面)的产状和性质，岩、土层接触面及软弱夹层的特性等，新构造活动的形迹及其与地震活动的关系。

(4)查明地下水的类型、补给来源、排泄条件，井泉的位置、含水层的岩性特征、埋藏深度、水位变化、污染情况及其与地表水体的关系。

(5)搜集气象、水文、植被、土的标准冻结深度等资料；调查最高洪水位及其发生时间、淹没范围。

(6)查明岩溶、土洞、滑坡、泥石流、崩塌、冲沟、地面沉降、断裂、地震灾害、地裂缝、岸边冲刷等不良地质作用的形成、分布、形态、规模、发育程度及其对工程建设的不良影响。

(7)调查人类活动对场地稳定性的影响，包括人工洞穴、地下采空、大填大挖、抽水排水和水库诱发地震等。

(8)建筑物的变形和工程经验。

工程地质测绘和调查的成果资料宜包括实际材料图、综合工程地质图、工程地质分区图、综合地质柱状图、工程地质剖面图以及各种素描图、照片和文字说明等。在成果资料整理中应重视素描图和照片的分析整理工作。美国、加拿大、澳大利亚等国的岩土工程咨询公司都充分利用摄影和扫描这个手段。这不仅有助于岩土工程成果资料的整理，而且在基坑、竖井等回填后，一旦有科研或法律诉讼上的需要，就比较容易恢复和重现一些重要的背景资料。在澳大利亚几乎每份岩土工程勘察报告都附有典型的彩色照片或素描图。

利用遥感影像资料解译进行工程地质测绘时，现场检验地质观测点数宜为工程地质测绘点数的30%～50%。野外工作应包括下列内容：①检查解译标志；②检查解译结果；③检查外推结果；④对室内解译难以获得的资料进行野外补充。搜集航空相片和卫星相片的数量，同一地区应有2～3套，一套制作镶嵌略图，一套用于野外调绘，一套用于室内清绘。第一阶段是初步解译阶段，对航空相片或卫星相片进行系统的立体观测，对地貌和第四纪地质进行解译，划分松散沉积物与基岩的界线，进行初步构造解译等。第二阶段是野外踏勘和验证，核实各典型地质体在照片上的位置，并选择一些地段进行重点研究，作实测地质剖面和采集必要的标本。第三阶段是成图，将解译资料，野外验证资料和其他方法取得的资料，集中转绘到地形底图上，然后进行图面结构的分析。如有不合理现象，要进行修正，重新解译或到野外复检。

2.5 勘探与取样

当需查明岩土的性质和分布，采取岩土试样或进行原位测试时，可采用钻探、井探、槽探、洞探和地球物理勘探等。勘探方法的选取应符合勘察目的和岩土的特性。为达到理想的技术经济效果，宜将多种勘探手段配合使用，如钻探＋触探，钻探＋地球物理勘探等。

布置勘探工作时应考虑勘探对工程自然环境的影响，防止对地下管线、地下工程和自然环境的破坏。钻孔和探井如不妥善回填，可能造成对自然环境的破坏，这种破坏往往在短期内或局部范围内不易察觉，但能引起严重后果。因此，一般情况下钻孔、探井和探槽均应回填，且应分段回填夯实。

钻探和触探各有优缺点，有互补性，二者配合使用能取得良好的效果。触探的力学分层直观而连续，但单纯的触探由于其多解性容易造成误判。因此，静力触探、动力触探作为勘探手段时，应与钻探等其他勘探方法配合使用。进行钻探、井探、槽探和洞探时，应采取有效措施，确保施工安全。

2.5.1 钻探

钻探是最主要、最基本的一种勘探手段，通过钻探取土，可以直观地观察土的结构构造、颗粒组成、颜色、湿度和包含物等。通过钻探可以达到：①划分地层，确定土层的分界面高程，鉴别和描述土的表观特征；②取原状土样或扰动土样供试验分析；③确定地下水位埋深，了解地下水的类型；④在钻孔内进行原位试验，如触探试验、旁压试验等。我国目前采用的主要钻探方法有回转钻探、冲击钻探、振动钻探和冲洗钻探四种，各自运用于不同的土质条件和取样要求。选择钻探方法应考虑的原则是：①地层特点及钻探方法的有效性；②能保证以一定的精度鉴别地层，了解地下水的情况；③尽量避免或减轻对取样段的扰动影响。勘探时根据钻进地层的不同以及勘察要求按表 2.7 选择钻探方法。

表 2.7 钻探方法的适用范围

钻探方法		钻进地层					勘察要求	
		黏性土	粉土	砂土	碎石土	岩石	直观鉴别，采取不扰动试样	直观鉴别，采取扰动试样
回转	螺旋钻探	★	☆	☆	×	×	★	★
	无岩芯钻探	★	★	★	☆	★	×	×
	岩芯钻探	★	★	★	☆	★	★	★
冲击	冲击钻探	×	☆	★	★	×	×	×
	锤击钻探	★	★	★	☆	×	★	★
振动钻探		★	★	★	☆	×	☆	★
冲洗钻探		☆	★	★	×	×	×	×

注：★表示适用，☆表示部分适用，×表示不适用。

勘探浅部土层可采用下列钻探方法：①小口径麻花钻（提土钻）钻进；②小口径勺形钻钻进；③洛阳铲钻进。

钻探口径和钻具规格应符合现行国家标准的规定。成孔口径应满足取样、测试和钻进工艺的要求。

钻进深度、岩土分层深度的量测精度，不应低于±5 cm。应严格控制非连续性取芯钻井的回次进尺，使分层精度符合要求。对鉴别地层天然湿度的钻孔，在地下水位以上应进行干钻；当必须加水或使用循环液时，应采用双层岩芯管钻进。岩芯钻探的岩芯采取率，对完整和较完整岩体不应低于80%，较破碎和破碎岩体不应低于65%；对需重点查明的部位（滑动带、软弱夹层等）应采用双层岩芯管连续取芯。当需确定岩石质量指标RQD（岩芯中长度在10 cm以上的分段长度总和与该回次进尺之比，以百分数表示）时，应采用75 mm口径（N型）双层岩芯管和金刚石钻头。

钻探时要做好记录工作，钻孔的记录和编录应符合下列要求：

(1)野外记录应由经过专业训练的人员承担，记录应真实及时，按钻进回次逐段填写，严禁事后追记；

(2)钻探现场描述可采用肉眼鉴别和手触方法，有条件或勘察工作有明确要求时，可采用微型贯入仪等标准化、定量化的方法；

(3)钻探成果可用钻孔野外柱状图或分层记录表示；岩土芯样可根据工程要求保存一定期限或长期保存，亦可拍摄岩芯、土芯彩照纳入勘察成果资料。

钻探成果包括钻探野外记录，编录、野外钻孔柱状图、岩土芯样等。钻探野外记录是钻探过程的文字记载，是岩土工程勘察最基本的原始资料，应包括岩土描述和钻进过程记录两个方面。

2.5.2　井探、槽探和洞探

当钻探方法难以准确查明地下情况时，可采用探井、探槽进行勘探。在坝址、地下工程、大型边坡等勘察中，当需详细查明深部岩层性质、构造特征时，可采用竖井或平洞。

探井的深度不宜超过地下水位。竖井和平洞的深度、长度、断面按工程要求确定。

对探井、探槽和探洞除文字描述记录外，尚应以剖面图、展示图等反映井、槽、洞壁和底部的岩性、地层分界、构造特征、取样和原位试验位置，并辅以代表性部位的彩色照片。

2.5.3　岩土取样

岩土试样的采取是岩土工程勘察一个重要的环节。严格来说，绝对不扰动的土样是无法取得的。因此，将“能满足所有室内试验要求，能用以近似测定土的原位强度、固结、渗透以及其他物理性质指标的土样”定义为“不扰动土样”。在实际工作中并不一定要求一个试样做所有的试验，而不同试验项目对土样扰动的敏感程度是不同的。因此可以针对不同的试验目的来划分土试样的质量等级。《岩土工程勘察规范》(GB 50021—2001)(2009年版)据此给出了土样质量等级划分的标准，见表2.8。

表2.8　土样质量等级

级别	扰动程度	试验内容
Ⅰ	不扰动	土类定名、含水率、密度、强度试验、固结试验

续上表

级别	扰动程度	试验内容
Ⅱ	轻微扰动	土类定名、含水率、密度
Ⅲ	显著扰动	土类定名、含水率
Ⅳ	完全扰动	土类定名

注:①不扰动是指原位应力状态虽已改变,但土的结构、密度、含水率变化很小,能满足室内试验各项要求;

②除地基基础设计等级为甲级的工程外,在工程技术要求允许的情况下可用Ⅱ级土样进行强度和固结试验,但宜先对土样受扰动的程度作抽样鉴定,判断用于试验的适宜性,并结合地区经验使用试验成果。

土试样扰动程度的鉴定有多种方法,大致可分为如下几类:

(1)现场外观检查。可观察土样是否完整,有无缺陷,取样管或衬管是否挤扁、弯曲、卷折等。

(2)测定回收率。回收率是指取样时土样长度与取土器贯入孔底以下土层的深度的比值。回收率等于0.98左右是最理想的,大于1.0或小于0.95是土样受扰动的标志,土样回收率可在现场直接测定。

(3)X射线检验。X射线不仅广泛用于医学领域,还用来探测岩土试样的裂纹、空洞、粗粒包裹体等。

(4)室内试验评价。土的力学参数对试样的扰动十分敏感,因此,可通过土试样的力学性质试验结果与“不扰动”标准土样的力学参数值进行对比,以此判定土样受扰动的程度。

不同的取样工具适用于不同的土类,取土时为了取得合格的土样,应当根据对土样质量等级的要求和土的类别,选择合适的取样工具和取样方法。表2.9给出了可供选用的各种取样工具。

表2.9 不同等级土试样的取样工具和方法

土样质量等级	取样工具和方法		适用土类										
			黏性土					粉土	砂土				砾砂、碎石土、软岩
			流塑	软塑	可塑	硬塑	坚硬		粉砂	细砂	中砂	粗砂	
Ⅰ	薄壁取土器	固定活塞	★	★	☆	×	×	☆	☆	×	×	×	×
		水压固定活塞	★	★	☆	×	×	☆	☆	×	×	×	×
		自由活塞	×	☆	★	×	×	☆	☆	×	×	×	×
		敞口	☆	☆	☆	×	×	☆	☆	×	×	×	×
	回转取土器	单动三重管	×	☆	★	★	☆	★	★	★	×	×	×
		双动三重管	×	×	×	☆	★	×	×	×	★	★	☆
	探井(槽)中刻取块状土样		★	★	★	★	★	★	★	★	★	★	★
Ⅱ	薄壁取土器	水压固定活塞	★	★	☆	×	×	☆	☆	×	×	×	×
		自由活塞	☆	★	★	×	×	☆	☆	×	×	×	×
		敞口	★	★	★	×	×	☆	☆	×	×	×	×
	回转取土器	单动三重管	×	☆	★	★	☆	★	★	★	×	×	×
		双动三重管	×	×	×	☆	★	×	×	×	★	★	★
	厚壁敞口取土器		☆	★	★	★	★	☆	☆	☆	☆	☆	×

续上表

土样质量等级	取样工具和方法	适用土类										
		黏性土					粉土	砂土				砾砂、碎石土、软岩
		流塑	软塑	可塑	硬塑	坚硬		粉砂	细砂	中砂	粗砂	
Ⅲ	厚壁敞口取土器	★	★	★	★	★	★	★	★	★	☆	×
	标准贯入器	★	★	★	★	★	★	★	★	★	★	×
	螺纹钻头	★	★	★	★	★	☆	×	×	×	×	×
	岩芯钻头	★	★	★	★	★	★	☆	☆	☆	☆	☆
Ⅳ	标准贯入器	★	★	★	★	★	★	★	★	★	★	×
	螺纹钻头	★	★	★	★	★	☆	×	×	×	×	×
	岩芯钻头	★	★	★	★	★	★	★	★	★	★	★

注：①★表示适用，☆表示部分适用，×表示不适用；
②采取砂土试样应有防止试样失落的补充措施；
③有经验时，可用束节式取土器代替薄壁取土器。

按取土器的壁厚可分为薄壁取土器和厚壁取土器两类，按进入土层的方式可分为贯入（静压和锤击）和回转两类。

薄壁取土器壁厚仅 1.25～2.00 mm，取样扰动少，质量高，但因壁薄，不能在硬或密实的土层中使用。薄壁取土器按其结构形式有以下几种：

（1）敞口式，国外称为谢尔贝管，是最简单的一种薄壁取土器，取样操作简便，但容易产生逃土。

（2）固定活塞式，在敞口式薄壁取土器内增加一个活塞以及一套与之相连接的活塞杆，活塞杆可通过取土器的顶部并经由钻杆的中空延伸至地面。活塞的作用在于下放取土器时可排开孔底浮土，上提时可隔绝土样顶端的水压、气压，防止逃土。因此，固定活塞取土器取样质量高，成功率也高；但因需要两套杆件，操作比较费事；固定活塞薄壁取土器是目前国际公认的高质量取土器，其代表性型号有 Hvorslev 型和 NGI 型等。

（3）水压固定活塞式，这是针对固定活塞式操作比较费事的缺点而改进的型号，国外以其发明者命名为奥斯特伯格取土器；其特点是去掉活塞杆，将活塞连接在钻杆底端，取样管则与另一套在活塞缸内的可动活塞连接，取样时通过钻杆施加水压，驱动活塞缸内的可动活塞，将取样管压入土中，其取样效果与固定活塞式相同，而操作较为简便，但结构仍较复杂。

（4）自由活塞式，与固定活塞式不同之处在于活塞杆不延伸至地面，而只穿过接头，并用弹簧锥卡予以控制；取样时依靠土试样将活塞顶起，操作较为简便，但土样上顶活塞时易受扰动，取样质量不及以上两种。

回转型取土器有如下两种：

（1）单动三重（二重）管取土器，类似岩芯钻探中的双层岩芯管，取样时外管旋转，内管不动，故称单动；如在内管内再加衬管，则成为三重管；其代表性型号为丹尼森（Denison）取土器，丹尼森取土器的改进型称为皮切尔（Pitcher）取土器，其特点是内管刃口的超前值可通过一个竖向弹簧土层软硬程度自动调节。单动三重管取土器可用于中等以至较硬的土层。

（2）双动三重（二重）管取土器，与单动不同之处在于取样内管也旋转，因此可切削进入坚硬的地层，一般适用于坚硬黏性土、密实砂砾以至软岩。

厚壁敞口取土器系指我国目前大多数单位使用的内装镀锌铁皮衬管的对分式取土器。这种取土器与国际上惯用的取土器相比,性能相差很远,最理想的情况下,也只能取得Ⅱ级土样,不能视为高质量的取土器,应逐步予以淘汰。

取样技术的关键是将土样的扰动减少到最低程度,因而分析产生土样扰动的原因就显得十分重要。引起土样的扰动的原因大致有以下几个方面:

(1)应力解除扰动

取样时将土样从深层的地层中取出,解除了原来作用于土样上的应力,土样产生体积膨胀,颗粒间发生和发展的微裂缝,降低了土的强度。这种由于应力条件的改变所产生的扰动在勘探取样时无法避免,可以在试验技术方面采取措施降低其影响。

(2)钻探扰动

在钻进时机械设备对土体的冲击、挤压和振动等机械作用使土的体积产生变化,从而破坏土的结构使其强度降低。选择合适的机具和改进钻进方法可以减少对土体的扰动。

(3)取样扰动

由于取土器壁和土体之间的摩擦使土样受扭并受压缩而扰动,扰动作用的大小与取土器的壁厚和刀口的角度有关。采用合理的取土器结构,并采取恰当的压入取土器的方法可以有效地减少土样的扰动。

(4)运输扰动

在运输过程中的振动和冲击所产生的扰动,需采取一定的隔振和防振措施可以减少对土样的不利影响。

(5)贮藏与试验环节的影响

从试验室的管理工作和技术要求两个方面加以改进以减小对土样的扰动。

2.5.4 地球物理勘探

地球物理勘探是指通过研究和观测各种地球物理场的变化来探测地层岩性、地质构造等地质条件。由于组成地壳的不同岩层介质往往在密度、弹性、导电性、磁性、放射性以及导热性等方面存在差异,这些差异将引起相应的地球物理场的局部变化。通过量测这些物理场的分布和变化特征,结合已知地质资料进行分析研究,就可以达到推断地质性状的目的。该方法兼有勘探与试验两种功能,和钻探相比,具有设备轻便、成本低、效率高、工作空间广等优点。但由于不能取样,不能直接观察,故多与钻探配合使用。

岩土工程勘察采取地球物理勘察方法有:电法、电磁法、地震波法和声波法、地球物理测井等,不同的方法对应不同适应范围,地球物理勘探应根据探测对象的埋深、规模及其与周围介质的物性差异,选择有效的方法。具体参考《岩土工程勘察规范》(GB 50021—2001)(2009 年版)条文解释表 9.2。地球物理勘探发展很快,不断有新的技术方法出现,如近年来发展起来的瞬态多道面波法、地震 CT、电磁波 CT 法等,效果很好。

岩土工程勘察中可在下列方面采用地球物理勘探:

(1)作为钻探的先行手段,了解隐蔽的地质界线、界面或异常点;

(2)在钻孔之间增加地球物理勘探点,为钻探成果的内插、外推提供依据;

(3)作为原位测试手段,测定岩土体的波速、动弹性模量、动剪切模量、卓越周期、电阻率、放射性辐射参数、土对金属的腐蚀性等。

应用地球物理勘探方法时,应具备下列条件:

(1)被探测对象与周围介质之间有明显的物理性质差异;

(2)被探测对象具有一定的埋藏深度和规模,且地球物理异常有足够的强度;

(3)能抑制干扰,区分有用信号和干扰信号;

(4)在有代表性地段进行方法的有效性试验。

地球物理勘探成果判释时,应考虑其多解性,区分有用信息与干扰信号。需要时应采用多种方法探测,进行综合判释,并应有已知物探参数或一定数量的钻孔验证。

2.6 原位测试

原位测试是指在岩土体所处的位置,基本保持岩土原来的结构、湿度和应力状态,对岩土体进行的测试。原位条件包括物理条件和应力条件,可以避免钻探取样时对土样结构的扰动和改变土的应力状态,因此可以更好地反映岩土的客观情况,测试结果比较符合实际。在岩土工程勘察中,原位测试是十分重要的手段,在探测地层分布,测定岩土特性,确定地基承载力等方面,有突出的优点,应与钻探取样和室内试验配合使用。在有经验的地区,可以原位测试为主。在选择原位测试方法时,应考虑的因素包括土类条件、设备要求、勘察阶段等,而地区经验的成熟程度最为重要。

布置原位测试,应注意配合钻探取样进行室内试验。一般应以原位测试为基础,在选定的代表性地点或有重要意义的地点采取少量试样,进行室内试验。这样的安排,有助于缩短勘察周期,提高勘察质量。

原位测试成果的应用,应以地区经验的积累为依据。由于我国各地的土层条件、岩土特性有很大差别,建立全国统一的经验关系是不可取的,应建立地区性的经验关系,这种经验关系必须经过工程实践的验证。

各种原位测试所得的试验数据,造成误差的因素是较为复杂的,由测试仪器、试验条件、试验方法、操作技能、土层的不均匀性等所引起。对此应有基本估计,并剔除异常数据,提高测试数据的精度。静力触探和圆锥动力触探,在软硬地层的界面上,有超前和滞后效应,应予注意。

原位测试有两种类型,一种是直接测定土的设计参数,如十字板剪力试验和旁压试验;多数的原位测试都是非直接测定设计参数的,即所测定的指标不能直接应用于工程计算,需要通过经验关系换算设计参数。例如应用非常广泛的标准贯入试验和静力触探试验所测定的标准贯入试验击数或比贯入阻力都不是设计参数,需要换算为土的抗剪强度指标或压缩性指标后才能进行土力学的各种运算。因而其可靠程度归根到底仍取决于室内试验结果的精度。完全用原位测试代替钻探取样和室内试验是不合适也是不可能的,这两种方法各有其优点和缺点,应当恰当地发挥其各自的长处,互相补充。例如在层面的划分上,静力触探试验有其不可替代的优点,从连续贯入曲线上可以清晰地看到层次的变化,可以选择桩端持力层。而钻探或标准贯入试验都难以提供非常正确的分层依据,有时甚至会漏掉比较薄的土层。

各种不同的原位测试方法也都有其适用范围,在一定的条件下可以发挥其作用,但如使用不当,不仅不能取得应有的效果,也可能适得其反,因此需要了解各种原位测试方法的特点及其适用范围。

2.6.1 载荷试验

平板载荷试验(plate loading test)是在岩土体原位,用一定尺寸的承压板,施加竖向荷载,同时观测承压板沉降，测定岩土体承载力和变形特性。螺旋板载荷试验(screw plate loading test)是将螺旋板旋入地下预定深度，通过传力杆向螺旋板施加竖向荷载，同时量测螺旋板沉降，测定土的承载力和变形特性。平板载荷试验分为浅层平板载荷试验和深层平板载荷试验两种。浅层平板载荷试验适用于浅层地基土；深层平板载荷试验适用于地下水位以上的深层地基土和大直径桩的桩端土，深层平板载荷试验的试验深度不应小于 5 m。螺旋板载荷试验适用于深层地基土或地下水位以下的地基土。

载荷试验应布置在有代表性的地点，每个场地不宜少于 3 个，当场地内岩土体不均时，应适当增加。浅层平板载荷试验应布置在基础底面标高处。一般认为，载荷试验在各种原位测试中是最为可靠的，并以此作为其他原位测试的对比依据。但这一认识的正确性是有前提条件的，即基础影响范围内的土层应均一，实际土层往往是非均质土或多层土，当土层变化复杂时，载荷试验反映的承压板影响范围内地基土的性状与实际基础下地基土的性状将有很大的差异。故在进行载荷试验时，对尺寸效应要有足够的估计。

载荷试验的技术要求应符合下列规定：

(1)浅层平板载荷试验的试坑宽度或直径不应小于承压板宽度或直径的三倍；深层平板载荷试验的试井直径应等于承压板直径；当试井直径大于承压板直径时，紧靠承压板周围土的高度不应小于承压板直径。

(2)试坑或试井底的岩土应避免扰动，保持其原状结构和天然湿度，并在承压板下铺设不超过 20 mm 的砂垫层找平，尽快安装试验设备；螺旋板头入土时，应按每转一圈下入一个螺距进行操作，减少对土的扰动。

(3)载荷试验宜采用圆形刚性承压板，根据土的软硬或岩体裂隙密度选用合适的尺寸；土的浅层平板载荷试验承压板面积不应小于 0.25 m^2，对软土和粒径较大的填土不应小于 0.5 m^2；土的深层平板载荷试验承压板面积宜选用 0.5 m^2；岩石载荷试验承压板的面积不宜小于 0.07 m^2。

(4)载荷试验加荷方式应采用分级维持荷载沉降相对稳定法(常规慢速法)；有地区经验时，可采用分级加荷沉降非稳定法(快速法)或等沉降速率法；加荷等级宜取 10～12 级，并不应少于 8 级，荷载量测精度不应低于最大荷载的±1%。

(5)承压板的沉降可采用百分表或电测位移计量测，其精度不应低于±0.01 mm。

(6)对慢速法，当试验对象为土体时，每级荷载施加后，间隔 5 min、5 min、10 min、10 min、15 min、15 min 测读一次沉降，以后间隔 30 min 测读一次沉降，当连读两小时每小时沉降量小于等于 0.01 mm 时，可认为沉降已达相对稳定标准，施加下一级荷载；当试验对象是岩体时，间隔 1 min、2 min、2 min、5 min 测读一次沉降，以后每隔 10 min 测读一次，当连续三次读数差小于等于 0.01 mm 时，可认为沉降已达相对稳定标准，施加下一级荷载。

(7)当出现下列情况之一时，可终止试验：

①承压板周边的土出现明显侧向挤出，周边岩土出现明显隆起或径向裂缝持续发展；

②本级荷载的沉降量大于前级荷载沉降量的 5 倍，荷载与沉降曲线出现明显陡降；

③在某级荷载下 24 h 沉降速率不能达到相对稳定标准；

④总沉降量与承压板直径(或宽度)之比超过 0.06。

根据载荷试验成果分析要求，应绘制荷载(p)与沉降(s)曲线，必要时绘制各级荷载下沉降(s)与时间(t)或时间对数($\lg t$)曲线。

根据 p—s 曲线拐点，必要时结合 s—$\lg t$ 曲线特征，确定比例界限压力和极限压力。当

p—s 呈缓变曲线时，可取对应于某一相对沉降值（即 s/d，d 为承压板直径）的压力评定地基土承载力。

土的变形模量应根据 p—s 曲线的初始直线段，可按均质各向同性半无限弹性介质的弹性理论计算。

浅层平板载荷试验的变形模量 E_0（MPa），可按式（2.1）计算。

$$E_0 = I_0(1-\mu^2)\frac{pd}{s} \tag{2.1}$$

式中 I_0——刚性承压板的形状系数：圆形承压板取 0.785，方形承压板取 0.886；

μ——土的泊松比（碎石土取 0.27，砂土取 0.30，粉土取 0.35，粉质黏土取 0.38，黏土取 0.42）；

d——承压板直径或边长（m）；

p——p—s 曲线线性段的压力（kPa）；

s——与 p 对应的沉降（mm）；

深层平板载荷试验和螺旋板载荷试验的变形模量 E_0（MPa），可按式（2.2）计算。

$$E_0 = \omega\frac{pd}{s} \tag{2.2}$$

式中 ω——与试验深度和土类有关的系数，可按表 2.10 选用。

表 2.10 深层载荷试验计算系数 ω

d/z	碎石土	砂土	粉土	粉质黏土	黏土
0.30	0.477	0.489	0.491	0.515	0.524
0.25	0.469	0.480	0.482	0.506	0.514
0.20	0.460	0.471	0.474	0.497	0.505
0.15	0.444	0.454	0.457	0.479	0.487
0.10	0.435	0.446	0.448	0.470	0.478
0.05	0.427	0.437	0.439	0.461	0.468
0.01	0.418	0.429	0.431	0.452	0.459

注：d/z 为承压板直径和承压板底面深度之比。

基准基床系数 K_v 可根据承压板边长为 30 cm 的平板载荷试验，按式（2.3）计算。

$$K_v = \frac{p}{s} \tag{2.3}$$

2.6.2 静力触探试验

静力触探试验（cone penetration test，CPT）是用静力匀速将标准规格的探头压入土中，同时量测探头阻力，测定土的力学特性，具有勘探和测试双重功能；孔压静力触探试验（piezocone penetration test）除静力触探原有功能外，在探头上附加孔隙水压力量测装置，用于量测孔隙水压力增长与消散。静力触探试验适用于软土、一般黏性土、粉土、砂土和含少量碎石的土。静力触探可根据工程需要采用单桥探头、双桥探头或带孔隙水压力量测的单、双桥探头，可测定比贯入阻力（p_s）、锥尖阻力（q_c）、侧壁摩阻力（f_s）和贯入时的孔隙水压力（u）。

静力触探试验的技术要求应符合下列规定：

(1)探头圆锥锥底截面积应采用 10 cm^2 或 15 cm^2，单桥探头侧壁高度应分别采用 57 mm 或 70 mm，双桥探头侧壁面积应采用 150～300 cm^2，锥尖锥角应为 60°；

(2)探头应匀速垂直压入土中，贯入速率为 1.2 m/min；

(3)探头测力传感器应连同仪器、电缆进行定期标定，室内探头标定测力传感器的非线性误差、重复性误差、滞后误差、温度漂移、如零误差均应小于 1%FS，现场试验归零误差应小于 3%，绝缘电阻不小于 500 MΩ；

(4)深度记录的误差不应大于触探深度的±1%；

(5)当贯入深度超过 30 m，或穿过厚层软土后再贯入硬土层时，应采取措施防止孔斜或断杆，也可配置测斜探头，量测触探孔的偏斜角，校正土层界线的深度；

(6)孔压探头在贯入前，应在室内保证探头应变腔为已排除气泡的饱和液体，并在现场采取措施保持探头的饱和状态，直至探头进入地下水位以下的土层为止；在孔压静探试验过程中不得上提探头；

(7)当在预定深度进行孔压消散试验时，应量测停止贯入后不同时间的孔压值，其计时间隔由密而疏合理控制；试验过程不得松动探杆。

静力触探试验成果分析应包括下列内容：

(1)绘制各种贯入曲线：单桥和双桥探头应绘制 p_s—z 曲线、q_c—z 曲线、f_s—z 曲线、R_f—z 曲线；孔压探头尚应绘制 u_i—z 曲线、q_t—z 曲线、f_t—z 曲线、B_q—z 曲线和孔压消散曲线 u_t—lg$t$ 曲线；

其中 R_f——摩阻比；

u_i——孔压探头贯入土中量测的孔隙水压力(即初始孔压)(kPa)；

q_t——真锥头阻力(经孔压修正)(N)；

f_t——真侧壁摩阻力(经孔压修正)(N)；

B_q——静探孔压系数，$B_q=\frac{u_i-u_0}{q_t-\sigma_{v0}}$，其中，$u_0$ 为试验深度处静水压力(kPa)，u_{v0} 为试验深度处总上覆压力(kPa)。

(2)根据贯入曲线的线形特征，结合相邻钻孔资料和地区经验，划分土层和判定土类；计算各土层静力触探有关试验数据的平均值，或对数据进行统计分析，提供静力触探数据的空间变化规律。

根据静力触探资料，利用地区经验，可进行力学分层，估算土的塑性状态或密实度、强度、压缩性、地基承载力、单桩承载力、沉桩阻力和进行液化判别等。根据孔压消散曲线可计算土的固结系数和渗透系数。

2.6.3 圆锥动力触探试验

圆锥动力触探试验(dynamic penetration test，DPT)是利用一定质量的重锤，以一定高度的自由落距，将标准规格的圆锥形探头贯入土中，根据打入土中一定距离所需的锤击数，判定土的力学特性，具有勘探和测试双重功能。

圆锥动力触探试验的类型可分为轻型、重型和超重型三种规格，其规格和适用土类应符合表 2.11 的规定。

表 2.11 圆锥动力触探类型

类型		轻型	重型	超重型
落锤	锤的质量(kg)	10	63.5	120
	落距(cm)	50	76	100
探头	直径(mm)	40	74	74
	锥角(°)	60	60	60
探杆直径(mm)		25	42	50～60
贯入深度(cm)		30	10	10
锤击数		N_{10}	$N_{63.5}$	N_{120}
主要适用岩土		浅部的填土、砂土、粉土、黏性土	砂土、中密以下的碎石土、极软岩	密实和很密的碎石土、软岩和极软岩
最大贯入深度(m)		4～6	12～16	20

圆锥动力触探试验技术要求应符合下列规定：

(1)采用自动落锤装置。

(2)触探杆最大偏斜度不应超过 2%，锤击贯入应连续进行；同时防止锤击偏心、探杆倾斜和侧向晃动，保持探杆垂直度；锤击速率宜为 15～30 击/min。

(3)每贯入 1 m，宜将探杆转动一圈半；当贯入深度超过 10 m，每贯入 20 cm 宜转动探杆一次。

(4)对轻型动力触探，当 $N_{10}>100$ 或贯入 15 cm 锤击数超过 50 时，可停止试验；对重型动力触探，当连续三次 $N_{63.5}>50$ 时，可停止试验或改用超重型动力触探。

圆锥动力触探试验成果分析应包括下列内容：

(1)单孔连续圆锥动力触探试验应绘制锤击数与贯入深度关系曲线。

(2)计算单孔分层贯入指标平均值时，应剔除临界深度以内的数值、超前和滞后影响范围内的异常值。

(3)根据各孔分层的贯入指标平均值，用厚度加权平均法计算场地分层贯入指标平均值和变异系数。

根据圆锥动力触探试验指标和地区经验，可进行力学分层，评定土的均匀性和物理性质(状态、密实度)、土的强度、变形参数、地基承载力、单桩承载力，查明土洞、滑动面、软硬土层界面，检测地基处理效果等。应用试验成果时是否修正或如何修正，应根据建立统计关系时的具体情况确定。

2.6.4 标准贯入试验

标准贯入试验(standard penetration test，SPT)是用质量为 63.5 kg 的穿心锤，以 76 cm 的落距，将标准规格的贯入器，自钻孔底部预打 15 cm，记录再打入 30 cm 的锤击数，判定土的力学特性。标准贯入试验适用于砂土、粉土和一般黏性土，不适用于软塑～流塑软土。在国外用实心圆锥头(锥角 60°)替换贯入器下端的管靴，使标准贯入试验适用于碎石土、残积土和裂隙性硬黏土以及软岩。

标准贯入试验的设备应符合表 2.12 的规定。

表 2.12　标准贯入试验设备规格

<table>
<tr><td colspan="2" rowspan="2">落锤</td><td>锤的质量(kg)</td><td>63.5</td></tr>
<tr><td>落距(cm)</td><td>76</td></tr>
<tr><td rowspan="6">贯入器</td><td rowspan="3">对开管</td><td>长度(mm)</td><td>>500</td></tr>
<tr><td>外径(mm)</td><td>51</td></tr>
<tr><td>内径(mm)</td><td>35</td></tr>
<tr><td rowspan="3">管靴</td><td>长度(mm)</td><td>50～76</td></tr>
<tr><td>刃口角度(°)</td><td>18～20</td></tr>
<tr><td>刃口单刃厚度(mm)</td><td>1.6</td></tr>
<tr><td colspan="2" rowspan="2">钻杆</td><td>直径(mm)</td><td>42</td></tr>
<tr><td>相对弯曲</td><td><1/1 000</td></tr>
</table>

标准贯入试验的技术要求应符合下列规定：

(1)标准贯入试验孔采用回转钻进，并保持孔内水位略高于地下水位。当孔壁不稳定时，可用泥浆护壁，钻至试验标高以上 15 cm 处，清除孔底残土后再进行试验。

(2)采用自动脱钩的自由落锤法进行锤击，并减小导向杆与锤间的摩阻力，避免锤击时的偏心和侧向晃动，保持贯入器、探杆、导向杆连接后的垂直度，锤击速率应小于 30 击/min。

(3)贯入器打入土中 15 cm 后，开始记录每打入 10 cm 的锤击数，累计打入 30 cm 的锤击数为标准贯入试验锤击数 N。当锤击数已达 50 击，而贯入深度未达 30 cm 时，可记录 50 击的实际贯入深度，按式(2.4)换算成相当于 30 cm 的标准贯入试验锤击数 N，并终止试验。

$$N=30\times\frac{50}{\Delta S} \tag{2.4}$$

式中　ΔS——50 击时的贯入度(cm)。

标准贯入试验成果 N 可直接标在工程地质剖面图上，也可绘制单孔标准贯入击数 N 与深度关系曲线或直方图。统计分层标贯击数平均值时，应剔除异常值。

标准贯入试验锤击数 N 值，可对砂土、粉土、黏性土的物理状态，土的强度、变形参数、地基承载力、单桩承载力，砂土和粉土的液化，成桩的可能性等作出评价。应用 N 值时是否修正和如何修正，应根据建立统计关系时的具体情况确定。

2.6.5　十字板剪切试验

十字板剪切试验(vane shear test，VST)是用插入土中的标准十字板探头，以一定速率扭转，量测土破坏时的抵抗力矩，测定土的不排水抗剪强度。十字板剪切试验的适用范围，大部分国家包括我国在内均规定限于饱和软黏性土($\varphi\approx0$)，对于其他的土则会有相当大的误差。

试验点竖向间隔规定为 1 m，以便均匀地绘制不排水抗剪强度—深度变化曲线；当土层随深度的变化复杂时，宜先作静力触探，可根据静力触探成果和工程实际需要，选择有代表性的点布置十字板剪切试验点，不一定均匀间隔布置试验点，遇到变层，要增加测点。

十字板剪切试验的主要技术要求应符合下列规定：

(1)十字板板头形状宜为矩形，径高比 1∶2，板厚宜为 2～3 mm；

(2)十字板头插入钻孔底的深度不应小于钻孔或套管直径的 3～5 倍；

(3)十字板插入至试验深度后，至少应静止 2～3 min，方可开始试验；

(4)扭转剪切速率宜采用$(1^{\circ}\sim2^{\circ})/10$ s,并应在测得峰值强度后继续测记 1 min;

(5)在峰值强度或稳定值测试完后,顺扭转方向连续转动 6 圈后,测定重塑土的不排水抗剪强度;

(6)对开口钢环十字板剪切仪,应修正轴杆与土间的摩阻力的影响。

十字板剪切试验成果分析应包括下列内容:

(1)计算各试验点土的不排水抗剪峰值强度、残余强度、重塑土强度和灵敏度;

(2)绘制单孔十字板剪切试验土的不排水抗剪峰值强度、残余强度、重塑土强度和灵敏度随深度的变化曲线,需要时绘制抗剪强度与扭转角度的关系曲线;

(3)根据土层条件和地区经验,对实测的十字板不排水抗剪强度进行修正。

十字板剪切试验成果可按地区经验,确定地基承载力、单桩承载力,计算边坡稳定,判定软黏性土的固结历史。

2.6.6　旁压试验

旁压试验(pressuremeter test,PMT)是用可侧向膨胀的旁压器,对钻孔孔壁周围的土体施加径向压力的原位测试,根据压力和变形关系,计算土的模量和强度。旁压试验适用于黏性土、粉土、砂土、碎石土、残积土、极软岩和软岩等。

旁压仪包括预钻式、自钻式和压入式三种。国内目前以预钻式为主。旁压器分单腔式和三腔式。当旁压器有效长径比大于 4 时,可认为属无限长圆柱扩张轴对称平面应变问题。单腔式、三腔式所得结果无明显差别。

旁压试验点的布置,应在了解地层剖面的基础上进行,最好先做静力触探、动力触探或标准贯入试验,以便能合理地在有代表性的位置上布置试验。布置时要保证旁压器的量测腔在同一土层内。根据实践经验,旁压试验的影响范围,水平向约为 60 cm,上下方向约为 40 cm。为避免相邻试验点应力影响范围重叠,建议试验点的垂直间距至少为 1 m。而试验孔与已有钻孔的水平距离亦不宜小于 1 m。

旁压试验的技术要求应符合下列规定:

(1)预钻式旁压试验应保证成孔质量,钻孔直径与旁压器直径应良好配合,防止孔壁坍塌。成孔质量是预钻式旁压试验成败的关键,成孔质量差,会使旁压曲线反常失真,无法应用。为保证成孔质量,要注意:

①孔壁垂直、光滑、呈规则圆形,尽可能减少对孔壁的扰动;

②软弱土层(易发生缩孔、坍孔)用泥浆护壁;

③钻孔孔径应略大于旁压器外径,一般宜大 2~8 mm。

自钻式旁压试验的自钻钻头、钻头转速、钻进速率、刃口距离、泥浆压力和流量等应符合有关规定。

(2)加荷等级可采用预期临塑压力的 1/7~1/5,初始阶段加荷等级可取小值,必要时,可做卸荷再加荷试验,测定再加荷旁压模量。

(3)每级压力应维持 1 min 或 2 min 后再施加下一级压力,维持 1 min 时,加荷后 15 s、30 s、60 s 测读变形量,维持 2 min 时,加荷后 15 s、30 s、60 s、120 s 测读变形量。

(4)当量测腔的扩张体积相当于量测腔的固有体积时,或压力达到仪器的容许最大压力时,应终止试验。

旁压试验成果分析应包括下列内容:

(1)对各级压力和相应的扩张体积(或换算为半径增量)分别进行约束力和体积的修正后,绘制压力与体积曲线,需要时可作蠕变曲线;

(2)根据压力与体积曲线,结合蠕变曲线确定初始压力、临塑压力和极限压力;

(3)根据压力与体积曲线的直线段斜率,按式(2.5)计算旁压模量。

$$E_m=2(1+\mu)\left(V_c+\frac{V_0+V_f}{2}\right)\frac{\Delta p}{\Delta V} \tag{2.5}$$

式中 E_m——旁压模量(kPa);

μ——泊松比;

V_c——旁压器量测腔初始固有体积(cm^3);

V_0——与初始压力 p_0 对应的体积(cm^3);

V_f——与临塑压力 p_f 对应的体积(cm^3);

$\Delta p/\Delta V$——旁压曲线直线段的斜率(kPa/cm^3)。

根据初始压力、临塑压力、极限压力和旁压模量,结合地区经验可评定地基承载力和变形参数。根据自钻式旁压试验的旁压曲线,还可测求土的原位水平应力、静止侧压力系数、不排水抗剪强度等。

2.6.7 扁铲侧胀试验

扁铲侧胀试验(dilatometer test,DMT),也称扁板侧胀试验,系 20 世纪 70 年代意大利 Silvano Marchetti 教授创立。扁铲侧胀试验是将带有膜片的扁铲压入土中预定深皮,充气使膜片向孔壁土中侧向扩张,根据压力与变形关系,测定土的模量及其他有关指标。因其能比较准确地反映小应变的应力应变关系,测试的重复性较好,引入我国后,受到岩土工程界的重视,进行了比较深入的试验研究和工程应用。

扁铲侧胀试验最适宜在软弱、松散土中进行,通常适用于软土、一般黏性土、粉土、黄土和松散~中密的砂土,随着土的坚硬程度或密实程度的增加,适应性渐差。当采用加强型薄膜片时,也可应用于密实的砂土。

扁铲侧胀试验技术要求应符合下列规定:

(1)扁铲侧胀试验探头长 230~240 mm、宽 94~96 mm、厚 14~16 mm;探头前缘刃角 12°~16°,探头侧面钢膜片的直径 60 mm。

(2)每孔试验前后均应进行探头率定,取试验前后的平均值为修正值;膜片的合格标准为:

率定时膨胀至 0.05 mm 的气压实测值 $\Delta A=5\sim25$ kPa;

率定时膨胀至 1.10 mm 的气压实测值 $\Delta B=10\sim110$ kPa。

(3)试验时,应以静力匀速将探头贯入土中,贯入速率宜为 2 cm/s;试验点间距可取 20~50 cm。

(4)探头达到预定深度后,应匀速加压和减压测定膜片膨胀至 0.05 mm、1.10 mm 和回到 0.05 mm 的压力 A、B、C 值。

(5)扁铲侧胀消散试验,应在需测试的深度进行,测读时间间隔可取 1 min、2 min、4 min、8 min、15 min、30 min、90 min,以后每 90 min 测读一次,直至消散结束。

扁铲侧胀试验成果分析应包括下列内容:

(1)对试验的实测数据进行膜片刚度修正:

$$p_0=1.05(A-z_m+\Delta A)-0.05(B-z_m-\Delta B) \tag{2.6}$$

$$p_1=B-z_m-\Delta B \tag{2.7}$$

$$p_2=C-z_m+\Delta A \tag{2.8}$$

式中 p_0——膜片向土中膨胀之前的接触压力(kPa)；

p_1——膜片膨胀至 1.10 mm 时的压力(kPa)；

p_2——膜片膨胀至 0.05 mm 时的终止压力(kPa)；

z_m——调零前的压力表初读数(kPa)。

(2)根据 p_0、p_1 和 p_2 计算下列指标：

$$E_D=34.7(p_1-p_0) \tag{2.9}$$

$$K_D=(p_0-u_0)/\sigma_{v0} \tag{2.10}$$

$$I_D=(p_1-p_0)/(p_0-u_0) \tag{2.11}$$

$$U_D=(p_2-u_0)/(p_0-u_0) \tag{2.12}$$

式中 E_D——侧胀模量(kPa)；

K_D——侧胀水平应力指数；

I_D——侧胀土性指数；

U_D——侧胀孔压指数；

u_0——试验深度处的静水压力(kPa)；

σ_{v0}——试验深度处的有效上覆压力(kPa)。

(3)绘制 E_D、K_D、I_D 和 U_D 与深度的关系曲线。

根据扁铲侧胀试验指标和地区经验，可判别土类，确定黏性土的状态、静止侧压力系数、水平基床系数等。

2.6.8 现场直接剪切试验

现场直剪试验可用于岩土体本身、岩土体沿软弱结构面和岩体与其他材料接触面的剪切试验，可分为岩土体试样在法向应力作用下沿剪切面剪切破坏的拉剪断试验，岩土体剪断后沿剪切面继续剪切的抗剪试验(摩擦试验)，法向应力为零时岩体剪切的抗切试验。现场直剪试验，应根据现场工程地质条件、工程荷载特点，可能发生的剪切破坏模式、剪切面的位置和方向、剪切面的应力等条件，确定试验对象，选择相应的试验方法。由于试验岩土体远比室内试样大，试验成果更符合实际。

现场直剪试验可在试洞、试坑、探槽或大口径钻孔内进行。当剪切面水平或近于水平时，可采用平推法或斜推法；当剪切面较陡时，可采用楔形体法。同一组试验体的岩性应基本相同，受力状态应与岩土体在工程中的实际受力状态相近。

现场直剪试验每组岩土体不宜少于 5 个。剪切面积不得小于 0.25 m^2。试体最小边长不宜小于 50 cm，高度不宜小于最小边长的 0.5 倍，试样之间的距离应大于最小边长的 1.5 倍。每组土体试验不宜少于 3 个。剪切面积不宜小于 0.3 m^2，高度不宜小于 20 cm 或为最大粒径的 4～8 倍，剪切面开缝应为最小粒径的 1/4～1/3。

现场直剪试验的技术要求应符合下列规定：

(1)开挖试坑时应避免对试样的扰动和含水率的显著变化；在地下水位以下试验时，应避免水压力和渗流对试验的影响。

(2)施加的法向荷载、剪切荷载应位于剪切面、剪切缝的中心；或使法向荷载与剪切荷载的合力通过剪切面的中心，并保持法向荷载不变。

(3)最大法向荷载应大于设计荷载，并按等量分级；荷载精度应为试验最大荷载的±2%。

(4)每一试样的法向荷载可分 4～5 级施加；当法向变形达到相对稳定时，即可施加剪切荷载。

(5)每级剪切荷载按预估最大荷载的 8%～10%分级等量施加，或按法向荷载的 5%～10%分级等量施加；岩体按每 5～10 min，土体按每 30 s 施加一级剪切荷载。

(6)当剪切变形急剧增长或剪切变形达到试样尺寸的 1/10 时，可终止试验。

(7)根据剪切位移大于 10 mm 时的试验成果确定残余抗剪强度，需要时可沿剪切面继续进行摩擦试验。

现场直剪试验成果分析应包括下列内容：

(1)绘制剪切应力与剪切位移曲线、剪应力与垂直位移曲线，确定比例强度、屈服强度、峰值强度、剪胀点和剪胀强度。

(2)绘制法向应力与比例强度、屈服强度、峰值强度、残余强度的曲线，确定相应的强度参数。

2.6.9 其他原位测试方法

原位测试除上述介绍的方法外，尚有波速测试、岩体原位应力测试和激振法测试等。其中波速测试的目的是根据弹性波在岩土体内的传播速度，间接测定岩土体在小应变条件下(10^{-6}～10^{-4})的动弹性模量。试验方法有跨孔法、单孔法(检层法)和面波法。岩体原位应力测试适用于无水、完整或较完整的岩体，可采用孔壁应变法、孔径变形法和孔底应变法测求岩体空间应力和平面应力。激振法测试包括强迫振动和自由振动，可用于测定天然地基和人工地基的动力特性，为动力机器基础设计提供地基刚度、阻尼比和参振质量。波速测试、岩体原位应力测试和激振法测试的具体要求可参见现行《岩土工程勘察规范》(GB 50021—2001)(2009 年版)的第 10.10 节、10.11 节和 10.12 节及相应的条文说明。

2.7 室内土工试验

岩土性质的室内试验项目(土的物理性质试验、土的压缩—固结试验、土的抗剪强度试验、土的动力性质试验和岩石试验)和试验方法应符合《岩土工程勘察规范》(GB 50021—2001)(2009 年版)的规定，其具体操作和试验仪器应符合现行国家标准《土工试验方法标准》(GB/T 50123—2019)和国家标准《工程岩体试验方法标准》(GB/T 50266—2013)的规定。由于岩土试样和试验条件不可能完全代表现场的实际情况，故规定在岩土工程评价时，宜将试验结果与原位测试成果或原型观测反分析成果比较，并作必要的修正。

一般的岩土试验，可以按标准的、通用的方法进行。但是，岩土工程师必须注意到岩土性质和现场条件中存在的许多复杂情况，包括应力历史、应力场、边界条件、非均质性、非等向性、不连续性等，使岩土体与岩土试样的性状之间存在不同程度的差别。试验时应尽可能模拟实际，使用试验成果时不要忽视这些差别。

对特种试验项目，应制定专门的试验方案。制备试样前，应对岩土的重要性状做肉眼鉴定和简要描述。

2.8 岩土工程分析评价

2.8.1 一般要求

(1)岩土工程分析评价应在工程地质测绘、勘探、测试和搜集已有资料的基础上,结合工程特点和要求进行。各类工程、不良地质作用和地质灾害以及各种特殊性岩土的分析评价,应分别符合《岩土工程勘察规范》(GB 50021—2001)(2009 年版)第 4 章、第 5 章和第 6 章的规定。

(2)岩土工程分析评价应符合下列要求:

①充分了解工程结构的类型、特点、荷载情况和变形控制要求;

②掌握场地的地质背景,考虑岩土材料的非均质性、各向异性和随时间的变化,评估岩土参数的不确定性,确定其最佳估值;

③充分考虑当地经验和类似工程的经验;

④对于理论依据不足、实践经验不多的岩土工程问题,可通过现场模型试验或足尺试验取得实测数据进行分析评价;

⑤必要时可建议通过施工监测,调整设计和施工方案。

(3)岩土工程分析评价应在定性分析的基础上进行定量分析。岩土体的变形、强度和稳定应定量分析,场地的适宜性、场地地质条件的稳定性可仅作定性分析。

(4)岩土工程计算应符合下列要求:

①按承载能力极限状态计算,可用于评价岩土地基承载力和边坡、挡墙、地基稳定性等问题,可根据有关设计规范规定,用分项系数或总安全系数方法计算,有经验时也可用隐含安全系数的抗力容许值进行计算。

②按正常使用极限状态要求进行验算控制,可用于评价岩土体的变形、动力反应、透水性和涌水量等。

(5)岩土工程的分析评价,应根据岩土工程勘察等级区别进行。对丙级岩土工程勘察,可根据邻近工程经验,结合触探和钻探取样试验资料进行;对乙级岩土工程勘察,应在详细勘探、测试的基础上,结合邻近工程经验进行,并提供岩土的强度和变形指标;对甲级岩土工程勘察,除按乙级要求进行外,尚宜提供载荷试验资料,必要时应对其中的复杂问题进行专门研究,并结合监测对评价结论进行检验。

(6)任务需要时,可根据工程原型或足尺试验岩土体性状的量测结果,用反分析的方法反求岩土参数,验证设计计算,查验工程效果或事故原因。

2.8.2 岩土参数的分析和选定

(1)岩土参数应根据工程特点和地质条件选用,并按下列内容评价其可靠性和适用性:

①取样方法和其他因素对试验结果的影响;

②采用的试验方法和取值标准;

③不同测试方法所得结果的分析比较;

④测试结果的离散程度;

⑤测试方法与计算模型的配套性。

(2)岩土参数统计应符合下列要求:

①岩土的物理力学指标,应按场边的工程地质单元和层位分别统计。

②应按式(2.13)～式(2.15)计算平均值、标准差和变异系数。

$$\phi_{\mathrm{m}}=\frac{\sum_{i=1}^{n}\phi_i}{n} \tag{2.13}$$

$$\sigma_{\mathrm{f}}=\sqrt{\frac{1}{n-1}\left[\sum_{i=1}^{n}\phi_i^2-\frac{\left(\sum_{i=1}^{n}\phi_i\right)^2}{n}\right]} \tag{2.14}$$

$$\delta=\frac{\sigma_{\mathrm{f}}}{\phi_{\mathrm{m}}} \tag{2.15}$$

式中 ϕ_{m}——岩土参数的平均值；

n——岩土参数的样本数；

ϕ_i——岩土参数第 i 个样本的取值；

σ_{f}——岩土参数的标准差；

δ——岩土参数的变异系数。

③分析数据的分布情况并说明数据的取舍标准。

(3)主要参数宜绘制沿深度变化的图件，并按变化特点划分为相关型和非相关型。需要时应分析参数在水平方向上的变异规律。

相关性参数宜结合岩土参数与深度的经验关系，按式(2.16)确定剩余标准差，并用剩余标准差计算变异系数 δ：

$$\sigma_{\mathrm{r}}=\sigma_{\mathrm{f}}\sqrt{1-r^2} \tag{2.16}$$

$$\delta=\frac{\sigma_{\mathrm{r}}}{\phi_{\mathrm{m}}} \tag{2.17}$$

式中 σ_{r}——剩余标准差；

r——相关系数；对非相关型，$r=0$。

(4)岩土参数的标准值 ϕ_{k} 可按下列公式确定：

$$\phi_{\mathrm{k}}=\gamma_{\mathrm{s}}\phi_{\mathrm{m}} \tag{2.18}$$

$$\gamma_{\mathrm{s}}=1\pm\left(\frac{1.704}{\sqrt{n}}+\frac{4.678}{n^2}\right)\delta \tag{2.19}$$

式中 γ_{s}——统计修正系数。

注：式中正负号按不利组合考虑，如抗剪强度指标的修正系数应取负值。

统计修正系数 γ_{s} 也可按岩土工程的类型和重要性、参数的变异性和统计数据的个数，根据经验选用。

(5)在岩土工程勘察报告中，应按下列不同情况提供岩土参数值：

①一般情况下，应提供岩土参数的平均值、标准差、变异系数、数据分布范围和数据的数量。

②承载能力极限状态计算所需要的岩土参数标准值，应按式(2.18)计算；当设计规范另有专门规定的标准值取值方法时，可按有关规范执行。

2.9 岩土工程勘察成果报告

岩土工程勘察报告是指在原始资料的基础上进行整理、统计归纳、分析、评价，提出工程建议，形成系统的为工程建设服务的勘察技术文件。它一般由文字和图表两部分组成。表示地层分布和岩土数据的，可用图表；分析论证和提出建议的，可用文字。文字与图表互相配合，相辅相成。

原始资料是岩土工程分析评价和编写成果报告的基础，加强原始资料的编录工作是保证成果报告质量的基本条件。这些年来，有些单位勘探测试工作做得不少，由于对原始资料的检查、整理、分析、鉴定不够重视，因而不能如实反映实际情况，甚至造成假象，导致分析评价的失误。因此，《岩土工程勘察报告》(GB 50021—2001)(2009 年版)规定：对岩土工程分析所依据的一切原始资料，均应进行整理、检查、分析、鉴定，认定无误后方可利用。

岩土工程勘察报告应资料完整、真实准确、数据无误、图表清晰、结论有据、建议合理、便于使用和适宜长期保存，并应因地制宜，重点突出，有明确的工程针对性。

岩土工程勘察报告应根据任务要求、勘察阶段、工程特点和地质条件等具体情况编写，并应包括下列内容：

(1)勘察目的、任务要求和依据的技术标准；

(2)拟建工程概况；

(3)勘察方法和勘察工作布置；

(4)场地地形、地貌、地层、地质构造、岩土性质及其均匀性；

(5)各项岩土性质指标，岩土的强度参数、变形参数、地基承载力的建议值；

(6)地下水埋藏情况、类型、水位及其变化；

(7)土和水对建筑材料的腐蚀性；

(8)可能影响工程稳定的不良地质作用的描述和对工程危害程度的评价；

(9)场地稳定性和适宜性的评价。

同时，岩土工程勘察报告还应对岩土利用、整治和改造的方案进行分析论证，提出建议；并对工程施工和使用期间可能发生的岩土工程问题进行预测，提出监控和预防措施的建议。对岩土的利用、整治和改造的建议，宜进行不同方案的技术经济论证，并提出对设计、施工和现场监测要求的建议。

岩土工程勘察成果报告应附下列图件：

(1)勘探点平面布置图；

(2)工程地质柱状图；

(3)工程地质剖面图；

(4)原位测试成果图表；

(5)室内试验成果图表。

当需要时，尚可附综合工程地质图、综合地质柱状图、地下水等水位线图、素描、照片、综合分析图表以及岩土利用、整治和改造方案的有关图表、岩土工程计算简图及计算成果图表等。

除综合性的岩土工程勘察报告外，尚可根据任务要求，提交下列专题报告：

(1)岩土工程测试报告；

(2)岩土工程检验或监测报告；

(3)岩土工程事故调查与分析报告；

(4)岩土利用、整治或改造方案报告；

(5)专门岩土工程问题的技术咨询报告。

具体专题报告例如：

(1)某工程旁压试验报告(单项测试报告)；

(2)某工程验槽报告(单项检验报告)；

(3)某工程沉降观测报告(单项监测报告);

(4)某工程倾斜原因及纠倾措施报告(单项事故调查分析报告);

(5)某工程深基开挖的降水与支挡设计(单项岩土工程设计);

(6)某工程场地地震反应分析(单项岩土工程问题咨询);

(7)某工程场地土液化势分析评价(单项岩土工程问题咨询)。

(8)勘察报告的文字、术语、代号、符号、数字、计量单位、标点,均应符合国家有关标准的规定。

对丙级岩土工程勘察的成果报告内容可适当简化,采用以图表为主,辅以必要的文字说明;对甲级岩土工程勘察的成果报告除满足上述要求外,尚可对专门性的岩土工程问题提交专门的试验报告、研究报告或监测报告。

2.10 岩土工程勘察报告实例

某大学新筹建校舍,包括教学大楼、图书馆等 8 栋楼房,其勘察成果报告实例如下:

1)概述

规划的校舍包括:北部的教学大楼,西部的办公楼与实验楼,东部的图书馆,南部的两栋科技开发办公楼,学生中心和后勤中心等 8 栋楼房。最高为 7 层,总建筑面积为 21 310 m²。建筑物安全等级为二级。

教学大楼平面呈一字形,大楼北侧墙距大学南围墙 8.00 m。建筑物东西向长约 103 m,南北向宽 14.40 m,为 4～6 层楼房,总高 26.0 m,建筑面积 5 200 m²。教学大楼西侧设一阶梯教室,为二层大开间房屋,建筑面积为 1 300 m²。

实验楼东西向长约 26.0 m,南北向宽约为 12.0 m,5 层,总高 25.0 m,建筑面积1 870 m²。

校行政办公楼南北向长约 23.0 m,东西向宽约 10.0 m,2 层,建筑面积 580 m²。

图书馆平面近似正方形,7 层,总高度为 30.0 m,建筑面积 3 300 m²。

两幢科技开发楼各长 64.8 m,宽 14.40 m,4 层,建筑面积 6 560 m²。

学生中心为 3 层,建筑面积 1 500 m²。后勤中心为 2 层小楼,建筑面积 1 000 m²。

建筑场地地形较平坦,场地原为生产队蔬菜大棚和阳畦,现已废除,长满荒草。场地西南部位还有三排民宅正住人,以及几个猪圈仍在养猪使用。此场地属于二级场地。

岩土工程勘察等级属于二级。根据校舍规划整体布局、规模、用途、结构、平面图与尺寸,结合当地条件,共布置 35 个钻孔。其中技术孔 21 个,探查孔 14 个。因有民宅、猪圈、旧房基等障碍物,部分钻孔被迫移位。钻孔深度为 5.62～11.62 m,均到达坚实土层。同时在现场进行了原位测试;其中标准贯入试验 56 组,轻型圆锥动力触探 324 组;并取原状土样 20 个,进行了土的物理力学性试验,查明了岩土工程情况。

2)建筑地基土层情况

地基土层可分为 5 层。

(1)地表人工填土:地表为耕植土、杂填土与素填土;褐色—褐黄色与黄色,松软—中密状态,稍湿—湿,可塑;含有植物根、碎砖、瓦块、炉渣和少量姜石;层厚最薄为 0.80 m,大多数为 1.00～1.30 m,少数孔较厚,场地东南 26 号孔最厚,为 2.55 m。

(2)粉土:第②层粉土;褐黄—黄色,中密—密实状态,湿,可塑;含有锰结核、氧化铁与姜石;层厚大部分为 2.20～3.00 m,其中 26 号孔最薄为 1.05 m,场地西部办公楼 10 号孔最厚为 3.15 m。此层中部和底部含有粉砂薄层,密实;下部存在粉质黏土薄层,中密偏软。

(3)粉质黏土:第③层为粉质黏土层。褐黄色～灰白色～黄色,上部软塑,大部呈可塑状态,很湿～饱和状态;含氧化铁和米粒状小姜石;层厚较大,为 4.45～5.70 m。

(4)粉土:第④层为粉土层。褐黄色～黄色,中密状态,饱和,可塑;含氧化铁;层厚较均匀,为 1.90 m 左右。

(5)粉砂:第⑤层为粉砂层。呈黄色,密实状态,饱和;含氧化铁和姜石;层厚大于 1.20 m。因粉砂层埋藏深且呈密实状态,此次勘察未穿透。地下水埋藏深度为 2.99～3.79 m,水位标高在 47.03～47.34 m,位于第 2 层粉土层下部。据邻近工程勘察资料,表明地下水水质对混凝土无侵蚀性。

3)建筑地基评价

(1)表层人工填土层。松软且不均匀,不宜作为建筑地基持力层。大部分层厚为 1.00～1.30 m,厚度不大,当地冻深为 1.00 m,此层应予挖除。

(2)第②层粉土层。大部分中密～密实状态,局部中密偏软。此层可以作为建筑地基持力层,地基承载力标准值 f_k=160 kPa。此粉土层与粉砂夹层,不会产生液化。

(3)第③层粉质黏土层。可以作为建筑地基持力层。根据土质状态,地基承载力取值上下不同:位于上部高程 46.60 m,f_k=80 kPa;位于中部高程 45.50 m,f_k=160 kPa。如施工速度慢,可取平均值 f_k=120 kPa。

(4)第④层粉土层。中密状态,可以作为建筑地基持力层,地基承载力标准值 f_k=200 kPa。经现场标准贯入试验结果进行计算分析,此粉土层不会产生液化。

(5)第④层粉土层。密实状态,可以作为建筑地基持力层,地基承载力标准值 f_k=200 kPa。因粉砂处于密实状态,不会产生液化。

4)结论和建议

(1)校舍建筑物平面与立面布局美观而复杂,各幢楼房层数与用途不同,对地基的要求有所不同。为了保证工程的安全可靠,节约投资,施工方便,建议采用天然地基浅基础,不需打桩或人工处理。以第②层粉土层作为地基持力层。

(2)教学大楼、办公楼与实验楼 3 幢楼房,以 49.20 m 高程作为基础底面高程,基础埋深小于 1.60 m。其中实验楼部分基底尚有少量素填土,施工时必须清除干净,到粉土为止。可用天然卵石或人工级配砂石,分层压实回填,至基底标高。

(3)科技开发办公楼、学生中心与后勤中心这几幢位于场地南部的楼房,以 48.80 m 高程为基础底面标高,基础埋深 1.50 m。部分基底有素填土,也采用局部换土办法:将素填土挖除,到粉土止。用天然卵石料或人工级配砂石分层压实,回填至设计基础底面标高。

(4)图书馆建筑平面与立面布局较复杂,跨度 7.2 m,7 层,总高 30.00 m,对地基要求高。可以 49.20 m 标高作为基础底面高程。西南角 16 号孔周围 f_k=120 kPa,其余部位 f_k=160 kPa。建议采用钢筋混凝土筏板基础(比桩基施工速度快,投资少),以确保安全。

(5)鉴于第③层粉质黏土层上部约有 1 m 厚的软弱层且分布不均匀。为防止因地基不均匀沉降引起建筑物墙体开裂,若采用条形基础,建议在基础顶面设置一道钢筋混凝土封闭地圈梁。

(6)如用天然地基浅基础,在基槽开挖后,应及时验槽。若发现新问题,当场妥善处理。如在冬、夏季施工,应采取必要措施,以防止基槽冰冻或雨水泡槽,形成隐患。

5)图表部分

(1)钻探孔布置图,如图 2.1 所示;

(2)地质剖面图,Ⅴ—Ⅴ和Ⅵ—Ⅵ两个剖面,如图 2.2 所示,其余从略;

(3)部分土层的物理力学性质指标综合统计见表 2.13。

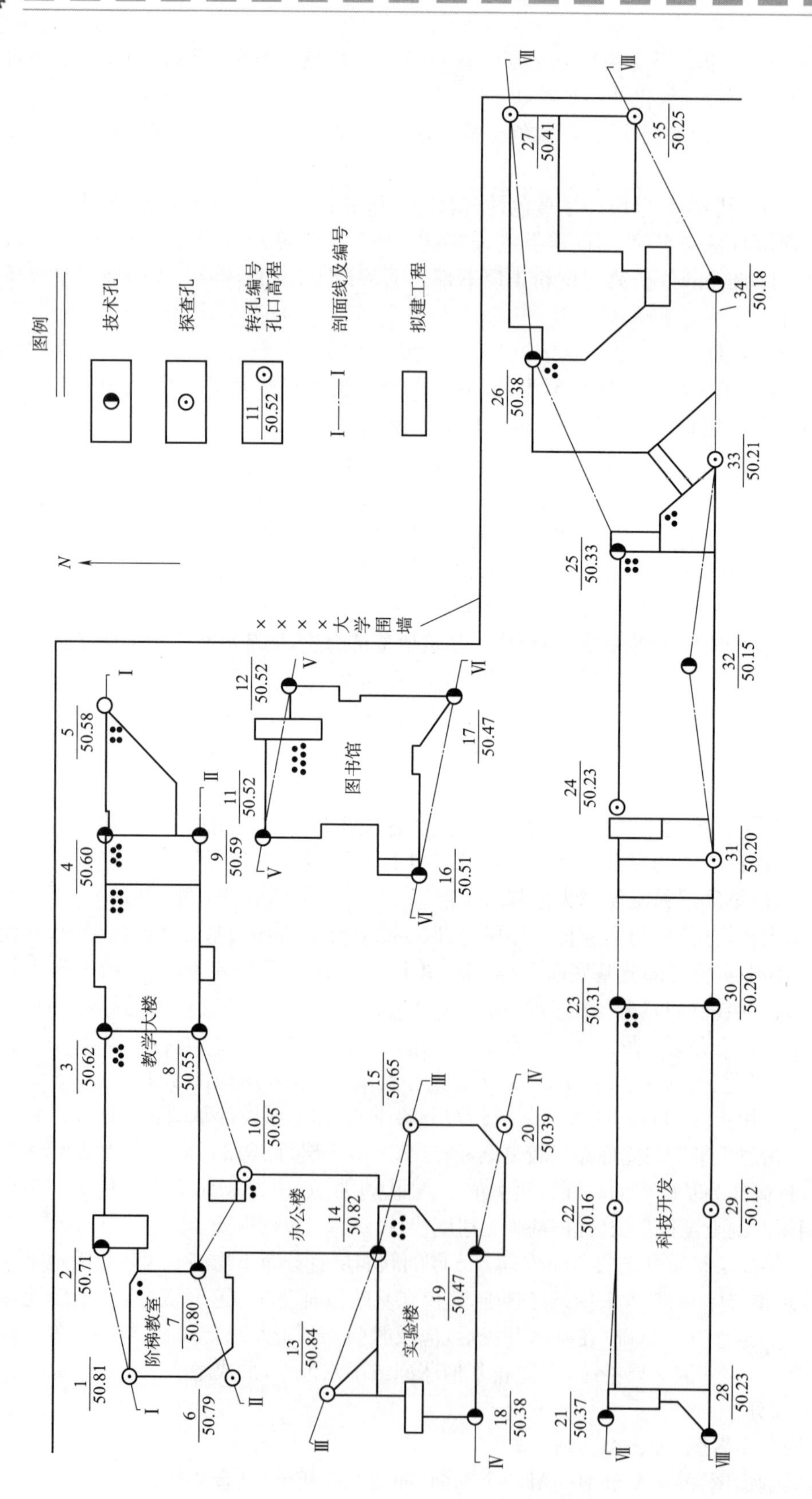

图2.1 钻探孔布置图（单位：m）

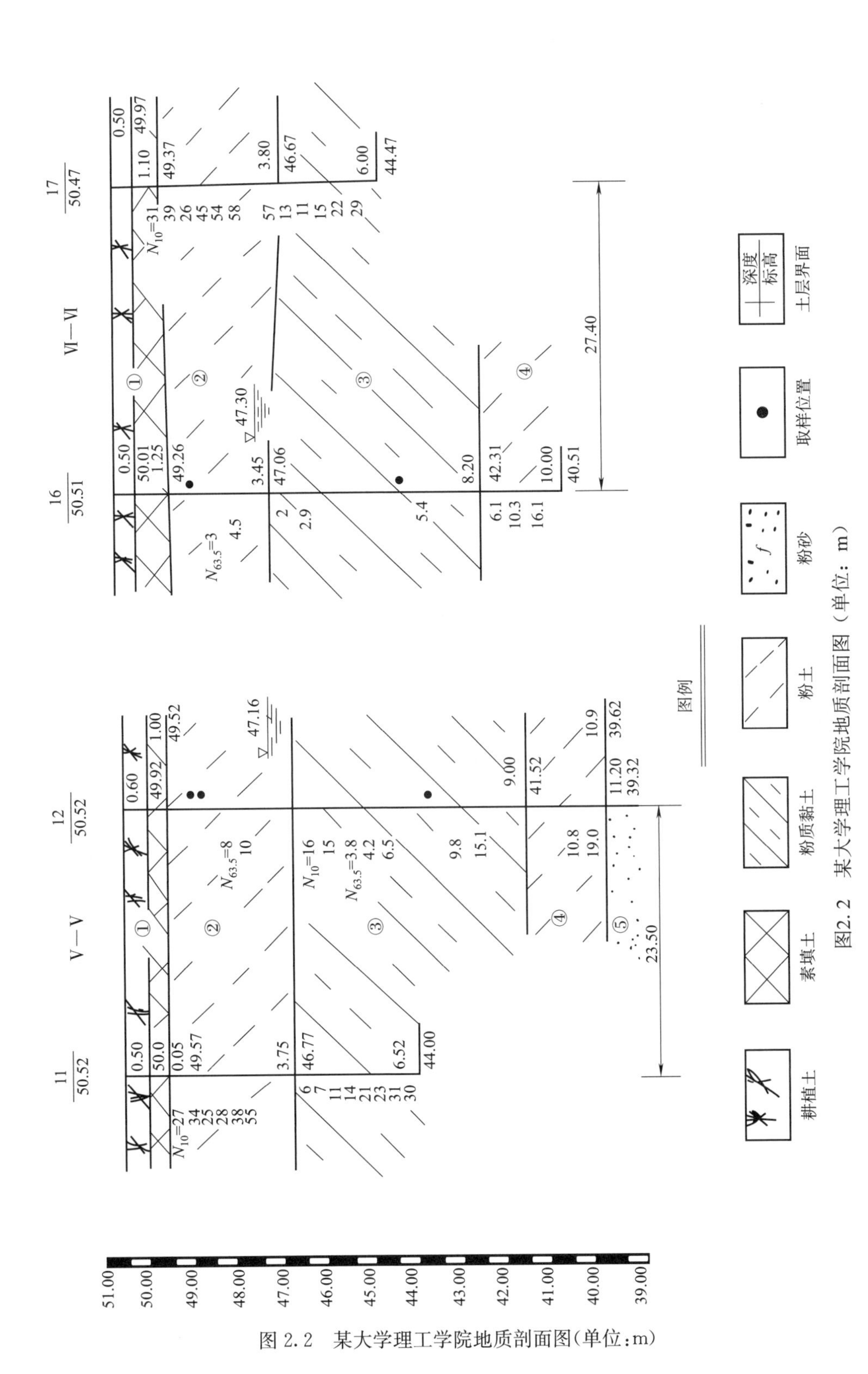

图 2.2　某大学理工学院地质剖面图(单位:m)

表 2.13 土的物理力学性质指标综合统计表

土名及编号	统计	含水率 w (%)	密度 ρ (g/cm^3)	塑限 w_p (%)	液限 w_L (%)	压缩系数 $a_{1\sim2}$ (MPa^{-1})	黏聚力 c (kPa)	内摩擦角 φ (°)
粉土 ②	平均值	21.0	2.02	20.6	28.0	0.21	0.18	28.9
	最大值	23.7	2.06	25.2	30.1	0.23	0.30	34.2
	最小值	19.0	1.96	16.0	26.3	0.16	0.10	24.9
粉质黏土 ③	平均值	23.9	2.01	15.6	27.7	0.30	0.08	8.0
	最大值	26.1	2.05	18.1	30.0	0.37	—	—
	最小值	21.1	1.97	13.6	25.9	0.25	—	—

课程思政

本章对“岩土工程勘察”做了全面简要的介绍，课程思政紧贴勘察内容，其育人举措和思路可从以下方面展开：

(1)针对目前一些工程，不进行岩土工程勘察就设计施工的现实问题，阐述其造成的工程安全事故或存在的安全隐患，自觉树立“法治”观念。

(2)除勘察外，岩土工程还包括设计、施工、检验、监测和监理等，它们既有一定的分工，又密切联系，不宜进行机械地分割，自觉构建土木工程建设的“整体观”，明确整体和局部的辩证关系。

(3)岩土工程勘察是工程建设的先行官，但又是野外的一项艰苦工作。岩土工程勘察的目的是保证工程安全，提高投资效益，并促进社会和经济的可持续发展。既是为了工程，又是为国为民，从而根植工程人的家国情怀。

(4)勘察是一种探索性很强的工作，总有一个从未知到知，从知之不多到知之较多的过程，对自然的认识总是由粗而细，由浅而深，不可能一步到位。正因如此，分阶段勘察的原则必须坚持。依次明确认知实物的逻辑观念，自觉构建科学的认知思维。

思考题与习题

2.1　岩土工程勘察分级的依据是什么？如何对岩土工程勘察进行分级？

2.2　岩土工程勘察可分为哪些阶段？什么情况下应进行施工勘察？

2.3　工程建设中常用的勘探方法有哪几种？各种勘探方法的优势和不足是什么？

2.4　如何划分土样的质量等级？土样扰动程度的鉴定方法有哪些？

2.5　什么是原位测试？原位测试主要有哪些方法和手段？与室内土工试验相比，原位测试的优势是什么？

2.6　岩土参数如何进行统计？

2.7　岩土工程勘察报告应包括哪些内容？

2.8　岩土工程勘察成果报告应附哪些图件？

天然地基上浅基础的设计

3.1 概　　述

进行地基基础设计时，必须根据建筑物的用途和设计等级、建筑布置和上部结构类型，充分考虑建筑场地和地基岩土条件，综合施工条件和工期、造价等各方面的要求，合理选择地基基础方案。常见的地基基础方案有：浅基础、深基础和深浅结合的基础。

一般而言，当基础底面的埋置深度小于基础短边宽度的尺寸，或从施工角度考虑，当埋置深度不超过 5 m 时，可以用比较简单的施工方法施工的基础，称为浅基础。这样的基础在设计计算时可以忽略基础侧面土体对基础的影响，基础结构形式也比较简单。而采用桩基、沉井和地下连续墙等特殊施工方法修筑的基础称为深基础，其埋置深度较大，设计计算时需要考虑基础侧面土体对基础的影响，基础结构形式和施工方法也较为复杂。

天然地基上浅基础由于埋置深度小，结构形式简单，施工方法简便，造价也较低，在满足地基承载力和变形要求的前提下，应优先选用。因此，天然地基上的浅基础也成为建筑物最常用的基础类型。

3.2 基础设计所需资料、设计内容和步骤

3.2.1 浅基础设计所需资料

基础设计方案的确定，计算中有关参数的选用，都需要根据当地的地质条件、水文条件、上部结构形式、荷载特性、材料情况及施工要求等因素全面考虑，因此，应在设计前通过详细的调查研究，充分掌握必要的、符合实际情况的资料。在浅基础的设计前必须收集的有关资料如下：

(1)建筑场地的地形图；

(2)岩土工程勘察成果报告；

(3)建筑物平面图、立面图，荷载，特殊结构物布置与标高；

(4)建筑场地环境，邻近建筑物基础类型与埋深，地下管线分布；

(5)工程总投资与当地建筑材料供应情况；

(6)施工队伍技术力量与工期的要求。

对这些资料的要求，按不同的需要应有所区别，对大型、重要的建筑物可能需要比较多的资料，对一般中、小型建筑物只需要较少的资料。

3.2.2 浅基础设计内容、步骤

在获得基础设计所需要的相关资料后，按下列内容和步骤进行设计：

(1)初步拟定基础的结构形式、材料与平面布置;

(2)确定基础的埋置深度;

(3)计算作用在基础顶面的荷载;

(4)计算地基承载力;

(5)根据作用在基础顶面荷载和地基承载力,计算基础的底面积,并以此设计基础的长度与宽度;

(6)设计基础高度与剖面形状;

(7)进行地基计算,若地基持力层下部存在软弱土层时,则需检算软弱下卧层的承载力;

(8)按要求计算地基的变形;

(9)基础细部结构和构造设计;

(10)绘制基础施工图。

上述各个方面是密切相关、相互制约的,设计时可按上述顺序逐步进行设计与计算,如果步骤(1)～(8)中有不满足要求的情况时,可对基础设计进行调整,如采取加大基础埋置深度或加大基础宽度或长度等措施,直到全部满足要求为止。对规模较大的基础工程,宜对若干可能的方案作出技术经济比较,然后选择最优方案。

3.3 浅基础的类型和构造

浅基础根据结构形式可分为独立基础、条形基础、筏形基础、箱形基础和壳体基础等,其埋置深度较浅,又多采用基坑法施工,故基础侧面土体对基础的约束作用较小。

柱下独立基础和墙下条形基础是浅基础中最常用的形式,其施工方便,经济实用,而且设计计算简单,在工程中广泛用作多层民用房屋、工业厂房、桥梁墩台及挡土墙等建、构筑物的基础。其中,以素混凝土、砖、毛石等为材料的称为无筋扩展基础,因其高度较大而自身的变形很小,故又称为刚性基础。以钢筋混凝土为材料的则称为钢筋混凝土扩展基础(简称为扩展基础),因其高度和自身的刚度相对较小,又称为柔性基础。

3.3.1 按基础刚度分类

1)刚性基础

刚性基础通常是由砖、块石、毛石、素混凝土、三合土和灰土等材料建造的基础,这些材料虽有较好的抗压性能,但抗拉、抗剪强度却不高。所以,在设计时,要求基础的外伸宽度和基础高度的比值在一定限度内,以避免发生基础内的拉应力和剪应力超过其材料强度设计值。在这样的限制下,基础的相对高度一般都比较大,几乎不会发生弯曲变形,所以,此类基础习惯上称为刚性基础。图 3.1 中所示的砖基础和混凝土基础及图 3.2 中的桥梁墩台大块实体基础都属于刚性基础。

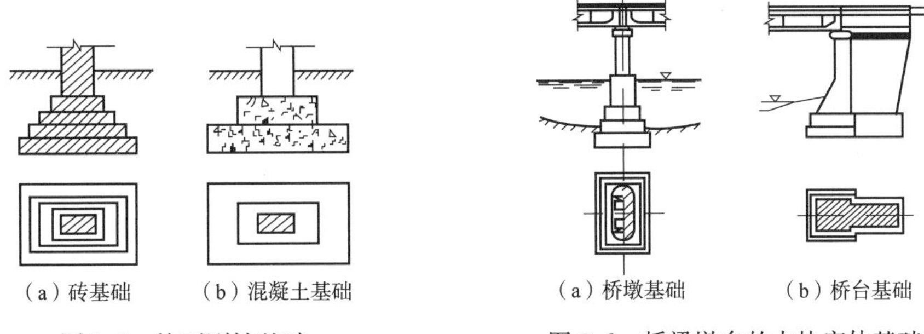

图 3.1　柱下刚性基础　　　图 3.2　桥梁墩台的大块实体基础

2)柔性基础

当刚性基础的尺寸不能满足地基承载力和基础埋深的要求时,则需采用柔性基础,即钢筋混凝土基础。钢筋混凝土基础由于配置有钢筋,因而具有较好的抗剪能力和抗弯能力。当外荷载较大且存在弯矩和水平荷载,同时地基承载力又较低时,宜采用钢筋混凝土基础。钢筋混凝土基础可用扩大基础底面积的方法来满足地基承载力的要求,但不必增加基础的埋深,不受基础外伸宽度和基础高度比值的限定。

3.3.2　按基础形式分类

1)扩展基础

墙下条形基础和柱下(墩台)独立基础(单独基础)统称为扩展基础,扩展基础的作用是把墙或柱(墩台)的荷载侧向扩展到土中,使之满足地基承载力和变形的要求。扩展基础包括无筋扩展基础和钢筋混凝土扩展基础。

(1)无筋扩展基础

无筋扩展基础系指由砖、毛石、混凝土或毛石混凝土、灰土和三合土等材料组成的无须配置钢筋的墙下条形基础或柱(墩台)下独立基础,如图 3.3 所示。

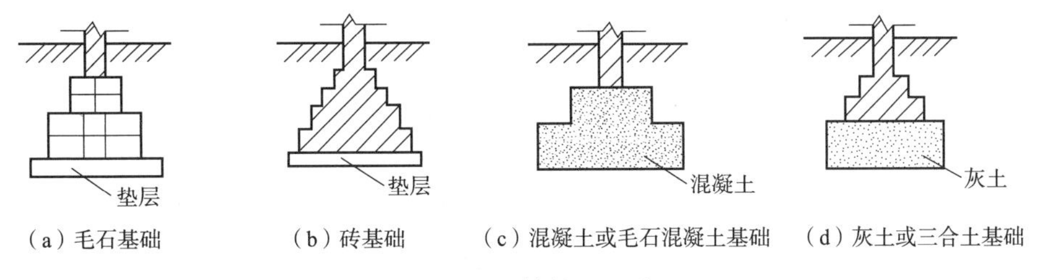

图 3.3　无筋扩展基础

无筋基础的材料都具有较好的抗压性能,但抗拉、抗剪强度不高,为了使基础内产生的拉应力和剪应力不超过相应的材料强度设计值,设计时需要加大基础的高度。显然,无筋扩展基础属于刚性基础的范畴,其适用于多层民用建筑和轻型厂房。

(2)钢筋混凝土扩展基础

钢筋混凝土扩展基础常简称为扩展基础,系指墙下钢筋混凝土条形基础和柱下钢筋混凝土独立基础。这类基础的抗弯和抗剪性能良好,可在竖向荷载较大、地基承载力不够以及承受水平力和力矩等情况下使用。与无筋基础相比，其基础高度较小，因此更适宜在基础埋置深度较小时使用。

①墙下钢筋混凝土条形基础

墙下钢筋混凝土条形基础的构造如图 3.4 所示。一般情况下可采用无肋的墙基础，如地基不均匀，为了增强基础的整体性和抗弯能力；也可采用有肋的墙基础，肋部配置足够的纵向钢筋和箍筋，以承受由不均匀沉降引起的弯曲应力。

视频

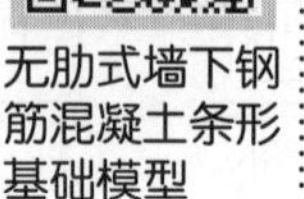

视频

有肋式墙下钢筋混凝土条形基础模型

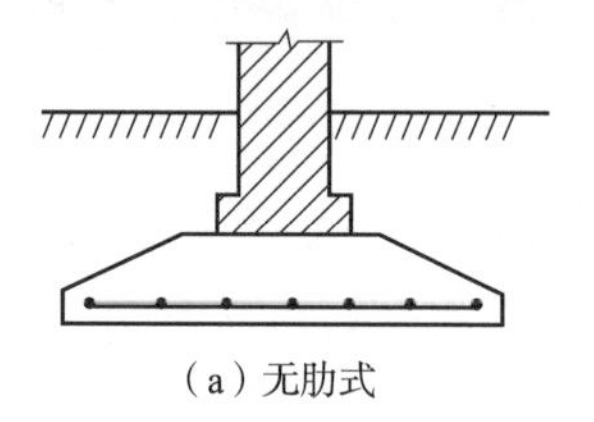

(a) 无肋式

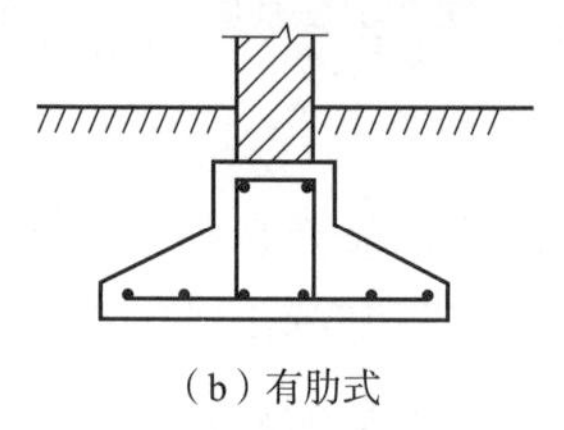

(b) 有肋式

图 3.4　墙下钢筋混凝土条形基础

②柱下钢筋混凝土独立基础

柱下钢筋混凝土独立基础的构造形式如图 3.5 所示。其通常有现浇台阶形基础、现浇锥形基础和预制柱杯口形基础；杯口形基础又可分为单肢和双肢杯口形基础，低杯口形和高杯口形基础。杯口基础常用于装配式单层工业厂房。轴心受压柱下的基础底面形状一般为正方形，而偏心受压的基础底面形状一般为矩形。

视频

柱下台阶形独立基础模型

视频

柱下锥形独立基础模型

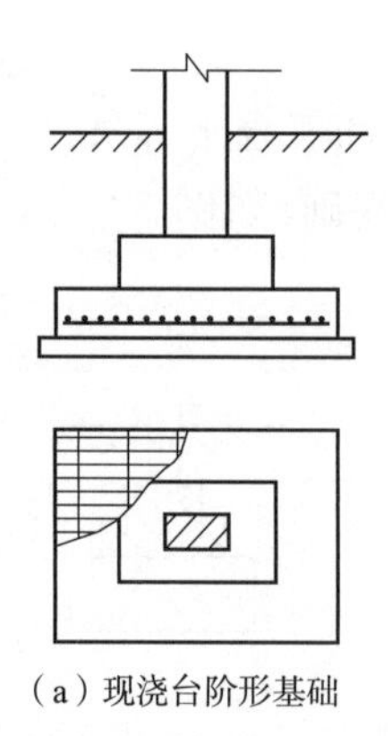

(a) 现浇台阶形基础

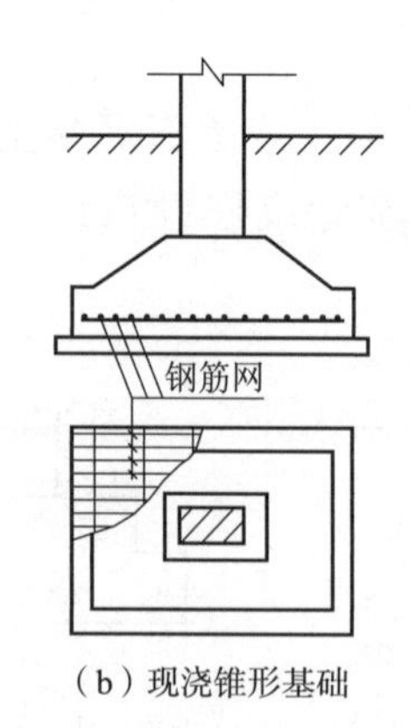

(b) 现浇锥形基础

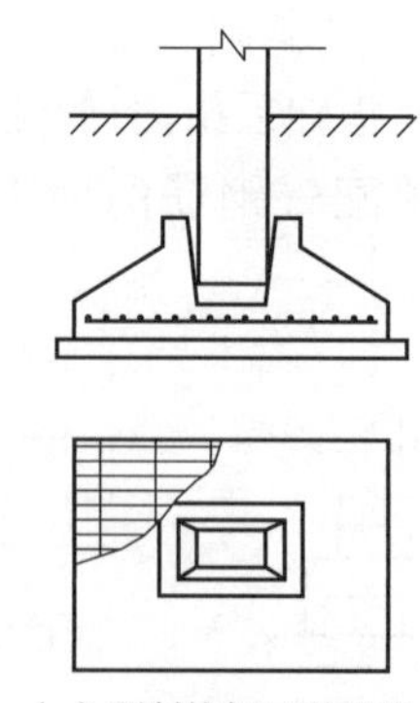

(c) 预制柱杯口形基础

图 3.5　柱下钢筋混凝土独立基础

2)柱下条形基础

当地基较为软弱、柱荷载或地基压缩性分布不均匀，以至于采用扩展基础可能产生较大的不均匀沉降时，常将同一方向(或同一轴线)上若干柱子的基础连成一体而形成柱下单向条形基础，如图 3.6 所示。这种基础的抗弯刚度较大，具有调整不均匀沉降的能力，并能将所承受的集中柱荷载较均匀地分布到整个基底面上。柱下条形基础是常用于软弱地基上框架或排架结构的一种基础形式。

如果地基软弱且在两个方向分布不均，基础两个方向都需一定的刚度来调整不均匀沉降，则可以在柱网下沿纵横两个方向分别设置钢筋混凝土条形基础，从而形成柱下交叉条形基础，如图 3.7 所示。

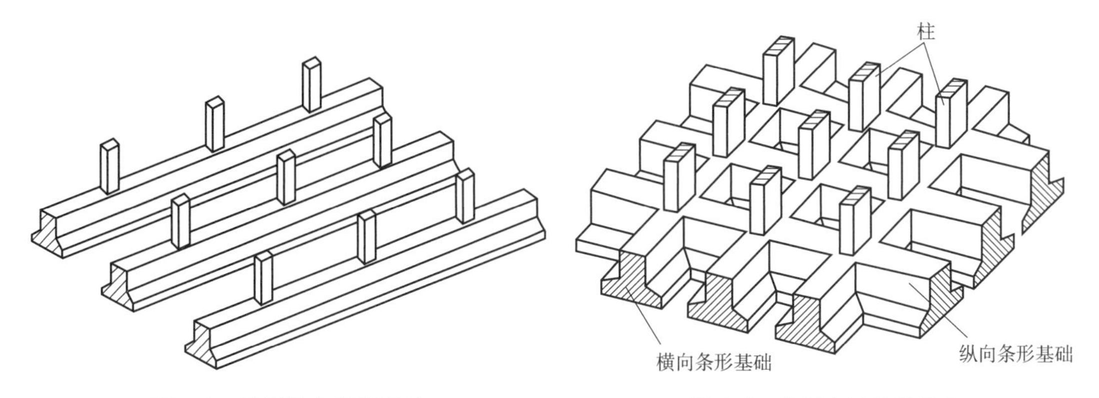

图 3.6 柱下单向条形基础　　　　图 3.7 柱下交叉条形基础

如果单向条形基础的底面积已能满足地基承载力的要求，可只考虑减少基础之间的沉降差，在另一方向加设连梁，组成如图 3.8 所示的连梁式交叉条形基础，连梁不宜着地，设计时就可按单向条形基础来考虑。连梁的配置通常是带经验性的，需要具有一定的刚度和强度，否则作用不大。

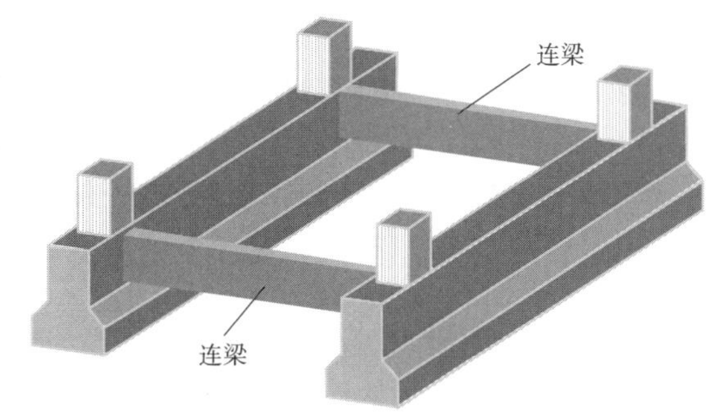

图 3.8 连梁式交叉条形基础

3)筏形基础

当交叉条形基础底面积占建筑物平面面积的比例较大，或者建筑物在使用上有要求时，可以在建筑物的柱、墙下方做成一块满堂的基础，即筏形(片筏)基础。筏形基础由于其底面积大，故可减小基底压力，同时，也可提高地基土的承载力，并能更有效地增强基础的整体性，调整不均匀沉降。另外，筏形基础还具有前述各类基础所不完全具备的良好功能，例如，能跨越地下浅层小洞穴和局部软弱层；提供比较宽敞的地下使用空间；作为地下室、水池、油库等的防渗底板；增强建筑物的整体抗震性能；满足自动化程度较高的工艺设备对不允许有差异沉降的要求，以及工艺连续作业和设备重新布置的要求等。

但是，当地基有显著软弱不均的情况，例如地基中岩石与软土同时出现时，应首先对地基进行处理，单纯依靠筏形基础来解决这类问题是不经济的，甚至是不可行的。筏形基础的板面与板底均配置有受力钢筋，因此经济指标较高。

按所支撑的上部结构类型分，有用于砌体承重结构的墙下筏形基础和用于框架、剪力墙结构的柱下筏形基础。前者是一块厚度 200～300 mm 的钢筋混凝土平板，埋深较浅，适用于具有硬壳持力层、比较均匀的软弱地基上六层及六层以下承重横墙较密的民用建筑。

视频

平板式筏形基础模型

视频

梁板式筏形基础模型

柱下筏形基础分为平板式和梁板式两种类型，如图 3.9 所示。平板式筏形基础的厚度不应小于 400 mm，一般为 0.5～2.5 m。其特点是施工方便、建造快，但混凝土用量大。当柱荷载较大时，可将柱位下板厚局部加大或设墩，如图 3.9(b)所示，以防止基础发生冲切破坏。若柱距较大，为了减小板厚，可在柱轴两个方向设置肋梁，形成梁板式筏形基础，如图 3.9(c)和图 3.9(d)所示。

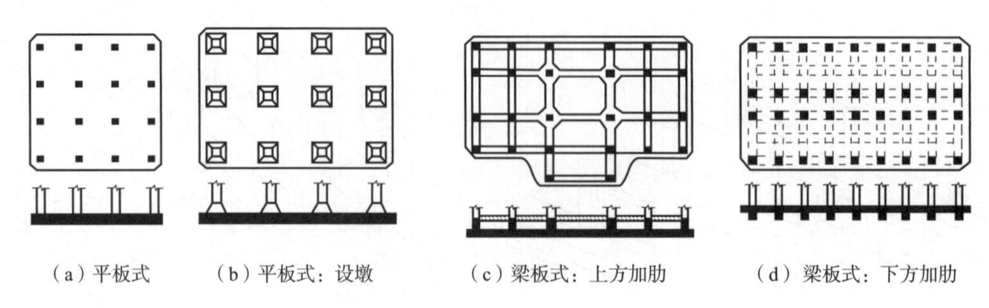

（a）平板式　（b）平板式：设墩　（c）梁板式：上方加肋　（d）梁板式：下方加肋

图 3.9　柱下筏形基础

4)箱形基础

箱形基础是由钢筋混凝土的底板、顶板、外墙和内隔墙组成的具有一定高度的整体空间结构，如图 3.10 所示。其适用于软弱地基上的高层、重型或对不均匀沉降有严格要求的建筑物。与筏形基础相比，箱形基础具有更大的抗弯刚度，只能产生大致均匀的沉降或整体倾斜，基本消除了因地基变形而使建筑物开裂的可能性。箱形基础埋深较大，基础中空，从而使开挖卸去的土重部分抵偿了上部结构传来的荷载(补偿效应)，因此，与一般实体基础相比，它能显著减小基底压力、降低基础沉降量。另外，箱形基础的抗震性能较好。

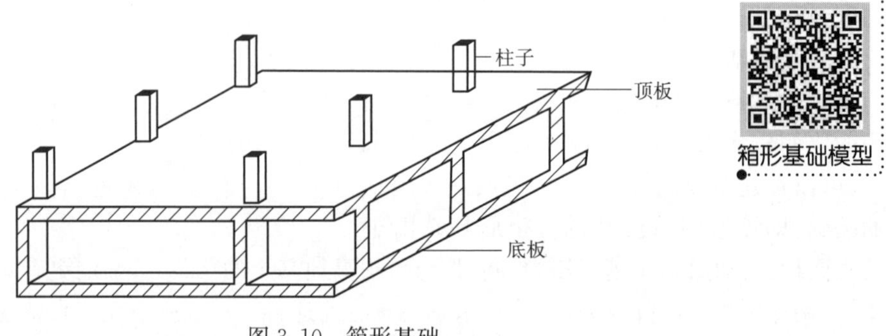

图 3.10　箱形基础

高层建筑的箱基往往与地下室结合考虑，其地下空间可作人防、设备间、库房、商店以及污水处理等。冷藏库和高温炉体下的箱形基础有隔断热传导的作用，以防地基土产生冻胀或干缩。但由于内墙分隔，箱形地下室的用途不如筏形基础地下室广泛，例如，不能用作地下停车场等。

箱形基础的钢筋水泥用量很大，工期长，造价高，施工技术比较复杂。在地下水位较高的地区采用箱形基础进行基坑开挖时，应考虑人工降低地下水位、坑壁支护和对相邻建筑物的影响问题，应与其他基础方案比较后择优选用。

5)壳体基础

若独立基础上部结构承受的横向荷载较大时，为满足稳定性要求，基础平面尺寸也较大，可采用壳体基础结构形式，如图 3.11 所示。该类基础可使原属梁板基础的内力由以弯矩为主转化为以轴力为主，通常可以节省混凝土量 30%～50%，此外，土方挖运量也较少。壳体基础根据形状不同，主要有 M 形组合壳、正圆锥壳和内球外锥组合壳 3 种形式。由于壳体基础结构复杂，技术要求高，在实际工程中应用不多，目前主要用于高耸建筑物，如烟囱、电视塔和中小型高炉等的基础。

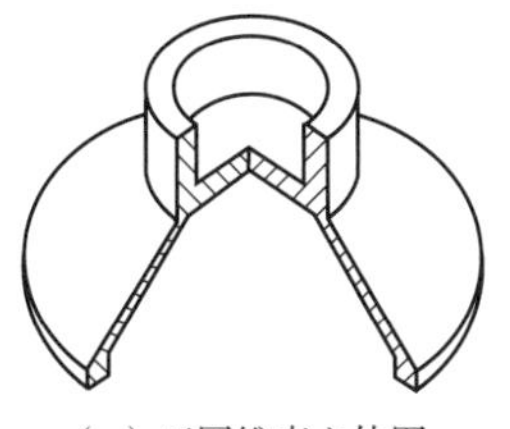
（a）正圆锥壳立体图

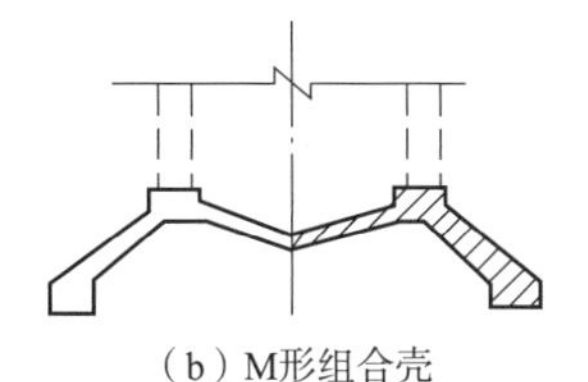
（b）M形组合壳

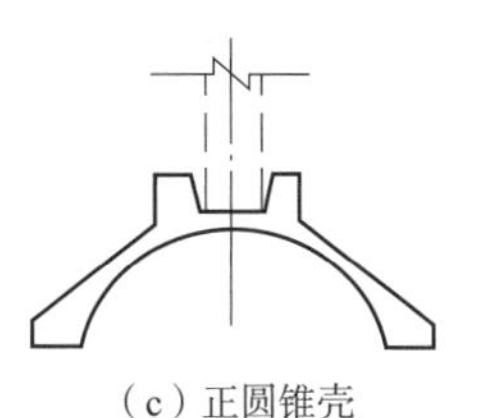
（c）正圆锥壳

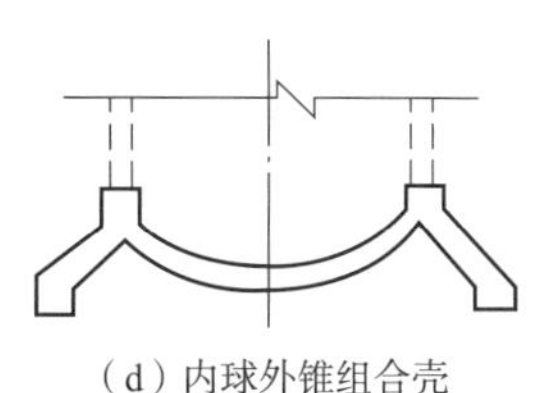
（d）内球外锥组合壳

图 3.11　壳体基础

3.3.3　基础类型选用

1)桥涵基础类型选择

桥涵基础类型选择首先要考虑水文地质条件。处于天然河道上的特大、大排洪桥不宜采用明挖施工的浅基础，应考虑桩基础、沉井基础等深基础形式。而位于旱地上或可能形成旱地施工条件(水浅、流速小、便于围水或岸上墩台)的河流上的桥梁墩台，只要水文地质条件允许，应优先考虑采用浅基础。

在浅基础各类型中，刚性扩大基础由于埋置较浅，形式简单，结构稳定，施工简便，对于一般地基土强度较高的大中小桥均适用。

从经久耐用，便于施工和就地取材考虑，桥梁浅基础通常采用素混凝土或块石(毛石或加工平整的块石)作为砌体材料做成刚性扩大基础，其中素混凝土是最常用的一种材料，其抗压强度比块石砌体高，耐久性也好。用于墩台基础的混凝土强度等级应不低于 C25。对于桥梁浅基础这种大体积砌体，有时允许掺入 15%～20%砌体体积的片石。石砌基础用于桥梁时的石料等级应不低于 MU50，水泥砂浆不低于 M20。砖基础由于抗水性和抗冻性差，一般不用作桥梁基础。

当外荷载较大，地基承载力又较低时，刚性扩大基础已经不再适用，或采用刚性基础需要大幅度加深基础而不经济时，可采用钢筋混凝土扩大基础。

当桥较宽，桥下墩柱较多时，有时为了增强桥墩柱下基础的整体性和承载能力，将同一排若干个墩柱的基础联成整体，形成联合基础或柱下条形基础，可以是圬工刚性基础，也可以是钢筋混凝土基础。

2)房屋建筑浅基础类型选择

在进行建筑工程浅基础设计时，一般遵循刚性基础(无筋扩展基础)→柱下独立基础(钢筋混凝土扩展基础)→柱下条形基础→十字交叉条形基础→筏形基础→箱形基础的顺序来选择基础形式。当然，在选择过程中应尽量做到经济、合理。只有上述选择均不合适时，才考虑用桩基等深基础形式，以避免浪费。表 3.1 给出了几种基础类型选择条件可供参考。

表 3.1　各种基础类型的选择

结构类型	岩土性质与荷载条件	适宜的基础类型
多层砖混结构	土质均匀，承载力高，无软弱下卧层，地下水位以下，荷载不大(5 层以下建筑)	无筋扩展基础
	土质均匀性较差，承载力较低，有软弱下卧层，基础需浅埋	墙下条形基础或 墙下交叉条形基础
	荷载较大，采用条形基础面积超过建筑物投影面积 50%	墙下筏形基础

续上表

结构类型	岩土性质与荷载条件	适宜的基础类型
框架结构（无地下室）	土质均匀，承载力较高，荷载相对较小，柱网分布均匀	柱下独立基础
	土质均匀性较差，承载力较低，荷载较大，采用独立基础不能满足要求	柱下条形基础或柱下十字交叉条形基础
	土质不均匀，承载力低，荷载大，柱网分布不均匀，采用条形基础面积超过建筑物投影面积50%	筏形基础
全剪力墙，10层以上住宅结构	地基土层较好，荷载分布均匀	墙下条形基础
	当上述条件不能满足时	墙下筏形基础或箱形基础
框架、剪力墙结构（有地下室）	可采用天然地基时	筏形基础或箱形基础

3.4 防止和减轻不均匀沉降危害的措施

建造在地基土上的建筑物由于自身的重量和外加荷载作用，总会产生一定的沉降。均匀的沉降，对建筑物本身不会引起附加内应力，不致带来大的危害；不均匀沉降，如果超过容许限度，则会导致建筑物开裂、破坏，严重影响安全和正常使用。尤其是修建在软弱地基上的建筑物，这种危害可能性更大。因此，如何采用必要的建筑、结构及施工方面的措施来减轻不均匀沉降的危害，是地基基础设计中应考虑的重要内容。

3.4.1 建筑措施

1)建筑物体型力求简单

建筑物的体型可通过其立面和平面表示。平面形状复杂的建筑物，如L形、T形、H形、E形等以及有凹凸部位的建筑物，由于纵横单元交叉处基础密集，地基中附加应力叠加，必然出现比其他部位较大的沉降，从而引起相邻部位不均匀沉降。加之这类形状的建筑物整体刚度差，刚度不对称，更易遭受地基不均匀沉降的影响。图3.12是软土地基上一幢L形平面的建筑物开裂的实例。

建筑物若在立面上高低(或轻重)变化太大，地基各部分承受的荷载轻重不同，也会引起过量的不均匀沉降，图3.13是软土地基上紧接高差超过一层的砌体承重结构房屋中低者开裂的情况。因此，当地基软弱时，建筑物的紧接高差以不超过一层为宜。显然，复杂的体型往往是削弱建筑物整体刚度和加剧地基不均匀沉降的主要原因。因此，在满足建筑物功能和使用要求的前提下，应尽量采用简单的建筑体形，如长高比较小的等高的“一”字形建筑。

2)控制建筑物的长高比及合理布置墙体

建筑物的长高比是指它的长度与从基础底面起算的高度之比，反映了结构物的整体刚度。过长的建筑物，整体刚度差，纵墙容易因发生较大挠曲变形而开裂，图3.14是长高比过大建筑物开裂情况。建筑物长高比越小，其整体刚度越大，调整和适应地基不均匀沉降的能力就越强。对于三层或以上的建筑物，长高比宜不大于2.5；对于体型简单，横墙间距较小，荷载较小的建筑物可适当放宽至3.0。不符合上述要求时，一般要设置沉降缝。

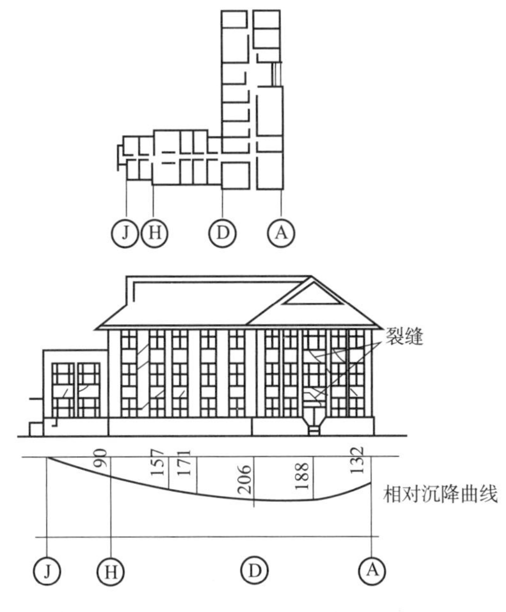

图 3.12 L 形建筑物墙身开裂(单位:mm)

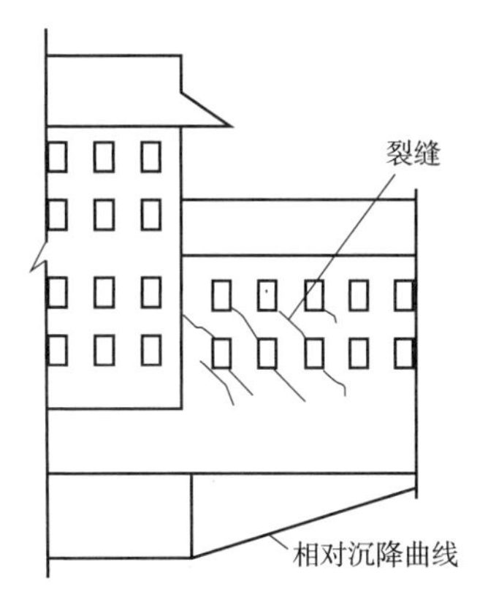

图 3.13 建筑物高差过大而开裂

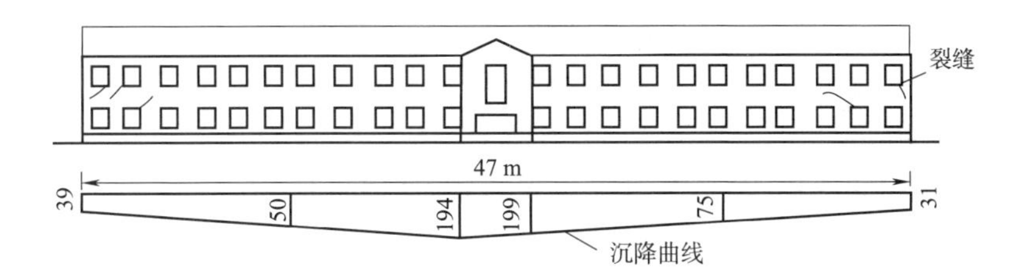

图 3.14 长高比过大建筑物开裂实例(纵墙的长高比达 7.6)(单位:mm)

合理布置纵横墙是增强建筑物刚度的另一重要措施,纵横墙构成了建筑物的空间刚度,而纵横墙开洞、转折、中断都会削弱建筑物的整体刚度,因此适当加密横墙和尽可能加强纵横墙之间的连接,都有利于提高建筑物的整体刚度,增强抵抗不均匀沉降的能力。

3)设置沉降缝

沉降缝是把建筑物从基础底面直至屋盖分开成独立沉降单元的建筑措施。当地基极不均匀,建筑物平面形状复杂和高低悬殊等情况时,在建筑物特定部位设置沉降缝,可以有效地防止或减轻地基不均匀沉降造成的危害。沉降缝一般设置在建筑物的下列部位:

(1)复杂建筑平面的转折处;

(2)建筑高度或荷载差异变化处;

(3)长高比过大的建筑物适当部位;

(4)地基土的压缩性有显著变化部位;

(5)建筑结构或基础类型不同处;

(6)分期建造房屋的交接处;

(7)拟设置伸缩缝处(沉降缝可兼作伸缩缝)。

沉降缝应该有足够的宽度,以防止缝的两侧单元内倾而造成挤压破坏,沉降缝设置宽度与建筑物的高度有关。当房屋在 2~3 层时,沉降缝宽度取 5~8 cm;当 4~5 层时,取 8~12 cm;5 层以上楼层时,沉降缝宽度应不小于 12 cm。沉降缝的缝内不能填东西,但寒冷地区为了防寒，有时也填以松软材料。由于沉降缝的造价颇高，且要增加建筑及结构处理上的困难，所以慎重采用。

如果估计到设置沉降缝后难免发生单元之间的严重互倾时，可以考虑将拟划分的沉降单元拉开一段距离，其间另外用静定结构连接(称为连接体)。对于框架结构，还可选取其中的一跨改成简支或悬挑跨，使建筑物分为两个独立的沉降单元，如图3.15所示。

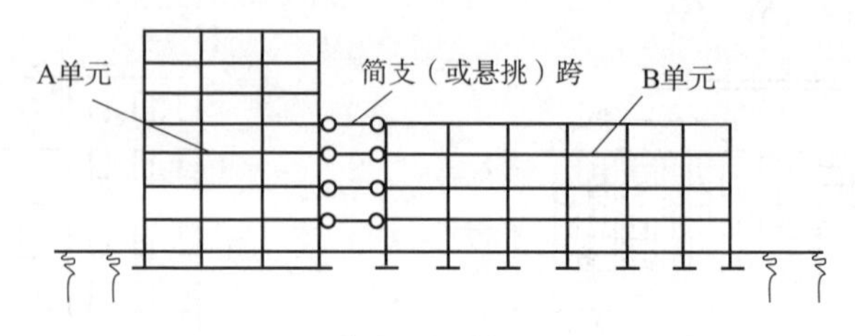

图3.15 用简支(或悬挑)跨分割沉降

4)控制相邻建筑物基础的间隔距离

建筑物施加在地基上的荷载不仅使建筑物下面的土层受到压缩，而且在它以外一定范围内的土层，由于受到基底压力扩散的影响，也将产生压缩变形，这种影响随距离的增加而减小。相邻建筑物的影响表现为开裂或互倾。产生相邻影响的情况有以下几种：

(1)同期建造的两相邻建筑物之间会彼此影响，特别是两建筑物轻(低)重(高)差别较大时，轻者受重者的影响较大；

(2)同期建造的荷载相近的建筑物的相互影响；

(3)重、高建筑物建成后不久，在其邻近建造轻、低建筑物时，前者对后者的影响；

(4)旧建筑物受到新的重、高建筑物的影响。

图3.16是原有的一幢二层房屋在新建五层大楼影响下开裂的实例。

为了减小建筑物的相邻影响，应使建筑物之间保持一定的净距。其值应根据地基的压缩性，影响建筑物的荷载大小和面积，以及被影响建筑物的刚度等因素而定。这些因素可归纳为影响建筑物的沉降量和被影响建筑物的长高比两个综合指标。

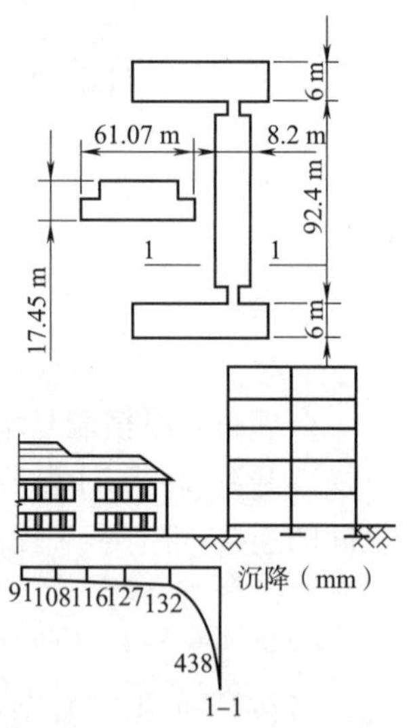

图3.16 相邻建筑影响实例

表3.2给出了相邻建筑物基础间应保持的净距。表中L为建筑物长度或沉降单元长度，H_f为自基础底面标高算起的建筑物高度。当受影响建筑物的长高比在1.5～2.0之间，相邻建筑物间距可适当缩小。对于相邻高耸结构(或对倾斜要求严格的构筑物)的外墙净距，应根据倾斜允许值计算确定。

表3.2 相邻建筑物基础间的净距 单位：m

影响建筑物的预估平均沉降(mm)	被影响建筑物的长高比	
	$2.0 \leqslant L/H_f < 3.0$	$3.0 \leqslant L/H_f < 5.0$
70～150	2～3	3～6
160～250	3～6	6～9
260～400	6～9	9～12
＞400	9～12	≥12

5)调整和控制建筑物各部分标高

建筑物基础的沉降,会使其各部分的标高发生变化,从而影响其功能和正常使用。因此应根据可能产生的不均匀沉降,采取如下相应措施:

(1)应根据预估沉降量适当提高室内地坪和地下设施的标高;

(2)对建筑物中结构或设备之间的连接部分,可适当提高沉降较大的标高;

(3)在结构物与设备之间,应预留足够的净空;

(4)有管道穿过建筑物时,应预留足够尺寸的空洞或采用柔性管道接头。

3.4.2　结构措施

1)减轻建筑物自重

建筑物自重在基底压力中占有很大的比例。工业建筑大约有50%,民用建筑中可高达60%～70%,因而,减小沉降量常可以从减轻建筑物的自重着手。具体措施有:

(1)减轻墙体的重量。如采用空心砌块、多孔砖或其他轻质墙;

(2)选用轻型结构。如采用预应力钢筋混凝土结构,轻钢结构以及各种轻型空间结构;

(3)减轻基础及其上回填土的重量。选用自重较轻、覆土较少的基础形式,如壳体基础、空心基础等。如室内地坪较高,可以采用架空地板代替室内厚填土。

2)设置圈梁

对于砌体承重结构,不均匀沉降的损害突出表现为墙体的开裂。因此,实践中常在墙内设置圈梁来增强其承受挠曲变形的能力。这是防止出现开裂及阻止裂缝开展的有效措施。

当墙体挠曲时,圈梁的作用如同钢筋混凝土梁内的受拉钢筋,主要承受拉应力,弥补了砌体抗拉强度不足。当墙体正向挠曲时,下方圈梁起作用,反向挠曲时,上方圈梁起作用。而墙体发生什么方式的挠曲变形往往不容易估计,故通常在上下方都设置圈梁。另外,圈梁必须与砌体结合为整体,否则便不能发挥应有的作用。

圈梁的布置,在多层房屋的基础和顶层处宜各设置一道圈梁,其他各层可隔层设置,必要时可层层设置。单层工业厂房、仓库,可结合基础梁、联系梁、过梁等酌情设置。圈梁应设置在外墙、内纵墙和主要内横墙上,并宜在平面内连成封闭系统。如在墙体转角及适当部位,设置现浇钢筋混凝土构造柱(用锚筋与墙体拉结),与圈梁共同作用,可更有效地提高房屋的整体刚度。另外,墙体上开洞时,也宜在开洞部位配筋或采用构造柱及圈梁加强。

3)设置基础梁(地梁)

钢筋混凝土框架结构对不均匀沉降很敏感,很小的沉降差异就足以引起较大的附加应力。对于采用单独柱基础的框架结构,在基础间设置基础梁(图3.17)是加大结构刚度、减少不均匀沉降的有效措施之一。基础梁的设置常带有一定的经验性,其底面一般置于基础表面(或略高些),过高则作用下降,过低则施工不便。基础梁的截面高度可取柱距的1/14～1/8,上下均匀通长配筋,每侧配筋率0.4%～1.0%。

图3.17　支撑围护墙的基础梁

4)减小或调整基底附加压力

(1)设置地下室或半地下室。利用挖出的土重去抵消(补偿)一部分甚至全部的建筑物重量,以达到减小沉降的目的。如果在建筑物的某一高、重部分设置地下室(或半地下室),便可减少与较轻部分的沉降差。

(2)改变基础底面尺寸。采用较大的基础底面积,减小基底附加压力,可以减小沉降量。荷载大的基础宜采用较大的底面尺寸,以减小基底附加压力,使沉降均匀。不过,应针对具体的情况,做到既有效又经济合理。例如对于图 3.18(a),可以加大墙下条形基础的宽度。但是,对于图 3.18(b)所示的情况,如果采用增大框架基础的尺寸来减小与廊柱基础之间的沉降差,显然并不经济合理。通常的解决办法是:将门廊和主体建筑分离,或取消廊柱(也可另设装饰柱)改用飘檐等。

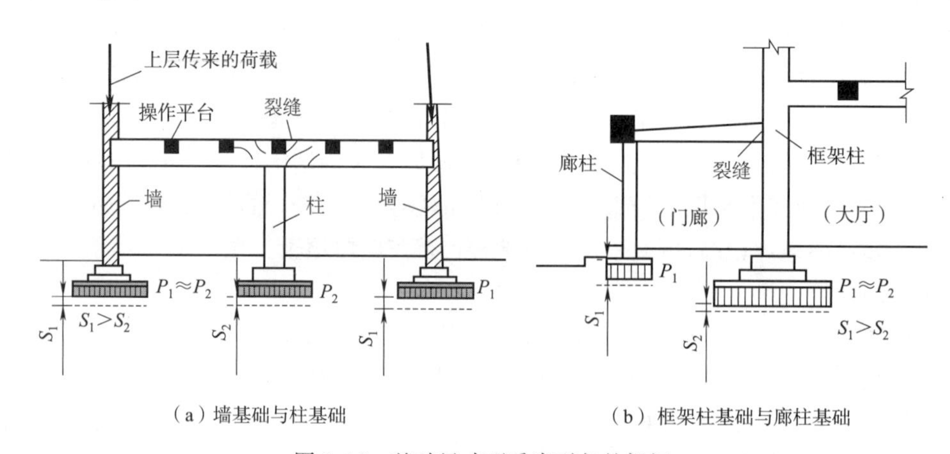

(a)墙基础与柱基础　　(b)框架柱基础与廊柱基础

图 3.18　基础尺寸不妥当引起的损坏

5)采用对不均匀沉降欠敏感的结构形式

砌体承重结构、钢筋混凝土框架结构对不均匀沉降很敏感,而排架、三铰拱等上部结构,在地基不均匀下沉时不是太敏感,不会在结构内部产生较大次生应力。水池、油罐等上部结构的基础,不宜有较大的刚度,若采用柔性底板则能较好地适应大量的不均匀下沉。

3.4.3　施工措施

(1)合理安排施工顺序。一般先建重、高部分,后建轻、低部分,先施工主体建筑,后施工附属建筑。这样安排可减小或调整部分不均匀沉降。

(2)基础四周不宜大量堆载。在已建成的建筑物周围,不宜堆放大量的建筑材料和土方等重物,以免地面堆载在建筑物地基中引起较大附加应力产生附加沉降。

(3)注意保护坑底土体。基坑开挖时,对基底软弱土层(灵敏性高的软黏土)应注意保护,尽量避免或减少扰动。大面积开挖基坑时应保留 20 cm 厚的原土层,待修筑垫层时才予以挖除。对于易风化的岩石地基,不应暴露过久,应及时覆盖以避免进一步风化。应防止雨水或地面水流入和浸泡基坑。

(4)防止施工的不利影响。在现场开展打桩、强夯、井点降水、深基坑开挖、爆破作业等施工时,要切实加强必要的措施,防止和避免对邻近建筑物造成危害。

拟建的密集建筑群内如有采用桩基础的建筑物,桩的设置应首先进行,并应注意采用合理的沉桩顺序。

在进行降低地下水位及开挖深基坑时，应密切注意对邻近建筑物可能产生的不利影响，必要时可以采用设置截水帷幕、控制基坑变形量等措施。

3.5 基础埋置深度

基础埋置深度（简称埋深）是指基础底面距天然地面或河床面的距离。确定基础埋深是天然地基上浅基础设计的重要内容，它关系到建筑物建成后是否牢固、稳定及正常使用等问题。

即使地表土非常坚固，承载能力也能完全满足基础的要求，基础底面也不能放置在地面，需要埋置于地下一定深度，以便更好地使基础和地基持力层受到有效的保护。

确定基础的埋置深度主要从如下两个方面考虑：第一，从保证持力层不受外界破坏因素的影响考虑，基础埋深不得小于按各种破坏因素而定的最小埋深；第二，从满足各种力学检算的要求考虑，在最小埋深以下各土层中找一个埋深较浅、压缩性较低、强度较高的土层，即地基承载力较高的土层作为持力层。当然，在地基分层较复杂的情况下，可作为持力层者不止一个，需根据经济、技术条件、上部结构形式、邻近建筑物相互影响、施工等方面的综合比较，选出一个最佳方案。

3.5.1 铁路桥涵明挖基础的埋深

铁路桥涵明挖基础的埋深是指从地面或一般冲刷线到基底的距离。桥涵基础最小埋深要根据下面的主要因素来确定。

1）保证持力层稳定的最小埋深

由于地表土易受气候、湿度、雨水、植物根系和地下动物活动的影响，而且基础埋得过浅，当受横向水平力时，也易造成地基土挤出，从而导致基础失稳。因此，基底不应埋置在不稳定表层。在旱地、无河流冲刷处或设有铺砌防冲刷时，基础底面应在地面以下不小于 2 m。

2）在有冲刷处，考虑洪水的冲刷作用

在终年有水流的河床上修建基础时，要考虑洪水对基础下地基土的冲刷作用。河流水流越急，流量越大，土质越松软，水流的冲刷作用就越大。整个河床面被洪水冲刷后要下降，这称为一般冲刷，被冲下去的深度称为一般冲刷深度。同时因墩台阻水作用，会在墩台四周冲出一个深坑，这称作局部冲刷，如图 3.19 所示。我国某些暴涨暴落的大河，尤其是华北地区较大河流，冲刷深度有时可达一二十米。若基底的埋深小于冲刷深度，则会出现一次洪水就可把基底下的土全给掏光冲走的现象，使墩台因失去支承而倒塌。因此要求基底一定要埋置在最大冲刷线以下一定深度（安全值）：对于一般桥梁，安全值为 2 m 加冲刷总深度的 10％；对于特大桥（或大桥）属于技术复杂、修复困难或重要者，安全值为 3 m 加冲刷总深度的 10％，见表 3.3。

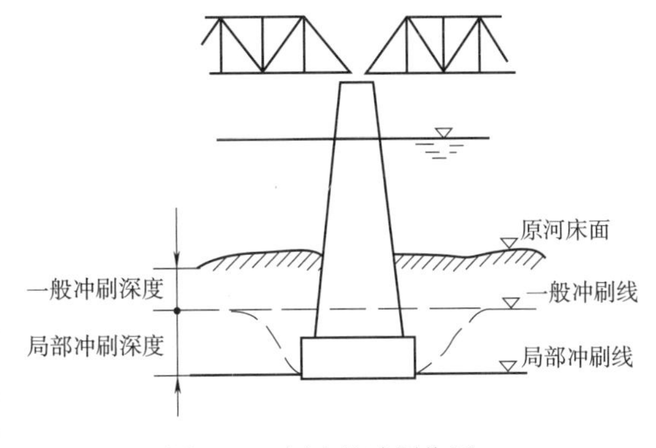

图 3.19 河水的冲刷作用

表 3.3　基底埋置安全值

冲刷总深度(m)			0	5	10	15	20
安全值(m)	一般桥梁		2.0	2.5	3.0	3.5	4.0
	技术复杂、修复困难或重要的特大桥	设计流量	3.0	3.5	4.0	4.5	3.0
		检算流量	1.5	1.8	2.0	2.3	2.5

注:冲刷总深度为自河床面算起的一般冲刷深度与局部冲刷深度之和。

对于不易冲刷磨损的岩石,墩台基础应嵌入基本岩层不小于 0.25～0.5 m,具体视岩层抗冲刷性能而定。嵌入风化、破碎、易冲刷磨损岩层应按未嵌入岩层计。

3)寒冷地区,土的季节性冻胀融陷的影响

地基土因冻胀而隆起和因融化而沉陷的现象,对土的力学性质影响很大,它可使建筑物因基础升降而影响其正常使用。为保证结构物不受季节性冻胀的影响,基底应埋置在冻结线以下一定深度。

(1)墩台明挖基础

①对于冻胀、强冻胀土和特强冻胀土,基底埋置深度应在冻结线以下不小于 0.25 m,同时满足冻胀力计算要求;②对于弱冻胀土,基底埋置深度应不小于冻结深度。

(2)涵洞基础

①出入口和自两端洞口向内各 2 m 范围内,对于冻胀、强冻胀和特强冻胀土,基底应埋于冻结线以下 0.25 m;对于弱冻胀土,应不小于冻结深度。②涵洞中间部分的基底埋深可根据地区经验决定。③严寒地区,当涵洞中间部分的埋深与洞口埋深相差较大时,其连接处应设置过渡段。④冻结较深的地区,可将基底至冻结线下 0.25 m 的地基土进行处理。

满足上述三条规定的埋深为最小埋深,它是保证基础安全的先决条件和最低要求。合适的持力层要在此最小埋深以下的各土层中去找,现举一简例说明如何寻找持力层。

例如,已知河中铁路桥墩底面尺寸为 5.5 m×11.0 m,水文资料和地基土层如图 3.20 所示。基础是在终年有水的河床面上修筑,故只需依据冲刷深度确定其最小埋深。这里冲刷总深度是 2 m,如前所述,一般桥梁的基底应在局部冲刷线以下至少 2.2 m(安全值为 2 m 加冲刷总深度的 10%),现以此为最小埋深确定基底标高(第一种方案),则持力层为硬塑黏砂土,其基本承载力 σ_0 为 300 kPa,强度很大,故墩底四周各放出 0.25 m 襟边后得出 6 m×11.5 m,基底已满足该持力层强度要求(计算从略)。但考虑到基底下 3.5 m 还有地基基本承载力只有 100 kPa 的软弱下卧层,基底需放宽到 12.5 m(即粗线所示之基础)方能满足软弱下卧层的强度要求。若基础厚度暂定为 3 m,则刚性角 β 计算为 49°24′(超过了混凝土的容许刚度角 45°)。解决办法是基础顶面增高 0.5 m,即基础厚度变为 3.5 m,刚性角满足要求。

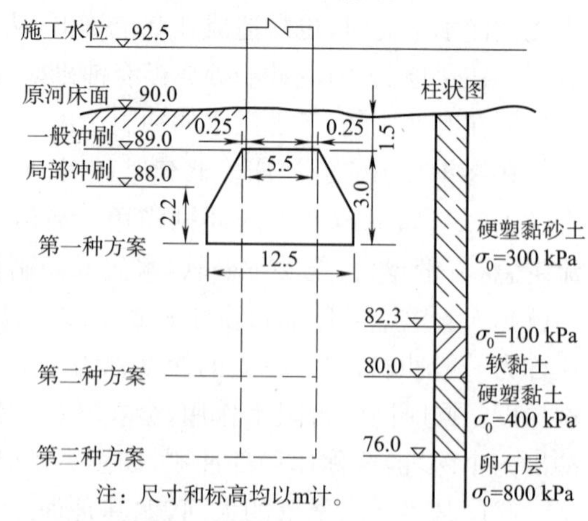

图 3.20　确定基础埋深的不同方案

这个设计方案的优点是基底埋得较浅,易于修筑,造价低,竣工快。缺点是基础尺寸较大;但更重要的是,在使用期间由于软弱下卧层的固结会使桥墩长期、不断地下沉,可能给上部结构带来不良后果。

在这种地质条件下，也可把基底放在离河床 10 m 深的硬塑黏土层上(第二方案)。由于基本承载力较大为 400 kPa，基础采用最小尺寸 6 m×11.5 m 就可满足持力层强度要求。这个方案的优点是穿过了软黏土，避免在使用期间不断下沉，同时造价也不比前述方案高，但因埋深较大，可能需用沉井法施工。因此在施工难易和施工期限方面可能不如前者。

如桥梁跨度大、墩身很高或者上部结构是超静定时，则基底最好还是放在更深、承载力更大的卵石层上为佳(第三种方案)，这时可用沉井法施工，或者改用桩基方案。

总之，究竟采用哪种方案，要综合考虑各种因素，得出可比较的具体数值后，才能作出判断。

以上主要针对基底埋置深度，而墩台基础顶面的位置，一般不宜高出最低水位，如地面高于最低水位，且不受冲刷时，则不宜高于地面。具体可根据桥位情况、施工难易程度、美观与整体协调综合确定。

3.5.2 建筑基础的埋深

房屋建筑基础除了不会遇到如桥梁墩台基础在河流中的冲刷问题外，其他影响基础埋置深度的因素是类似的，需要考虑地基条件、荷载大小、冻融现象和不能埋得过浅等因素，且应满足基础应低于设计地面的规定。此外，建筑物的用途和结构形式对房屋建筑基础埋深的影响较大。下面对确定房屋建筑基础埋置深度的主要因素作简要介绍。

1)保证持力层稳定的最小埋深

房屋建筑基础埋深的确定原则是在保证安全可靠的前提下，尽量浅埋。但是由于地表土一般较松软，易受雨水和外界因素影响，不宜作为地基的持力层，考虑到基础的稳定性、基础大放脚的要求、动植物的影响、耕土层的厚度以及习惯做法等因素，基础埋置深度一般不宜小于 0.5 m，且基础底面宜埋入持力层至少 0.15 m，基础顶面距离设计地面的距离宜大于 0.1 m，应尽量避免基础外露，使其免遭外界的侵蚀和破坏。对于岩石地基，则不受此限制。

2)建筑物的类型和用途

基础的埋置深度亦取决于建筑物的用途，如有地下室、地下管沟和设备基础时，基础埋深就需局部或整体加深。对于由砖石材料砌筑的刚性基础，因要满足刚性角的构造要求，基础埋深则由基础构造高度决定。

对不均匀沉降很敏感的建筑物，如多层框架结构，基础须埋在较坚实的土层上。

如果因地基条件或建筑物使用上的要求，基础需要不同埋深时，应将基础做成台阶形，由浅到深逐步过渡，台阶的高度和宽度之比为 1∶2，每阶高度不超过 500 mm，如图 3.21 所示。

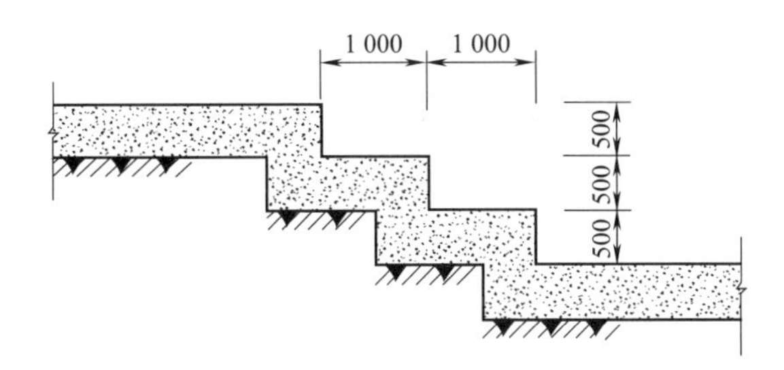

图 3.21 台阶形过渡基础(单位：mm)

有地下管道通过基础时，基础应预留有足够的空隙和孔洞，以保证基础产生不均匀沉降时，不影响管道的正常使用。

若相邻建筑的基础有高差(ΔH)时，为保证原有建筑的安全和正常使用，较深的基础应与原有建筑基础保持一定的净距(L)。根据荷载大小和土质条件，净距为相邻基础底面高差的1～2倍，如图3.22所示。显然，建筑物层数较小、地基土质较好时，取小值，反之应取大值。否则必须采取相应的施工措施，如分段施工、设置临时的加固支撑、打设板桩等，以避免开挖新基础的基坑时造成原有基础的地基松动，影响原有基础的稳定。

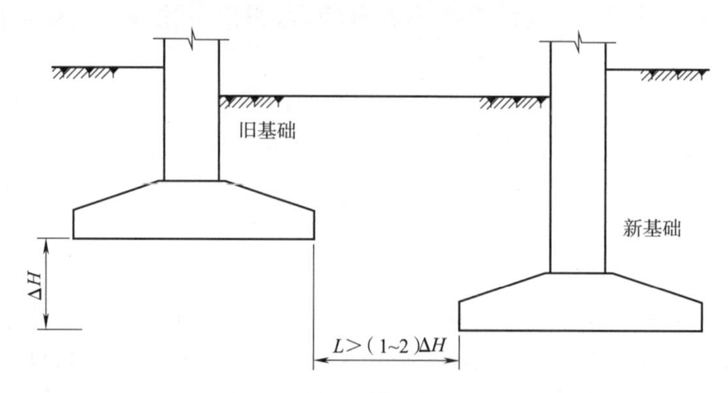

图3.22 新旧基础的间距要求

3)作用在基础上的荷载大小和性质

持力层的选择应考虑荷载的大小和性质。荷载越大，地基发生的沉降也越大。对某些土层，当基础受到的荷载较小时，可作为持力层，而当荷载较大，对地基承载力要求较高的基础来说，则可能不宜作为持力层。承受较大水平荷载的基础，应有一定的埋置深度以保证有足够的抗滑稳定性。受上拔力作用的基础，往往要求有一定的埋深以保证有足够的抗拔阻力。在地震区，不宜将可液化土层直接作为基础持力层，以避免地基土产生“液化”，造成基础沉降增大，甚至发生失稳破坏。

当土层的厚薄不均或荷载轻重不同时，除可采用大小不同的基础底面积外，有时也可采用深浅不同的埋深以调整不均匀沉降。

4)工程地质条件

工程地质条件是选择基础持力层很重要的因素之一，从满足地基稳定和建筑物安全出发，必须选择具有足够强度、稳定可靠的地基作为持力层。

根据土层沿地面以下深度的分布情况，可将地基分为下述几种典型情况加以考虑：

①地基土质在深度方向比较均匀。若地基自上而下都是良好土层(承载力高、压缩性小)，如图3.23(a)所示，此时基础埋深不受土质影响，在满足强度、稳定、变形和构造的前提下，基础应尽量浅埋。若地基自上而下都是软弱土层，如图3.23(b)所示，压缩性高，承载力小，难以满足地基承载力和变形要求，则应考虑人工地基或深基础方案；对于低层房屋，如采用浅基础，则应采取相应的措施，如增强建筑物的刚度等。

②地基上部为软弱土层而下部为良好土层，如图3.23(c)所示。基础的埋深则由上层土的厚度和建筑物的类型决定。当上层土性差的土较薄时，如厚度仅在2 m以内，应将基础穿过软弱土层而置于下层良好土层上；如果上层土厚度在2～4 m之间，对于低层的建筑物，可将基础放在软土内，避免大量开挖土方，但要适当增强建筑物的刚度，对于重要的建筑物和带

有地下室的建筑物，则宜将基础做在下层良好土层上；地下水位较高时，可考虑采用桩基。软土厚度大于 5 m 时，除筏形基础、箱形基础等大尺寸基础以及地下室的基础外，一般可按地基内都是软土考虑，宜采用人工地基或深基础方案。

③地基由两层土组成，上层土性良好，下层为软弱土层，如图 3.23(d)所示。这种地基情况在我国东南沿海地区较为常见，地表往往分布有一层厚度在 2～3 m 的“硬壳层”。对于一般中小型建筑基础应尽量利用该硬壳层作为持力层，并把基础尽量浅埋以便加大基底至软弱下卧层的距离，从而减少由基底传至软弱下卧层的应力，使其承载力满足要求。如上部良好土层较薄，则应按软弱地基考虑，采用人工地基或深基础方案。

④地基上下层土质均较好，中间夹有软弱土层。这时应尽量利用上部良好土层作为持力层，若上部良好土层较薄，不能满足要求，则应视软弱夹层厚薄而定，如较薄，可进行局部处理(如挖除)；若较厚，则采用人工地基或深基础方案。

⑤地基由若干良好土层与软弱土层交替组合而成，如图 3.23(e)所示。应根据各土层的厚度、承载力的大小和压缩性的高低参照①～④原则选择基础的埋深。

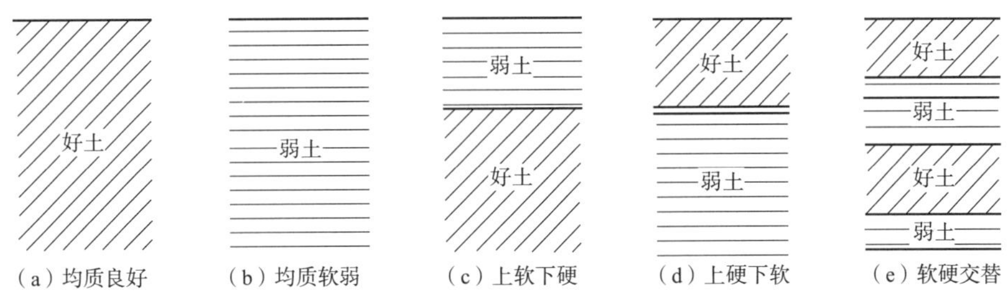

图 3.23　不同组成形式的地基土层

当基础埋置在易风化的软质岩层上时，施工时应在基坑挖好后立即铺筑垫层，以免岩层表面暴露后被风化软化。岩层倾斜时，不宜将基础部分置于岩层、部分置于土层上，以防结构物由于不均匀沉降而倾斜或破裂。

5)水文地质条件

地基土层内如有地下水，为避免基坑施工困难，应尽可能将基础埋置于地下水位以上。如不可避免地下水时，应考虑施工时的基坑降排水、坑壁围护、是否可能产生流砂或涌土等问题，并采取措施保护地基土不受扰动。当地下水对基础材料有侵蚀危害时，应采取抗侵蚀的水泥品种和相应措施。此外，设计时还应考虑由于地下水的浮托力而引起的基础底板内力的变化、地下室或地下贮罐上浮的可能性以及地下室的防渗问题。

如果持力层为黏土等隔水层，而其下有承压地下水时，为了避免在开挖基坑时隔水层被承压水冲破，发生流土破坏，必须保证基坑开挖后，坑底隔水层的自重应力始终大于承压水的静水压力，如图 3.24 所示，即

$$\gamma h > \gamma_w h_w \tag{3.1}$$

式中　γ——土的容重(kN/m^3)，对潜水位以下的土取饱和容重；

γ_w——水的容重(kN/m^3)；

h——基坑底面至承压含水层顶面的距离(m)；

h_w——承压水位距承压含水层顶面的距离(m)。

如果式(3.1)无法得到满足，则应设法降低承压水头或减小基础埋深。对于平面尺寸较大的基础，在满足式(3.1)的要求时，还应有不小于 1.1 的安全系数。

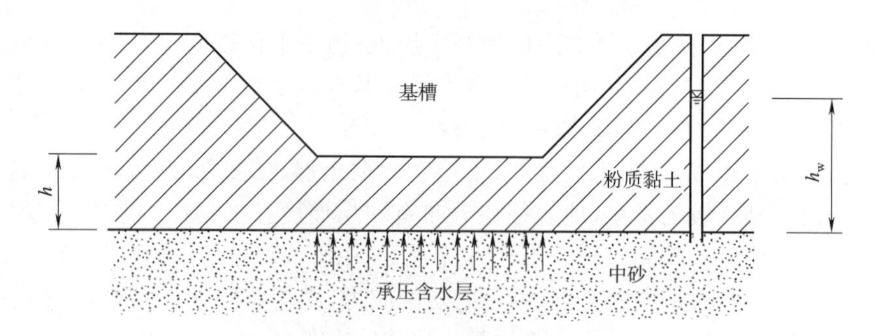

图 3.24　基坑下有承压水时埋深的确定

6)地基土冻胀和融陷的影响

在寒冷地区，地面下一定深度范围内土层的温度受气候变化的影响较大，冬季时气候变冷，地表土中水分因温度降低而冻结，且在上面的上冻结时，还会促使下面上中的水分上升并冻结。土冻结后含水量增加，体积膨胀，称为冻胀。土层因地质条件和水文条件的不同，不是均匀介质，发生冻胀往往也是不均匀的，这将使建筑物基础产生不均匀沉降。当外界气候变暖，温度升高，则冻土将产生融化而沉陷，这称为融陷。融陷时，一些原冻结的冰凌可能成为空洞，原冰层成为空层，致使土的强度降低，这样易使地基大量向下沉陷甚至坍陷，使埋置在冻结深度之上的基础也会发生严重的沉降或不均匀沉降，从而危害到建筑物的安全，所以设计时必须考虑地基土的冻胀融陷对基础埋置深度的影响。

地基是否发生冻胀，这与土的类别，土中含水量的多少及地下水的高低有关。根据冻胀对建筑物危害的程度，《建筑地基基础设计规范》(GB 50007—2011)将地基土的冻胀性分为不冻胀、弱冻胀、冻胀、强冻胀和特强冻胀四类。

季节性冻土地基的场地冻结深度按式(3.2)计算。

$$z_d = z_0 \cdot \psi_{zs} \cdot \psi_{zw} \cdot \psi_{ze} \tag{3.2}$$

式中　z_d——场地冻结深度(m)；

z_0——标准冻结深度(m)；当无实测资料时，按《建筑地基基础设计规范》(GB 50007—2011)附录 F 采用；

ψ_{zs}——土的类别对冻结深度的影响系数，按表 3.4 采用；

ψ_{zw}——土的冻胀性对冻结深度的影响系数，按表 3.5 采用；

ψ_{ze}——环境对冻结深度的影响系数，按表 3.6 采用。

表 3.4　土的类别对冻结深度的影响系数

土的类别	影响系数 ψ_{zs}
黏性土	1.00
细砂、粉砂、粉土	1.20
中、粗、砾砂	1.30
大块碎石土	1.40

表 3.5　土的冻胀性对冻结深度的影响系数

土的冻胀性	影响系数 ψ_{zw}
不冻胀	1.00

续上表

土的冻胀性	影响系数 ψ_{zw}
弱冻胀	0.95
冻胀	0.90
强冻胀	0.85
特强冻胀	0.80

表 3.6 环境对冻结深度的影响系数

周围环境	影响系数 ψ_{ze}
村、镇、旷野	1.00
城市近郊	0.95
城市市区	0.90

季节性冻土地区基础埋置深度宜大于场地冻结深度。对于深厚季节性冻土地区，当建筑基础底面土层为不冻胀、弱冻胀、冻胀土时，基础埋置深度可以小于场地冻结深度，基础底面下允许冻土层最大厚度应根据当地经验确定，没有地区经验时可按《建筑地基基础设计规范》(GB 50007—2011)附录 G 查取，此时，基础最小埋置深度可按式(3.3)计算。

$$d_{\min}=z_d-h_{\max} \tag{3.3}$$

式中 $d_{\min}$——基础最小埋置深度(m)；

$h_{\max}$——基础底面下允许冻土层最大厚度(m)。

在冻胀、强冻胀、特强冻胀地基上，除按冻胀性要求确定最小埋置深度外，还应采取防冻害措施并满足下列规定：

(1)对在地下水位以上的基础，基础侧面应回填非冻胀性的中砂或粗砂，其厚度不应小于 200 mm；对在地下水位以下的基础，可采用桩基础、保温性基础、自锚式基础(冻土层下有扩大板或扩底短桩)，也可将独立基础或条形基础做成正梯形的斜面基础。

(2)宜选择地势高、地下水位低、地表排水良好的建筑场地。对低洼场地，宜在建筑四周向外一倍冻结深度范围内，使室外地坪至少高出自然地面 300～500 mm。

(3)应做好排水设施，施工和使用期间防止雨水、地表水、生产废水、生活污水侵入建筑地基。在山区应设置截水沟或在建筑物下设置暗沟，以排走地表水和潜水。

(4)在强冻胀性和特强冻胀性地基上，其基础结构应设置钢筋混凝土圈梁和基础梁，并控制上部建筑的长高比，增强房屋的整体刚度。

(5)当独立基础联系梁下或桩基础承台下有冻土时，应在联系梁或承台下留有相当于该土层冻胀量的空隙，以防因土的冻胀将联系梁或承台拱裂。

(6)外门斗、室外台阶和散水坡等部位宜与主体结构断开，散水坡分段不宜超过 1.5 m，坡率不宜小于 3%，其下宜填入非冻胀性材料。

(7)对跨年度施工的建筑，入冬前应对地基采取相应的防护措施；按采暖设计的建筑物，当冬季不能正常采暖时，也应对地基采取保温措施。

3.6 桥涵刚性扩大基础的设计计算

桥涵浅基础中，除有较大偏心荷载作用、地基土层较软弱、基础埋深又受到一定限制时采用钢筋混凝土基础外，刚性扩大基础由于具有稳定性好、能就地取材、造价不高、设计施工简便等特点，在工程实际中被广泛采用。但在有地表水或地下水位较高时，荷载大或上部结构对变形敏感时，或持力层的土质较差且又较厚时，或基坑开挖有涌砂现象时，则不宜使用刚性扩大基础。

桥涵刚性扩大基础的设计与计算主要包括以下内容和步骤：

(1)阅读与分析设计所必需的场地地形图、地质勘察报告、上部结构总体布置图及设计计算说明书等；

(2)选择基础类型；

(3)确定基础的埋置深度；

(4)拟定基础各部分尺寸(包括基础厚度、平面尺寸及台阶宽度)；

(5)检算基础的刚性角；

(6)荷载计算(应计算出各种荷载作用于基底形心处的力及力矩)和荷载组合；

(7)合力偏心距检算；

(8)地基强度检算(包括持力层强度检算和软弱下卧层强度检算)；

(9)基础稳定性和地基稳定性检算(包括抗倾覆稳定性和抗滑动稳定性等)；

(10)沉降检算。

一般应提供满足要求的 2～3 个方案，从技术、经济和施工方法等方面进行综合比较，从中择优选用。

3.6.1 刚性扩大基础方案的拟定

1)刚性扩大基础材料及构造要求

刚性扩大基础一般采用混凝土浇筑或石砌，砌筑材料主要有混凝土、各种石材及砂浆。

(1)混凝土。混凝土是修筑基础最常用的材料，它的优点是抗压强度高、耐久性和抗冻性好，可浇筑成任意形状。混凝土强度等级要求，铁路桥涵一般不宜小于 C15，公路桥涵一般不宜小于 C20。对于大体积混凝土基础，为了节约水泥用量，可掺入不多于砌体体积 25%(铁路)或 20%(公路)的片石(称片石混凝土)，但片石的强度等级应低于混凝土强度等级和有关规范规定的石材最低强度等级。

(2)石材。刚性基础常用的石材主要有各种料石、块石和片石，常用于做小桥涵基础。采用石材砌筑时应错缝，并用水泥砂浆填缝。料石外形大致方正，厚度为 20～30 cm，宽度和长度分别为厚度的 1.0～1.5 倍和 2.5～4.0 倍，根据表面平整情况可分为细料石、半细料石和粗料石。块石要求外形大致方正，厚度和宽度要求与料石相同，长度为厚度的 1.5～3.0 倍。片石为不规则石块，使用时形状不受限制，厚度不得小于 15 cm，卵石和薄片不得采用。

由于地基土的强度比墩台圬工的强度低，基底的平面尺寸需要稍大于墩台底平面尺寸。通常按刚性角限制采用台阶形分级递增，每边扩大的尺寸最小为 0.2～0.5 m，可在纵、横剖面上以 0.5 m 或 1.0 m 的台阶高度筑做，以便施工，同时又能节省材料，减轻基础自重。

2)刚性扩大基础尺寸拟定

基础尺寸的拟定是基础设计中的关键环节，基础尺寸一般应在满足最基本的构造要求的情况下，参考已有的设计经验，初步拟定出较小尺寸(尺寸拟定适当，可减少重复的设计计算工作)，然后通过检算进行调整。一个经济合理的结构尺寸需要通过反复检算、综合分析才能确定。

刚性扩大基础尺寸的拟定包括基础高度、基础平面形状和尺寸、基础剖面尺寸。

(1)基础高度

基底标高应按基础埋深的要求确定。墩台基础顶面高程宜根据桥位情况、施工难易程度，并考虑美观与整体协调进行确定。水中基础顶面一般不高于最低水位，在季节性流水的河流或旱地上的桥梁墩台基础，则不宜高出地面，基础顶面一般应低于设计地面 1.0 m 以上，以免基础外露，遭受外界影响而破坏。这样，基础高度可按上述要求所确定的基础底面标高和顶面标高求得。一般情况下，大、中桥墩台混凝土基础高度在 1.0～5.0 m 不等。

(2)基础平面形状和尺寸

基础平面形状一般应考虑墩台身底面的形状而确定，基底形状一般应大致和墩台形状相符，例如圆墩下用圆形或八角形基础，矩形墩下用矩形基础。为便于施工，圆形墩和圆端形墩以及形状较为复杂的墩台，也多采用矩形基础。基础平面尺寸主要依据墩台身底截面和刚性角控制确定。

当基础顶面标高确定后，墩台身高度即可确定，从而就可确定出墩台身底截面尺寸。再根据刚性角和基础高度，即可求得基础底面尺寸。对常用的矩形基础，基础底面长宽尺寸与高度有如下的关系：

长度(横桥向)：
$$a=l+2H\tan\alpha \tag{3.4}$$

宽度(顺桥向)：
$$b=d+2H\tan\alpha \tag{3.5}$$

式中 l——墩台身底截面长度(m)；

d——墩台身底截面宽度(m)；

H——基础高度(m)；

α——墩台身底截面边缘至基础底面边缘连线与垂线间的夹角。

(3)基础剖面尺寸

刚性扩大基础的剖面形式一般做成矩形或台阶形，如图 3.25 所示。自墩台身底边缘至基顶边缘的距离 c_1 称襟边，其作用一方面是扩大基底面积增加地基承载力，同时也便于调整基础施工时在平面尺寸上可能发生的误差，另一方面也是为了支立墩台身模板的需要。其值应视基底面积的要求、基础厚度及施工方法而定。桥梁墩台基础襟边最小值为 20～30 cm。

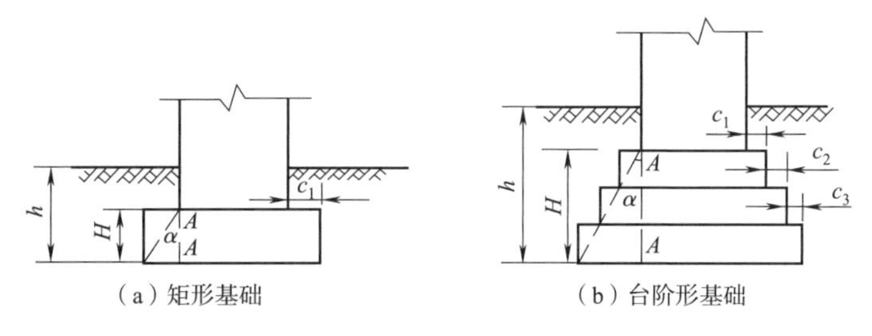

H—基础高度(m)；h—基础埋深(m)；c_1—襟边宽(m)；

c_2、c_3—台阶宽(m)；α—自墩台身边缘处的垂线与基底边缘的连线间的夹角(°)。

图 3.25 刚性扩大基础剖面图

基础较高(超过 1.0 m 以上)时，可将基础的剖面浇砌成台阶形，如图 3.25(b)所示。基础每层台阶高度通常 0.5～1.0 m，《铁路桥涵地基和基础设计规范》(TB 10093—2017)(以下简称《铁桥基规》)规定：每一层的厚度不宜小于 1.0 m。在一般情况下各层台阶宜采取相同高度。

基础悬出总长度(包括襟边与台阶宽度之和)按刚性基础的定义，应使悬出部分在基底反力作用下，在 A-A 截面所产生的弯曲拉应力和剪应力不超过基础圬工的强度限值。满足上述要求时，就可得到自墩台身边缘处的垂线与基底边缘的连线间的最大夹角 α_{max}，称为刚性角。在设计时，应使每个台阶宽度 c_i 与厚度 t_i 保持在一定比例内，使其夹角 $\alpha_i \leqslant \alpha_{max}$，这时可认为属刚性基础，不必对基础进行弯曲拉应力和剪应力的强度检算，在基础中可不设置受力钢筋。

刚性角 α_{max} 的数值与基础所用的圬工材料强度有关。根据实验，常用的基础材料的刚性角 α_{max} 可按下面提供的数值取用：

①砖、片石、块石、粗料石砌体，当用 M5 以下砂浆砌筑时，$\alpha_{max} \leqslant 30°$；

②砖、片石、块石、粗料石砌体，当用 M7.5 以下砂浆砌筑时，$\alpha_{max} \leqslant 35°$；

③混凝土浇筑时，《铁桥基规》规定：一般可取 $\alpha_{max} \leqslant 45°$，双向受力矩形墩台的基础以及单向和双向受力的圆端形、圆形桥墩采用矩形基础时，其最上一层 $\alpha_{max} \leqslant 35°$，其下各层 $\alpha_{max} \leqslant 45°$。

所拟定的基础尺寸，应是在可能的最不利荷载组合的条件下，能保证基础本身有足够的结构强度并能使地基与基础的承载力和稳定性均能满足规定要求，并且是经济合理的。

对于以上初步拟定的尺寸，需进行各项检算。其中基础本身的强度只要满足刚性角的要求即可得到保证，其他检算项目则应在各自对应的最不利荷载组合作用下进行。

3.6.2 铁路桥涵基础荷载效应组合

桥涵基础须承受上部结构传递下来的全部荷载，这些荷载因上部结构的使用情况不同而出现差别。根据各种荷载的不同特性，以及出现的不同概率，《铁路桥涵设计规范》（TB 10002—2017）将作用荷载进行分类，并根据实际情况，将可能同时出现的荷载组合起来，以确定基础设计时的计算荷载。

作用在桥涵结构及其基础上的荷载，根据其作用的特点和出现的概率，分为主要荷载（亦称主力，包括恒载和活载）、附加荷载（亦称附加力，包括制动力或牵引力、风力、流水压力、冰压力、温度变化的影响力、冻胀力等）和特殊荷载（亦称特殊力，包括船只或排筏撞击力、地震力、施工临时荷载、汽车撞击力、长钢轨断轨力、列车脱轨荷载），其计算方法详见《铁路桥涵设计规范》。

除恒载外，其他各项荷载的数值都是变化的，并且出现的概率不同，不会全部作用在结构物上，设计时应具体分析，遵照下列原则进行荷载组合：

（1）只考虑主力＋附加力或主力＋特殊力的组合，不考虑主力＋附加力＋特殊力的荷载组合方式，因为它们同时出现的概率非常小。

（2）主力＋附加力组合时，只考虑主力和一个方向的附加力的组合，即主力与顺桥向的附加力组合或主力与横桥向的附加力组合。

（3）对某一检算项目应选取相应的最不利荷载组合。例如在桥梁墩台基础设计中，当检算地基承载力时，应将可能导致基础底面产生最大应力的各项荷载组合起来进行检算；当检算基底稳定性时，则应选取导致墩台承受最大水平力而竖向力为最小的各项荷载组合起来进行检算。不同要求下的最不利荷载组合是不相同的，需要选取几个可能的最不利荷载组合，通过计算进行比较确定。

3.6.3 地基承载力检算

地基承载力的检算包括持力层承载力检算和软弱下卧层承载力检算。

1）持力层承载力检算

持力层是直接与基底相接触的地层。持力层承载力检算的基本要求是：根据纵向（顺桥方向）和横向（横桥方向）的最不利荷载组合分别算得各自的基底最大压力不得超过持力层的容许承载力$[\sigma]$。

基底压力通常采用如下的简化方法进行计算：

$$\sigma_{\min}^{\max} = \frac{\sum N_i}{A} \pm \frac{\sum M_i}{W} \tag{3.6}$$

式中 A——基底面积(m^2)；

W——基底的截面模量(m^3)；

N_i——各竖向力(kN)；

M_i——各外力对基底截面重心之力矩(kN · m)；

σ——基底压力(kPa)；

σ_{max}，σ_{min}——基底最大和最小应力(kPa)。

地基容许承载力$[\sigma]$指在保证地基稳定，且建筑物的沉降量不超过容许值条件下的地基承载力。当基础宽度 $b>2$ m，基础底面的埋置深度 $h>3$ m 时，地基的容许承载力可按式(3.7)计算。

$$[\sigma]=\sigma_0+k_1\gamma_1(b-2)+k_2\gamma_2(h-3) \tag{3.7}$$

式中 σ_0——地基的基本承载力(kPa)：指当基础的宽度 $b\leqslant 2$ m，埋置深度 $h\leqslant 3$ m 时的地基容许承载力，可根据基底持力层的物理力学指标直接从《铁桥基规》第 4.1.2 节查取；

b——基础的短边宽度(m)：$b<2$ m 时，取 2m，$b>10$ m 时取 10 m；

h——基础底面的埋置深度(m)：对于一般受水流冲刷的墩台，由一般冲刷线算起；不受水流冲刷者，由天然地面算起；位于挖方内，由开挖后地面算起；$h<3$ m 时取 3 m，$h/b>4$ 时取 $4b$；

γ_1——基底以下持力层土的天然容重(kN/m^3)，如持力层在水面以下，且为透水者，应采用浮容重；

γ_2——基底以上土的天然容重的加权平均值(kN/m^3)：如持力层在水面以下，且为透水者，水中部分应采用浮容重，如为不透水者，不论基底以上水中部分土的透水性质如何，应采用饱和容重；

k_1，k_2——宽度、深度修正系数，按持力层土的类型决定，见《铁桥基规》表 4.1.3。

主力＋附加力(不含长钢轨纵向力)时，地基容许承载力可提高 20%；主力＋特殊荷载(地震力除外)，可根据地基情况查表 3.7 确定。既有墩台地基基本承载力可根据压密程度予以提高，但不应超过 25%；若持力层不透水，常水位高出一般冲刷线每高 1 m，容许承载力可增加 10 kPa。

表 3.7 地基容许承载力[σ]的提高系数

地基情况	提高系数
$\sigma_0>500$ kPa 的岩石和土	1.4
150 kPa$<\sigma_0\leqslant 500$ kPa 的岩石和土	1.3
100 kPa$<\sigma_0\leqslant 150$ kPa 的土	1.2

至于 σ_{min}，若持力层为土质地基，不允许出现拉应力(即 $\sigma_{min}>0$)，即不允许其合力的偏心距超过基底截面核心半径 ρ；若持力层为岩石，当出现拉应力时，由于假定基底不能承受任何拉应力，应改用应力重分布公式，重新计算其基底压力。

当基底双向偏心受压时，基底压力应按式(3.8)进行计算。

$$\sigma_{\min}^{\max} = \frac{\sum N_i}{A} \pm \frac{\sum M_{ix}}{W_x} \pm \frac{\sum M_{iy}}{W_y} \tag{3.8}$$

式中　M_{ix}，M_{iy}——各力绕基底重心处 x 轴和 y 轴的弯矩(kN·m)；

W_x，W_y——基底对 x 轴和 y 轴的截面抵抗矩(m^3)。

2)软弱下卧层承载力检算

当受压层范围内地基为多层土组成，且持力层以下有软弱下卧层(承载力低于持力层的 1/3)时，还应检算软弱下卧层的承载力，检算时先计算软弱下卧层顶面处的总应力(包括自重应力及附加应力)，使其不得大于该处地基土的容许承载力(图 3.26)，即

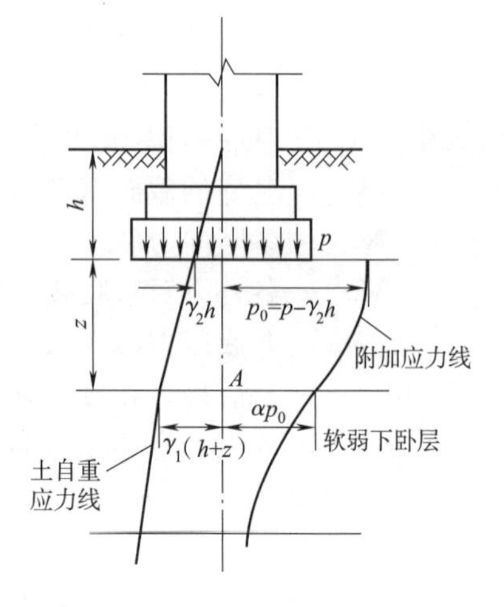

图 3.26　软弱下卧层强度检算

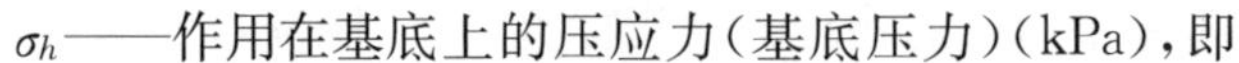
$$\sigma_{h+z}=\gamma_1(h+z)+\alpha(\sigma_h-\gamma_2 h)\leqslant[\sigma]_{h+z} \tag{3.9}$$

式中　γ_1——相应于深度(h+z)以内土的换算容重(kN/m³)；

γ_2——基底以上土的换算容重(kN/m³)；

z——自基底至软弱下卧层顶的距离(m)；

α——土中附加应力分布系数，见《铁桥基规》附录 C；

σ_h——作用在基底上的压应力(基底压力)(kPa)，即图 3.26 中的 p：当基底压力为不均匀分布且 $z/b>1$(或 $z/d>1$)时，σ_h 采用基底平均压力；当 $z/b\leqslant1$(或 $z/d\leqslant1$)时(b 为矩形基础的短边宽度，d 为圆形基础直径)，按基底压力图形采用距最大应力点 $b/4$～$b/3$(或 $d/4$～$d/3$)处的压力(三角形和前后端应力差较大的梯形图形，采用 $b/4$ 处的应力值；前后端应力差较小的梯形图形，采用 $b/3$ 处的应力值)；

$[\sigma]_{h+z}$——下卧层顶面处经深度修正后的容许承载力，按式(3.7)计算，其中 h 应取 $h+z$ 计算。

当软弱下卧层较厚，压缩性较高，或当上部结构对基础沉降有一定要求时，除承载力应满足要求外，尚应检算软弱下卧层的基础沉降。

【例 3.1】　某铁路桥台基础断面如图 3.27 所示，基础埋深为 5.0 m，基底以上土的容重 $\gamma=19.8$ kN/m³，孔隙比 $e=0.75$，液性指数 $I_L=0.15$，持力层为硬塑黏土，设计基础底面为矩形，基础底面边长 $a=9.0$ m，$b=4.0$ m，在主力+附加力(不包括台前后填土荷载)作用下，基础底面形心处受力为：竖向力 $N=8\ 000$ kN，力矩 $M=2\ 800$ kN·m，水平剪力 $H=1\ 200$ kN，台前后填土在 A、B 两点引起的附加应力 $p_A=25$ kPa，$p_B=65$ kPa，试验算地基持力层强度。

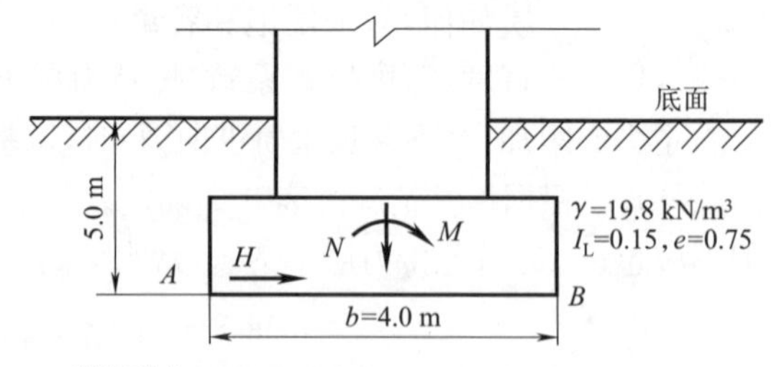

图 3.27　桥台基础断面

【解】　(1)确定地基承载力。持力层为硬塑黏土，孔隙比 $e=0.75$，液性指数 $I_L=0.15$，从《铁桥基规》查表 4.1.2.5 得地基基本承载力 $\sigma_0=337.5$ kPa，基础埋深为 5.0 m，宽度 $b=4.0$ m，再查《铁桥基规》表 4.1.3，得修正系数 $k_1=0$、$k_2=2.5$，则修正后的地基承载力容许值为

$$[\sigma]=\sigma_0+k_1\gamma_1(b-2)+k_2\gamma_2(h-3)=337.5+0+2.5\times19.8\times(5-3)=436.5(\text{kPa})$$

(2)计算基底处压力并验算。由外荷载在基础底面引起的基底压力为

$$\sigma_{\min}^{\max}=\frac{\sum N_i}{A}\pm\frac{\sum M_i}{W}=\frac{8\ 000}{4\times9}\pm\frac{2\ 800}{\frac{1}{6}\times9\times4^2}=222.22\pm116.67=\begin{matrix}338.89\\105.55\end{matrix}(\text{kPa})$$

由此可见 $\sigma_{min}>0$,故没有发生应力重分布。

考虑台前后填土影响,则

台后　　$p_B=65+338.89=403.89(kPa)<1.2[\sigma]=523.8$ kPa

台前　　$p_A=25+105.55=130.55(kPa)$

所以,持力层地基承载力满足要求。

3.6.4 基底偏心距的检算

设计计算墩台基础时,必须控制基底合力偏心距,其目的是尽可能使基底应力分布比较均匀,以免基底两侧应力相差过大,使基础产生较大的不均匀沉降,致使墩台发生倾斜,影响正常使用。

基底以上外力作用点对基底重心轴的偏心距 e 可按式(3.10)计算。

$$e=\frac{M}{N} \tag{3.10}$$

式中 N——作用于基底重心上的竖向合力(kN);

M——作用于基底重心上的总力矩(kN·m)。

基底承受单向或双向偏心受压的基底截面核心半径 ρ 可按式(3.11)计算。

$$\frac{e}{\rho}=1-\frac{\sigma_{min}}{N/A} \tag{3.11}$$

式中 A——基底面积(m^2);

σ_{min}——基底最小压力(kPa):当为负值时表示拉应力,按式(3.8)计算。

墩台基底的合力偏心距限值应符合表 3.8 的规定。

表 3.8　合力偏心距的限值

地基及荷载情况			e 的限值
仅承受恒载作用	非岩石地基	合力的作用点应接近基础底面的重心	
主力+附加力 主力+附加力+ 长钢轨伸缩力 (或挠曲力)	非岩石地基上的桥台 (包括土状的风化岩层)	土的基本承载力 $\sigma_0>200$ kPa	1.0ρ
		土的基本承载力 $\sigma_0\leqslant200$ kPa	0.8ρ
	岩石地基	硬质岩	1.5ρ
		其他岩石	1.2ρ
主力+长钢轨伸缩力 或挠曲力 (桥上无车)	非岩石地基	土的基本承载力 $\sigma_0>200$ kPa	0.8ρ
		土的基本承载力 $\sigma_0\leqslant200$ kPa	0.6ρ
	岩石地基	硬质岩	1.25ρ
		其他岩石	1.0ρ
主力+特殊荷载 (地震力除外)	非岩石地基	土的基本承载力 $\sigma_0>200$ kPa	1.2ρ
		土的基本承载力 $\sigma_0\leqslant200$ kPa	1.0ρ
	岩石地基	硬质岩	2.0ρ
		其他岩石	1.5ρ

3.6.5 基础稳定性和地基稳定性检算

在基础设计计算时,必须保证基础本身具有足够的稳定性。基础稳定性检算包括基础倾覆稳定性检算和基础滑动稳定性检算。此外，对某些土质条件下的桥台、挡土墙还要检算地基的稳定性，以防桥台、挡土墙下地基发生滑动。

1)基础稳定性检算

(1)基础倾覆稳定性检算

为了保证墩台在最不利荷载组合作用下，不致绕基底外缘转动而发生倾覆现象，从图3.28(a)看出，合力 R 可以简化为作用在基底截面重心处的3个力，即 $\sum M_i$、$\sum P_i$、$\sum T_i$，其中 $\sum M_i$ 使基础有可能会绕 $A—A$ 边产生一个反力矩 $y\sum P_i$，它起到阻止基础绕 $A—A$ 边缘转动的作用，故称为稳定力矩。

图3.28中：O 为截面重心；C 为合力作用点；R 为所有外力的合力；$\sum P_i$ 为各竖向力的总和；$\sum T_i$ 为各水平力的总和；P_1、P_2、P_3 为各竖向力；T_1、T_2 为各水平力；$A—A$ 为检算截面的最大受压边缘。

墩台的倾覆稳定通常用倾覆稳定系数 K_0 表示，按式(3.12)计算：

$$K_0=\frac{\text{稳定力矩}}{\text{倾覆力矩}}=\frac{y\sum P_i}{\sum P_i e_i+\sum T_i h_i}=\frac{y\sum P_i}{\sum M_i}=\frac{y}{e} \tag{3.12}$$

式中　P_i，T_i——各竖向力和水平力(kN)；

e_i——各竖向力到检算截面重心的力臂(m)；

h_i——各水平力到检算截面重心的力臂(m)；

y——在沿截面重心与合力作用点的连线上，自截面重心至检算倾覆轴的距离(m)；

e——所有外力合力 R 的作用点至截面重心的距离(m)。

各力矩 $P_i e_i$、$T_i h_i$ 应根据其绕检算截面重心的方向区别正负。对于凹多边形基底，检算倾覆稳定性时，其倾覆轴应取基底截面的外包线。

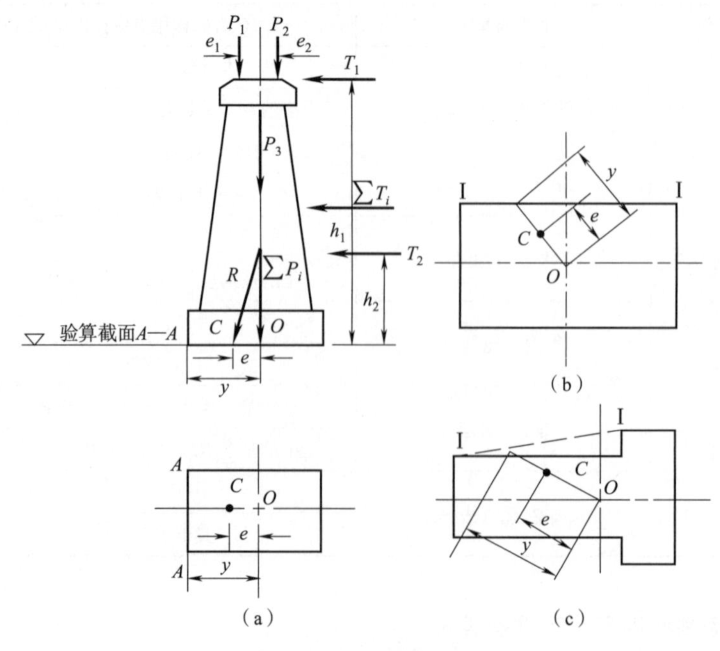

图3.28　基础倾覆稳定计算

墩台基础的倾覆稳定系数 K_0 不得小于 1.5,施工荷载作用下不得小于 1.2。

(2)基础滑动稳定性检算

基础在水平推力作用下有可能沿基础底面产生滑动破坏,故可用基底与土之间的摩擦阻力和水平推力的比值 K_c 来反映墩台的抗滑安全度。K_c 称为抗滑动稳定系数,应按式(3.13)计算。

$$K_c = \frac{f\sum P_i}{\sum T_i} \tag{3.13}$$

式中 f——基础底面与地基土间的摩擦系数,当缺少实际资料时,可采用表 3.9 的数值。

表 3.9 基底摩擦系数 f

地基土	黏土		粉土、坚硬的黏土	砂类土	碎石类土	岩石	
	软塑	硬塑				软质	硬质
摩擦系数 f	0.25	0.3	0.3～0.4	0.4	0.5	0.4～0.6	0.6～0.7

墩台基础的滑动稳定系数 K_c 不得小于 1.3,考虑施工荷载时不得小于 1.2。

2)地基稳定性检算

位于软土地基上较高的桥台需检算桥台沿滑裂曲面滑动的稳定性,基底下地基如在不深处有软弱夹层时,在台后土推力作用下,基础也有可能沿软弱夹层Ⅱ的层面滑动,如图 3.29(a)所示;在较陡的土质斜坡上的桥台、挡土墙也有滑动的可能,如图 3.29(b)所示。

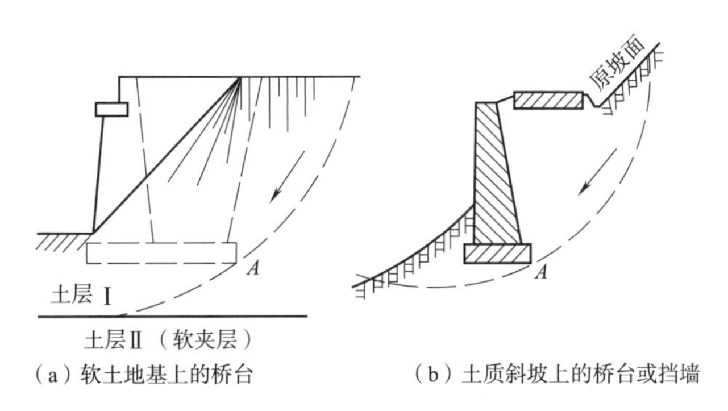

(a)软土地基上的桥台　　(b)土质斜坡上的桥台或挡墙

图 3.29 地基稳定性检算

这种地基稳定性检算方法可按土坡稳定分析方法,即圆弧滑动面法来进行检算。在检算时,一般假定滑动面通过填土一侧基础剖面角点 A(图 3.29)。在计算滑动力矩时,应计入桥台上作用的外荷载(包括上部结构自重和活载等)以及桥台和基础自重的影响,然后求出最危险滑面上的稳定安全系数 K_f,使其满足规定的要求值,即

$$K_f = \frac{M_{抗}}{M_{滑}} \geqslant 1.3 \tag{3.14}$$

式中 $M_{抗}$——各力对滑动中心的抗滑力矩(kN·m);

$M_{滑}$——各力对滑动中心的滑动力矩(kN·m)。

3.6.6 基础沉降检算

修建在非岩石地基上的桥梁基础,在外力作用下都会因地基土体的变形发生一定程度的沉降,如果沉降过大,会引起桥面或路面的不平顺,为保证墩台发生沉降后,桥头或桥上线路坡

度的改变不致影响列车的正常运行，即使进行线路高程调整，工作量也不致太大，不会引起梁上道砟槽边墙改建和桥梁结构加固，故要限制桥涵基础的沉降并加以检算。

由于铁路、公路等活载作用时间短暂，活载作用下的沉降变形是瞬时的、弹性的，一般可恢复，对沉降影响不大，而作用在基础上的结构自重等恒载对沉降的影响是主要的，因此，在考虑墩台基础的沉降时，仅按恒载计算。

墩台基础施工期间所发生的那部分沉降可借灌注顶帽混凝土时进行调整，只有竣工后继续发生的沉降（工程上常称为工后沉降，系指铺轨工程完成以后，基础设施产生的沉降量，也即总沉降减去施工期的沉降），才对线路状况和运营条件有影响，故常采用墩台基础的工后沉降作为控制指标。对静定结构，墩台基础的工后沉降量不应超过表 3.10 的限值。

表 3.10 静定结构墩台基础工后沉降限值

有砟轨道			无砟轨道		
设计速度	沉降类型	限值(mm)	设计速度	沉降类型	限值(mm)
250 km/h 及以上	墩台均匀沉降	30	250 km/h 及以上	墩台均匀沉降	20
	相邻墩台沉降差	15		相邻墩台沉降差	5
200 km/h	墩台均匀沉降	50	200 km/h 及以下	墩台均匀沉降	20
	相邻墩台沉降差	20		相邻墩台沉降差	10
160 km/h 及以下	墩台均匀沉降	80			
	相邻墩台沉降差	40			

对于超静定结构，其相邻墩台的沉降差会在上部结构中产生很大的次应力（附加应力），因此上述工后沉降量之差除应满足表 3.10 的要求外，尚应根据沉降差对结构产生的附加应力的影响而定。

基础由于其底面以下受压土层 z_n 压缩产生的总沉降量 S 结合图 3.30 可按式(3.15)计算。

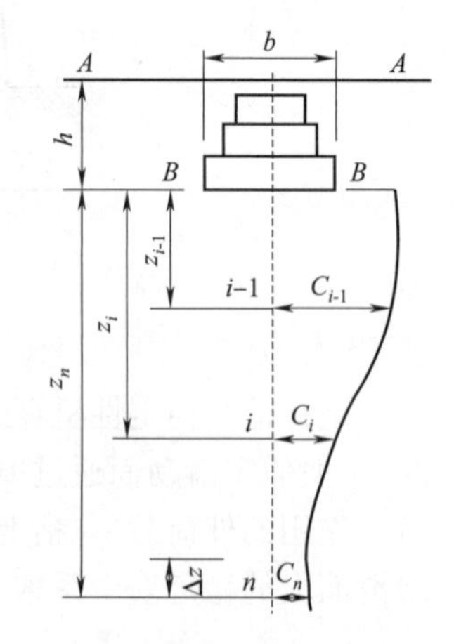

图 3.30 基础沉降计算图

$$S=m_s\sum_{i=1}^{n}\Delta S_i=m_s\sum_{i=1}^{n}\frac{\sigma_{z(0)}}{E_{si}}(z_iC_i-z_{i-1}C_{i-1}) \qquad (3.15)$$

式中 n——基底以下地基沉降计算深度范围内按压缩模量划分的土层分层数目；

$\sigma_{z(0)}$——基础底面处的附加压应力(kPa)，$\sigma_{z(0)}=\sigma_h-\gamma_2 h$，其中 h 为基础底面的埋置深度(m)：对于一般受水流冲刷的墩台，由一般冲刷线算起；不受水流冲刷者，由天然地面算起；位于挖方内，由开挖后地面算起；

z_i，z_{i-1}——基底至第 i 和 $i-1$ 层底面的距离(m)；

E_{si}——基础底面以下受压土层内第 i 层的压缩模量(kPa)；

C_i，C_{i-1}——基底至第 i 层底面范围内和至第 $i-1$ 层底面范围内的平均附加应力系数，可按《铁桥基规》附录 B 查得；

m_s——沉降经验修正系数，根据地区沉降观测资料及经验定，无地区经验时按表 3.11 确定，对于软土地基，m_s不应小于 1.3。

地基沉降计算总深度 z_n 的确定应符合下列要求：

$$\Delta S_n \leqslant 0.025\sum_{i=1}^{n}\Delta S_i \tag{3.16}$$

式中　ΔS_i——计算深度范围内第 i 层土的沉降量(mm)；

ΔS_n——深度 z_n 处向上取厚度为 Δz(表 3.12)的土层沉降量(mm)。

表 3.11　沉降经验修正系数

$\sigma_{z(0)}$(kPa)	$\overline{E}_s$(kPa)				
	2 500	4 000	7 000	15 000	20 000
$\sigma_{z(0)} \geqslant \sigma_0$	1.4	1.3	1.0	0.4	0.2
$\sigma_{z(0)} \leqslant 0.75\sigma_0$	1.1	1.0	0.7	0.4	0.2

注：$\overline{E}_s$ 为沉降计算总深度 z_n 内地基压缩模量的当量值，其值为

$$\overline{E}_s = \frac{\sum A_i}{\sum \frac{A_i}{E_{si}}}$$

式中　A_i——第 i 层土平均附加应力系数沿该土层厚度的积分值，即第 i 层土的平均附加应力系数面积。

表 3.12　Δz 取值

基底宽度 b(m)	$b \leqslant 2$	$2 < b \leqslant 4$	$4 < b \leqslant 8$	$b > 8$
Δz	0.3	0.6	0.8	1.0

3.6.7　墩台顶水平位移检算

在设计时，为了防止由于偏心荷载使同一基础两侧产生较大的不均匀沉降，而导致结构物倾斜和造成墩台顶面发生过大的水平位移等影响上部结构的正常使用，对于较低的墩台可用限制基底合力偏心距的方法来解决；对于结构物较高，土质又较差时，则须检算基础的倾斜，从而保证结构物顶面的水平位移控制在容许范围以内。墩台顶面处的水平位移 Δ(mm)，包括墩身和基础的弹性变形(δ_0)，以及基底土弹性变形($l\tan\theta$)，如图 3.31 所示。顺桥向墩台顶的水平位移采用式(3.17)进行检算。

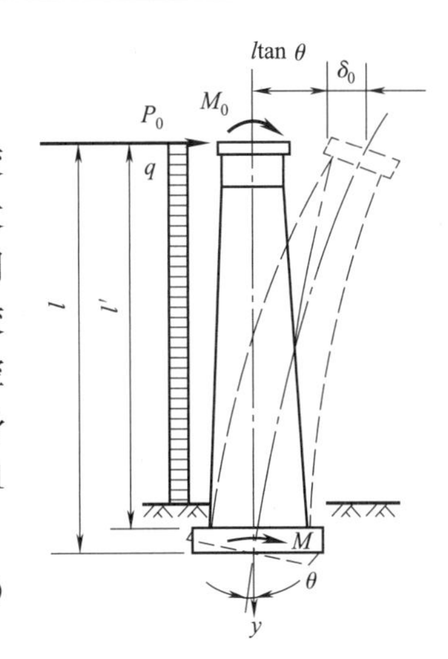

图 3.31　墩顶水平位移

$$\Delta = l\tan\theta + \delta_0 \leqslant [\Delta] = 5\sqrt{L} \quad \text{(mm)} \tag{3.17}$$

式中　l——自基础底面到墩台顶的高度(m)；

θ——基础底面的转角，其中 $\tan\theta = \Delta S/b$，ΔS 为基底在倾斜方向上两端点的沉降差(m)，b 为基础在倾斜方向上的底面宽度(m)；

δ_0——在水平力和弯矩作用下墩台本身的弹性挠曲变形在墩台顶面引起的水平位移(mm)；

L——桥梁跨度(m)：当 $L < 24$ m 时，取 24 m；不等跨时，取相邻跨中较小跨的跨度。

3.7　建筑浅基础的设计计算

工业与民用建筑浅基础设计原理和方法与桥梁墩台实体基础基本相同，都需要在掌握地基土工程地质资料的基础上，选择基础类型，计算上部荷载，拟定基础埋深，确定基础尺寸，然后再按照地基土强度、变形和稳定性要求进行各项检算，使基础设计满足安全、经济、合理的要

求。以下各项计算和检算系按现行《建筑地基基础设计规范》(GB 50007—2011)要求进行。

3.7.1 荷载及荷载效应组合

1)作用在基础上的荷载

作用在建筑物基础上的荷载不外乎四种情况,如图 3.32 所示。基础在轴向力作用下,将发生沉降;在力矩作用下,还将发生倾斜;在水平力作用下,可能会发生基础底面的滑动、沿地基内部的滑动和基础倾覆,因此地基基础设计时必须进行相应的检算。

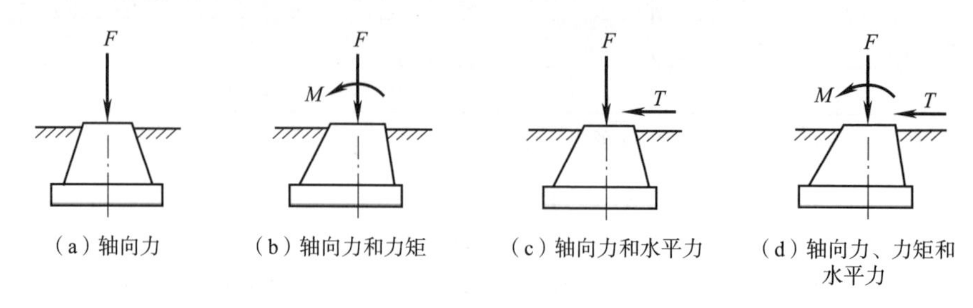

F—轴向力;M—力矩;T—水平力。

图 3.32 作用在基础上的荷载

计算上部结构自重及屋面荷载、楼面荷载等活荷载时,应从建筑物的屋顶开始计算,自上而下,按传力系统累计至设计地面。当条形基础上面墙体没有门窗时,荷载是均布荷载(如内墙),取 1 m 长;当上面墙体有门窗时(如外墙),墙上荷载也认为是均布荷载,取一开间计算荷载,再均匀分配至整墙上。计算基础自重时,外墙外柱基础由室内设计地面与室外设计地面平均标高处分界;内墙内柱基础由室内设计地面标高处起算。

2)荷载效应组合

无论是竖向力、水平力和力矩,都可能由恒荷载(永久荷载)和活荷载两部分组成。活荷载又分为普通活荷载(也称可变荷载、活荷载 1)和特殊荷载(又称偶然荷载、活荷载 2)。特殊荷载(地震力、风力等)发生的机会不多,作用时间很短,沉降计算一般不考虑特殊荷载影响,只考虑普通活荷载。但在进行地基的稳定性检算时,则要考虑特殊荷载。

在进行地基基础设计时,《建筑地基基础设计规范》(GB 50007—2011)中规定,按设计要求和使用要求,所采用的荷载作用效应最不利组合与相应的抗力限值应符合下列规定:

(1)按地基承载力确定基础底面积及埋深,传至基础底面上的作用效应应按正常使用极限状态下作用效应的标准组合。相应的抗力应采用地基承载力的特征值。

(2)计算地基变形时,传至基础底面上的作用效应应按正常使用极限状态下的作用效应的准永久组合。不应计入风荷载和地震荷载。相应的限值应为地基变形的允许值。

(3)计算挡土墙、地基或斜坡稳定及基础抗浮稳定时,作用效应按承载能力极限状态下作用效应的基本组合,但其分项系数均为 1。

(4)在确定基础或承台高度、支档结构高度、计算它们的内力、确定配筋和检算材料强度时,上部结构传来的作用效应组合和相应的基底反力,采用承载能力极限状态下作用效应的基本组合,采用相应的分项系数。当需要检算基础裂缝宽度时,应按正常使用极限状态作用的标准组合。

建筑工程常用荷载组合详见《建筑结构荷载规范》(GB 50009—2012)。

3.7.2 基础底面尺寸的确定

在选择了基础类型和埋置深度后，就可根据持力层土的承载力设计值计算基础底面尺寸。所谓持力层土的承载力设计值，就是考虑基础宽度和深度修正后用于地基基础设计的承载力。如果地基压缩层范围内有承载力显著低于持力层的软弱下卧层时，所选基底尺寸，尚需满足对软弱下卧层检算的要求。在选择基底尺寸后，必要时还应对地基变形或稳定性进行检算。

1)中心荷载作用下的基础计算

中心荷载即基础底面重心(一般同基础底面形心重合，故也常说形心)与竖向荷载合力作用线位于同一垂线上的受力情况。在这种情况下，基础通常对称布置，以避免基础发生倾斜，可假定基底反力均匀分布，如图 3.33 所示。根据地基强度条件，基底压力设计值不超过持力层土的承载力设计值即修正后的承载力特征值，即

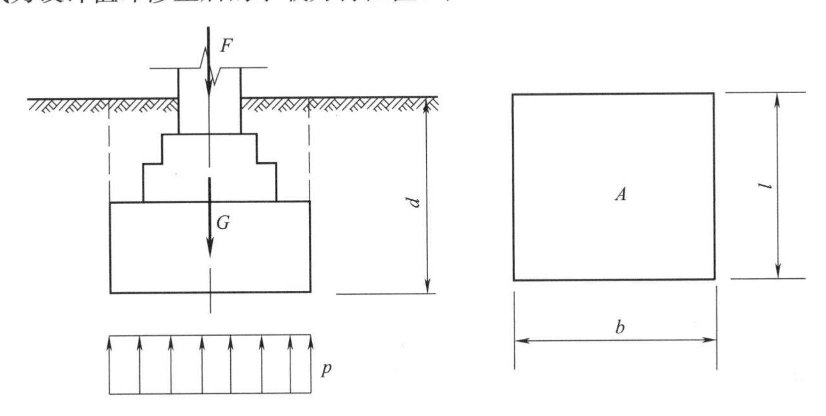

图 3.33 中心荷载作用下的基础

$$p=\frac{F+G}{A}=\frac{F+\gamma_G Ad}{A}\leqslant f_a \tag{3.18}$$

式中 F——上部结构传至基础顶面的竖向力(kN)；

G——基础及其上填土的重力(kN)；

A——基础底面面积(m^2)；

γ_G——基础及其上填土的加权平均容重(kN/m^3)，通常取 20 kN/m^3；

d——基础埋深，取室内外平均埋深(m)；

f_a——修正后的地基土承载力特征值(kPa)。

当基础宽度大于 3 m 或埋置深度大于 0.5 m 时，f_a可按式(3.19)计算。

$$f_a=f_{ak}+\eta_b\gamma(b-3)+\eta_d\gamma_m(d-0.5) \tag{3.19}$$

式中 f_{ak}——地基承载力特征值(kPa)；

η_b，η_d——宽度、深度修正系数，查表 3.13 确定；

γ——基底以下土的容重(kN/m^3)，水位以下取浮容重；

γ_m——基底以上土的等效容重(kN/m^3)，水位以下取浮容重；

b——基础底面宽度(m)：当 b 小于 3 m 时，取 3 m；当 b 大于 6 m 时，取 6 m；

d——基础的埋置深度(m)，宜自室外地面标高算起。对地下室，采用独立基础或条形基础时，应从室内地面标高算起；对地下室，采用箱形基础或筏基时，基础埋置深度自室外地面标高算起；填方整平区，可自填土地面标高算起，但填土在上部结构施工完成后，应从天然地面标高算起。

表 3.13 承载力修正系数

<table>
<tr><th colspan="2">土的类别</th><th>η_b</th><th>η_d</th></tr>
<tr><td colspan="2">淤泥和淤泥质土</td><td>0</td><td>1.0</td></tr>
<tr><td colspan="2">人工填土
e 或 I_L 大于等于 0.85 的黏性土</td><td>0</td><td>1.0</td></tr>
<tr><td rowspan="2">红黏土</td><td>含水比 α_w＞0.8</td><td>0</td><td>1.2</td></tr>
<tr><td>含水比 α_w≤0.8</td><td>0.15</td><td>1.4</td></tr>
<tr><td rowspan="2">大面积压实填土</td><td>压实系数大于 0.95、黏粒含量 ρ_c≥10%的粉土</td><td>0</td><td>1.5</td></tr>
<tr><td>最大干密度大于 2 100 kg/m³ 的级配砂石</td><td>0</td><td>2.0</td></tr>
<tr><td rowspan="2">粉土</td><td>黏粒含量 ρ_c≥10%的粉土</td><td>0.3</td><td>1.5</td></tr>
<tr><td>黏粒含量 ρ_c＜10%的粉土</td><td>0.5</td><td>2.0</td></tr>
<tr><td colspan="2">e 及 I_L 均小于 0.85 的黏性土</td><td>0.3</td><td>1.6</td></tr>
<tr><td colspan="2">粉砂、细砂(不包括很湿与饱和时的稍密状态)</td><td>2.0</td><td>3.0</td></tr>
<tr><td colspan="2">中砂、粗砂、砾砂和碎石土</td><td>3.0</td><td>4.4</td></tr>
</table>

注:①强风化和全风化的岩石,可参照所风化成的相应土类取值,其他状态下的岩石不修正;
②含水比是指土的天然含水率与液限的比值;
③大面积压实填土是指填土范围大于两倍基础宽度的填土;
④地基承载力特征值按深层平板载荷试验确定时 η_d 取 0。

由式(3.18)可得基础底面积:

$$A \geqslant \frac{F}{f_a - 20d} \tag{3.20}$$

在确定基础底面积后可进一步计算出宽度 b 和长度 l。

(1)条形基础

取单位长度(1 m)为计算单元,中心荷载也为单位长度的数值(kN/m),则

$$b \geqslant \frac{F}{f_a - 20d} \tag{3.21}$$

(2)柱下单独基础

计算简图如图 3.33 所示,由式(3.20)可得方形基础的宽度为

$$b \geqslant \sqrt{\frac{F}{f_a - 20d}} \tag{3.22}$$

对于矩形基础,假设基础长边 l 与宽度 b 的比值即 $l/b=n$,(一般取 $l/b \leqslant 2$),有 $A=l \cdot b=nb^2$,则基础底面宽度为

$$b \geqslant \sqrt{\frac{F}{n(f_a - 20d)}} \tag{3.23}$$

在上面关于基础底面尺寸的计算中,需要先确定修正后的地基承载力特征值 f_a,然而确定 f_a 时又与基底宽度 b 有关,这表明式(3.21)～式(3.23)的 b 和 f_a 均为未知数,因而需要通过试算确定。一般情况下,可先用地基承载力特征值 f_{ak} 代替 f_a 代入上述各式求出 b 或 A,再用式(3.20)检算是否满足要求。由于 $f_a > f_{ak}$,这样计算得出的 b 或 A 是安全的,但过大则不合理,需要调整尺寸后再检算。若基础埋深 d 超过 0.5 m,先对地基承载力进行深度修正,然后按计算得到的 b 考虑是否需要进行宽度修正,若需要,修正后再重新计算基底宽度。总之,

基础底宽、埋深和地基承载力设计值 f_a，三者在基础深、宽修正前后应保持一致。

【例 3.2】 某外柱基础，作用在基础顶面的轴心荷载 $F_k=830$ kN，基础埋深(自室外地面标高起算)为 1.0 m，室内地面高出室外地面 0.3 m，已知地基土为黏性土，容重为 18.2 kN/m³，孔隙比 $e=0.72$，液性指数 $I_L=0.7$，地基承载力特征值 $f_{ak}=220$ kPa，试确定基础宽度。

【解】 第一步：地基承载力特征值的修正。

假定基础宽度 $b<3$ m，因为 $d=1.0$ m>0.5 m，故地基承载力特征值需进行深度修正。

由表 3.13 查得 $\eta_b=0.3$、$\eta_d=1.6$，于是

$f_a=f_{ak}+\eta_b\gamma(b-3)+\eta_d\gamma_m(d-0.5)=220+0+1.6\times18.2\times(1.0-0.5)=235(\text{kPa})$

第二步：确定基础宽度。

$$A\geqslant\frac{F}{f_a-20d}=\frac{830}{235-20\times\left(\frac{1.0+1.3}{2}\right)}=3.915(\text{m}^2)$$

采用正方形基础，基底边长 $b\geqslant\sqrt{3.915}=1.98(\text{m})$，取 $b=2.0$ m。因基底宽度不超过 3 m，与假定保持一致，不需进行宽度修正。

2)偏心荷载作用下的基础计算

图 3.32(b)～图 3.32(d)所示的各种荷载，对基础底面形心简化后，都属于偏心荷载。在确定浅基础基底尺寸时，一般可不考虑基础底面水平荷载的作用。

在偏心荷载作用下，基础底面的压力分布一般假定按直线分布，则基底边缘最大和最小压力设计值为

$$\begin{matrix}p_{max}\\p_{min}\end{matrix}=\frac{F+G}{A}\pm\frac{M}{W}\tag{3.24}$$

对于矩形基础，也可按式(3.25)计算(沿边 l 方向发生单向偏心)。

$$\begin{matrix}p_{max}\\p_{min}\end{matrix}=\frac{F+G}{bl}\left(1\pm\frac{6e}{l}\right)\tag{3.25}$$

$$e=\frac{M}{F+G}\tag{3.26}$$

式中　e——偏心距(m)；

M——作用于基础底面重心处的力矩(kN·m)；

W——基础底面的截面模量(m³)。

当作用于基底形心处合力的偏心距 $e>l/6$ 时(l 为力矩作用方向基础底面边长)，p_{max} 值的计算应考虑基底应力重分布，根据静力平衡条件，整理后可得

$$p_{max}=\frac{2(F+G)}{3b(l/2-e)}\tag{3.27}$$

式中　b——垂直于力矩作用方向的基础底面边长。

偏心荷载作用时，基底压力应同时满足以下两个要求：

$$\left.\begin{matrix}p\leqslant f_a\\p_{max}\leqslant1.2f_a\end{matrix}\right\}\tag{3.28}$$

偏心荷载作用下基础底面尺寸，一般不能直接计算，常用试算法按以下步骤确定：先不考虑偏心力矩，按中心荷载作用式(3.20)初步计算出基底面积，必要时先对地基土承载力特征值进行深度修正；根据偏心距大小，把第一步计算得到的基底面积增大 10%～40%，或考虑增大宽度 5%～10%；对矩形基础选取基础的边长比 n，根据式(3.23)计算 b 后可得基础底宽

(1.05～1.10)b；若需要对地基承载力特征值进行宽度修正，则用经修正后的地基承载力特征值重复上述步骤，使所取宽度前后一致；计算基底压力设计值，使 $p_{\max} \leqslant 1.2f_a$，$p_{\min} \geqslant 0$，若不满足或过于安全，则应调整基底尺寸再次进行检算，直到恰好满足要求为止，一般重复上述步骤一两次，便可定出比较合适的底面尺寸。

需要注意，按式(3.24)或式(3.25)计算的 $p_{\max}$ 和 $p_{\min}$ 相差不宜过大，否则是不利的，尤其在软土地基上，会造成基础倾斜。因此，有时也将基础做成不对称形式[图 3.32(b)～图 3.32(d)]，使外荷载对基底重心产生的偏心距尽量减小，这样，可使基底两端最大和最小压力不致相差过大，以保证基础不致发生过分倾斜。

偏心荷载作用下，一般不容许基底出现拉应力，即 $p_{\min} \geqslant 0$，但在低压缩性硬土或在特殊荷载作用下，或在几组荷载组合中，仅对个别的荷载组合时，才容许 $p_{\min} < 0$，但需保证 3/4 的底面与土不脱离，然后按式(3.27)基底最大压力进行检算。

【例 3.3】 地基情况同例题 3.2，作用在柱基础顶面的荷载效应标准组合值(图 3.34)竖向力 $F_k = 830$ kN，弯矩 $M_k = 200$ kN·m，水平力 $H_k = 20$ kN，试确定基础底面尺寸。

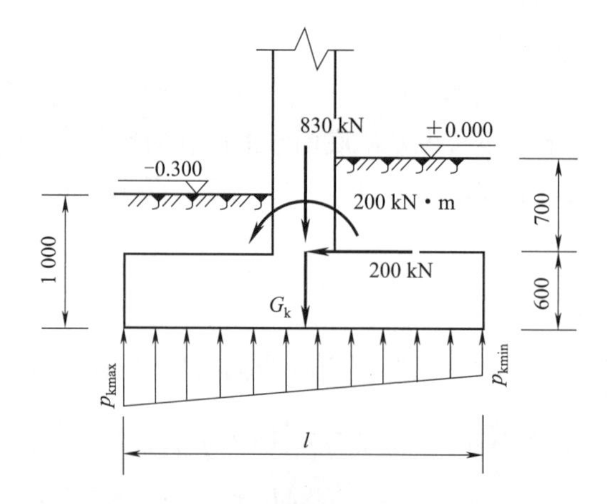

图 3.34 基础断面图(埋深单位：mm)

【解】 (1)确定偏心受压基础底面面积

考虑偏心影响，按轴心受压基础估算基础底面积需扩大，扩大比例暂取 20%，即

$$A \geqslant 1.2\frac{F}{f_a - 20d} = 1.2 \times \frac{830}{235 - 20 \times \left(\frac{1.0+1.3}{2}\right)} = 4.7(\mathrm{m}^2)$$

取 $l/b = 2$，可得 $b = 1.53$ m，$l = 3.06$ m，取整 $b = 1.6$ m，$l = 3.0$ m。
则基础底面面积为 $1.6 \times 3.0 = 4.8(\mathrm{m}^2) > 4.7\ \mathrm{m}^2$。因 $b = 1.6$ m<3 m，故地基承载力无须作宽度修正。

(2)验算荷载偏心距

作用于基底的竖向力：

$$\sum F_k = F_k + \gamma_G A d = 830 + 20 \times 1.6 \times 3.0 \times 1.15 = 940.4(\mathrm{kN})$$

作用于基底的弯矩：

$$\sum M_k = 200 + 20 \times 0.6 = 212(\mathrm{kN \cdot m})$$

为了增加抗弯刚度，将基础长边 l 平行于弯矩作用方向，则偏心距为

$$e=\frac{\sum M_k}{\sum F_k}=\frac{212}{940.4}=0.225(\text{m})<\frac{l}{6}=0.5(\text{m})$$

故不发生应力重分布。

(3)验算基底压力

$$p_{\text{kmin}}^{\text{kmax}}=\frac{F_k+G_k}{A}\pm\frac{M_k}{W}=\frac{940.4}{1.6\times3.0}\pm\frac{212}{\frac{1}{6}\times1.6\times3.0^2}=195.9\pm88.3=\frac{284.2}{107.6}(\text{kPa})$$

$p_{\text{k max}}=284.2\ \text{kPa}>1.2f_a=1.2\times235=282(\text{kPa})$ 不满足要求

(4)调整底面尺寸再验算

取 $b=1.6$ m,$l=3.2$ m,则

$$\sum F_k=F_k+\gamma_G Ad=830+20\times1.6\times3.2\times1.15=947.8(\text{kN})$$

$$e=\frac{\sum M_k}{\sum F_k}=\frac{212}{947.8}=0.224(\text{m})<\frac{l}{6}=0.53(\text{m})$$

不发生应力重分布:

$$p_{\text{kmin}}^{\text{kmax}}=\frac{F_k+G_k}{A}\pm\frac{M_k}{W}=\frac{947.8}{1.6\times3.2}\pm\frac{212}{\frac{1}{6}\times1.6\times3.2^2}=185.1\pm77.6=\frac{262.7}{107.5}(\text{kPa})$$

$$p_{\text{kmax}}=262.7\ \text{kPa}<1.2f_a=1.2\times235=282(\text{kPa})$$

$$p_{\text{kmin}}=107.5\ \text{kPa}>0$$

$$p_k=185.1\ \text{kPa}<f_a=235\ \text{kPa}$$

可见满足要求,所以基底尺寸为 1.6 m×3.2 m。

3.7.3 软弱下卧层承载力检算

当地基土由不同土层组成,且压缩层范围内存在软弱下卧层时,按持力层土的承载力计算出基础底面尺寸后,还必须对软弱下卧层进行检算。要求软弱下卧层顶面处的附加应力 p_z 与土的自重应力 p_{cz} 之和不超过软弱下卧层顶面处经深度修正后的地基承载力特征值 f_{az},即

$$p_z+p_{cz}\leqslant f_{az} \tag{3.29}$$

计算 p_z 一般按压力扩散角原理近似计算(图 3.35)。当上部土层与软弱下卧层土的压缩模量比值不小于 3 时,通过假定基底附加压力 p_0 往下传递,按某一角度 θ 向外扩散,并均匀分布在扩散后的面积上,根据扩散前后各面积上的总压力相等的条件,可得 p_z 计算式:

矩形基础
$$p_z=\frac{p_0 lb}{(l+2z\tan\theta)(b+2z\tan\theta)} \tag{3.30}$$

条形基础
$$p_z=\frac{p_0 b}{b+2z\tan\theta} \tag{3.31}$$

式中 p_0——基底平均附加压力设计值(kPa):$p_0=p-p_c$,p 为基底平均压力设计值,p_c 为基底土自重应力标准值;

z——基底至软弱下卧层顶面的距离(m);

l,b——基础底面的长度和宽度(m);

θ——地基压力扩散角,可按表 3.14 采用。

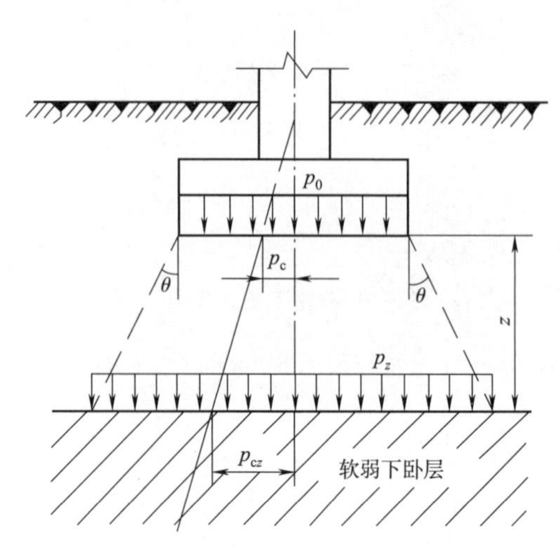

图 3.35　软弱下卧层承载力检算

表 3.14　地基压力扩散角

E_{s1}/E_{s2}	$z=0.25b$	$z\geqslant 0.5b$
3	6°	23°
5	10°	25°
10	20°	30°

注：①E_{s1}、E_{s2}分别为上、下两层土的压缩模量；

②$z<0.25b$ 时，不再考虑压力扩散作用，取 $\theta=0°$，必要时宜由试验确定；

③z/b 在 0.25～0.50 之间可插值使用。

【例 3.4】　某柱基基底尺寸为 5.4 m×2.7 m，试根据图 3.36 所示验算持力层和软弱下卧层的承载力。

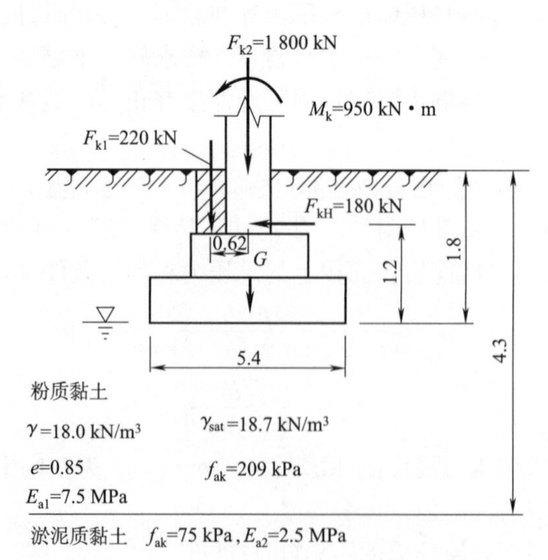

图 3.36　基础断面图(单位：m)

【解】　(1)持力层承载力检算

先对地基承载力特征值进行修正，由表 3.13 查得 $\eta_b=0$、$\eta_d=1.0$，于是

$$f_a=f_{ak}+\eta_b\gamma(b-3)+\eta_d\gamma_m(d-0.5)=209+0+1.0\times18\times(1.8-0.5)=232.4(\text{kPa})$$

作用于基底的竖向力：

$$\sum F_k=F_k+\gamma_G Ad=1\ 800+220+20\times2.7\times5.4\times1.8=2\ 545(\text{kN})$$

作用于基底的弯矩：

$$\sum M_k=950+180\times1.2+220\times0.62=1\ 302(\text{kN}\cdot\text{m})$$

偏心距：

$$e=\frac{\sum M_k}{\sum F_k}=\frac{1\ 302}{2\ 545}=0.512(\text{m})<\frac{5.4}{6}=0.9(\text{m})$$

故不发生应力重分布。

计算基底压力并验算持力层承载力：

$$p_k=\frac{F_k+G_k}{A}=\frac{2\ 545}{2.7\times5.4}=174.6(\text{kPa})<f_a=232.4(\text{kPa})$$

$$p_{k\,\min}^{\,\max}=\frac{F_k+G_k}{A}\pm\frac{M_k}{W}=\frac{2\ 545}{2.7\times5.4}\pm\frac{1\ 302}{\frac{1}{6}\times2.7\times5.4^2}=174.6\pm99.2=\begin{matrix}273.8\\75.4\end{matrix}(\text{kPa})$$

$$p_{k\max}=273.8\ \text{kPa}<1.2f_a=1.2\times232.4=278.9(\text{kPa})$$

$$p_{k\min}=75.4\ \text{kPa}>0$$

可见持力层承载力满足要求。

(2)软弱下卧层承载力检算

因为 $E_{s1}/E_{s2}=7.5/2.5=3$,可用压力扩散角法计算下卧层顶面附加应力。

又$\frac{z}{b}=\frac{4.3-1.8}{2.7}>0.50$,查表 3.14 得地基压力扩散角 $\theta=23°$,于是

$$p_z=\frac{p_0lb}{(l+2z\tan\theta)(b+2z\tan\theta)}=\frac{(174.6-18.0\times1.8)\times2.7\times5.4}{(2.7+2\times2.5\tan23°)(5.4+2\times2.5\tan23°)}=57.2(\text{kPa})$$

下卧层顶面处的自重应力：$p_{cz}=18\times1.8+(18.7-10)\times(4.3-1.8)=54.2(\text{kPa})$

而下卧层 $\gamma_m=\frac{18\times1.8+(18.7-10)\times2.5}{4.3}=12.6(\text{kN/m}^3)$,查表 3.13 得 $\eta_d=1.0$,于是

$$f_{az}=f_{azk}+\eta_d\gamma_m(d-0.5)=75+1.0\times12.6\times(4.3-0.5)=122.9(\text{kPa})$$

检算　　$p_z+p_{cz}=57.2+54.2=111.4(\text{kPa})<f_{az}=122.9\ \text{kPa}$

满足下卧层承载力要求。

3.7.4 地基变形检算

在地基基础设计中,除按上述内容进行地基承载力检算外,在某些情况下,还应进行地基变形或稳定性检算。建筑物的变形特征,反映出各类建筑物的结构特点和使用要求,由于变形可能对建筑物造成严重的危害,变形特征是通过基础的沉降计算求得,可分为：

沉降量——基础中心的沉降值；

沉降差——相邻两单独基础沉降量之差；

倾　斜——基础在倾斜方向两端点的沉降差与其距离之比值；

局部倾斜——砌体承重结构沿纵墙 6～10 m 内基础两点的沉降差与其距离的比值。

砌体承重结构因地基变形造成的损害,主要是纵墙挠曲引起的局部弯曲,因此可用局部倾

斜来衡量和检算控制；对于框架结构和单层排架结构，则以相邻柱基的沉降差控制；对于多层或高层建筑或高耸结构应由倾斜控制，必要时应控制平均沉降量。建筑物的地基变形计算值，不应大于地基变形允许值。

计算地基变形时，地基内的应力分布，可采用各向同性均质线性变形体理论。地基最终变形量 S 可按式(3.32)进行计算。

$$S=\Psi_s s'=\Psi_s\sum_{i=1}^{n}\frac{p_0}{E_{si}}(z_i\bar{\alpha}_i-z_{i-1}\bar{\alpha}_{i-1}) \tag{3.32}$$

式中 s'——按分层总和法计算出的地基变形量(mm)；

n——基底以下地基沉降计算深度范围内所划分的土层数，如图 3.37 所示；

p_0——相应于作用的准永久组合时基础底面处的附加压应力(kPa)；

z_i,z_{i-1}——基底至第 i 和 $i-1$ 层底面的距离(m)；

E_{si}——基础底面以下受压土层内第 i 层的压缩模量(kPa)。应取土的自重压力至土的自重压力与附加压力之和的压力段计算；

$\bar{\alpha}_i,\bar{\alpha}_{i-1}$——基底至第 i 层底面范围内和至第 $i-1$ 层底面范围内的平均附加应力系数(图 3.37)，可按《建筑地基基础设计规范》(GB 50007—2011)附录 K 查得。

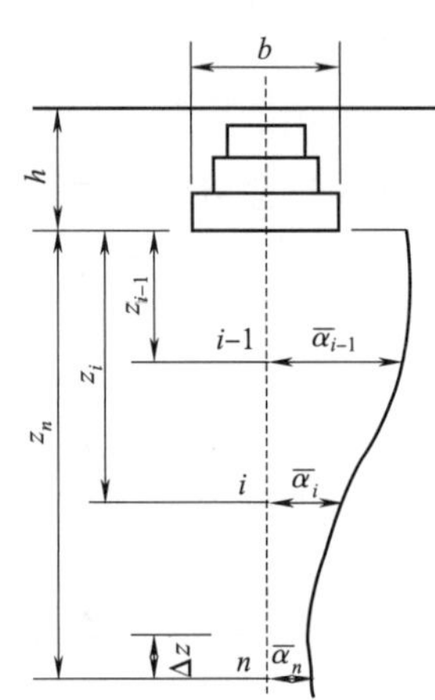

图 3.37 基础沉降计算图

Ψ_s——沉降经验修正系数，根据地区沉降观测资料及经验定，无地区经验时按表 3.15 确定。

地基沉降计算总深度 z_n 的确定应符合下列要求：

$$\Delta S_n\leqslant 0.025\sum_{i=1}^{n}\Delta S_i \tag{3.33}$$

式中 ΔS_i——计算深度范围内第 i 层土的沉降量(m)；

ΔS_n——深度 z_n 处向上取厚度为 Δz(表 3.12)的土层沉降量(m)。

表 3.15 沉降经验修正系数

p_0(kPa)	$\bar{E}_s$(kPa)				
	2 500	4 000	7 000	15 000	20 000
$p_0\geqslant f_{ak}$	1.4	1.3	1.0	0.4	0.2
$p_0\leqslant 0.75f_{ak}$	1.1	1.0	0.7	0.4	0.2

注：$\bar{E}_s$ 为沉降计算总深度 z_n 内地基压缩模量的当量值，可按下式确定：

$$\bar{E}_s=\frac{\sum A_i}{\sum\frac{A_i}{E_{si}}}$$

式中 A_i——第 i 层土平均附加应力系数沿该土层厚度的积分值，即第 i 层土的平均附加应力系数面积。

当无相邻荷载影响，基础宽度在 1～30 m 范围内时，基础中点的地基变形计算深度也可按式(3.34)进行计算。在计算深度范围内存在基岩时，z_n 可取至基岩表面；当存在较厚的坚硬黏性土层时，其孔隙比小于 0.5、压缩模量大于 50 MPa，或存在较厚的密实砂卵石层，其压缩模量大于 80 MPa 时，z_n 可取至该层土表面。

$$z_n = b(2.5 - 0.4\ln b) \tag{3.34}$$

式中 b——基础宽度(m)。

地基变形允许值的确定与建筑物的结构形式、高度和地基土刚度等因素有关。我国根据对各类建筑物沉降观测资料的分析综合和某些结构附加内力的计算，提出了地基变形的允许值，见表 3.16。对表中未包括的其他建筑物的地基变形允许值，应根据上部结构对地基变形的适应能力和使用上的要求确定。

在必要情况下，需要分别估算建筑物在施工期间和使用期间的地基变形值，以便预留建筑物有关部分之间的净空，选择连接方法和施工顺序。一般多层建筑物在施工期间完成的沉降量，对于碎石或砂土可认为其最终沉降量已完成 80%以上，对于低压缩性土可认为已完成最终沉降量的 50%～80%，对于中压缩性土可认为已完成 20%～50%，对于高压缩性土可认为已完成 5%～20%。

表 3.16 建筑物的地基变形允许值

变形特征		地基土的类别	
		中、低压缩性土	高压缩性土
砌体承重结构基础的局部倾斜		0.002	0.003
工业与民用建筑相邻柱基的沉降差	框架结构	$0.002l$	$0.003l$
	砌体墙填充的边排柱	$0.0007l$	$0.001l$
	当基础不均匀沉降时不产生附加应力的结构	$0.005l$	$0.005l$
单层排架结构(柱距为 6 m)桩基的沉降量(mm)		(120)	200
桥式吊车轨面的倾斜(按不调整轨道考虑)	纵向	0.004	
	横向	0.003	
多层和高层建筑的整体倾斜	$H_g \leqslant 24$	0.004	
	$24 < H_g \leqslant 60$	0.003	
	$60 < H_g \leqslant 100$	0.0025	
	$H_g > 100$	0.002	
高耸结构基础的倾斜	$H_g \leqslant 20$	0.008	
	$20 < H_g \leqslant 50$	0.006	
	$50 < H_g \leqslant 100$	0.005	
	$100 < H_g \leqslant 150$	0.004	
	$150 < H_g \leqslant 200$	0.003	
	$200 < H_g \leqslant 250$	0.002	
高耸结构基础的沉降量(mm)	$H_g \leqslant 100$	400	
	$100 < H_g \leqslant 200$	300	
	$200 < H_g \leqslant 250$	200	

注：①有括号者仅适用于中压缩性土；

②l 为相邻柱基中心距离(mm)，H_g为自室外地面起算的建筑物高度(m)；

③本表数值为建筑物地基实际最终变形允许值。

如果地基变形检算不符合要求，则需要通过改变基础形式或尺寸、采取减小不均匀沉降危害的措施或进行地基处理等方法解决。

由于沉降计算方法误差较大，理论计算结果常和实际沉降有出入，因此，对于重要的、新型的、体形复杂的房屋和结构物，或使用上对不均匀沉降有严格控制的房屋和结构物，还应进行系统的沉降观测。这一方面能观测沉降发展的趋势并预估最终沉降量，以便及时研究加固及处理措施，另一方面也可以验证地基基础设计计算的正确性，以完善设计规范。

沉降观测点的布置，应根据建筑物体形、结构、工程地质条件等综合考虑，一般设在建筑物四周的角点、转角处、中点以及沉降缝和新老建筑物连接处的两侧，或地基条件有明显变化的区段内，测点的间隔距离为 8～12 m。

沉降观测应从施工时就开始，民用建筑每增高一层观测一次。工业建筑应在不同的荷载阶段分别进行观测，完工后逐渐拉开观测间隔时间直至沉降稳定为止。稳定标准为半年的沉降量不超过 2 mm。当工程有特殊要求时，应根据要求进行观测。

3.7.5 稳定性检算

对于经常受水平荷载作用或建在斜坡上的建筑物的地基基础，还应检算稳定性。对经常承受水平荷载的建(构)筑物，如水工建筑物、挡土结构以及高层建筑和高耸建筑，稳定问题可能成为地基基础的主要问题。在水平和竖向荷载共同作用下，地基基础失去稳定而破坏的形式有 3 种：第一种是沿基底产生表层滑动；第二种是偏心荷载过大而使基础倾覆，对于一般房屋建筑较少发生；第三种是地基深层整体滑动破坏。

1)基础水平滑动的稳定性检算

在水平荷载较大而竖向荷载相对较小的情况下，一般需检算基础水平滑动稳定性，目前检算仍采用单一安全系数的方法，当表层滑动时，定义基础底面的抗滑动摩擦阻力与作用于基底的水平力之比为安全系数，即

$$K=\frac{(F+G)\cdot f}{H} \tag{3.35}$$

式中　K——表层滑动安全系数，根据建筑物安全等级，应不小于 1.2～1.4；

$F+G$——作用于基底的竖向力的总和(kN)；

H——作用于基底的水平力的总和(kN)；

f——基底与地基土的摩擦系数。

2)地基整体滑动的稳定性检算

在水平和竖向荷载共同作用下，若地基内又存在软土或软土夹层，则需进行地基整体滑动稳定性检算。实际观察表明，地基整体滑动形成的滑裂面在空间上通常形成一个弧形面，对于均质土体可简化为平面问题的圆弧面。稳定计算通常采用土力学中介绍的圆弧滑动法，滑动稳定安全系数是指最危险滑动面上诸力对滑动中心所产生的抗滑力矩与滑动力矩之比值，一般要求 $K\geqslant 1.2$，即

$$\frac{M_R}{M_S}\geqslant 1.2 \tag{3.36}$$

式中　M_S——滑动力矩(kN·m)；

M_R——抗滑力矩(kN·m)。

3)斜坡上建筑物的地基稳定性检算

对于建造在斜坡上的建筑物，也可根据具体情况，采用圆弧滑动法或其他方法检算地基的

稳定性。但其理论计算比较复杂，且难以全部求解。对于建筑物基础较小的情况，通过对地基中附加应力的分析，可以给出保证其稳定的限定范围。位于稳定土坡坡顶上的建筑物，当垂直于坡顶边缘线的基础底面边长不大于3 m时，其基础底面外边缘线到坡顶的水平距离 a 可按式(3.37)和式(3.38)计算(图3.38)，并不得小于2.5 m。

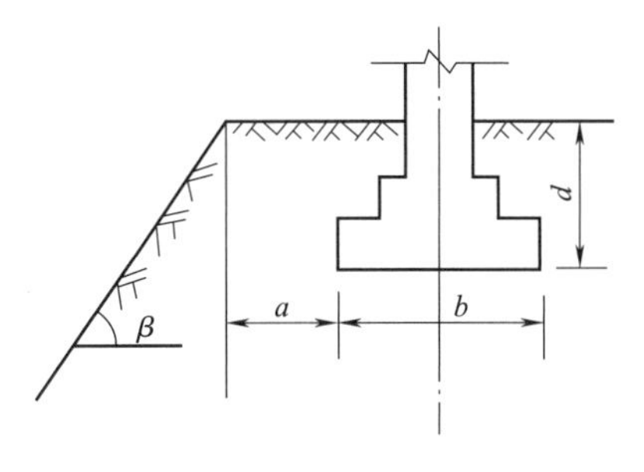

图3.38　基础底面外缘至坡顶水平距离示意图

条形基础　$$a \geqslant 3.5b - \frac{d}{\tan\beta} \tag{3.37}$$

矩形基础　$$a \geqslant 2.5b - \frac{d}{\tan\beta} \tag{3.38}$$

式中　b——垂直于坡顶边缘线的基础底面边长(m)；

d——基础埋置深度(m)；

β——边坡坡脚(°)。

应该指出，式(3.37)和式(3.38)的应用条件为土坡自身是稳定的。当坡角大于45°，坡高大于8 m时，应进行土坡稳定检算。

较宽大的基础建造在斜坡上的地基稳定问题，尚在研究之中。若 b 大于3 m，a 值不满足式(3.37)和式(3.38)时，可根据基底平均压力，按圆弧法进行土坡稳定计算，用以确定基础的埋深和基础距坡顶边缘的距离。

4)抗浮稳定性检算

建筑物基础存在浮力作用时应进行抗浮稳定性检算，并应符合下列规定：

①对于简单的浮力作用情况，基础抗浮稳定性应符合式(3.39)要求。

$$\frac{G_k}{N_{w,k}} \geqslant K_w \tag{3.39}$$

式中　G_k——建筑物自重及压重之和(kN)；

$N_{w,k}$——浮力作用值(kN)；

K_w——抗浮稳定安全系数，一般取1.05。

②抗浮稳定性不满足设计要求时，可采用增加压重或设置抗浮构件等措施。在整体满足抗浮稳定性要求而局部不满足时，也可采用增加结构刚度的措施。

3.7.6　建筑工程无筋扩展基础构造设计

1)无筋扩展基础的特点和容许宽高比

无筋扩展基础又称刚性基础，是指用砖、毛石、混凝土或毛石混凝土、灰土、三合土等材料组成的墙下条形基础或柱下独立基础。无筋扩展基础为方便施工，一般做成台阶形，广泛用于基底压力较小或地基土承载力较高的6层和6层以下(三合土基础不宜超过4层)的一般民用建筑和墙承重的轻型厂房。其特点是基础的抗压性能好而抗拉、抗剪的性能很差。在设计时必须保证在基础内产生的拉应力和剪应力都不大于相应材料强度的设计值，可以通过控制基础的外伸宽度和高度的比值(简称宽高比)在一定限度之内实现。同时，其基础宽度还应满足地基承载力的要求。

无筋扩展基础的台阶宽高比(图3.39)，一般应满足式(3.40)要求。

$$\frac{b_i}{H_i} \leqslant \tan\alpha \tag{3.40}$$

式中　b_i——扩展基础任一台阶的宽度(m);

H_i——相应于b_i的台阶高度(m);

$\tan\alpha$——无筋扩展基础台阶宽高比允许值,α称为刚性角,可按表3.17选用。

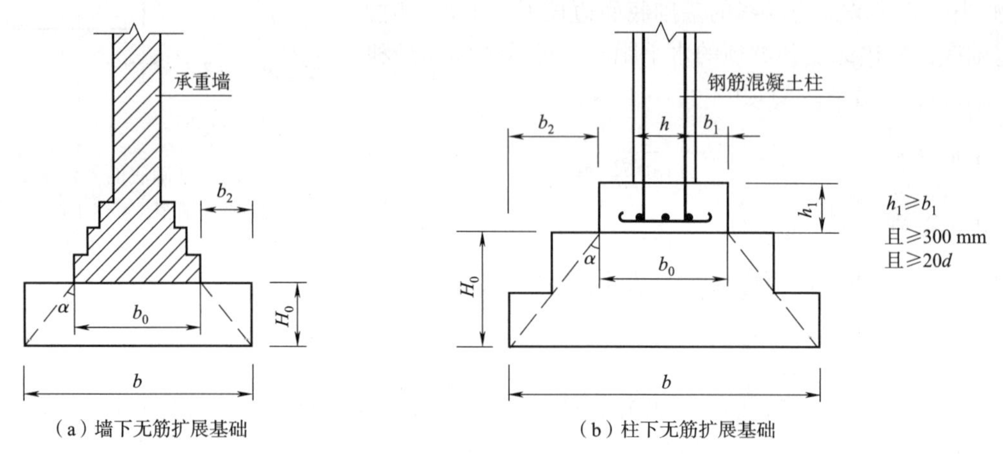

(a)墙下无筋扩展基础　　(b)柱下无筋扩展基础

d—柱中纵向钢筋直径(mm);b—基底宽度(m);b_0—墙或柱底宽(m);H_0—基础高度(m);h—柱宽(m)。

图3.39　刚性基础构造示意图

表3.17　刚性基础台阶宽高比的允许值

基础名称	质量要求	台阶宽高比的容许值		
		$p_k \leqslant 100$	$100 < p_k \leqslant 200$	$200 < p_k \leqslant 300$
混凝土基础	C15混凝土	1∶1.00	1∶1.00	1∶1.25
毛石混凝土基础	C15混凝土	1∶1.00	1∶1.25	1∶1.50
砖基础	砖不低于MU10,砂浆不低于M5	1∶1.50	1∶1.50	1∶1.50
毛石基础	砂浆不低于M5	1∶1.25	1∶1.50	—
灰土基础	体积比为3∶7或2∶8的灰土,其最小干土密度:粉土1 550 kg/m³ 粉质黏土1 500 kg/m³ 黏土1 450 kg/m³	1∶1.25	1∶1.50	—
三合土基础	体积比为1∶2∶4～1∶3∶6(石灰∶砂∶骨料),每层约虚铺22 cm,夯至15 cm	1∶1.50	1∶2.00	—

注:①p_k为作用的标准组合时基础底面处的平均压力(kPa);

②阶梯形毛石基础的每阶伸出宽度不宜大于20 cm;

③基础由不同材料叠合组成时,应对接触部分作抗压检算;

④混凝土基础单侧扩展范围内基础底面处的平均压力值超过300 kPa时,尚应进行抗剪检算;对基底反力集中于立柱附近的岩石地基,应进行局部受压承载力检算。

2)无筋扩展基础的材料和构造要求

无筋扩展基础经常做成台阶断面,有时也可做成梯形断面。确定其构造尺寸时最重要的一点是要保证断面各处能满足刚性角的要求,同时断面又必须经济合理,便于施工。

(1)砖基础

砖基础的剖面为阶梯形，称为大放脚。砖基础的大放脚的砌法有两种：一种是按台阶的宽高比为 1∶2，即二皮一收，如图 3.40(a)所示；另一种是按台阶的宽高比为 1∶1.5，即二一间隔收，如图 3.40(b)所示，施工中顶层砖和底层砖必须是二皮砖，即 120 mm，使得局部都保证符合台阶宽高比的允许值的要求。两种做法都能符合要求，二皮一收的做法施工方便，二一间隔收较为节省材料。

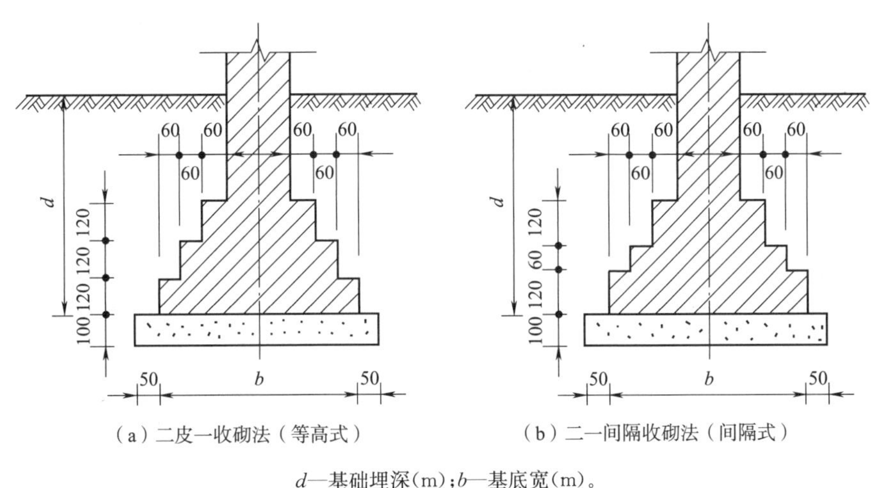

d—基础埋深(m)；b—基底宽(m)。

图 3.40 砖基础(单位：cm)

为了保证砖基础的砌筑质量，并能起到省工和平整保护基坑作用，常在砖基础底面以下先做垫层，每边伸出基础底面 50 cm。垫层材料可选用 100～200 mm 厚的 C10 素混凝土，对于低层房屋也可在槽底打两步(300 mm)三七灰土或三合土代替混凝土垫层。如果基础下半部用灰土，则灰土部分不做台阶，其宽高比按表 3.17 要求控制，同时应核算灰土顶面的压力，以不超过 250～300 kPa 为宜。设计时，垫层不作为基础结构部分考虑。因此，垫层的高度和宽度都不计入基础的埋深 d 和宽度 b 之内。

若无筋扩展基础是由两种材料叠合而成，如有时上层是砖基础，下层是毛石混凝土或素混凝土，这时，下层的毛石混凝上或素混凝上厚度通常超过 200 mm，此时设计时应将这部分的高度和宽度计入基础的埋深和宽度之内，同时，各部分尺寸都须保证符合台阶宽高比的允许值的要求。

为了防止土中水分沿砖基础上升，可在砖基础中，在室内地面以下 50～60 mm 处铺设防潮层，如图 3.41 所示，防潮层可以是掺有防水剂的 1∶3 的水泥砂浆，厚 20～30 mm，也可铺设沥青油毡。

砖基础的强度及抗冻性较差，对砂浆与砖的强度等级，根据地区的潮湿程度和寒冷程度有不同的要求。可查有关规范要求：砖基础一般用不低于 MU10 的砖(砖材宜用经熔烧过的)和不低于 M5 的砂浆砌成。

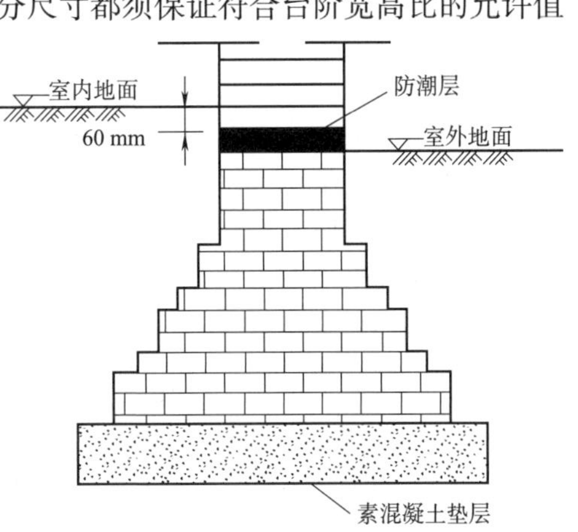

图 3.41 基础上的防潮层

(2)砌石基础

用作基础的石料要选用质地坚硬、不易风化的岩石,石料强度等级不应小于 MU25。石块的厚度不宜小于 150 mm,宽度和长度分别为厚度的 1.0～1.5 倍和 2.5～4.0 倍,砌筑时应错缝搭接,大小石头搭配砌筑,注意拉结石的使用,较大的缝隙应用片石或小块石头填实,砂浆应饱满。

台阶形的石料基础,每级台阶至少有两层砌石,每个台阶的高度一般不小于 400 mm。分层砌筑时,为保证上一层砌石的边能压紧下一层砌石的边块,每个台阶伸长的长度不应大于 200 mm。

地下水位以上的石砌体可以采用水泥、石灰和砂子配制的混合砂浆砌置,在地下水位以下则要采用水泥砂浆砌置。砂浆采用 M5 水泥砂浆。

(3)素混凝土基础和毛石混凝土基础

不设钢筋的混凝土基础常称为素混凝土基础。混凝土基础的混凝土强度等级,一般用 C15。在严寒地区,应采用不低于 C20 的混凝土。

素混凝土基础可以做成台阶形或锥形断面(图 3.42),做成台阶时,总高度在 350 mm 以内做 1 层台阶;总高度在 350～900 mm 时,做成 2 层台阶;总高度大于 900 mm 时,做成 3 层台阶。每个台阶的高度不宜大于 500 mm,其宽高比应符合刚性角的要求。

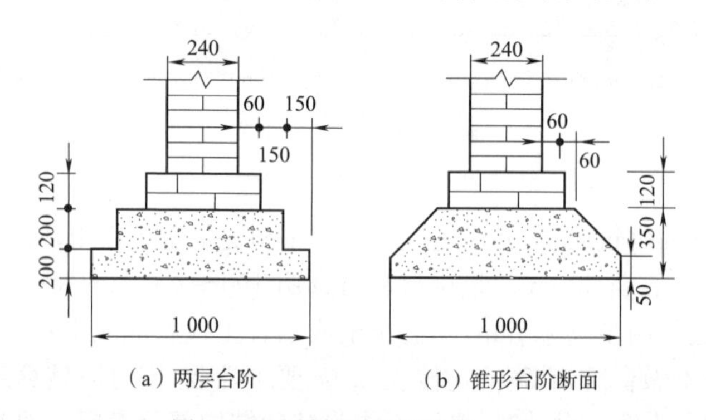

图 3.42　混凝土基础(单位:mm)

如果基础体积较大,为了节约混凝土用量,可掺入少于基础体积 20%～30%的毛石,做成毛石混凝土基础。毛石混凝土基础一般用不低于 C15 的混凝土,所用毛石强度等级不低于 MU20,石块尺寸一般不得大于基础宽度的 1/3,同时石块直径不宜大于 300 mm。在严寒潮湿的地区,应用不低于 C20 的混凝土和不低于 MU30 的毛石。毛石混凝土基础剖面为台阶形,每阶高度一般为 500 mm。

在采用混凝土或毛石混凝土基础时,应注意地下水的水质问题,若地下水的水质或生产废水的渗透对普通水泥有侵蚀作用,则应采用矿渣水泥或火山灰水泥拌制混凝土。

(4)灰土基础和三合土基础

灰土基础是用石灰和黄土(或黏性土)混合而成的材料夯实而成。石灰以块状生石灰为宜,经消化 1～2 d,用 5～10 mm 的筛子筛后使用。土料宜用塑性指数较低的粉土和黏性土,一般以粉质黏土为宜,若用黏土则应采取相应措施,使其达到松散程度。土在使用前也应过筛(10～20 mm 的筛孔),粒径不得大于 15 mm。石灰和土的体积比一般为 3∶7 或 2∶8。拌和均匀,并加适量的水在基槽内分层夯实(每层虚铺 220～250 mm,夯实至 150 mm)。其最小干容重要求为:粉土 15.5 kN/m^3,粉质黏土 15.0 kN/m^3,黏土 14.5 kN/m^3。施工时注意基坑保持干燥,防止灰土早期浸水。

三合土基础的石灰、砂、骨料按体积配合 1∶2∶4 和 1∶3∶6 拌和均匀再分层夯实，每层虚铺 22 cm，夯至 15 cm。与灰土做法基本一致。南方有的地区习惯使用水泥、石灰、砂、骨料的四合土作为基础，所用材料体积配合比分别为 1∶1∶5∶10 或 1∶1∶6∶12。

灰土基础、三合土基础一般与砖、砌石、混凝土等材料配合使用，做在基础的下部。厚度通常采用 300～450 mm(2 层或 3 层)，台阶宽高比应符合刚件角要求。由于基槽边角处灰土不容易夯实，所以这类基础实际的施工宽度应该比计算宽度宽，每边各放 200 mm 以上. 如图 3.43 所示。

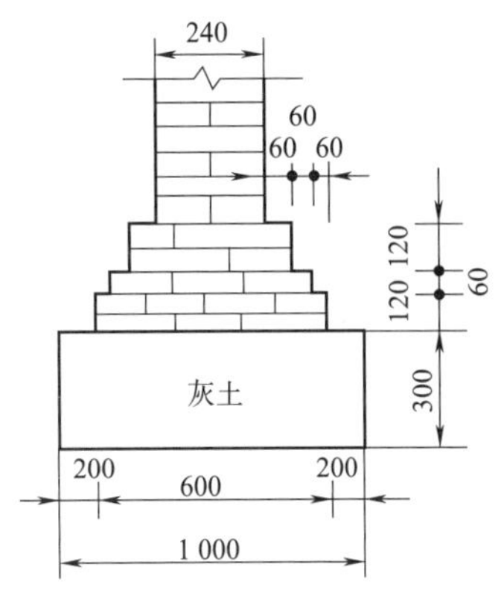

图 3.43　灰土、三合土基础
(单位：mm)

以上材料可单独构成基础，也可由两种材料组合成叠合式基础，以便共同发挥各自的优势，当由两种材料组合成叠合式基础时，要注意对接触部分作抗压检算。

3)无筋扩展基础的结构设计步骤

根据无筋扩展基础的特点，无筋扩展基础设计时必须规定基础材料强度、限制台阶宽高比、控制建筑物层高和满足地基承载力的要求，使基础主要承受压应力，并保证基础内产生的拉应力和剪应力都不超过材料强度的设计值，一般无须进行内力分析和截面强度计算。无筋扩展基础的设计，在初步确定基础埋置深度后，主要包括确定基础底面尺寸、基础高度及材料和构造要求。

(1)初步确定基础面积和宽度 b

根据承载力条件确定基础宽度，如 3.7.2 节所述，这里求出的是基础所需的最小宽度。

(2)选择基础材料

根据荷载情况、地基条件等选定基础材料。通常情况下采用一种材料制作，同时应尽量充分利用当地材料，降低工程造价。两种材料做成的刚性基础，一般上部用砖或毛石，而下部用灰土或素混凝土。但不同材料组合的无筋扩展基础，应分别满足其相应的宽高比允许值。

(3)选定基础高度

根据允许宽高比，按式(3.41)确定基础总高度。

$$H_0 \geqslant \frac{b-b_0}{2\tan\alpha} \tag{3.41}$$

式中　H_0——基础高度(m)；

b——基础宽度(m)；

b_0——基础顶面的砌体宽度(m)。

为使基础不出现锐角破坏，要求基底上至少做一层台阶，混凝土基础其边缘高度不小于 200 mm，一般为 300～500 mm。对于石灰三合土基础和灰土基础，基础高度量应为 150 mm 的倍数。砖基础的高度应符合砖的尺寸模数，每皮砖 60 mm。

为了保护基础，基础总是埋置于地下一定深度(基础顶面至地面 100～200 mm)，因此基础高度通常小于基础埋深，即 $H_0<d$。如不满足这项要求时，必须加大基础的埋深或采取其他措施。

(4)确定尺寸

①确定基础宽度。根据基础台阶宽高比的允许值确定基础的上限宽度 b_{max}：

$$b_{max}=b_0+2H_0\tan\alpha \tag{3.42}$$

在最小宽度与上限宽度之间选定一个合适的宽度值，为施工方便，一般应取 10 cm 的倍数，砖基础宽度应是砖尺寸的倍数，如 240 mm、370 mm、490 mm 等。

如出现 $b_{min} \geqslant b_{max}$ 情况，则应改用强度较高的基础材料或增加基础高度重新检算，直至满足要求为止。

②确定基础各部分尺寸。根据刚性角及构造要求，确定基础和每层台阶的尺寸。

(5)检算

在确定基础面积和宽度时，应检算基底压应力并控制偏心距，若有软弱下卧层还应检算软弱下卧层承载力。当基础材料强度小于柱的材料强度时，还应计算基础顶面的局部抗压强度，如不满足则需扩大柱脚的底面面积，或改用强度更高的材料。

当无筋扩展基础由不同材料叠合而成时，应对叠合部分作抗压检算。

对于混凝土基础，当基础底面平均压力超过 300 kPa 时，还应对台阶高度变化处的断面进行抗剪检算。

课程思政

本章主要介绍了浅基础的概念和类型及天然地基上浅基础的设计，其育人举措和思路可从以下方面展开：

(1)采用类比法，通过比较分析刚性基础和柔性基础的特点、不同结构形式基础的特点、减轻不均匀沉降危害各类措施的异同、铁路桥涵明挖基础和建筑基础埋深影响因素及要求的异同、桥涵刚性扩大基础和建筑浅基础设计方法的异同，在加深理解和记忆的同时，自觉通过比较方法探索和发现问题，构建比较科学思维。

(2)分析基础结构形式的内在变化逻辑如下：首先考虑独立基础，当地基承载力和沉降或不均匀沉降不满足要求时，可沿一个方向延展从而形成单向条形基础，为承受更大的荷载，可沿另一个方向也进行延展从而形成交叉条形基础，若荷载继续增大，基础可布满整个地基面从而形成筏形基础，若柱距较大，为减小板厚节省材料，同时保障足够的刚度控制不均匀沉降，可在竖向上对筏板进行加肋，肋可设在筏板的上方或下方，对于重型或高层建筑物，采用筏基太厚时，为经济性的需要，同时也为进一步增大抗弯刚度，更好地控制不均匀沉降，可考虑中空的箱形基础。因此，总的来说，基础结构的发展形式上是不断增加基础的底面积和抗弯刚度，本质上则是为了不断满足地基承载力的需要，并有效控制沉降或不均匀沉降。通过上述逻辑分析，探究基础结构形式发展变化的内在核心和本质，自觉构建“知行合一”的工程科学思维。

(3)根据美观与整体协调等综合确定墩台基础顶面的位置，一般不宜高出最低水位，如地面高于最低水位，且不受冲刷时，则不宜高于地面，据此拓展思维，自觉构建工程的美学思维。

(4)对天然地基上浅基础设计所涉及的计算和验算方法进行严密的逻辑分析和推导，深刻理解设计内容和要求的内在原因和逻辑，自觉树立严谨的科学态度，自我培养精益求精的工匠精神。

思考题与习题

3.1 何谓浅基础？简述天然地基上浅基础设计的主要内容和一般步骤。

3.2　浅基础的结构和材料类型有哪些？各自特点和适用条件如何？如何选择浅基础类型？

3.3　无筋扩展基础与钢筋混凝土扩展基础有什么区别？

3.4　何谓基础的埋置深度？基础埋置深度选择考虑的主要因素有哪些？

3.5　如何确定地基承载力？如何进行地基承载力的检算？

3.6　何谓软弱下卧层？检算软弱下卧层强度的要点有哪些？

3.7　变形控制特征值有哪些？对不同结构建筑物应如何选择？

3.8　建筑工程浅基础与桥梁工程浅基础检算内容和要求有何异同？

3.9　减轻建筑物不均匀沉降危害的建筑、结构、施工措施有哪些？

3.10　某场地地表土层为中砂，厚度为 2 m，$\gamma=18.7\ \mathrm{kN/m^3}$，地基承载力特征值 $f_{ak}=222$ kPa；中砂层之下为粉质黏土，$\gamma=18.2\ \mathrm{kN/m^3}$，$\gamma_{sat}=19.1\ \mathrm{kN/m^3}$，抗剪强度指标标准值 $\varphi_k=21°$，$c_k=10$ kPa，地下水位在地表以下 2.1 m 处。若修建的基础底面尺寸为 2 m×2.8 m，试确定基础埋深分别为 1 m 和 2.1 m 时持力层的承载力特征值。

3.11　某铁路桥墩混凝土矩形基础，基底平面尺寸为 $L=6.8$ m，$b=5.3$ m，四周襟边尺寸相同，均为 0.5 m，基础埋置深度 $h=4$ m；已知作用在桥墩上的竖向荷载 $N_1=1\,203$ kN，$N_2=1\,127.5$ kN，墩及基础自重 $N_3=9\,874.2$ kN；水平荷载 $H_1=268.2$ kN，$H_2=16$ kN，$H_3=1\,869.7$ kN，试根据图示地质资料，进行下列项目的检算：

①检算基础本身强度；

②检算持力层及下卧层的承载力；

③检算基础偏心距、滑动稳定性及倾覆稳定性。

3.12　某工厂厂房设计为框架结构独立基础。地基为粉质黏土，$f_{ak}=220$ kPa，地下水位在地面下 0.6 m 处，基础埋深 $d=2$ m。厂房柱作用于基础顶面的荷载均为标准值。取基础长宽比为 2，确定该厂房柱基础的底面尺寸。

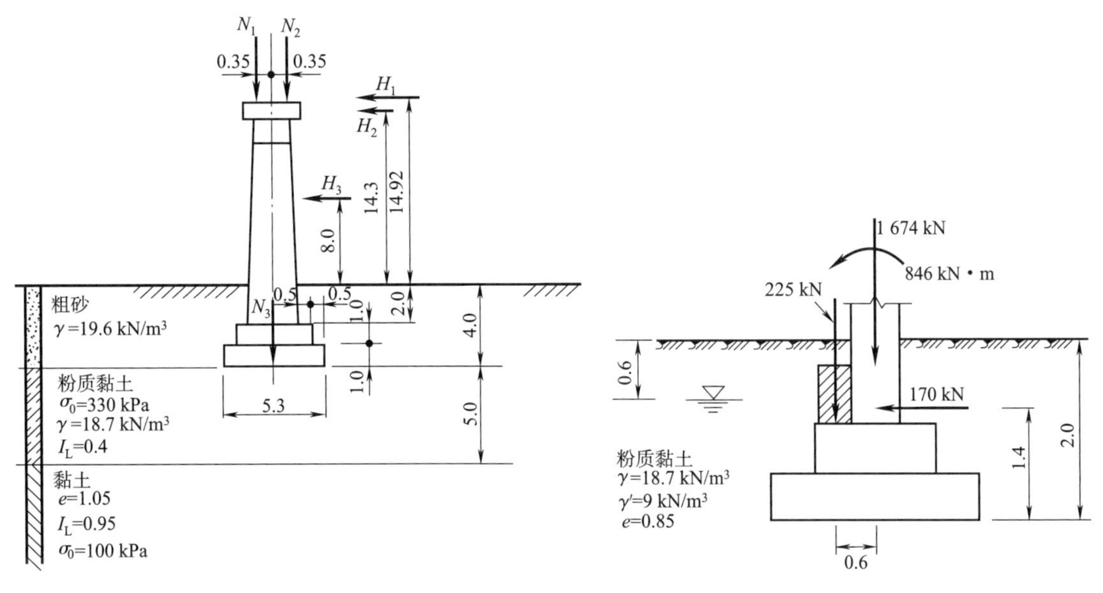

习题 3.11 附图(单位:m)　　　习题 3.12 附图(单位:m)

3.13　某框架柱截面尺寸为 400 mm×300 mm。传至室内外平均标高位置处竖向力标准

值 $F_k=700$ kN，力矩标准值 $M_k=80$ kN·m，水平剪力标准值 $V_k=13$ kN；基础底面距室外地坪为 $d=1.0$ m，基底以上填土容重 $\gamma=17.5$ kN/m³，持力层为黏性土，容重 $\gamma=18.5$ kN/m³，孔隙比 $e=0.7$，液性指数 $I_L=0.78$，地基承载力特征值 $f_{ak}=226$ kPa，持力层下为淤泥土，$f_{ak}=80$ kPa，取基础长宽比为1.5，试确定柱基础的底面尺寸。

3.14 某柱基础，作用在设计地面处的柱荷载设计值、基础足寸、埋深及地基条件如附图所示，试检算持力层和软弱下卧层的强度。

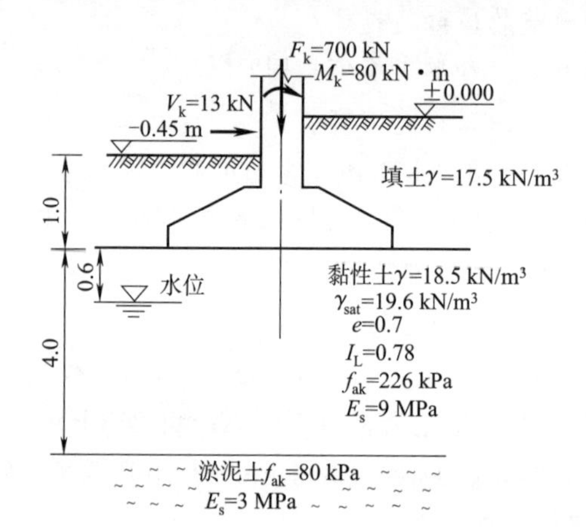

习题3.13附图(单位:m)

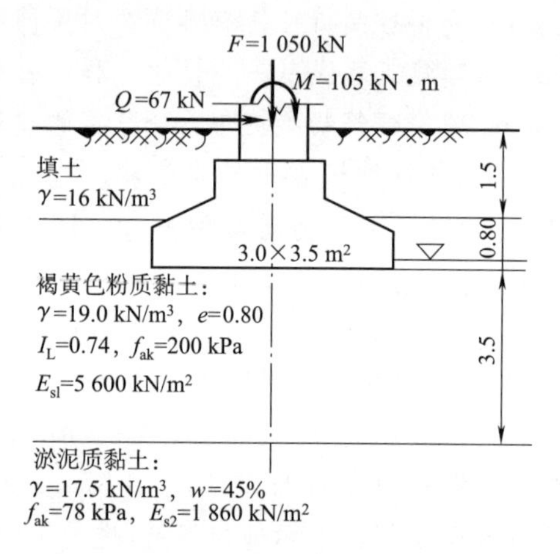

习题3.14附图(单位:m)

天然地基上浅基础的施工

4.1 概　　述

天然地基上浅基础的施工一般采用明挖法施工。陆地上建筑浅基础采用明挖法的施工内容一般包括:①施工前的准备;②基坑露天开挖和支护;③施工排水和地下水控制;④基底检验、处理、基础砌筑和基坑回填等;⑤基坑现场监测与信息化施工。

如必须在水中修建浅基础,一般要在基坑周围预先建成一道临时性的挡水墙,称为围堰,然后把围堰内的水排干,再挖基坑。如不能排水,可进行水下施工。

基础施工是一个复杂的系统工程,涉及很多方面。随着社会的发展,高层建筑大量出现,大型基础深基坑施工越来越多,地铁和地下设施的兴建往往需要在建筑密集的市区开挖大型基坑,某些重大桥梁工程的深基础、水工结构物等也采用了开挖深基坑的施工方法。如果基础施工考虑不周,开挖方法或支护措施不当,极易造成工程事故,由此,基坑工程越来越受到重视,并日益成为一门专门技术。

目前基坑工程设计的内容主要有以下几方面:

(1)支护结构设计。支护结构是指基坑围护工程中采用的围护墙体(包括防渗帷幕)以及内支撑系统或土层锚杆等的总称,是支护工程设计的重点。

(2)地基加固设计。地基加固是为了保证基底承载力达到设计要求,对地基采取各种措施进行处理。从加固位置来分类有:①围护墙体的被动侧;②围护墙体的主动侧;③坑底以下。从施工工艺上分类,常采用注浆、水泥土深层搅拌桩、旋喷桩等。

(3)基坑开挖设计。基坑开挖应根据支护结构设计、降排水要求,确定开挖方案。基坑开挖方案的内容应包括:基坑开挖时间、分层开挖深度及开挖顺序、机械选择、施工进度和劳动组织安排、质量和安全措施、基坑开挖对周围建筑物需采取的保护措施以及应急预案等。

(4)地下水控制设计。基坑开挖过程中,必须防止出现管涌、流砂、坑底隆起及与地下水有关的坑外地层变形等情况,以便为地下工程提供较好的作业条件,确保基坑边坡稳定、周围建筑物及地下设施等的安全。因此,为满足支护结构设计要求,应根据场地及周边工程地质条件、水文地质条件和环境条件,并结合基坑支护和基础施工方案综合分析,可采用集水明排、降水、截水和回灌等形式单独或组合使用,做好地下水的控制设计。

(5)监测方案设计。监测是指在基坑工程施工过程中,对基坑围护结构及其周围地层、附近建筑物、地下管线等的受力和变形进行的量测,是基坑工程的一个重要环节。基坑开挖前应制订出系统的开挖监测方案,包括:监测目的、监测项目、监测预警值、监测方法及精度要求、监测点的布置、监测周期、工序管理和记录制度以及信息反馈系统等。其目的主要是确保基坑工程本身的安全;对基坑周围环境进行有效保护;检验设计所采用参数及假定的正确性,并为改进设计、提高工程整体水平提供依据。

4.2 陆地浅基础施工

4.2.1 基坑开挖方法

基坑开挖前，应做好计划和准备工作，如施工场地的布置、基础的定位和放样、基坑土方量计算和临时便道的修筑等。

1)基础的定位放线

首先要进行基础的定位放线工作，要复核中心线、方向和高程，正确地将设计图纸上的基础位置、形状和尺寸在实地上标定出来，准确地设置到建筑位置或桥址上。

基础中心及轴线定位后，应按地质水文资料，结合现场情况，决定开挖坡度、支护方案以及地面的防水、排水措施。在此基础上按照基础设计尺寸，确定基坑尺寸、边线位置及标高，并根据上部结构的纵横轴线，推出基础边线的定位点，再放线画出基坑开挖范围。

当基坑为渗水的土质基底，坑底尺寸应根据排水要求(包括排水沟、集水井、排水管网等)和基础模板设计所需基坑大小而定。一般基底应比基础的平面尺寸增宽 0.5～1.0 m。当不设模板时，可按基础底的尺寸开挖基坑。基坑底面尺寸确定后，再根据土质确定放坡率，得到基坑顶的尺寸，如图 4.1 所示，当基础尺寸为 a、b 时，则基坑顶的尺寸为

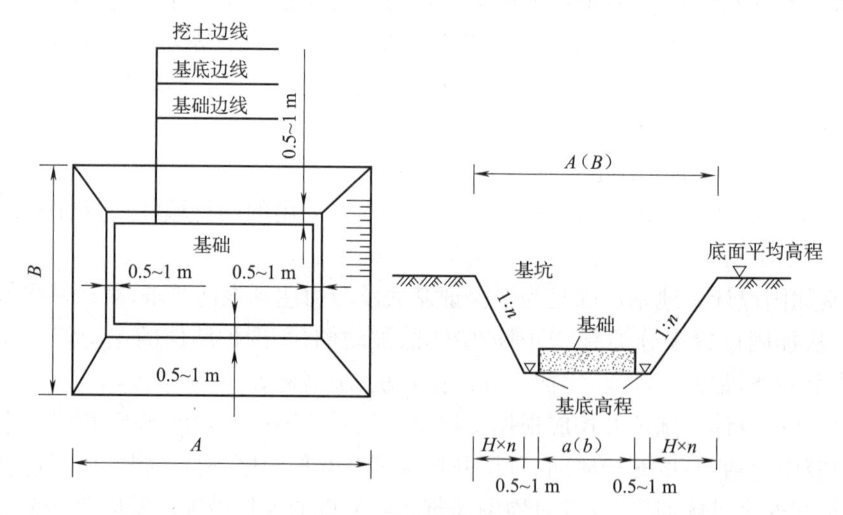

图 4.1　基坑放坡示意图

$$A=a+2\times(0.5\sim1)+2\times H\times n \tag{4.1}$$

$$B=b+2\times(0.5\sim1)+2\times H\times n \tag{4.2}$$

式中　A,B——基坑顶的长、宽(m)；

a,b——基底的长、宽(m)；

H——基坑开挖深度(m)；

n——基坑放坡坡率。

2)基坑开挖方式

基坑开挖可采用人工开挖、机械开挖或半机械化开挖方法。

根据目前的施工条件，一般中小型工程的基坑开挖，采用人工开挖比较经济。大型工程中，如施工条件许可，可用机械开挖。常用的机械多为位于坑顶的吊机操纵的挖土斗、抓土斗

等;遇开挖工作量特别大的基坑,如明挖地铁施工等,还常用铲式挖土机、铲运机、倾卸车等。

3)基坑开挖注意事项

基坑开挖后如果地基土质较为坚实,开挖后能保持坑壁稳定,可不加支护,做成无支护基坑。但实际上,由于土质条件、开挖深度、放坡受到用地或施工条件限制等因素影响,需要进行各种坑壁支护,然后再进行开挖。

基坑应尽量在枯水或少雨季节施工,一旦基坑挖开就不要间断施工,应一直施工至达到要求的深度。

为防止基坑底土(特别是软土)受到浸水或其他因素的扰动,土方挖至设计标高后,应立即浇筑垫层或砌筑基础,工程桩桩头应在垫层浇筑后处理。否则,挖土时应在基底标高以上保留 15～30 cm 厚的土层,待基础施工时再行挖除。如基坑用机械挖土,距基底设计标高 30～50 cm 厚的最后一层土,应在基础施工前再用人工挖除修整,以保证地基土结构不受破坏。基坑应避免超挖,已经超挖或松动部分,应将松动部分清除,个别超挖处需用原土或砂石填补并夯实到原有的密实度或用低强度等级混凝土填实。

视频

内撑式基坑开挖现场

面积较大的基坑土方开挖应注意以下问题:

(1)挖土与支撑及浇垫层的关系。土方开挖宜分块、分区、分层对称开挖。每次分层开挖的高度不宜过大,一般宜控制在 2.5 m 以内。土方开挖应遵循“开槽支撑、先撑后挖、分层开挖、严禁超挖”的挖土原则。应尽量缩短基坑无支撑暴露时间,每一工况下挖至设计标高后,钢支撑的安装周期不宜超过一昼夜,钢筋混凝土支撑的完成时间不宜超过两昼夜。除设计允许外,挖土机械和车辆不得直接在支撑上行走操作。采用机械挖土方式时,严禁挖土机械碰撞支撑、立柱、井点管、围护墙及工程桩。

动画

内支撑架设原则

(2)中心岛盆式开挖。面积很大的基坑,不宜设置对撑式水平支撑时,可采用中心岛盆式开挖(先挖基坑中间部分土方),或采用留中心土墩开挖(先挖基坑边缘部分的土方)。

(3)开挖底标高不同时的处理。同一基坑当底标高深浅不同时,土方开挖宜从浅基坑开始,待浅基坑底板浇筑后,再开始挖较深基坑的土方。对两个同时施工的相邻基坑工程,土方开挖宜首先从深基坑开始,待基坑底板浇筑后,再开始挖另一个较浅基坑的土方。

(4)其他注意事项。基坑中间有局部加深的电梯井、水池等,土方开挖前应对其边坡做必要的加固处理。挖出的土除一部分预留作回填外,应把多余的土运到弃土地带,以免妨碍施工。

4.2.2　无支护基坑

当基坑较浅,地下水位较低或渗水量较少,不影响坑壁稳定时,坑壁可不加支护,将坑壁挖成竖直或斜坡形坑壁的形式,如图 4.2 所示。竖直坑壁只适宜在岩石地基或基坑较浅又无地下水的硬黏土中采用。在一般土质条件下开挖基坑时,采用局部或全深度的放坡开挖方法。一般来说,该方法所需的工程费用较低,施工工期短,可为主体结构施工提供宽敞的作业空间。所以开挖场地土质为杂填土、黏性土或粉土,场地较开阔,地下水位较低或降水后不会对相邻建筑物、道路及管线产生不利影响时,通常优先采用放坡开挖。当基坑不具备全深度放坡开挖条件时,若有条件,上段可自然放坡,下段可设置其他支护体系。

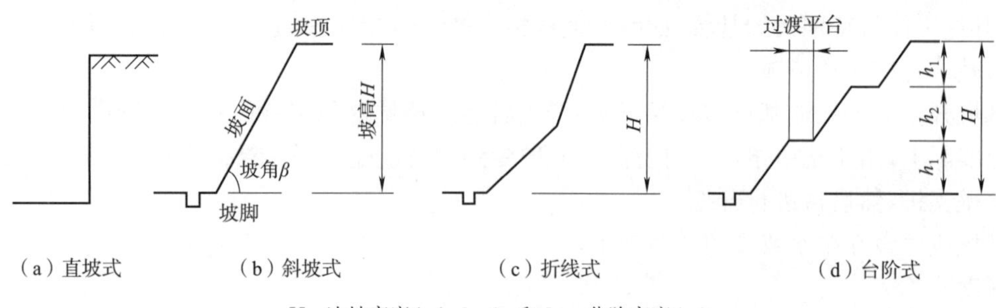

（a）直坡式　（b）斜坡式　（c）折线式　（d）台阶式

H—边坡高度(m)；h_1、h_2 和 h_3—分阶高度(m)。

图 4.2　常用边坡形式

1)基坑放坡开挖坡度

基坑坑壁坡度应按地质条件、基坑深度和施工方法等情况确定。一般基坑深度在 5 m 以内，施工期较短，当为无水基坑、土的湿度正常(接近最优含水率)，且土层构造均匀时，桥涵刚性扩大基础施工开挖基坑坑壁坡度可按表 4.1 选用，如土的湿度较大可能引起坑壁坍塌时，坑壁坡度应适当放缓。

表 4.1　开挖放坡坡度参考值

坑壁土类	坡顶无荷载	坡顶有静荷载	坡顶有动荷载
砂类土	1∶1	1∶1.25	1∶1.5
卵石、砾类土	1∶0.75	1∶1	1∶1.25
粉质土、黏质土	1∶0.33	1∶0.5	1∶0.75
极软岩	1∶0.25	1∶0.33	1∶0.67
软质岩	1∶0	1∶0.1	1∶0.25
硬质岩	1∶0	1∶0	1∶0

基坑开挖经过不同土层时，坡度可分层选定，并酌情加设平台；基坑深度大于 5 m 时，坑壁坡度可适当放缓或加设平台，各级过渡平台的宽度为 1.0～1.5 m，必要时台宽可选 0.6～1.0 m，小于 5 m 的土质边坡可不设过渡平台。岩石边坡过渡平台的宽度不小于 0.5 m，施工时应按上陡下缓原则开挖。放坡设计时，应调整至合适的坡度，或采用折线形、台阶式放坡开挖，常用边坡形式如图 4.2 所示。

为了坑壁稳定，基坑顶有动载时，基坑顶缘与动载间至少应留有 1 m 宽的护道；当地质、水文条件不良，如土质边坡放坡开挖时边坡高度大于 5 m，具有与边坡开挖方向一致的斜向界面，含有可能使土体发生滑移的软弱淤泥或含水量丰富的夹层时，应对边坡整体稳定性进行验算，必要时采取增宽护道或其他有效加固措施。

2)基坑坑壁的防护

放坡开挖宜对坡面采取保护措施，常用的坡面防护方法有：

(1)水泥砂浆抹面。对于易风化的软质岩石、老黏性土及破碎岩石边坡的坡面，常用 3～5 cm厚水泥砂浆抹面。也可先在坡面挂铁丝网再喷抹水泥砂浆。

(2)浆砌片石护坡。对各种土质或岩石边坡，可用浆砌片石护坡。也可在坡脚处砌筑一定高度的浆砌片石或红砖墙，用于反压及挡土，并与排水沟相接。

(3)堆砌砂土袋护坡。对已发生或将要发生滑坍失稳或变形较大的边坡，常用砂土袋(草袋、土工织物袋)堆置于坡脚或坡面。

(4)铺设抗拉或防水土工布护面。用于边坡面防风化、防冲刷，在土工布上可上覆素土、砂土或水泥砂浆抹面。

4.2.3　有支护基坑

1)板桩支撑护壁(板桩围堰)

板桩支撑是将板桩在开挖前垂直打入土中至坑底以下一定深度，然后边开挖、边支撑，开挖基坑始终在板桩的保护下进行。板桩支撑分为无支撑式、内撑式和锚撑式，如图 4.3 所示。无支撑式(悬臂式)板桩的桩顶位移较大，故要求它的自身刚度较大，基坑较浅。内撑式有单撑(锚)式和多撑(锚)式，单撑(锚)式板桩对施工干扰较小，但基坑的深度不能很大；多撑(锚)式板桩则相反，可根据基坑深度和施工方法进行选用。

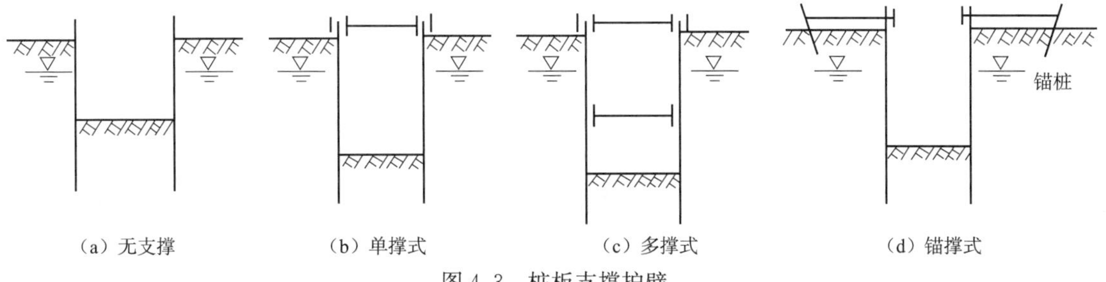

图 4.3　桩板支撑护壁

常用的板桩材料，有钢板桩、木板桩和钢筋混凝土板桩 3 种。木板桩成本低，容易加工和施工，但强度较低，不宜用于坚硬土层，且长度受限制，一般只适于深度不超过 6 m 的基坑，目前在我国除林区外已很少采用。钢筋混凝土板桩的优点是耐久性好，刚度大变形小，比钢板桩造价低；缺点是笨重且接头处防渗水性差，多用于码头等永久性挡土结构，修建桥梁基础很少采用。钢板桩的优点很多，如板薄(约 10 mm)、强度大，能穿过较坚硬的土层；锁口紧密，不易漏水；可焊接接长，不受基坑深度的限制；能反复多次使用；且断面形状多样，可适应各种条件的需要。

2)喷射混凝土护壁

喷射混凝土护壁，宜用于土质较稳定，渗水量不大，深度小于 10 m，直径为 6～12 m 的圆形基坑。对于亚黏土、轻亚黏土及砂夹卵石的地质条件均可采用。其优点是施工进度较快，机械设备简单，能减少大量因放坡而增加的土方工程量。

喷射混凝土护壁的基本原理是以高压空气为动力，将搅拌均匀的砂、石、水泥和速凝剂干料，由喷射机经输料管吹送到喷枪，在通过喷枪的瞬间，加入高压水进行混合，自喷嘴射出，喷射在坑壁，形成环形混凝土护壁结构，以承受土压力，如图 4.4 所示。

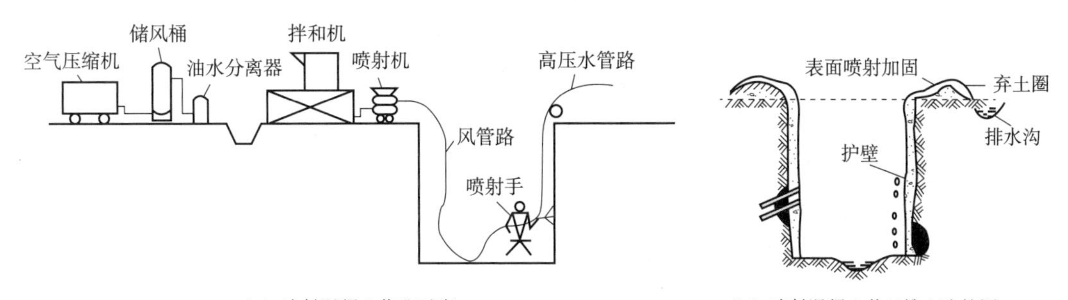

图 4.4　喷射混凝土护壁

在一些基础工程施工中，对局部坑壁的围护也常因地制宜、就地取材采用多种灵活的围护方法，如在放坡开挖时，为了增加边坡稳定性和减少土方量，常采用简易支护(图 4.5)，当地下水影响不大时，也可使用木挡板支撑(特定条件下的路桥施工，现较少采用)。

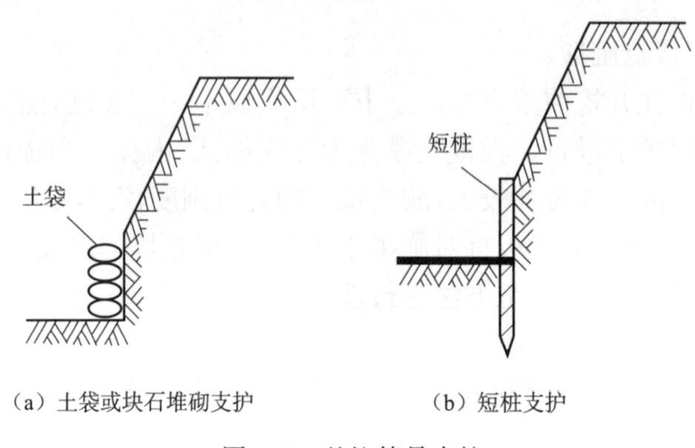

图 4.5 基坑简易支护

此外，在软弱土层中的较深基坑中，出现了许多深基坑支护的新型结构，例如钻孔灌注桩、深层搅拌桩、粉体喷射混凝土搅拌桩、旋喷桩等，按密排或格栅形形成的排桩支护、地下连续墙、拱围墙支护、喷锚支护、土钉墙等，多用于市政工程、工业与民用建筑工程，在桥梁工程中也有使用成功的实例。

在基坑开挖施工中，应避免或减少对周边环境的影响，采用适当措施贯彻低碳施工理念，如用绿色智能天幕防尘降噪、夜间施工用太阳能路灯照明并安装自动喷水设施降尘、支撑拆除时产生的建筑垃圾回收利用等。

4.2.4 基底检验处理

基坑挖好后，在基础施工前应进行验槽，即应作基底土质鉴定。鉴定方法为直接观察、打钢钎测定或取土样试验。如坑中积水较深又无法排干，可由潜水员到水下检查；对于特大桥及重要大中桥墩台基础等，必要时还在坑底钻探(至少 4 m)。

一般基底检验的主要内容有：①基底平面位置、尺寸及高程是否与设计文件相符；②基底地质、承载力是否与设计资料相符；③基底的排水处理情况是否能确保基础圬工的质量；④检查施工记录及有关试验资料等。

鉴定合格后应立即进行基底处理。持力层如为黏性土，在铲平基底时，应尽量保持其天然状态，不得用回填土夯实。必要时可夯入一层 10 cm 以上厚度的碎石层，碎石层顶面不得高于基底设计高程。处理完后，应尽快砌筑基础，不得暴露过久，以免土面风化松软，使土的强度显著降低。对砂石类或砂类土层，其承重面应修理平整夯实，砌筑基础时，先铺一层水泥稠砂浆。在未风化的岩层上修筑基础时，应先将岩面上的松碎石块清除并凿出新鲜岩面，表面应刷洗干净。如岩层倾斜，应将层面基本凿平或凿成台阶，以免滑动。在风化岩层上修筑基础时，开挖基坑宜尽量不留或少留坑底富余量，将基础圬工填满坑底，封闭岩层。坑底如发现有泉眼涌水，应立即堵塞或排水加以处理，不能任其浸泡圬工或带出土粒。对多年冻土地基和溶洞地基等应采用特殊方法处理。

基底检查后，如发现土质比设计要求差，地基承载力不够时，应改变基础设计，如扩大基底面积或改为桩基等；也可按具体情况进行人工加固的特殊处理，如采用砂夹卵石换填，或用爆破挤压砂桩，使地基土密实，或用压注胶结物（如水泥浆灌注法、硅化法），使之胶结坚固等。

城市高层建筑基础下地基如是软弱土层，基坑开挖时坑底土层可能发生隆起、管涌等破坏，导致支护结构丧失稳定，常用的预防措施是先对坑底土（必要时包括开挖区）进行加固。方法有：深层搅拌法、旋喷法、劈裂注浆法等。由分析比较可知，加固坑内被动区的效果较加固坑外主动区好，故只在必要时坑内外才都进行加固。

4.2.5 基础砌筑与基坑回填

基础是建筑物极为重要的一个组成部分，对基础材料和施工方法应严格控制。

1）基础砌筑

房屋基础一般是在无水条件下砌筑，其施工方法和施工顺序应根据基础形式和现场施工条件合理确定。如砖墙下的毛石条形基础施工过程包括：砌毛石基础→砌砖大放脚→铺设防潮层；柱下钢筋混凝土单独基础则包括：浇筑混凝土垫层→铺设基础钢筋→支设模板→浇混凝土→拆模等。基础施工的具体要求参见有关施工规范。

桥涵浅基础砌筑方式分 3 种，即无水砌筑、排水砌筑和水下灌筑。为了方便施工和保证质量，基础的砌筑应尽可能在干燥无水的状况下进行，其施工过程与房屋建筑基础类似。当基坑渗漏很小时，可采用排水砌筑。排水砌筑的施工要点是：①确保在无水状态下砌筑圬工；②禁止带水作业或用灌注混凝土将水挤出模板外的施工方法；③基础边缘部分应严密隔水；④水下部分圬工必须待混凝土终凝后，才能停止抽水。只有当渗水量很大、排水困难时，才采用水下灌注混凝土的方法。基础圬工的水下灌注，分水下封底与水下直接灌注两种。前者封底后仍要排水砌筑基础，封底只能起封闭渗水的作用，其混凝土只作为地基而不作为基础本身，适用于板桩围堰开挖的基坑。基础圬工用料应在基坑开挖完成前准备好，以保证能及时砌筑基础，避免基底土质变差。

2）桥梁混凝土基础与墩台身的接缝

桥梁混凝土基础与墩台身的接缝，应按设计文件办理。设计无规定时，一般要求：

①混凝土基础与混凝土墩台身的接缝，周边应预埋直径不小于 16 mm 的钢筋或其他铁件，埋入与露出长度不少于钢筋直径的 30 倍，间距不大于钢筋直径的 20 倍。

②混凝土与浆砌片石墩台身的接缝，应预埋片石，片石厚度不应小于 15 cm，片石的强度要求不低于墩台身砌体的强度。

3）基坑回填

当基础砌筑完毕后，应检验其质量和各部位尺寸是否符合设计要求，如无问题，即可进行基坑回填。基坑宜用原土或优良土及时回填，每层回填厚度不大于 30 cm，并应分层夯实，达到设计要求。回填时应在相对两侧或四周同时进行，以免单向挤动基础，造成位置偏移或挤坏基础。回填后应立即做好地面排水，以免积水或渗水。必要时可对回填后基础周围的生态进行恢复。

当地下水或生产用水对基础材料有侵蚀性时，应弄清其性质，采取相应的预防措施。通常在基础四周涂以焦油、热沥青或用沥青胶粘贴两层卷材等，而后在坑壁和基础间填以黏性大的粉质黏土，分层夯实。

4.3 基坑排水和地下水控制

基坑应尽量在枯水或少雨季节施工。在雨季施工时，要特别注意地面水的排除和防止地面水流入开挖后的基坑，需要在基坑周围挖截水沟，同时在开挖过程中及时开挖坑内边沟和汇水井，以便排除坑内积水。当开挖基坑较深，低于地下水位时，随着基坑的下挖，渗水将不断涌集基坑，为保持基坑的干燥，便于基坑挖土和基础的砌筑与养护，必须采取适当的基坑排水和地下水控制措施。一般来讲，地下水控制方法有集水明排法、降水法、截水和回灌技术，可单独或组合使用。表 4.2 所列各方法的适用条件可供设计者参考。

表 4.2　地下水控制方法适用条件

<table>
<tr><th colspan="2">方法名称</th><th>土　类</th><th>渗透系数(m/d)</th><th>降水深度(m)</th><th>水文地质特征</th></tr>
<tr><td colspan="2">集水明排</td><td rowspan="3">填土、粉土、黏性土、砂土</td><td><20</td><td><5</td><td rowspan="3">上层滞水或水量不大的潜水</td></tr>
<tr><td rowspan="3">降水</td><td>真空井点</td><td>0.005～20</td><td>单级<6
多级<20</td></tr>
<tr><td>喷射井点</td><td>0.005～20</td><td><20</td></tr>
<tr><td>管井</td><td>粉土、砂土、碎石土、可溶岩、破碎带</td><td>0.1～200</td><td>不限</td><td>含水丰富的潜水、承压水、裂隙水</td></tr>
<tr><td colspan="2">截水</td><td>黏性土、粉土、砂土、碎石土、可溶岩</td><td>不限</td><td>—</td><td>—</td></tr>
<tr><td colspan="2">回灌</td><td>填土、粉土、砂土、碎石土</td><td>0.1～200</td><td>—</td><td>—</td></tr>
</table>

4.3.1 集水明排法

集水明排，亦即表面排水(重力排水)，也称汇水井与排水沟排水，是最简单，也是应用最普遍的方法。它是在基坑整个开挖过程及基础砌筑和养护期间，在基坑四周开挖集水沟，汇集坑壁及坑底的渗水，并引向一个或数个比集水沟挖得更深一些的集水井，如图 4.6 所示，用抽水机(水泵)将水抽走，将水面降至坑底以下。

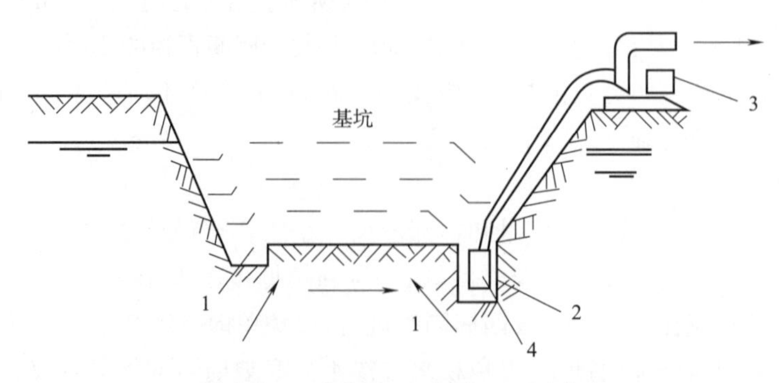

1—集水沟；2—集水坑；3—水泵；4—吸水笼头。

图 4.6　集水明排示意图

集水明排法可单独采用，亦可与其他方法结合使用。单独使用时，降水深度不宜大于 5 m，否则坑底容易软化、泥化，坡角出现流砂、管涌、边坡塌陷、地面沉降等问题。与其他方法结合使用时,其主要功能是收集基坑中和坑壁局部渗出的地下水和地面水。

排水沟和集水井可按下列规定布置:

(1)排水沟和集水井宜布置在拟建建筑基础边净距 0.4 m 以外;排水沟边缘离边坡坡脚不应小于 0.3 m;在基坑四角或每隔 30～40 m 应设一个集水井。

(2)排水沟沟底一般在基坑底面(开挖面)以下 0.3～0.5 m,沟底设 0.3%～0.5%的坡率,使地下水沿明沟流向集水井;集水井井底高程应低于边沟底,高程差不小于 0.5 m,具体视渗水量而定,一般为 1.0 m 左右。

(3)沟、井截面应根据排水量确定;排水量 V 应不小于基坑总涌水量的 1.5 倍;集水井容积大小决定于排水沟的来水量和水泵的排水量,宜保证水泵停抽后 30 min 内基坑坑底不被地下水淹没。

当基坑侧壁出现分层渗水时,可按不同高程设置导水管、导水沟等构成明排系统;当基坑侧壁渗水量较大或不能分层明排时,宜采用导水降水法。基坑明排尚应重视环境排水,当地表水对基坑侧壁产生冲刷时,宜在基坑外采取截水、封堵、导流等措施。

集水明排法设备简单,费用低,一般土质条件均可采用。但当地基土为饱和粉细砂土等黏聚力较小的细粒土层时,由于抽水会引起流砂现象,造成基坑破坏和坍塌,因此应避免采用集水明排法;如果使用集水井排水,应采取措施防止带走泥砂;或将集水井排水方法改为井点法降低地下水位或者采用水下施工。

4.3.2 井点降水法

1)概述

井点降水法主要是将带有滤管的降水设施沉没到基坑四周的土中,利用各种抽水工具,在不扰动土结构的条件下,将地下水抽出降低水位,以利基坑开挖。井点降水法适用于粉质土、粉砂类土、细砂类土,以及地下水位较高、有承压水、开挖较深、坑壁不稳定的土质基坑,在无砂的黏质土中不宜使用。

根据使用设备的不同,一般有轻型井点、喷射井点、电渗井点、管井井点和深井泵井点等多种类型。降水深度不超过 6 m 时可用一级轻型井点。如超过不多,可采用明沟排水与井点降水结合的方法,将抽水总管设在原地下水位以下。如降水深度较大,但不超过 12 m,且基坑周围开阔,则可采用多级轻型井点。如在建筑物较密集地区不能放坡时,要用降水深度大的设备,如喷射井点和深井泵井点,或采用多种井点组合降水。

降水井宜在基坑外缘采用封闭式布置,井间距应大于 15 倍井管直径,在地下水补给方向适当加密;当基坑面积较大、开挖较深时,也可在基坑内设置降水井。降水井的深度应根据设计降水深度、含水层的埋藏分布和降水井的出水能力确定。设计降水深度在基坑范围内,不宜小于基坑底面以下 0.5 m。

2)轻型井点降水

(1)轻型井点系统组成和原理

轻型井点系统由井点管、连接管、集水总管及抽水设备等组成。一般是沿基坑周边以一定间距(计算确定)埋入井点管,在地面上用水平铺设的集水总管将各井点管(下端为滤管)连接起来,在一定位置设置离心泵和水力喷射器,离心泵驱动工作水,当水流通过喷嘴时形成局部真空,地下水在真空吸力作用下经滤管进入井管,然后经集水总管排出,从而使井管两侧一定范围内的水位逐渐下降,各井管相互影响形成一个连续的疏干区(图 4.7)。在整个施工过程中不断抽水，保证在基坑开挖和基础砌筑的整个过程中基坑始终保持着无水状态。降水曲线至少应低于基底设计高程 0.5 m。

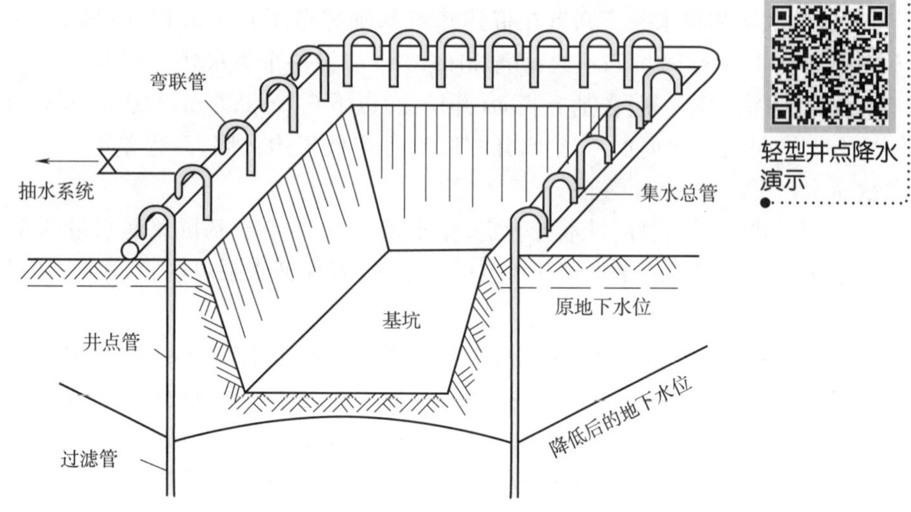

图 4.7　轻型井点降水布置示意图

用这种方法降低地下水的特点是井点管范围内的地下水不从基坑的四周边坡和底面流出，而是以相反的方向流向井点管，因而可以避免发生流砂和边坡坍塌，且流水压力（渗透力）对土层还有一定的压密作用。

（2）井点布置

井点布置应根据基坑的大小、平面尺寸和降水深度的要求，以及含水层的渗透性和地下水流向等因素确定。根据经验，轻型井点常按下列要求布设。

井点距坑壁一般不小于 1 m，井点间距一般为 0.6～1.2 m。井点管长 5～7 m，下端滤管长 1.0～1.7 m，下端深度要比坑底深 0.9～1.2 m。

降水深度在 4～5 m，可用单级井点，若降水深度要求大于 6 m，则可采用两级（图 4.8）或多级井点，每增加 3 m，增加 1 级，最多为 3 级。

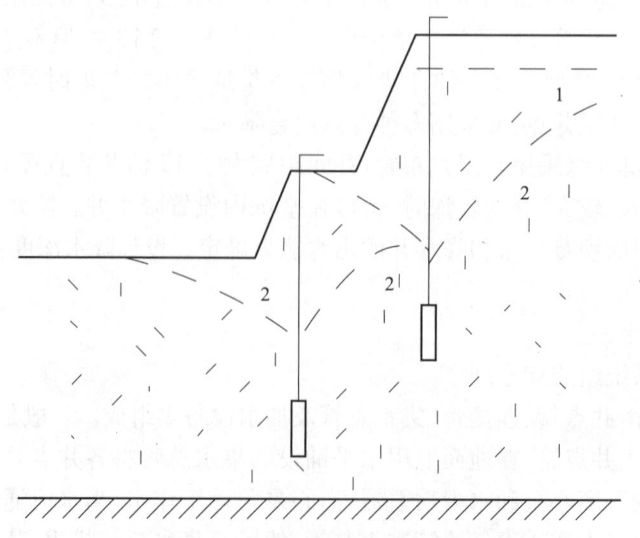

1—静止水位；2—二级抽水后地下水动水位曲线。

图 4.8　二级轻型井点布设

轻型井点，基坑宽度不大于 10 m，可设单排井点，布置在地下水流上游一侧；基坑宽度大于 10 m 或土质不良时，宜在基坑两侧设双排井点；基坑面积宽大时布置环状井点。井点管位于基坑壁的外侧，距基坑壁不小于 1 m，以免造成局部漏气，影响抽水效果。线状井点两端和环状井点转角处，以及靠近河流处等都要加密布置井点。井点管的成孔可根据土质分别用射水成孔、冲击钻孔、旋转钻机及水压钻机成孔。

3)其他降水方法

(1)喷射井点

喷射井点的特点是：井点管的滤管以上部分有内外两层，如图 4.9 所示，内管下端连接喷射扬水器，采用高压水泵，每台泵带动 30～40 根井点管。

喷射井点一般有喷水和喷气两种，井点系统由喷射器、高压水泵和管路组成。利用井点下部的喷射装置，将高压水(喷水井点)或高压气(喷气井点)从喷射器喷嘴喷出，管内形成负压，使周围含水层中的水流从管中排出。

喷射器结构形式有外接式和同心式两种(图 4.10)，其工作原理是利用高速喷射液体的动能工作，由离心泵供给高压水流入喷嘴高速喷出，经混合室造成混合室压力降低，形成负压和真空，则井内的水在大气压力作用下，将水由吸气管压入吸水室，吸入水和高速射流在混合室中相互混合，射流的动能将本身的一部分传给被吸入的水，使吸入水流的动能增加，混合水流入扩散室，由于扩散室截面扩大，流速下降，大部分动能转为压能，将水由扩散室送至高处。

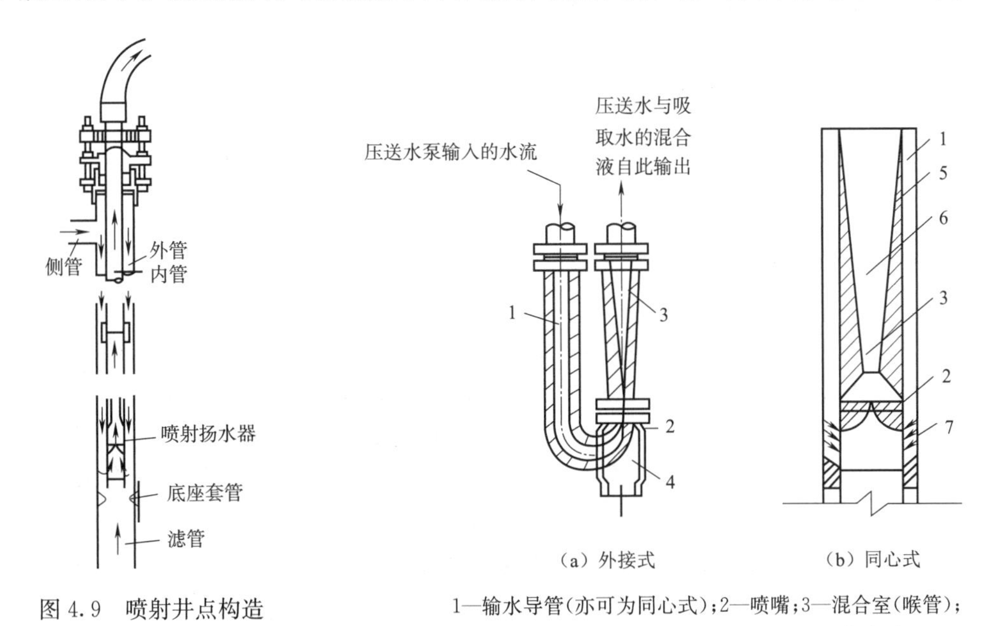

图 4.9　喷射井点构造

1—输水导管(亦可为同心式)；2—喷嘴；3—混合室(喉管)；4—吸入管；5—内管；6—扩散室；7—工作水泵。

图 4.10　喷射井点构造原理图

管路系统布置和井点管的埋设与轻型井点基本相同。但总降水能力强于轻型井点，故适用范围较广，降低水深可达 18～20 m。如将喷射扬水器安设在井管内较高位置，成为吸喷井点，则可在不增加高压水泵的情况下，使降水深度增至 25 m 或带多个井点管。但成井工艺要求高，工作效率低，运转过程管理严格。

(2)管井井点

管井井点利用钻孔成井，多采用井点单泵抽取地下水的降水方法。一般当管井深度大于

15 m时，也可称为深井井点降水。管井井点直径较大，出水量大，适用于中、强透水层。如砂砾、碎卵石，基岩裂隙等含水层，可满足大降深、大面积降水要求。

管井井点由两部分组成，一是井壁管，一是滤水管。井壁管可用直径200～350 mm的铸铁管、无砂混凝土管、塑料管。滤水管可用钢筋焊接骨架，外包滤网(孔眼为 ϕ1～2 mm)，长2～3 m(图4.11)，也可用铸铁管打孔，外缠镀锌铅丝。

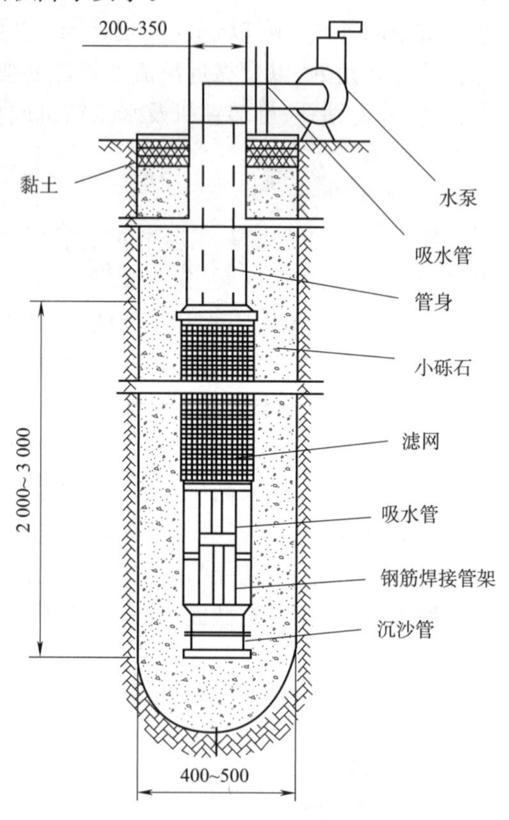

图4.11　管井井点的构造(单位:mm)

管井井点的确定:先根据总涌水量验算单根管井极限涌水量，再确定管井的数量。根据已确定的管井数量沿基坑外围均匀设置管井。

(3)各类降水设备组合降水

如果一种降水设备达不到要求，可以用各类降水设备组合降水。比如喷射井点内管的水流上升过程中受到管壁阻力和重力作用的影响，流速随着上升高度增加而降低，当消减到零时，井点即不能抽水，可在井点系统中增加水射泵(包括水喷射器及高压水泵)，形成一定真空度，使丧失流速的水流又得到一定速度继续上升，进而增加降水深度，此组合称为水射泵—喷射井点。对深井泵井点也是这样，如在滤水井管伸出地面的上端侧孔连接抽气管和真空泵，以排除井管内空气，也可提高水泵的抽水效率。如果场地条件允许，还可以采用联合井点的方案。

(4)引渗

近年来引渗法作为一种新型的降水方法开始得到应用，其基本原理是，在具备多层含水层，并且存在水头差的情况下，可以设置引渗井穿越不同的含水层，将上部土层的地下水通过引渗井自渗，或者抽渗到下部的含水层中，使上部疏干，达到降水目的。

引渗降水的适用条件为:①存在至少两层含水层，各含水层间水头差较大，含水层间存在稳定隔水层;②下伏含水层厚度大于3.0 m，其顶板埋深要低于基坑底3.0～5.0 m，且其透水性成倍于被疏干含水层;③被疏干含水层中的地下水水质满足环保要求，不会引起下伏含水层地下水水质恶化。

引渗井的类型有自渗井和抽渗井两种。自渗井可用管井或者砂砾井;抽渗井一般用管井。具体有垂直引渗和水平引渗两种。在垂直引渗中，引渗井通过穿越不同含水层达到降水目的;在水平引渗中，引渗井往往是辐射状布置形成控制降水区，可以在同一含水层内，也可以穿越两层含水层，然后引入下伏含水层中。

4.3.3　截水与回灌

在软弱土地区，如基坑周围附近有建筑物或地下管线，应注意避免因降水引起的沉降、倾斜甚至破坏，可采用竖向截水帷幕、回灌的方法避免或减小这些不良影响。

1)竖向截水帷幕

竖向截水帷幕通常采用深层搅拌桩隔水墙、压力注浆、高压喷射注浆、冻结围基法等。截水帷幕的厚度应满足基坑防渗要求，截水帷幕的渗透系数宜小于 1.0×10^{-6} cm/s。竖向截水帷幕的基本结构形式有两种：一种是落底式，当含水层较薄时，穿过含水层，插入隔水层中；另一种是悬挂式，当含水层相对较厚时，帷幕悬吊在透水层中，与坑内水平防渗相结合。前者作为防渗计算时，只需计算通过防渗帷幕的水量，后者尚需考虑绕过帷幕涌入基坑的水量。

落底式竖向截水帷幕应插入下卧不透水层一定深度，其插入深度可按式(4.3)计算。

$$l=0.2\Delta h_{\mathrm{w}}-0.5b \tag{4.3}$$

式中 l——帷幕插入不透水层的深度(m)；

Δh_{w}——作用水头差(m)；

b——帷幕厚度(m)。

悬挂式截水的两种处理方法：

(1)如基坑深度较大，坑底埋藏承压含水层(图 4.12)，可设置悬挂式具有截水作用的支护结构，并在基坑外设置进入承压含水层的降水井点，以降低承压水的水头；如坑周有建筑物受到降水影响，可采取回灌措施。

(2)如基坑深度很大，地下含水层渗透性较强且厚度较大，基坑位于承压含水层内(图 4.13)，可采取设置悬挂式具有截水作用的支护结构与基坑内井点降水相结合的方案，先降低坑底承压水水头，再疏干坑内地下水，或者采用悬挂式竖向截水与水平封底相结合的方案。

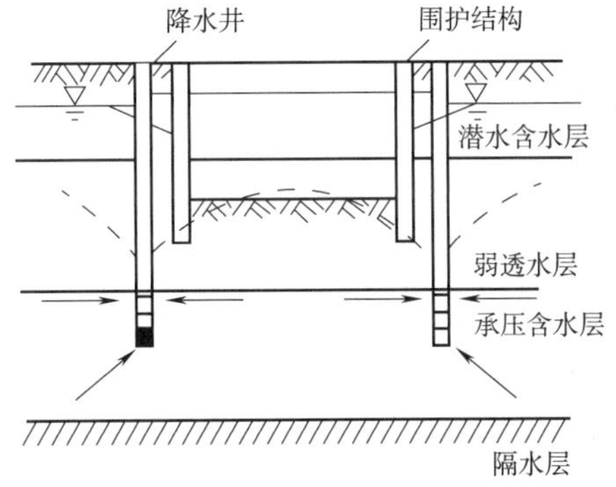

图 4.12 降低承压水头的坑外井点布置

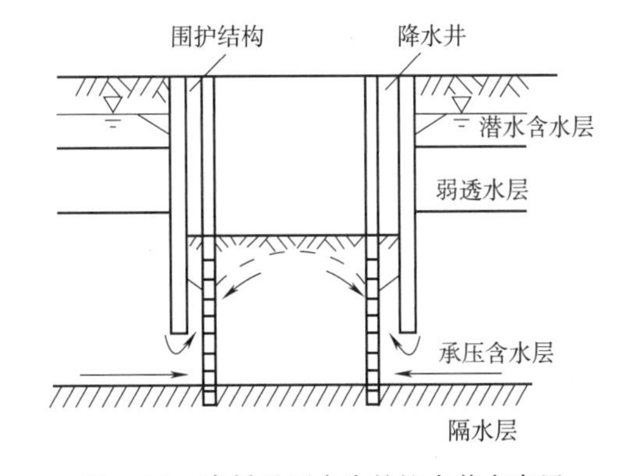

图 4.13 降低承压水头的坑内井点布置

截水帷幕的施工方法和机具的选择应根据场地工程水文地质及施工条件等综合确定。

2)回灌

在基坑开挖与降水过程中，可采用回灌技术防止因周边建筑物基础局部下沉而影响建筑物的安全。

回灌方式主要有两种：一种是回灌沟回灌，另一种是回灌井回灌。如果建筑物离基坑稍远，且为较均匀的透水层，中间无隔水层，则采用最简单的回灌沟方法进行回灌较好，且经济易行，如图 4.14 所示，但其入渗效率较低。如果建筑物离基坑近，且为弱透水层或透水层中间夹有弱透水层和隔水层时，则须用回灌井点进行回灌，如图 4.15 所示，可以采用自由注入、真空及压力灌注。如井点外建筑物离基坑很近，其间只能设回灌井点，可将降水井点设在坑内。如用砂井作回灌井，可将降水井点抽出的水排入沿砂井布置的砂沟，再经砂井回灌到地下。

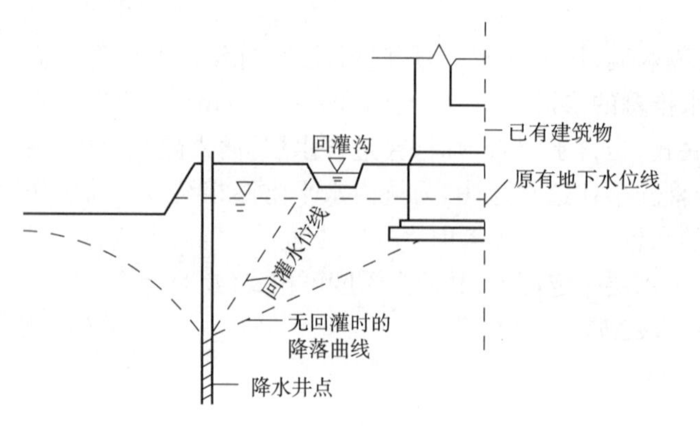

图 4.14　井点降水与回灌沟回灌示意图

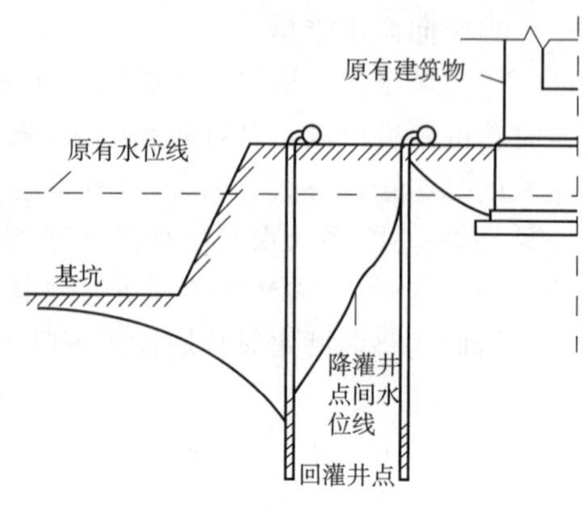

图 4.15　井点降水与井点回灌示意图

4.4　水中浅基础施工

许多大型结构，如桥梁墩台及水工结构等，多位于江河、湖泊或海峡中。如基础底面在河底位置不深时，可在水中修筑浅基础。

在浅水中修筑浅基础，有以下几种常用方法：

(1)改河截流法。河流较小，施工时水量不大，容易修筑临时引水渠将水绕过桥位处引出(图 4.16)。要求不能影响周围农田建设，根据河流具体情况采用相应改河截流方案。

(2)防水围堰法。当河流流量较大不宜改河截流时，施工方法是在将开挖的基坑周围先建一道挡水的围堰，把围堰内的水排干，形成旱地施工条件，再开挖基坑修筑基础。如果排水困难，也可在围堰内形成的静水条件下进行水下开挖，达到基底标高后再灌筑水下混凝土封底，然后抽干水后再修筑基础。

此外，有时也采用水下挖浚整平地基后直接浇筑混凝土基础。在海港码头的岸壁工程或防浪堤工程中，常采用由抛石层、砂垫层及排水砂井组成的抛石基床，然后在抛石基床上直接吊装砌筑基础或设置有底浮式基础。

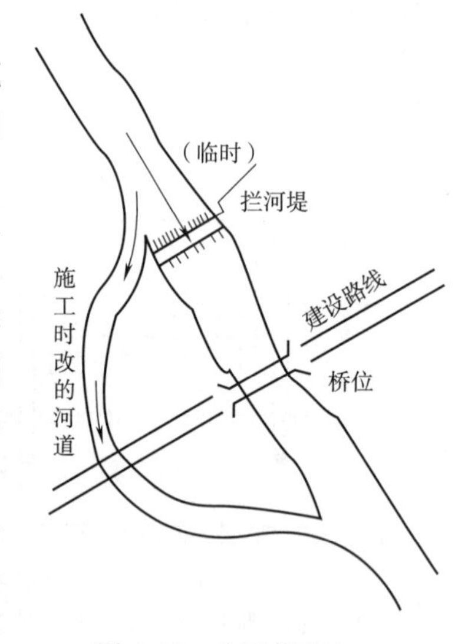

图 4.16　改河截流法

4.4.1　水中基坑开挖的围堰工程

水中围堰的种类很多，有土围堰、草(麻)袋围堰、钢板桩围堰、钢套箱围堰、双壁钢围堰、地下连续墙围堰等，各种围堰都应符合以下要求：

(1)围堰顶面高程应高出施工期间可能出现的最高水位 0.5～0.7 m 以上，有风浪时应适当加高。

(2)修筑围堰将压缩河道断面，使流速增大引起冲刷，或堵塞河道影响通航，因此要求河道断面压缩一般不超过流水断面面积的 30%。对两边河岸河堤或下游建筑物有可能造成危害时，必须征得有关单位同意并采取有效防护措施。

(3)围堰内尺寸应满足基础施工要求,留有适当工作面积,基坑边缘至堰脚距离一般不小于1 m。

(4)围堰结构应能承受施工期间产生的土压力、水压力以及其他可能发生的荷载,满足强度和稳定要求。

(5)围堰应具有良好的防渗性能。

1)土围堰和草袋围堰

在水深较浅,流速缓慢,河床渗水较小的河流中修筑基础可采用土围堰或草(麻)袋围堰或土袋围堰,如图4.17和图4.18所示。

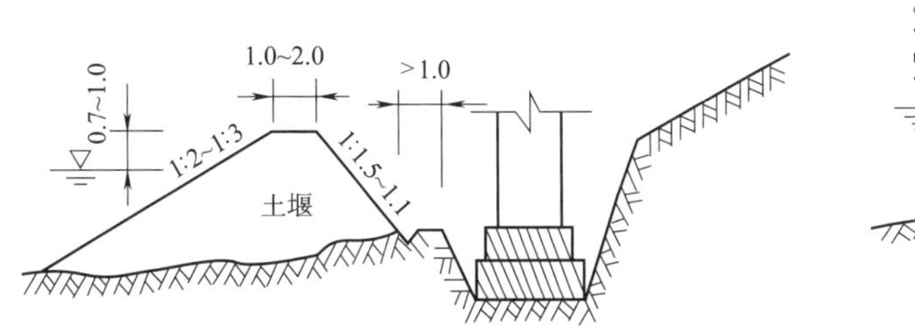

图4.17　土围堰(单位:m)

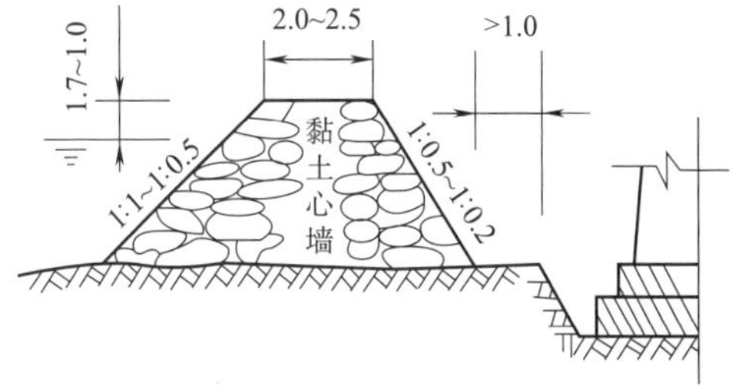

图4.18　草袋围堰(单位:m)

土围堰一般适用于水深在2 m以内,流速小于0.5 m/s,宜用黏性土填筑,当缺少黏性土时,也可用砂类土填筑,但须加宽堰身以加大渗流长度,砂土颗粒越大堰身越要加厚。围堰断面应根据使用土质条件,渗水程度及水压力作用下的稳定程度确定。若堰外流速较大时,可在外侧用草袋或柴排防护。

草(麻)袋围堰,一般适用于水深在4 m以内,流速小于1.5 m/s,河床为渗水性较小的土体。围堰内外围均堆码草(麻)袋,中间用黏土填心。在流速较大处,外侧草(麻)袋可装填粗砂或小卵石。草(麻)袋内装松散黏性土,装填量约为袋容量的60%。施工时,堆码土袋的上下层和内外层应互相错缝,尽量堆码密实平整。

2)木板桩围堰

水深在3~4 m时可采用单层木板桩围堰,必要时可在外围加填土堰,如图4.19(a)所示,可节省部分筑堰用土量,由于要满足支撑关系,坑内工作面需加大。水深在4~6 m时,可采用双层木板桩围堰,在双层板桩中间填以黏土或亚黏土心墙,如图4.19(b)所示。

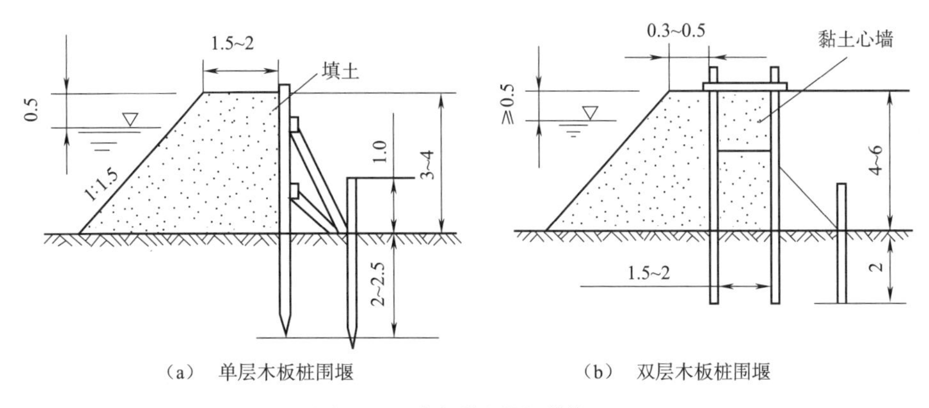

(a)　单层木板桩围堰　　(b)　双层木板桩围堰

图4.19　木板桩围堰(单位:m)

此外，在岩石河床不能插打板桩。水深流急的河流，还可以用竹笼片石围堰和木笼片石围堰做水中围堰，其结构由内外两层装片石的竹(木)笼及中间填以黏土心墙所构成(图 4.20)。黏土心墙厚度应小于 2 m。为避免片石笼对基坑顶部压力过大，并为必要时变更基坑边坡留有余地，片石笼围堰内侧一般应距基坑顶边缘 3 m 以上。

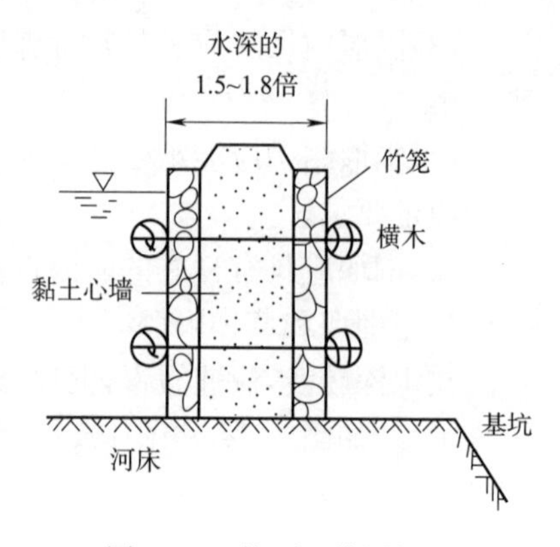

图 4.20 竹(木)笼围堰

3)钢板桩围堰

钢板桩本身强度大、防水性能好，穿透力强，不但能穿过黏性土、砂类土、砾石、卵石层，也能切入软岩层和风化层，一般河床水深在 4～8 m，且为较软岩层时最为适用。堰深一般在 20 m 以内。若有超出，板桩可适当接长。

钢板桩围堰有单层(图 4.21)、双层(图 4.22)和构体式(图 4.23)等几种。钢板桩围堰的形式有矩形、多边形、圆形和圆端形等。图 4.24 为矩形与圆形钢板桩围堰平面结构详图，施工中结合具体情况选用。在桥梁深基础施工中，多用圆形，其受力理想，支撑结构最简单，但占河道面积大。浅基坑多用矩形围堰，其占河道面积小，但受水流冲击力大。

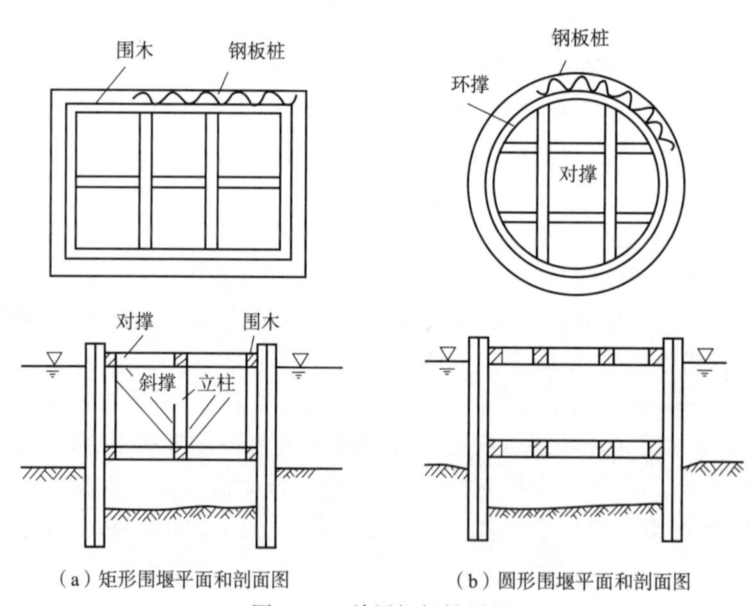

(a) 矩形围堰平面和剖面图　(b) 圆形围堰平面和剖面图

图 4.21 单层钢板桩围堰

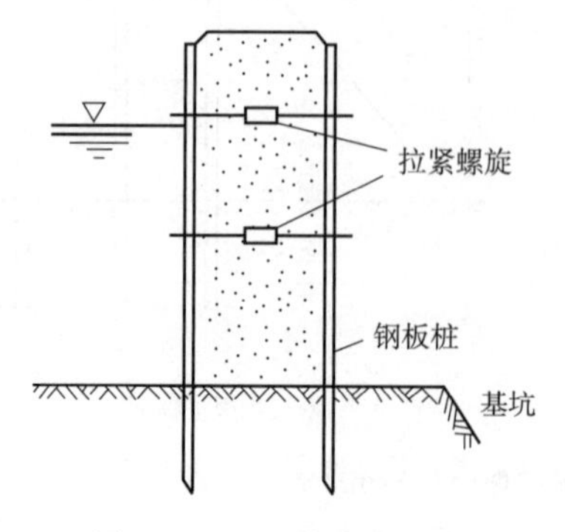

图 4.22 双层钢板桩围堰

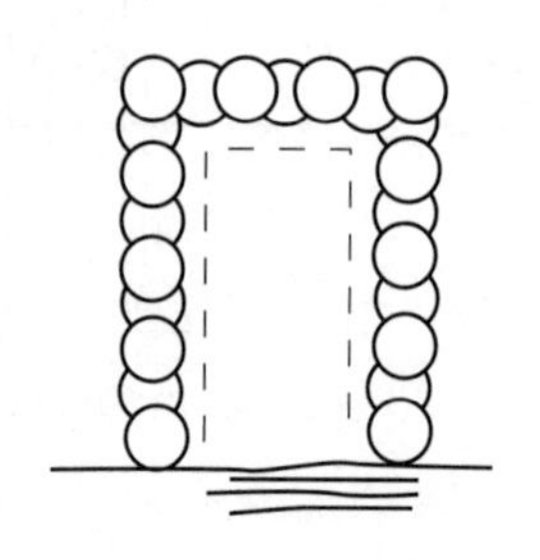
图 4.23 构体式钢板桩围堰

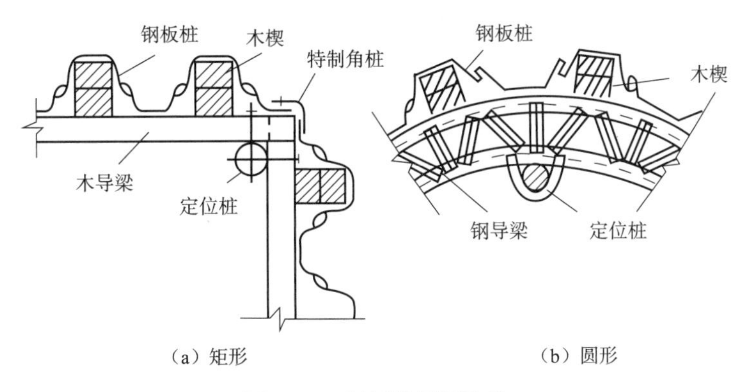

(a) 矩形　　(b) 圆形

图 4.24　钢板桩围堰结构

钢板桩的类型较多，有平形、Z 形、槽形等，如图 4.25 所示。在一般桥梁工程基坑施工中，浅基础多采用矩形木导框，较深基坑多用圆形型钢，因其防水性能较好，多用单层围堰，使用的钢板以槽形为主。钢板桩的锁口有阴阳锁口、环形锁口和套口锁口，如图 4.25 所示。

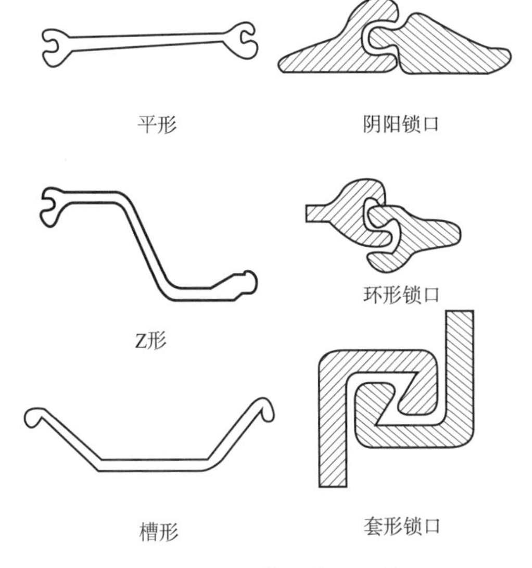

图 4.25　钢板桩截面类型及锁口

围堰还可根据具体的施工条件和要求，采用其他结构形式，如浮运套箱围堰、双壁钢围堰等，有些围堰结构形式适用在深水中修筑桩基、管柱或沉井等基础。

钢板桩围堰施工的基本程序是：施工准备、导框安装、插打与合龙、抽水堵漏及拔桩整理等。

4）钢套箱围堰

钢套箱围堰适用于流速较小、覆盖层较薄、透水性较强的砂砾或岩石深水河床，埋置不深的水中基础，也可用作修建桩基承台。

(1) 基本构造。钢套箱是利用角钢、工字钢或槽钢等刚性杆件与钢板连接而成的整体无底钢围堰，可制成整体式或装配式，并采取相应措施，防止套箱接缝渗漏。

(2) 就位下沉。钢套箱可在墩台位置处以脚手架或浮船搭设的平台上起吊下沉就位。下沉钢套箱前，应清除河床表面障碍物。随着钢套箱下沉，逐步清除河床土层，直至设计标高。当钢套箱位于岩层上时，应整平基层。若岩面倾斜，则应根据潜水员探测的资料，将钢套箱底部做成与岩面相同的倾斜度，以增加钢套箱的稳定性，并减少渗漏。

(3) 清基封底。钢套箱下沉就位后，先由潜水工将钢套箱脚与岩面间空隙部分的泥砂软层清除干净，然后在钢套箱脚堆码一圈砂袋，由潜水工将 1∶1 水泥砂浆轻轻倒入套箱壁脚底与砂袋之间作为封堵砂浆的内膜，防止清基时砂砾涌入套箱内。清基可采用吹砂吸泥或静水挖抓泥砂方法，进行水下挖基。经过检验即可灌注水下混凝土封底，最后抽干钢套箱内存水，浇筑墩台。

4.4.2　水下挖土

围堰建成后，应尽可能边抽水边开挖，将水抽干进行旱地施工。如果河床土质透水性大，基坑排水有困难，或因抽水会引起严重流砂、涌泥无法继续施工时，除采用井点法降水外，也可采用不排水开挖。

水下挖土机械主要有抓土斗(抓土机)和吸泥机(挖泥机)两类。一般土质、砂砾土基坑,宜用抓土斗抓土,有条件时可用空气吸泥机吸出泥砂,然后,立模用导管法灌注水下混凝土。

抓土斗有双瓣式、四瓣式等,前者适于挖泥砂,后者适于挖漂卵石。用抓土斗挖土要特别注意不能撞坏围堰支撑,以免造成事故。

吸泥机有离心吸泥机、水力吸泥机、空气吸泥机等,可结合具体情况选用。

4.4.3 灌注水下混凝土

若因基底为粗砂层、碎石层等透水性的土层,很难直接抽干围堰内积水;或因基底为粉砂、细砂等细颗粒土层,抽水可能引起涌砂危险时,就需要在水下灌注一层混凝土,以封住坑底,防止漏水。封底后,至少经过 3 昼夜养护,使混凝土强度达到规定要求,再抽干围堰内积水,以便旱地作业。考虑到在水下灌注混凝土时水泥浆易被水冲走而影响工程质量,水下混凝土的强度应提高 20%~30%。

基础圬工的水下灌注技术,不仅适用于水下封底,而且广泛应用于直接灌注基础、墩台,包括钻(挖)孔桩、管柱、沉井等大体积混凝土工程。

1)水下混凝土封底再排水砌筑

当坑壁有较好防水设施(如钢板桩护壁等)但基坑底渗漏严重时,可采用水下灌注混凝土封底方法。待封底混凝土达到强度要求后排水,清除封底混凝土面浮浆,冲洗干净后再砌筑基础圬工。

水下封底混凝土应在基础底面以下。封底只能起封闭渗水的作用,封底混凝土只作为地基,而不能作为基础。因此,不得侵占基础厚度。

水下封底混凝土层的最小厚度由以下条件控制:当围堰作业已封底并抽干水后,板桩同封底混凝土组成一个浮筒,该浮筒的自重应能保证不被浮起;同时,封底混凝土作为周边简支的板,在基底面向上水压力作用下,不致因向上挠曲而折裂。设封底混凝土的最小厚度为 x,如图 4.26 所示,则由浮力控制的最小厚度应保证:

$$\gamma_c x=\gamma_w(\mu h+x) \tag{4.4}$$

式中 γ_w,γ_c——水、混凝土的容重(kN/m^3);

h——封底混凝土顶面以上的水深(m);

μ——考虑未计算板桩与土摩阻力和围堰自重的修正系数<1,经验确定。

由混凝土强度控制的最小厚度应满足:

$$\sigma=\frac{ql^2}{8W}=\frac{l^2}{8}\cdot\frac{\gamma_w(h+x)-\gamma_c x}{\frac{1}{6}x^2}\leqslant[\sigma] \tag{4.5}$$

式中 q——作用于封底层底面上的静水压力(kPa),如图 4.26所示;

W——封底层垂直 l 方向每延米断面的截面模量(m^3);

l——围堰宽度(m),如图 4.26 所示;

$[\sigma]$——水下混凝土容许弯曲拉应力(kPa),考虑水下混凝土表层质量较差、养护时间短等因素,不宜取值过高,一般为 100~200 kPa。

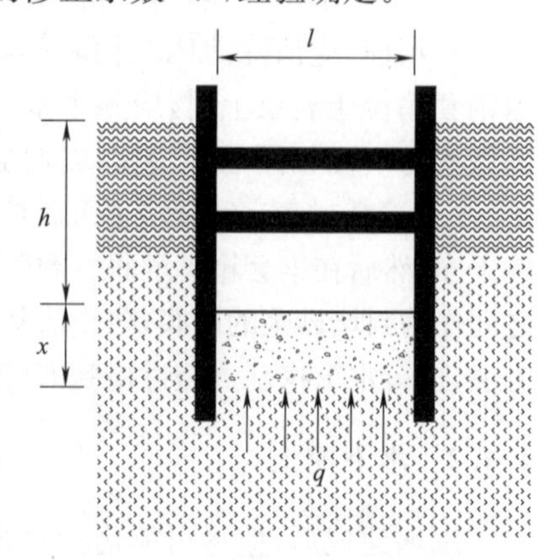

图 4.26 封底混凝土最小厚度

封底混凝土的最小厚度应取两者之中的较大者，一般约为 2.0 m。封底混凝土灌注时厚度宜比计算值超过 0.25～0.50 m，以便在抽水后将顶层浮浆、软弱层凿除，以保证质量。

2)水下直接灌注混凝土

水下混凝土的灌注方法主要有：①垂直导管法，适用于厚度不大且面积不大的场合；②填石灌浆法，适用于体积大灌注速度快的工程；③吊斗法及麻袋法，适用于体积小、数量少的工程或修补工程；④液压阀软管法和双层导管(KDT)法，适用于灌注速度不快而质量要求高的工程；⑤水平移动软管或泵送直接浇筑抗离析混凝土法，适用于薄而面积大的水下板状构筑物。现将各方法分述如下：

(1)垂直导管法

这是我国最常用的水下混凝土灌注方法，如图 4.27 所示。混凝土经导管输送至坑底，并迅速将导管下端埋设。随后混凝土不断输送到被埋设的导管下端，从而迫使先前输送到但尚未凝结的混凝土，向上和向四周推移。随着基底混凝土的上升，导管也缓慢向上提升，直至达到要求的封底厚度时，停止灌入混凝土，并拔出导管。当封底面积较大时，宜用多根导管同时或逐根灌注，按先低处后高处，先周围后中部次序并保持大致相同的标高进行，以保证混凝土充满基底全部范围。导管的有效作用半径，因混凝土的坍落度大小和导管下口超压力大小而异。

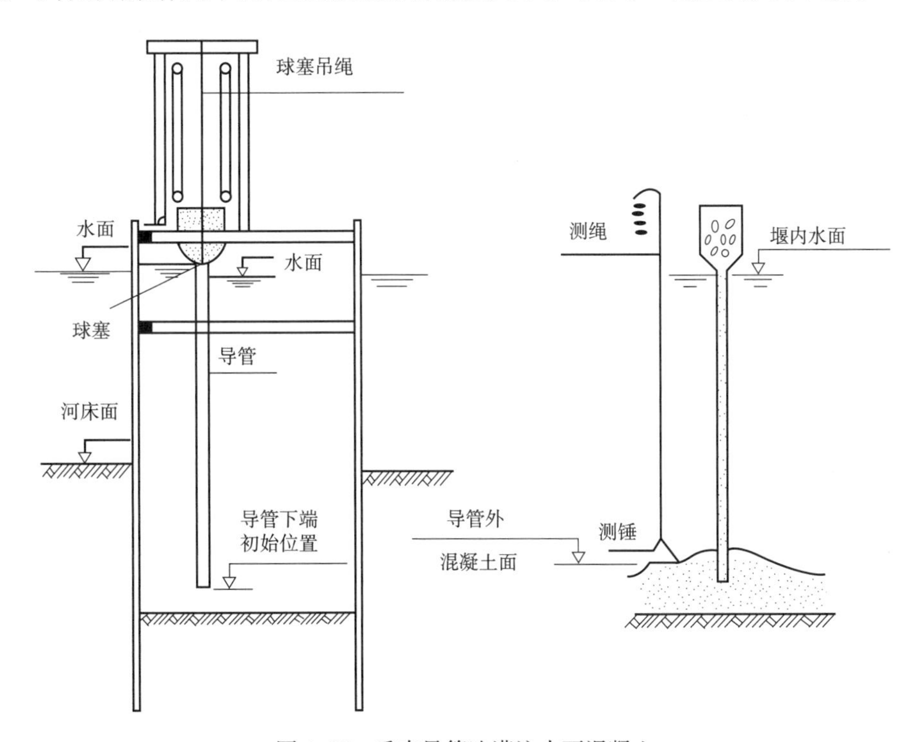

图 4.27 垂直导管法灌注水下混凝土

在正常情况下，所灌注的水下混凝土，仅其表面与水接触，其他部分的灌注状态与在空气中灌注无异，从而保证了水下混凝土的质量。至于与水接触的表层混凝土，可在排干水而外露时予以凿除。

(2)填石灌浆法

图 4.28(a)所示为填石灌浆法灌注水下混凝土。先在基坑内按一定的间距布置好套管，管底接近于坑底，套管外投抛石料，套管中插入注浆管，并不断灌注水泥砂浆，砂浆便由管底挤

入石料缝隙并把水挤出，即形成混凝土。随着砂浆液面上升，套管也逐步提升，但管底一定要保持在砂浆面以下，直至灌注完毕。国外采用管壁有许多小孔的外套管和带有止浆塞的压浆管，由压浆机提供水泥砂浆，随浆液面上升而提升压浆管，效果较好。

采用这种方法可省去拌和及运送混凝土的大量工作，虽质量较导管法差，但如施工仔细，并用振动器捣实，仍可取得良好效果。国外的经验是填石要有较大孔隙率的均匀级配，砂浆要有较好流动度，有一定膨胀性和黏结性。连续灌浆的砂浆面上升速度要按经验控制。

用此法能加速施工进度，可用于灌筑大块体圬工，是深水基础施工的一项重要技术。

(3)吊斗法及麻袋法

图 4.28(b)所示为吊斗法灌注水下混凝土示意图。将混凝土置于装有活动底板的吊斗内，操纵控制底板的 A 索和控制吊斗的 B 索灌注混凝土，并依次连续进行。因先后灌注的混凝土存在弱结合面，质量较差，不宜大量灌注，只适用于水下局部堵漏等。

过去的麻袋法是由潜水工在水下，将混凝土从麻袋或帆布袋里倒出来，或直接把不装满的成袋混凝土交错堆码成墙，袋口朝里，上下各层用道钉或钢纤穿销，其原理是利用麻袋的孔眼向外渗出的水泥浆将麻袋胶结成一个整体。新式的麻袋法是用特制的塑料袋或尼龙袋按所要灌注的水下混凝土的构筑物形状制成一个大袋，放到灌注位置上压入混凝土拌和物，袋外用钢丝绳捆扎和锚固。此法虽简单，但不易操作，消耗劳力也大，只能用于圬工量不大，如堵漏等作业。

(4)液压阀软管法和双层导管法(KDT 法)

液压阀软管法由荷兰首创，在国外广为采用。液压阀是由两片尼龙布在两边黏合而成的软管，上接喂料斗，下部套以钢护筒[图 4.28(c)]。阀沉入水中时，两片尼龙布被静水压力互相压紧。在喂料斗内不断灌注混凝土，当其重量克服软管阻力后，混凝土缓慢下沉并从阀的下端流出，随着混凝土面升高，逐渐提升液压阀至灌注部分顶面。然后将液压阀水平移动，仍不停灌注混凝土，新灌的接在先灌的边上，形成约 1∶5 的斜坡，这一操作是由阀的下部混凝土面维持在最低及最高标记之间来进行控制的。钢护筒要保持垂直，其作用是克服阀在水平移动时的阻力，保证混凝土面的平滑并控制其水平标高。

日本的双层导管法(KDT 法)外层是壁上有长条切口的钢管，内层是软管，工作原理相同。

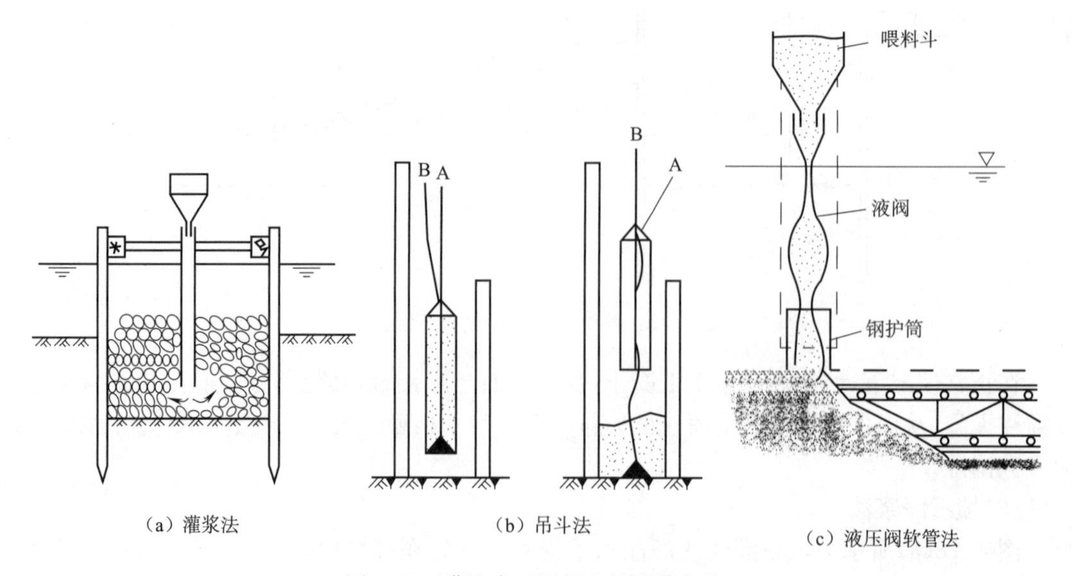

(a) 灌浆法　(b) 吊斗法　(c) 液压阀软管法

图 4.28　灌注水下混凝土的几种方法

由液压阀法的操作特点可知，此法还可用于灌注有钢筋骨架的混凝土，这对减小水下混凝土封底层厚度也有重要意义。

(5)水平移动软管或泵送抗离析混凝土拌和物直接浇筑法

这一方法既不需要隔水措施(隔水管塞或特制导管等)，也不需要埋入深度，需要解决的问题是如何拌制抗离析混凝土，一般使用UWB外加剂(德国研制)，可使混凝土拌和物在水中下落时不分离，并可提高混凝土的流动性，其坍落度可以达到20 cm，混凝土的抗压强度与普通混凝土相同。其灌注技术与常规灌注混凝土相似，只要控制混凝土拌和物自管口至浇筑面的自由坠落高度不超过30～50 cm即可。

4.5　深基坑工程的监测及环境监护

监测是指在基坑工程施工过程中，对基坑围护结构及其周围地层、附近建筑物、地下管线等的受力和变形进行的量测。其目的是确保基坑工程本身的安全；对基坑周围环境进行有效保护；检验设计所采用参数及假定的正确性，并为改进设计、提高工程整体水平提供依据，实行信息化施工。

深基坑工程的监测是一项完整的系统工作，为保证基坑及周边环境的安全和正常运营，在施工前应制订一个周密的监控方案。监测方案一般应包括监测目的、监测项目、监测报警值、监测手段(仪器、观测方式等)及要求、监测点的布置、监测周期、工序管理和记录制度以及信息反馈系统等。

以下仅对监测项目、监测方法和信息反馈的确定和规定作简要介绍。

1)监测项目的选定

根据工程具体情况、基坑安全等级、监测目的及有关规定，可在以下监测内容中选定监测项目：

(1)支护挡墙及坑顶的水平位移及垂直位移。

(2)周围建筑物及地下管线的沉降、水平位移、倾斜及开裂等。

(3)地下水位变化。

(4)坑周地表沉降及裂缝。

(5)支护挡墙内力。

(6)支撑轴力、锚杆拉力、立柱变形。

(7)支护挡墙上土体侧压力和孔隙水压力。

(8)土方分层开挖面竖向位移。

(9)基坑渗漏、坑周超载及环境变化等。

根据基坑等级的不同，监测项目可按表4.3选择。

表4.3　监测项目及要求

监测项目	支护结构安全等级		
	一级	二级	三级
支护结构顶部水平位移	应测	应测	应测
基坑周边建(构)筑物、地下管线、道路沉降	应测	应测	应测

续上表

监测项目	支护结构安全等级		
	一级	二级	三级
坑边地面沉降	应测	应测	宜测
支护结构深度水平位移	应测	应测	选测
锚杆拉力	应测	应测	选测
支撑轴力	应测	宜测	选测
挡土构件内力	应测	宜测	选测
支撑立柱沉降	应测	宜测	选测
支护结构沉降	应测	宜测	选测
地下水位	应测	应测	选测
土压力	宜测	选测	选测
孔隙水压力	宜测	选测	选测

注：表内各监测项目中，仅选择实际基坑支护形式所含有的内容。

2)确定监测方法

(1)监测点的数量和布置应满足监测要求，根据土质条件和周边保护物的重要性，在规定范围(如坑边外2～3倍基坑深度)内的需保护物体均应作为监测对象。

(2)各项监测的时间间隔可根据基坑安全等级、施工进程确定。基坑开挖初期信息采集周期可长些，随着开挖深度增加，支护结构变形量加大，采集周期可逐渐缩短。当有事故征兆时应连续监测。

(3)监测项目的监测报警值应根据监测对象的有关规范及支护结构设计要求确定，如对墙顶位移和墙身最大位移一般规定在坑深的千分之几限值内。

3)基坑信息化施工

每次现场监测的结果应及时计算整理，编成报表。报表应包括测点平、立面图，采用的测头和仪器的标定资料和型号、规格，资料整理所采用的计算公式和方法，监测期相应的工况，各项测试项目的警戒值等。

信息采集后应及时输入计算机进行数据处理并绘制各种曲线，以便随时分析与掌握支护结构的工作状态及邻近建筑物或设施受影响的程度。当监测信息达到或超过监测项目报警值或发现异常现象时应立即反馈并及时研究处理，确保安全顺利施工。

报表应由记录人、校核人签字后上报现场监理和有关部门，对监测值的发展及变化情况应有评述。当接近报警值时应及时通报现场监理，提请有关部门关注。

传统的基坑监测在数据信息处理方面存在效率低、准确性差、直观性差等问题，目前通过互联网云平台技术，已开发出基坑监测智能管理平台，具有可视化、数据集成化和可追溯性的优势，从而使得监测信息传达得更为快速和有效，大大提高了施工的管理水平。

课程思政

本章主要介绍了天然地基浅基础的施工方法及工艺，其育人举措和思路可从以下方面展开：

(1)采用类比法，比较分析陆地浅基础施工和水中浅基础施工影响因素和施工方法的异同，如此在加深理解和记忆的同时，自觉通过比较方法探索和发现问题，并针对性地解决问题，构建比较科学思维。

(2)通过视频、虚拟仿真和动画及工程缩尺模型等现代信息技术，将典型浅基础结构形式、典型浅基础施工案例、典型浅基础事故案例引入教材和课堂，有效拉近学生与实际工程的距离，自觉构建“知行合一”的工程科学思维，据此进一步阐释信息化施工和智能建造的理念，与时俱进，敢于创新和担当，激发引领时代潮流的勇气和决心。

(3)通过信息技术引入典型工程事故案例，如各种原因导致的基坑坍塌案例等，并阐释基坑监测对保护生命和工程安全的重要作用和意义，自然形成安全第一、生命至上的工程理念，树立工程的责任意识。

(4)将绿色理念引入浅基础施工，如通过信息技术引入基坑绿幕覆盖防尘降噪、基坑施工中的太阳能照明和自动喷水技术、输电塔基础的生态恢复措施、施工现场的建筑垃圾再利用技术等；分析基坑降水导致地下水位下降引发的生态环境和生命安全问题，并阐释基坑监测对周围环境保护的重要作用和意义。构建工程的绿色低碳思维，自觉贯彻工程的绿色环保理念。

思考题与习题

4.1 陆地浅基础的明挖法施工包括哪些内容？

4.2 何谓基坑工程？深基坑支护结构有哪些形式？

4.3 大面积基坑土方开挖应遵循什么原则？应注意哪些问题？

4.4 浅基础施工地下水控制方法有哪些？其适用条件如何？

4.5 试述轻型井点法结构组成及设计要点。

4.6 浅基础施工截水与回灌的要点是什么？

4.7 水中浅基础如何进行施工？

4.8 水中基坑开挖的围堰形式有哪几种？它们各自的适用条件和特点是什么？

4.9 水下挖土采用哪些机械？水下浇筑混凝土有哪些方法？

4.10 深基坑工程监测项目如何选定？

5 连续基础

5.1 概　　述

柱下条形基础、交叉条形基础、筏形基础和箱形基础统称为连续基础。连续基础具有如下的特点：

(1)具有较大的基础底面积，因此能承担较大的建筑物荷载，易于满足地基承载力的要求；

(2)连续基础的连续性可以大大加强建筑物的整体刚度，有利于减小不均匀沉降及提高建筑物的抗震性能；

(3)对于箱形基础和设置了地下室的筏形基础，可以有效地提高地基承载力，并能以挖去的土重补偿建筑物的部分(或全部)重量。

设计柱下条形基础、筏基和箱基时，同样应遵循浅基础设计的基本原则，即地基的承载力、变形和稳定性应满足要求，且基础自身应有足够的强度。另外，此类基础的底面积较大，其变形会对上部结构的内力及地基的反力和变形产生影响，因而较为合理的设计方法是把地基、基础和上部结构看成一个整体，考虑它们的共同作用。

5.2 地基、基础与上部结构的共同作用

上部结构常以墙、柱与基础相连，基础底面又直接与地基相接触，故上部结构、基础和地基三者组成一个完整的体系，既在接触面传递荷载，又在受力和变形上相互约束和相互作用。这种地基、基础与上部结构的相互作用，也称共同作用或共同工作。

5.2.1 基本概念

建筑结构的常规简化设计方法(下称简化法)是将上部结构、基础与地基三者分离出来作为独立对象进行力学分析。分析上部结构时用固定(或铰接)支座来代替基础，如图 5.1(a)和图 5.1(b)所示，并假定支座不产生位移，据此求得结构的内力、变形和支座反力；然后将该支座反力作用于基础上，按刚性基础基底压力的简化计算方法求得线性分布的基底反力，如图 5.1(c)所示，进一步求得基础内力，由此进行基础截面尺寸及配筋等设计；再把基底压力作用于地基上，如图 5.1(d)所示，验算地基的承载力和沉降是否满足相关要求。

可以看出，上述设计方法把地基、基础和上部结构视为彼此独立的三个部分。虽然它们之间满足静力平衡条件，但三者在接触部位的变形不连续、不协调，不符合地基、基础和上部结构的实际工作情况。一般而言，按不考虑共同作用的方法进行设计时，对于上部结构则偏于不安全，而对于基础则偏于不经济。

地基、基础和上部结构之间既要满足静力平衡，还必须满足变形协调条件。对三者的共同

作用分析可以在保证地基、基础与上部结构之间变形协调的前提下求出各自的内力。在分析方法上将三者作为一个整体统一分析；为了简便，也常将上部结构对基础挠曲变形的影响折合成当量刚度叠加到基础的刚度中，然后只根据地基与基础的共同作用进行分析；对于刚度较小的上部结构(例如柱距较大的某些框架结构)，也可以忽略其影响，即只按基础自身的刚度考虑地基与基础的共同作用。

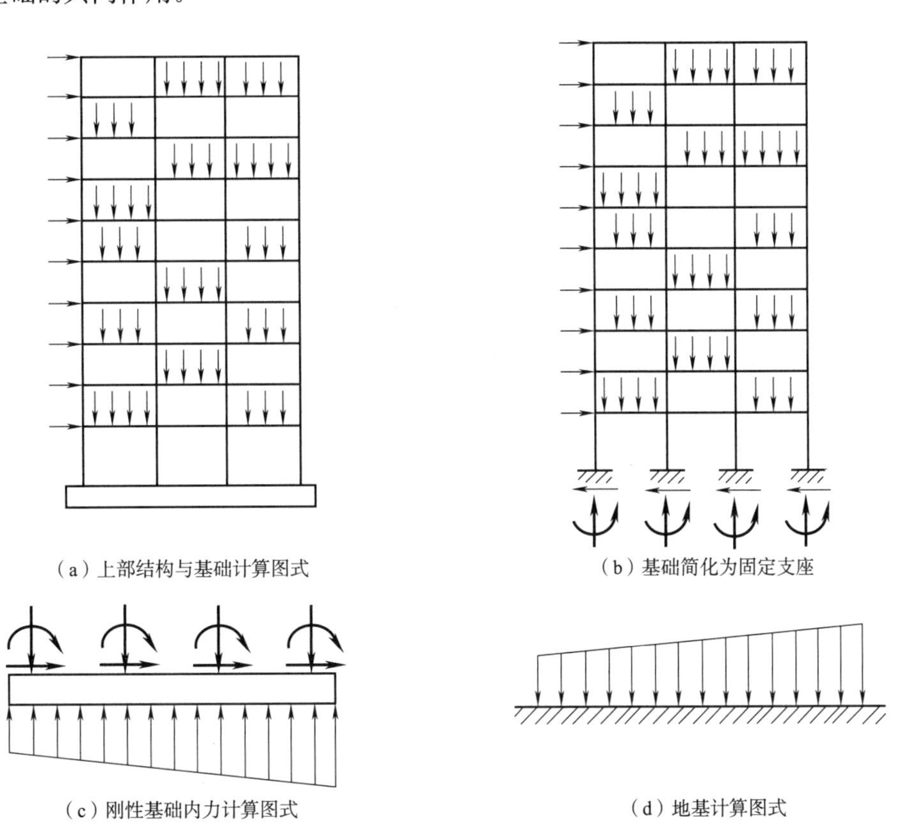

(a) 上部结构与基础计算图式　(b) 基础简化为固定支座

(c) 刚性基础内力计算图式　(d) 地基计算图式

图 5.1　不考虑共同作用的地基基础设计方法

5.2.2　影响共同作用的因素

共同作用的表现主要与地基、基础和上部结构的刚度有关，也受地基的均匀性及基础上荷载分布的影响。

1)地基刚度

地基刚度是指地基抵抗压缩变形的能力。压缩性低时地基刚度大，反之则地基刚度小。若地基不可压缩或压缩性很低(例如岩石地基、密实卵石土地基等)，由于其刚度相当大，在荷载作用下地基和基础都几乎不发生变形，其共同作用表现很弱，因而可以采用简化法进行地基基础的设计计算。但在大多数情况下，地基受压后都会产生或大或小的压缩变形。地基土越软弱，基础的相对挠曲和内力越大，共同作用的效应就越强烈。

2)基础刚度

柔性基础的抗弯刚度很小，可以随着地基的变形而任意弯曲。作用在基础上的荷载基本不受基础的约束，就像直接作用在地基上一样。基础上的分布荷载 $q(x,y)$ 将直接传到地基上，产生与荷载分布相同、大小相等的地基反力 $p(x,y)$，如图 5.2(a)所示。工程实践表明，当荷载均匀分布时,反力也均匀分布,但地基变形不均匀,呈中间大两侧递减的凹曲变形。显然,如欲使基础沉降均匀,则荷载必须按中间小两侧大的抛物线形分布,如图 5.2(b)所示。

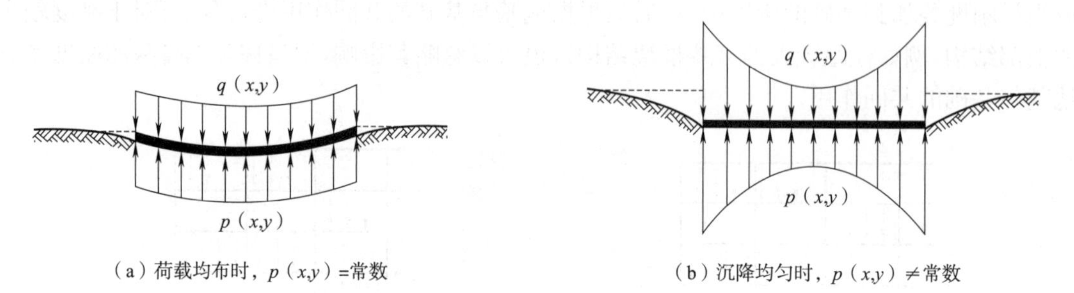

(a) 荷载均布时, p (x,y) =常数　　(b) 沉降均匀时, p (x,y) ≠常数

图 5.2　不考虑共同作用的地基基础设计方法

刚性基础的抗弯刚度大,本身不易发生弯曲变形。假定基础绝对刚性,在其上作用一均布荷载,为适应绝对刚性基础不可弯曲的特点,基底反力将向两侧边缘集中,强迫地基表面变形均匀以适应基础的沉降。当把地基土视为完全弹性体时,基底的反力分布将呈图 5.3 中所示的实线分布形式。而实际的地基反力分布呈图 5.3 中所示的虚线分布形式即马鞍形分布。刚性基础能将所承受的荷载相对地传至基底边缘的现象称为基础的"架越作用"。因此当荷载逐步增加时,基础底面边缘处的土体格首先进入塑性且范围不断扩大,反力随之逐步从边缘向中间转移,地基反力的分布就逐渐演变成抛物线形、钟形等。

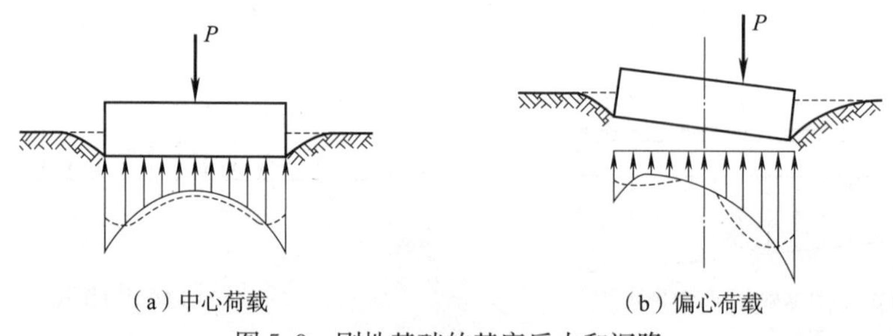

(a) 中心荷载　　(b) 偏心荷载

图 5.3　刚性基础的基底反力和沉降

一般基础是有限刚性体,在均质地基上,地基反力分布曲线的形状决定于基础与地基的相对刚度。基础的刚度越大,地基的刚度越小,则基底反力向边缘集中的程度越高。

3)上部结构刚度

在上部结构与基础的共同工作中,当上部结构具有较大的相对刚度(与基础刚度之比)时,对基础受力状况的影响是不小的。先不考虑地基的影响,假设地基是变形体且基础底面反力均匀分布,如图 5.4 所示,按两种理想化的结构体系来说明上部结构刚度的影响。

如图 5.4(a)所示,若上部结构为绝对刚性体(例如刚度很大的现浇剪力墙结构),基础为刚度较小的条形或筏形基础,当地基变形时,由于上部结构不发生弯曲,各柱只能均匀下沉,约束基础不能发生整体弯曲。这种情况,基础犹如支承在把柱端视为不动铰支座上的倒置连续梁,以基底反力为荷载,仅在支座间发生局部弯曲。

如图 5.4(b)所示,若上部结构为柔性结构(例如整体刚度较小的框架结构),基础也是刚性较小的条、筏基础,这时上部结构对基础的变形没有或仅有很小的约束作用。因而基础不仅因跨间受地基反力而产生局部弯曲,同时还要随结构变形而产生整体弯曲,两者叠加将产生较大的变形和内力。

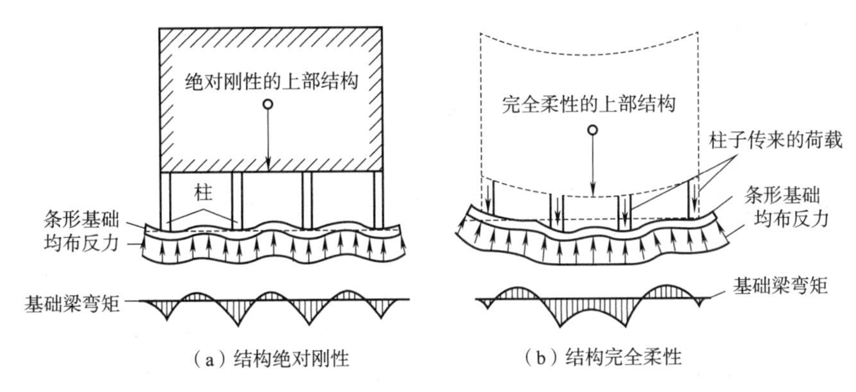

（a）结构绝对刚性　　（b）结构完全柔性

图 5.4　结构刚度对基础变形的影响

若上部结构刚度介于上述两种极端情况之间，在地基、基础和荷载条件不变的情况下，随着上部结构刚度的增加，基础挠曲和内力将减小，与此同时，上部结构因柱端的位移而产生次生应力。进一步分析，若基础也具有一定的刚度，则上部结构与基础的变形和内力必定受两者的刚度所影响，这种影响可以通过接点处内力的分配来进行分析，属于结构力学问题。

可见，考虑上部结构、基础和地基三者共同作用，应考虑上部结构刚度的影响，可把上部结构等价成一定的刚度，叠加在基础上，然后用叠加后的总刚度与地基进行共同作用分析，求出基底反力分布曲线，这根曲线就是考虑上部结构—基础—地基共同作用后的反力分布曲线。将上部结构和基础作为一个整体，将反力曲线作为边界荷载与其他外荷载一起加在该体系上，就可以用结构力学的方法求解上部结构和基础的挠曲和内力。反之，把反力曲线作用于地基上就可以用土力学的方法求解地基的变形。

4)荷载情况与地基均匀性

在地基与基础的共同作用中，地基的均匀性会影响基础受力。如图 5.5(a)所示，上部结构刚度较小的柱下条形基础，在均质地基上，柱荷载使基础向下挠曲。若地基软硬不均，则基础在柱荷载下的变形与地基不均匀的状况关系较大。例如在图 5.5(b)和图 5.5(c)中的两种不均匀地基上，基础变形完全不同，一个向上挠曲，而另一个向下挠曲。

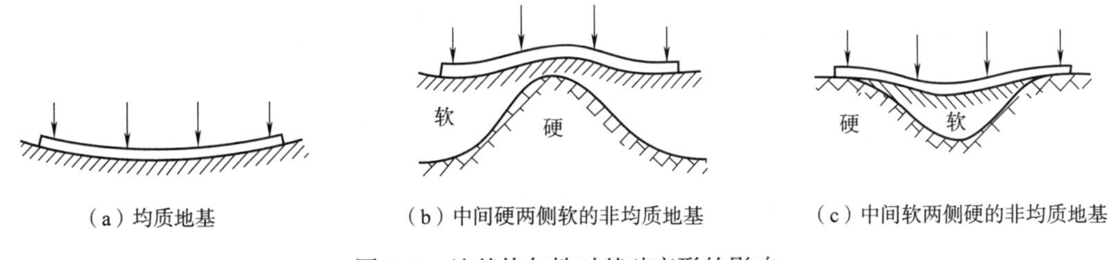

（a）均质地基　　（b）中间硬两侧软的非均质地基　　（c）中间软两侧硬的非均质地基

图 5.5　地基均匀性对基础变形的影响

基础以上为框架或排架结构，一般是中柱的荷载比边柱的大，该荷载分布对图 5.5(b)中基础的受力较为有利；如果边柱传来的荷载比中间的大，则与上述相反，对基础受力较为有利的则是图 5.5(a)和图 5.5(c)中的情况。

如果地基土的压缩性很低，基础的不均匀沉降很小，则考虑地基—基础—上部结构三者相互作用的意义就不大。因此，在相互作用中起主导作用的是地基，其次是基础，而上部结构则是在压缩性地基上基础整体刚度有限时起重要作用的因素。

进行地基、基础与上部结构共同作用分析的关键是建立能够反映地基土变形性质的地基模型,也就是需要定量地表示出地基表面的压力与变形(即沉降)之间的关系。

5.3 地基模型

地基模型是指描述地基表面压力与沉降之间关系的数学表达式。在地基、基础和上部结构的共同作用分析中,地基模型用于确定地基反力的分布和大小。

地基模型应能较好地反映地基在荷载下的受力变形特性,同时在数学形式上应尽量简单。目前已有不少地基模型,各种模型对地基土的应力—应变关系有不同假定,如视之为线性弹性体、非线性弹性体或弹塑性体等。由于地基土情况复杂,各种理想化的假设都只能反映地基土的某些特性,因而各种模型都有一定局限性。

5.3.1 文克勒地基模型

该地基模型是由捷克工程师文克勒(E. Winkler)于 1867 年提出的。该模型认为地基表面任一点的竖向变形 s 与该点的压力 p 成正比,如图 5.6(a)所示,地基可用一系列相互独立的弹簧来模拟,即

$$p = ks \tag{5.1}$$

式中 k——基床系数或称地基系数(kN/m^3),表示地基表面某点产生单位竖向变形时作用于该点的压力。

文克勒地基模型具有下述特点:土体中无剪应力,地基表面任一点的竖向荷载只能沿竖向传播,不能向两侧扩散,因而作用在地基表面任一点的压力只在该点引起地基变形,而与该点以外的变形无关;在基底压力作用下,地基变形只发生在基底范围以内,基底以外无变形;地基反力分布图的形状与地基表面的竖向变形图(或沉降曲线)相似,如图 5.6(b)和图 5.6(c)所示。

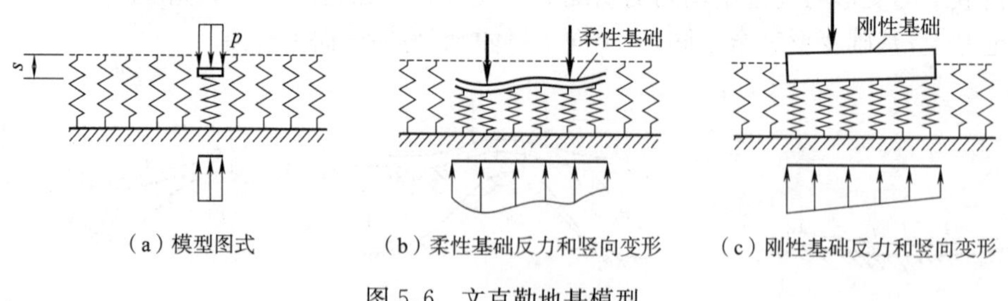

(a)模型图式　(b)柔性基础反力和竖向变形　(c)刚性基础反力和竖向变形

图 5.6 文克勒地基模型

文克勒模型由于形式简单、便于分析,在国内外都较为常用。一般认为,凡力学性质与水相近的地基,采用文克勒模型就比较合适。下述情况可以考虑采用文克勒地基模型:

(1)地基主要受力层为软土。由于软土的抗剪强度低,因而能够承受的剪应力值很小。

(2)厚度不超过基础底面宽度一半的薄压缩层地基。这时地基中产生附加应力集中现象,剪应力很小。

(3)基底地基塑性区相应较大时。

(4)支撑在桩上的连续基础,可以用弹簧体系来代替群桩。

5.3.2 弹性半空间地基模型

弹性半空间地基模型，也称半无限体地基模型。该模型把地基视为均质、连续、各向同性的半空间弹性体，在基底压力作用下，地基表面任一点的变形都与整个基底的压力有关。

由弹性理论的布辛奈斯克(J. Boussinesq，1885 年)解答可知，当地基表面作用一竖向集中力 P 时，如图 5.7 所示，在该表面上与力作用点距离为 r 的 M 点处的竖向变形 s 由式(5.2)得出

$$s=\frac{P(1-\mu^2)}{\pi Er}=\frac{P(1-\mu^2)}{\pi E\sqrt{x^2+y^2}} \tag{5.2}$$

式中 r——集中力到计算点 M 的距离(m)；

E——土的变形模量(kPa)；

μ——土的泊松比。

对式(5.2)积分可求得基底压力在地基表面各点引起的竖向变形，但计算较为繁杂，很难得到解析解。为了简化计算，可将基底划分为若干个矩形网格，以网格中心作为竖向变形的计算点(图 5.8)。求出各网格上的压力在某一计算点引起的竖向变形后，将所得结果叠加，即可得整个基底压力在该点引起的竖向变形。这种简化算法，对同一基底划分的网格数量越多，网格越小，计算结果的准确度就越高，但计算工作量也随之加大。

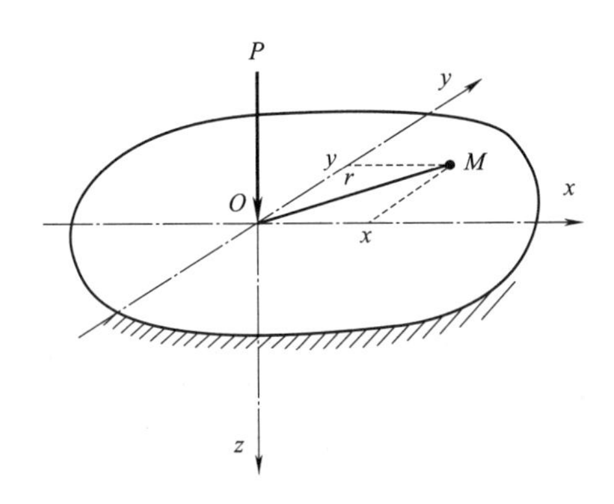

图 5.7 弹性半无限体受集中力作用

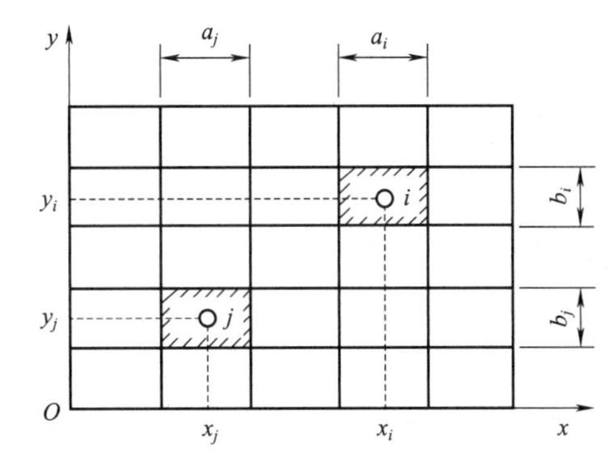

图 5.8 基底网格的划分

设将基底划分为 n 个矩形网格，设网格 i 的中点为 i，边长为 a_i 和 b_i，如图 5.8 所示。为简化计算，各网格上的压力均以作用于网格中点的等效集中力代替，例如在网格 j 的中点，该集中力为 P_j。设网格 j 中点受单位集中力作用即 $P_j=1$ 时，在网格 i 中点引起的竖向变形为 δ_{ij} $(i=1,2,\cdots,n;j=1,2,\cdots,n)$，则各网格中点的竖向变形 $\boldsymbol{S}_i$ 可计算如下

$$\boldsymbol{S}_i=\delta_{i1}\boldsymbol{P}_1+\delta_{i2}\boldsymbol{P}_2+\cdots+\delta_{in}\boldsymbol{P}_n \tag{5.3}$$

式(5.3)用矩阵形式表示为

$$\begin{Bmatrix} s_1 \\ s_2 \\ \vdots \\ s_n \end{Bmatrix}=\begin{bmatrix} \delta_{11} & \delta_{12} & \cdots & \delta_{1n} \\ \delta_{21} & \delta_{22} & \cdots & \delta_{2n} \\ \cdots & \cdots & \cdots & \cdots \\ \delta_{n1} & \delta_{n2} & \cdots & \delta_{nn} \end{bmatrix}\begin{Bmatrix} P_1 \\ P_2 \\ \vdots \\ P_n \end{Bmatrix} \tag{5.4}$$

简写为

$$\{\boldsymbol{s}\}=[\delta]\{\boldsymbol{P}\} \tag{5.5}$$

式中 $[\delta]=\begin{bmatrix}\delta_{11} & \delta_{12} & \cdots & \delta_{1n}\\ \delta_{21} & \delta_{22} & \cdots & \delta_{2n}\\ \cdots & \cdots & \cdots & \cdots\\ \delta_{n1} & \delta_{n2} & \cdots & \delta_{nn}\end{bmatrix}$

$[\delta]$称为地基的柔度矩阵，其中的 δ_{ij}（当 $i\neq j$ 时）可以利用式(5.2)求得，即

$$\delta_{ij}=\frac{(1-\mu^2)}{\pi E}\frac{1}{\sqrt{(x_i-x_j)^2+(y_i-y_j)^2}} \tag{5.6}$$

当 $i=j$，即 $P_j=1$ 时，网格 j 中点的竖向变形若按式(5.2)计算，将出现奇异解。可将 $P_j=1$ 换算成网格 j 上的均布压力 $p_j=P_j/a_jb_j=1/(a_jb_j)$，对式(5.2)积分得

$$\delta_{ij}=\frac{(1-\mu^2)}{Ea_j}\psi \tag{5.7}$$

式中，ψ 决定于网格的边长比 $\lambda=a_j/b_j$，即

$$\psi=\frac{4}{\pi}\left[\lambda\ln\left(\frac{1+\sqrt{\lambda^2+1}}{\lambda}\right)+\ln(\lambda+\sqrt{\lambda^2+1})\right] \tag{5.8}$$

由式(5.6)可以看出，总有 $\delta_{ij}=\delta_{ji}$ 成立，则柔度矩阵$[\delta]$是对称的。

式(5.4)为弹性半无限体地基模型的表达式，计算时需确定的参数是土的变形模量 E 和泊松比 μ。

弹性半空间地基模型能反映地基应力和变形向基底周围扩散的连续性，但扩散的范围和程度往往超过地基的实际情况。由于土体弹性的假设不能反映土的非线性和塑性性质，而且地基土具有不均匀性和成层分布的特征，因此按弹性半空间地基模型计算的地表变形范围常大于实际观测结果。此外，变形模量 E 和泊松比 μ 两个参数，特别是 μ 不容易准确测定。

5.3.3 有限压缩层地基模型

有限压缩层地基模型也称分层地基模型。该模型假定在荷载作用下地基土压缩时无侧向膨胀，地基表面的沉降就等于压缩层范围内各计算分层在侧限条件下的压缩量之和。

计算时，首先将基底范围进行网格划分，将基底以内的地基分割成划分网格对应的棱柱体，其下端为地基压缩层的下限或不可压缩层的顶面，如图5.9所示；其次，可用分层总和法计算棱柱体的压缩变形并作为网格中点的竖向变形，最后整理各柱体变形与荷载间的关系，即得地基模型表达式。

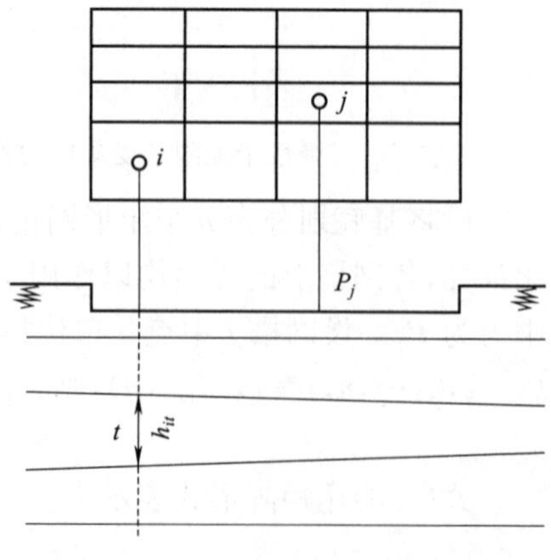

图5.9 分层地基模型

将棱柱体依照天然土层分界面和计算精度要求分为若干分层，用 m 表示一个棱柱体的分层数。设棱柱体 i（即与网格 i 对应者）的分层 t 的如图5.9所示，厚度为 h_{it}，压缩模量为 E_{sit}，网格 j 上单位力 $P_j=1$ 或 $p_j=P_j/a_jb_j=1/(a_jb_j)$。在该分层中引起的竖向附加应力平均值为 $\sigma_{zt}^{(ij)}$，则棱柱体 i 的沉降 δ_{ij} 为

$$\delta_{ij}=\sum_{t=1}^{m}\frac{\sigma_{zt}^{(ij)}h_{it}}{E_{sit}} \tag{5.9}$$

$\sigma_{zt}^{(ij)}$ 可以按网格 j 上作用均布荷载 $p_j=1/(a_jb_j)$ 考虑，当 $i=j$ 时用角点法求得，当 $i\neq j$ 时可按集中力 $P_j=1$，由布辛奈斯克的 σ_z 计算公式得 $\sigma_{zt}^{(ij)}$ 为

$$\sigma_{zt}^{(ij)}=\frac{3}{2\pi z_{it}^2}\frac{1}{[(r_i/z_{it})^2+1]^{5/2}}\quad(i\neq j)\tag{5.10}$$

式中 z_{it} —— $\sigma_{zt}^{(ij)}$ 所在位置在基底下的深度(m)；

r_i ——网格 i 中点与 P_j 作用点的距离(m)。

于是同样可以得到同公式(5.5)的矩阵形式的地基模型。

分层地基模型的计算参数为土的压缩模量 E_s，可通过土样的压缩试验确定。该模型能较好地反映地基土的应力扩散和变形特性，可以考虑压缩层内土性沿深度和水平方向的变化对地基竖向变形的影响，适应性较好，计算结果较前两种模型更合理。该模型的主要不足在于建立柔度矩阵[δ]时的计算工作量太大。

5.4 柱下条形基础

柱下钢筋混凝土条形基础也称基础梁，连接上部结构的柱列布置成单向条状的钢筋混凝土基础，如图 5.10 所示为一典型的柱下条形基础。

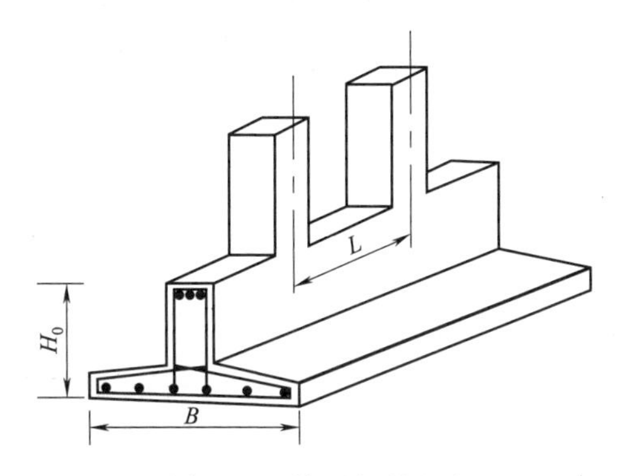

图 5.10 柱下条形基础

5.4.1 柱下条形基础的构造

柱下条形基础的构造如图 5.11 所示，其横截面一般呈倒 T 形，下部挑出部分称为翼板，中间的梁腹也称肋部。由于肋梁的截面相对较大且配置一定数量的纵筋和腹筋，因而具有较强的抗剪能力和抗弯能力。肋梁高度通常沿基础长度方向不变，当基础上作用的荷载较大，且柱距较大时，肋梁在接近支座处的弯矩和剪力均较大，可在肋梁支座处局部加高(加腋)，如图 5.11(c)所示。

柱下条形基础的构造除了要满足一般扩展基础的构造要求以外，还应符合下列要求：

(1)柱下条形基础的肋梁高度由计算确定，一般宜为柱距的 1/8～1/4(通常取柱距的 1/6)。翼板厚度不宜小于 200 mm。当翼板厚度为 200～250 mm 时，宜用等厚度翼板；当翼板厚度大于 250 mm 时，宜用变厚度翼板，其坡度不大于 1∶3。

(2)条形基础的两端应向边柱外延伸一定距离，称为悬出部分，延伸长度一般为边跨跨距的 25%～30%。当荷载不对称时，两端伸出长度可不相等，以使基底形心与荷载合力作用点尽量一致。

(3)现浇柱下的条形基础沿纵向可取等截面，当柱截面边长较大时，应在柱位处将肋部加宽，使其与条形基础梁交接处的平面尺寸不小于图 5.11(e)中的规定。

(4)柱下条形基础的混凝土强度等级不应低于 C20。在软弱土地区的基础梁底面应设置厚度不小于 100 mm 的砂石垫层；若用素混凝土垫层，则一般强度等级为 C7.5，厚度不小于 75 mm。当基础梁的混凝土强度等级小于柱混凝土强度等级时，还应验算柱下基础梁顶面的局部受压强度。

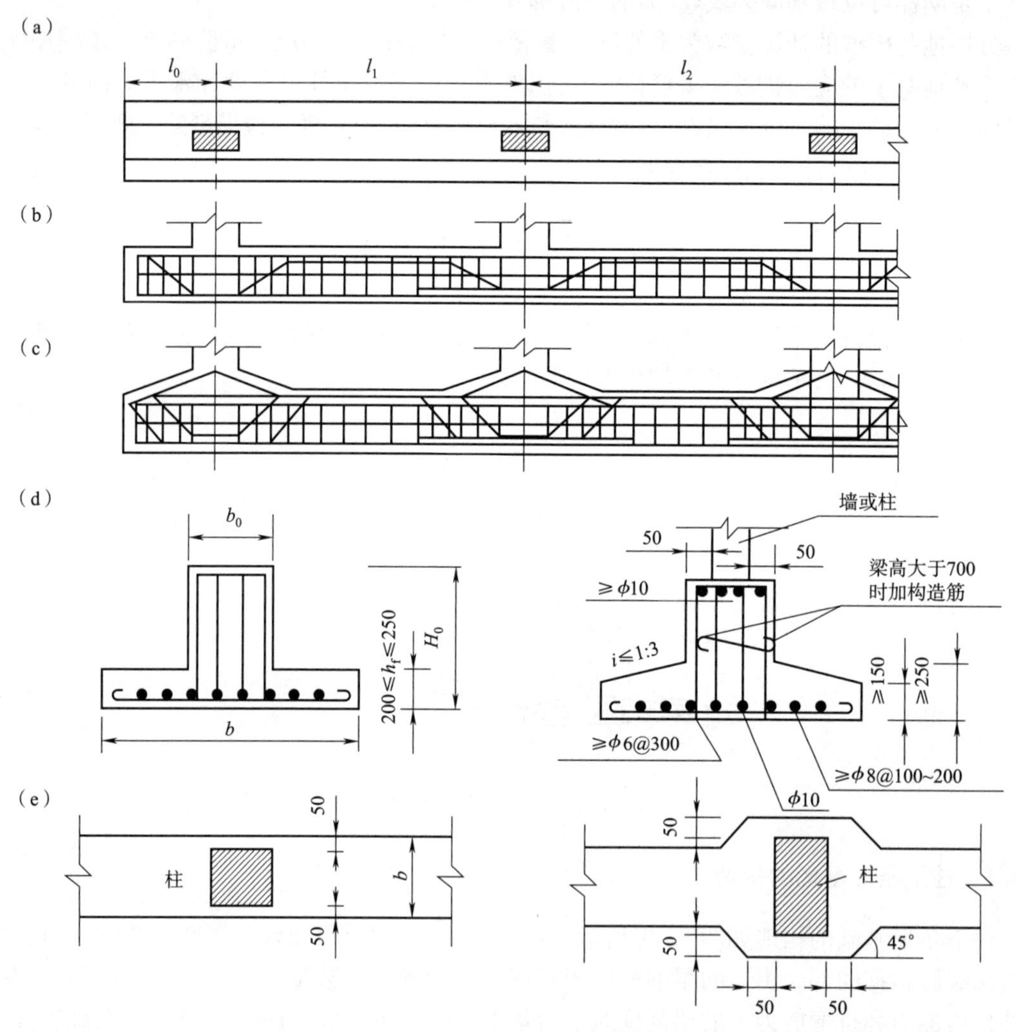

(a)平面图；(b)、(c)纵剖面图；(d)横剖面图；(e)现浇柱与条形基础梁交接处平面尺寸。

l_0—基础向柱边外的悬出长度(m)；l_1、l_2—柱中心间距(m)；b_0—基顶宽度(m)；b—基底宽度(m)。

图 5.11 柱下条形基础的构造(单位：mm)

(5)基础梁顶面和底面的纵向受力钢筋由计算确定，最小配筋率为 0.2%，顶面钢筋全部通长配筋，底部通长配筋面积不得少于底部纵向钢筋总面积的 1/3。基础梁内支座受力筋宜布置在支座下部，跨中受力筋布置在跨中上部。梁下部纵筋的搭接位置宜在跨中，梁上部纵筋的搭接位置宜在支座处，且满足搭接长度要求。当梁高大于 700 mm 时，应在肋梁的两侧加配纵向构造钢筋，其直径不小于 14 mm，并用 $\phi8@400$ 的 S 形构造箍筋固定。在柱位处，应采用封闭式箍筋，箍筋直径不小于 8 mm。当肋梁宽度≤350 mm 时宜用双肢箍，当肋梁宽度在

350～800 mm 时宜用四肢箍，大于 800 mm 时宜采用六肢箍。在距支座轴线为(0.25～0.30)l 的一段长度内应加密配置。条形基础非肋梁部分的纵向分布钢筋可用 ϕ8@200～ϕ10@200。

(6)柱下条形基础除在纵向配置受力筋外，沿翼板宽度方向还需配置横向筋，以承受翼板部分的横向弯矩。翼板的横向受力钢筋由计算确定，其直径不应小于 10 mm，间距不大于 250 mm。在肋梁的 T 字形与十字形交接处，横向受力钢筋只需沿一个主受力轴方向通长布置，而另一方向只需伸入主受力轴宽度的 1/4 即可。分布钢筋在主受力轴方向通长布置，另一方向可在交接处断开。

5.4.2 柱下条形基础的受力特点和设计计算步骤

柱下条形基础在其纵、横两个方向均产生弯曲变形，所以在这两个方向的截面内均存在剪力和弯矩。柱下条形基础的横向剪力与弯矩通常可考虑由翼板的抗剪、抗弯能力承担，其内力计算与墙下条形基础相同。柱下条形基础纵向的剪力与弯矩一般由基础梁承担，基础梁的纵向内力通常可采用简化法或弹性地基梁法计算。

柱下条形基础的设计计算步骤：

(1)求荷载合力作用点位置。

柱下条形基础的柱荷载分布如图 5.12 所示，其合力作用点距边柱底中心 A 点的距离 x_c 为

$$x_c = \frac{\sum_{i=1}^{n} N_i \cdot a_i + \sum_{i=1}^{n} M_i}{\sum_{i=1}^{n} N_i} \tag{5.11}$$

式中各参数含义如图 5.12 所示。

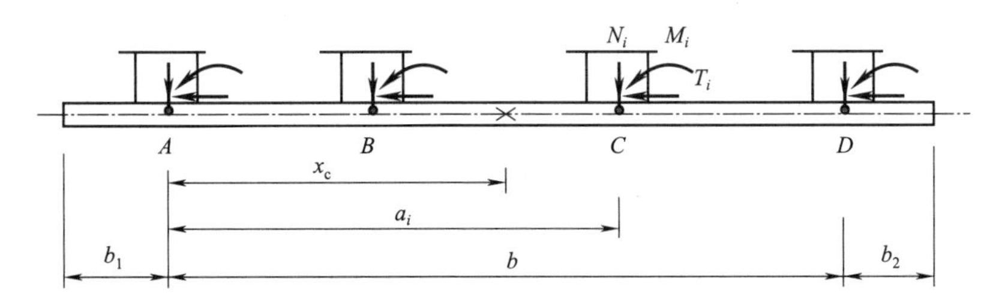

b_1、b_2—基础两端向柱边外的悬出长度(m)；b—两端边柱底的中心距(m)；x_c—合力作用点距边柱底中心即 A 点的距离(m)；
N_i、T_i、M_i—第 i 根柱底中心处的竖向合力(kN)、水平合力(kN)和总弯矩(kN·m)；
d_i—第 i 根柱底中心到边柱底中心即 A 点的距离(m)。

图 5.12 柱下条形基础内力计算

(2) 确定基础梁的长度和悬臂尺寸。

选定基础梁从左边柱轴线的外伸长度为 b_1，则基础梁的总长度 L 和从右边柱轴线的外伸长度 b_2 分别如下：

①当 $x_0 \geq b/2$ 时，应先根据构造要求确定 b_1，则

$$L = 2(x_c + b_1) \tag{5.12a}$$

$$b_2 = L - b - b_1 \tag{5.12b}$$

②当 $x_0 < b/2$ 时，应先根据构造要求确定 b_2，则

$$L = 2(b + b_2 - x_c) \tag{5.13a}$$

$$b_1 = L - b - b_2 \tag{5.13b}$$

经上述处理后，则荷载合力作用点与基础底面形心重合，就可按图 5.12 的简图进行计算。

(3) 按地基承载力设计值计算所需的条形基础底面面积 A[式(3.20)]，进而确定底板宽度 B(长度 L 已知)。

(4)软弱下卧层承载力和地基变形验算，并对基础底面尺寸进行修正。

(5)按墙下条形基础设计方法确定翼板厚度及横向钢筋的配筋。

(6)基础梁的纵向内力计算与配筋。

根据柱下条形基础的计算条件，选用简化法或弹性地基梁法计算其纵向内力，再根据纵向内力计算结果，按一般钢筋混凝土受弯构件进行基础梁纵向截面验算与配筋计算，同时应满足构造要求。

5.4.3 柱下条形基础的纵向内力计算

当地基持力层土质均匀，上部刚度较好，各柱距相差不大(小于 20%)，柱荷载分布较均匀，且基础梁的高度大于 1/6 柱距时，地基反力可以认为符合直线分布假设，基础梁的内力可按简化计算法计算。当不满足上述条件时，宜按弹性地基用弹性地基梁法计算。简化计算法不考虑地基基础的共同作用，弹性地基梁法则考虑地基基础的共同作用，此外还有考虑上部结构刚度的方法。

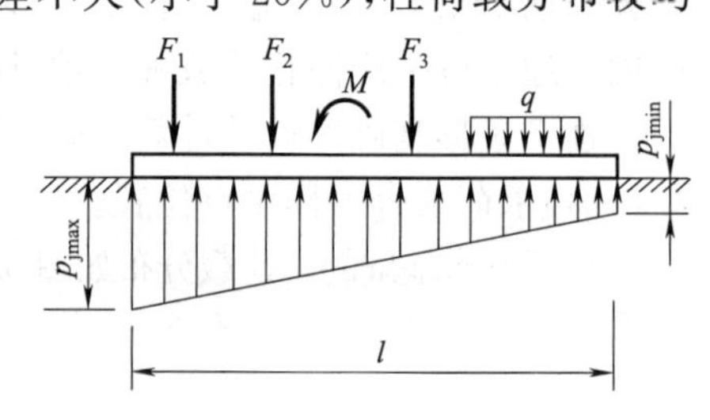

图 5.13 按直线分布关系求基础梁地基反力

1)简化计算法

在简化计算法中，通常都采用基底反力为直线分布的假设。这样，按偏心受压公式，根据柱子传至梁上的荷载，利用力平衡条件，即可求得梁下地基反力的分布，如图 5.13 所示，可得

$$\begin{matrix} p_{\text{jmax}} \\ p_{\text{jmin}} \end{matrix} = \frac{\sum F_i}{bl} \pm \frac{6\sum M_i}{b \times l^2} \tag{5.14}$$

式中 $\sum F$——基础梁上的各垂直荷载(包括均布荷载 q 在内)之总和(kN)；

$\sum M$——基础上荷载设计值对基底重心的总力矩(kN · m)；

b,l——基底宽度和长度(m)；

p_{jmax}——基础梁边缘处最大地基净反力(kPa)；

p_{jmin}——基础梁边缘处最小地基净反力(kPa)。

当 p_{jmax} 和 p_{jmin} 相差不大时，可近似地取其平均值作为梁下均布的地基反力，这样计算时将更为方便。

实践中常根据上部结构的刚度与变形情况分别采用静定分析法和倒梁法。

(1)静定分析法(静力平衡法)

静定分析法是按基底反力的直线分布假设和整体静力平衡条件求出基底净反力，并将其与柱荷载一起作用于基础梁上，然后按一般静定梁的内力分析方法计算各截面的弯矩和剪力，如图 5.14所示。

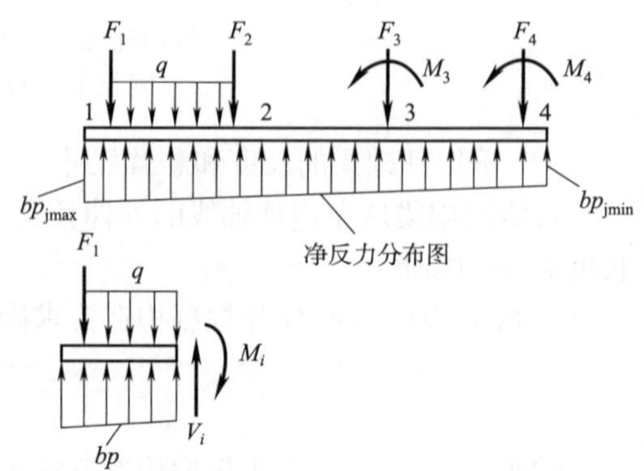

图 5.14 按直线分布关系求基础梁地基反力

静定分析法适用于上部为柔性结构，且基础本身刚度较大的条形基础。此方法未考虑与上部结构的相互作用，计算所得的不利截面上的弯矩绝对值一般较大。

(2)倒梁法

倒梁法认为上部结构是绝对刚性的，各柱之间没有差异沉降，梁没有整体弯曲，只在柱间发生局部弯曲。假设以柱脚作为固定铰支座，以线性分布的基底反力为荷载，则条形基础就是一倒置的连续梁，如图 5.15 所示。求解此连续梁就可求得条形基础的内力，称为倒梁法，或称连续梁法。可按普通连续梁的内力计算方法，如力法、位移法、力矩分配法等求解其内力。

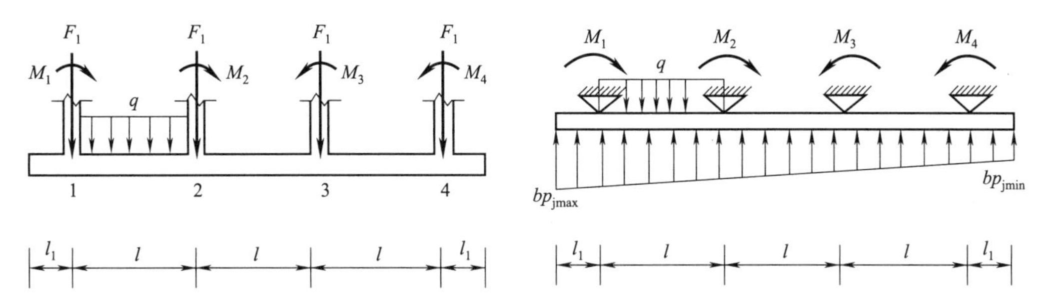

l_1—基础两端向柱边外的悬出长度(m)；l—柱中心间距(m)；b—条形基础底部宽度(m)；

F_1、F_2、F_3 和 F_4—第 1、2、3 和 4 根柱底中心处的竖向合力(kN)；

M_1、M_2、M_3 和 M_4—第 1、2、3 和 4 根柱底中心处的总弯矩(kN·m)；

q—柱间荷载分布集度(kN/m)；p_{jmax}、p_{jmin}—基础梁底部边缘处最大、最小地基净反力(kPa)。

图 5.15 倒梁法计算简图

由于本计算模型忽略了基础全长范围内的整体弯曲，仅考虑了柱间的局部弯曲，使得最不利截面的弯矩计算结果偏小。一般来讲，在荷载与地基土层分布比较均匀时，基础将发生正向整体弯曲，中部的柱将发生更大的竖向位移，而由于上部结构的整体刚度通过柱对基础整体弯曲的抑制，使得各柱的竖向位移均匀化，导致柱荷载和地基反力重新分布。研究表明，端部柱荷载和端部地基反力均增大。

在应用倒梁法进行计算时，要求上部结构刚度较大，柱荷载比较均匀(相邻柱荷载之差不超过 20%)，柱间距不宜过大，并应尽量等间距，基础梁的高度应大于 1/6 柱距，且地基比较均匀。计算时地基反力可按直线分布考虑。

倒梁法计算的支座反力与上部柱传来的竖向荷载差异较大，该差异值称为不平衡力，该不平衡力是由于未考虑基础梁挠度与地基土的变形协调条件造成的。为了解决这个问题，实践中提出了反力局部调整法：将支座反力与柱轴力的差值(正或负)作为地基反力的调整值，将其均匀分布在相应支座两侧各 1/3 跨度范围内，然后再进行一次连续梁分析。如果调整一次后的结果仍不满意，还可继续调整直到满意为止。

倒梁法的计算步骤如下：

①根据初步选定的柱下条形基础尺寸和作用荷载，确定计算简图。

②按刚性基础基底反力的简化计算法确定基底的反力及分布。

③用弯矩分配法或弯矩系数法等计算弯矩和剪力。

④调整不平衡力。由于上述假定不能满足支座处的静力平衡条件，因此应通过逐次调整消除不平衡力。

首先由支座处柱荷载 F_i 和支座处反力 P_i 求出不平衡力 ΔP_i：

$$\Delta P_i = F_i - P_i \tag{5.15}$$

其次,将各支座的不平衡力反向施加均匀分布在相邻两跨各 1/3 跨度范围内,如图 5.16 所示。

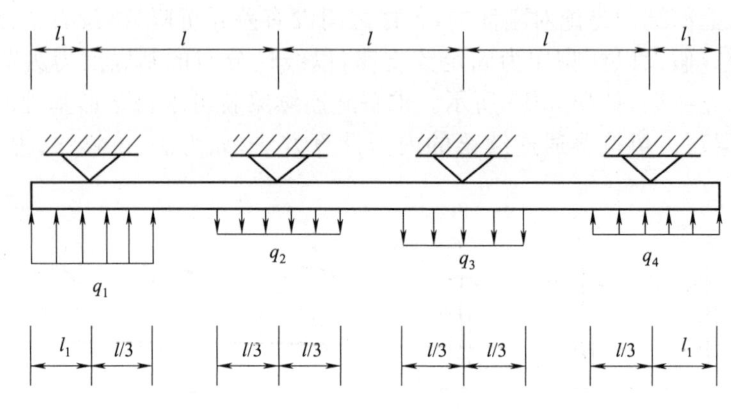

图 5.16 基底反力局部调整法

对边跨支座

$$\Delta q_i = \frac{\Delta P_i}{\left(l_1 + \frac{l}{3}\right)} \tag{5.16}$$

对中间支座

$$\Delta q_i = \frac{\Delta P_i}{\left(\frac{l}{3} + \frac{l}{3}\right)} \tag{5.17}$$

⑤将在不平衡均布力作用下的连续梁继续用弯矩分配法或弯矩系数法计算内力,将该计算内力与前次计算的内力相加,得到最新的内力结果和新的不平衡力,重复步骤④,直至不平衡力在计算容许精度范围内,一般不超过柱荷载的 20%。

⑥逐次调整计算结果,叠加所得即为最终内力分布。

【例 5.1】 已知柱下条形基础的基础梁宽度为 1.0 m,计算简图与柱荷载如图 5.17(a)所示,试按倒梁法计算基础梁内力。

【解】 (1)平均基底反力

$$p = \frac{2 \times 500 + 3 \times 1\ 000}{4 \times 6.0} = 166.67(\text{kPa})$$

(2)视基础梁为在均布荷载 p 作用下,以柱脚处为支座的四跨连续梁,计算简图如图 5.17(b)所示。

(3)计算基础梁内力,求得的弯矩和剪力如图 5.17(c)和图 5.17(d)所示。

(4)由于反力与原柱荷载不相等,进行调整,将差值折算成分布荷载,作用在支座两侧如图 5.17(e)所示,再用弯矩分配法计算基础梁的调整内力,调整弯矩和剪力如图 5.17(f)和图 5.17(g)所示,将两次计算结果进行叠加,叠加后的支座反力与柱荷载相比,误差不大时可不再做调整计算,一般进行一次调整后即可满足要求。

(5)图 5.17(h)和图 5.17(i)为经调整后的最终弯矩图和剪力图。

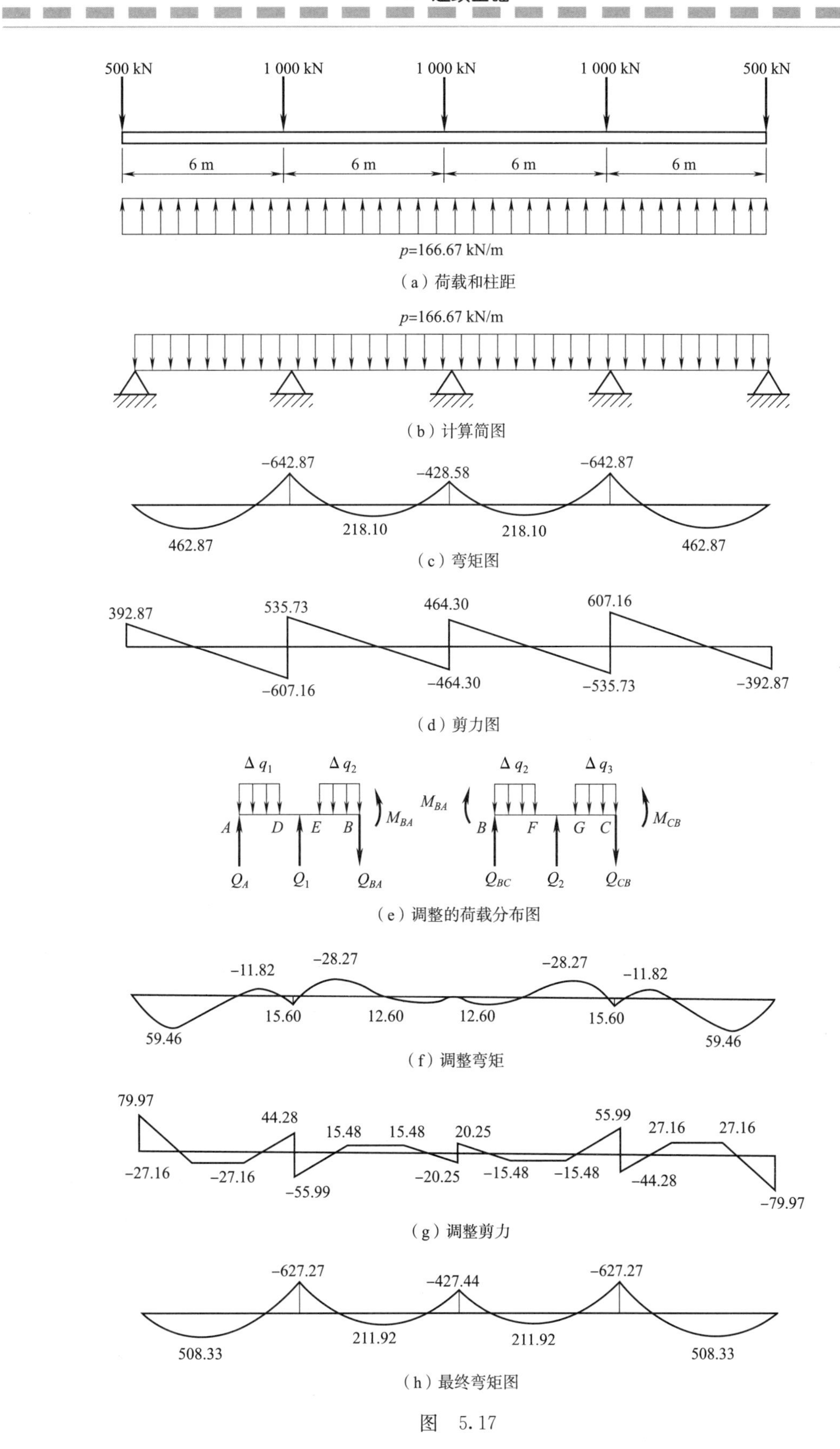

（a）荷载和柱距

（b）计算简图

（c）弯矩图

（d）剪力图

（e）调整的荷载分布图

（f）调整弯矩

（g）调整剪力

（h）最终弯矩图

图 5.17

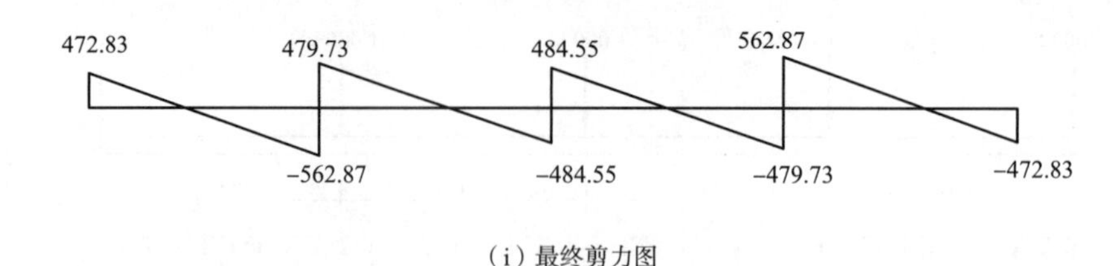

(i)最终剪力图

图 5.17　计算示意及成果图

2)弹性地基梁法

弹性地基梁法考虑了基础与地基的相互作用,以静力平衡条件和变形协调条件为基础,利用地基土应力—应变关系建立满足上述条件的方程,求得地基反力或近似的地基反力,进而求得基础梁内力或其近似值。有文克勒地基上梁的解法、半无限弹性地基梁的解法、有限压缩层地基梁的解法、有限单元法、有限差分法等。这类计算方法均没有考虑上部结构刚度的影响,计算结果对基础一般偏于安全。

3)考虑上部结构刚度的计算方法

这类方法考虑了上部结构与地基基础的相互作用,符合基础实际受力性状,其计算结果更符合实际。但是,计算复杂,工作量很大。通常可对上部结构的影响用简化的方法进行考虑,能节省很多时间,也能得到满足工程需要的计算结果。

5.4.4　文克勒地基梁的分析(文克勒地基梁法)

若在弹性地基上有一受外荷载作用的梁如柱下条形基础,根据所采用的地基模型,分析其受力变形可以有多种模式(弹性地基梁法),其中最常用的是文克勒地基模型,相应的计算方法又称为文克勒地基梁法。

1)基本微分方程及其通解

若文克勒地基上的一根梁受到位于梁平面内的外荷载作用,其挠曲线如图 5.18(a)所示。设梁宽为 b,从梁上取出长为 $\mathrm{d}x$ 的一小段梁单元,如图 5.18(b)所示,其上作用有荷载 $q(x)$、基底反力 bp,以及截面上的弯矩 M 和剪力 V。考虑梁单元的竖向静力平衡,得

$$V-(V+\mathrm{d}V)+bp\mathrm{d}x-q\mathrm{d}x=0 \tag{5.18}$$

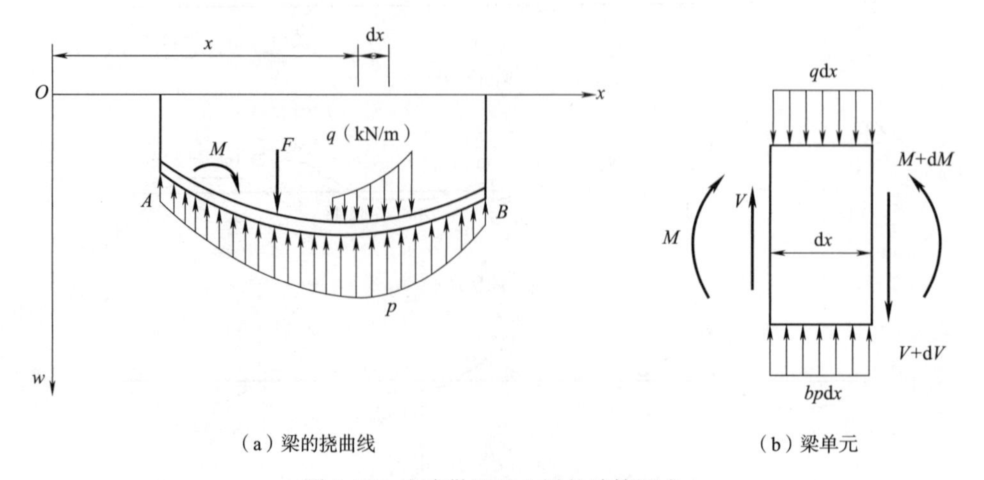

(a)梁的挠曲线　　(b)梁单元

图 5.18　文克勒地基上梁的计算图式

整理得

$$\frac{\mathrm{d}V}{\mathrm{d}x}=bp-q \tag{5.19}$$

根据材料力学，梁的挠度 ω 的微分方程式为

$$E_c I\frac{\mathrm{d}^2\omega}{\mathrm{d}x^2}=-M \tag{5.20}$$

式中 E_c——梁材料的弹性模量；

I——梁截面的惯性矩。

将剪力与弯矩的关系 $V=\mathrm{d}M/\mathrm{d}x$ 和式(5.19)代入式(5.20)可得

$$E_c I\frac{\mathrm{d}^4\omega}{\mathrm{d}x^4}=-bp+q \tag{5.21}$$

假定梁与地基间满足变形协调条件，即梁与地基始终保持接触，于是两者在接触面上任意点的竖向位移相等，即 $s=\omega$，由式(5.1)得

$$p=ks=k\omega \tag{5.22}$$

则

$$E_c I\frac{\mathrm{d}^4\omega}{\mathrm{d}x^4}+kb\omega=q \tag{5.23}$$

对无荷载段，$q=0$，式(5.23)简化为四阶齐次常系数微分方程

$$E_c I\frac{\mathrm{d}^4\omega}{\mathrm{d}x^4}+kb\omega=0 \tag{5.24}$$

此即为文克勒地基上梁的基本微分方程式。式(5.24)还可以写成

$$\frac{\mathrm{d}^4\omega}{\mathrm{d}x^4}+4\lambda^4\omega=0 \tag{5.25}$$

式中

$$\lambda=\sqrt[4]{\frac{kb}{4E_c I}} \tag{5.26}$$

λ 是综合反映梁土体系抵抗变形能力的参数，称为柔度系数或特征系数。它与基床系数 k 和梁的抗弯刚度 $E_c I$ 有关。λ 的量纲为[长度]$^{-1}$，$1/\lambda$ 称为梁的特征长度。特征长度越大则梁的相对刚度越大。由此可见，λ 值是影响梁挠曲线形状的一个重要参数。λ 与梁的长度 l 的乘积 λl 称为柔度指数，无量纲。一般地讲，λl 值越大，梁越柔，即越容易变形。

微分方程即式(5.25)是一个四阶齐次常系数线性微分方程，其通解为

$$\omega=\mathrm{e}^{\lambda x}(C_1\cos\lambda x+C_2\sin\lambda x)+\mathrm{e}^{-\lambda x}(C_3\cos\lambda x+C_4\sin\lambda x) \tag{5.27}$$

其中，C_1，C_2，C_3，C_4 为积分常数，一般可以根据梁两端的边界条件确定。

当 $q\neq0$ 时，式(5.23)为四阶非齐次常系数微分方程，其通解为(5.23)的一个特解与对应齐次方程的通解(5.27)之和，即

$$\omega=\mathrm{e}^{\lambda x}(C_1\cos\lambda x+C_2\sin\lambda x)+\mathrm{e}^{-\lambda x}(C_3\cos\lambda x+C_4\sin\lambda x)+\frac{q}{bk} \tag{5.28}$$

2)梁的分类(按柔度指数)

分析结果表明，当柔度指数 $\lambda l\leqslant\pi/4$ 时，荷载作用下梁的挠曲变形很小，计算时可以忽略而把梁看成刚性的。这种梁称为短梁或刚性梁，其地基反力可按线性分布计算。

在 $\lambda l>\pi/4$ 的情况下，若荷载对梁端产生的影响可以忽略不计，则可视之为无限长梁，否则应按有限长梁计算。如果荷载为集中力或力矩，其作用点至梁两端的距离为 l_1 和 l_2，则可按下述区分无限长梁和有限长梁：当 $\lambda l_1\geqslant\pi$ 且 $\lambda l_2\geqslant\pi$ 时，可以按无限长梁计算；当 $\lambda l_1<\pi$ 且 $\lambda l_2<\pi$ 时，应按有限长梁计算。若梁的 $\lambda l\geqslant\pi$，其一端受集中力或力矩作用，此时荷载对梁另

一端的影响可以忽略，这种梁称为半无限长梁。

上述对文克勒地基梁的分类，是从便于根据梁的具体情况选用合适的计算图式考虑，同时也为了简化计算。

3)梁的计算

(1)集中力作用下的无限长梁

集中力 F_0 作用在无限长梁上，取荷载作用点为坐标原点 O，因梁和荷载都是对称的(图 5.19)，故下面仅讨论梁的右半部。根据梁的边界条件可作如下分析：

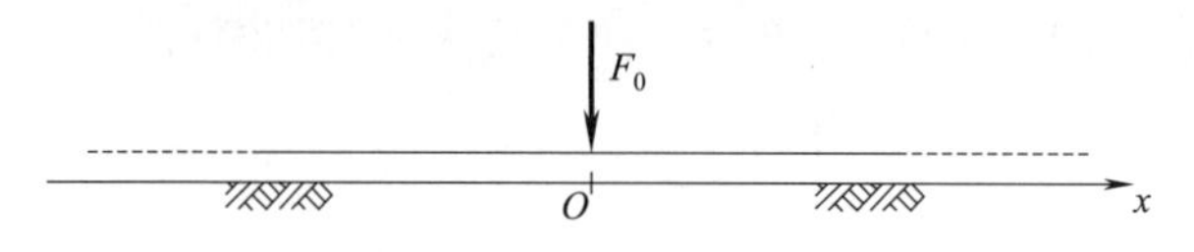

图 5.19 集中力作用下的无限长梁

①当 $x\to\infty$ 时，$\omega=0$，代入式(5.27)可得 $C_1=C_2=0$，则

$$\omega = e^{-\lambda x}(C_3\cos\lambda x + C_4\sin\lambda x) \tag{5.29}$$

②因为荷载和地基反力是关于原点对称的，故当 $x=0$ 时，转角 $\theta=\frac{d\omega}{dx}=0$，通过对式(5.29)微分，可得 $C_3=C_4$。

③在 $x=0+\varepsilon$(ε 为正的无穷小)处，剪力为零，即

$$V = -E_cI\left.\frac{d^3\omega}{dx^3}\right|_{x=0} = -\frac{F_0}{2}$$

将式(5.29)微分后代入上式，整理后得

$$C_3=C_4=\frac{F_0}{8E_cI\lambda^3}=\frac{F_0\lambda}{2kb} \tag{5.30}$$

于是可求得梁的挠度 ω、转角 θ、弯矩 M、剪力 V 和地基反力 p 的表达式，归纳如下：

$$\omega = \frac{F_0\lambda}{2kb}e^{-\lambda x}(\cos\lambda x+\sin\lambda x) = \frac{F_0\lambda}{2kb}A_x \tag{5.31a}$$

$$\theta = \frac{d\omega}{dx} = -\frac{F_0\lambda^2}{kb}B_x \tag{5.31b}$$

$$M = -E_cI\frac{d^2\omega}{dx^2} = \frac{F_0}{4\lambda}C_x \tag{5.31c}$$

$$V = -E_cI\frac{d^3\omega}{dx^3} = -\frac{F_0}{2}D_x \tag{5.31d}$$

$$p = k\omega = \frac{F_0\lambda}{2b}A_x \tag{5.31e}$$

式中

$$A_x = e^{-\lambda x}(\cos\lambda x+\sin\lambda x) \tag{5.32a}$$

$$B_x = e^{-\lambda x}\sin\lambda x \tag{5.32b}$$

$$C_x = e^{-\lambda x}(\cos\lambda x-\sin\lambda x) \tag{5.32c}$$

$$D_x = e^{-\lambda x}\cos\lambda x \tag{5.32d}$$

F_0 作用下无限长梁的变形和内力如图 5.20 所示。

上述公式适合于无限长梁的右半部分，即适用范围为 $0\leqslant x<\infty$。对于 $x<0$ 的情况，考虑变形和内力的对称性，仍可按式(5.31)和式(5.32)计算，但 x 应取绝对值，式(5.31b)和

式(5.31d)中右侧的负号应改为正号,ω 和 M 正负号不变。

(2)集中力矩作用下的无限长梁

若有集中力矩 M_0 作用于无限长梁上,如图 5.21 所示。因梁是对称的,取力矩的作用点为原点 O。取梁的右半部进行研究,根据梁的边界条件可作如下分析:

①无穷远处梁已无变形,$x\to\infty$ 时,$\omega=0$,代入式(5.27)得:$C_1=C_2=0$;

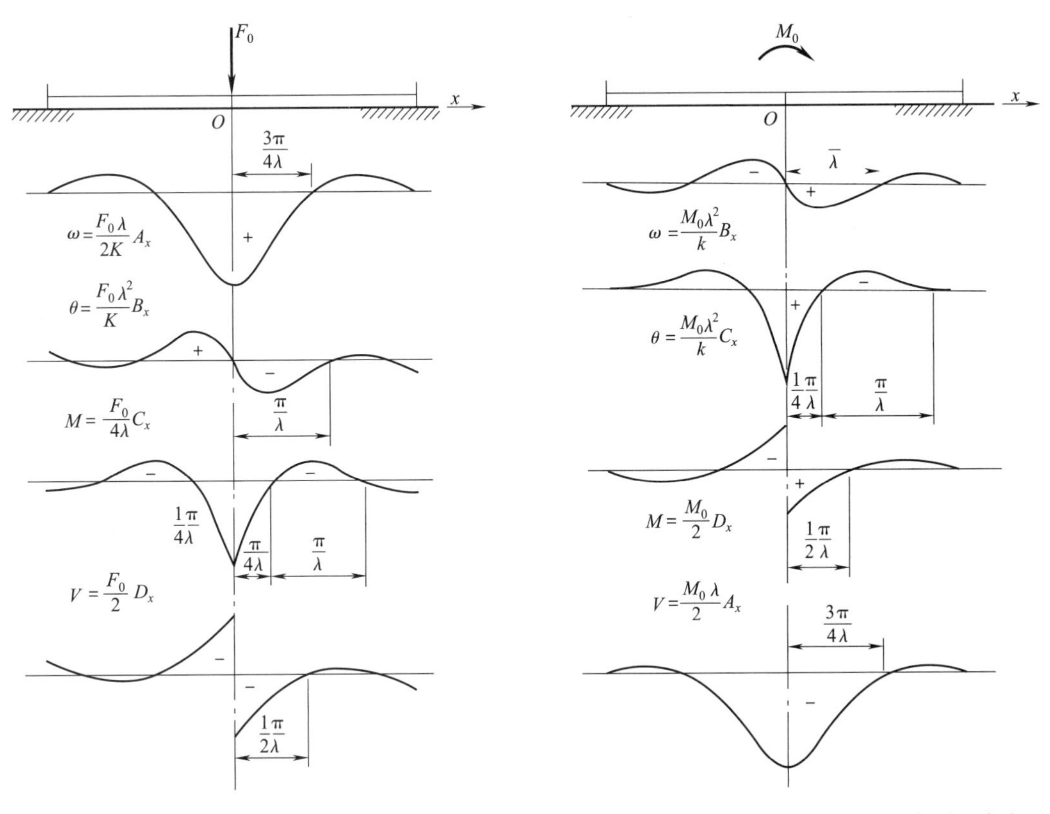

图 5.20 F_0作用下无限长梁的变形和内力　　　　图 5.21 M_0作用下无限长梁的变形和内力

②因力矩作用下无限长梁的变形为反对称,故 $x=0$ 时,$\omega=0$,代入式(5.27)得 $C_3=0$;

③在 $x=0+\varepsilon$(ε 为正的无穷小)处,作用于该截面上梁右半部分的弯矩 $M=M_0/2$,即

$$M=-E_cI\left.\frac{d^2\omega}{dx^2}\right|_{x=0}=\frac{M_0}{2}$$

联合上述①②③,整理可得 $C_4=\dfrac{M_0\lambda^2}{kb}$

确定了 $C_1\sim C_4$ 个参数,则可以求得在力矩 M_0作用下地基上无限长梁的变形和内力表达式为

$$\omega=\frac{M_0\lambda^2}{kb}e^{-\lambda x}\sin\lambda x=\frac{M_0\lambda^2}{kb}B_x \tag{5.33a}$$

$$\theta=\frac{d\omega}{dx}=\frac{M_0\lambda^3}{kb}C_x \tag{5.33b}$$

$$M=-E_cI\frac{d^2\omega}{dx^2}=\frac{M_0}{2}D_x \tag{5.33c}$$

$$V=-E_cI\frac{d^3\omega}{dx^3}=-\frac{M_0\lambda}{2}A_x \tag{5.33d}$$

$$p = k\omega = \frac{M_0\lambda^2}{b}B_x \tag{5.33e}$$

式中 A_x、B_x、C_x、D_x同式(5.32)。

M_0作用下无限长梁的变形和内力如图5.21所示。

上述公式适合于无限长梁的右半部分，即适用范围为$0 \leqslant x < \infty$。对于$x<0$的情况，考虑变形和内力的对称性，仍可按式(5.33)计算，但x应取绝对值，θ和V正负号不变，ω和M正负号相反。

对于同时承受若干个集中力和力矩的无限长梁，可把各荷载单独作用时在该截面引起的效应叠加，即得到共同作用下的总效应，但在每次计算时，均需把坐标原点移到相应的集中荷载或弯矩作用点处，并正确利用对称性。

(3)集中力作用下的半无限长梁

如图5.22(a)所示，在半无限长梁的一端作用一集中力F_0，将坐标系的原点选在梁的端部，梁的边界条件为

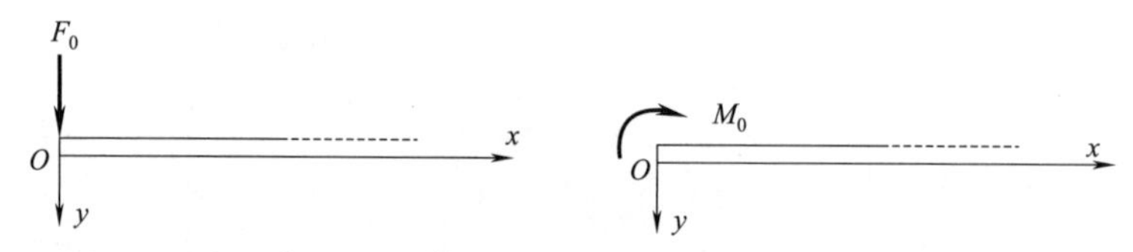

(a)集中力作用下的半无限长梁　　(b)集中力矩作用下的半无限长梁

图5.22　半无限长梁

①$x \to \infty$时，$\omega=0$；

②$x=0$时，$M=0$；

③在$x=0$时，$V=-F_0$。

将上述边界条件代入式(5.27)，可得到相应的解答，即

$$\omega = \frac{2F_0\lambda}{kb}D_x \tag{5.34a}$$

$$\theta = -\frac{2F_0\lambda^2}{kb}A_x \tag{5.34b}$$

$$M = -\frac{F_0}{\lambda}B_x \tag{5.34c}$$

$$V = -F_0C_x \tag{5.34d}$$

$$p = \frac{2F_0\lambda}{b}D_x \tag{5.34e}$$

式中 A_x、B_x、C_x、D_x同式(5.32)。

(4)集中力矩作用下的半无限长梁

如图5.22(b)所示，在半无限长梁的一端作用一集中力M_0，将坐标系的原点选在梁的端部，梁的边界条件为

①$x \to \infty$时，$\omega=0$；

②$x=0$时，$M=M_0$；

③在$x=0$时，$V=0$。

将上述边界条件代入式(5.27)，可得到相应的解答，即

$$\omega = -\frac{2M_0\lambda^2}{kb}C_x \tag{5.35a}$$

$$\theta = \frac{4M_0\lambda^3}{kb}D_x \quad (5.35b)$$

$$M = M_0A_x \quad (5.35c)$$

$$V = -2M_0\lambda B_x \quad (5.35d)$$

$$\omega = -\frac{2M_0\lambda^2}{b}C_x \quad (5.35e)$$

式中　A_x、B_x、C_x、D_x同式(5.32)。

(5)集中力和集中力矩同时作用下的半无限长梁

对于一端同时承受集中力和集中力矩的半无限长梁如图 5.23 所示，可按上述(3)和(4)中的方法分别求出集中力和集中力矩作用下的解答，然后叠加而得它们共同作用下的总效应。

图 5.23　集中力和力矩共同作用下的半无限长梁

也可将坐标系的原点选在荷载作用点即如图 5.23 所示梁的端部，根据下列梁的边界条件进行求解。

①$x\to\infty$时，$\omega=0$；

②$x=0$ 时，$M=M_0$；

③在 $x=0$ 时，$V=-F_0$。

将上述边界条件代入式(5.27)，可得到相应的解答，即

$$\omega = \frac{2\lambda}{kb}(F_0D_x - M_0\lambda C_x) \quad (5.36a)$$

$$\theta = \frac{2\lambda^2}{kb}(2M_0\lambda D_x - F_0A_x) \quad (5.36b)$$

$$M = M_0A_x - \frac{F_0}{\lambda}B_x \quad (5.36c)$$

$$V = -(F_0C_x + 2M_0\lambda B_x) \quad (5.36d)$$

$$p = \frac{2\lambda}{b}(F_0D_x - M_0\lambda C_x) \quad (5.36e)$$

(6)有限长梁的计算

有限长梁截面的内力和变形，可把有限长梁转化为无限长梁，以无限长梁为基础，利用叠加原理求得满足有限长梁两自由边界条件的解。如图 5.24 所示，有限长梁在集中荷载 F_0 和集中力矩 M_0 共同作用下的求解可按下述步骤进行。

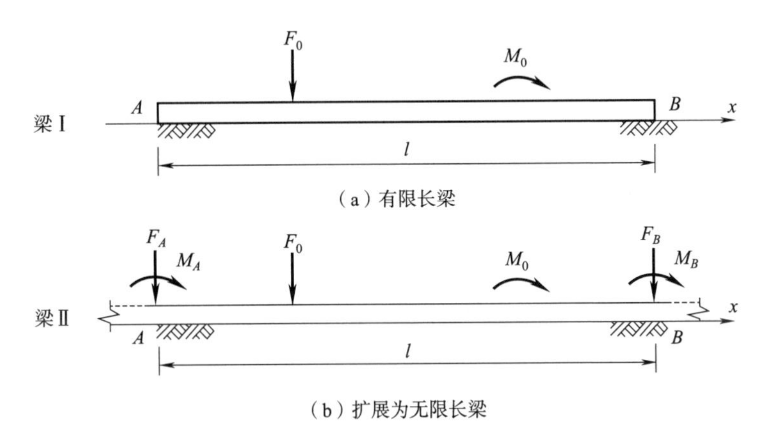

图 5.24　叠加法计算有限长梁

①将有限长梁Ⅰ延伸成梁Ⅱ所示的无限长梁，求集中荷载 F_0 和集中力矩 M_0 在梁Ⅱ两端 A 和 B 处引起的内力 M_a、V_a 及 M_b、V_b。

②在梁Ⅱ两端 A、B 处分别施加附加力为 M_A、F_A 及 M_B、F_B。这两对附加力是为消除梁Ⅱ两端 A、B 处的弯矩和剪力，以满足原梁两端内力为零的边界条件而施加的，故称为边界条件力。因此，应按各力共同在梁Ⅱ两端 A、B 处引起的弯矩和剪力分别等于 $-M_a$、$-V_a$ 及 $-M_b$、$-V_b$ 的条件，建立以 M_A、F_A 及 M_B、F_B 为未知量的 4 个方程式，联立求解这两对附加力。根据上述(1)和(2)中所述的无限长梁在集中力和集中力矩作用下梁的内力的求解思路，由叠加原理的所述方程如下：

$$\left.\begin{aligned}
\frac{F_A}{4\lambda}+\frac{F_B}{4\lambda}C_l+\frac{M_A}{2}-\frac{M_B}{2}D_l&=-M_a\\
-\frac{F_A}{2}+\frac{F_B}{2}D_l-\frac{M_A\lambda}{2}-\frac{M_B\lambda}{2}A_l&=-V_a\\
\frac{F_A}{4\lambda}C_l+\frac{F_B}{4\lambda}+\frac{M_A}{2}D_l-\frac{M_B}{2}&=-M_b\\
-\frac{F_A}{2}D_l+\frac{F_B}{2}-\frac{M_A\lambda}{2}A_l-\frac{M_B\lambda}{2}&=-V_b
\end{aligned}\right\}\tag{5.37}$$

式中　A_l、C_l 和 D_l 是当 $x=l$ 时由式(5.32)计算得到。

③用叠加法按无限长梁即梁Ⅱ计算原荷载 F_0、M_0 和边界条件力 M_A、F_A 及 M_B、F_B 共同在 AB 段引起的内力和变形，所得结果即为原来有限长梁的解答。

(7)分布荷载作用下的地基梁计算

设地基梁上作用有分布荷载 $q(x)$，要计算各种类型梁的位移和内力，可以利用集中荷载作用下梁的分析方法并利用积分进行解答。

从上述可见，文克勒地基上梁的分析是根据梁的微分方程的解析解，导出不同情况下梁的内力和变形的计算公式。实际工程问题简化为地基上的梁时，一般都有一系列荷载同时作用在梁上，计算时需重复叠加，十分繁杂，故宜用计算机进行计算。若采用其他地基模型，一般需用数值方法求解。

【例 5.2】 某柱下条形基础受力如图 5.25 所示，已知 $N_1=N_2=1\,500$ kN，$M_1=M_2=60$ kN·m，用 C20 混凝土。地基持力层为粉土，基床系数 $k=3\times10^4$ kN/m³，地基承载力特征值 $f_{ak}=160$ kPa，地基承载力修正系数 $\eta_b=0.5$、$\eta_d=2.2$，基底面以下及以上土的容重均为 18 kN/m³，地下水位很深，对基础设计和施工无影响。基础尺寸如图 5.26 所示。试计算此条形基础的内力。

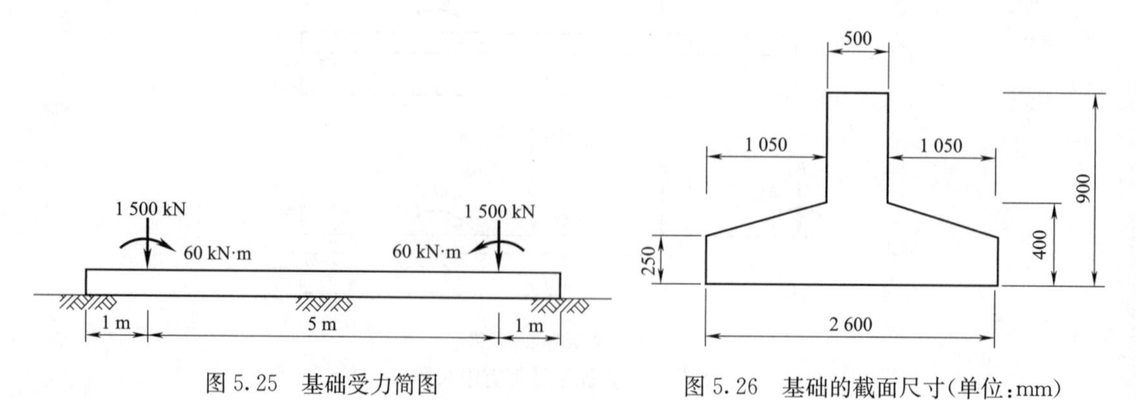

图 5.25　基础受力简图　　图 5.26　基础的截面尺寸(单位：mm)

【解】 (1)计算梁的截面惯性矩得　$I=5.92\times10^{-2}\ \text{m}^4$

C20 混凝土的弹性模量：$E_c=25.5\times10^6$ kPa　　　$E_cI=1.5\times10^6$ kN·m²

(2)计算地基梁的柔度指数 λl

$$\lambda=\sqrt[4]{\frac{kb}{4E_cI}}=\sqrt[4]{\frac{3\times10^4\times2.6}{4\times1.5\times10^6}}=0.337\,7(\text{m}^{-1})\qquad \lambda l=\lambda\times7=2.364$$

因为 $\pi/4<\lambda l<\pi$，故此地基梁属于"有限长梁"。

(3)计算端部条件力。计算简图如图 5.27 所示。

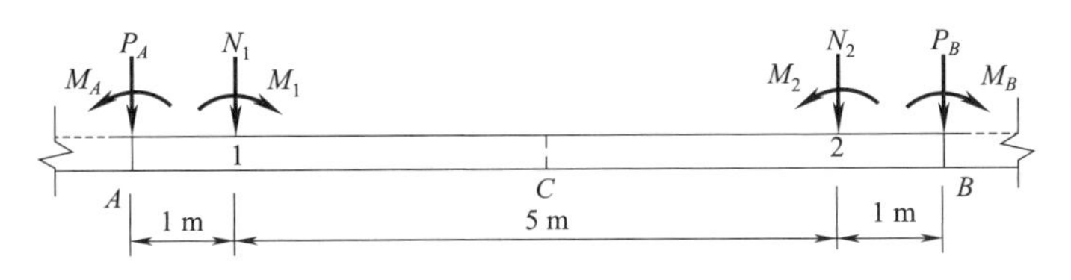

图 5.27　荷载作用点的弯矩计算

先按叠加法计算相应的无限长梁在 N_1、M_1、N_2、M_2 作用下 A 点的内力 M_A 和 V_A：

$$M_A=\frac{N_1}{4\lambda}C_{x1}-\frac{M_1}{2}D_{x1}+\frac{N_2}{4\lambda}C_{x2}-\frac{M_2}{2}D_{x2}$$

$$V_A=\frac{N_1}{2}D_{x1}-\frac{M_1\lambda}{2}A_{x1}+\frac{N_2}{2}D_{x2}-\frac{M_2\lambda}{2}A_{x2}$$

$x_1=1$ m，$\lambda x_1=0.337\,7$，$A_{x1}=0.909\,27$，$C_{x1}=0.437\,17$，$D_{x1}=0.673\,22$

$x_2=6$ m，$\lambda x_2=2.026\,2$，$A_{x2}=0.060\,53$，$C_{x2}=-0.176\,35$，$D_{x2}=-0.057\,91$

代入得　$M_A=268$ kN·m，$V_A=453$ kN

由对称性和方程组(5.37)解得

$P_A=P_B=1\,853$ kN，$M_A=-M_B=-3\,135$ kN·m

(4)计算地基梁在 N_1、N_2 作用点及跨中的弯矩。由于对称关系，N_1、N_2 作用点的内力大小相同，仅计算 1 点即可。

将 N_1、M_1、N_2、M_2 及 P_A、M_A、P_B、M_B 共同作用于地基梁上，按无限长梁求 1 点及跨中内力，就得到有限长梁在 N_1、M_1、N_2、M_2 共同作用下 1 点及跨中内力。

①跨中内力计算：由对称性，仅计算左半部分荷载的影响(图 5.28)，然后将结果乘以 2 即可。

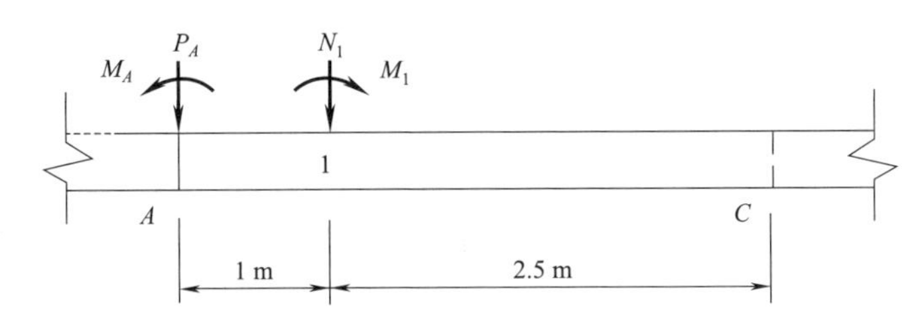

图 5.28　跨中弯矩的计算简图

$$M'_C=\frac{P_A}{4\lambda}C_{xA}+\frac{M_A}{2}D_{xA}+\frac{N_1}{4\lambda}C_{x1}+\frac{M_1}{2}D_{x1}$$

$x_A=3.5$ m，$\lambda x_A=0.337\,7\times3.5=1.181\,95$，$C_{xA}=-0.167\,52$，$D_{xA}=0.116\,27$

$x_1=2.5$ m，$\lambda x_1=0.337\,7\times2.5=0.844\,25$，$C_{x1}=-0.035\,76$，$D_{x1}=0.285\,56$

$M_C' = \frac{1\ 853}{4\times 0.337\ 7}\times(-0.167\ 52)+\frac{1\ 500}{4\times 0.337\ 7}\times(-0.035\ 76)-$

$\frac{3\ 315}{2}\times 0.116\ 27+\frac{60}{2}\times 0.285\ 56=-443(\text{kN}\cdot\text{m})$

$M_C = 2M_C' = -443\times 2 = -866(\text{kN}\cdot\text{m})$

②1点弯矩计算：将N_1、M_1、N_2、M_2及P_A、M_A、P_B、M_B共同作用于无限长梁上，计算1点的弯矩，计算简图如图5.27所示。

$$M_1^{\text{L}} = \frac{P_A}{4\lambda}C_{xA}+\frac{M_A}{2}D_{xA}+\frac{N_1}{4\lambda}C_{x1}-\frac{M_1}{2}D_{x1}+\frac{P_B}{4\lambda}C_{xB}-\frac{M_B}{2}D_{xB}+\frac{N_2}{4\lambda}C_{x2}-\frac{M_2}{2}D_{x2} = 248(\text{kN}\cdot\text{m})$$

$M_1^{\text{R}} = M_1^{\text{L}}+M_1 = 308\ \text{kN}\cdot\text{m}$

地基梁的弯矩图如图5.29所示。

③1点(N_1作用点之右)剪力计算

$$V_1^{\text{R}} = -\frac{N_1}{2}D_{x1}-\frac{M_1\lambda}{2}A_{x1}+\frac{N_2}{2}D_{x2}-\frac{M_2\lambda}{2}A_{x2}-\frac{P_A}{2}D_{xA}-\frac{M_A\lambda}{2}A_{xA}+\frac{P_B}{2}D_{xB}-\frac{M_B\lambda}{2}A_{xB}=-1\ 104\ \text{kN}$$

④N_1作用点之左的剪力

$V_1^{\text{L}} = N_1+V_1^{\text{R}} = 1\ 500-1\ 104 = 396(\text{kN})$

地基梁的剪力图如图5.30所示。

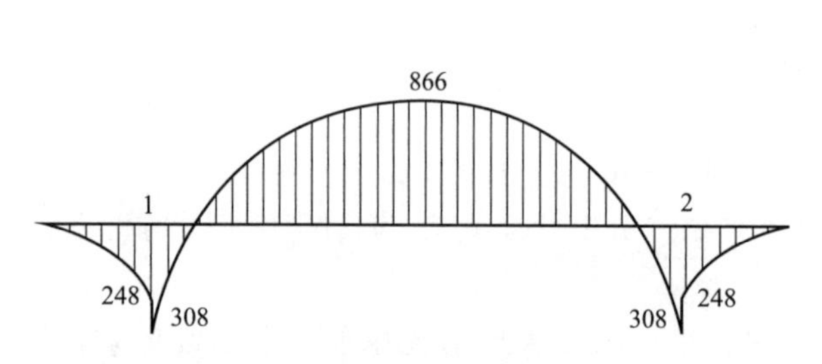

图5.29 基础梁的弯矩图(单位：kN·m)

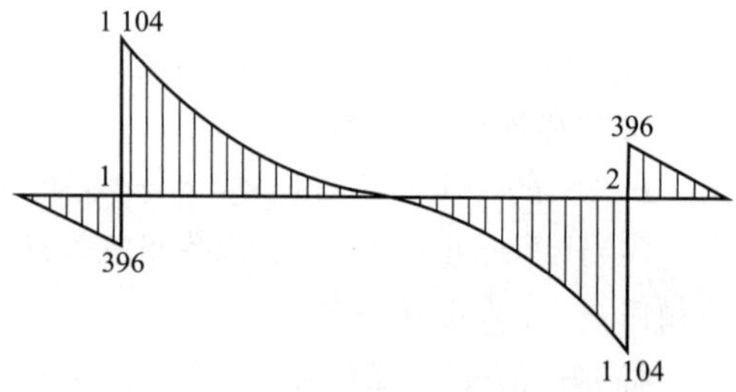

图5.30 基础梁的剪力图(单位：kN)

5.5 筏形基础的内力分析

筏形基础受荷载作用后是一置于地基上的弹性板，为一空间问题，应用弹性力学等方法精确求解时，计算比较复杂。工程设计中，大多根据实际情况采用简化计算方法。在荷载作用下，筏基的挠曲变形分为两种情况：一是，以局部挠曲为主，整体挠曲可以忽略、多出现在上部结构刚度和基础刚度大的时候；二是为整体挠曲明显大于局部挠曲，则出现在上部结构和基础刚度不太大的情形。

当上部结构和基础的刚度足够大时，可假设基础为绝对刚性，基底反力呈直线分布，并按静力学方法确定反力。当相邻柱荷载和柱距变化不大时，将筏板划分为互相垂直的板带，板带的分界线就是相邻柱列间的中线，然后再分别按独立的柱下条形基础计算内力，可采用倒梁法或刚性板带法等方法，这种分析方法忽略了板带间剪力的影响，但计算简单方便。

当地基比较均匀、上部结构刚度较好，框架的柱网间距在纵横两个方向上尺寸的比值小于

2,且在柱网单元内不再布置次梁时,可将筏形基础近似视为一倒置的楼盖,地基反力作为荷载,筏板按双向多跨连续板、肋梁按多跨连续梁计算,即所谓“倒楼盖法”。

如果地基比较复杂、上部结构刚度较差,或柱荷载及柱间距变化较大时,筏形基础属于有限刚度板,上部结构、基础和地基的共同作用效应明显,应按共同作用原理分析,如按弹性地基板理论计算。

5.6 箱形基础的内力分析

箱形基础分析的主要目的是确定其顶板和底板内力。对于箱形基础,合理的内力分析方法应考虑上部结构、基础和地基的共同作用,可用有限元等方法进行计算,但比较复杂。工程中一般也可按简化计算方法计算。与筏基一样,在荷载作用下,箱基顶板和底板一般也会发生整体和局部挠曲。一方面,从整体来看,箱基承受着上部结构荷载和地基反力的作用,在基础内产生整体弯曲应力,可以将箱基当作一空心厚板,用静定分析法计算任一截面的弯矩和剪力。另一方面,箱形基础的顶板、底板还分别在顶板荷载和地基反力的作用下产生局部弯曲,可将顶板、底板视为周边固定的连续板计算内力。最后将整体弯曲及局部弯曲的计算结果叠加后进行配筋。

根据理论研究和实测结果,上部结构的刚度对基础内力有较大影响,由于上部结构参与共同作用,分担了整个体系的整体弯曲应力,基础内力将随上部结构刚度的增加而减少。目前工程中常用等效刚度来考虑上部结构刚度的影响,将上部结构分为框架、剪力墙、框剪和筒体四种结构体系,然后选择不同的计算方法。

(1)按局部弯曲计算。当地基压缩层深度范围内的土层在竖向和水平方向较均匀且上部结构为平、立面布置均较规则的剪力墙、框架、框架—剪力墙体系时,箱基的墙体与上部结构有良好的连接,此时箱形基础的整体抗弯刚度很大,相应的整体弯曲很小。为简化计算,此时可以不考虑箱基的整体弯曲而仅按局部弯曲计算。对于顶板和底板,按其尺寸的比值,可分别按单向板或双向板计算局部弯曲所产生的弯矩。顶板按实际荷载计算,底板按均布基底反力计算,底板反力应扣除板的自重。考虑到整体弯曲的影响,配筋除按局部弯曲计算所需的配筋量外,在构造上再予以加强:纵横方向的支座钢筋中应有1/3～1/2贯通全跨,且贯通钢筋的配筋率分别不应小于0.15%、0.10%;跨中钢筋应按实际配筋率全部连通。

(2)同时考虑整体弯曲和局部弯曲的计算方法。对不符合上述按局部弯曲计算的箱形基础,内力分析时应同时考虑整体弯曲和局部弯曲的作用。首先根据上部结构的荷载和地基反力系数求出箱形基础的基底反力,再根据上部结构的折算刚度和箱形基础的刚度按刚度分配法求出箱形基础应承担的弯矩,然后计算在使用荷载作用下顶板的局部弯矩、底板在基底反力作用下的局部弯矩。由于实测结果证明跨中的地基反力低于墙下,故底板局部挠曲产生的弯矩应乘以折减系数0.8。最后,顶板、底板按整体弯矩算出的配筋与局部弯矩的配筋叠加。

课程思政

本章介绍了连续基础的类型和概念,重点阐述了连续基础中柱下条形基础的设计理论和方法,其育人举措和思路可从以下方面展开:

(1)阐释地基、基础与上部结构共同作用的内涵和目的:协调建筑物地基、基础和上部结构的相互作用，充分发挥各个部分的效能，实现建筑物设计经济和安全的平衡。据此外延阐释团队协作的重要意义：它合理利用每一个成员的知识和技能协同工作，解决问题，达到共同的目标。从而自觉树立团队精神。

(2)采用类比法，通过比较分析文克勒地基模型、弹性半空间地基模型、有限压缩层地基模型的异同，以及静定分析法、倒梁法、文克勒地基梁法在计算柱下条形基础内力和变形时的区别，进而明确各种模型和各种计算方法的适用条件，自觉通过比较方法探索和发现问题，并针对性地解决问题，从而构建比较科学思维。

(3)对柱下条形基础的设计和计算方法进行严密的逻辑分析和推导，深刻理解各种方法适用条件的内在原因，自觉树立严谨的科学态度和精益求精的工匠精神。

思考题与习题

5.1 地基、基础与上部结构共同作用的分析方法有什么特点？共同作用分析所用的地基模型描述了地基什么规律？文克勒地基模型、弹性半无限体地基模型和分层地基模型各有什么优缺点？

5.2 什么是无限长梁、半无限长梁和有限长梁？它们之间在计算上有什么关系？

5.3 简述按倒梁法计算柱下条形基础的要点。

5.4 如图所示文克勒弹性地基梁，已知梁的底面宽度为 1.0 m，抗弯刚度 $E_cI=120\ \text{MN}\cdot\text{m}^2$，基床系数 $k=60\ \text{MN/m}^3$。试计算截面 A 的弯矩和剪力。

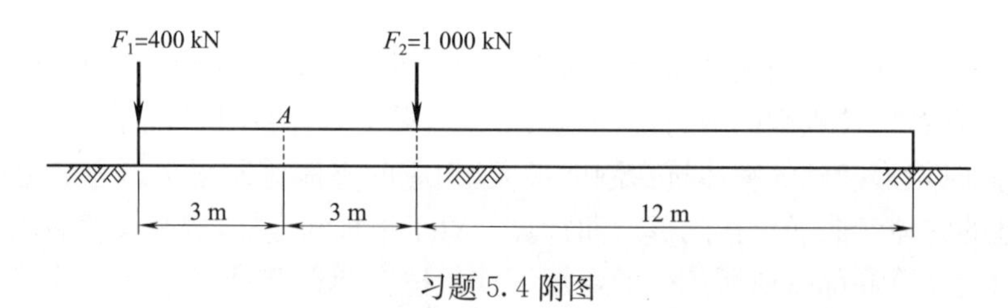

习题 5.4 附图

5.5 如图所示，承受集中荷载的钢筋混凝土条形基础的抗弯刚度 $E_cI=2\times10^6\ \text{kN}\cdot\text{m}^2$，梁长 $l=10$ m，底面宽度 $b=2$ m，基底系数 $k=4\ 199\ \text{kN/m}^3$，试计算基础中心 C 的挠度、弯矩和地基反力。

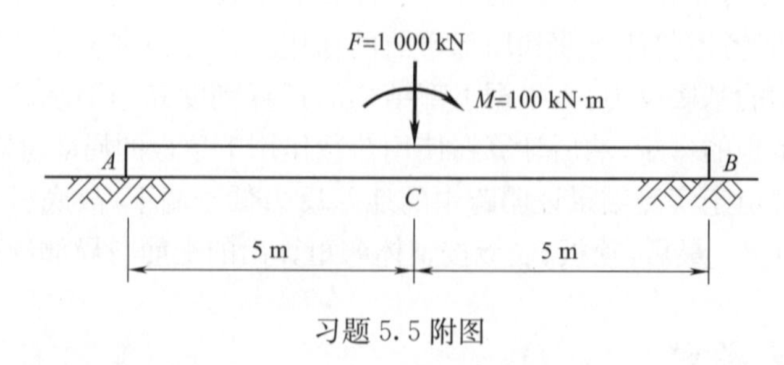

习题 5.5 附图

桩和桩基的构造与施工

6.1 概　　述

基础设计时，如果建筑场地的浅层土不能满足建筑物对地基承载力和变形的要求，而又不适宜采取地基处理措施时，就要考虑以下部坚实土层或岩层作为持力层的深基础方案。相对于浅基础，深基础埋入地层较深，结构形式和施工方法较复杂，在设计计算时需考虑基础侧面土体的抗力影响。常用的深基础形式主要有：桩基础、沉井基础、沉箱基础、地下连续墙等，其中以历史悠久的桩基础应用最为广泛。

6.1.1 桩基础的概念和特点及使用

视频
桩基础模型

桩基础是通过承台把若干根桩的顶部连接成整体，共同承受动静荷载的一种深基础。桩是设置于土中的竖直或倾斜的基础构件，其横截面尺寸比长度小得多。承台是连接桩顶和上部结构的平台，它的作用是将各桩连成整体，从而把上部结构传来的荷载调整分配于各桩，再由各桩穿过软弱土层或水传递到深部较坚硬压缩性小的土层或岩层。桩、桩间土、承台就共同组成了桩基础，如图 6.1 所示。

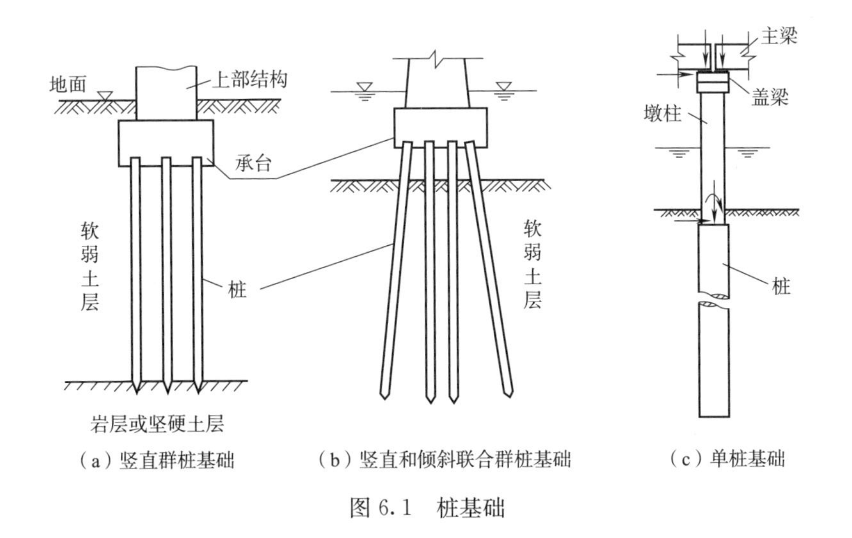

（a）竖直群桩基础　（b）竖直和倾斜联合群桩基础　（c）单桩基础

图 6.1　桩基础

桩基础可以分为单桩基础[图 6.1(c)]和群桩基础[图 6.1(b)和图 6.1(c)]两种。单桩基础由上部墩柱与单根桩直接连接构成，墩柱的荷载直接传给桩，再由桩传到岩土层中。群桩基础则通过承台（或盖梁）把若干根桩的顶部连接成整体，上部荷载首先传给承台，通过承台的分配和调整，再传到其下的各根单桩，最后传给地基。群桩中的单桩称为基桩。基桩和承台下地基土共同承担荷载的桩基础，称为复合桩基。基桩及其对应面积的承台下地基土组成的复合承载基桩称为复合基桩。

桩基础是一种古老的基础形式，在人类历史上，早在新石器时代，就在湖泊和沼泽里打木桩筑平台作为住所。在我国浙江余姚河姆渡原始社会遗址发掘出的圆木桩，直径为 6～8 cm，下部削尖，入土深度最深达 115 cm。我国汉朝已用木桩修桥，到宋代桩基技术已比较成熟，到明、清年代更为完善，广泛应用于桥梁、水利、海塘、高塔和房屋等各类工程中。随着近现代科学技术的快速发展，桩基础的材料、施工方法、设计理论有了很大的发展，以桩的材料来说，木桩的使用经历了漫长的历史时期，直到近代 20 世纪初才出现钢桩，而钢筋混凝土桩则出现于 20 世纪 50 年代，随着预应力技术的快速发展，至 20 世纪 60 年代，预应力钢筋混凝土桩应运而生。目前我国使用的桩最长已超过 150 m，直径最大可达 4 m 以上，年用桩量居世界首位。

与浅基础的明挖施工相比，桩基础施工需要比较复杂的机具，具有以下优点：

(1)可节省材料和开挖基坑的土方量。

(2)施工中可避免深基坑开挖经常遇到的防水、防漏及坑壁支撑等复杂问题。

(3)桩可长可短，易于适应持力层面起伏不平的变化。

(4)施工方法灵活，既可采用预制桩，又可采用现场灌注桩，易于适应不同的地质条件与场地环境。

(5)既可承受压力，又可承受拉力、弯矩，易于适应不同的工作方式。

对于下列情况，通常可考虑采用桩基础方案：

(1)软弱地基或某些特殊性土上的各类永久性建筑物，不允许地基有过大沉降和不均匀沉降时。

(2)对于高重建筑物，如高层建筑、重型工业厂房和仓库、料仓等，地基承载力不能满足设计需要时。

(3)对桥梁、码头、烟囱、输电塔等结构物，宜采用桩基以承受较大的水平力和上拔力时。

(4)对精密或大型的设备基础，需要减小基础振幅、减弱基础振动对结构的影响时。

(5)在地震区，以桩基作为结构抗震措施或穿越可液化地基时；

(6)水上基础，施工水位较高或河床冲刷较大，采用浅基础施工困难或不能保证基础安全时。

6.1.2 桩基础的类型

桩基础按承台位置可以分为低承台桩基础[图 6.1(a)]和高承台桩基础[图 6.1(b)]。低承台桩基础的承台底面位于地面(无冲刷)或局部冲刷线以下，在计算桩基受力时，必要时需考虑承台下土的承载作用，高承台桩基础的承台底面位于地面(或冲刷线)以上，还可细分为露出水面以上的高桩承台和埋藏在水面以下的高桩承台，其结构特点是基桩的部分桩身沉入土中，部分桩身外露在地面或局部冲刷线以上而成为桩的自由长度，桩的受力计算时要考虑其影响。在桥梁、港湾和海洋构筑物等工程中，常常使用高承台桩基础，而在工业与民用建筑中，几乎都使用低承台桩基础，而且大量采用的是竖直桩，只有在极少数情况下(如输电塔基础等)才会考虑采用斜桩。相反，在桥梁以及港湾、海洋工程中的高承台桩基中，采用的斜桩较多。

6.2 桩的类型

分类的目的是掌握各类桩的特点，供设计时比较和选择。

6.2.1 按桩的材料分类

桩按材料划分主要有木桩、混凝土桩、钢桩及各种组合材料桩等。我国多采用钢筋混凝土桩或预应力钢筋混凝土桩。

1)木桩

木桩是一种古老的桩基础形式,常采用坚韧耐久的木材如杉木、松木、橡木等。其桩径常采用 160～360 mm,桩长为 4～18 m。木桩制造简单、质量轻、运输和沉桩方便,但木桩长度较小、不易接桩,承载力低,在干湿交替的环境中极易腐烂,现一般很少使用,仅在乡村小桥和临时抢险等工程中使用。

2)混凝土桩

混凝土桩是工程中大量应用的一类桩型。混凝土桩还可分为素混凝土桩、钢筋混凝土桩及预应力钢筋混凝土桩 3 种。

素混凝土桩受到混凝土抗压强度高而抗拉强度低的局限,通过地基成孔、灌注方式成桩,一般只在桩承压条件下采用,不适于荷载条件复杂多变的情况,因而其应用已很少。

钢筋混凝土桩应用最为普遍,其桩长主要受到设桩方法的限制,其断面形式主要有方形、圆形或三角形等,近年来,也出现了截面为矩形、T 形等的壁板桩,桩身可做成实心的,也可做成空心的。各种常见的截面形式如图 6.2 所示。钢筋混凝土桩可用于承压、抗拔、抗弯(抵抗水平力等),既可预制又可现浇(灌注桩),还可采用顶制与现绕组合,适用于各种地层,成桩直径和长度可变范围大,因而得到了广泛应用。

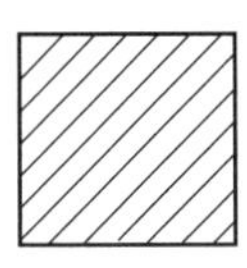
(a)方桩

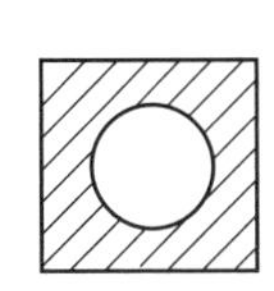
(b)空心方桩

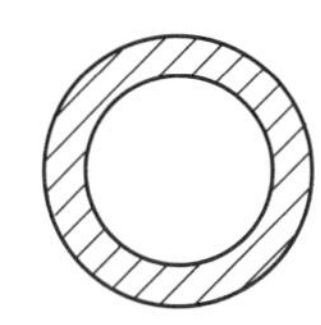
(c)管桩

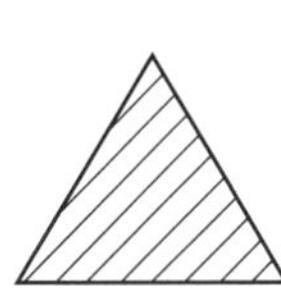
(d)三角形桩

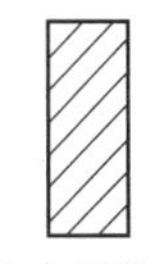
(e)矩形桩

(f)T形桩

图 6.2 钢筋混凝土桩截面形式

预应力钢筋混凝土桩通常在地表预制,其断面多是圆形的管桩。由于在预制过程中对钢筋及混凝土体施加预应力,使得桩体在抗弯、抗拉及抗裂等方面比普通的钢筋混凝土桩有较大的优越性,尤其适用于冲击与振动荷载情况,在海港、码头等工程中已有普遍使用,在工业与民用建筑工程中也在逐渐推广。

3)钢桩

钢桩可根据荷载特征制作成各种有利于提高承载性能的断面,常用钢桩有管状、宽翼工字形截面和板状截面等形式。钢桩具有穿透能力强、承载力高、自重轻、锤击沉桩效果好、节头易于处理、运输方便等特点,而且质量容易保证,桩长可任意调整,还可根据弯矩沿桩身的变化情况局部加强其断面刚度和强度,但也存在价格高、易锈蚀等不足。

4)组合材料桩

组合材料桩指一根桩由两种或两种以上材料组成的桩。如钢管内填充混凝土,水位以下采用预制而桩上段多采用现场浇筑混凝土,中间为预制外包灌注桩(水泥搅拌桩中插入型钢或小截面预制钢筋混凝土桩)等,一般应用于特殊地质环境及特殊的施工技术等情况。

6.2.2 按桩径大小分

1)小直径桩

桩径 $d<250$ mm 的桩称为小直径桩。由于桩径小,施工机械、施工场地及施工方法一般较为简单。小桩多用于基础加固(树根桩或静压锚杆桩)及复合桩基础。

2)中等直径桩

桩径 250 mm$<d<$800 mm 的桩称为中等直径桩。这类桩长期以来在工业与民用建筑物中大量使用,成桩方法和工艺繁杂。

3)大直径桩

桩径 $d>800$ mm 的桩称为大直径桩。近年来发展较快,范围逐渐增多。因为桩径大且桩端还可以扩大,因此,单桩承载力较高。此类桩除大直径钢管桩外,多数为钻孔灌注桩、冲孔灌注桩、挖孔灌注桩。通常,用于高重型建(构)筑物基础,并可实现柱下单桩的结构形式。正因为如此,也决定了大直径桩施工质量的重要性。

6.2.3 按桩的承载性状分

桩基础在竖向下压荷载作用下,桩顶荷载由桩侧阻力和桩端阻力共同承受。但由于桩的尺寸、施工方法不同,桩侧土和桩端土的物理力学性质等因素不同,桩侧土和桩端土分担荷载的比例不同,据此可按土对桩的支承特点分为摩擦型桩和端承型桩,如图 6.3 所示。前者是指桩底位于较软的土层内,其轴向荷载全部或主要由桩侧摩阻力承担;后者指桩底支立于坚硬土层(岩层)上,其轴向荷载全部或主要由桩底土反力承担。

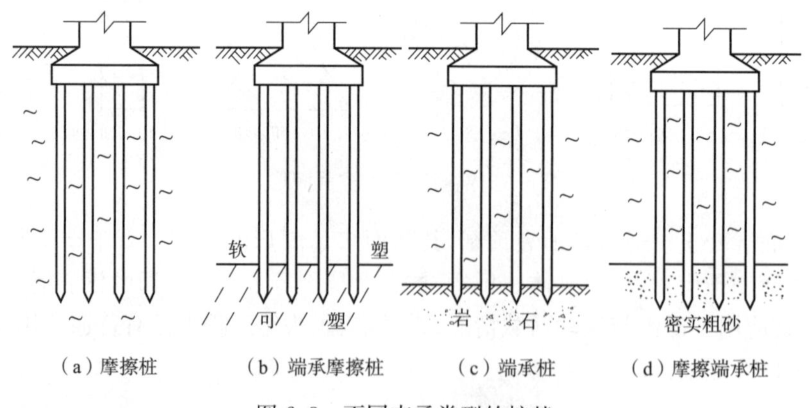

图 6.3 不同支承类型的桩基

1)端承型桩

根据桩侧阻力分组荷载的比例,端承型桩又分为摩擦端承桩和端承桩两类。

(1)摩擦端承桩。桩端进入中密以上的砂土、碎石类土或中、微风化岩层,桩顶极限荷载由桩侧阻力和桩端阻力共同承担,其中桩端阻力占主要部分,该类桩为摩擦端承桩。

(2)端承桩。当桩的长径比 l/d 较小(一般小于 10),桩身穿越软弱土层,桩端设置在密实砂层、碎石类土层、微风化岩层中,桩顶荷载绝大部分由桩端阻力承担,桩侧阻力很小可忽略不计时,该类桩为端承桩,又称柱桩。

当桩端嵌入完整和较完整的中风化、微风化及未风化硬质岩石一定深度时,称为嵌岩桩。嵌岩桩的桩侧和桩端荷载分担比与孔底沉渣及进入基岩深度有关,桩的长径比不是制约荷载分担的唯一因素。工程实践中，嵌岩桩一般按端承桩设计，即只计端阻、不计侧阻和嵌岩阻力。当然这并不意味着嵌岩桩不存在侧阻和嵌岩阻力，而是考虑到硬质岩石强度超过桩身混凝土强度，嵌岩桩的设计是以桩身强度控制，不必再计入侧阻和嵌岩阻力等不定因素。实践及研究表明，即使是桩端穿过覆盖层、嵌入新鲜基岩的钻孔灌注桩，只要新鲜岩面以上覆盖层内桩的长径比足够大，覆盖层便能良好地发挥桩侧阻力作用，同时，嵌岩段的侧阻力也常是构成单桩承载力的主要分量。因此，嵌岩桩不宜划归为端承桩这一类。

2)摩擦型桩

摩擦型桩根据桩侧阻力分担荷载的比例又分为端承摩擦桩和摩擦桩两类。

(1)端承摩擦桩。当桩的 l/d 值不大，桩端持力层为较坚硬的黏性土、粉土和砂类土时，除桩侧阻力外，还有一定的桩端阻力，桩顶荷载由桩侧阻力和桩端阻力共同承担，但大部分荷载由桩侧阻力承受的桩，称为端承摩擦桩。这类桩所占比例很大。

(2)摩擦桩。当软土层很厚，桩端达不到坚硬土层或岩层上时，或桩端持力层虽然较坚硬但桩的长径比 l/d 很大，传递到桩端的轴力很小，则桩顶的极限荷载主要靠桩身与周围土层之间的摩擦力来承担，桩端处土层反力很小，可忽略不计，该类桩为摩擦桩。

由摩擦桩组成的桩基称为摩擦桩桩基，而由端承桩(柱桩)组成者则称为端承桩桩基或柱桩桩基。

6.2.4 按桩轴方向分

按桩轴方向分有竖直桩和斜桩。一般来说，当水平外力和弯矩不大，桩不长或桩身直径较大时，可采用竖直桩。反之，当水平外力较大且方向不变时，可采用单向斜桩；当水平外力较大且由于活载关系致使水平外力在两个方向都可能作用时，可采用多向斜桩。如图 6.4 所示的海上风电设施，因风荷载的方向存在很大的不确定性，故基础采用了多向斜桩。

图 6.4 海上风电斜桩基础

6.2.5 按施工方法分

桩的施工方法不同，采用的机具设备和工艺不同，将影响桩与桩周土接触边界处的状态，也影响桩土间的共同作用性能。桩的施工方法种类较多,基本形式为预制桩和灌注桩两大类。另外,尚有预制和灌注组合的情况如管柱基础。还有利用后注浆技术形成的钻埋空心桩等。

1)预制桩

预制桩系指借助于专用机械设备将预先制作好的具有一定形状、刚度与构造的桩杆设置于土中的桩型。预制桩除木桩、钢桩外,目前大量应用的有预制钢筋混凝土桩、预应力钢筋混凝土桩。

预制桩根据设桩方法不同可分为打入桩、压入桩、旋入桩及振沉桩等,如图 6.5 所示。

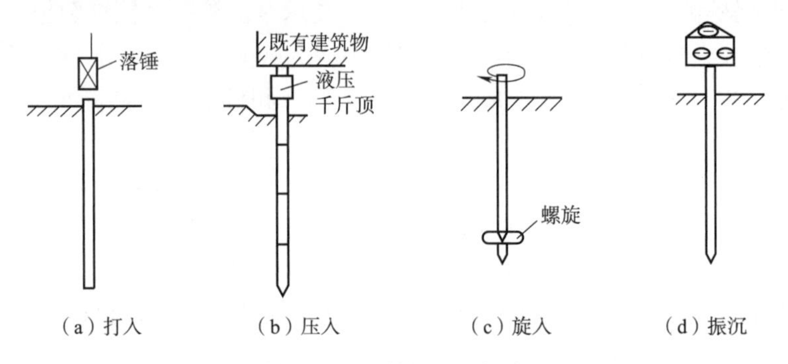

图 6.5　预制桩施工方法

(1)打入桩(锤击桩)

打入桩(锤击桩)是通过锤击(或以高压射水辅助)将各种预先制好的桩打入地基内达到所需要的深度,如图 6.5(a)所示。这种施工方法适用于桩径较小(一般直径在 0.6 m 以下),地基土质为砂性土、塑性土、粉土、细砂以及松散的不含大卵石或漂石的碎卵石类土的情况。

视频

锤击法沉桩

(2)压入桩

压入桩是靠专门的压桩机以静力将预制桩体压挤入地基中,如图 6.5(b)所示。压入法施工几乎不存在似打入桩中的振动与噪声等问题,因而是软土地区,特别是在不允许有强烈振动条件下桩基础的一种有效施工方法。但沉桩能力小于打入法,适用于对桩承载力要求不高的情况,如既有建筑物基础的托换加固等。

(3)旋入桩

旋入桩是在桩端处设一螺旋板,利用外部机械的扭力将其逐渐转入地基中,如图 6.5(c)所示。这种桩的桩身断面一般较小,而螺旋板相对较大,旋入施工过程中对桩侧土体的扰动较大,因而主要靠桩端螺旋板承担桩体轴向的压力或拉力。

(4)振沉桩

振沉桩指振动下沉桩,是将大功率的振动打桩机安装在桩顶(预制的钢筋混凝土桩或钢管桩),利用振动力以减少土对桩的阻力,使桩沉入土中,如图 6.5(d)所示。这种施工方法基本上介于打入法与压入法之间。它对于较大桩径,土的抗剪强度在受振动时有较大降低的砂土等地基效果更为明显。

预制桩优点主要有以下五个方面:

①一般属挤土桩,打桩时可使桩周松土(如砂土)挤密,有利于提高承载力。

②采用成熟的工艺预制,桩身质量易于保证。

③抗腐蚀性能强。

④沉桩方式使其易于在水上施工。

⑤适合于大面积施工,沉桩效率高。

缺点主要还有五个方面:

①混凝土预制桩配筋需考虑起吊、运输和打桩等各个环节,用钢量大,因此单价较灌注桩高。

②除静压沉桩外,一般施工振动和噪声较大。

③对于饱和黏性土来说,因打桩在地基中产生超孔隙水压力,这对挤土效应往往是不利的。

④受起吊设备限制,需分节制作并接桩,接头处因容易出现应力集中,是薄弱区域,需要特别注意才能保证施工质量。

⑤桩超长时,因接桩后的桩长往往大于设计桩长,常需要截桩。其在增加工作量的同时,也浪费材料。

2)灌注桩

灌注桩是在施工现场桩位处先成桩孔,然后在孔内设置钢筋笼等加劲材料,再灌注混凝土而形成的桩。灌注桩无须像预制桩那样地制作、运输及设桩,比较经济,但施工技术较复杂,成桩质量控制比较困难,在成孔过程中需采取相应的措施和方法来保证孔壁稳定和提高桩体质量。图 6.6 给出了一些主要的成孔工艺类型。

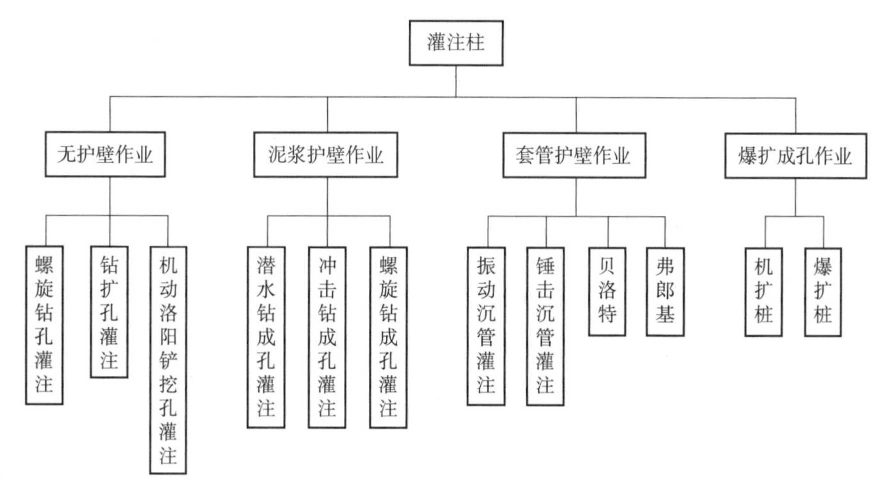

图 6.6 灌注桩按成孔及护壁作业的分类

针对不同类型的地基土可选择适当的钻具设备和施工方法。依照成孔方法不同,灌注桩分为钻孔灌注桩、挖孔灌注桩、沉管灌注桩及爆扩桩等几大类。

(1)钻孔灌注桩

钻孔灌注桩是灌注桩中应用最广泛的一种。钻孔灌注桩系指在桩位用钻(冲)孔机具在土中钻进,边破碎土体边出土渣而成孔,然后在孔内放入钢筋骨架,灌注混凝土而形成的桩。为了顺利成孔、成桩,需采用包括制备有一定要求的泥浆护壁、提高孔内泥浆水位、灌注水下混凝土等相应的施工工艺和方法。钻孔灌注桩的特点是施工设备简单、操作方便,适应于各种砂性土、黏性土,也适用于碎、卵石类土层和岩层。但对淤泥及可能发生流砂或承压水的地基,施工较困难,施工前应做试桩以取得经验。

(2)挖孔灌注桩

依靠人工(用部分机械配合)在地基中挖出桩孔,然后与钻孔桩一样灌注混凝土而成的桩称为挖孔灌注桩。人工挖孔时每挖一段需浇筑一圈混凝土护壁。它的特点是不受设备限制,施工简单;桩径较大,一般大于 1.4 m。它适用于无水或渗水量小的地层;对可能发生流砂或含较厚的软黏土层地基施工较困难(需要加强孔壁支撑);在地形狭窄、山坡陡峻处可以代替钻孔桩或较深的刚性扩大基础。因能直接检验孔壁和孔底土质,所以能保证桩的质量。还可采用开挖办法扩大桩底,以增大桩底的支承力。

(3)沉管灌注桩

沉管灌注桩系指采用锤击或振动的方法把带有钢筋混凝土桩尖或活瓣式桩尖(沉桩时桩尖闭合,拔管时活瓣张开)的钢套管沉入土层中成孔,然后边灌注混凝土、边锤击或边振动边拔出钢管并安放钢筋笼而形成的灌注桩。其施工速度快且造价较低,适用于除含有大卵石、孤石等地质条件外的黏性土、砂性土、砂土地基。尤其对软地基,有承压水和流砂等不良地质土层,由于采用了套管,可以避免钻孔灌注桩施工中可能产生的流砂、坍孔等危害和由泥浆护壁所带来的排渣等弊病,也适合进行斜桩施工。但桩的直径较小,常用的尺寸在 0.6 m 以下,桩长常在 20 m 以内。但在软黏土中施工时,沉管的挤土效应会对已施工完成的邻桩产生不利影响如挤偏邻桩或引起邻桩上抬等,且挤土产生的超孔隙水压力易使灌注混凝土拔管时出现缩颈现象。

与预制桩相较,灌注桩优点主要有以下五个方面:

①配筋仅需考虑工作荷载,不像预制桩需考虑诸多环节。

②除锤击沉管灌注桩外,一般振动噪声较小。

③适用于各种地层和桩径,尤其适用于大直径桩的情况。

④因是灌注成桩,故不需要接桩,更不需截桩。

⑤一般比预制桩经济。

灌注桩缺点主要还有五个方面:

①一般属非挤土桩,孔壁有松弛效应,对承载不利,而沉管灌注桩虽属挤土桩,但拔管灌注时,孔壁也有一定的松弛效应。

动画

沉管灌注桩模型

②因是现场灌注,桩身质量不易保证和控制。

③孔底沉渣不易清除干净,尤其是钻(冲、磨)孔灌注桩。

④水下成孔困难且灌注混凝土质量不好控制,因此,相较于预制桩,不宜用于水下桩基,但并非不能,尤其是水下大直径桩基,也常采用灌注桩。

⑤设备复杂,施工效率偏低。

3)管柱基础

大跨径桥梁的深水基础,或在岩面起伏不平的河床上的基础,可采用振动下沉的施工方法建造管柱基础。它是将预制的大直径钢筋混凝土、预应力钢筋混凝土或钢管柱(实质上是一种巨型的管桩,每节长度根据施工条件决定,一般采用 4 m、8 m 或 10 m,接头用法兰盘和螺栓连接),用大型的振动沉桩锤沿导向结构将其振动下沉到基岩(一般以高压射水和吸泥机配合帮助下沉),然后在管柱内钻岩成孔,下放钢筋笼骨架,灌注混凝土,将管柱与岩盘牢固连接,如图 6.7所示。管柱基础可以在深水及各种覆盖层条件下进行,没有水下作业,不受季节限制,但施工需要有振动沉桩锤、凿岩机、起重设备等大型机具,动力要求也高。

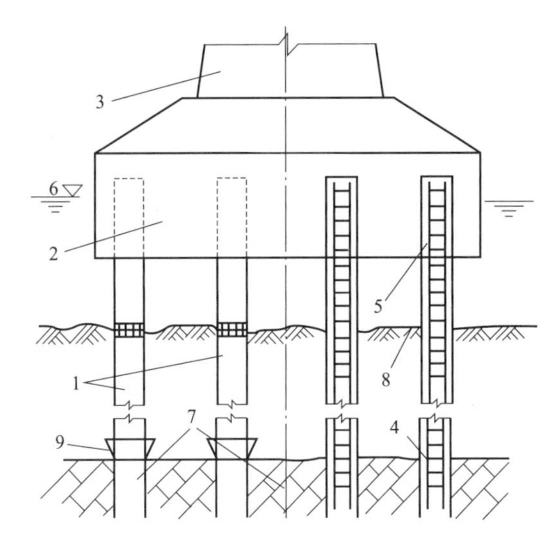

1—管柱；2—承台；3—墩身；4—嵌固于岩层；
5—钢筋骨架；6—低水位；7—岩层；8—覆盖层；9—钢管靴。
图 6.7　管柱基础

管柱基础的类型可按地基土的支承情况划分：如管柱穿过土层落于基岩上或嵌于基岩中，则柱的支承力主要来自柱端岩层的阻力，称为支承式管柱基础；如管柱下端未达基岩，则柱的支承力将同时来自柱侧土的摩擦力和柱端土的阻力，称为摩擦式或支承摩擦式管柱基础。

如为多柱式基础，也可以按承台位置的高低分类：当承台位于地面或河床面以下者，称低承台管柱基础；如承台位于地面或河床面以上者，称高承台管柱基础。当河床有冲刷，承台位于最低冲刷线以上者，也应按高承台管柱基础设计计算。

由于管柱直径很大(我国习惯上做成 1.2 m 以上)，虽为高承台基础，仍具有足够的刚度，如无特殊要求(如水平力过大)，常在桥梁工程中采用，省工省料。在地基密实而均匀、桥墩不高的条件下，甚至把承台提高到桥墩墩帽位置，从而省去墩身。

4)钻埋空心桩

将预制桩壳预拼连接后，吊放沉入已成的桩孔内，然后进行桩侧填石压浆和桩底填石压浆而形成的预应力钢筋混凝土空心桩称为钻埋空心桩。它适用于大跨径桥梁大直径(≥1.5 m)桩基础，通常与空心墩相配合，形成无承台大直径空心桩墩。

钻埋空心桩具有如下优点：

(1)直径可达 4～5 m，与同直径的管柱基础相较，设备轻便，施工容易。

(2)水下混凝土的用量可减少 40%，同时又可减轻自重。

(3)通过桩周和桩底二次压注水泥浆来加固地基，与钻孔桩相比其承载力可提高 30%～40%。

(4)工程开工后便可开始预制空心桩节，增加工程作业面，实现了基础工程部分工厂化，不但保证质量，还加快了工程进度。

(5)一般碎石压浆易于确保质量，不会有断桩情况发生，即使个别桩节有缺陷，还可以在桩中空心部分重新处理，省去了水下灌注桩必不可少的“质检”环节。

(6)由于质量得到保证，在设计中就可以采用大直径空心桩结构，取消承台，省去小直径群桩基础所需的围堰，达到降低工程造价的目的。

6.2.6 按挤土效应分

桩的施工方法不同，对桩周土体排挤作用不同，影响到桩周土体的天然结构和应力状态，使土的性质发生变化而影响桩的承载力和沉降，这种影响称为桩的挤土效应。大量工程实践表明，挤土效应对桩的承载力、成桩质量控制及环境等有很大影响，因此，根据成桩方法和成桩过程的挤土效应，将桩分为挤土桩、部分挤土桩和非挤土桩三类。

1)挤土桩

实心的预制桩、下端封闭的管桩、木桩以及沉管灌注桩在锤击或振入过程中都要将桩位处的土大量排挤开，土的结构遭到严重扰动而破坏。由此黏性土抗剪强度降低(一段时间后部分强度可以恢复)，而原来处于疏松和稍密状态的无黏性土的抗剪强度则可提高。挤土桩除施工噪声较大外，不存在泥浆及弃土污染问题，当施工质量好，方法得当时，其单位体积混凝土材料所提供的承载力较非挤土桩及部分挤土桩高。

但在饱和黏性土中设置挤土桩，因排水固结效应不显著、体积压缩变形小而容易引起超孔隙水压力，如果设计和施工不当，产生的挤土效应会导致临近未初凝的灌注桩桩身缩小或先打入的预制桩弯曲甚至断裂，桩上浮或移位，地面隆起，从而降低桩的承载力，有时还会损坏邻近建筑物；桩基施工后，还可能因饱和黏性土中孔隙水压力消散，土层产生再固结沉降，使桩产生负摩阻力，降低桩基承载力，增大桩基沉降。

饱和黏性土中挤土桩的成桩效应，集中表现在成桩过程使桩侧土受到挤压、扰动、重塑，产生超孔隙水压力及随后出现超孔隙水压力消散、产生再固结和触变恢复等方面。桩侧土按沉桩过程中受到的扰动程度可分为三个区：重塑区Ⅰ，部分扰动区Ⅱ和非扰动区Ⅲ，其中，Ⅰ、Ⅱ区为塑性区，其半径一般为2.5～5倍桩径，Ⅲ区为弹性区，如图6.8所示。重塑区因受沉桩过程的竖向剪切、径向挤压作用而充分扰动重塑。

饱和黏性土中沉桩引起的超孔隙水压力在桩土界面附近最大，但当瞬时超孔隙水压力超过竖向或侧向有效应力时便会产生水力劈裂，因此，成桩过程的超孔隙水压力一般稳定在土的有效自重压力范围内。沉桩后，超孔隙水压力消散初期较快，之后变缓。由于沉桩引起的挤压应力、超孔隙水压力在桩土界面最大，因此，在不断产生相对位移、黏聚力最小的桩土界面上将形成一“水膜”，该水膜既降低了沉桩贯入阻力(若打桩中途停歇、水膜消散，则沉桩阻力会大大增加)，又在桩表面形成排水通道，使靠近桩土界面的5～20 mm土层快速固结，并随静置和固结时间的延长强度快速增长，逐步形成紧贴于桩表面的硬壳层，即Ⅰ区。当桩受竖向荷载产生竖向位移时，其剪切面将发生在Ⅰ区、Ⅱ区的交界面(相当于桩表面积增大了)，因而桩侧阻力取决于Ⅱ区土的强度。由于Ⅱ区土的强度因再固结、触变恢复作用最终超过天然状态，因此，黏性土中的挤土效应将使桩侧阻力提高。

Ⅰ Ⅱ Ⅲ

图6.8 桩周挤土分区

据上所述，在饱和黏性土中沉入挤土桩时，如果条件允许，沉桩结束后应静置一段时间再承载，让沉桩引起的超孔隙水压力尽可能消散并使触变恢复效应充分发生，将能消除或显著降低负摩阻力的不利影响，增强桩周土的强度，对提高桩的承载性能是极为有利的。

2)部分挤土桩

当挤土桩无法施工时，可采用预钻小孔后再沉入桩的施工方法，也可打入敞口桩，如底端开口的钢管桩、型钢桩和薄壁开口预应力钢筋混凝土桩等，打桩时对桩周土稍有排挤作用，但对土的强度及变形性质影响不大。由原状土测得的土的物理、力学性质指标一般仍可用于估算桩基承载力和沉降。

3)非挤土桩

非挤土桩包括先钻孔后打入的预制桩以及干作业挖孔桩、泥浆护壁钻(冲)孔桩、套管护壁灌注桩等。这类桩在成桩过程中基本对桩周土不产生挤土效应,因此称为非挤土桩。非挤土桩设备噪声较挤土桩小,而废泥浆、弃土运输等可能会对周围环境造成影响。成桩过程中桩周土可能向桩孔内移动而产生应力松弛现象,使得非挤土桩的承载力常有所减小。

6.3 桩基础构造

为保证桩基的正常工作能力,桩基础中的基桩和承台都要满足一定强度和刚度的要求,并应经济合理、便于施工,无论是建筑桩基还是桥梁桩基都需满足一定的构造要求。

6.3.1 承台类型及构造

1)承台类型

根据上部结构的类型和布桩要求,承台可采用独立承台、条形承台、井格形承台、环形承台、筏形承和箱形承台等形式,如图 6.9 所示。柱下一般选用独立承台,墙下一般用条形承台或井格形承台。若柱距不大,柱承受的荷载较大,也可将独立承台沿一个方向连接起来形成柱下条形承台,或在两个方向连接起来形成井格形承台。桥梁墩台下的承台一般采用厚板式的独立承台,也可结合具体情况采用沉井式承台。

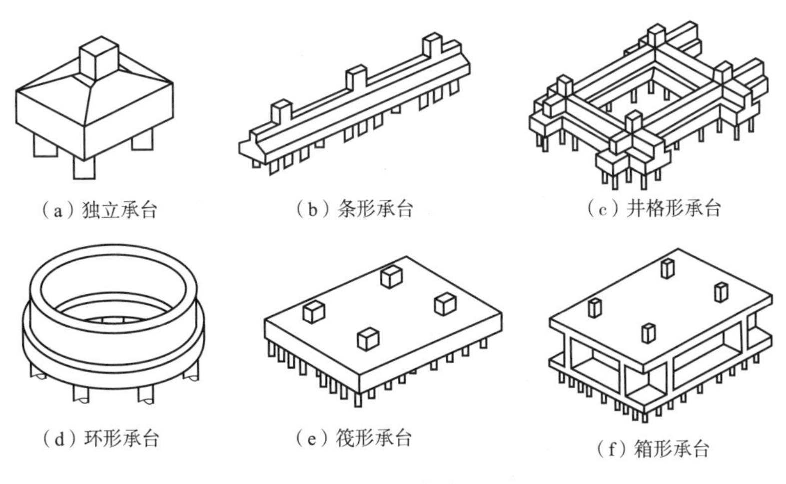

图 6.9　承台类型

在桥梁工程中,由于特殊的施工条件,也曾采用沉井或沉箱做成的承台,图 6.10 所示为一沉井式承台,它是先将一个井壁中预留有桩孔的沉井沉到预定标高,在洪水到来之前先设置几根固定沉井的钻孔桩,在洪水期间,便可以将沉井顶面作为工作平台,继续进行其他桩的钻孔和灌注混凝土。其优点是既可使施工得以在汛期进行,且井壁中预留桩孔又可起钻孔桩施工所需的护筒用,免去了深水中设置护筒的麻烦,还可降低承台底面标高,对桩的受力情况有利。因此,它适用于工期紧的深水河流的施工。

2)建筑桩基承台构造

(1)桩基承台的构造,除应满足抗冲切、抗剪切、抗弯承载力和上部结构要求外,还应符合下列要求：

①柱下独立桩基承台的最小宽度不应小于 500 mm，边桩中心至承台边缘的距离不应小于桩的直径或边长，且桩的外边缘至承台边缘的距离不应小于 150 mm。对于墙下条形承台梁，桩的外边缘至承台梁边缘的距离不应小于 75 mm。承台的最小厚度不应小于 300 mm。

②高层建筑平板式和梁板式筏形承台的最小厚度不应小于 400 mm，多层建筑墙下布桩的筏形承台的最小厚度不应小于 200 mm。

③高层建筑箱形承台的构造应符合现行《高层建筑筏形与箱形基础技术规范》(JGJ 6—2011)的规定。

(2)承台混凝土材料及其强度等级应满足结构混凝土耐久性要求和抗渗要求。对设计使用年限为 50 年的承台，根据现行《混凝土结构设计标准》(GB/T 50010—2010)(2024 年版)，当环境类别为二 a 类别时不应低于 C25，二 b 类别时不应低于 C30。有抗渗要求时，其混凝土的抗渗等级应符合有关标准的要求。

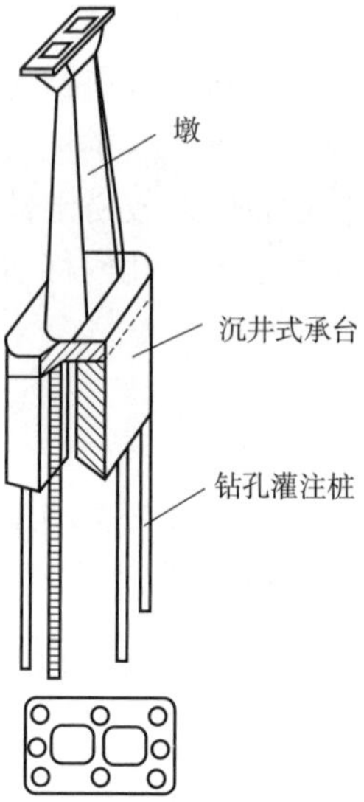

(3)承台的钢筋配置除满足计算要求外，还应符合下列规定：

墩
沉井式承台
钻孔灌注桩

图 6.10　沉井式承台

①柱下独立桩基承台钢筋应通长配置。对于四桩以上(含四桩)承台板配筋宜按双向均匀布置，如图 6.11(a)所示；对于三桩的三角形承台应按三向板带均匀配置，且最里面三根钢筋围成的三角形应位于柱截面范围以内，如图 6.11(b)所示。钢筋锚固长度自边桩内侧(当为圆桩时，应将其直径乘以 0.8 等效为方桩)算起，不应小于 $35d_g$(d_g为钢筋直径)；当不满足时应将钢筋向上弯折，此时水平段的长度不应小于 $25d_g$，弯折段长度不应小于 $10d_g$。承台纵向受力钢筋的直径不应小于 12 mm，间距不应大于 200 mm。柱下独立桩基承台的最小配筋率不应小于 0.15%。

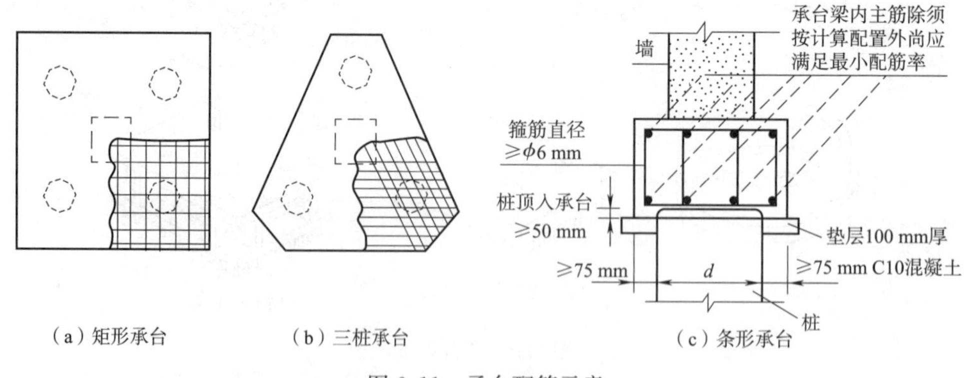

(a) 矩形承台　(b) 三桩承台　(c) 条形承台

图 6.11　承台配筋示意

②柱下独立两桩承台，应按《混凝土结构设计标准》(GB/T 50010—2010)(2024 年版)中的深受弯构件配置纵向受拉钢筋、水平及竖向分布钢筋。承台纵向受力钢筋端部的锚固长度及构造应与柱下多桩承台的规定相同。

③条形承台梁的纵向主筋直径不应小于 12 mm，架立筋直径不应小于 10 mm，箍筋直径不应小于 6 mm，如图 6.11(c)所示，其纵向主筋的最小配筋率应符合现行《混凝土结构设计标准》(GB/T 50010—2010)(2024 年版)的有关规定。承台梁端部纵向受力钢筋的锚固长度及构造应与柱下多桩承台的规定相同。

④筏形承台板或箱形承台板在计算中当仅考虑局部弯矩作用时，考虑到整体弯曲的影响，在纵横两个方向的下层钢筋配筋率不宜小于0.15%；上层钢筋应按计算配筋率全部连通。当筏板的厚度大于2 000 mm时，宜在板厚中间部位设置直径不小于12 mm、间距不大于300 mm的双向钢筋网。

⑤承台底面钢筋的混凝土保护层厚度，当有混凝土垫层时，不应小于50 mm，无垫层时不应小于70 mm；此外尚不应小于桩头嵌入承台内的长度。

(4)为保证群桩与承台之间连接的整体性，承台与桩的连接应符合下列规定：

①桩顶嵌入承台内的长度，对于大直径桩不宜小于100 mm，对于中等直径桩不宜小于50 mm。

②混凝土桩的桩顶纵向主筋应锚入承台内，其锚入长度不宜小于35倍纵向主筋直径。对于抗拔桩，桩顶纵向主筋的锚固长度应按现行国家标准《混凝土结构设计标准》(GB/T 50010—2010)(2024年版)确定。

③对于大直径灌注桩，当采用一柱一桩时可设置承台或将柱与桩直接连接。

(5)柱与承台的连接应符合下列规定：

①对于一柱一桩基础，柱与桩直接连接时，柱纵向主筋锚入桩身内长度不应小于35倍纵向主筋直径。

②对于多桩承台，柱纵向主筋应锚入承台不应小于35倍纵向主筋直径；当承台高度不满足锚固要求时，竖向锚固长度不应小于20倍纵向主筋直径，并向柱轴线方向呈90°弯折。

③当有抗震设防要求时，对于一、二级抗震等级的柱，纵向主筋锚固长度应乘以1.15的系数；对于三级抗震等级的柱，纵向主筋锚固长度应乘以1.05的系数。

(6)承台与承台之间的连接应符合下列规定：

①一柱一桩时，应在桩顶两个主轴方向上设置连系梁。当桩与柱的截面直径之比大于2时，可不设连系梁。

②两桩桩基的承台，应在其短方向设置连系梁。

③有抗震设防要求的柱下桩基承台，宜沿两个主轴方向设置连系梁。

④连系梁顶面宜与承台顶面位于同一标高。连系梁宽度不宜小于250 mm，其高度可取承台中心距的1/15～1/10，且不宜小于400 mm。

⑤联系梁配筋应按计算确定，梁上下部配筋不宜少于2根ϕ12 mm钢筋；位于同一轴线上的相邻跨连系梁纵筋应连通。

(7)承台和地下室外墙与基坑侧壁间隙应灌注素混凝土或搅拌流动性水泥土，或采用灰土、级配砂石、压实性较好的素土分层夯实，其压实系数不宜小于0.94。

3)铁路桥梁桩基承台构造

(1)承台的平面尺寸和桩的布置

为了节约材料和降低造价，应尽量缩小承台的平面尺寸，一般尽可能按最小桩中心距进行布桩。

承台下布桩的最基本要求是使桩群中各桩的桩顶荷载和桩顶沉降尽可能地均匀，为此，平面上桩群重心最好与承台底面上的荷载合力作用点重合或接近。当上部荷载有不同组合时，上述合力作用点将发生变化，此时宜使桩群重心位于合力作用点的变化范围内，并尽量接近最不利组合的合力作用点。

桩与桩之间的距离要适当。间距太小，受力后桩与桩之间相互影响严重，不利于发挥单桩的承载力，还会给施工造成困难；太大则使承台面积过大，不经济。根据《铁桥基规》，桩的布置应符合下列规定：

①打入桩的桩尖中心间距不应小于 $3d$(d 为设计桩径)；振动下沉于砂类土内的桩则不应小于 $4d$；桩尖爆扩桩的桩尖中心距应根据施工方法确定。上述各类桩在承台底面处桩的中心距不应小于 1.5 倍设计桩径。

②钻(挖)孔灌注桩摩擦桩不应小于 $2.5d$，钻(挖)孔灌注桩不应小于 $2d$。

③各类桩的承台边缘至最外一排桩的净距，当桩径不大于 1 m 时，不应小于 $0.5d$，且不应小于 0.25 m；当桩径大于 1 m 时，不应小于 $0.3d$，且不应小于 0.5 m。对于钻孔灌注桩，d 为设计桩径；对于矩形截面的桩，d 为桩的短边宽。

桩在承台底面的布置方式有行列式和梅花式两种。按行列式布桩便于施工，但当承台面积不大而需要排列的桩数又较多，按行列式布置不下时，可采用梅花式。

(2)承台的厚度和配筋

承台的厚度和配筋应根据受力情况决定，并应符合下列规定：

①承台厚度不宜小于 1.5 m，混凝土强度等级不应低于 C30。

②承台桩基布置在满足刚性角的情况下，承台板的底部应布置一层钢筋网。

③当桩顶主筋伸入承台连接时，钢筋网在越过桩顶处不应截断。

④桩顶直接埋入承台内，且桩顶作用于承台的压应力超过承台混凝土的局部承压应力时(计算此项应力时不考虑桩身与承台混凝土间的粘着力)，应在每一根桩的顶面以上设置 1～2 层直径不小于 12 mm 的钢筋网，钢筋网的每边长度不得小于桩径的 2.5 倍，其网孔为 100 mm×100 mm～150 mm×150 mm，如图 6.12 所示。

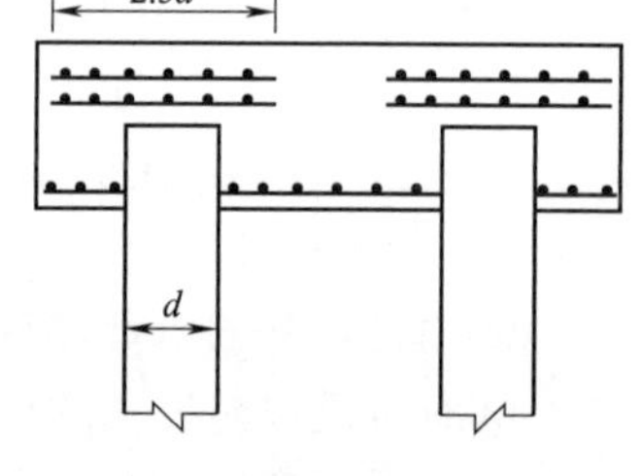

图 6.12　承台中的钢筋网

(3)桩与承台的联结

桩与承台的联结方式有桩顶伸入式(图 6.13)和主筋伸入式(图 6.14)两种。桩顶伸入式指将桩顶直接埋入承台内，适用于预应力混凝土桩，也可用于普通钢筋混凝土预制桩；为保证连接的可靠性，桩顶伸入承台内的长度应满足下列要求：

①当桩径 d 小于 0.6 m 时，埋入长度不应小于 $2d$。

②当桩径 d 为 0.6～1.2 m 时，埋入长度不应小于 1.2 m。

③当桩径 d 大于 1.2 m 时，埋入长度不应小于桩径 d。

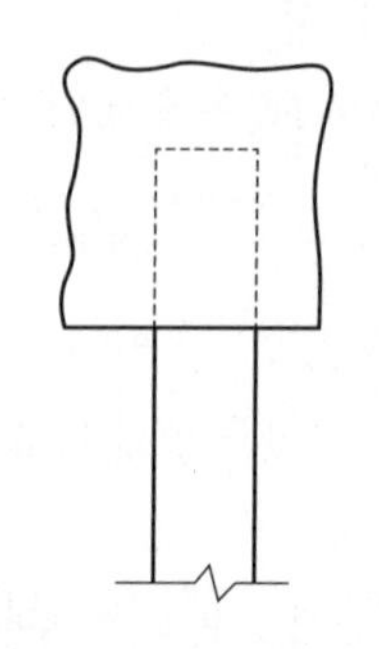
图 6.13　桩顶伸入式

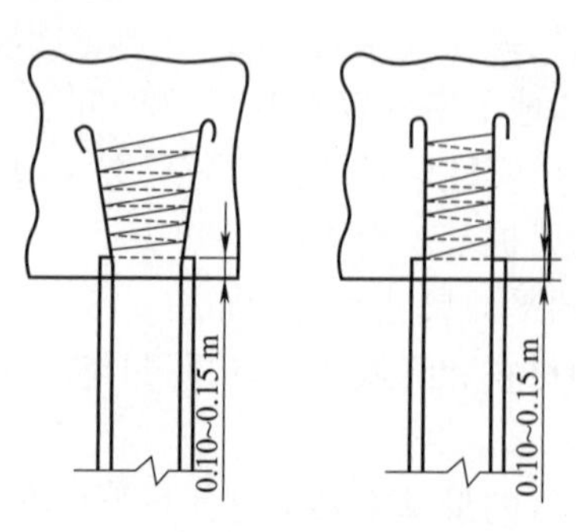

图 6.14　主筋伸入式

主筋伸入式即将桩顶主筋伸入承台内，主要适用于钻、挖孔灌注桩及普通钢筋混凝土预制桩。其连接应符合下列规定：

①桩身伸入承台内的长度宜为 100 mm。

②管柱伸入承台内的长度宜为150～200 mm。

③桩顶伸入承台内的主筋长度(算至弯钩切点)，应根据桩基采用的钢筋种类及混凝土等级进行选用，最小锚固长度见表6.1。其箍筋直径不应小于8 mm，箍筋间距可采用150～200 mm。

表6.1　钢筋最小锚固长度　　单位:mm

钢筋种类		HPB300			HRB400			HRB500		
混凝土等级		C25	C30 C35	≥C40	C25	C30 C35	≥C40	C25	C30 C35	≥C40
受压钢筋(直端)		30*d*	25*d*	20*d*	35*d*	30*d*	25*d*	40*d*	35*d*	30*d*
受拉钢筋	直端	—	—	—	45*d*	40*d*	35*d*	50*d*	45*d*	40*d*
	弯钩端	25*d*	20*d*	20*d*	30*d*	25*d*	20*d*	35*d*	30*d*	25*d*

注:①当带肋钢筋直径大于25 mm时，其锚固长度应增加10%;

②受压及大偏心受压构件中受拉钢筋截断时宜避开受拉区，表中数值仅在困难条件下用;

③采用环氧树脂土层钢筋时，受拉钢筋最小锚固长度应增加25%;

④当混凝土在凝固过程中易受扰动时，锚固长度应增加10%。

⑤*d*为钢筋直径。

桩顶伸入承台的主筋有喇叭形和竖直形两种布置方式，如图6.14所示。喇叭形对承受拉力的桩有利，而竖直形施工较为简便。规范对桩顶伸入承台内主筋采用的形式没有统一规定，可根据桩的受力情况和施工条件确定。

承受拉力的桩与承台的联结应满足受拉强度要求。

6.3.2　各种基桩构造

1)钢桩构造

(1)钢桩截面

钢桩可根据荷载特征制作成各种有利于提高承载力的截面(图6.15)，如钢管桩、箱形、H形钢桩、钢轨桩、螺旋钢桩等，其材质应符合国家现行有关规范。此外，为了提高钢桩的摩阻力，还可在桩上加焊钢板或型钢。对于承受侧向荷载的钢桩，可根据弯矩沿桩身的变化情况局部加强其断面刚度和强度。

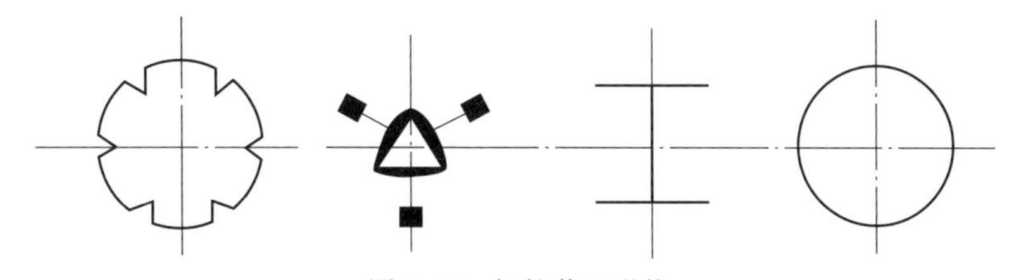

图6.15　钢桩截面形状

钢桩最常用的有钢管桩和H形钢桩。钢管桩主材常用Q235钢或Q345锰钢，由钢板卷焊而成，直径在400～2 000 mm，壁厚通常是按使用阶段应力设计的，一般为10～50 mm。

H形钢桩系一次轧制成型，与钢管桩相比，其挤土效应更弱，割焊与沉桩更便捷，穿透性能更强;其不足之处是侧向刚度较弱，打桩时桩身易向刚度较弱的一侧倾斜，甚至产生施工弯曲。在这种情况下，采用钢筋混凝土或预应力混凝土桩身加H形钢桩尖的组合桩则是一种性能优越的桩型。

(2)钢桩端部构造

对钢桩桩顶及桩尖一般不需加固,但当桩尖需穿越障碍物或打入风化岩、砂砾层的情况下可进行加固。

钢桩的端部形式,应根据桩所穿越的土层、桩端持力层性质、桩的尺寸、挤土效应等因素综合考虑确定。如图 6.16 所示,钢管桩可采用下列桩端形式:①敞口带加强箍(带内隔板、不带内隔板)、敞口不带加强箍(带内隔板、不带内隔板);②闭口平底、锥底。H 形钢桩可采用下列桩端形式:①带端板;②不带端板、锥底、平底(带扩大翼、不带扩大翼)。

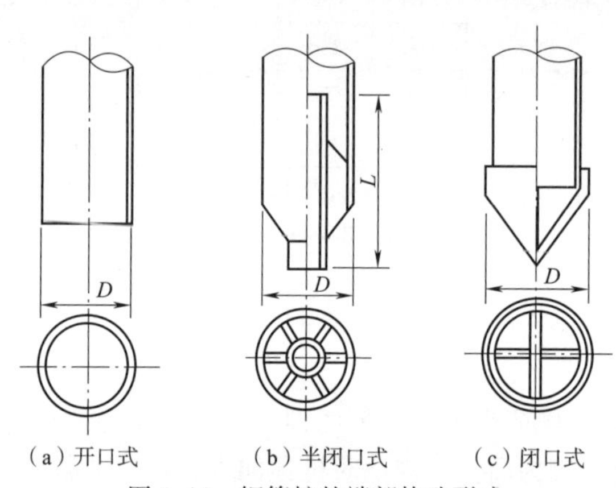

(a) 开口式　(b) 半闭口式　(c) 闭口式

图 6.16　钢管桩的端部构造形式

开口钢管桩穿透土层的能力较强,其承载机理比闭口桩复杂。这是由于沉桩过程中桩底端的土将涌入钢管内腔形成土蕊。当土蕊的自重和惯性力及其与管内壁间的摩阻力之和超过底面土反力时,将阻止土进一步涌入而形成“土塞”,此时开口桩就像闭口桩一样贯入土中,土蕊长度也不再增长。“土塞”的形成与土蕊长度、地基土性质及桩径密切相关,它对桩端承载能力和桩侧挤土程度均会有影响,在确定钢管桩承载力时应考虑这种影响。开口桩进入砂层时的闭塞效应较明显,宜选择砂层作为开口桩的持力层,并使桩底端进入砂层一定深度。

钢管桩桩顶锚固形式应采用固接与承台连接。具体固接有直入承台锚固和铁件插入承台两种形式,如图 6.17 所示。桩顶固接是按其能承受的桩顶弯矩 M、剪力 H 及轴力 Q 等的作用来确定锚固形式及锚入承台的深度和断面面积等。

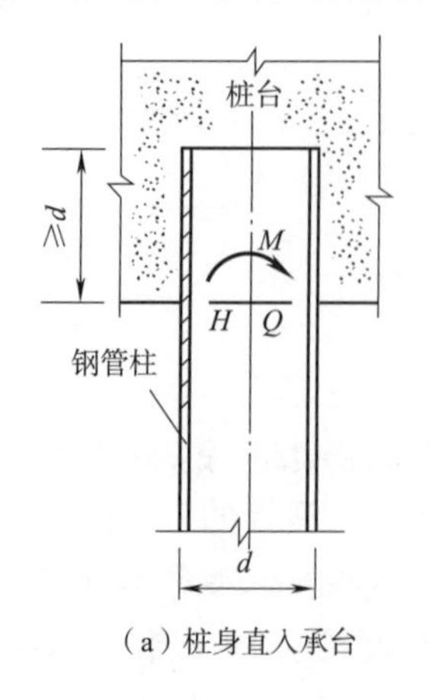

(a) 桩身直入承台

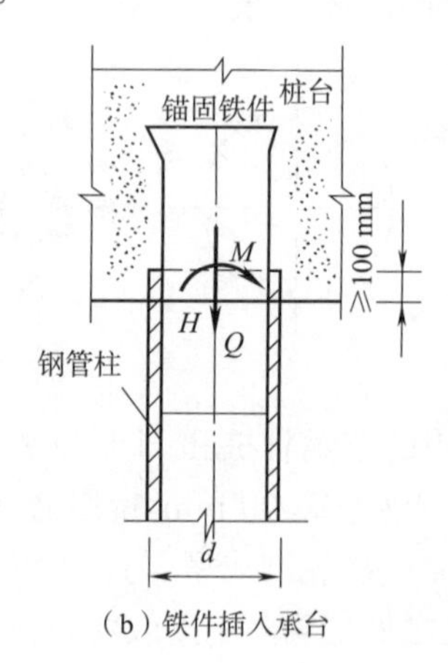

(b) 铁件插入承台

d—桩径(m)。

图 6.17　钢管桩桩顶锚固形式

(3)钢桩的分节与连接

钢桩的分段长度按施工条件确定，一般不宜超过 12～15 m。桩的拼接应选在内力较小处，也应避免选在桩身壁厚变化处或在水域中浪花飞溅区段、潮差区段。分节钢桩接桩处的构造形式有内衬套及内衬环等，上下桩段采用对接焊接。焊接材料的机械性能应与主材相适应，钢桩焊接接头应采用等强度连接。

(4)钢管桩厚度与防腐

钢管桩的厚度由有效厚度和腐蚀厚度两部分组成。有效厚度为管壁在外力作用下所需要的厚度，可按使用阶段的应力计算确定。腐蚀厚度为建筑物在使用年限内管壁腐蚀所需要的厚度，可通过钢桩的腐蚀情况实测或调查确定。无实测资料时，海水环境钢桩的单面年平均腐蚀速率参考下列数据确定：大气区 0.05～0.1 mm/年，浪溅区 0.20～0.50 mm/年，水位变动区及水下区 0.12～0.20 mm/年，泥下区 0.05 mm/年。其他条件下，地面以上年平均腐蚀速率可取 0.05～0.1 mm/年；在平均低水位以上，年平均腐蚀速率可取 0.05～0.06 mm/年；平均低水位以下，年平均腐蚀速率可取 0.03 mm/年；水位波动区年平均腐蚀速率可取 0.1～0.3 mm/年。

钢桩的防腐处理应符合规定，可采用外表面涂防腐层、增加腐蚀余量和阴极保护等方法；当钢管桩内壁同外界隔绝时，可不考虑内壁防腐。

2)钢筋混凝土预制桩构造

(1)建筑桩基钢筋混凝土预制桩

预制桩混凝土强度等级不得低于 C30，截面边长不应小于 200 mm；预应力钢筋混凝土实心桩的混凝土强度等级不得低于 C40，截面边长不宜小于 350 mm，钢筋混凝土预制桩的纵向主筋保护层厚度不宜小于 30 mm。

钢筋混凝土预制桩的桩身配筋应按吊运、打桩及桩在使用中的受力等条件计算确定。钢筋混凝土预制桩的最小配筋率在锤击法沉桩时不宜小于 0.8%，静压法沉桩时不宜小于 0.6%，主筋直径不宜小于 ϕ14 mm。箍筋常选 ϕ(6～8)mm，间距不大于 200 mm，并在桩段两端部位适当加密。打入桩桩顶(4～5)d 长度范围内箍筋应加密，并设置钢筋网片，一般为 3 层钢筋网片，间距常为 50 mm，以增强桩头强度，承受巨大的冲击荷载。预制桩桩身配筋如图 6.18 所示。预制桩的桩尖因要承受穿过土层的正面阻力，常将主筋弯在一起并焊在一根蕊棒上；对于持力层为密实砂和碎石类土时，宜在桩尖处包以钢板桩靴，加强桩尖。桩内按设计吊点位置预埋钢筋吊环，以便吊装。

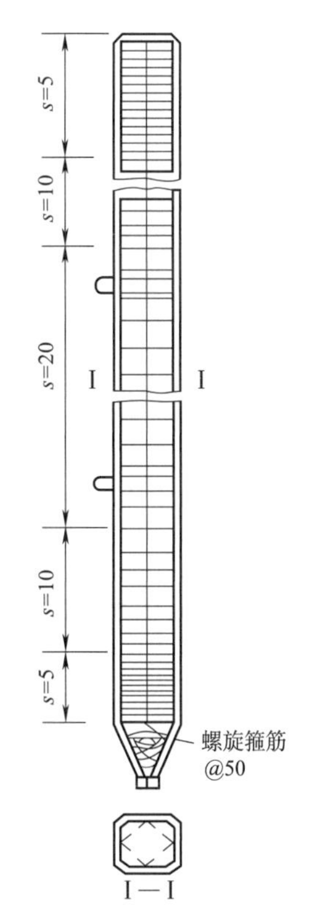

s—螺旋箍筋间距(cm)。
图 6.18　混凝土预制桩桩身配筋图

受打桩架高度或预制场地及运输条件的限制，预制桩长度一般不宜超过 12 m，故长桩应分段制作，在沉桩现场吊立后接桩。预制桩的分节长度应根据施工条件及运输条件确定；每根桩的接头数量不宜超过 3 个。

钢筋混凝土桩的接头是桩身结构的关键部位，必须保证其有足够的强度以传递轴力、弯矩和剪力。桩头的接法有钢板焊接法、法兰法及硫黄胶泥浆锚等多种方法。

预应力混凝土空心桩按截面形式可分为管桩、空心方桩，按混凝土强度等级可分为预应力高强混凝土(PHC)桩、预应力混凝土(PC)桩。预应力混凝土空心桩桩尖形式宜根据地层性质选择闭口形或敞口形；闭口形分为平底十字形和锥形。预应力混凝土桩的连接可采用端板焊接连接、法兰连接、机械啮合连接、螺纹连接。

(2)桥梁桩基钢筋混凝土预制桩

沉桩(打入桩和振动下沉桩)采用预制的钢筋混凝土桩，有实心的圆桩和方桩(少数为矩形桩)，有空心的管桩，另外还有管柱(用于管柱基础)。

①普通钢筋混凝土方桩

普通钢筋混凝土方桩可以就地灌注预制，方桩的边长一般为 25～55 cm，如图 6.19 所示，通常当桩长在 10 m 以内时横断面为 0.3 m×0.3 m。工厂预制的桩受运输条件限制，桩长一般不超过 13.5 m。若受到施工条件限制可分节制造，采用套筒、暗销或榫接等接头形式，用焊接、锁定或胶接的方法拼接，接头数不宜超过 2 个。铁路桥梁基础的桩身一般多为实心，对于大尺寸的方桩，为了减轻自重，可采用空心的。桩的下端带有桩尖。桩身混凝土强度等级铁路规定不应低于 C30。钢筋混凝土沉桩的桩身，应按运输、沉入和使用各阶段内力要求通长配筋，最小配筋率不宜小于 0.8%，采用静压法成桩时，最小配筋率不宜低于 0.4%。主筋直径不宜小于 14 mm，常用 19～25 mm。箍筋直径 6～8 mm，间距 100～200 mm，桩的两端、打入桩桩尖和桩顶(2～3)d 长度范围内，以及接桩区箍筋或螺旋筋的间距须加密，其值可取 40～50 mm，并设置钢筋网。钢筋保护层厚度铁路规定应不小于 30 mm。桩尖处所有的主筋弯在一起并焊在一根芯棒上，桩顶设方格网片 3 层以增加桩头强度。桩内需预埋直径为 20～25 mm的钢筋吊环，吊点位置通过计算确定。

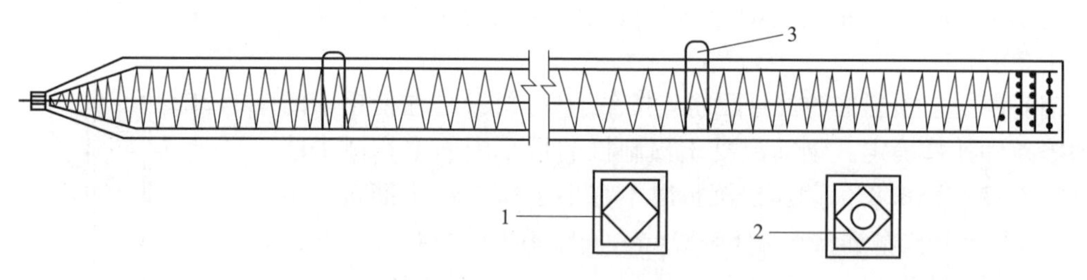

1—实心方桩；2—空心方桩；3—吊环。

图 6.19 预制钢筋混凝土方桩

②钢筋混凝土管桩

有普通钢筋混凝土管桩和预应力混凝土管桩两种，都是在工厂用离心旋转法制造的，直径可采用 400～1 000 mm，管壁最小厚度 80 mm，管节长度 4～15 m。混凝土强度等级一般不宜低于 C35，采用静压法成桩时不低于 C20，预应力桩不宜低于 C40，管桩填芯混凝土不应低于 Cl5。纵向钢筋保护层厚度不宜小于 30 mm。

普通钢筋混凝土管桩如图 6.20 所示，节端有法兰盘，可在工地用螺栓接长，接头数不宜超过 4 个，一般可拼接到 16～30 m，个别情况接长到 40～50 m。桩端接以预制的桩尖(桩靴)，也是用法兰盘和螺栓与管节连接。主筋用 Q235 钢，主筋直径可采用 12～22 mm，根数不少于 8 根，净保护层厚度不应小于 20 mm，螺旋钢筋直径可采用 6～10 mm，间距为 50～200 mm。

预应力混凝土管桩主筋常用 ϕ12 mm 的 HRB500E 或 44Mn2Si 热轧 ϕ12 mm 钢筋。在桩节端头采取加设钢板套箍和加密螺旋钢筋等措施来提高桩的耐打性。由于预应力混凝土管桩具有耐打性高、用钢量少，且可避免由于吊运、打桩及运营期间产生垂直桩轴的横向裂纹，从而提高了耐久性，故正在逐步取代普通混凝土管桩。

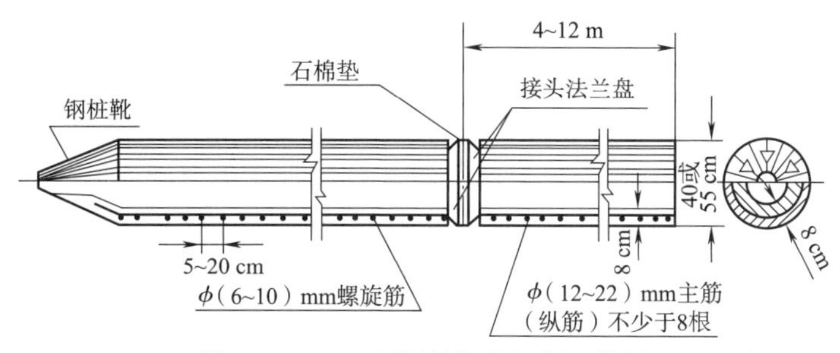

图 6.20 工厂预制的钢筋混凝土管桩

③特大直径的钢筋混凝土管柱

管柱实质上是一种大直径薄壁钢筋混凝土圆管节，在工厂分节预制，施工时逐节用螺栓接成，它的组成部分是法兰盘、主钢筋、螺旋筋、管壁(图 6.21)。其外径为 1.5～5.8 m，壁厚 100～140 mm，靠振动锤振入和用吸泥机在管柱内吸泥而沉入土中。其下端为开口的钢刃脚，用薄钢板制成，刃脚应特别坚固，以保证遇到坚硬障碍物时不致损坏并使管柱穿越覆盖层或切入基岩风化层。达到基岩后，还可用冲击钻或牙轮钻在管柱内钻岩成孔，再置入钢筋笼并灌注水下混凝土，使管"扎根"于岩盘。

管柱也分钢筋混凝土管柱和预应力混凝土管柱两种，前者适用于入土深度不大于 25 m，下沉所需振动力不大的情况。预应力混凝土管柱则能经受较大的振动力，抗裂性较强，其下沉深度可超过 25 m，现在使用较多，但制造工艺及设备较复杂。用管柱修筑的基础称为管柱基础，它可适用于各种土层，尤其在一些其他类型基础不适应的困难条件下，如深水、岩面不平、无覆盖层或覆盖层很厚的条件下均可适用。

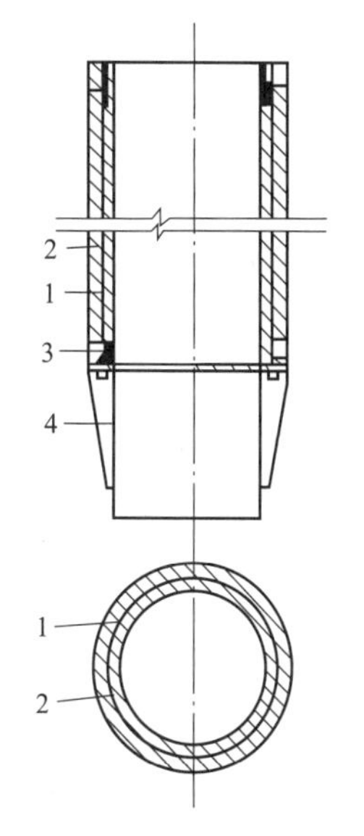

1—主钢筋；2—螺旋筋；3—法兰盘；4—刃脚。

图 6.21 装配式钢筋混凝土管柱

3)钢筋混凝土灌注桩构造

(1)建筑桩基钢筋混凝土灌注桩

①钢筋混凝土灌注桩桩身常为实心断面，混凝土强度等级不得低于 C25，骨料粒径不大于 40 mm；混凝土预制桩尖不得低于 C30，钢筋混凝土灌注桩主筋的混凝土保护层厚度不应小于 35 mm，水下灌注桩的主筋保护层厚度不得小于 50 mm。

②钢筋混凝土灌注桩的配筋，按照内力和抗裂性的要求布设，长摩擦桩应根据桩身弯矩分布情况分段配筋，短摩擦桩和端承桩也可按桩身最大弯矩通长配置。

视频

钢筋混凝土灌注桩配筋模型

配筋率：当桩身直径为 300～2 000 mm 时，正截面配筋率可取 0.20%～0.65%(小桩径取高值，大桩径取低值)；对受荷载特别大的桩、抗拔桩和嵌岩端承桩应根据计算确定配筋率，并不小于上述规定值。

配筋长度：端承桩和坡地岸边的基桩应沿桩身等截面或变截面通长配筋；桩径大于 600 mm 的摩擦桩配筋长度不应小于 2/3 桩长；对于桩端入土深度大于 30 m 的钻孔灌注桩，应配部分全长主筋，以保证沉桩标高。当受水平荷载时，配筋长度不宜小于 $4.0/\alpha$(α 为桩的水平变形系数)；受负摩阻力的桩、因先成桩后开挖基坑而随地基土回弹的桩，其配筋长度应穿过软弱土层并进入稳定土层，进入的深度不应小于 2～

3倍桩身直径；抗拔桩及因地震作用、冻胀或膨胀力作用而受拔力的桩，应等截面或变截面通长配筋。

主筋：对于抗压桩和抗拔桩，其主筋不应少于6 ϕ 10 mm；对于受水平荷载的桩，其主筋不应少于8 ϕ 12 mm；纵向主筋应沿桩身周边均匀布置，其净距不应小于60 mm。

箍筋：应采用直径不小于ϕ 6@200～300 mm的螺旋式箍筋。受水平荷载较大的桩基础、承受水平地震作用的桩基础，以及考虑主筋作用计算桩身受压承载力时，桩顶以下5d范围内箍筋应加密，间距不应大于100 mm；当桩身位于液化土层范围内时箍筋应加密；当考虑箍筋受力作用时，箍筋配置应符合现行《混凝土结构设计标准》(GB/T 50010—2010)(2024年版)的有关规定。当钢筋笼长度超过4 m时，应每隔2 m左右设一道直径不小于12 mm的焊接加劲箍筋。

③扩底灌注桩。对于持力层承载力较高、上覆土层较差的抗压桩和桩端以上有一定厚度较好土层的抗拔桩，可采用扩底，如图6.22所示。扩底端直径与桩身直径之比D/d，应根据承载力要求及扩底端侧面和桩端持力层土性特征以及扩底施工方法确定；挖孔桩的D/d不应大于3，钻孔桩的D/d不应大于2.5。扩底端侧面的斜率应根据实际成孔及土体自立条件确定，a/h_c可取1/4～1/2，砂土可取1/4，粉土、黏性土可取1/3～1/2。抗压桩扩底端底面宜呈锅底形，矢高h_b可取(0.15～0.20)D。

(2)桥梁桩基钻、挖孔桩的构造

如图6.23所示，为进一步发挥材料潜力和节约水泥，桥梁钻(挖)孔灌注桩基础虽有采用大直径的空心钢筋混凝土就地灌注桩的情况，但大多数的桩身常为实心截面。钻孔灌注桩设计直径(即钻头直径)不宜小于0.8 m，一般采用0.8 m、1.0 m、1.25 m和1.5 m；铁路规定挖孔灌注桩的直径或边宽不宜小于1.25 m。桩身混凝土强度铁路规定不得低于C30。

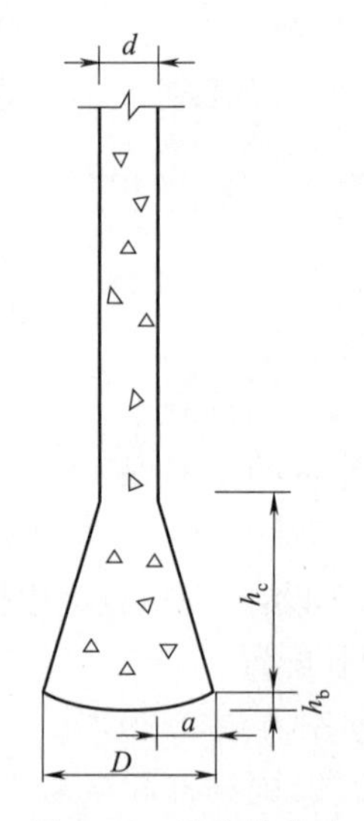

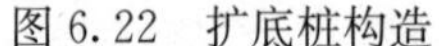

图6.22 扩底桩构造

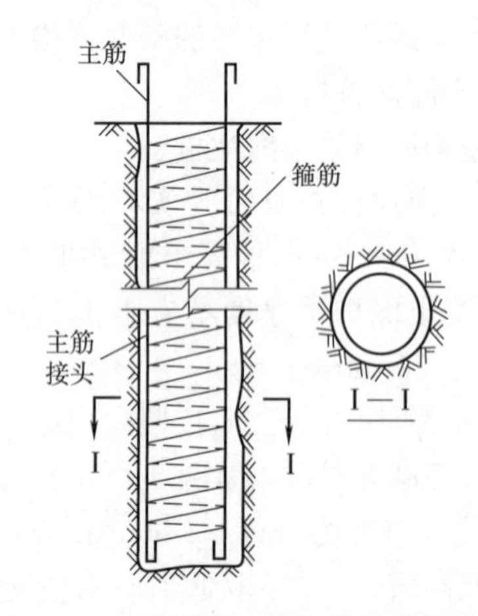

图6.23 钢筋混凝土灌注桩配筋示意图

根据《铁路基规》规定，钻(挖)孔灌注桩桩身可按桩身内力要求分段配筋。端承桩宜沿桩身通长配筋。受水平荷载的摩擦桩，主筋应配到4.0/α(α为桩的变形系数)以下2 m处。但即使按计算可以不沿桩身全长布置主筋，从施工中预防钢筋笼被混凝土顶起考虑，最好仍将一部分主筋伸至桩底，且其下端做成弯钩状。桩身主筋尽量不用束筋，在满足最小间距的情况下，尽可能采用单筋、小直径钢筋，以提高桩的抗裂性。如配筋较多，可采用束筋，采用束筋时每束不宜多于两根钢筋。主筋直径不宜小于 14 mm,净距不宜小于 120 mm,且不应小于 80 mm。箍筋的直径可采用 8 mm,其间距可采用 200 mm,摩擦桩下部可增大至 400 mm。顺钢筋笼长度每隔 2.0～2.5 m 加一道直径为 16～22 mm 的骨架箍筋。钢筋笼四周应设置突出的定位钢筋、定位混凝土块,或采用其他定位措施。钢筋保护层厚度按《铁路混凝土结构耐久性设计规范》(TB 10005—2020)的要求确定。当内力计算表明不需配筋时,应在桩顶 4.0～6.0 m 范围内设构造连接钢筋,并伸入承台内,钢筋直径可采用 14 mm,间距 250～350 mm。

6.4 旱地桩基础施工

旱地桩基础施工目前常用的施工方法有就地灌注法和预制沉入法。就地灌注法又分钻孔灌注桩、挖孔灌注桩和沉管灌注桩。灌注桩在必要的时候还可进行扩底和桩底灌浆,以提高桩端的承载力,从而形成扩底桩和桩底压密灌浆桩。随着人工智能的不断发展,目前已有研究对传统桩基施工技术进行智能化改进,大大提高了桩基的施工精度和效率。

桩基础施工前应根据已定出的桩基础轴线和各基桩桩位,设置好固定桩位的标志或控制桩,以便施工时随时校核。

6.4.1 预制沉入桩的施工

预制桩施工(沉桩)包括桩的制作、桩的吊装及运输和桩的沉入。预制桩可在工厂或工地制造。当桩长在沉桩设备或运输条件容许范围内时,则整根预制;否则需分节制造,在沉桩过程中逐节接长沉入土中。正式施工前,应进行试验,以便检验沉桩设备和工艺是否符合要求。

1)沉桩设备

把桩沉入土中所需的机具主要有打桩锤、沉桩机、打桩架、射水沉桩用的机具等。

(1)打桩锤和沉桩机

打桩锤是锤击沉桩的主要设备,目前常用的打桩锤有坠锤、单动汽锤、双动汽锤、柴油锤和振动锤等。沉桩机主要有静力压桩机及振动沉桩机。各类桩锤的沉桩的原理、优缺点和适用条件见表 6.2。

表 6.2 各类桩锤的沉桩原理、优缺点和适用条件

序号	桩锤种类	适用范围	适用原理	优缺点
1	附锤(落锤)	1.适用于打木桩及细长尺寸混凝土桩; 2.在一般土层及黏土层、含砾石的土层均可使用	用人力或卷扬机拉起桩锤,然后自山下落,利用锤重夯击桩顶,使桩入土	构造简单,使用方便,冲击力大,能随意调整落距,但锤击速度慢(6～20 次/min),效率低
2	单动气锤	1.适宜于打各种桩; 2.最适宜于打沉拔管灌注桩	利用蒸汽或压缩空气的压力将锤头上举,然后自由落下冲击桩顶	结构简单、落距小,对设备和桩头不易损坏,打桩速度较落锤大,效率较高
3	双动气锤	1.适宜于打各种桩,可用于打斜桩; 2.使用压缩空气时,可用于水下打桩; 3.可用拔桩、吊锤打桩	利用蒸汽或压缩空气的压力将锤头上举及下冲,增加夯击能量	冲击次数多,冲击力大,工作效率高,但设备笨重,移动较困难,振动噪声较大

续上表

序号	桩锤种类	适用范围	适用原理	优缺点
4	柴油桩锤	最适宜于打钢桩、混凝土桩	利用燃油爆炸,推动活塞引起锤头跳动,夯击桩顶	附有桩架、动力等设备,不需要外部能源,机架轻,移动便利,打桩快,燃油消耗少,但桩架高度低,遇硬土时不宜使用,振动、噪声较大
5	振动桩锤	1.适宜于打钢板桩、钢管桩,长度在15 m以内的沉拔管灌注桩; 2.适宜于亚黏土、松散砂土、黄土和软土。不宜于岩石、砾石和密实的黏性土地基	利用偏心轮引起激振,通过刚性连接的桩帽传到桩上	沉桩速度快、适用性强,施工操作简易安全,能打各种桩并能帮助卷扬机拔桩,但不适用于打斜桩,振动较大
6	射水沉桩	1.常与锤击法联合使用,适宜于打大断面混凝土方桩和空心管桩; 2.可用于多种土层,而以砂土、砂砾土或其他坚硬土层最为适宜; 3.不能用于粗卵石、极坚硬的黏土层或厚度超过0.5 m的泥炭层	利用水力冲刷桩尖处土层,再配合以锤击沉桩	能用于坚硬土层,打桩效率高,桩不易损坏,但设备较多,当附近有建筑物时,水流容易使其深陷,不能用于打斜桩
7	静力压桩机	1.适宜于软土地基中; 2.最适宜于学校、医院、市区等有防震、防噪声要求的环境	1.利用卷扬机牵引钢丝绳对桩架压梁加压,压梁将桩压入土中; 2.利用桩机的液压系统所产生的压力将桩压入土中	无振动、无噪声,桩不易损坏,但设备较笨重,由于压桩机压力较小,因此压桩深度较小

(2)打桩架

打桩架也是沉桩的主要设备之一,它在沉桩施工中除起导向作用外(控制桩锤沿着导杆的方向运动),还起到装吊桩锤、吊桩、插桩、打桩、吊插射水管等作用(相当于起重机)。

打桩架由导杆(又称龙门,控制桩和锤的插打方向)、起吊设备(滑轮组、绞车、动力设备等)、撑架(支撑导杆)及底盘(承托以上设备)、移位行走部件等组成。桩架在结构上必须有足够的强度、刚度和稳定性,保证在打桩过程中桩架不会发生移位和变位。桩架的高度应保证桩吊立就位的需要和锤击的必要冲程。

桩架的类型很多,根据其采用材料的不同,有木桩架和钢桩架,常用的是钢桩架。桩架可分为自行移动式桩架和非自行移动式桩架,通常多采用自行移动式打桩架,按其走行部分的特征,又有导轨式、履带式和轮胎式3种。根据作业性的差异,桩架有简易桩架和多功能桩架(或称万能桩架)。简易桩架仅具有桩锤或钻具提升设备,一般只能打直桩,有些经调整可打斜度不大的桩;钢制万能桩架(图6.24)的底盘带有转台和车轮(下面铺设钢轨),撑架可以调整导向杆的斜度,因此它能沿轨道移动,能在水平面作360°旋转,能打斜桩,施工方便,但桩架本身笨重,拆装运输较困难。

视频

多功能桩架模型

(3)桩帽

打桩时,要在锤与桩之间设置桩帽。它既能起缓冲保护桩顶的作用,又能保持沉桩效率。因此,在桩帽上方(锤与桩帽接触一方)填塞硬质缓冲材料,如橡木、树脂、硬桦木、合成橡胶等,厚 150～250 mm,在桩帽下方(桩帽与桩接触一方)应垫以软质缓冲材料,如麻编织物、草垫、废轮胎等,统称为桩垫。桩垫的厚度和软硬是否恰当,将直接影响沉桩效率。

图 6.24　万能打桩架

(4)送桩

遇到以下情况,需用送桩:当桩顶设计标高在导杆以下,此时送桩长度应为桩锤可能达到的最低标高与预计桩顶沉入标高之差,再加上适当的富余量。当采用管桩内射水沉桩时,为了插入射水管,需用侧面开有槽口(宽 0.3 m,高 1～2 m)的送桩。送桩通常用钢板焊成的钢送桩。

(5)射水设备

射水多作为沉桩辅助措施与锤击或振动沉桩相配合,射水设备包括水泵站、输水管路、射水管及射水嘴。射水管管径多在 76 mm 以内,用带法兰盘接头的无缝钢管做成,下端接有射水嘴。

2)主要工序及沉桩方法

用预制桩修筑桩基的主要工序有:预制桩制作,桩位放样,沉桩设备的架立和就位,将桩沉入土中,修筑承台等。

沉桩的方法有:锤击法沉桩(打入)、振动法沉桩(振入)、锤击与射水配合沉桩、振动与射水配合沉桩、静力法压桩(压入)。选择沉桩方法应依据桩重、桩型、地质情况和设备条件等确定。表 6.2 可供参考。

锤击法的施工参数是不同深度的累计锤击数和最后贯入度,压桩法的施工参数是不同深度的压桩力,它们包含桩身穿过的土层信息。在相似场地中积累了一定施工经验后,可以根据这些施工参数预估单桩承载力的大小,以及判断桩尖是否达到持力层的位置。如果场地内不同区域之间施工参数出现明显变化,将预示地基不均匀;个别桩施工参数出现明显变化时,可能是桩遇到障碍物或桩身已经损坏,因此需设计确定的沉桩控制标准,有时也要求设计标高和锤击贯入度双重控制。

3)预制桩施工工艺要点

(1)精心制作预制桩

预制桩的混凝土强度应满足设计要求,表面平整、无蜂窝和碰损,并要满足相应行业施工技术规范的允许偏差要求。桩的每一个接头必须能抵抗在沉桩时各种荷载产生的应力和变形。接桩可按图 6.25 采用焊接接头、管式接头、硫黄砂浆锚筋接头及法兰盘螺栓接头等形式。

(2)合理确定沉桩顺序

为了避免或减轻打桩时由于土体挤压,使后打入的桩打入困难或先打入的桩被推挤移动,打桩顺序应视桩数、土质情况及周围环境而定。一般由一端向另一端连续进行,当桩基平面尺寸较大或桩距较小时,宜由中间向两端或四周进行,有困难时也可分段进行,如图 6.26 所示。

如桩埋置有深有浅，应先深后浅；在斜坡地带，先坡顶后坡脚。沉斜桩时，其沉桩顺序还应考虑避免桩头相互干扰。

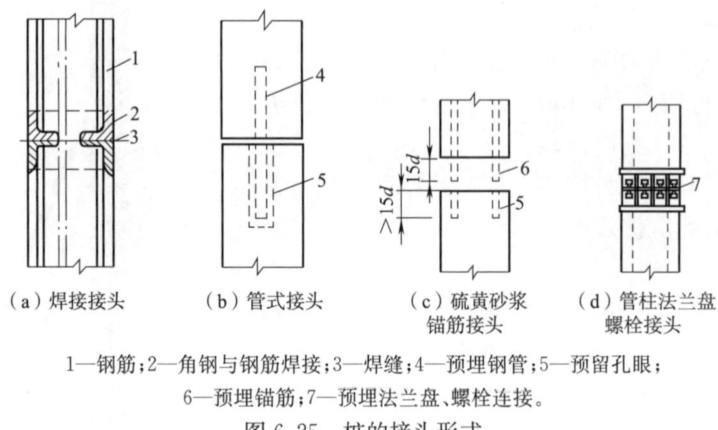

（a）焊接接头　（b）管式接头　（c）硫黄砂浆锚筋接头　（d）管柱法兰盘螺栓接头

1—钢筋；2—角钢与钢筋焊接；3—焊缝；4—预埋钢管；5—预留孔眼；6—预埋锚筋；7—预埋法兰盘、螺栓连接。

图 6.25　桩的接头形式

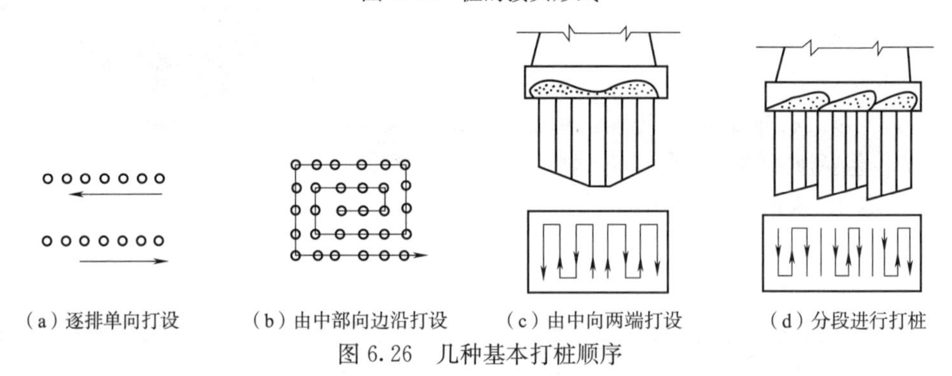

（a）逐排单向打设　（b）由中部向边沿打设　（c）由中向两端打设　（d）分段进行打桩

图 6.26　几种基本打桩顺序

(3)合理布置桩的吊点

预制的钢筋混凝土桩由预制场地吊运到桩架内，在起吊、运输、堆放时，都应按照设计计算的吊点位置起吊(一般吊点在桩内预埋直径为 20～25 mm 的钢筋吊环，或以油漆在桩身标明)，否则桩身受力情况与计算不符，可能引起桩身混凝土开裂。预制的钢筋混凝土桩主筋一般是沿桩长按设计内力均匀配置的。桩吊运(或堆放)时的吊点(或支点)位置，是根据吊运或堆放时桩身产生的正负弯矩相等的原则确定，这样较为经济。一般长度的桩，水平起吊一般采用 2 个吊点，如图 6.27(a)所示，而将桩吊立到打桩机的导向架时则多采用 1 个吊点，如图 6.27(b)所示。对于较长的桩，为了减小内力、节省钢材，有时采用多点起吊。此时应根据施工的实际情况，考虑桩受力的全过程，合理布置吊点位置，并确定吊点上作用力的大小与方向，然后计算桩身内力与配筋，或验算其吊运时的强度。

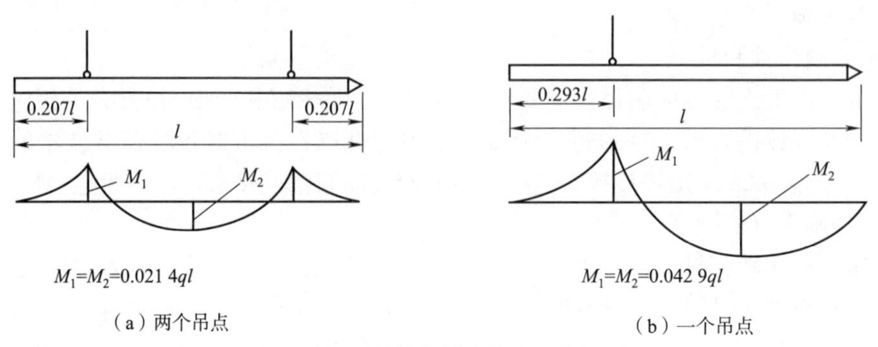

（a）两个吊点　（b）一个吊点

图 6.27　预制桩的吊点位置和弯矩图

钢管桩在起吊、运输和堆存过程中，应尽量避免由于碰撞、摩擦等原因造成涂层破损、管身变形和损伤。

(4)桩锤重量选择

根据现场情况及机具设备条件选定桩锤类型之后，应适当选择桩锤重量。桩锤过轻，桩难以打下；但桩锤过重，则各种机具、动力设备都需加大，不经济。因此选择大小适当的桩锤，是顺利沉桩的一个重要问题。锤重与桩重的比值一般不宜小于表 6.3 的参考数值。一般桩锤重量可根据式(6.1)估算，即

$$E \geqslant 2.5P \tag{6.1}$$

式中 E——打入桩所需要的冲击能量(kN·m)；

P——桩的允许承载力(kN)。

表 6.3 锤重与桩重之比

桩类别	锤类别							
	单动气锤		双动气锤		柴油锤		落锤	
	硬土	软土	硬土	软土	硬土	软土	硬土	软土
混凝土预制桩	1.4	0.4	1.8	0.6	1.5	1.0	1.5	0.35
木桩	3.0	2.0	2.5	1.5	3.5	2.5	4.0	2.0
钢桩	2.0	0.7	2.5	1.5	2.5	2.0	2.0	1.0

注：①锤重系指垂体总重，桩重包括桩帽重；

②桩长度不超过 20 m。

根据初定的 E 值，再与桩锤技术参数冲击能量对比，即可选定桩锤的具体规格。还可根据桩锤冲击能量值(E)、锤重(W)和桩重(Q)来确定桩锤规格，其经验公式为

$$K = \frac{W + Q}{E} \tag{6.2}$$

式中 K——桩锤适用系数：双动气锤和柴油锤 K 不大于 5.0；单动气锤 K 不大于 3.5；坠锤 K 不大于 2.0。当采用水中沉桩时，K 可增加 50%。

6.4.2 钻孔灌注桩施工

钻孔灌注桩施工采用机械成孔，为稳固孔壁，采用孔口埋设护筒和孔内灌入黏土泥浆护壁。这种施工方法，具有造价低、无噪声、无冲击、无振动、无污染等优点，适用于各类土层(包括碎石类土层和岩石层)，在桥梁桩基工程施工中得到广泛采用。

目前我国常使用的钻具有旋转钻、冲击钻和冲抓钻三种类型，按成孔机械钻进过程中的泥浆循环和排渣方式又可分为正循环钻机和反循环钻机。钻孔灌注桩施工应根据土质、桩径大小、入土深度和机具设备等条件选用适当的钻具和钻孔方法，以保证能顺利达到设计孔深。

动画

钻孔灌注桩施工工艺

钻孔灌注桩施工工序多，主要有：场地准备、桩位放样、埋设护筒、钻孔、清孔、下钢筋笼、灌注混凝土或水下混凝土成桩、修筑承台座板等。主要分为：成孔、沉放钢筋笼、灌注混凝土三大步，如图 6.28 所示。

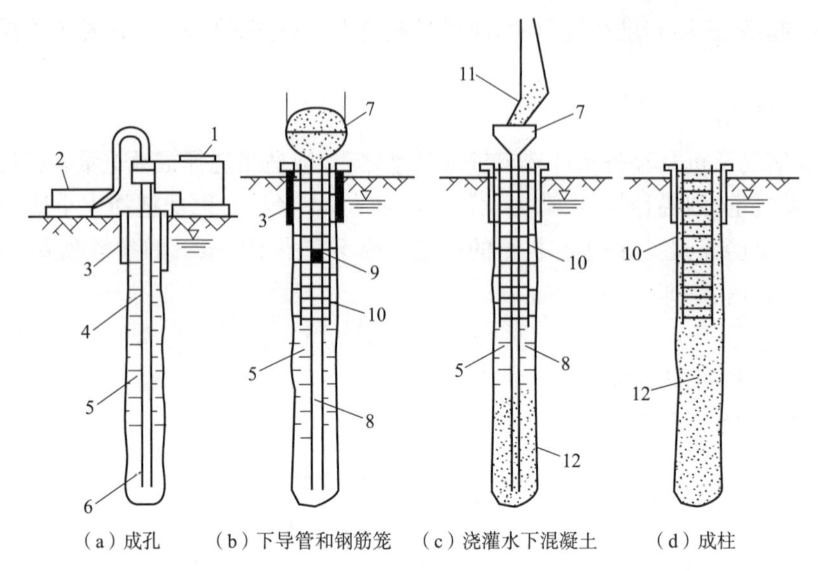

1—钻机；2—泥浆泵；3—护筒；4—钻杆；5—钻机；6—钻头；7—漏斗；
8—混凝土导管；9—导管塞；10—钢筋笼；11—进料斗；12—混凝土。

图 6.28 钻孔灌注桩施工工序

1)准备工作

(1)场地准备

施工前应将场地平整好，以便安装钻架进行钻孔。当墩台位于无水岸滩时钻架位置处应整平夯实，清除杂物，挖换软土。场地有浅水时，宜采用土或草袋围堰筑岛，如图 6.29(c)所示。当场地为深水或陡坡时，可用木桩或钢筋混凝土桩搭设支架，安装施工平台支承钻机(架)。深水中在水流较平稳时，也可将施工平台架设在浮船上，就位锚固稳定后在水上钻孔。水中支架的结构强度、刚度和船只的浮力、稳定性均应事先进行验算。若有条件改河道则可改水中施工为旱地施工。

(2)埋设护筒

埋设护筒是钻孔灌注桩准备工作中的一个关键环节。护筒的作用是：①固定桩位，并作钻孔导向；②保护孔口防止孔口土层坍塌；③防止沉渣回流或地面石块等落入；④保持泥浆液位(压力)高于孔外水位，以稳固孔壁；⑤桩顶标高的控制依据之一。

护筒为圆形，可用木、钢板、钢筋混凝土制成，如图 6.30 所示。护筒制作要求坚固、耐用、不易变形、不漏水、装卸方便和能重复使用，目前木制护筒已基本不用。护筒内径应比钻头直径稍大，旋转钻须增大 0.1～0.2 m，冲击或冲抓钻增大 0.2～0.3 m。一般使用 4～6 mm 厚的钢板制成的钢护筒，每节高 1.5～2 m，可以接长。

护筒埋设方法有：①下埋式(挖埋式)，如图 6.29(a)所示，适用于旱地或岸滩，当地下水位在地面以下大于 1.0 m 时；②上埋式(填筑或筑岛埋设)，如图 6.29(b)和图 6.29(c)所示，适于旱地(地下水位在地面以下小于 1.0 m)或水中筑岛埋置；③下沉埋设，如图 6.29(d)所示，适用深水平台架设护筒。

(3)制备泥浆

泥浆在钻孔中的作用是：①在孔内产生较大的液位压力，可防止塌孔；②钻进过程中，由于钻头的活动，孔壁表面形成一层胶泥，具有护壁防渗功能，将孔内外水流切断，能稳定孔内泥浆液位；③泥浆相对密度大，具有挟带钻渣的作用，利于钻渣的排出；④冷却机具和切土润滑作用，以降低钻具磨损和发热程度。

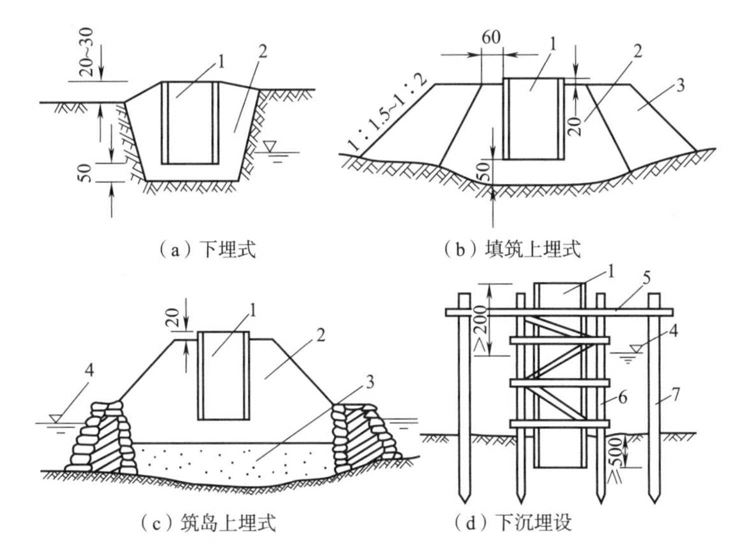

1—护筒；2—夯实黏土；3—砂土；4—施工水位；5—工作平台；6—导向架；7—脚手架。

图 6.29　护筒的埋设(单位：cm)

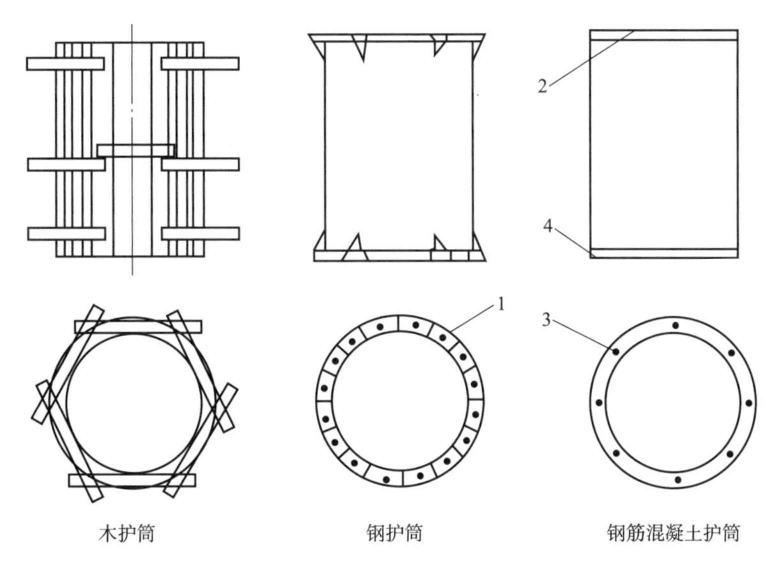

1—连接螺栓孔；2—连接钢板；3—纵向钢筋；4—连接钢板或刃脚。

图 6.30　护筒类型

泥浆由水、黏土(或膨润土)和添加剂组成，调制的泥浆应根据钻孔方法和地层情况采用合适的性能指标，一般相对密度以 1.1～1.3 为宜，在冲击钻进大卵石层时可用 1.4 以上，黏度为 20～25 s，含砂率小于 6%，调制泥浆的黏土塑性指数不宜小于 15。泥浆要备有足够的用量。在较好的黏性土层中钻孔，也可灌入清水，使钻孔内自造泥浆，达到固壁效果。

(4)安装钻架或钻机

钻架是钻孔、吊放钢筋笼、灌注混凝土的支架。我国生产的定型旋转钻机和冲击钻机都附有定型钻架，其他常用的还有木制的和钢制的四脚架(图 6.31)、三脚架或人字扒杆。

常用的钻机有冲击式钻机、冲抓式钻机和旋转式钻机，在钻孔过程中，成孔中心必须对准桩位中心，钻机(架)必须保持平稳，不发生位移、倾斜和沉陷。钻机(架)安装就位时，应详细测量，底座应用枕木垫实塞紧，顶端应用缆绳固定平稳，并在钻进过程中经常检查有无松动。

2)钻孔

钻孔时应根据地质条件选用合适的钻头和钻孔方式；应采取防止发生塌孔的措施，通常除采用泥浆护壁作为主要防塌孔措施之外，还要特别注意预先做好护筒底面处的防塌孔措施，因为该处的特殊条件使其成为极易发生塌孔的部位。若在软土、淤泥和可能发生流砂的土层钻孔时，应先做施工工艺试验，取得经验后再全面展开施工。

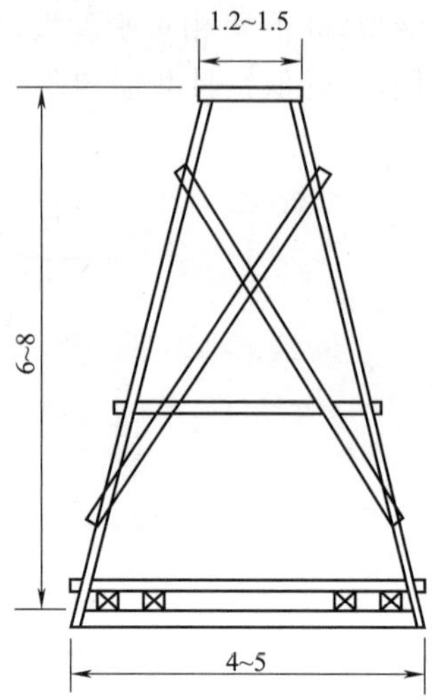

(1)钻孔方法和钻具

图 6.31　四脚钻架(单位:m)

钻孔的方法主要根据地质条件，采用不同的成孔机械。一般常用的成孔方法如下：

①旋转钻孔法

旋转钻孔法用动力驱动钻头旋转切削土体钻进，并同时采用循环泥浆的方法护壁排渣。钻渣可用泥浆正循环法或泥浆反循环法排出。

泥浆正循环法即在钻进的同时，泥浆泵将泥浆压进泥浆笼头，通过钻杆中心从钻头喷入钻孔内，泥浆挟带钻渣沿钻孔上升，从护筒顶部排浆孔排出至沉淀池，钻渣在此沉淀而泥浆仍进入泥浆池循环使用，如图 6.32 所示。正循环成孔设备简单，操作方便，工艺成熟，当孔深不太大，孔径小于 800 mm 时钻进效率高。当桩径较大时，钻杆与孔壁间的环形断面较大，泥浆循环时返流速度低，排渣能力弱。如使泥浆返流速度增大到 0.2～0.35 m/s，则泥浆泵的排出量需很大，有时难以达到，此时不得不提高泥浆的相对密度和黏度，但如果泥浆密度和黏度过大，则难以排出钻渣，使施工效率降低，并导致孔壁泥皮厚度增加，影响成桩和清孔。

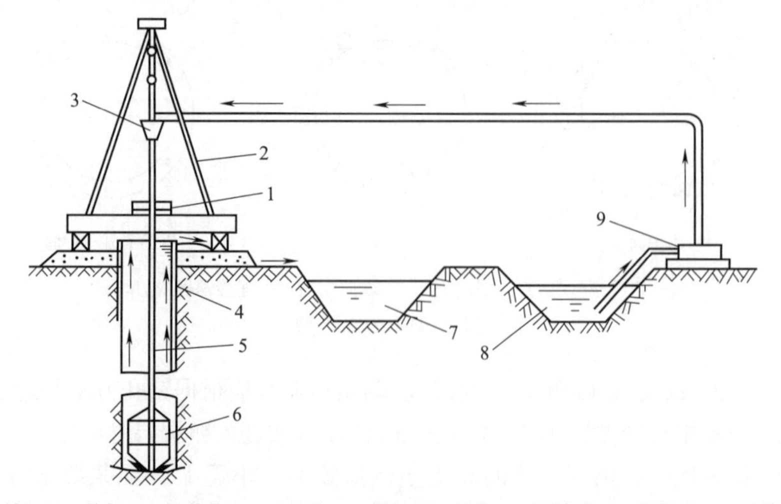

1—钻机；2—钻架；3—泥浆笼头；4—护筒；5—钻杆；6—钻头；7—沉淀池；8—泥浆池；9—泥浆泵。

图 6.32　正循环旋转钻孔

泥浆反循环法与正循环法相反，泥浆先注入孔内，当钻头在孔底切削钻进时，钻渣和泥浆一起从钻头吸入经钻杆排出至沉淀池，钻渣沉淀而泥浆流入泥浆池循环使用。由于钻杆内腔断面面积比钻杆与孔壁间的环状断面面积小得多，因此，泥浆的上返速度大，一般可达 2～3 m/s，可以提高排渣能力，能大大提高成孔效率。同时所需的泥浆密度较正循环者低，故耗费制浆的黏土量小；可免去正循环成孔后所需的清孔换浆工序。其缺点是泥浆泵损耗较严重，在接长钻杆时装卸较麻烦，如钻渣粒径超过钻杆内径（一般为 120 mm）易堵塞管路，则不宜采用。这种反循环旋转钻孔工艺适用于黏性土、砂性土、砂卵石和风化岩层，但卵石粒径不得超过钻杆内径的 2/3。该法适用孔深在 35 m 以内。

我国定型生产的旋转钻机的转盘、钻架、动力设备等均配套定型，钻头的构造根据土质采用各种形式，正循环旋转钻机所用钻头有鱼尾钻头[图 6.33(a)]、笼式钻头[图 6.33(b)]、刺猬钻头[图 6.33(c)]。反循环旋转钻机所用钻头主要有三翼空心单尖钻、牙轮钻头等，如图 6.34所示。旋转钻孔现也可采用更轻便、高效的潜水电钻，如图 6.35 所示，其特点是钻头与动力连成一体，电动机直接驱动钻头旋转切土，能量损耗小而效率高，但设备管路较复杂。

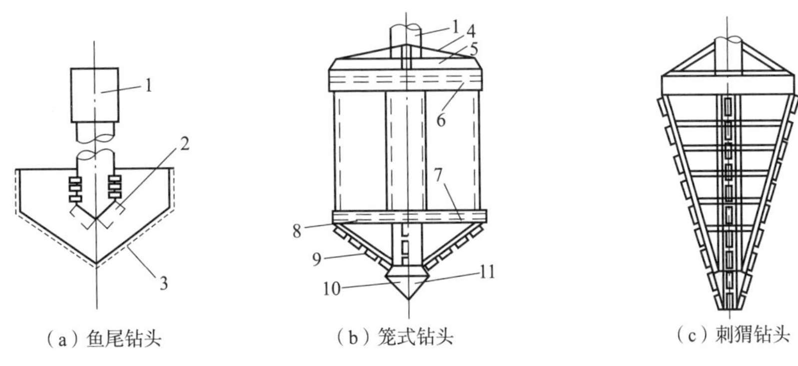

1—钻杆；2—出浆口；3—刀刃；4—斜撑；5—斜挡板；6—上腰围；7—下腰围；8—耐磨合金钢；9—刮板；10—超前钻；11—出浆口。

图 6.33　正循环旋转钻头

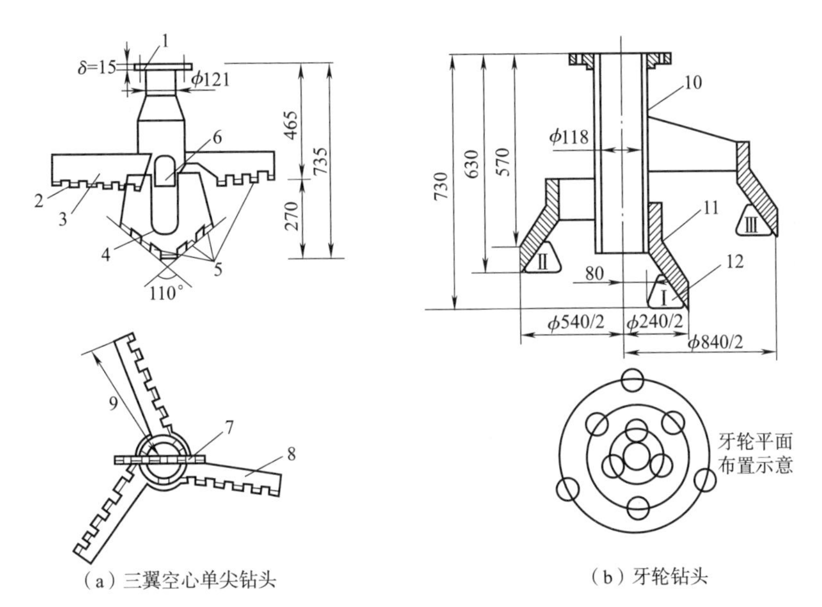

1—法兰接头；2—合金钢刀头；3—翼板（$\delta=30$）；4—剑尖（$\delta=30$）；5—合金钢刀头尖；6—排渣孔；7—剑尖；8—翼板；9—孔径；10—无缝钢管；11—牙轮架；12—牙轮。

图 6.34　反循环旋转钻头

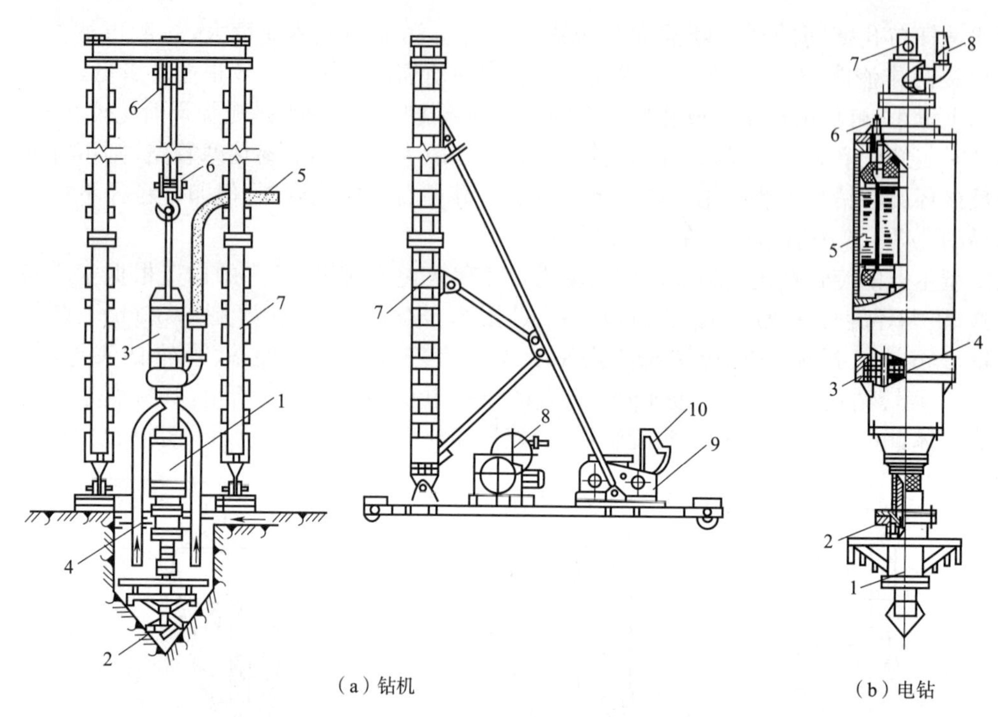

（a）钻机

1—潜水电钻；2—钻头；3—潜水砂石泵；4—吸泥管；5—排泥胶管；
6—三轮滑车；7—钻机架；8—副卷扬机；
9—慢速主卷扬机；10—配电箱。

（b）电钻

1—钻头；2—钻头接箍；3—行星减速器；
4—中间进水箱；5—潜水电动机；
6—电缆；7—提升盖；8—进水管。

图 6.35 反循环旋转钻头(电钻)

由于旋转钻进成孔的施工方法受到机具和动力的限制，适用于较细、软的土层，如各种塑性状态的黏性土、砂土、夹少量粒径小于 100～200 mm 的砂卵石土层，在软岩中也曾使用。我国采用这种钻孔方法单孔钻进深度已超 100 m。

②冲击钻孔法

冲击钻孔法利用冲击钻机的钻头自重(重 10～35 kN)冲击破碎地层，把土层中泥砂、石块挤向四壁或打成碎渣，钻渣悬浮于泥浆中，利用掏渣筒取出，重复上述过程冲击钻进成孔。

主要采用的机具有定型的冲击式钻机(包括钻架、动力、起重装置等)、冲击钻头、转向装置和掏渣筒等，也可用 30～50 kN 带离合器的卷扬机配合钢、木钻架及动力组成简易冲击机。

冲击钻头一般是以铸钢、锻钢或钢板铆焊制成的实体钻锥，冲锥钻刃形式分为一字形、十字形和多刃形，采用高强度耐磨钢材做成，底刃最好不完全平直以加大单位长度上的压重，如图 6.36 所示。冲击时钻头应有足够的重量，适当的冲程和冲击频率，以使它有足够的能量将岩块打碎。

在反复冲击中，钻头不断转动，最终形成圆形或近似圆形的孔，因此在锥头和提升钢丝绳连接处应有转向装置，常用的有合金套或转向环，以保证冲锥的转动，也避免了钢丝绳打结扭断。

掏渣筒是用以掏取孔内钻渣的工具，如图 6.37 所示。用 30 mm 左右厚的钢板制作，下面碗形阀门应与渣筒密合，以防止漏水漏浆。

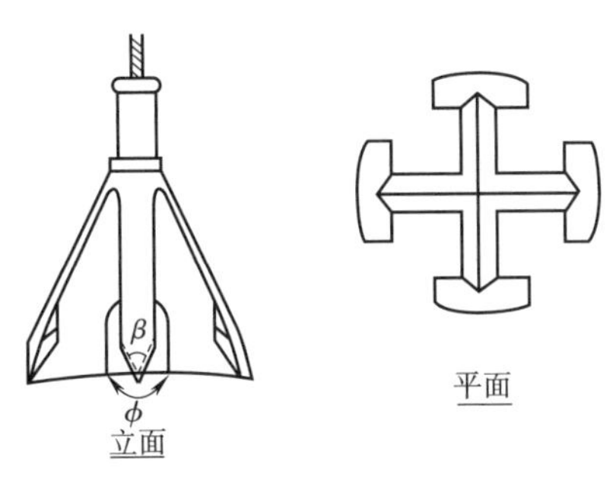

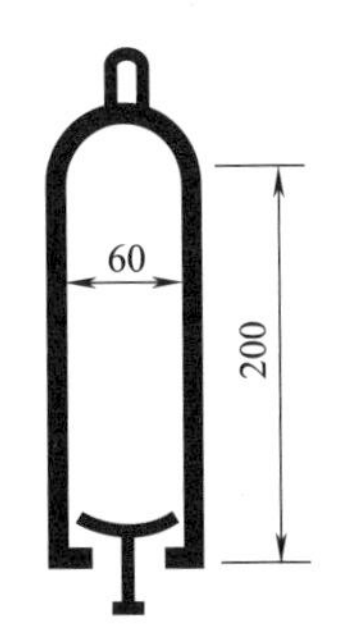

图 6.36 冲击钻锥

图 6.37 掏渣筒(单位:cm)

冲击钻孔适用于含有漂卵石、大块石的土层及岩层,也能用于其他土层。成孔深度一般不宜大于 50 m。

③冲抓成孔法

冲抓成孔法用兼有冲击和抓土作用的抓土瓣,通过钻架由带离合器的卷扬机操纵,靠冲锥自重(重为 10～20 kN)冲下使上瓣锥尖张开插入土层,然后由卷扬机提升锥头收拢抓土瓣将土抓出,弃土后继续冲抓钻进而成孔。

冲抓锥具的形式很多,钻头抓土工作原理与一般抓土斗相同,钻锥常采用四瓣或六瓣冲抓锥,其构造如图 6.38 所示。当收紧外套钢丝绳并松内套钢丝绳时,内套在自重作用下相对外套下坠,便使锥瓣张开插入土中,对土石有较强的冲击破碎作用。

冲抓成孔法适用于黏性土、砂性土及夹有碎卵石的砂砾土层,成孔深度宜小于 30 m。

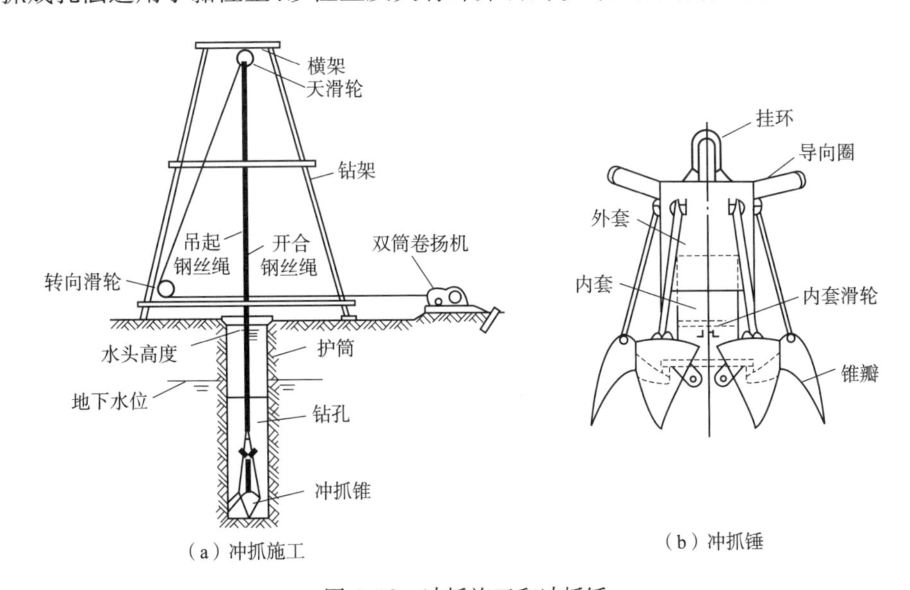

图 6.38 冲抓施工和冲抓锤

实践证明,在钻孔过程中,会遇到各种不同类型土层,成孔时就要采用不同的钻进方式。有时,即使在同一孔中钻进,也需要用不同的成孔方法。例如上面细粒土适用旋转成孔,但对下面卵砾石、硬岩地层又要用冲抓或冲击成孔。

(2)钻孔过程中容易发生的质量问题及处理方法

在钻孔过程中应防止塌孔、孔形扭歪或孔偏斜,甚至把钻头埋住或掉进孔内等事故。

①塌孔。在成孔过程或成孔后,有时在排出的泥浆中不断出现气泡,有时护筒内的水位突

然下降，这是塌孔的迹象。其形成原因主要是土质松散、泥浆护壁不好、护筒液位不高等所致。如发生塌孔，应探明塌孔位置，将砂和黏土的混合物回填到塌孔位置，如塌孔严重，应等回填物沉积密实后再重新钻孔。

②缩孔。缩孔是指孔径小于设计孔径的现象，是由于塑性土膨胀造成的，处理时可反复扫孔，以扩大孔径。

③斜孔。桩孔成孔后发现有较大垂直偏差，是由于护筒倾斜和位移、钻杆不垂直、钻头导向部分太短、导向性差、土质软硬不一或遇上孤石等造成的。斜孔会影响桩基质量，并会造成施工困难。处理时可在偏斜处吊放钻头，上下反复扫孔，直至把孔位校直；或在偏斜处回填砂黏土，待沉积密实后再钻。

(3)钻孔注意事项

①钻进过程中要随时检查进尺和土质情况，做好记录，并应根据土质等情况控制钻进速度、调整泥浆稠度，以防塌孔及钻孔偏斜、卡钻和旋转钻机负荷超载等情况发生。

②在钻进过程中，要注意护筒内泥浆液位的稳定性，始终要保持钻孔护筒内液位要高出筒外的水位 1～1.5 m，以防塌孔。若发现漏水(漏浆)现象，应找出原因及时处理。

③钻孔宜一气呵成，要经常检查钻具、钻杆、钢丝绳和连接装置，对卡钻、掉钻要及时处理，不宜中途停钻以避免塌孔。

④在钻进过程中常发生塌孔事故，要注意观察。当发现孔内水位骤降并有气泡上冒；出渣量显著增加而不见进尺；钻机负荷显著增加或显出埋钻迹象时，都表明发生了塌孔，要马上停钻，查明塌孔位置并及时处理。

⑤钻孔过程中应加强对桩位、成孔情况的检查工作，要随时检查孔径和垂直度，当发生严重的斜孔、缩孔时要进行必要的修孔。终孔时应对桩位、孔径、形状、深度、倾斜度及孔底土质等情况进行检验，合格后立即清孔、吊放钢筋笼，灌注混凝土。

3)清孔

钻孔达到设计标高后，应立即进行清孔。清孔的目的是除去孔底沉淀的钻渣和泥浆，以保证灌注的钢筋混凝土质量，确保桩端的承载性能。清孔一般有如下方法。

(1)抽浆清孔法

抽浆清孔法直接用反循环钻机、空气吸泥机、水力吸泥机或离心吸泥泵等将孔底钻渣泥浆吸出达到清孔目的。其工作原理是由风管将压缩空气输进排泥管，使泥浆形成密度较小的泥浆空气混合物，在水柱压力下沿排泥管向外排出泥浆和孔底沉渣，同时用水泵向孔内注水，保持水位不变直至喷出清水或沉渣厚度达设计要求为止。此法清孔较彻底，适用于孔壁不易坍塌的各种钻孔方法成孔的端承桩和摩擦桩，如图 6.39所示。

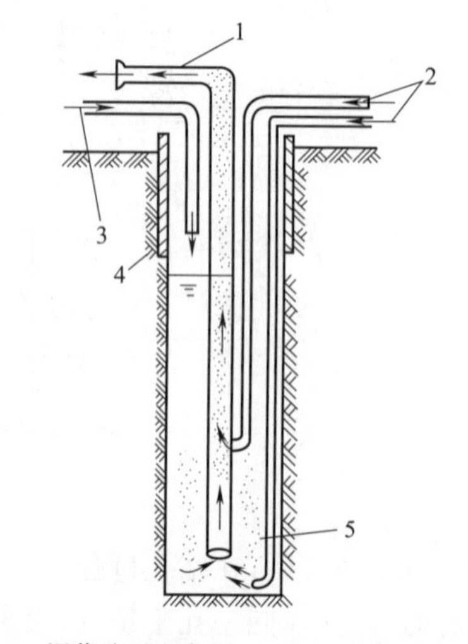

1—泥浆砂石渣喷出；2—通入压缩空气；3—注入清水；4—护筒；5—孔底沉积物。

图 6.39 抽浆清孔

(2)掏渣清孔法

掏渣清孔法是用掏渣筒、大锅锥或冲抓钻清掏孔底钻渣，仅适用于机动推钻、冲抓、冲击钻孔的各类土层摩擦桩的初步清孔及在不稳定土层中清孔。

(3)换浆清孔法

换浆清孔法是指正循环旋转机可在钻孔完成后，将钻头提离孔底 10～20 cm，空转并继续保持正常的泥浆循环，以相对密度较低(1.1～1.2)的泥浆压入，把钻孔内的悬浮钻渣和相对密度较大的泥浆换出，直至达到清孔的要求。换浆清孔时间一般需 4～6 h。此法适用于各类土层正循环钻孔的摩擦桩。

(4)喷射清孔法

喷射清孔法是在灌注混凝土前对孔底进行高压射水或射风数分钟，使剩余少量沉淀物飘浮后立即灌注水下混凝土，可作为配合其他清孔方法使用。

4)吊装钢筋骨架

钢筋笼吊装就位一般多在清孔之前进行，以缩短清孔完毕至开始灌注水下混凝土的时间。

钢筋笼骨架吊放前应检查孔底深度是否符合要求；孔壁有无妨碍骨架吊放和正确就位的情况。钢筋骨架吊装可利用钻架或另立扒杆进行。吊装、安放钢筋笼时，应防止变形，对准孔位，避免碰撞孔壁，并保证有足够的保护层厚度，随时校正骨架位置。钢筋骨架达到设计高程后，为了防止钢筋笼在灌注混凝土上拔导管时上浮，钢筋骨架要牢固定位于孔口。钢筋骨架安装完毕后，需再次进行孔底检查，有时需进行二次清孔，达到要求后即可灌注水下混凝土。

5)灌注水下混凝土

灌注水下混凝土是个关键工序，目前我国多采用直升导管法灌注水下混凝土。

(1)灌注方法及有关设备

导管法的施工过程如图 6.40 所示。将导管居中插入到离孔底 0.3～0.4 m 处，导管上口接漏斗，在接口处设隔水栓，以隔绝混凝土与导管内水的接触。在漏斗中存备足够数量的混凝土后，放开隔水栓使漏斗中存备的混凝土连同隔水栓向孔底猛落，将导管内水挤出，混凝土沿导管下落至孔底堆积，并使导管埋在混凝土内，此后向导管连续灌注混凝土。导管下口始终埋入孔内混凝土中 1～4 m 深，以保证钻孔内的水和泥浆不流入导管。随着混凝土不断由漏斗、导管灌入孔内，钻孔内初期灌注的混凝土及其上面的水或泥浆不断被顶托升高，相应地不断提升导管和拆除导管，直至灌注混凝土完毕。

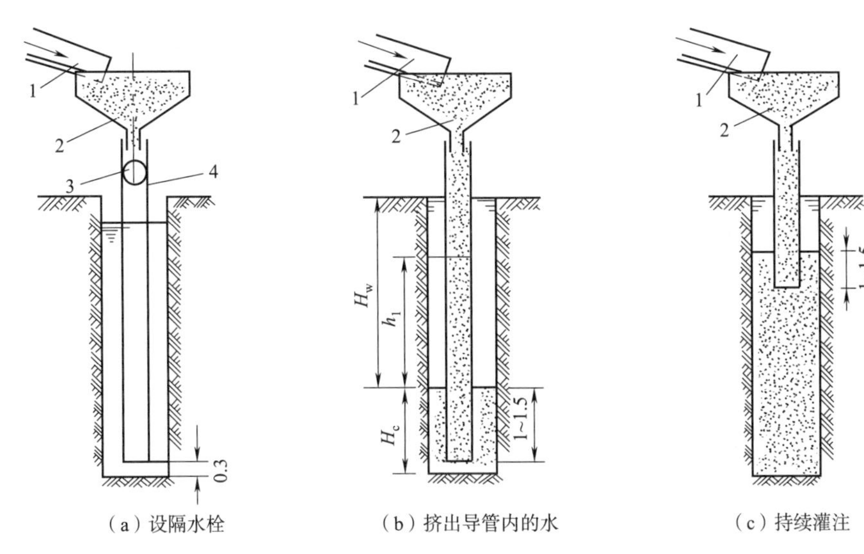

(a)设隔水栓　(b)挤出导管内的水　(c)持续灌注

1—混凝土储料槽；2—漏斗；3—隔水栓；4—导管。

图 6.40　灌注水下混凝土(单位：m)

导管是内径 0.2～0.4 m 的钢管，壁厚 3～4 mm，每节长度 1～2 m，最下面一节导管应较长，一般为 3～4 m。导管两端用法兰盘及螺栓连接，并垫橡皮圈以保证接头不漏水，如图 6.41 所示，导管内壁应光滑，内径大小一致。

隔水栓常用直径较导管内径小 20～30 mm 的木球，或混凝土球、砂袋等，以粗铁丝悬挂在导管上口或近导管内水面处，要求隔水球能在导管内滑动自如不致卡管。木球隔水栓构造如图 6.41 所示。目前也有采用在漏斗与导管接斗处设置活门来代替隔水球，它是利用混凝土下落排出导管内的水，施工较简单但需有丰富的操作经验。

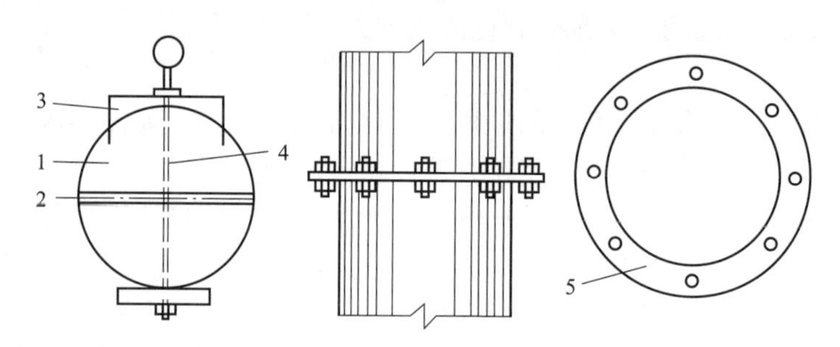

1—木球；2—橡皮垫；3—导向架；4—螺栓；5—法兰盘。

图 6.41 导管接头及木球

首批灌注的混凝土数量，要保证将导管内的水全部压出，并能将导管初次埋入 1～1.5 m 深。按照这个要求计算第一斗连续浇灌混凝土的最小用量，从而确定漏斗的尺寸大小及储料槽的大小。如图 6.40(b)所示，漏斗和储料槽的最小容量 V(m^3)可采用式(6.3)进行计算。

$$V = h_1 \times \frac{\pi d^2}{4} + H_c \times \frac{\pi D^2}{4} \tag{6.3}$$

式中 H_c——导管初次埋入混凝土中的深度(m)；

d,D——导管及桩孔直径(m)；

h_1——孔内混凝土高度为 H_c时，导管内混凝土柱与导管外水压平衡所需高度，m；可采用式(6.4)计算

$$h_1 = \frac{\gamma_w H_w}{\gamma_c} \tag{6.4}$$

其中 H_w——孔内水面到混凝土面的水柱高(m)，

γ_w,γ_c——孔内水(或泥浆)及混凝土的容重(kN/m^3)。

漏斗顶端应比桩顶(桩顶在水面以下时应比水面)高出至少 3 m，以保证在灌注最后部分混凝土时，管内混凝土能满足顶托管外混凝土及其上面的水或泥浆重力的需要。

(2)混凝土材料的要求

为保证水下混凝土的质量，设计混凝土配合比时，要将混凝土强度等级提高 20%；混凝土应有必要的流动性，坍落度宜在 180～220 mm 范围内，水灰比宜用 0.5～0.6，并可适当提高含砂率，含砂率宜采用 40%～50%(砂重/砂石总重)；为了改善混凝土的和易性，可在其中掺入减水剂和粉煤灰掺合物。所用水泥的初凝时间不宜大于 2.5 h，水泥强度等级不宜低于 42.5 级，每立方米混凝土的水泥用量不小于 350 kg。为防卡管，石料尽可能用卵石，适宜直径为 5～30 mm，最大粒径不应超过 40 mm。

(3)注意事项

灌注水下混凝土是钻孔灌注桩施工最后一道关键性的工序，其施工质量将严重影响到成

桩质量,施工中应注意以下几点:

①混凝土拌和必须均匀,在运输和灌注过程中无显著离析、泌水,有足够的流动性。

②每根桩的灌注时间不应太长,尽量在 8 h 内灌完,以防顶层混凝土失去流动性而导致提升导管的困难,通常要求每小时的灌注高度宜不小于 10 m。灌注混凝土必须连续作业,一气呵成,避免任何原因的中断,因此混凝土的搅拌和运输设备应满足连续作业的要求。

③在灌注过程中,要随时测量和记录孔内混凝土灌注高程和导管入孔长度,导管埋入混凝土的深度任何时候都不得小于 1 m,一般控制在 2～4 m 以内,以防发生断桩事故。当混凝土面接近钢筋笼底时应保持较大埋管深度、放慢灌注速度,当混凝土面越过钢筋笼底 1～2 m 后,再减小导管埋深,加快灌注速度,这是为了防止发生钢筋笼被混凝土顶托上升的事故。

④混凝土应灌注到高出桩顶设计标高 0.5～1.0 m,以便清除浮浆,确保桩顶混凝土的灌注质量。

待桩身混凝土达到设计强度,按规定检验后方可灌注系梁、盖梁或承台。

动画

人工挖孔桩
施工工艺

6.4.3 挖孔灌注桩施工

挖孔灌注桩适用于无水或少水的较密实的各类土层中,或缺乏钻孔设备、或钻孔设备不易运输到达、或不用钻机以节省造价时选用,用于城市跨线桥、立交桥及高层建筑,还可以避免钻机的噪声和泥浆对环境的污染。挖孔桩在挖孔过深(超过 20 m)或孔壁土质易于坍塌,或渗水量较大的情况下,应慎重考虑。

挖孔桩施工,必须在保证安全的基础上不间断地快速进行。每一桩孔开挖、提升出土、排水、支撑、立模板、吊装钢筋骨架、灌注混凝土等作业都应事先准备好,紧密配合。

1)施工准备

施工前应平整场地,清除现场四周及山坡土悬石、浮土等一切不安全的因素,孔口四周做好围护和排水设备,防止土、石、杂物流入孔内,安装提升设备,布置好出渣通道,必要时孔口应搭雨棚。

2)开挖桩孔

开挖桩孔时,挖土应均匀、对称、同步进行。挖土过程中要随时检查桩孔尺寸和平面位置,防止出现偏差。

必须注意施工安全,下孔人员必须佩戴安全帽和安全绳,对孔壁的稳定及吊具设备等应经常检查。孔深超过 1 m 时,应经常检查孔内二氧化碳浓度,如果二氧化碳浓度超过 0.3%时,应采取通风措施。挖孔桩孔内岩石需要爆破时,应采取浅眼爆破法,在炮眼附近要加强支护,以防振塌孔壁。桩孔较深时,应采用电引爆,爆破后应通风排烟。经检查孔内无毒后施工人员才可以下孔。

动画

人孔挖孔桩
施工风险

应根据孔内渗水情况,做好孔内排水工作。挖孔达到设计高程后,应进行孔底处理。

3)护壁和支撑

挖孔桩开挖过程中,开挖和护壁两个工序必须连续作业,以确保孔壁不塌。应根据地质、水文条件、材料来源等情况因地制宜选择支撑和护壁方法。挖孔时如有水渗入,应及时加强孔壁支护。常用的孔壁支护方法有:现浇混凝土护圈[图 6.42(c)]、沉井护圈、钢护圈。在土质较松散而渗水量不大时,可考虑用木料作框架式支撑或在木框后面铺木板作支撑[图 6.42(b)]。如土质尚好,渗水不大时也可用荆条、竹笆作护壁[图 6.42(a)],随挖随护。对透水土层,还可采用高压注浆的方式形成止水或弱透水层后再开挖。

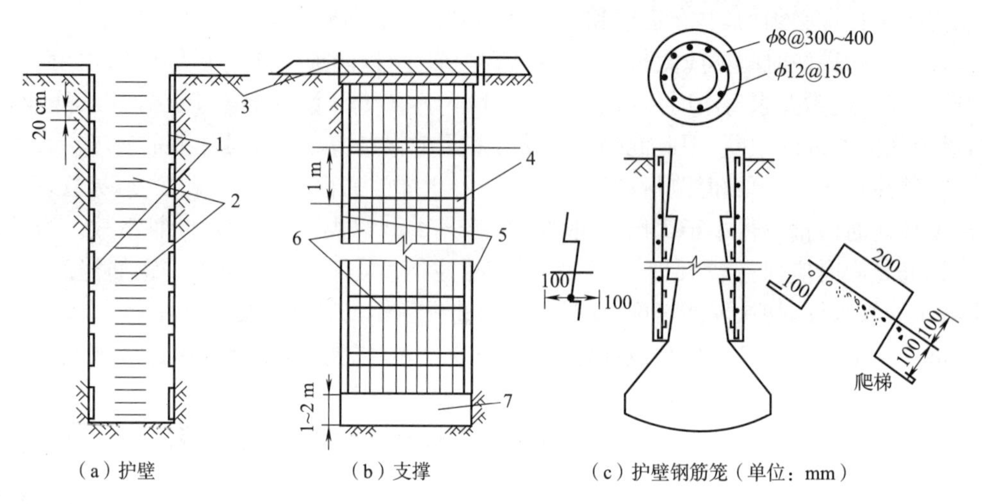

（a）护壁　（b）支撑　（c）护壁钢筋笼（单位：mm）

1—就地灌注混凝土护壁；2—固定在护壁撑供人员上下用的钢筋；3—孔口围护；
4—木框架支撑；5—支撑木板；6—木框架；7—不设支撑地段。

图 6.42　护壁与支撑

6.4.4　沉管灌注桩施工

沉管灌注桩又称打拔管灌注桩,其施工过程如图 6.43 所示。

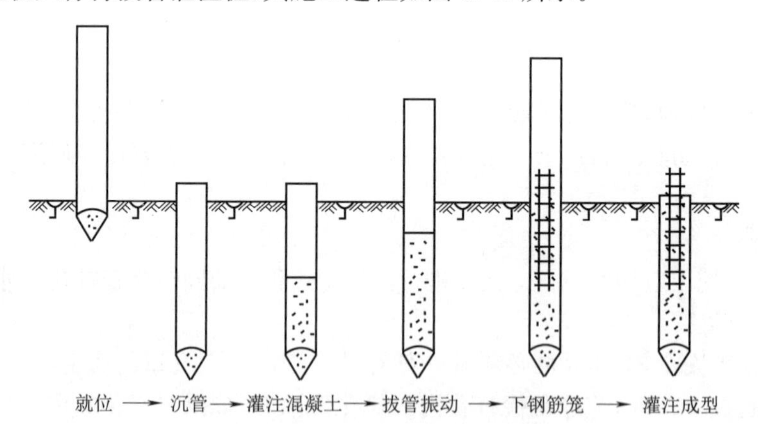

图 6.43　沉管灌注桩施工过程

钢管下端有两种构造:一种是开口,在沉管时套以钢筋混凝土预制桩尖,拔管时,桩尖留在桩底土中;另一种是管端带有活瓣桩尖,沉管时,桩尖活瓣合拢,灌注混凝土后拔管时活瓣打开。

沉管灌注桩施工中应注意下列事项：

①套管开始沉入土中,桩尖应设置在设计位置,桩管竖直套入预制桩尖,两者的轴线应竖向重合一致,如有移位或倾斜超过允许偏差,应及时纠正,必要时应拔出重新沉管。

②灌注混凝土的强度等级和坍落度要符合设计规定,每次向管内灌注混凝土时应尽量多灌,当管长大于桩长时,混凝土可一次灌足。

③拔管时应先振后拔,慢灌慢拔,边振边拔。在开始拔管时,对用活瓣桩尖振动沉入的管桩,应先振动片刻再拔管,应测得桩靴活瓣确已张开,或钢筋混凝土确已脱离,灌入混凝土已从套管中流出,方可继续拔管。拔管速度宜控制在 1.5 m/min 之内,在软土中不宜大于

0.8 m/min。边振边拔以防管内混凝土被吸住上拉而缩颈,每拔出 0.5~1.0 m 要停拔并振动 5~10 次,如此反复进行,直至将套管全部拔出。对用混凝土桩尖锤击沉入的桩管,拔管时采用振动锤倒打法拔出,拔管速度不宜大于 0.8~1.0 m/min,倒打的打击频率不宜小于 70 次/min,使在拔管时起到振动密实混凝土的作用。

④在软土中沉管时,由于排土挤压作用会使周围土体侧移及隆起,有可能挤断邻近已完成但混凝土强度还不高的灌注桩,因此桩距不宜小于 3~3.5 倍桩径,宜采用间断跳打的施工方法,避免对邻桩挤压过大。在淤泥及含水率饱和的软土层振动拔管时,应采用反插法施工,即每次拔管高度 0.5~1.0 m,再往下反插深度 0.3~0.5 m,如此拔插,直至桩管全部拔出。

⑤由于沉管的挤压作用,在软黏土中或软、硬土层交界处所产生的孔隙水压力较大或侧压力大小不一而易产生混凝土桩缩颈。为了避免这种现象可采取扩大桩径的"复打"措施,即在灌注混凝土并拔出套管后,立即在原位重新沉管再灌注混凝土。复打后的桩,其横截面增大,承载力提高,但其造价也相应增加,对邻近桩的挤压力也更大。

6.4.5 扩底桩及桩底压密灌浆桩

将桩底支承面积加以扩大的桩称为扩底桩,其目的是增大桩的承载力。

扩大桩底的方法有:人力开挖扩大法(适用于挖孔灌注桩)、桩端爆扩法、夯击扩大法、扩孔器(图 6.44)扩大法以及压浆扩大桩底等方法。

关于桩底压密灌浆桩,一般钻孔灌注桩由于本身的施工工艺特点,桩底普遍存在沉渣以及桩周泥浆套的影响,与相同地层中打入桩相比,其承载力偏低,桩身材料强度得不到充分发挥。为此开发出桩底压浆技术,把水泥浆或水泥砂浆压入桩底,挤压桩底沉渣及周围土体,使沉渣变薄甚至基本消失,形成扩大的桩底,并向上渗透加固桩周泥皮,从而大幅度提高钻孔桩的轴向承载力。同时,其桩顶位移较普通钻孔桩大为减少,具有较好的经济效益。

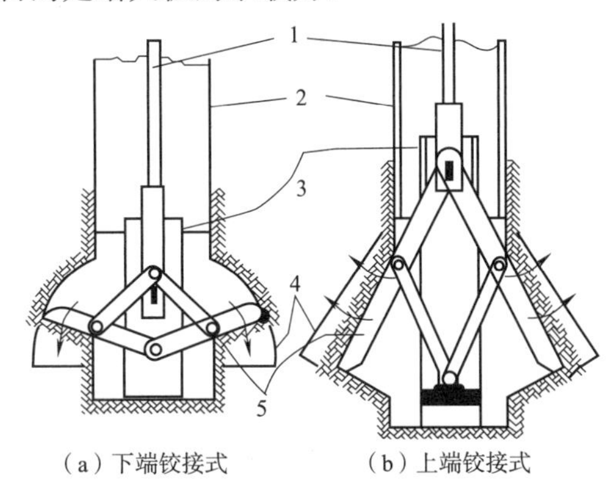

1—传动杆;2—钻孔套管;3—外套;
4—扩孔的全剖面;5—铰接式切刀。

图 6.44 扩孔器

6.4.6 桩基智能施工

传统桩基施工需要配置一名或多名辅助测量人员,靠操作手手工记录数据和监理旁站监督施工,效率低且数据核验困难,灌入量计量不准确,容易造成超灌。目前研发出的桩基智能施工系统则能有效地克服上述缺点,其采用北斗高精度实时定位技术获取桩头精准的三维位置信息,融合安装于桩机上的角度传感器等采集的实时数据,以数字、图像的方式实时记录显示打桩坐标、倾斜角度、钻进和提钻速度、桩深、入岩深度等信息,引导操作手精准施工,同时记录施工过程数据,大大提高了桩基施工的效率和精准度。

6.5 水中桩基础施工

根据水中基础施工方法的不同,其施工场地分为两种类型:一类是用围堰筑岛法修筑的水域岛或长堤，称为围堰筑岛施工场地；另一类是用船或支架拼装建造的施工平台，称为水域工作平台。水域工作平台依据其建造材料和定位的不同可分为船式（包括驳船和专用打桩船）、支架式和沉浮式等多种类型，有时配合使用定位船、吊船等。在组合的船组中备有混凝土工厂、水泵、空气压缩机、动力设备、龙门吊或履带吊车及塔架等施工机具设备。所用设备可根据采用的施工方法和施工条件选择确定。水中支架的结构强度、刚度和船只的浮力、稳定性都应先进行验算。

6.5.1 浅水中桩基础施工方法

对位于浅水或临近河岸的桩基，其施工方法类同于浅水浅基础常采用的围堰修筑法，即先筑围堰施工场地，围堰筑好后，便可抽水挖基坑或水中挖基坑封底后再抽水，然后进行基桩施工。

在浅水中建桥，常在桥位旁设置施工临时便桥。在这种情况下，可利用便桥和相应的脚手架搭设水域工作平台，在整个桩基础施工中可不必动用浮运打桩设备，同时也是解决料具、人员运输的好办法，应在整个建桥施工方案中考虑。一般在水深不大（3～4 m）、流速不大、不通航（或保留部分河道通航）及便桥临时桩施工不困难的河道上，可考虑采用建横跨全河的便桥或靠两岸段的便桥方案。

6.5.2 深水中桩基础施工方法

在宽大的江河深水中施工桩基础时，常采用钢板桩围堰、钢围堰、搭设水域工作平台法及沉井结合法施工。

1）钢板桩围堰法

钢板桩围堰，其支撑（一般为万能杆件构架，也采用浮箱拼装）和导向（由槽钢组成内外导环）系统的框架结构称“围囹”或“围笼”（图 6.45）。钢板桩围堰一般适用于河床为砂土、碎石土和半干硬性黏土的情况，并可嵌入风化岩层。

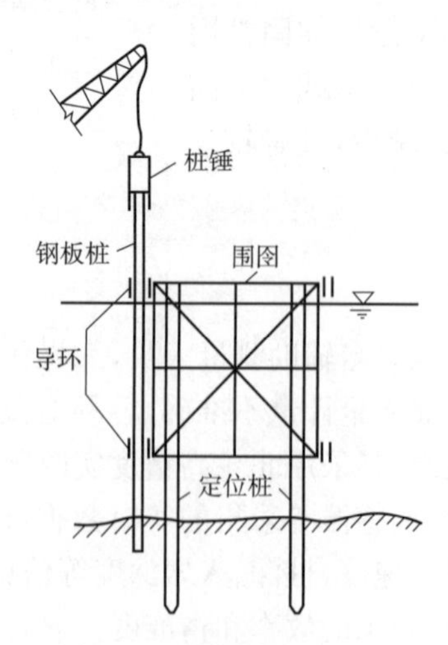

图 6.45 围囹法打钢板桩

钢板桩围堰桩基础施工的方法与步骤如下：

（1）在导向船上拼制围笼，拖运至墩位，将围笼下沉、接高、沉至设计高程，用锚船（定位船）抛锚定位（图 6.46）。

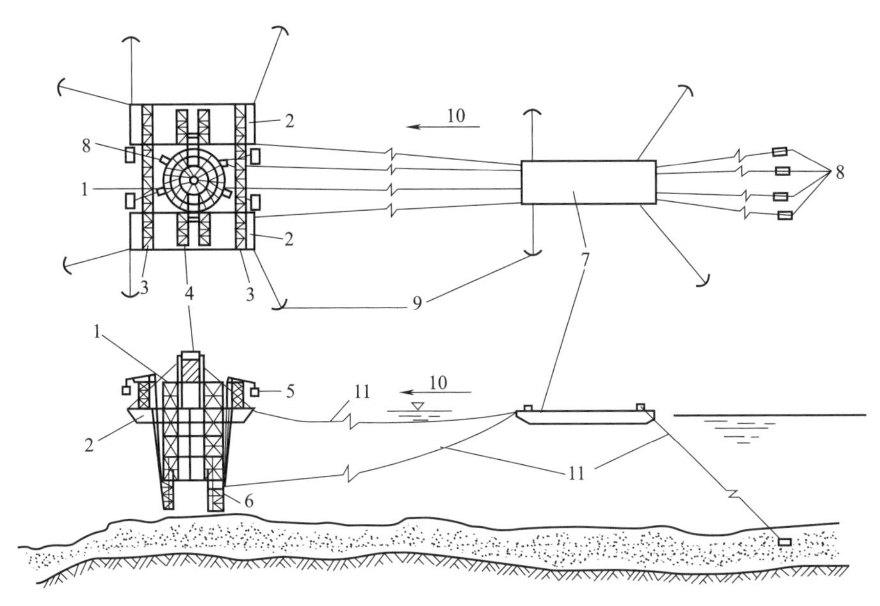

1—围笼；2—导向船；3—连接梁；4—起重塔架；5—平衡重；6—围笼将军柱；
7—定位船；8—混凝土锚；9—铁锚；10—水流方向；11—钢丝绳。

图 6.46 围笼定位示意图

(2)在围笼内插打定位桩(可以是基础的基桩，也可以是临时桩或护筒)，并将围笼固定在定位桩上，退出导向船。

(3)在围笼上搭设工作平台，安置钻机或打桩设备；沿围笼插打钢板桩，组成防水围堰。

(4)完成全部基桩的施工(钻孔灌注桩或打入桩)。

(5)开挖基坑。

(6)基坑经检验后，灌注水下混凝土封底。

(7)待封底混凝土达到规定强度后，抽水，修筑承台和墩身直至露出水面。

(8)拆除围笼，拔除钢板桩。

在施工中也有采用先完成全部基桩施工后，再进行钢板桩围堰的施工步骤。是先筑围堰还是先打基桩，应根据现场水文、地质条件、施工条件、航运情况和所选择的基桩类型等情况确定。

2)双壁钢围堰法

在深水中修建低桩承台桩基础还可以采用双壁钢围堰。它是在钢板桩围堰、浮式钢沉井和管柱基础等多种深水基础施工技术上发展起来的。

双壁钢围堰一般做成圆形结构，实际上是浮式钢沉井。井壁钢壳是由有加劲肋的内外壁板和若干层水平钢桁架组成，中空的井壁提供的浮力可使围堰在水中自浮，使双壁钢围堰在漂浮状态下分层接高下沉。在两壁之间设数道竖向隔舱板将圆形井壁等分为若干个互不连通的密封隔舱，利用向隔舱不等高灌水来控制双壁围堰下沉及调整下沉时的倾斜。井壁底部设置刃脚以利切土下沉。如需将围堰穿过覆盖层下沉到岩层而岩面高差又较大时，可做成如图 6.47所示高低刃脚密贴岩面。

双壁围堰内外壁板间距一般为 1.2～1.4 m，这就使围堰刚度很大，强度较高，所以能承受很大的水头差(30 m 以上)，既能承受向内的压力也能承受向外的压力，故能渡洪(不怕洪水淹没围堰)。围堰内无须设支撑系统，工作面开阔，吸泥下沉、清基钻孔、灌注水下混凝土均很方便。

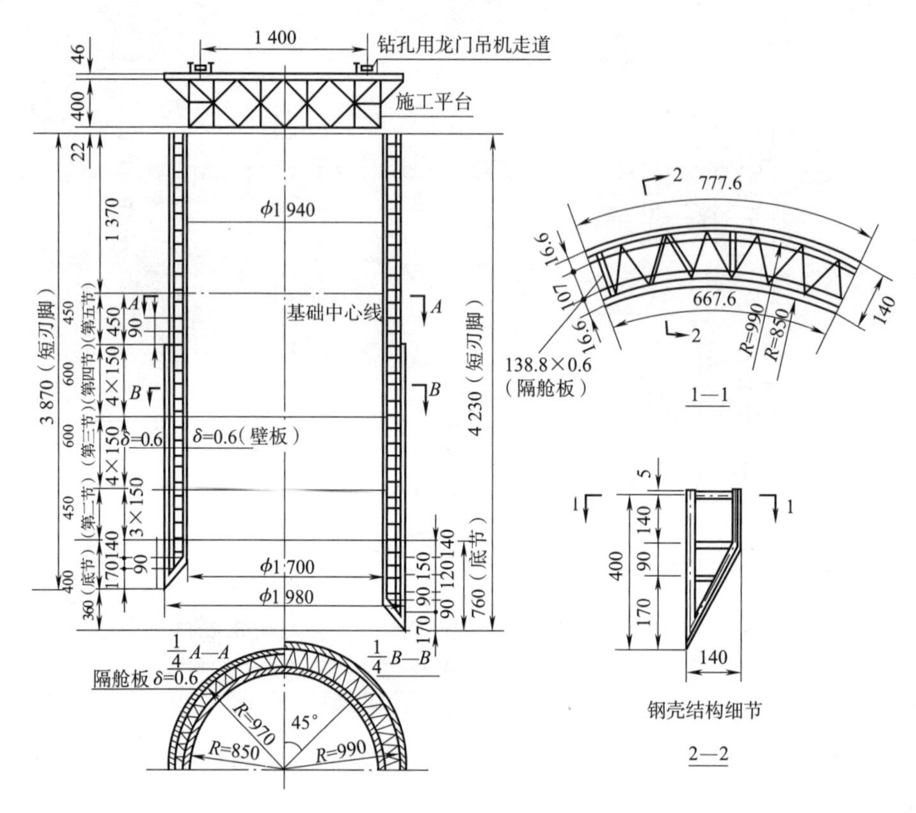

图 6.47 双壁钢围堰的结构与构造(单位:cm)

由于双壁钢壳在施工中仅起围堰作用,因而部分钢壳可以水下割除回收重复使用。双壁围堰根据起重运输条件,可以分节整体制造,也可以分层分块制造。

双壁钢围堰钻孔桩基础施工程序为:

(1)在拼装船上拼装底节钢壳。

(2)将拼装船及导向船拖拽到墩位抛锚定位。

(3)吊起底节钢壳撤除拼装船,将底节钢壳吊放下水,漂浮在水中。

(4)逐层接高(焊接)钢壳,并向中空的钢壳双壁内灌水,使它下沉到河床定位。

(5)在围堰内吸泥使其下沉,围堰重量不足时,可在双壁腔内填充水下混凝土加重,直到刃脚下沉到设计高程。

(6)潜水工下水将刃脚底空隙用垫块填塞,并清基。

(7)在围堰顶部搭设施工平台,安装钻机并下沉埋设钢护筒。

(8)灌注水下封底混凝土。

(9)钻孔灌注桩施工。

(10)围堰内抽水后进行承台及墩身施工。

(11)墩身出水后,在水下切割河床以上部分的钢壳围堰并吊走,可在修建下一个桥墩基础时重复使用。

3)水域工作平台法

(1)浮动施工平台

浮动施工平台,用船只拼成,常在流速不大、风浪较小的河流中使用(图 6.48)。一般是在间隔一定距离的两只平行船上横置工字钢,用钢丝绳将其捆扎连成整体。两船间距大小及船舶载重，按钻架和钻孔的操作要求确定。这种施工平台因“水涨船高”受洪水期影响较小，而且打设方便；其缺点是固定困难，桩位难于保证，必须做好船只定位工作。

(2)支架施工平台

支架施工平台为梁柱组合结构，由下部钢管桩、上部钢管桩平联(剪刀撑)、钢管桩顶部纵横梁以及平台面板组成。按组成平台梁系的构造可分为型钢平台、桁架平台和型钢与桁架组合平台。常用桁架有万能杆件、贝雷架或六四军用桁架，可根据钻机设备大小和已有设备情况选用。此种平台可周转使用。

对水中特大型群桩基础施工，可采用钢管桩和基桩钢护筒共同承受施工荷载的施工平台。平台施工完毕，就可安装钻孔设备，下沉钢护筒，进行钻孔灌注桩施工。图 6.49 所示是一座海湾大桥利用埋设较深的钢护筒代替预制桩作平台立柱支撑的上部型钢施工平台。

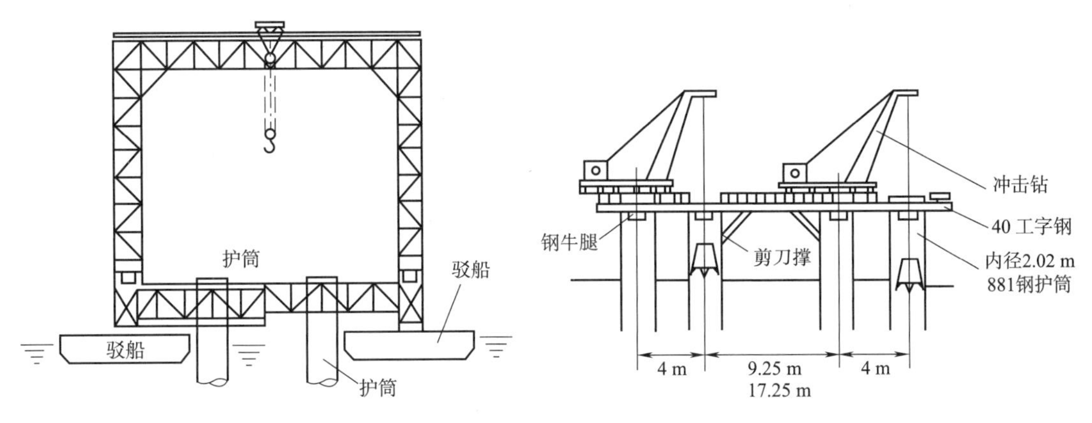

图 6.48　驳船式施工平台

图 6.49　利用钢护筒搭设施工平台

3)沉井结合法

在深水中施工桩基础，当水底河床基岩裸露或卵石、漂石土层钢板围堰无法插打时，或在水深流急的河道上为使钻孔灌注桩在静水中施工时，还可以采用浮运钢筋混凝土沉井或薄壁钢沉井作桩基施工时的挡水挡土结构(相当于围堰)，并在沉井顶设置工作平台。

沉井既可作为桩基础的施工设施，又可作为桩基础的一部分即承台。薄壁钢沉井多用于钻孔灌注桩的施工，除能保持在静水状态施工外，还可将几个桩孔一起圈在沉井内代替单个安设护筒，并可周转重复使用。

6.5.3　深水承台施工方法

深水承台的施工方法决定于水深和承台相对于河床的标高。

1)承台底在河床以上

在深水中修筑高承台桩基础时，由于承台位置较高不需坐落到河底，一般采用吊箱围堰法修筑桩基础，或采用在已完成的基桩上安置套箱的方法修筑高桩承台，吊箱或套箱作为承台施工的模板。

常用的钢吊箱(套箱)一般由底盘、侧面围堰板、内支撑、悬吊及定位系统组成。底盘用槽钢作纵、横梁，梁上铺以钢板或木板作封底混凝土的底板，并留有导向孔(大于桩径 50 mm)以控制桩位。侧面围堰板由钢板形成，整块吊装，有单壁和双壁两种形式。单壁钢吊箱结构简单，方便加工；双壁钢吊箱可充分利用水的浮力进行吊箱的拼装与下沉。吊箱顶部设有内支撑，内支撑由纵横梁形成，或者是由上下弦杆以及上下弦杆之间的竖撑和斜撑形成的空间桁架结构。

对底板接缝处及桩位处缝隙进行封堵，然后再向箱底灌注封底混凝土(一般厚度约为0.5 m)，通过吊箱侧壁与封底混凝土封闭隔断江水。待此封底混凝土硬化后，才可抽水形成干燥无水的施工条件，整平封底混凝土顶面绑扎承台钢筋，进行承台施工。吊(套)箱既是围堰又是承台施工模板，其最下一节将埋入封底混凝土内，以上部分可割除周转使用。

吊箱或套箱可结合前面深水桩施工平台搭设方法进行。钢吊(套)箱围堰施工技术有以下几种：①工厂制作，现场吊放；②水上散拼，分节吊放；③现场制作，浮运到位后吊放；④现场原位制作，整体或逐节吊放；⑤门架浮体运输并吊放。

(1)吊箱法

吊箱是悬吊在水中的箱形围堰，如图 6.50 所示，基桩施工时用作导向定位，基桩完成后封底抽水，灌注混凝土承台。吊箱围笼平面尺寸与承台相适应，分层拼装，顶部设有起吊的横梁和工作平台，底盘留有导向孔。

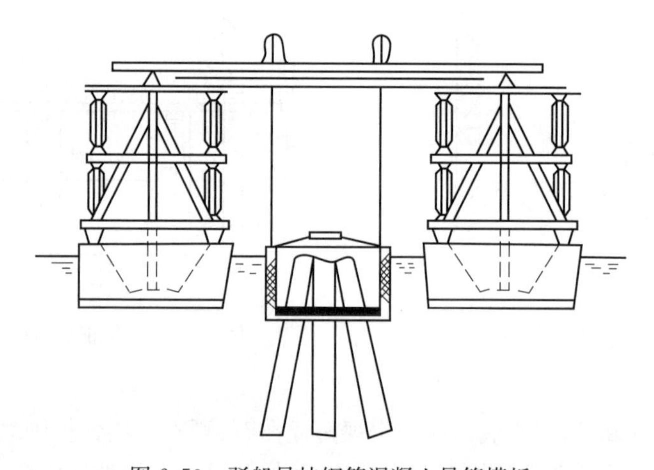

图 6.50 驳船吊挂钢筋混凝土吊箱模板

吊箱法的施工方法与步骤如下：

①在岸上或岸边驳船上拼制吊箱围堰，浮运至墩位，吊箱下沉至设计标高，如图 6.51(a)所示。

②插打围堰外定位桩，并固定吊箱围堰于定位桩上，如图 6.51 (b)所示。

③在钢吊箱底板导向孔内插打钢护筒，进行基桩施工，如图 6.51 (c)所示。

④填塞底板缝隙，灌注水下混凝土封底。

⑤抽水，将桩顶钢筋伸入承台，铺设承台钢筋，灌注承台及墩身混凝土。

⑥拆除吊箱围堰连接螺栓，吊出围堰板。

(2)套箱法

套箱法是针对先用打桩船(或其他方法)完成全部基桩施工后，修建高桩承台基础水中承台的一种方法。套箱可预制成与承台尺寸相适应的钢套箱或钢筋混凝土套箱，箱底板按基桩平面位置留有桩孔。基桩施工完成后，吊放套箱围堰，如图 6.52 所示，将基桩顶端套入套箱围堰内(基桩顶端伸入套箱的长度按基桩与承台的构造要求确定)；并将套箱固定在定位桩(可直接用基桩)上，然后浇筑水下混凝土封底。待达到规定强度后即可抽水，继而施工承台和墩身结构。

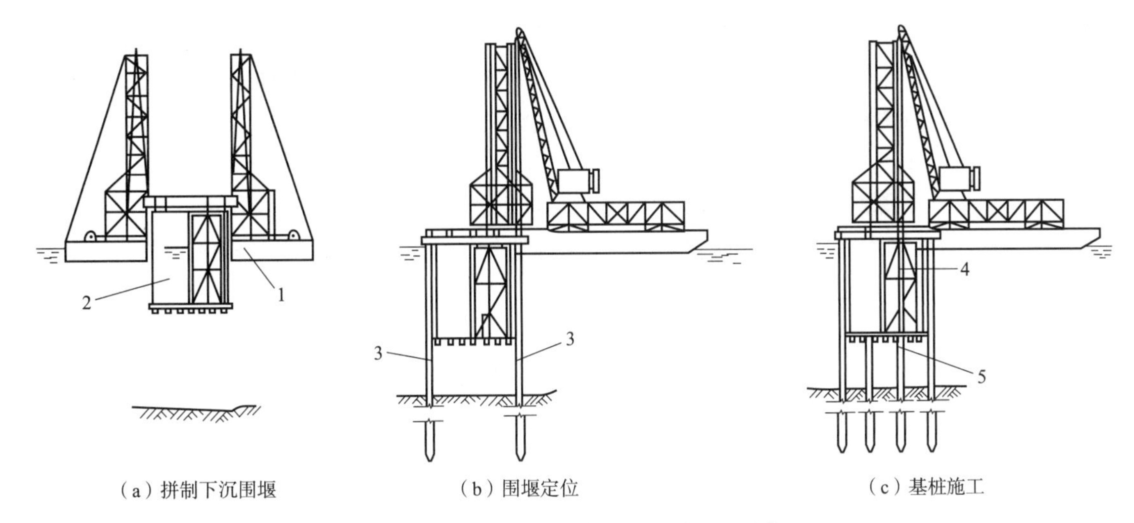

（a）拼制下沉围堰　（b）围堰定位　（c）基桩施工

1—驳船；2—吊箱；3—定位桩；4—送桩；5—基桩。

图6.51　吊箱围堰修建水中桩基

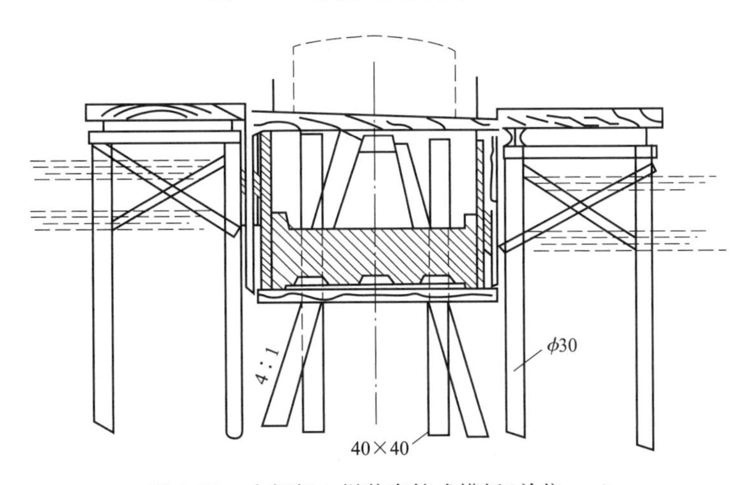

图6.52　在框架上拼装套箱式模板(单位:cm)

套箱法施工步骤如下：

①整体制作或分块拼装钢套箱。

②利用低水(潮)位在钢护筒上焊接搁置牛腿。

③拆除护筒区的施工平台。

④用固定式扒杆起重船起吊套箱，将套箱搁置在护筒牛腿上，吊船撤出。

⑤焊接钢护筒与套箱底板之间的反压牛腿，使套箱固定。

⑥封堵底板缝隙，浇筑封底混凝土。

⑦抽水后找平封底混凝土。

⑧割除护筒并凿除桩头混凝土，露出桩顶钢筋。绑扎承台钢筋，浇筑承台混凝土。

施工中应注意：水中直接打桩及浮运箱形围堰吊装的正确定位，一般均采用交汇法控制，在大河中有时还需要搭临时观测平台。在吊箱中插打基桩，由于桩的自由长度大，应细致把握吊沉方位；在浇灌水下混凝土前应将底桩缝隙堵塞好。

2)承台底在河床以下

当承台底在河床以下一定深度时，一般可用浮运套箱法施工。套箱实际上是一种在岸上或船上预制的浮运沉井，材料可用钢板或钢筋混凝土薄壁结构制成，下端有刃脚，浮运时要安装架底，到墩位处沉入河底，罩在已施工好的桩上，并根据入土深度要求使套箱下端沉入河床一定深度，形成一个围堰结构。然后灌注水下封底混凝土，抽水施工承台。水较深时可分层拼接，每层高 4～6 m。

以上介绍的是深水承台施工方法的简单概况，实际上深水中的桩基础和承台施工极易出现工程事故，而且困难多、影响因素复杂，致使工程造价很难控制。有关一些具体的结构构造、施工的操作方法、工艺过程，请参考有关资料。

6.6 桩的质量检测

桩身的质量问题主要反映在桩身的完整性上，桩身完整性是反映桩身截面尺寸相对变化、桩身材料密实性和连续性的综合定性指标，很难量化。根据桩身缺陷的程度，桩身完整性可分为四个类别，见表 6.4。Ⅰ、Ⅱ、Ⅲ、Ⅳ类桩依次表示桩身缺陷的程度逐渐增加。桩身缺陷是指使桩身完整性恶化，在一定程度上引起桩身结构强度和耐久性降低的一系列现象的统称。主要包括桩身断裂、裂缝、缩颈、夹泥或其他杂物，另外，还有空洞、蜂窝和松散等缺陷类别。

表 6.4　桩身完整性类别划分

桩身完整性类别	分类原则
Ⅰ类桩	桩身完整
Ⅱ类桩	桩身有轻微缺陷，不会影响桩身结构承载力的正常发挥
Ⅲ类桩	桩身有明显缺陷，对桩身结构承载力有影响
Ⅳ类桩	桩身存在严重缺陷

对于桩基工程，保证基桩桩身的质量至关重要，目前已有多种桩身结构完整性的检测技术，下列就几种常用的作简要介绍。

第一种，开挖检查。它只限于对所暴露的桩身进行观察检查，因此，桩身浅部缺陷可采用开挖验证。

第二种，钻芯法。它是用钻机钻取芯样以检测桩长、桩身缺陷、桩底沉渣厚度以及桩身混凝土的强度、密实性和连续性，判定桩端岩土性状的方法。当单孔钻芯检测发现桩身混凝土有质量问题时，宜在同一基桩增加钻孔验证。

第三种，声波透射法。它是在预埋声测管之间发射并接受声波，通过实测声波在混凝土介质中传播的声时、频率和波幅衰减等声学参数的相对变化，对桩身完整性进行检测的方法。预埋的声测管多为金属管，一般有 3～4 根，对称绑扎布置在钢筋笼内侧，检测时，在声测管中灌满清水，在其中一根管内放入发射器，其他管中放入接收器，通过测读并记录不同深度处声波的传递时间来分析判断桩身的质量。

动画

超声波检测

第四种，动测法。主要包括低应变法和高应变法。低应变法是指采用低能量瞬态或稳态激振方式在桩顶激振，实测桩顶部的速度时程曲线或速度导纳曲线，通过波动理论分析或频域分析，对桩身完整性进行判定的检测方法。高应变法则是用重锤冲击桩顶，实测桩顶部的速度和力时程曲线，通过波动理论分析，对单桩竖向抗压承载力和桩身完整性进行判定的检测方法。由此可见，它与低应变法的主要区别在于激振设备的轻重不同。高应变法除了能检测桩身的完整性，还能检测单桩的竖向抗压承载力。对桩身或接头存在裂隙的预制桩可采用高应变法验证。对低应变法检测中不能明确完整性类别的桩或Ⅲ类桩,可根据实际情况采用高应变法或钻芯、开挖等适宜的方法验证检测。

开挖、钻芯、声波透射、动测等检测方法在可靠性和经济性方面存在不同程度的局限性,多种方法配合时又具有一定的灵活性。因此,应根据检测目的、检测方法的适用范围和特点,合理选择检测方法,实现各种方法合理搭配、优势互补,使各种检测方法尽量能互为补充或验证,即在达到"正确评价"目的的同时,又要体现经济合理性。

课程思政

本章主要介绍了桩和桩基础的概念、类型及构造、各种桩基础施工的工艺等,其育人举措和思路可从以下方面展开:

(1)通过介绍桩基础的发展历史,激励不断推陈出新,树立不断进取的创新精神。

(2)采用类比法,通过比较分析高承台桩基础和低承台桩基础的特点、不同桩型的特点、旱地桩基础和水中桩基础施工的影响因素和工艺的异同,结合实际工程情况,分析确定对象的适用条件,如此在加深理解和记忆的同时,自觉通过比较方法探索和发现问题,并针对性地解决工程实际问题,构建比较思维和"知行合一"的工程科学思维。

(3)开挖、钻芯、声波透射、动测等检测方法,它们在可靠性和经济性方面存在不同程度的局限性,多种方法配合时又具有一定的灵活性。因此,应根据检测目的、检测方法的适用范围和特点,合理选择检测方法,实现各种方法合理搭配、优势互补,使各种检测方法尽量能互为补充或验证,即在达到"正确评价"目的的同时,又要体现经济合理性。如此,自觉树立在解决工程实际问题时的哲学辩证思维:灵活性和原则性的统一。

(4)通过视频、虚拟仿真和动画及工程缩尺模型等现代信息技术,将典型桩基础结构形式、典型桩基础施工工艺引入教材和课堂,有效拉近学生与实际工程的距离,自觉构建"知行合一"的工程科学思维。通过引入先进的施工技术和信息技术,激励创新,自觉形成创新思维。

(5)通过分析钻孔灌注桩施工完遗留的泥渣对环境造成的污染以及打入式预制桩施工时产生的噪声等问题,将环保理念引入课堂,自觉因地制宜、因时制宜地选择符合环保要求的施工方法和工艺。

(6)人工挖孔桩的施工技术非常古老,但挖孔时可直接观察地层、孔底容易清除干净,设备简单,噪声小,场区内各桩还可同时施工,且桩径大,适应性强,还比较经济。所以在工程技术高速发展的今天,古老的技术依然需要我们传承。据此阐释技术和文化传承的重要意义。

(7)借助视频、BIM技术和图片等呈现并阐释人工挖孔桩、钻孔灌注桩等施工中容易出现的安全问题和采取的一系列安全措施,自觉形成"安全重于泰山,生命高于一切"的工程理念,增强职业责任感。同时呈现人工挖孔桩等施工中地下作业人员的艰苦施工场景,激发人道主义关怀,弘扬人道主义精神。

思考题与习题

6.1 桩基础有何特点?它适用于什么情况?

6.2 端承桩和摩擦桩承载特性有什么不同?

6.3 预制桩和灌注桩各有哪些优缺点,它们各自适用于什么情况?

6.4 试说明高承台和低承台桩基础的区别、特点及其使用情况。

6.5 桩的类型有哪些?

6.6 钢筋混凝土桩在钢筋配置上有何要求?

6.7 钢桩有何特点?

6.8 预制桩的施工应注意哪些问题?

6.9 挖孔桩与钻孔桩各有哪些优缺点?各自适用于什么情况?

6.10 钻孔灌注桩施工的主要工序是什么?

6.11 钻孔灌注桩有哪些成孔方法?各适用什么条件?

6.12 钻孔灌注桩成孔时,护筒和泥浆分别起什么作用?

6.13 简述水中如何修筑桩基。

6.14 桩的质量检测主要有哪些方法?它们的基本原理分别是什么?

桩基础的设计计算

7.1 桩基础的荷载传递和设计原则及内容

7.1.1 桩基础的荷载传递

上部结构荷载通过承台传给桩群，再由桩群传至地基。严格地讲，这是对高承台桩基础而言，当为低承台时，荷载传递要复杂些。

如图7.1所示的低承台摩擦桩基础，当承台及其与桩的连接符合前述构造要求时。可认为承台是刚性的，桩与承台的连接可看成刚性连接。上部结构荷载及承台和承台上土的自重，可换算为作用于承台底面形心 O 处的竖向力 N、水平力 H 和力矩 M。这些荷载原则上由桩

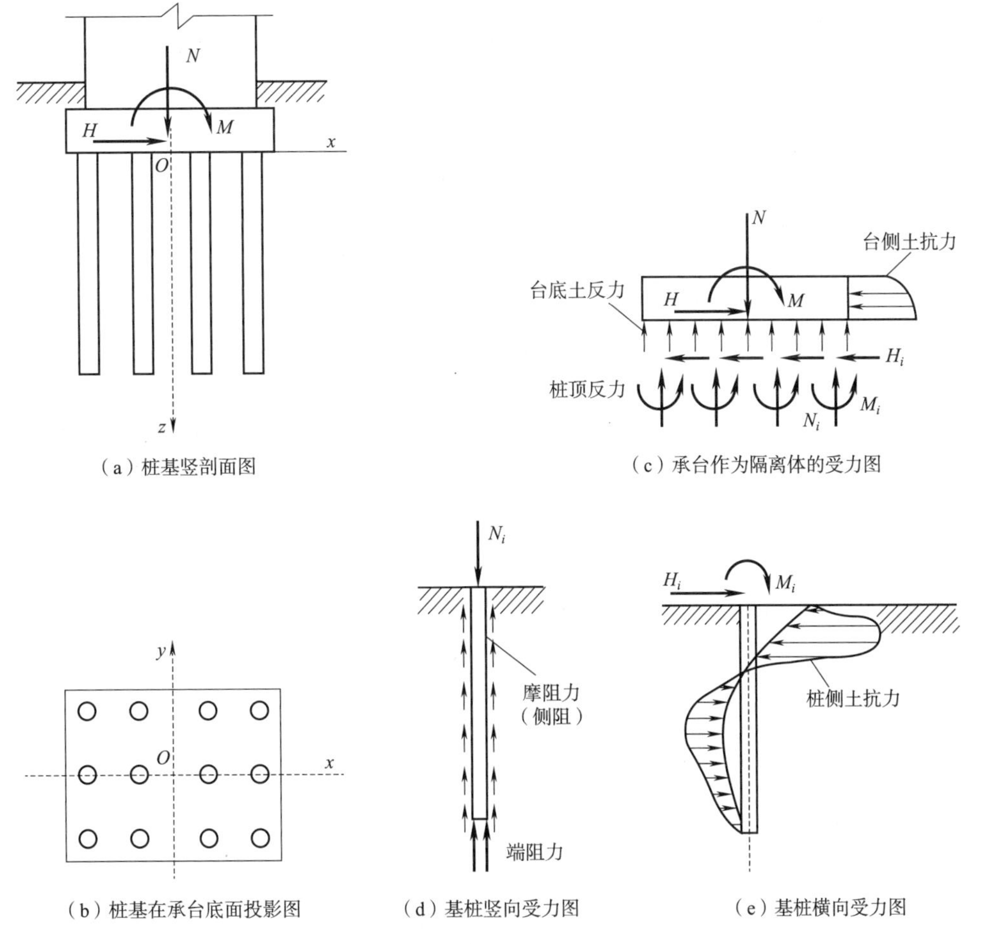

图7.1 低承台摩擦桩基的荷载传递

群及承台侧面和底面下的土体共同承受，即如图7.1(c)所示，全部荷载与各桩的桩顶反力、承台侧面的土抗力和承台底面的土反力保持平衡。但其中台侧土抗力和台底土反力都只有在一定条件下才能稳定可靠地发挥，桥梁工程则在任何情况下都不考虑台底土反力。各桩的桩顶反力包括轴向力 N_i、水平力 H_i 和弯矩 M_i。对桩来讲，桩顶反力反向作用于桩顶，大小等于承台传来的荷载，称为桩顶荷载。图7.1(d)和图7.1(e)显示出了桩顶荷载的传递，其中 N_i 以侧壁摩阻力和端阻力的方式传至地基，因而 N_i 等于总摩阻力(或称总侧阻)与总端阻之和；H_i 和 M_i 一般则由桩侧土抗力所平衡。这两种荷载情况下桩的受力性能是桩基分析的重要内容，将在后面进一步介绍。

低承台端承桩基础的荷载传递基本上与摩擦桩基础相同，但在轴向力 N_i 作用下，桩侧摩阻力的发挥与桩的长径比、桩侧土的性质及桩底支承强弱等因素有关。一般来讲，若桩很短，摩阻力则可忽略不计。在桥梁工程中，对支承于岩面上或嵌入岩层内的端承桩，把新鲜岩面以上的覆盖层摩阻力视为安全储备，计算时不予考虑。

对于高承台桩基础，没有台侧土抗力和台底土反力，承台底面以上的全部作用力与桩顶反力保持平衡，即荷载完全由桩群传至地基。

单桩基础通常具有较大的截面尺寸，其荷载传递的特点是端承作用较强，当为扩底桩时尤其明显。

熟悉不同情况下桩基础的荷载传递方式，对设计时合理选择桩基类型和采取适当的构造措施以及指导施工都是必要的。

7.1.2 桩基础的设计原则

桩基础设计时应结合地区经验，考虑桩、土、承台的共同作用。桩基础设计应满足下列基本条件：

(1)单桩承受的竖向荷载不应超过单桩容许承载力或单桩承载力特征值。

(2)桩基础的沉降不得超过建(构)筑物沉降允许值。

(3)位于坡地岸边的桩基础应进行稳定性验算。

此外，对于软土、湿陷性黄土、膨胀土、季节性冻土和岩溶等地区的桩基础，应按有关规范考虑特殊性土对桩基础的影响，并在桩基础设计中采取有效措施。

7.1.3 桩基础的设计内容

桩基础设计主要包括下列基本内容：

(1)桩的类型和几何尺寸的选择。如截面形状、桩长、桩径等。

(2)单桩竖向和水平向承载力的确定。

(3)确定桩的数量、间距和平面布置。如行列式或梅花形布置等。

(4)桩基础承载力和沉降验算，必要时还需验算其稳定性。

(5)桩身结构设计，如是空心的还是实心的，桩身配筋设计等。

(6)承台设计，包括承台尺寸和配筋及力学验算等。

(7)绘制桩基础的施工图。

7.2　竖轴向荷载作用下单桩工作性能

7.2.1　桩的轴向荷载传递

1）竖轴向荷载传递的方式和特点

（1）竖轴向受压

桩顶不受力时，桩静止不动，桩侧、桩端阻力为零；桩顶受力后，随着桩顶荷载的不断增大，桩侧、桩端阻力也相应增大，当桩顶在某一荷载作用下，出现不停滞下沉时，桩侧、桩端阻力才达到极限值。这说明桩侧、桩端阻力的发挥，需要一定的桩土相对位移，即桩侧、桩端阻力是桩土相对位移的函数，称之为荷载传递函数。

当荷载较小，尚不足以使桩整体下移时，桩与其侧面土体之间由于桩身的压缩变形而发生相对位移，因而引起土对桩的摩阻力或侧阻。此时，桩顶轴向压力 Q 通过桩侧摩阻作用向下扩散并传至地基；若总侧阻为 Q_s，则 $Q=Q_s$。随着荷载增大，桩发生整体位移，部分荷载便直接通过桩端传至地基，于是除侧阻外，桩端阻力也得到发挥，用 Q_p 表示总端阻，则

$$Q=Q_s+Q_p \tag{7.1}$$

从上述可知，在轴向压力作用下，桩侧阻力的发挥先于端阻。试验研究成果表明，侧阻的发挥与桩径、土性、土层相对位置及成桩工艺等多种因素有关，但其性状还需要进一步研究。端阻的发挥主要与持力层土性质及桩的类型等有关。试验表明桩底阻力的充分发挥需要有较大的位移值，桩端阻力对应的桩端极限位移在黏性土中约为桩底直径的 25%，在砂性土中为 8%～10%，对于钻孔桩，由于孔底虚土、沉渣压缩的影响，发挥端阻极限值所需位移更大。而桩侧摩阻力只要桩土间有适当的相对位移就能得到充分的发挥，一般认为黏性土中为 4～6 mm，砂性土中为 6～10 mm。对于大直径钻孔灌注桩，如果孔壁呈凹凸形，发挥侧摩阻力极值需要的位移较大，可达 20 mm 以上，约为桩径的 2.2%；如果孔壁平直光滑，发挥侧摩阻力极值需要的极限位移较小，只需 3～4 mm。

由于侧阻与端阻并非同时发挥，更不是同时达到极限，故在用安全系数来衡量桩基安全度的设计方法（即定值设计法）中，计算单桩竖向受压容许承载力$[P]$时，极限总侧阻 Q_{su} 和极限总端阻 Q_{pu} 应除以各自的安全系数 K_s 和 K_p，即

$$[P]=\frac{Q_{su}}{K_s}+\frac{Q_{pu}}{K_p} \tag{7.2}$$

在运营荷载下，侧阻发挥的程度一般比端阻高许多，故 $K_s<K_p$。但实用上通常对侧阻和端阻采用相同的安全系数 K（一般取 $K=2$），即

$$[P]=\frac{1}{K}(Q_{su}+Q_{pu}) \tag{7.3}$$

这里，安全系数的概念比较模糊，也是不太合理的。

（2）轴向受拉

当桩承受轴向拉力（拔力）T_0时，一般不计桩底土对桩的吸力，而认为荷载完全通过桩侧摩阻作用传至周围土体。桩拔升时的侧阻与受压时相似，但随着上拔量的增加，其侧阻力会因土层松动及摩阻面积减小而比受压时低，故

$$T_0=\lambda Q_s \tag{7.4}$$

式中，λ 为小于 1.0 的系数。

2)桩侧阻力、桩端阻力的影响因素

(1)深度效应

当桩端进入均匀持力层的深度 h 小于某一深度时,其端阻力一直随深度呈线性增大;当进入深度大于该深度后,极限端阻力基本保持恒定不变,该深度称为端阻力的临界深度 h_{cp},该恒定极限端阻力为端阻稳定值 q_{pl}。

当桩端持力层下存在软弱下卧层,且桩端与软弱下卧层的距离小于某一厚度时,端阻力将受软弱下卧层的影响而降低。该厚度称为端阻的临界厚度 t_c。

图 7.2 表示软土中密砂夹层厚度变化及桩端进入夹层深度变化对端阻的影响。当桩端进入密砂夹层的深度及离软卧层距离足够大时,其端阻力可达到密砂中的端阻稳定值 q_{pl}。这时要求夹层总厚度不小于 $h_{cp}+t_c$,如图中的③。反之,当桩端进入夹层的厚度 $h<h_{cp}$ 或距软层顶面距离 $t_p<t_c$ 时,其端阻值都将减小,如图中的①、②所示。

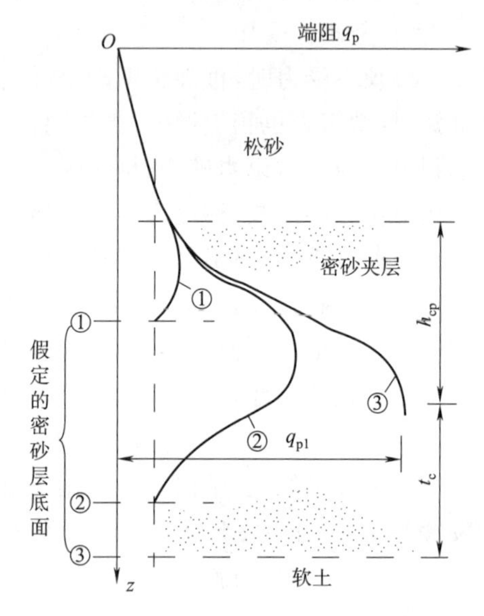

图 7.2　桩端进入夹层深度变化对端阻力的影响

在上海、安徽蚌埠等地对桩端进入粉砂不同深度的打入桩进行了系列试验,表明临界深度在 $7d$(设计桩径)以上,临界厚度为 $5\sim7d$;硬黏性土中的临界深度与临界厚度接近相等,$h_{cp}=t_c=7d$。

必须指出的是,群桩的深度效应概念与上述单桩不同。在均匀砂或有覆盖的砂层中,群桩承载力始终随着进入持力层的深度而增大,不存在临界深度;当有下卧软土层时,软土层对群桩承载力的影响比对单桩的影响大。

(2)成桩效应

①挤土桩、部分挤土桩的成桩效应。非密实砂土中的挤土桩,成桩过程使桩周土因挤压而趋于密实,导致桩侧、桩端阻力提高。对于桩群,桩周土的挤密效应更为显著。饱和黏土中的挤土桩,成桩过程使桩周土受到挤压、扰动、重塑、产生超孔隙水压力,随后出现孔压消散、再固结和触变恢复,导致侧阻力、端阻力产生显著的时间效应,即软黏土中挤土摩擦型桩的承载力随时间而增长,距离沉桩时间越近,增长速度越快。

②非挤土桩的成桩效应。非挤土桩(钻、冲、挖孔灌注桩)成孔过程中,由于孔壁侧向应力解除,出现侧向土松弛变形。孔壁松弛效应导致土体强度削弱,桩侧阻力随之降低。采用泥浆护壁成孔的灌注桩,在桩土界面之间将形成“泥皮”的软弱界面,导致桩侧阻力显著降低,泥浆越稠、成孔时间越长,“泥皮”越厚,桩侧阻力降低越多。如果形成的孔壁比较粗糙(凹凸不平),由于混凝土与土之间的咬合作用,接触面的抗剪强度受泥皮的影响较小,使得桩侧摩阻力能得到比较充分的发挥。对于钻、冲孔灌注桩,成桩过程桩端土不仅不产生挤密,反而出现虚土或沉渣现象,因而使端阻力降低,沉渣越厚,端阻力降低越多。这说明钻、冲孔灌注桩承载特性受很多施工因素的影响,施工质量较难控制。掌握成熟的施工工艺,加强质量管理对工程的可靠性就显得尤为重要。

3)桩土体系荷载传递的基本方程

如图 7.3(b)所示的桩,轴向荷载 Q 在桩身各截面引起的轴向力 N_z,可通过桩的荷载试验，利用埋设于桩身内的应力或应变测试元件的量测结果求得，从而可以绘出轴力沿桩身的分布曲线如图7.3(e)所示，该曲线通常称为荷载传递曲线。由于桩侧土的摩阻作用，轴向力 N_z 随深度 z 增大而减小，其衰减的快慢反映了桩侧土摩阻作用的强弱。桩顶的轴向力 N_0 与桩顶竖轴向荷载 Q 相平衡，即 $N_0=Q$；桩端的轴向力 N_l 与总端阻 Q_p 相平衡，即 $N_l=Q_p$，总侧阻 $Q_s=Q-Q_p$。

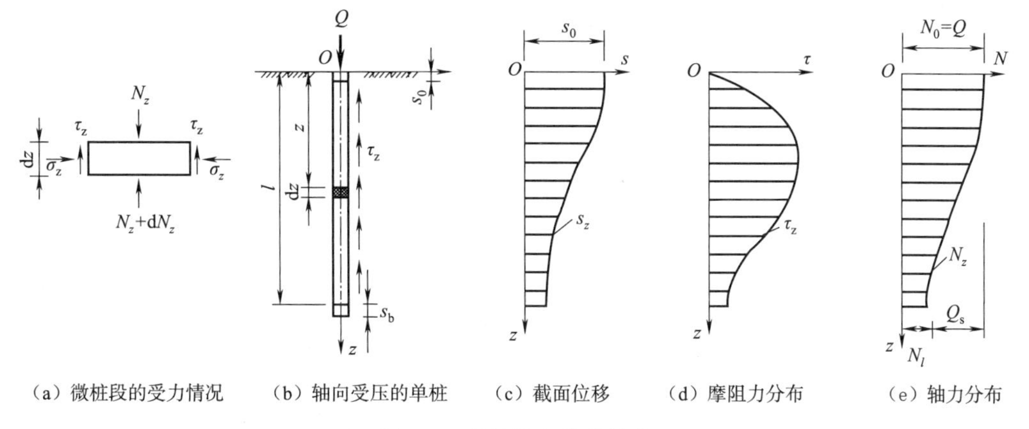

（a）微桩段的受力情况　（b）轴向受压的单桩　（c）截面位移　（d）摩阻力分布　（e）轴力分布

图7.3　单桩轴向荷载传递

荷载传递曲线确定了 z 深度处轴向力 N_z 与 z 的函数关系。有了该曲线，可以由桩的微分方程求得深度 z 处截面的轴向位移 s_z（相对于桩周土）以及桩侧单位面积的摩阻力 τ_z。

设桩的长度为 l，横截面面积为 A_p，桩身材料弹性模量为 E_p，周长为 u_p。现从桩身任意深度 z 处取 dz 微分桩段，根据微分桩段竖向力的平衡条件（忽略桩身自重），可得

$$N_z-\tau_z\cdot u_p\cdot dz-(N_z+dN_z)=0 \tag{7.5}$$

可得桩侧摩阻力 τ_z 与桩身轴力 N_z 的关系为

$$\tau_z=-\frac{1}{u_p}\frac{dN_z}{dz} \tag{7.6}$$

τ_z 也即是桩侧单位面积上的荷载传递量。由于桩顶轴向荷载 Q 沿桩身向下通过桩侧摩阻力逐步传给桩周土，因此轴力 N_z 相应地随深度而递减[所以式(7.6)右端带负号]。

根据桩段 dz 的桩身压缩变形 ds_z 与桩身轴力 N_z 之间的关系，即

$$ds_z=-\frac{N_z dz}{A_p E_p} \tag{7.7}$$

可得

$$N_z=-A_p E_p\frac{ds_z}{dz} \tag{7.8}$$

将式(7.8)代入式(7.6)得

$$\tau_z=\frac{A_p E_p}{u_p}\frac{d^2 s_z}{dz^2} \tag{7.9}$$

式(7.9)是单桩轴向荷载传递的基本微分方程。它表明桩侧摩阻力 τ_z 是桩截面对桩周土的相对位移 s_z 的函数，其大小制约着土对桩侧表面向上作用的正摩阻力 τ_z 的发挥程度。

由图7.3(a)可知，任一深度 z 处的桩身轴力 N_z 应为桩顶竖轴向荷载 $N_0=Q$ 与 z 深度范围内的桩侧总阻力之差：

$$N_z=N_0-u_p\int_0^z\tau_z dz=Q-u_p\int_0^z\tau_z dz \tag{7.10}$$

则桩端轴力 N_l 为

$$N_l = Q - u_p \int_0^l \tau_z \mathrm{d}z = Q_p \tag{7.11}$$

桩身截面位移为桩顶位移 $s_0 = s$ 与 z 深度范围内的桩身压缩量之差 s_z 为

$$s_z = s_0 - \frac{1}{A_p E_p}\int_0^z N_z \mathrm{d}z = s - \frac{1}{A_p E_p}\int_0^z N_z \mathrm{d}z \tag{7.12}$$

则桩端位移 s_l(桩的刚体位移)为

$$s_l = s - \frac{1}{A_p E_p}\int_0^l N_z \mathrm{d}z \tag{7.13}$$

通过单桩静载荷试验获得桩身轴力 N_z 的分布曲线[图 7.3(e)]后,可由式(7.6)和式(7.12)做出摩阻力和截面位移的分布图,如图 7.3(d)和图 7.3(c)所示。

上述从桩的荷载传递曲线分析其轴向位移 s_z 和侧阻 τ_z,是较为常用的竖轴向荷载的传递分析方法。用不同荷载下的传递曲线按上述过程进行分析,可以较为清楚地了解侧阻和端阻随荷载增大的发展变化、发挥程度以及两种阻力与桩身位移的关系等规律,所得结果对合理确定桩的承载力和设计桩基础很有意义。

4)荷载传递的一般规律

对不同情况所作的理论分析表明,轴向受压时桩的荷载传递有以下规律:

①轴向压力下桩的荷载传递与其长径比 l/d 及桩端土与桩侧土的相对刚度 R_{bs} 有关。R_{bs} 定义为桩端土与桩侧土的压缩模量或变形模量之比,其值越大,说明桩端土抵抗变形的能力越强于桩侧土,反之则越弱。在 l/d 一定的情况下,传递到桩端的荷载 Q_p 随 R_{bs} 增大而上升,但当 R_{bs} 大到一定程度后再增大,Q_p 则几乎不再变化。

②桩与桩侧土的相对刚度 R_{ps} 增大,Q_p 也增大;当 R_{ps} 大到一定程度后,Q_p 不会再有明显变化。反之,桩端分担的荷载比例降低,对于 $R_{ps} \leqslant 10$ 的中长桩,其桩端阻力接近于零。这说明对于碎石桩、灰土桩等低刚度桩组成的基础,应按复合地基原理设计。

③Q_p 随 l/d 增大而减小,桩身下部侧阻的发挥相应降低。在均质土中,当 $l/d \geqslant 40$ 时,$Q_p \approx 0$;若 $l/d \geqslant 100$,则不论桩端土刚度多大,端阻均可忽略不计。

④对扩底桩,增大扩底直径与桩身直径之比 D/d,桩端分担的荷载可以提高。在均质土中,当 $l/d = 25$ 时,等直径桩桩端分担荷载的百分比仅约为 5%,而 $D/d = 3$ 的扩底桩可增至 35%左右。

上述理论分析结果说明,为有效地发挥桩的承载性能和取得较好经济效益,设计时应根据土层的分布和性质并注意到桩的荷载传递特性,合理确定桩径、桩长和桩端持力层。

7.2.2 单桩竖轴向受压的破坏模式

单桩在轴向荷载作用下,其破坏模式主要取决于桩周土的抗剪强度、桩端支承情况、桩的尺寸以及桩的类型等条件。轴向荷载下可能的单桩破坏模式如图 7.4 所示。

1)压屈破坏

当桩底支承在坚硬的土层或岩层上,桩周土层极为软弱,桩身无约束或侧向抵抗力。桩在轴向荷载作用下,如同一细长压杆出现纵向压屈破坏,荷载—沉降(Q—s)关系曲线为"急剧破坏"的陡降型,其沉降量很小,具有明确的破坏荷载,如图 7.4(a)所示。桩的承载力取决于桩身的材料强度。穿越深厚淤泥质土层中的小直径端承桩或嵌岩桩、细长的木桩等多属于此种破坏。

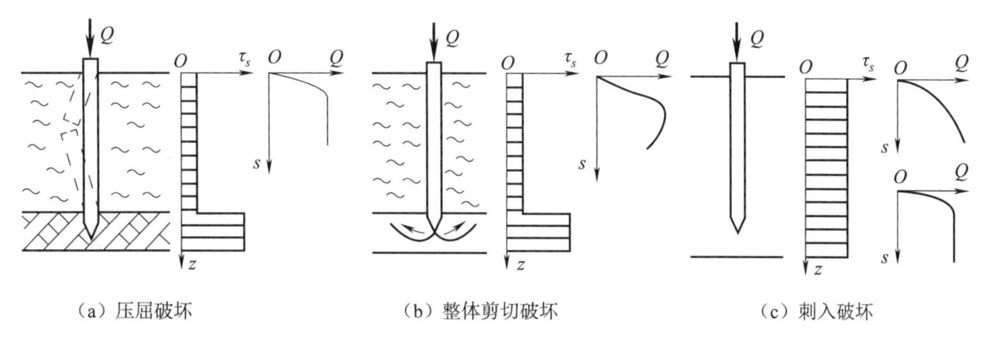

（a）压屈破坏　（b）整体剪切破坏　（c）刺入破坏

图 7.4　轴向荷载下单桩的破坏模式

2)整体剪切破坏

当具有足够强度的桩穿过抗剪强度较低的土层，达到抗剪强度较高的土层，且桩的长度不大时，桩在轴向荷载作用下，由于桩底上部土层不能阻止滑动土楔的形成，桩底土体形成滑动面而出现整体剪切破坏。荷载主要由桩端阻力承受。Q—s 曲线也为陡降型，具有明确的破坏荷载，如图 7.4(b)所示。桩的承载力主要取决于桩端土的支承力。一般打入式短桩、钻扩短桩等的破坏均属于此种破坏。

3)刺入破坏

当桩的入土深度较大或桩周土层抗剪强度较均匀时，桩在轴向荷载作用下将出现刺入破坏，如图 7.4(c)所示。此时桩顶荷载主要由桩侧摩阻力承担，桩端阻力极小，桩的沉降量较大。一般当桩周土质较软弱时，Q—s 曲线为“渐进破坏”的缓变型，无明显拐点，极限荷载难以判断，桩的承载力主要由上部结构所能承受的极限沉降来确定；当桩周土的抗剪强度较高时，Q—s 曲线可能为陡降型，有明显拐点，桩的承载力主要取决于桩周土的强度。一般情况的钻孔灌注桩多属于这种情况。

从以上分析可见，桩轴向承载力取决于桩周土的性质和桩本身材料强度。一般情况下，桩轴向承载力由土的支承能力控制，而对于柱桩和长摩擦桩，这两种因素均有可能是决定因素。

7.2.3　桩侧负摩阻力

1)负摩阻力产生的机理

一般情况下，桩受到轴向压力作用后，桩相对桩侧土体向下产生位移，使土对桩产生向上作用的摩阻力，该摩阻力起承载作用，称正摩阻力，如图 7.5(a)所示；但是，当桩周土体因某种原因发生下沉，桩侧土体相对于桩向下产生位移，使土对桩产生向下作用的摩阻力，该摩阻力称为负摩阻力，如图 7.5(b)所示。

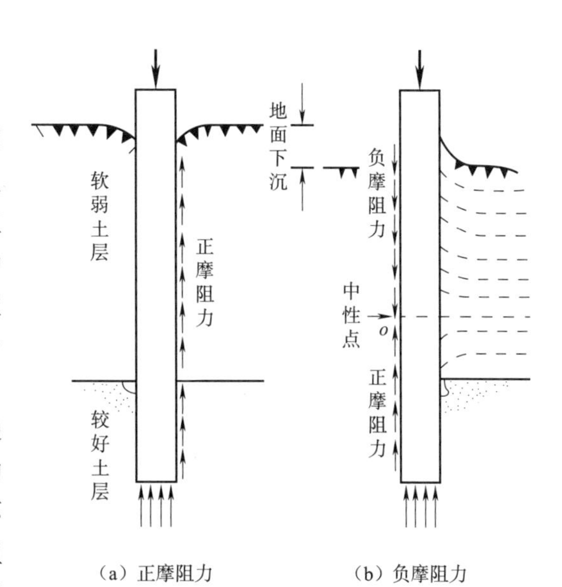

（a）正摩阻力　（b）负摩阻力

图 7.5　桩的正负摩阻力

桩的负摩阻力会使桩侧土的部分重力传递给桩，因此，负摩阻力不但不能成为桩承载力的一部分，反而变成施加在桩上的外荷载，对桩不利。对于入土深度相同的桩来说，若有负摩阻力发生，则桩的外荷载增大，桩的承载力相对降低，桩基沉降加大，在桩基设计中应予以注意。

桩是否产生负摩阻力，主要看桩与桩周土的相对位移发展情况。桩产生负摩阻力的常见情况有：

(1)在桩基础附近地面有大面积堆载，引起地面沉降，使桩产生负摩阻力。对于桥头路堤高填土的桥台桩基础，地坪大面积堆放重物的车间、仓库建筑桩基础，均要特别注意负摩阻力问题。

(2)土层中抽取地下水或其他原因，导致地下水位下降，使土层产生自重固结下沉。

(3)桩穿过欠固结土层(如填土)进入硬持力层，欠固结土层产生自重固结下沉。

(4)桩数很多的密集群桩打桩时，使桩周土中产生很大的超孔隙水压力，打桩停止后桩周土的再固结作用引起下沉。

(5)在黄土、冻土中的桩，因黄土湿陷、冻土融化产生地面下沉。

可见，当桩穿过软弱高压缩性土层而支承在坚硬的持力层上时，最易发生桩身负摩阻力问题。要确定桩身负摩阻力的大小，就要先确定土层产生负摩阻力的范围和负摩阻力分布强度的大小。

2)中性点及其位置的确定

桩侧负摩阻力并不一定发生于整个软弱压缩土层中，产生负摩阻力的范围是桩侧土层相对桩产生下沉的范围，如图 7.6 所示。桩侧负摩阻力与桩侧土层的压缩、桩身弹性压缩变形和桩底下沉直接有关。桩侧土层的压缩量决定于地表作用荷载(或土的自重)和土的压缩性质，在地表达到最大 s_d，如图 7.6(a)所示，桩侧土层压缩量随深度逐渐减小。桩在荷载作用下，桩底的下沉 s_b在桩身各截面都是定值，等于桩端位移 s_l，桩身压缩变形在桩顶达到最大 s_e，随深度逐渐减小，因此桩身截面下沉量在桩顶达到最大即 $s_0=s_b+s_e$，随深度也逐渐减小，减小速率同桩身压缩变形，如图 7.6(b)所示。但桩侧土层的压缩量的减小速率比桩身截面下沉量的减小速率要大，因此桩侧土下沉量有可能在某一深度处与桩身截面的下沉量相等。在此深度以上桩侧土下沉量大于桩的位移，桩身受到向下作用的负摩阻力；在此深度以下，桩的位移大于桩侧土的下沉量，桩身受到向上作用的正摩阻力。正、负摩阻力变换的位置，即称中性点，如图 7.6(b)中的 O_1点所示。

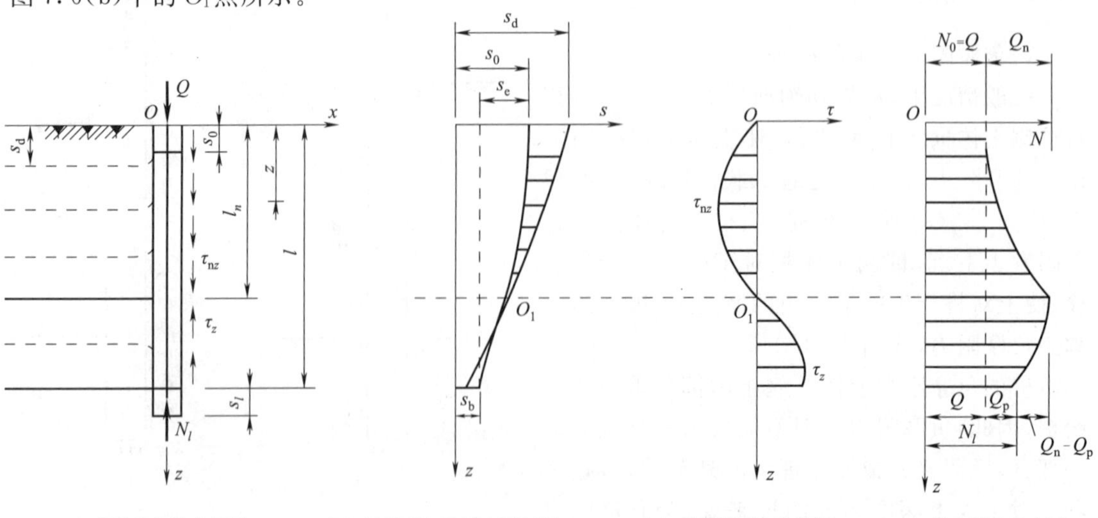

图 7.6 单桩在产生负摩阻力时的荷载传递

桩侧摩阻力和桩身轴力曲线如图 7.6(c)和图 7.6(d)所示，其中 Q_n 为负摩阻力的累计值，又称为下拉荷载。Q_p 为中性点以下正摩阻力的累计值。从图中可看出，在中性点 O_1 之上，土层产生相对于桩身的向下位移，出现负摩阻力 τ_{nz}，由力的平衡条件可知，桩身轴力随深度递增；在中性点 O_1 之下的土层相对桩是向上的位移，因而在桩侧产生正摩阻力，桩身轴力则随深度递减。而桩顶的轴力 $N_0=Q$，故在中性点处桩身轴力达到最大值即 $Q+Q_n$，那么，桩端总阻力 N_l 就等于 $Q+Q_n-Q_p$。可见，相较于无负摩阻力的情况，桩的负摩阻力不仅减小了桩侧的承载面积(只考虑了中性点以下桩侧摩阻的支撑作用)，同时还相当于施加在桩上的外荷载即下拉荷载 Q_n，这必然导致桩的承载力相对降低且沉降加大。

由上述分析可知，中性点是摩阻力、桩土之间的相对位移和桩身轴力沿桩身变化的特征点，它是正负摩阻力变换的位置，桩土位移为零的位置，还是桩身轴力最大极值的位置。同时，需要注意到，桩侧负摩阻力一般是由桩周土层的固结沉降引起，因此，负摩阻力的产生和发展要经历一定的时间过程，这一时间过程的长短取决于桩自身沉降完成的时间和桩周土层固结完成的时间，故中性点的位置、摩阻力以及桩身轴力都将随时间而有所变化。

要确定桩身负摩阻力的大小，须先确定中性点的位置，中性点的位置取决于桩与桩侧土的相对位移，原则上应根据桩沉降与桩周土沉降相等的条件确定。但影响中性点位置的因素较多，与桩周土的性质和外界条件(堆载、降水、浸水)变化有关。一般来说，桩周欠固结土层越厚、欠固结程度越大、桩底持力层越坚硬，桩周土层相对于桩向下的位移就越大，中性点的位置就越深。如果桩顶荷载作用下桩自身的沉降已经完成，之后才因外界条件变化发生桩周土层的固结，则中性点位置较深。堆载强度或地下水降低的幅度和范围越大，中性点位置也越深。另外，中性点的位置在初期或多或少会有所变化，当沉降稳定，中性点才会稳定在某一固定的深度。因此，要精确计算中性点的位置是比较困难的，多采用经验估算的方法，在《建筑桩基技术规范》(JGJ 94—2008)中，给出了表 7.1 所示的确定方法，其中，l_n、l_0 分别为自桩顶起算的中性点深度和桩周软弱土层的下限深度。从表中可以看出，中性点的稳定深度是随桩端持力层强度和刚度的增大而逐渐增加的。

表 7.1　中性点深度 l_n

持力层性质	黏性土、粉土	中密以上砂	砾石、卵石	基岩
中性点深度比 l_n/l_0	0.5～0.6	0.7～0.8	0.9	1.0

注：①桩穿越自重湿陷性黄土层时，l_n 按表列值增大 10%(持力层为基岩除外)；
②当桩周土层固结与桩基固结沉降同时完成时，取 $l_n=0$；
③当桩周土计算沉降量小于 20 mm 时，l_n 按表列值乘以 0.4～0.8 折减。

3)负摩阻力的计算

负摩阻力强度的大小受桩周土层和桩端土的强度与变形性质、土层的应力历史、地面堆载的大小与范围、地下水降低的幅度与范围、桩的类型与成桩工艺、桩顶荷载施加时间与发生负摩阻力时间之间的关系等因素的影响。因此，精确计算负摩阻力强度是复杂而困难的，多采用经验公式进行估算。《建筑桩基技术规范》(JGJ 94—2008)规定，当无实测资料时，可按式(7.14)计算。

$$q_{si}^{n}=\xi_{ni}\sigma'_i \tag{7.14}$$

式中　q_{si}^{n}——桩侧第 i 层土的负摩阻力分布强度的标准值(kPa)，当计算值大于正摩阻力标准值时，应取正摩阻力标准值进行设计；

ξ_{ni}——桩侧第 i 层土的负摩阻力系数，可按表 7.2 进行选取；

σ_i'——桩侧第 i 层土的平均竖向有效应力(kPa)。

表 7.2 负摩阻力系数 ξ_{ni}

土类	ξ_{ni}
饱和软土	0.15～0.25
黏性土、粉土	0.25～0.40
砂土	0.35～0.50
自重湿陷性黄土	0.20～0.35

当因填土、自重湿陷性黄土湿陷、欠固结土层产生固结和地下水降低产生负摩阻力时

$$\sigma_i'=\sigma_{\gamma i}' \tag{7.15}$$

式中 $\sigma_{\gamma i}'$——由土自重引起的桩周第 i 层土的平均竖向有效应力，MPa，即土的竖向自重应力，可按土力学中的方法进行计算。

当地面分布有大面积荷载时

$$\sigma_i'=p+\sigma_{\gamma i}' \tag{7.16}$$

式中 p——地面分布荷载的强度，MPa。

下拉荷载 Q_{n} 为中性点深度 l_{n} 范围内负摩阻力的累计值，可按式(7.17)计算。

$$Q_{\mathrm{n}}=u_{\mathrm{p}}\sum_{i=1}^{n}l_iq_{si}^{\mathrm{n}} \tag{7.17}$$

式中 u_{p}——桩截面周长(m)；

n——中性点以上的土层数；

l_i——中性点以上桩周第 i 层土的厚度(m)；

q_{si}^{n}——桩侧第 i 层土负摩阻力标准值(kPa)。

4)减小负摩阻力的措施

工程中可采取适当措施来消除或减小负摩阻力，常见的措施如下：

(1)对填土建筑场地，堆筑时保证其密实度符合要求，尽量在填土沉降基本稳定后成桩。

(2)当建筑物地面有大面积堆载时，成桩前采取预压等措施，减小堆载引起的桩侧土沉降。

(3)对自重湿陷性黄土地基，先行用强夯、素土或灰土挤密桩等方法进行处理，消除或减轻桩侧土的湿陷性。

(4)在预制桩中性点以上表面涂一薄层沥青，涂层宜采用软化点较低的沥青，或者对钢桩可再加一层厚度为 3 mm 的塑料薄膜(兼作防锈蚀用)。

(5)对现场灌注桩，可在沉降土层范围内插入比钻孔直径小 50～100 mm 的预制混凝土桩段，然后用高稠度膨润土泥浆填充预制桩段外围形成隔离层；对泥浆护壁成孔的灌注桩，可在浇筑完下段混凝土后，填入高稠度膨润土泥浆，然后再插入预制混凝土桩段；对干作业成孔灌注桩，可在沉降土层范围内的孔壁先铺设双层筒形塑料薄膜，然后再浇筑混凝土，从而在桩身与孔壁之间形成可自由滑动的塑料薄膜隔离层。

7.3 单桩竖向承载力

单桩在竖向荷载作用下到达破坏状态前或出现不适于继续承载的变形时所对应的最大荷

载，称单桩竖向极限承载力。在设计时，不应使桩在极限状态下工作，必须有一定的安全储备，桥梁桩基设计一般采用单桩承载力容许值，建筑桩基设计采用单桩承载力特征值。

在竖向荷载作用下，无论受压还是受拉，桩丧失承载能力一般表现为两种形式：①桩周土岩的阻力不足，桩发生急剧且量大的竖向位移；或者虽然位移不急剧增加，但因位移量过大而不适于继续承载；②桩身材料的强度不足，桩身被压坏或拉坏。因此，桩的竖向承载力应分别根据桩周土岩的阻力和桩身强度确定，采用较小者。

按土岩阻力确定单桩承载力需要考虑的影响因素很多，包括土类、土质、桩身材料、桩径、桩的入土深度、施工工艺等。其确定方法概括起来可分为几类：①由原位试验确定，包括静载荷试验法、静力触探法、高应变动测法等；②用经验公式计算；③用理论公式计算。这里根据工程实际应用的情况，主要介绍静载荷试验法和经验公式法，并简述按桩身材料强度确定的方法。

7.3.1 静载荷试验法

单桩静载荷试验是在试验桩上分级施加静荷载，直至破坏为止，从而求得桩的极限承载力。静载试验是确定单桩承载力的基本方法，其结果常作为评价其他方法可靠性的依据，后面要介绍的经验公式中的承载力计算参数也主要是根据静载试桩资料得出。《铁桥基规》规定，对于地质复杂的重要桥梁，摩擦桩的容许承载力应通过试桩确定。《建筑桩基技术规范》(JGJ 94—2008)对设计采用的单桩极限承载力标准值明确规定：①设计等级为甲级的建筑桩基，应通过单桩静载试验确定；②设计等级为乙级的建筑桩基，当地质条件简单时，可参照地质条件相同的试桩资料，结合静力触探等原位测试和经验参数综合确定，其余均应通过单桩静载试验确定。

由于预制桩打桩对土体有扰动现象，而灌注桩混凝土达到设计强度需要一定的养护期限，所以试桩从成桩到开始试验应有一定的时间，否则试验得到的单桩承载力会偏小。故要求预制桩在砂土中成桩后不得少于 7 d，黏性土中不得少于 15 d，粉土中不得少于 10 d，饱和软黏土则不得少于 25 d 才能开展试验。而灌注桩则应在桩身混凝土强度达到设计强度(一般为龄期达到 28 d)才能进行。

1)单桩竖向抗压静载试验

(1)试验装置

试验装置主要由加载系统和量测系统组成。图 7.7(a)所示为竖向静载荷试验法的锚桩横梁试验装置布置图，是比较常用的。加载系统由千斤顶及其反力系统组成，反力系统包括主、次梁及锚桩，所提供的反力应大于预估最大试验荷载的 1.2 倍。采用工程桩作为锚桩时，锚桩数量不能少于 4 根，并应对锚桩上拔量进行监测。反力系统也可以压重平台反力装置或锚桩压重联合反力装置。采用压重平台时，如图 7.7(b)所示，要求压重量必须大于预估最大试验荷载的 1.2 倍，且压重应在试验开始前一次加上，并均匀稳固放置于平台上，压重施加于地基的压应力不宜大于地基承载力特征值的 1.5 倍，有条件时，宜利用工程桩作为堆载支点。

视频

压重反力平台静荷载实验装置模型

量测系统主要由千斤顶上的精密压力表或荷载传感器(测荷载大小)及百分表或电子位移计(测试桩顶沉降)等组成。为准确测量桩的沉降，消除相互干扰，要求必须有基准系统，基准系统由基准桩、基准梁组成，且保证试桩、锚桩(或压重平台支墩)与基准桩相互之间有足够的距离，一般应大于 4 倍桩直径并不小于 2 m。

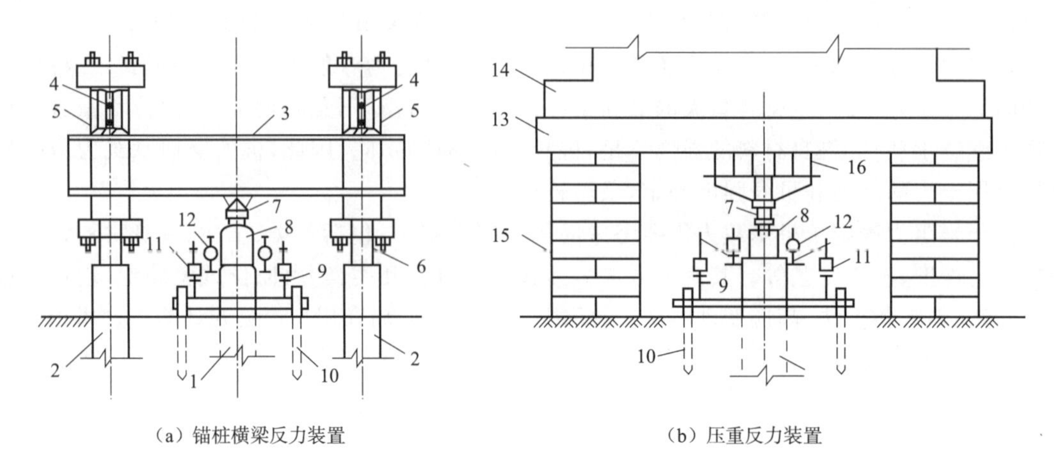

1—试桩;2—锚桩;3—主梁;4—次梁;5—拉杆;6—锚筋;7—球座;8—千斤顶;9—基准梁;
10—基准桩;11—磁性表座;12—位移计;13—载荷平台;14—压载;15—支墩;16—托梁。

图 7.7 单桩静荷载试验装置

(2)试验方法

一般采用逐级等量加载的慢速维持荷载法,每级基本荷载增量一般按预估极限荷载的 $l/10$ 施加,第一级荷载可取分级荷载的 2 倍。每级加载后,按 5 min、15 min、30 min、45 min、60 min 间隔测读沉降,以后按 30 min 间隔测读桩顶沉降。当沉降不超过 0.1 mm/h,并连续出现两次,则认为沉降已达到相对稳定,可加下一级荷载。

符合下列条件之一时,可终止加载:①某级荷载作用下,桩的沉降量为前一级荷载作用下沉降量的 5 倍,且桩顶总沉降量超过 40 mm 时;②某级荷载作用下,桩的沉降量为前一级荷载作用下沉降量的 2 倍,且 24 h 尚未达到相对稳定;③桩顶加载达到设计规定的最大加载量;④当工程桩作为锚桩时,锚桩上拔量已达到允许值;⑤荷载—沉降曲线呈缓变形时,可加载至桩顶总沉降量 60~80 mm,当桩端阻力尚未充分发挥时,可求加载至桩顶总沉降量超过 80 mm。

终止加载后应进行卸载,每级卸载量按每级加载量的 2 倍控制,并按 15 min、30 min、60 min 测读回弹量,然后进行下一级的卸载,全部卸载后,隔 3~4 h 再测回弹量一次。

静载荷试验方法还有循环加卸载法(每级荷载相对稳定后卸载到零)和快速维持荷载法(每隔 1 h 加一级荷载)。如果有选择地在桩身某些截面(如对应土层分界面)的主筋上埋设钢筋应力计,在静载荷试验时,可同时测得这些截面处主筋的应力和应变,进一步得到对应的轴力、位移,进而可算出两个截面之间的桩侧平均摩阻力。这就是研究基桩在竖向荷载作用下荷载传递特性的试验方法。

(3)试验成果

①测试结果一般可整理成 Q—s、s—$\lg t$ 等曲线,Q—s 曲线表示桩顶荷载与沉降关系,s—$\lg t$ 曲线表示对应荷载下沉降随时间的变化关系;也可绘制其他辅助曲线。

②当进行桩身应变和桩身截面位移测定时,应按《建筑基桩检测技术规范》(JGJ 106—2014)附录 A 的规定,整理测试数据,绘制桩身轴力分布图,计算不同土层的桩侧阻力和桩端阻力。

(4)单桩竖向抗压极限承载力确定

单桩竖向抗压极限承载力应按下列方法分析确定:

①根据沉降随荷载变化的特征确定。对于陡降型 Q—s 曲线,应取其发生明显陡降的起

始点对应的荷载值。图 7.8 中曲线①所示拐点处荷载 Q_u=780 kN 即为极限承载力。该方法的缺点是作图比例将影响 Q—s 曲线的斜率和 Q_u。

因 Q—s 曲线拐点确定易受绘图者的主观因素影响,有些曲线的拐点也不甚明了,因此国外多用切线交会法,即取相应 Q—s 曲线始段和末段两切线交点所对应的荷载作为极限荷载。

②根据沉降量确定。对于缓变型 Q—s 曲线,宜根据桩顶总沉降量,取 s 等于 40 mm 对应的荷载值;对 D(D 为桩端直径)大于等于 800 mm 的桩,可取 s 等于 $0.05D$ 对应的荷载值;当桩长大于 40 m 时,宜考虑桩身弹性压缩。如图 7.8 中曲线②s=40 mm 对应的荷载值 1 500 kN 即为极限荷载 Q_u。

③根据沉降随时间变化的特征确定。应取 s—lg$t$ 曲线尾部出现明显向下弯曲的前一级荷载值。如图 7.9 中 1.90 MN 尾部出现了明显向下弯曲,故前一级荷载 1.85 MN 即为 Q_u。

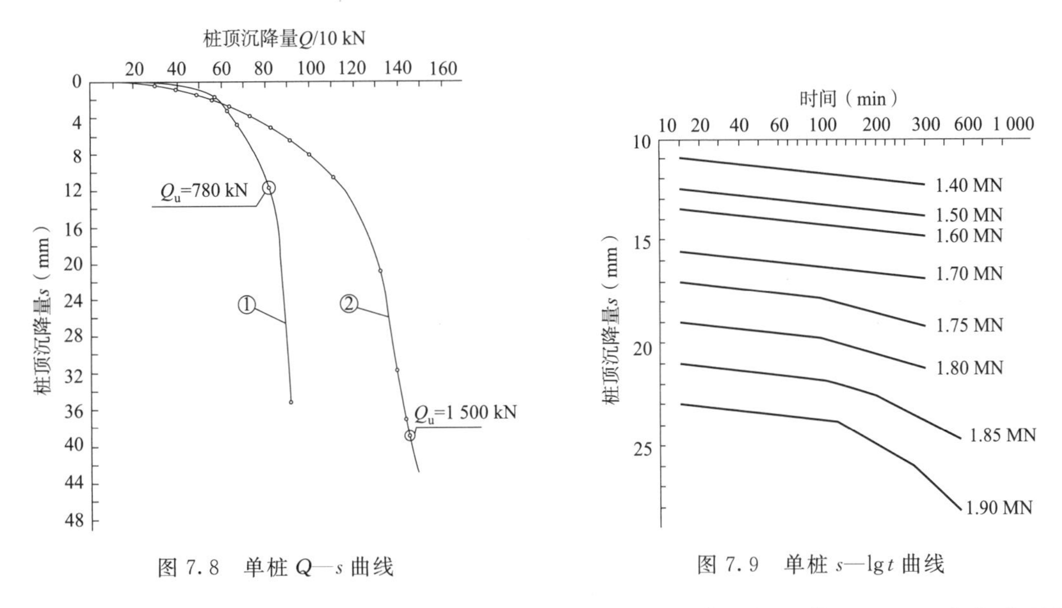

图 7.8 单桩 Q—s 曲线

图 7.9 单桩 s—lg$t$ 曲线

④某级荷载作用下,桩的沉降量为前一级荷载作用下沉降量的 2 倍,且 24 h 尚未达到相对稳定,宜取前一级荷载值作为 Q_u。

⑤不满足上述①~④种情况时,桩的竖向抗压极限承载力宜取最大加载值。

(5)单桩竖向抗极限承载力的统计取值

为设计提供依据的单桩竖向抗压极限承载力的统计取值,应符合下列规定:

①对参加算术平均的试验桩检测结果,当极差不超过平均值的 30%时,可取其算术平均值为单桩竖向抗压极限承载力;当极差超过平均值的 30%时,应分析原因,结合桩型、施工工艺、地基条件、基础形式等工程具体情况综合确定极限承载力;不能明确极差过大的原因时,宜增加试桩数量。

②试验桩数量小于 3 根或桩基承台下的桩数不大于 3 根时,应取低值。

(6)单桩竖向承载力特征值或容许值确定

考虑一定的安全储备,目前《建筑桩基技术规范》《建筑地基基础设计规范》《铁桥基规》均采用综合安全系数法确定单桩竖向承载力,铁路桥梁桩基设计一般采用单桩承载力容许值[P],建筑桩基设计采用单桩承载力特征值 R_a,均按单桩极限承载力的 50%进行取值。

(7)试验要求

单桩竖向静载荷试验既可在施工前进行,用以测定单桩的承载力;也可用于对施工后的工程桩进行检测。这种试验是在施工现场,按照设计施工条件就地成桩,试验桩的材料、长度、断面以及施工方法均与实际工程桩一致。它适用各种情况下对单桩承载力的确定,尤其是重要建筑物或者地质条件复杂、桩的施工质量可靠性低及不易准确地用其他方法确定单桩竖向承载力的情况。在同一条件下的试桩数量不宜少于总桩数的1%,且不应少于3根,工程总桩数在50根以内时不应少于2根。静载荷试验也可在工程桩中进行,此时,只要求加载到承载力特征值的2倍,而不需加载至破坏,以验证是否满足设计要求。

虽然单桩静载试验对评价试桩的承载力是一种最为可靠的方法,但由于试桩数量毕竟很少,评价母体的承载力仍带有某种局限性。因此,不论是何等级建筑物均应采用多种方法结合地质条件综合分析确定承载力,以提高确定结果的可靠性。

当桩端持力层为密实砂卵石或其他坚硬土层时,对于单桩承载力很高的大直径端承桩,可采用深层平板载荷试验确定桩端承载力特征值。对于桩端无沉渣的嵌岩桩,桩端岩石承载力的特征值可用岩基载荷试验确定。

单桩承载力的检测还可以采用自平衡试验法,检测原理是将一种特制的加载装置—荷载箱,在混凝土浇筑之前和钢筋笼一起埋入桩内相应的位置,将加载箱的加压管以及所需的其他测试装置从桩体引到地面,然后灌注成桩。有加压泵在地面向荷载箱加压加载,使得桩体内部产生加载力,通过对加载力与这些参数之间的关系的计算和分析,不仅可以获得桩基承载力,而且可以获得每层土层的侧阻系数、桩的侧阻、桩端承力等一系列数据。

2)单桩竖向抗拔静载试验

(1)试验装置

桩的竖向抗拔静载试验装置同样包括加载和量测两部分,其中千斤顶的反力装置可根据现场情况确定。图7.10为抗拔试验加载装置的一个例子。反力架的承载力应具有1.2倍的安全系数,并应符合下列规定:①采用反力桩提供支座反力时,桩顶面应平整并具有足够的强度;②采地基提供反力时,施加于地基的压应力不宜超过地基承载力特征值的1.5倍,反力梁的支点重心应与支座中心重合。试桩、支座和基准桩之间的中心距离的要求同竖向抗压静载试验。

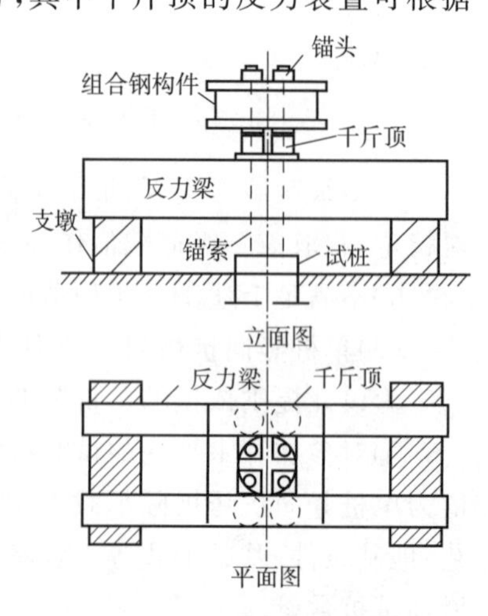

图7.10 轴向抗拔静载试验装置

(2)试验方法

加载方法、位移量测等均与竖向受压静载试验相同,但试验时应观测试桩外露部分裂缝开展情况,并作好记录。

按照《建筑基桩检测技术规范》(JGJ 106—2014)的规定,当出现下述情况之一时,即可终止加载:①某级荷载作用下,桩顶上拔量为前一级荷载下的5倍;②按桩顶上拔量控制,累计桩顶上拔量超过100 mm;③按钢筋抗拉强度控制,钢筋应力达抗拉强度设计值或某根钢筋拉断;④对于工程桩验收检测,达到设计或抗裂要求的最大上拔量或上拔荷载值。

(3)试验成果

①测试结果一般可整理成$U—\delta$、$\delta—\lg t$等曲线,$U—\delta$曲线表示桩顶上拔荷载与上拔量的关系,$\delta—\lg t$曲线表示对应荷载下上拔量随时间的变化关系。

②当进行抗拔侧阻力测试时，应绘制各级荷载作用下的桩身轴力曲线和各土层的侧阻力分布曲线。

(4)单桩竖向抗压极限承载力和统计值确定

单桩竖向抗拔极限承载力应按下列方法确定：

①根据上拔量随荷载变化的特征确定。对陡变型 $U—\delta$ 曲线，应取陡升起始点对应的荷载值。

②根据上拔量随时间变化的特征确定：应取 $\delta—\lg t$ 曲线斜率明显变陡或曲线尾部明显弯曲的前一级荷载值。

③当在某级荷载下抗拔钢筋断裂时，应取前一级荷载值。

当验收检测的受检桩在最大上拔荷载作用下，未出现上述①～③种情况时，单桩竖向抗拔极限承载力应按下列情况对应的荷载值取值：

①设计要求最大上拔量控制值对应的荷载。

②施加的最大荷载。

③钢筋应力达到设计强度值时对应的荷载。

为设计提供依据的单桩竖向抗拔极限承载力，可按竖向抗压静载试验的统计方法确定。

(5)单桩竖向承载力特征值或容许值的确定

单桩竖向抗拔承载力特征值或容许值应按单桩竖向抗拔极限承载力的50%取值。当工程桩不允许带裂缝工作时，应取桩身开裂的前一级荷载作为单桩竖向抗拔承载力特征值或容许值，并与按极限荷载50%取值确定的承载力特征值或容许值相比，取低值。

7.3.2 经验公式法

1)单桩轴向容许承载力—铁路桩基

我国现行《铁桥基规》经过理论分析和统计整理得出设计参数，给出了单桩容许承载力的经验性计算公式，介绍如下。

(1)摩擦桩的轴向受压容许承载力

①打入桩、振动下沉桩及桩尖(端)爆扩摩擦桩的轴向受压容许承载力[P]均按式(7.18)计算。

$$[P]=\frac{1}{2}(U\sum a_i f_i l_i+\lambda ARa) \tag{7.18}$$

式中 U——桩身截面周长(m)；

l_i——各土层厚度(m)；

A——桩底支撑面积(m^2)，按设计桩径计算；

a_i,a——振动沉桩对桩周各土层桩周摩擦力和桩端阻力的影响系数，由表7.3查用，对打入桩 a_i 和 a 均为1.0；

λ——与桩尖爆扩体直径 D_p 和桩身直径 d 的比值(即 D_p/d)有关的系数，由表7.4采用；

f_i,R——桩侧各土层的极限摩阻力和桩尖土的极限承载力，可根据土的类别和状态分别由表7.5和表7.6查用，也可根据静力触探试验确定。

表7.3 振动下沉桩的系数

桩径或边宽 d(m)	砂类土	粉土	粉质黏土	黏土
$d\leqslant0.8$	1.1	0.9	0.7	0.6
$0.8<d\leqslant2.0$	1.0	0.9	0.7	0.6
$d>2.0$	0.9	0.7	0.6	0.5

表 7.4 桩端爆扩桩的系数 λ

D_P/d	桩尖爆扩体处土的种类			
	砂类土	粉土	粉质黏土 $I_L=0.5$	黏土 $I_L=0.5$
1.0	1.0	1.0	1.0	1.0
1.5	0.95	0.85	0.75	0.70
2.0	0.90	0.80	0.65	0.50
2.5	0.85	0.75	0.50	0.40
3.0	0.80	0.60	0.40	0.30

表 7.5 桩侧土的极限摩阻力 f_i 单位:kPa

土类	状态	极限摩阻力 f_i
黏性土	$1\leqslant I_L<1.5$	15～30
	$0.75\leqslant I_L<1$	30～45
	$0.5\leqslant I_L<0.75$	45～60
	$0.25\leqslant I_L<0.5$	60～75
	$0\leqslant I_L<0.25$	75～85
	$I_L<0$	85～95
粉土	稍密	20～35
	中密	35～65
	密实	65～80

土类	状态	极限摩阻力 f_i
粉、细砂	松散	25～35
	稍、中密	35～65
	密实	65～80
中砂	稍、中密	55～75
	密实	75～90
粗砂	稍、中密	70～90
	密实	90～105

表 7.6 桩尖土的极限承载力 R 单位:kPa

土类	状态	桩端土极限承载力 R		
黏性土	$l\leqslant I_L$	1 000		
	$0.65\leqslant I_L<1$	1 600		
	$0.35\leqslant I_L<0.65$	2 200		
	$I_L<0.35$	3 000		
		桩端进入持力层的相对深度		
		$\frac{h'}{d}<1$	$1\leqslant\frac{h'}{d}<4$	$4\leqslant\frac{h'}{d}$
粉土	中密	1 700	2 000	2 300
	密实	2 500	3 000	35 000
粉砂	中密	2 500	3 000	3 500
	密实	5 000	6 000	7 000
细砂	中密	3 000	3 500	4 000
	密实	5 500	6 500	7 500
中、粗砂	中密	3 500	4 000	4 500
	密实	6 000	7 000	8 000
圆砾土	中密	4 000	4 500	5 000
	密实	7 000	8 000	9 000

注:h'为桩尖进入持力层的深度(不包括桩靴),d为桩的直径或边长。

②钻(挖)孔灌注摩擦桩的轴向受压容许承载力应按式(7.19)计算。

$$[P]=\frac{1}{2}U\sum f_i l_i+m_0 A[\sigma] \tag{7.19}$$

式中　m_0——钻孔灌注桩桩底支承力折减系数,按表7.7采用;挖孔灌注桩桩底支承力折减系数可根据具体情况确定,一般可取1.0;

$[\sigma]$——桩底地基土的容许承载力,kPa。根据桩的入土深度l按下述确定:

当 $l\leqslant 4d$ 时,$[\sigma]=\sigma_0+k_2\gamma_2(l-3)$;

当 $4d<l\leqslant 10d$ 时,$[\sigma]=\sigma_0+k_2\gamma_2(4d-3)+k_2'\gamma_2(l-4d)$;

当 $l>10d$ 时,$[\sigma]=\sigma_0+k_2\gamma_2(4d-3)+k_2'\gamma_2(6d)$。

其中 σ_0——地基土的基本承载力(kPa),按《铁桥基规》表4.1.2.1～表4.1.2.10采用;

k_2,k_2'——修正系数,k_2 按《铁桥基规》表4.1.3采用;对于黏性土和黄土,k_2' 取1.0;对于其他土;k_2' 为 $k_2/2$;

γ_2——桩侧土的天然容重(kN/m^3),当有不同土层时,采用各土层容重的加权平均值。若桩底持力层在水面以下,且为透水者,水中部分应采用浮容重;如为不透水者,不论桩底以上水中部分土的透水性质如何,应采用饱和容重。

f_i、l_i、A 和 U 的意义与式(7.18)相同。其中,f_i 由表7.8查用;A、U 按设计桩径(即钻头直径)计算。一般情况下,钻孔桩的成孔桩径按钻头类型分别比设计桩径增大下列数值:旋转钻为30～50 mm;冲击钻为50～10 mm;冲抓钻为100～150 mm。

表7.7　钻孔灌注桩桩底支承力折减系数 m_0

土质及清底情况	m_0		
	$5d<h\leqslant 10d$	$10d<h\leqslant 25d$	$25d<h\leqslant 50d$
土质较好,不易坍塌,清底良好	0.9～0.7	0.7～0.5	0.5～0.4
土质较差,易坍塌,清底稍差	0.7～0.5	0.5～0.4	0.4～0.3
土质差,难以清底	0.5～0.4	0.4～0.3	0.3～0.1

注:h 为地面或局部冲刷线以下的桩长,d 为桩的直径,均以m计。

表7.8　钻(挖)孔灌注桩桩侧极限摩阻力 f_i　　单位:kPa

土的名称	状态	极限摩阻力 f_i	土的名称	状态	极限摩阻力 f_i
软土	—	12～22	中砂	中密	45～70
黏性土	流塑	20～35		密实	70～90
	软塑	35～55	粗砂 砾砂	中密	70～90
	硬塑	55～75		密实	90～150
粉土	中密	35～55	圆砾土 角砾土	中密	90～150
	密实	55～70		密实	150～220
粉砂 细砂	中密	30～55	碎石土 卵石土	中密	150～220
	密实	55～70		密实	220～420

注:漂石土、块石土极限摩阻力可采用400～600 kPa。

(2)柱桩(端承桩)的轴向受压容许承载力

①支承于岩层上的打入桩、振动下沉桩及管柱,其计算式为

$$[P]=CRA \tag{7.20}$$

式中 R——岩石单轴抗压强度(kPa);

C——系数,匀质无裂缝的岩层采用 $C=0.45$;有严重裂缝、风化或易软化的岩层采用 $C=0.30$;

A——桩底面积(m^2)。

②支承于岩石层上或嵌入岩层内的钻(挖)孔灌注桩及管柱,其计算式为

$$[P]=R(C_1A+C_2Uh) \tag{7.21}$$

式中 U——嵌入岩层内的桩及管柱的钻孔周长(m);

h——自新鲜岩石面(平均标高)算起的嵌入深度(m);

C_1,C_2——决定于岩层破碎程度和清底情况的系数,由表 7.9 查用。

表 7.9 系数 C_1、C_2

岩层及清底情况	C_1	C_2
良好的	0.5	0.04
一般的	0.4	0.03
较差的	0.3	0.02

注:当 $h \leqslant 0.5$ m 时,C_1 应乘以 0.7,C_2 采用 0。

(3)摩擦桩轴向受拉容许承载力

当桩轴向受拉时,可认为荷载完全通过桩侧摩阻作用传至周围土体(桩端无扩大);随着上拔量的增加,侧阻力会因土层松动及摩阻面积减小而比受压时低。根据试验结果,轴向受拉时的极限摩阻力约为轴向受压时的 60%,安全系数仍采用 2,则得轴向受拉容许承载力

$$[P'] = 0.3U\sum a_i f_i l_i \tag{7.22}$$

式中符号意义同前。

设计时要验算单桩轴向容许承载力,按照《铁桥基规》规定,应满足的条件是:

①桩顶承受的轴向压力加上桩身自重与桩身入土部分同体积土重之差,不应大于按土的阻力计算的单桩受压容许承载力。

②桩顶承受的轴向压力加上桩身自重不应大于按岩石单轴抗压强度计算的单桩受压容许承载力。

③桩顶承受的拉力减去桩身自重不应大于按土的阻力计算的单桩受拉容许承载力。仅在主力作用时,桩不应承受轴向拉力。

④主力加附加力作用时,桩的轴向受压容许承载力可提高 20%。主力加特殊荷载(地震力除外),柱桩的轴向受压容许承载力可提高 40%,摩擦桩可提高 20%~40%。

2)单桩竖向承载力特征值一建筑桩基

《建筑桩基技术规范》(JGJ 94—2008)规定,单桩竖向极限承载力标准值,由总侧阻力和总端阻力组成,为了便于计算,常假定同一土层中的侧摩阻力是均匀分布的,于是可得到土的物理指标与承载力参数之间的经验公式。

(1)一般预制桩及中小直径灌注桩受压极限承载力标准值

对预制桩和直径小于 800 mm 的灌注桩,单桩竖向极限承载力标准值可按式(7.23)计算。

$$Q_{uk} = Q_{sk} + Q_{pk} = u\sum q_{sik} l_i + q_{pk} A_p \tag{7.23}$$

式中 Q_{uk}——单桩竖向极限承载力标准值(kPa);

Q_{sk}——单桩总极限侧阻力标准值(kPa);

Q_{pk}——单桩总极限端阻力标准值(kPa)；

u——桩身周长(m)；

n——桩长范围内的土层数；

l_i——桩身穿越第 i 土层的厚度(m)；

A_p——桩端面积(m^2)；

q_{sik}——桩侧第 i 层土的极限侧阻力标准值(kPa)，如无当地经验值时，可按《建筑桩基技术规范》(JGJ 94—2008)表 5.3.5.1 取值；

q_{pk}——极限端阻力标准值(kPa)，如无当地经验值时，可按《建筑桩基技术规范》(JGJ 94—2008)表 5.3.5.2 取值。

(2)大直径($d \geqslant 800$ mm)灌注桩受压极限承载力标准值

大直径桩一般为钻孔灌注桩，当桩侧为砂土或碎石土时，在成孔过程中孔壁土将因应力释放而出现松弛效应，导致侧阻降低，孔径越大，降幅越大。对桩端阻力所做的研究同样表明，极限端阻力随桩端直径增大而减小。上述现象表明，在计算大直径桩的竖轴向受压承载力时，应考虑尺寸效应的影响。

根据现有研究成果，大直径桩的单桩极限承载力标准值可按式(7.24)计算。

$$Q_{uk} = Q_{sk} + Q_{pk} = u\sum \psi_{si} q_{sik} l_i + \psi_p q_{pk} A_p \tag{7.24}$$

式中 q_{sik}——桩侧第 i 层土的极限侧阻力标准值(kPa)，如无当地经验值时，可按《建筑桩基技术规范》(JGJ 94—2008)表 5.3.5.1 取值，对于扩底桩斜面及变截面以下 $2d$ 长度范围内不计侧阻力；

q_{pk}——桩端直径 D 为 800 mm 的极限端阻力标准(kPa)，对于干作业挖孔(清底干净)可采用深层载荷板试验确定，当不能进行深层载荷板试验时，可按表 7.10 取值；

ψ_{si}，ψ_p——大直径桩侧阻、端阻尺寸效应系数，按表 7.11 取值。

其他参数含义同式(7.22)。

表 7.10 干作业挖孔桩(清底干净，D=800 mm)**极限端阻力标准值** q_{pk} 单位：kPa

土名称		状态		
黏性土		$0.25<I_L \leqslant 0.75$	$0<I_L \leqslant 0.25$	$I_L \leqslant 0$
		800～1 800	1 800～2 400	2 400～3 000
粉土		—	$0.75 \leqslant e \leqslant 0.9$	$e<0.75$
		—	1 000～1 500	1 500～2 000
砂土、碎石类土	名称	稍密	中密	密实
	粉砂	500～700	800～1 100	1 200～2 000
	细砂	700～1 100	1 200～1 800	2 000～2 500
	中砂	1 000～2 000	2 200～3 200	3 500～5 000
	粗砂	1 200～2 200	2 500～3 500	4 000～5 500
	砾砂	1 400～2 400	2 600～4 000	5 000～7 000
	圆砾、角砾	1 600～3 000	3 200～5 000	6 000～9 000
	卵石、碎石	2 000～3 000	3 300～5 000	7 000～11 000

注：①当进入持力层的深度 $h_b \leqslant D$、$D<h_b \leqslant 4D$、$h_b \geqslant 4D$ 时，q_{pk}可分别取低、中、高值；

②砂土密实度可根据标贯击数 N 判定，$N \leqslant 10$ 为松散，$10<N \leqslant 15$ 为稍密，$15<N \leqslant 30$ 为中密，$N>30$ 为密实；

③当对沉降要求不严时，q_{pk}可取高值；

④当桩的长径比 $l/d \leqslant 8$ 时，q_{pk}宜取较低值。

表 7.11　大直径灌注桩侧阻力尺寸效应系数 ψ_{si}、端阻力尺寸效应系数 ψ_p

系数	黏性土、粉土	砂土、碎石土
ψ_{si}	$(0.8/d)^{1/5}$	$(0.8/d)^{1/3}$
ψ_p	$(0.8/D)^{1/4}$	$(0.8/D)^{1/3}$

注：表中 D 为桩端直径，当为等直径桩时，表中 $D=d$。

(3)嵌岩桩受压极限承载力标准值

桩端置于完整、较完整基岩的嵌岩桩单桩竖向极限承载力，由桩侧土总极限侧阻力和嵌岩段总极限阻力组成。当根据岩石单轴抗压强度确定单桩竖向极限承载力标准值时，可按下式计算：

$$Q_{uk}=Q_{sk}+Q_{rk} \tag{7.25}$$

$$Q_{sk}=u\sum q_{sik}l_i \tag{7.26}$$

$$Q_{rk}=\zeta_r f_{rk}A_p \tag{7.27}$$

式中　Q_{sk},Q_{rk}——土的总极限侧阻力标准值、嵌岩段总极限阻力标准值(kN)；

q_{sik}——桩周第 i 层土的极限侧阻力(kPa)，如无当地经验值时，可按《建筑桩基技术规范》(JGJ 94—2008)表 5.3.5.1 取值；

f_{rk}——岩石饱和单轴抗压强度标准值(kPa)，黏土岩取天然湿度单轴抗压强度标准值；

ζ_r——嵌岩段侧阻和端阻综合系数，与嵌岩深径比 h_r/d、岩石软硬程度和成桩工艺有关，可按表 7.12 采用。表中数值适用于泥浆护壁成桩，对于干作业成桩(清底干净)和泥浆护壁成桩后注浆，ζ_r 应取表列数值的 1.2 倍。

表 7.12　嵌岩段侧阻和端阻综合系数 ζ_r

嵌岩深径比 h_r/d	0	0.5	1.0	2.0	3.0	4.0	5.0	6.0	7.0	8.0
极软岩、软岩	0.60	0.80	0.95	1.18	1.35	1.48	1.57	1.63	1.66	1.70
较硬岩、坚硬岩	0.45	0.65	0.81	0.90	1.00	1.04	—	—	—	—

注：①极软岩、软岩指 $f_{rk}\leqslant 15$ MPa，较硬岩、坚硬岩指 $f_{rk}>30$ MPa，介于二者间可内插取值；

②h_r 为桩身嵌岩深度，当岩面倾斜时，以坡下方嵌岩深度为准；当 h_r/d 为非表列值时，ζ_r 可内插取值。

(4)基桩抗拔极限承载力标准值

工业与民用建筑桩基受拔可能出现下列情形：单桩基础受拔；群桩基础中部分基桩受拔，此时拔力引起的破坏对基础来讲不是整体性的；群桩基础的所有基桩均承受拔力，此时基础便可能整体受拔破坏。这三种情形的抗拔极限承载力标准值可按下述进行计算：

①单桩或群桩基础呈非整体破坏时，基桩的抗拔极限承载力标准值 T_{uk} 可按式(7.28)计算。

$$T_{uk}=\sum\lambda_i q_{sik}u_i l_i \tag{7.28}$$

式中　λ_i——桩侧第 i 层土的抗拔系数，按表 7.13 取值；

q_{sik}——桩侧第 i 层土在竖轴向压力下的极限侧阻力标准值(kPa)，可按《建筑桩基技术规范》(JGJ 94—2008)表 5.3.5.1 取值；

u_i——桩身周长(m)，等直径桩即 $u=\pi d$，扩底桩按表 7.14 取值。

表 7.13 抗拔系数 λ

土类	λ
砂土	0.50～0.70
黏性土、粉土	0.70～0.80

注：桩的长径比 $l/d<20$ 时，λ 取小值。

表 7.14 扩底桩破坏表面周长 u_i

自桩底起算的长度 l_i	$\leqslant(4\sim10)d$	$>(4\sim10)d$
u_i	πD	πd

②当群桩基础受拔而呈整体破坏时，其中基桩的抗拔极限承载力标准值 T_{gk} 可按式(7.29)计算。

$$T_{gk}=\frac{1}{n}u_l\sum\lambda_i q_{sik}l_i \tag{7.29}$$

式中 n——群桩基础的桩数；

u_l——桩群外围周长(m)。

在确定单桩竖向极限承载力标准值后，可参照单桩静载荷试验的方法，将其除以安全系数2即可确定单桩的竖向承载力特征值。

7.3.3 按桩身材料强度确定

按桩身材料强度确定单桩竖轴向受压承载力时，可将桩视为受压杆件，在竖轴向荷载作用下，可能发生纵向挠曲破坏而丧失稳定性，而且这种破坏往往发生于截面承压强度破坏之前，因此验算时尚需考虑纵向挠曲影响，即截面强度应乘以纵向挠曲系数(稳定系数)。具体计算公式，可根据桩身材料按《混凝土结构设计标准》(GB/T 50010—2010)(2024年版)、《建筑桩基技术规范》(JGJ 94—2008)、《铁路桥涵混凝土结构设计规范》(TB 10092—2017)等进行混凝土桩的强度计算或按《钢结构设计标准》(GB 50017—2017)等进行钢桩的强度计算。

对于普通预应力混凝土桩，当水或土对钢筋有侵蚀作用时，还需进行抗裂性验算，关于裂缝宽度的计算方法可参阅《钢筋混凝土结构设计原理》，裂缝容许宽度值可查阅有关规范。

此外，预制桩还应考虑在存放、运输吊装以及吊立至打桩过程中产生的内力，在堆放、吊运及吊立时应注意合理布置支点及吊点，以免发生材料强度破坏。

承受上拔荷载的桩体必须满足材料强度要求。对于钢筋混凝土桩，应按抗拉构件配筋。对于特殊环境(如侵蚀性地下水及海水)中的混凝土桩及长期承受上拔力的桩，还需限制桩身的裂缝宽度甚至不允许出现裂缝，视环境条件而定。在这种情况下，除桩身强度外，还应进行抗裂计算，验算方法参见有关规范。

7.4 桩的竖轴向刚度系数

采用位移法将承台底面中心处的外荷载分配至各桩桩顶时，必须先求得各桩桩顶的刚度系数。本节介绍轴向刚度系数的计算。

桩的轴向刚度系数 ρ_1 是当桩顶只发生单位轴向位移(即 $s_0=1$)时，作用于桩顶的轴向力，如图7.11所示。可根据线弹性变形情况下桩顶轴向力 P 与位移 s_0 的关系确定。

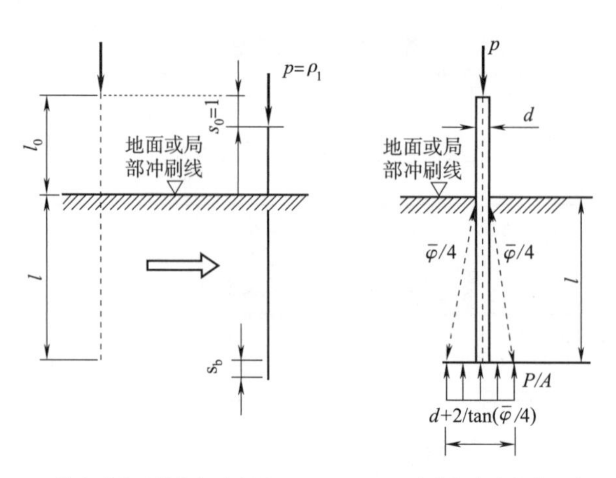

（a）轴向刚度系数定义示意图　（b）摩擦桩应力扩散示意图

图 7.11　轴向刚度系数的计算

线弹性变形时，s_0为桩身弹性压缩变形 s_e与桩底地基弹性沉降 s_b之和，即

$$s_0=s_e+s_b \tag{7.30}$$

由于地面或局部冲刷线（对低桩承台为承台底面）以下有摩阻力作用，桩身轴向力随深度而变，故 s_e与桩侧摩阻力的分布有关。在轴向刚度系数的现行算法中，对端承桩，摩阻力忽略不计；对于摩擦桩，当为预制桩时设摩阻力沿深度呈三角形分布，对钻挖孔灌注桩假设为均匀分布，并认为桩端轴向力均等于零。按上述可得

$$s_e=\frac{P(l_0+\xi l)}{EA} \tag{7.31}$$

式中　E——桩身混凝土弹性模量（kPa）；

A——桩身横截面面积（m^2）；

ξ——与桩侧摩阻力分布有关的系数：对端承桩，因不计摩阻力，$\xi=1.0$；对摩擦桩，当为预制桩时 $\xi=2/3$，当为钻挖孔灌注桩时 $\xi=1/2$。《建筑桩基技术规范》（JGJ 94—2008）称 ξ 为桩身轴向压力传递系数，建议 $\xi=0.5\sim1.0$，摩擦桩取小值，端承桩取大值。

l_0和 l 见图 7.11（a）。

计算 s_b时，假设桩底平面单位面积的压力与地基沉降成正比，其比例系数称为桩底平面的竖向地基系数，或称地基竖向抗力系数，用 C_0表示。该系数的物理意义是：当桩底平面地基发生单位沉降时，地基单位面积所受的力。C_0按下述确定：

对土质地基，$C_0=m_0 l$，但不小于 $10m_0$。其中 m_0为桩底竖向地基系数随深度线性增大的比例系数，简称竖向地基系数的比例系数，最好通过试验确定，也可由表 7.15 或表 7.16 查用。

表 7.15　桥梁桩基非岩石地基的 m 和 m_0 值　　单位：kPa/m^2

土的类别	m 和 m_0	土的类别	m 和 m_0
流塑黏性土、淤泥	3 000～5 000	坚硬黏性土，粗砂	20 000～30 000
软塑黏性土、粉砂、粉土	5 000～10 000	角砾土、圆砾土、碎石土、卵石土	30 000～80 000
硬塑黏性土、细砂、中砂	10 000～20 000	块石土，漂石土	80 000～120 000

注：①本表用于结构在地面处位移最大值不超过 6 mm 的情况，当位移较大时，应适当降低；

②当基础侧面设有斜坡或台阶，且其坡度或台阶总宽度与地面以下或局部冲刷线以下深度之比大于 1∶20 时，m 值应减小一半。

表 7.16　建筑桩基非岩石地基的 m 和 m_0 值

地基土类别	预制桩、钢桩		灌注桩	
	m 和 m_0 $(MN\cdot m^{-4})$	相应单桩在地面处水平位移(mm)	m 和 m_0 $(MN\cdot m^{-4})$	相应单桩在地面处水平位移(mm)
淤泥，淤泥质土，饱和湿陷性黄土	2～4.5	10	2.5～6	6～12
流塑($I_L>1$)、软塑($0.75<I_L\leqslant 1$)状黏性土，$e<0.9$ 粉土，松散粉细砂，松散、稍密填土	5.4～6	10	6～14	4～8
可塑($0.25<I_L\leqslant 0.75$)状黏性土，$e=0.75$～0.9 粉土，湿陷性黄土，中密填土，稍密细砂	6～10	10	14～35	3～6
硬塑($0<I_L\leqslant 0.25$)、坚硬($I_L\leqslant 0$)状黏性土，湿陷性黄土，$e<0.75$ 粉土，中密的中粗砂，密实老填土	10～22	10	35～100	2～5
中密、密实的砾砂，碎石类土	—	—	100～300	1.5～3

注：①当桩顶水平位移大于表列数值或灌注桩配筋率较高(≥0.65%)时，m 值应适当降低；当预制桩的水平向位移小于 10 mm 时，m 值可适当提高。

②当水平荷载为长期或经常出现的荷载时，表列 m 值应乘以 0.4 降低采用。

③当地基为可液化土层时，应将表列数值乘以《建筑桩基技术规范》表 5.3.12 中相应系数进行折减。

对于岩石地基，可按表 7.17 取值。

表 7.17　岩石地基的竖向地基系数 C_0

R_c(MPa)	C_0 (MN/m^3)
1	300
≥25	15 000

注：R_c为岩石饱和单轴抗压强度。当为中间值时，采用内插法确定。

由于桩侧摩阻力对桩顶荷载的扩散作用，桩底平面地基的受压面积一般大于桩的截面积 A。对摩擦桩，计算如图 7.11(b)所示，即设 P 自土面或局部冲刷线(或低承台底面)起按 $\overline{\varphi}/4$($\overline{\varphi}$ 为桩所穿土层的加权平均内摩擦角)向下扩散至桩底平面，故当圆截面桩直径为 d 时，扩散到桩底的面积是直径为 $d+2/\tan(\overline{\varphi}/4)$ 的圆面积 A_0；但若该直径超过桩底平面处桩的中心距，则应以后者为直径计算 A_0，两个方向桩中心距不同时应取均值计算 A_0。端承桩不计摩阻力，不考虑压力扩散，故 $A_0=A$。

桩底平面地基单位面积所受的力为 P/A_0，故从地基系数 C_0 的定义可知

$$s_b=\frac{P}{C_0A_0} \tag{7.32}$$

将式(7.31)与式(7.32)的和代入式(7.30)，并令 $s_0=1$，解出式中的 P 即为单桩的轴向刚度系数：

$$P=\rho_1=\frac{1}{\dfrac{l_0+\xi l}{EA}+\dfrac{1}{C_0A_0}} \tag{7.33}$$

这是目前常用的计算方法，还存在一些值得研究之处，如关于桩侧摩阻力分布的假定以及计算 s_e 时认为摩擦桩的桩底轴向力一律为零等。

7.5 横向荷载作用下单桩工作性能

桩顶力矩的矢量方向同横向力一样垂直于桩轴，故都属于横向荷载。本节讨论桩在桩顶水平力和桩顶弯矩作用下的受力性能，包括桩侧土的横向抗力、桩身内力和位移。

7.5.1 关于横向抗力的计算假定

关于横向荷载作用下桩身内力与位移的计算，国内外学者提出了许多方法。现在普遍采用的是将桩视为文克勒弹性地基上的梁，简称弹性地基梁法。弹性地基梁的弹性挠曲微分方程的求解可用解析法、差分法及有限元法。本节主要介绍解析法。

弹性地基梁法的基本假定是：认为桩侧土为文克勒离散线弹簧，不考虑桩土之间的黏着力和摩阻力，桩视为弹性构件，当桩受到水平外力作用后，桩土协调变形，任一深度 z 处产生的桩侧土水平抗力 σ_z 与该点水平位移 x_z 成正比（图 7.12）。

$$\sigma_z = c_{xz} x_z \tag{7.34}$$

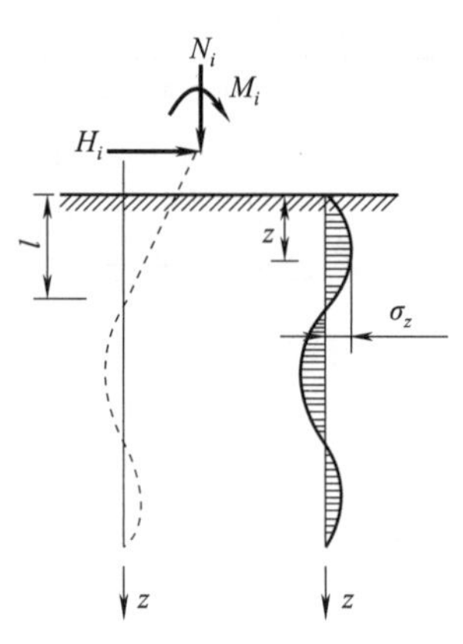

图 7.12 横向荷载下单桩受力变形示意图

式中 σ_z——横向土抗力，kN/m^2；

c_{xz}——地基系数，表示单位面积土在弹性限度内产生单位变形时所需施加的力，kN/m^3；

x_z——深度 z 处桩的横向位移，m。

1）地基系数及其分布规律

（1）匀质土地基

大量试验表明，地基系数 c_{xz} 值不仅与土的类别及性质有关，而且也随深度而变化。由于实测的客观条件和分析方法不尽相同，则所采用的 c_{xz} 值随深度的分布规律也各有不同。常采用的地基系数分布规律为图 7.13 所示的几种形式，相应产生几种基桩内力和位移计算的方法，即

①“常数法”，又称“张有龄法”。假定地基系数 c_{xz} 沿深度为均匀分布，不随深度而变化，即 $c_{xz}=k_0$（kN/m^3）为常数，如图 7.13(a)所示。

②“K”法。如图 7.13(b)所示，假定在桩身挠曲线第一挠曲零点（图中深度 l 处）以上地基系数 c_{xz} 随深度增加呈凹形抛物线变化；在第一挠曲零点以下 c_{xz} 不随深度变化，为常数。

③“m”法。如图 7.13(c)所示，假定地基系数 c_{xz} 随深度成正比例增长，即

$$c_{xz} = mz \tag{7.35}$$

式中 m——地基系数随深度变化的比例系数（kN/m^4）。

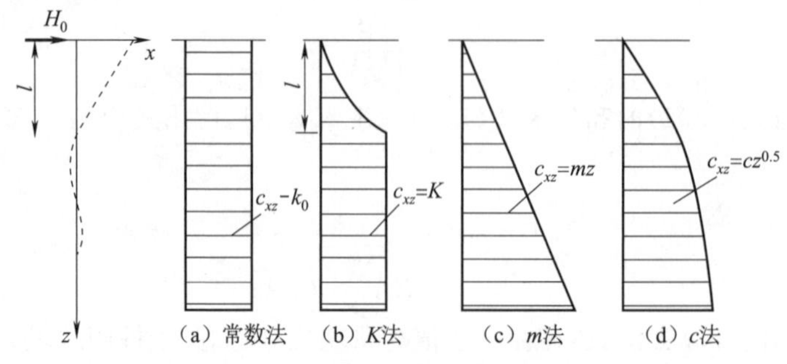

图 7.13 地基系数的分布规律

④"c"法。假定地基系数 c_{xz} 随着深度呈抛物线规律增加，即 $c_{xz}=cz^{0.5}$，如图 7.13(d)所示，其中 c 为地基土比例系数($\mathrm{kN/m^3}$)。

上述四种方法均为按文克勒假定的弹性地基梁法，但各自假定的地基系数随深度分布规律不同，其计算结果是有差异的。实测资料分析表明，宜根据土质特性来选择恰当的计算方法。本章主要介绍目前被建筑、铁路、公路部门广泛采用的"m"法。按"m"法计算时，m 值可根据试验实测决定，无实测数据时可参考表 7.15 或表 7.16 中的数值选用。

(2)成层土地基

当基础侧面为数种不同土层时(图 7.14)，对于弹性桩，应将地面或局部冲刷线以下 $h_m=2(d+1)$ 深度内的各层土的地基系数按"等面积法"换算成一个等效 m 值，作为整个深度的 m 值，式中，d 为构件的平均直径，对于钻孔桩，d 为设计桩径；对于刚性桩，h_m 采用桩的整个入土深度 l。

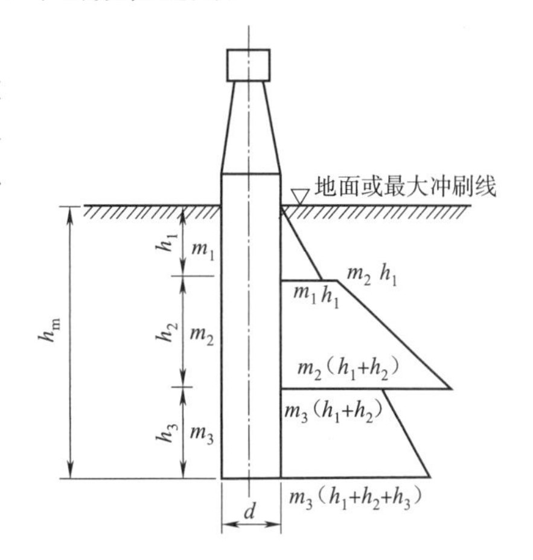

图 7.14　成层土 m 值换算

当 h_m 深度内存在两层不同土时，其换算公式为

$$m=\frac{m_1h_1^2+m_2(2h_1+h_2)h_2}{h_m^2} \tag{7.36}$$

当 h_m 深度内存在三层不同土时，其换算公式为

$$m=\frac{m_1h_1^2+m_2(2h_1+h_2)h_2+m_3(2h_1+2h_2+h_3)h_3}{h_m^2} \tag{7.37}$$

当基础由沿水平力方向 n 个构件组成时，如图 7.15 所示($n=4$)，m 值须乘以系数 k，k 为构件相互影响系数。

当 $L_1\geqslant 0.6h_1$ 时，$k=1.0$

当 $L_1<0.6h_1$ 时，$k=C+\dfrac{(1-C)}{0.6}\cdot\dfrac{L_1}{h_1}$

式中　L_1——桩间净距(m)；

h_1——桩在地面或局部冲刷线下的计算深度(m)，可按 $h_1=3(d+1)$，但不得大于桩的入土深度 l；关于 d 值，对于圆形桩为设计桩径，对于矩形桩可采用受力面桩的边宽 b；

C——随沿水平力方向所布置的构件数目 n 而变的系数。当 $n=1$ 时，$C=1.0$；当 $n=2$ 时，$C=0.6$；当 $n=3$ 时，$C=0.5$；当 $n\geqslant 4$ 时，$C=0.45$。

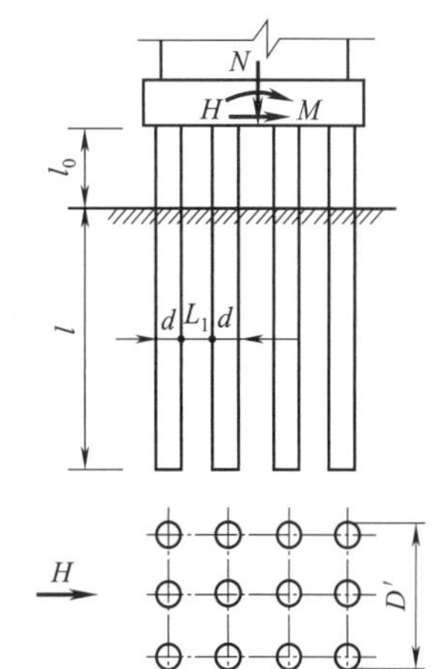

图 7.15　相互影响系数计算示意图

当桩基础平面布置中与水平力作用方向平行的每排桩数不等，并且相邻(任何方向)桩中心距≥$(b+1)$或$(d+1)$时，则所验算各桩可取同一个桩间影相互响系数，可按桩数最多一排桩计算其相互影响系数 k 值。

以上计算方法比较繁杂，理论和实践的根据也不是很充分，因此国内外有些规范建议简化计算，如《建筑桩基技术规范》(JGJ 94—2008)未考虑 k 的影响。

2)桩的计算宽度

由试验研究分析得出，桩在水平外力作用下，除了桩身宽度范围内桩侧土受到挤压外，在桩身宽度以外一定范围内的土体也会受到一定程度的影响(空间受力),且对不同截面形状的桩,土受到的影响范围大小也不同。为了将空间受力简化为平面受力,并综合考虑桩的截面形状,将桩的设计宽度(直径)换算成与实际工作条件下相当的矩形截面桩的宽度 b_0,b_0 称为桩的计算宽度。根据已有的试验资料分析,现行《铁桥基规》规定计算宽度的换算方法可用式(7.38)表示。

$$b_0=K_fK_0b \text{ 或 } b_0=K_fK_0d \tag{7.38}$$

式中 b,d——与水平力 H 作用方向相垂直的平面上桩的宽度或直径;

K_f——形状换算系数,将其他截面桩换算成矩形截面桩的修正系数,其值见表 7.18;

K_0——受力换算系数,将桩的空间受力问题简化为平面受力问题的修正系数,其值见表 7.18。

表 7.18 受力换算系数 K_0 和形状系数 K_f

截面形状	矩形		圆形		圆端形	
桩径	$b<1$ m	$b\geqslant1$ m	$d<1$ m	$d\geqslant1$ m	$d<1$ m	$d\geqslant1$ m
K_0	$(1.5b+0.5)/b$	$(b+1)/b$	$(1.5d+0.5)/d$	$(d+1)/d$	$(1.5D+0.5)/d$	$(D+1)/d$
K_f	1.0	1.0	0.9	0.9	$1-0.1d/D$	$1-0.1d/D$

注:对于圆端形基础,D 为与水平力 H 作用方面相垂直的平面上基础的总宽度,d 为圆弧段的直径。

对位于与水平作用力平面相垂直的同一平面内 n_1 根桩组成的基础,其侧面土水平抗力的计算总宽度等于 n_1 乘以上述计算宽度即 n_1b_0,但不得大于$(D'+1)$。其中 D' 为垂直水平力作用方向的 n_1 根桩外边缘之间的距离,如图 7.15 所示。

为了防止计算宽度发生重叠现象,要求上述综合计算得出的 $b_0\leqslant2b$。

3)桩的变形系数

当桩的入土深度 l 较大时,桩的相对刚度较小,必须考虑桩的实际刚度引入变形系数 α,有

$$\alpha=\sqrt[5]{\frac{mb_0}{EI}} \tag{7.39}$$

式中 α——桩的变形系数(1/m),其在一定程度上反映了桩土间的相对刚度,桩侧土的抗力越强,α 值就越大,桩越不容易变形;

b_0——单桩侧面土抗力的计算宽度(m);

m——地基系数随深度变化的比例系数(kN/m^4);

EI——桩的抗弯刚度:当为钢筋混凝土桩时,桥梁桩基一般取 $EI=0.8E_hI$,工业与民用建筑桩基取 $EI=0.85E_cI$,其中 E_h 和 E_c 均为桩身混凝土受压时的弹性模量。

4)刚性桩与弹性桩的划分

按照桩与土的相对刚度,将桩分为刚性桩和弹性桩,这两种桩的受力变形特性有很大不同,需要分别计算。为此,设 l 为桩置于地面(无冲刷时)或局部冲刷线以下的深度,定义 αl 为桩的换算深度;当桩的换算深度 $\alpha l\leqslant2.5$ 时,桩的相对刚度较大,需要按刚性桩计算。长径比较小或周围土层较松软即桩的刚度远大于土层刚度时,横向力作用下桩身挠曲变形不明显,如同刚体一样,当桩顶自由时易发生绕靠近桩端一点的刚体转动,桩顶嵌固时易发生平移,如图 7.16 所示。如果不断增大横向荷载,则会由于桩侧土强度不

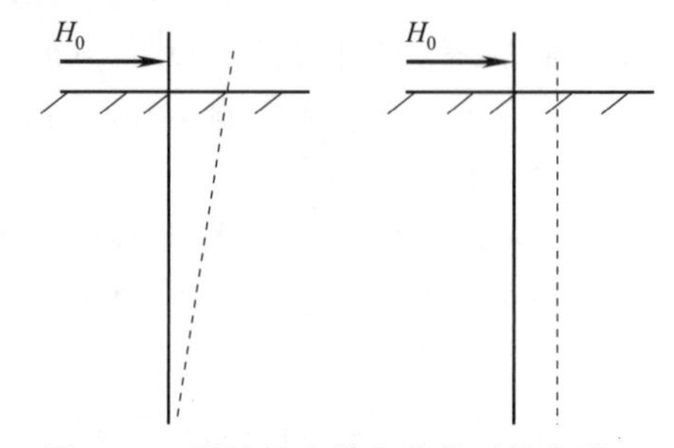

图 7.16 刚性桩在横向荷载下的变形

够而失稳，使桩丧失承载能力，或超过基础的允许变形值。因此，水平承载力主要由桩的允许水平位移和桩侧土的强度控制，一般桩体本身不发生破坏。

当桩的换算深度 $\alpha l>2.5$ 时，桩的相对刚度较小，必须考虑桩的实际刚度，按弹性桩来计算。长径比较大或周围土层较坚实，即桩的相对刚度较小时，由于桩侧土有足够大的抗力，桩身发生挠曲变形，其侧向位移随入土深度增大而逐渐减小，以至达到一定深度后，几乎不受荷载影响，形成一端嵌固的地基梁，桩的变形呈图 7.17 所示的波状曲线。如果不断增大横向荷载，可使桩身在较大弯矩处发生断裂或使桩发生过大的侧向位移（超过桩或结构物的允许变形值），并且桩侧土也可能发生破坏。因此，桩的水平承载力由其允许水平位移、桩体材料强度和桩侧土强度共同控制。一般情况下，桩梁桩基础的桩多属于弹性桩。

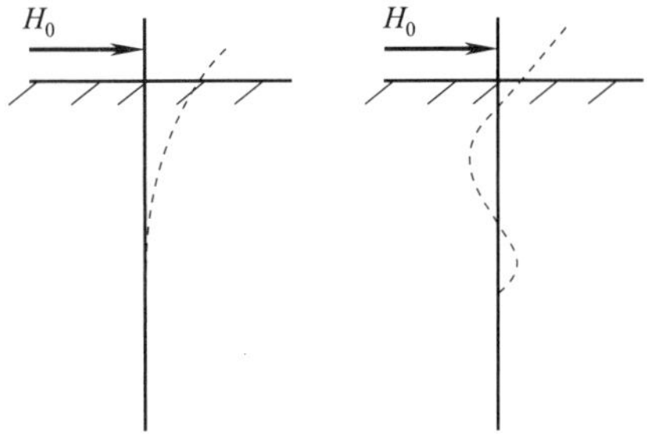

H_0 H_0

（a）半刚性桩 （b）柔性桩

图 7.17 弹性桩在横向荷载下的变形

弹性桩又分为半刚性桩和柔性桩，当 $2.5<\alpha l<4$ 时为半刚性桩，当 $\alpha l\geqslant 4$ 时为柔性桩，一般半刚性桩的桩身位移曲线只出现一个位移零点，柔性桩则出现两个以上位移零点，如图 7.17 所示。

7.5.2 弹性桩内力和位移分析

在桩基础中，作用在基桩桩顶的力为竖向力、水平力、弯矩；为计算简便，可视为竖向受力和横向受力（包括水平力和弯矩）两种情况的叠加。关于竖向受力，已在前文进行了详细论述，本节主要介绍桩顶横向荷载（水平力和弯矩）已知情况下单桩内力与位移的计算。计算过程分两步走：①桩顶与地面齐平，在桩顶外力 H_0、M_0 作用下的位移及内力。②引申到桩顶高出地面或局部冲刷线的情况。

1）桩顶与地面齐平，在桩顶外力 H_0、M_0 作用下的位移及内力

在公式推导及计算过程中，取图 7.18 所示的坐标系统，各变量的正负号规定如下：横向力 H_0 指向 x 轴正向时为正，弯矩 M_0 使桩身左侧纤维受拉时为正，横向位移 x_0 指向 x 轴正向时为正，桩身截面转角 φ_0 逆时针转动时为正，桩侧土横向抗力 σ_z 指向 x 轴负向时为正。按照上述规定，图 7.19 中的 H_0、M_0 和 x_0 均为正值，φ_0 为负值，横向抗力 σ_z 在零点以上为负、零点以下为正。

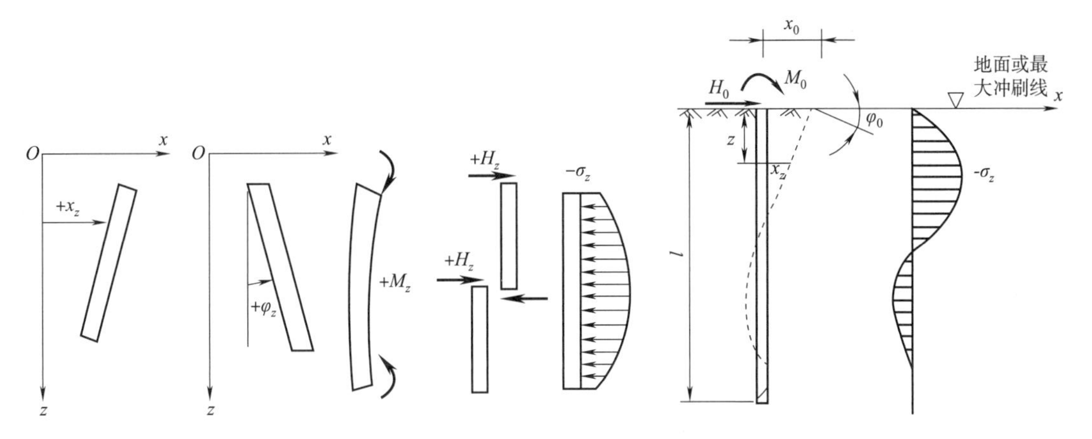

图 7.18 力与位移的正负规定　　图 7.19 桩顶与地面齐平时基桩的分析模式

(1)桩的挠曲微分方程及求解

桩顶与地面齐平($z=0$),桩顶横向荷载 H_0、M_0(已知)作用下,桩将发生弹性挠曲,桩侧土将产生横向抗力 σ_z,如图 7.19 所示。σ_z是 z 的函数,则作用在桩上的横向抗力简化为线荷载为 $p(z)=\sigma_z b_0$。此时,桩可视为一根竖向放置的弹性地基梁,任意深度 z 处,桩身横向位移 x_z、转角 φ_z、弯矩 M_z、剪力 H_z、土的横向抗力 σ_z均为 αz 的函数。根据材料力学,可得如下方程组:

$$\left.\begin{aligned}&\frac{\mathrm{d}x_z}{\mathrm{d}z}=\varphi_z\\&EI=\frac{\mathrm{d}\varphi_z}{\mathrm{d}z}=M_z\\&\frac{\mathrm{d}M_z}{\mathrm{d}z}=H_z\\&\frac{\mathrm{d}H_z}{\mathrm{d}z}=-p(z)\end{aligned}\right\}\tag{7.40}$$

由式(7.40)可写出其挠曲微分方程为

$$EI\frac{\mathrm{d}^4x_z}{\mathrm{d}z^4}=-p(z)\tag{7.41}$$

利用文克勒(Winker)假定:土的横向抗力与桩侧土的压缩量(等于桩的横向位移 x_z)成正比,故

$$p(z)=c_{xz}\cdot x_z\cdot b_0\tag{7.42}$$

将式(7.42)代入式(7.41),经整理可得

$$\frac{\mathrm{d}^4x_z}{\mathrm{d}z^4}+\alpha^5 zx_z=0\tag{7.43}$$

式(7.43)是四阶、线性、变系数、齐次微分方程,可以用幂级数解法近似求解。求解时,需利用桩顶边界条件。即 $z=0$ 时,式(7.44)条件成立:

$$\left.\begin{aligned}&x_z=x_0\\&\varphi_z=\frac{\mathrm{d}x}{\mathrm{d}z}=\varphi_0\\&\frac{M_z}{EI}=\frac{\mathrm{d}^2x}{\mathrm{d}z^2}=\frac{M_0}{EI}\\&\frac{H_z}{EI}=\frac{\mathrm{d}^3x}{\mathrm{d}z^3}=\frac{H_0}{EI}\end{aligned}\right\}\tag{7.44}$$

解得

$$x_z=x_0A_1+\frac{\varphi_0}{\alpha}B_1+\frac{M_0}{\alpha^2EI}C_1+\frac{H_0}{\alpha^3EI}D_1\tag{7.45}$$

对式(7.45)依次求导,可得

$$\frac{\varphi_z}{\alpha}=x_0A_2+\frac{\varphi_0}{\alpha}B_2+\frac{M_0}{\alpha^2EI}C_2+\frac{H_0}{\alpha^3EI}D_2\tag{7.46}$$

$$\frac{M_z}{\alpha^2EI}=x_0A_3+\frac{\varphi_0}{\alpha}B_3+\frac{M_0}{\alpha^2EI}C_3+\frac{H_0}{\alpha^3EI}D_3\tag{7.47}$$

$$\frac{H_z}{\alpha^3EI}=x_0A_4+\frac{\varphi_0}{\alpha}B_4+\frac{M_0}{\alpha^2EI}C_4+\frac{H_0}{\alpha^3EI}D_4\tag{7.48}$$

式中,A_1、B_1……C_4、D_4 十六个系数为计算截面坐标 z 的函数,称为影响函数,可根据换算深度 αz 查《铁桥基规》表 D. 0. 3. 1 确定。

式(7.45)～式(7.48)称为基本原理公式，由于该解答未考虑桩底边界条件，而下端固定情况对桩身内力和位移的影响，除入土深度相当大的桩外，不应忽视；同时实际问题往往只知桩顶的 M_0 和 H_0，而 x_0 和 φ_0 为未知量，因此用上述公式无法求解。为此，下面利用桩底边界条件确定 x_0 和 φ_0。

(2)桩顶横向位移 x_0 和转角 φ_0 的确定

x_0 和 φ_0 根据桩底的边界条件确定。桩底(即 $z=l$ 时)位移和横向力变量表示为：$x_z=x_l$，$\varphi_z=\varphi_l$，$M_z=M_l$，$H_z=H_l$。桩底边界条件根据桩下端的支承或固定情况来确定。

①桩下端嵌固于岩层内

此时，一般可以取 $x_l=0$，$\varphi_l=0$（l 算至新鲜岩面）。利用这两个条件，由式(7.45)和式(7.46)，可得联立方程组：

$$\left.\begin{aligned} x_l &= x_0A_{1l}+\frac{\varphi_0}{\alpha}B_{1l}+\frac{M_0}{\alpha^2EI}C_{1l}+\frac{H_0}{\alpha^3EI}D_{1l}=0 \\ \frac{\varphi_l}{\alpha} &= x_0A_{2l}+\frac{\varphi_0}{\alpha}B_{2l}+\frac{M_0}{\alpha^2EI}C_{2l}+\frac{H_0}{\alpha^3EI}D_{2l}=0 \end{aligned}\right\} \tag{7.49}$$

求解式(7.49)，可得 x_0 和 φ_0 为

$$x_0=\frac{1}{\alpha^3EI}\cdot\frac{B_{2l}D_{1l}-B_{1l}D_{2l}}{A_{2l}B_{1l}-A_{1l}B_{2l}}\cdot H_0+\frac{1}{\alpha^2EI}\cdot\frac{B_{2l}C_{1l}-B_{1l}C_{2l}}{A_{2l}B_{1l}-A_{1l}B_{2l}}\cdot M_0 \tag{7.50}$$

$$\varphi_0=\frac{1}{\alpha^2EI}\cdot\frac{D_{2l}A_{1l}-D_{1l}A_{2l}}{A_{2l}B_{1l}-A_{1l}B_{2l}}\cdot H_0+\frac{1}{\alpha EI}\cdot\frac{C_{2l}A_{1l}-C_{1l}A_{2l}}{A_{2l}B_{1l}-A_{1l}B_{2l}}\cdot M_0 \tag{7.51}$$

为便于理解，可表示为

$$x_0=\delta_{HH}\cdot H_0+\delta_{HM}\cdot M_0 \tag{7.52}$$

$$\varphi_0=-(\delta_{MH}\cdot H_0+\delta_{MM}\cdot M_0) \tag{7.53}$$

式中，δ_{HH}、δ_{HM}、δ_{MH}、δ_{MM} 为单桩在地面(或局部冲刷线)处的柔度系数，其物理意义同结构力学，如图 7.20 所示。区别在于求解方法不同，可根据换算深度 αz 查《铁桥基规》表 D.0.3.2 并通过计算确定。计算公式为

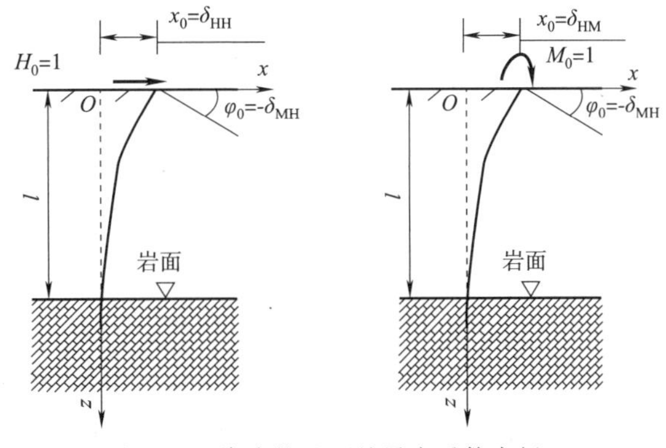

图 7.20 嵌岩桩地面处柔度系数表征

$$\left.\begin{aligned} \delta_{HH} &= \frac{1}{\alpha^3EI}\cdot\bar{\delta}_{HH}=\frac{1}{\alpha^3EI}\cdot\frac{B_{2l}D_{1l}-B_{1l}D_{2l}}{A_{2l}B_{1l}-A_{1l}B_{2l}} \\ \delta_{HM} &= \frac{1}{\alpha^2EI}\cdot\bar{\delta}_{HM}=\frac{1}{\alpha^2EI}\cdot\frac{B_{2l}C_{1l}-B_{1l}C_{2l}}{A_{2l}B_{1l}-A_{1l}B_{2l}} \\ \delta_{MH} &= \frac{1}{\alpha^2EI}\cdot\bar{\delta}_{MH}=\frac{1}{\alpha^2EI}\cdot\frac{D_{1l}A_{2l}-D_{2l}A_{1l}}{A_{2l}B_{1l}-A_{1l}B_{2l}} \\ \delta_{MM} &= \frac{1}{\alpha EI}\cdot\bar{\delta}_{MM}=\frac{1}{\alpha EI}\cdot\frac{C_{1l}A_{2l}-C_{2l}A_{1l}}{A_{2l}B_{1l}-A_{1l}B_{2l}} \end{aligned}\right\} \tag{7.54}$$

②桩底支承于土层或岩面上

当此类桩受横向力作用而发生挠曲变形时，桩底也可能会转动和发生横向位移，即 φ_l 和 x_l 均可能不为零，此时将相应地引起 M_l 和 H_l。由 φ_l 对应的 M_l 和 x_l 对应的 H_l 建立两个边界条件，x_0 和 φ_0 便可求得。

当桩底转动 φ_l 角时，桩底竖向抗力对其形心轴的力矩为 M_l。由图 7.21 可得

$$M_l=\int_{A_l}x\cdot \mathrm{d}N_x=-\int_{A_l}x\cdot C_0x\varphi_l\mathrm{d}A=-C_0\varphi_l\int_{A_l}x^2\cdot \mathrm{d}A=-C_0\varphi_lI_l \tag{7.55}$$

式中，φ_l 顺时针转动，故为负值，而由此引起的基底竖向应力产生的桩底弯矩 M_l 为正，故引入负号。

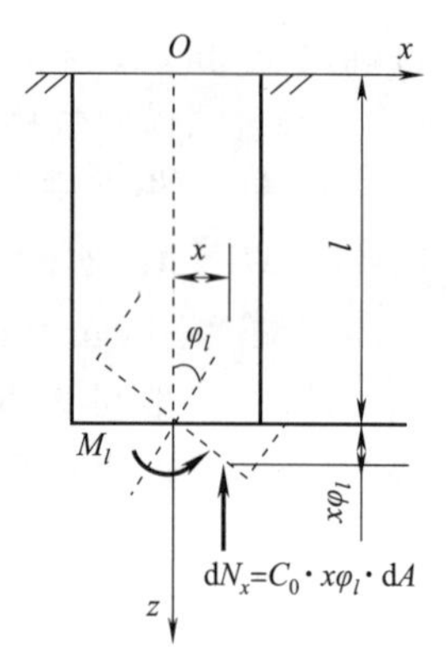

图 7.21　M_l 计算示意

一般桩底与土之间的摩擦力较小，可忽略，故 $H_l=0$。

将以上边界条件分别代入式(7.47)和式(7.48)，并联合式(7.46)，得

$$\left.\begin{aligned}&\frac{M_l}{\alpha^2EI}=x_0A_{3l}+\frac{\varphi_0}{\alpha}B_{3l}+\frac{M_0}{\alpha^2EI}C_{3l}+\frac{H_0}{\alpha^3EI}D_{3l}=-\frac{C_0I_l\varphi_l}{\alpha^2EI}\\&\frac{H_l}{\alpha^3EI}=x_0A_{4l}+\frac{\varphi_0}{\alpha}B_{4l}+\frac{M_0}{\alpha^2EI}C_{4l}+\frac{H_0}{\alpha^3EI}D_{4l}=0\\&\frac{\varphi_l}{\alpha}=x_0A_{2l}+\frac{\varphi_0}{\alpha}B_{2l}+\frac{M_0}{\alpha^2EI}C_{2l}+\frac{H_0}{\alpha^3EI}D_{2l}\end{aligned}\right\} \tag{7.56}$$

联立求解得

$$\left.\begin{aligned}&x_0=\delta_{\mathrm{HH}}\cdot H_0+\delta_{\mathrm{HM}}\cdot M_0\\&\varphi_0=-(\delta_{\mathrm{MH}}\cdot H_0+\delta_{\mathrm{MM}}\cdot M_0)\end{aligned}\right\} \tag{7.57}$$

式中，δ_{HH}、δ_{HM}、δ_{MH}、δ_{MM} 物理意义同前，但计算与式(7.54)不同，公式如下：

$$\left.\begin{aligned}&\delta_{\mathrm{HH}}=\frac{1}{\alpha^3EI}\cdot\bar{\delta}_{\mathrm{HH}}=\frac{1}{\alpha^3EI}\cdot\frac{(B_{3l}D_{4l}-B_{4l}D_{3l})+K_{\mathrm{h}}(B_{2l}D_{4l}-B_{4l}D_{2l})}{(A_{3l}B_{4l}-A_{4l}B_{3l})+K_{\mathrm{h}}(A_{2l}B_{4l}-A_{4l}B_{2l})}\\&\delta_{\mathrm{HM}}=\frac{1}{\alpha^2EI}\cdot\bar{\delta}_{\mathrm{HM}}=\frac{1}{\alpha^2EI}\cdot\frac{(B_{3l}C_{4l}-B_{4l}C_{3l})+K_{\mathrm{h}}(B_{2l}C_{4l}-B_{4l}C_{2l})}{(A_{3l}B_{4l}-A_{4l}B_{3l})+K_{\mathrm{h}}(A_{2l}B_{4l}-A_{4l}B_{2l})}\\&\delta_{\mathrm{MH}}=\frac{1}{\alpha^2EI}\cdot\bar{\delta}_{\mathrm{MH}}=\frac{1}{\alpha^2EI}\cdot\frac{(A_{3l}D_{4l}-A_{4l}D_{3l})+K_{\mathrm{h}}(A_{2l}D_{4l}-A_{4l}D_{2l})}{(A_{3l}B_{4l}-A_{4l}B_{3l})+K_{\mathrm{h}}(A_{2l}B_{4l}-A_{4l}B_{2l})}\\&\delta_{\mathrm{MM}}=\frac{1}{\alpha EI}\cdot\bar{\delta}_{\mathrm{MM}}=\frac{1}{\alpha EI}\cdot\frac{(A_{3l}C_{4l}-A_{4l}C_{3l})+K_{\mathrm{h}}(A_{2l}C_{4l}-A_{4l}C_{2l})}{(A_{3l}B_{4l}-A_{4l}B_{3l})+K_{\mathrm{h}}(A_{2l}B_{4l}-A_{4l}B_{2l})}\end{aligned}\right\} \tag{7.58}$$

其中

$$K_{\mathrm{h}}=\frac{C_0I_l}{\alpha EI} \tag{7.59}$$

分析结果表明，当桩下端支承于一般土层中且 $\alpha l\geqslant 2.5$ 时，或桩端支立于岩层表面且 $\alpha l\geqslant 3.5$ 时，桩底截面变形甚微，可近似认为 $\varphi_l=0$，而 $M_l=-C_0\varphi_lI_l$，故 $M_l=0$，故此时可令 $K_{\mathrm{h}}=0$，以简化计算。此时式(7.58)简化为

$$\left.\begin{aligned}&\delta_{\mathrm{HH}}=\frac{1}{\alpha^3EI}\cdot\bar{\delta}_{\mathrm{HH}}=\frac{1}{\alpha^3EI}\cdot\frac{(B_{3l}D_{4l}-B_{4l}D_{3l})}{(A_{3l}B_{4l}-A_{4l}B_{3l})}\\&\delta_{\mathrm{HM}}=\frac{1}{\alpha^2EI}\cdot\bar{\delta}_{\mathrm{HM}}=\frac{1}{\alpha^2EI}\cdot\frac{(B_{3l}C_{4l}-B_{4l}C_{3l})}{(A_{3l}B_{4l}-A_{4l}B_{3l})}\\&\delta_{\mathrm{MH}}=\frac{1}{\alpha^2EI}\cdot\bar{\delta}_{\mathrm{MH}}=\frac{1}{\alpha^2EI}\cdot\frac{(A_{3l}D_{4l}-A_{4l}D_{3l})}{(A_{3l}B_{4l}-A_{4l}B_{3l})}\\&\delta_{\mathrm{MM}}=\frac{1}{\alpha EI}\cdot\bar{\delta}_{\mathrm{MM}}=\frac{1}{\alpha EI}\cdot\frac{(A_{3l}C_{4l}-A_{4l}C_{3l})}{(A_{3l}B_{4l}-A_{4l}B_{3l})}\end{aligned}\right\} \tag{7.60}$$

可见，由于桩的边界条件不同，得出的 x_0、φ_0 计算原理相同，但计算结果不同。

计算表明：当 $\alpha l\geqslant 4.0$ 时，桩在地面处的位移和转角与桩下端支承条件无关，可按两种方法中的任一种求解。

上面介绍了地面或局部冲刷线处位移 x_0 和 φ_0 的计算，由式(7.52)、式(7.53)和式(7.57)可知，x_0 和 φ_0 是通过单位力位移或柔度系数来计算的，计算这些系数时应根据桩下端支承或固定情况采用相应的计算公式。但大量计算结果证明，下端支承或固定情况对桩身受力的影响随桩的换算入土深度 αl 增大而减小，当 $\alpha l \geqslant 4.0$ 时，其影响可以忽略。所以，若桩的 $\alpha l \geqslant 4.0$，则 δ_{HH} 等柔度系数可以按式(7.54)或式(7.58)计算，所得结果很接近。

算出 x_0 和 φ_0，将其与已知的荷载 M_0 和 H_0 一起代入式(7.45)～式(7.48)，便可求得任意深度 z 处桩身截面的横向位移 x_z、转角 φ_z、弯矩 M_z 和剪力 H_z。计算时 A_i、B_i、C_i 和 D_i(i=1、2、3、4)等系数虽可查表确定，但仍相当繁杂。

为减少计算工作量，可将桩身内力和位移的计算公式重新进行整理，编制相应的系数表，供计算时查用，该法称为简捷算法。

(3)桩身内力和位移的简捷算法

由上述计算可知，无论桩端支承情况如何，桩在土面(或局部冲刷线)处 x_0 和 φ_0 均可表示为桩顶横向荷载 M_0 和 H_0 的函数，将其代入基本原理表达式(7.45)～式(7.48)，则任意深度 z 处桩身截面的横向位移 x_z、转角 φ_z、弯矩 M_z 和剪力 H_z 仅为 M_0 和 H_0 的函数，可表达为

$$x_z = \frac{H_0}{\alpha^3 EI} A_x + \frac{M_0}{\alpha^2 EI} B_x \tag{7.61}$$

$$\varphi_z = \frac{H_0}{\alpha^2 EI} A_\varphi + \frac{M_0}{\alpha EI} B_\varphi \tag{7.62}$$

$$M_z = \frac{H_0}{\alpha} A_M + M_0 B_M \tag{7.63}$$

$$H_z = H_0 A_H + \alpha M_0 B_H \tag{7.64}$$

式中，带有下标的 A 和 B 均为无量纲系数，决定于 αl 和 αz，可从有关设计手册查用。表 7.19 列出了 $\alpha l \geqslant 4.0$ 时的系数值。

表 7.19 简捷计算法系数表(注:仅列出 $\alpha l \geqslant 4.0$ 者)

αz	$\alpha l \geqslant 4.0$		$\alpha l \geqslant 4.0$		$\alpha l \geqslant 4.0$		$\alpha l \geqslant 4.0$		$\alpha l \geqslant 4.0$	
	A_x	B_x	A_φ	B_φ	A_M	B_M	A_H	B_H	A_σ	B_σ
0.0	2.441	1.621	−1.621	−1.751	0	1.000	1.000	0	0	0
0.1	2.279	1.451	−1.616	−1.651	0.100	1.000	0.988	−0.008	0.228	0.145
0.2	2.118	1.291	−1.601	−1.551	0.197	0.998	0.956	−0.028	0.424	0.258
0.3	1.959	1.141	−1.577	−1.451	0.290	0.994	0.905	−0.058	0.588	0.342
0.4	1.803	1.001	−1.543	−1.352	0.377	0.986	0.839	−0.096	0.721	0.400
0.5	1.650	0.870	−1.502	−1.254	0.458	0.975	0.761	−0.137	0.825	0.435
0.6	1.503	0.750	−1.452	−1.157	0.529	0.959	0.675	−0.182	0.902	0.450
0.7	1.360	0.639	−1.396	−1.062	0.592	0.938	0.582	−0.227	0.952	0.447
0.8	1.224	0.537	−1.334	−0.970	0.646	0.913	0.458	−0.271	0.979	0.430
0.9	1.094	0.445	−1.267	−0.880	0.689	0.884	0.387	−0.312	0.981	0.400
1.0	0.970	0.361	−1.196	−0.793	0.723	0.851	0.289	−0.351	0.970	0.361
1.1	0.854	0.286	−1.123	−0.710	0.747	0.814	0.193	−0.384	0.940	0.315
1.2	0.746	0.219	−1.047	−0.630	0.762	0.774	0.102	−0.413	0.895	0.263

续上表

αz	$\alpha l \geqslant 4.0$		$\alpha l \geqslant 4.0$		$\alpha l \geqslant 4.0$		$\alpha l \geqslant 4.0$		$\alpha l \geqslant 4.0$	
	A_x	B_x	A_φ	B_φ	A_M	B_M	A_H	B_H	A_σ	B_σ
1.3	0.645	0.160	−0.971	−0.555	0.768	0.732	0.015	−0.437	0.838	0.208
1.4	0.552	0.108	−0.894	−0.484	0.765	0.687	−0.066	−0.455	0.772	0.151
1.5	0.466	0.063	−0.818	−0.418	0.755	0.641	−0.140	−0.467	0.699	0.094
1.6	0.388	0.024	−0.743	−0.356	0.737	0.594	−0.206	−0.474	0.621	0.039
1.7	0.317	−0.008	−0.671	−0.299	0.714	0.546	−0.264	−0.475	0.540	−0.014
1.8	0.254	−0.036	−0.601	−0.247	0.685	0.499	−0.313	−0.471	0.457	−0.064
1.9	0.197	−0.058	−0.534	−0.199	0.651	0.452	−0.355	−0.462	0.375	−0.110
2.0	0.147	−0.076	−0.471	−0.156	0.614	0.407	−0.388	−0.449	0.294	−0.151
2.2	0.065	−0.099	−0.356	−0.084	0.532	0.320	−0.432	−0.412	0.142	−0.219
2.4	0.003	−0.110	−0.258	−0.028	0.443	0.243	−0.446	−0.363	0.008	−0.265
2.6	−0.040	−0.111	−0.178	0.014	0.355	0.175	−0.437	−0.307	−0.104	−0.290
2.8	−0.069	−0.105	−0.116	0.44	0.270	0.120	−0.406	−0.249	−0.193	−0.295
3.0	−0.087	−0.095	−0.070	0.063	0.193	0.076	−0.361	−0.191	−0.262	−0.284
3.5	−0.105	−0.057	−0.012	0.083	0.051	0.014	−0.200	−0.067	−0.367	−0.199
4.0	−0.108	−0.015	−0.003	0.085	0	0	−0.001	0.000	−0.432	−0.059

上述简捷算法具有一定的适用范围。对下端支承于土层内或岩面上的桩，为便于编制系数表，计算 x_0 和 φ_0 时取 $K_h=0$，即 δ_{HH} 等柔度系数是按 $K_h=0$ 计算，故在上述桩底支承情况下，式(7.61)～式(7.64)的适用条件与 $K_h=0$ 的条件相同，即当桩下端在土层内时应满足 $\alpha l \geqslant 2.5$，若支承于岩面上则应符合 $\alpha l \geqslant 3.5$ 的要求。此外，下端嵌固于基岩内的桩，也可按上列公式计算桩身内力和位移。A_x 和 B_x 等系数应根据桩下端支承情况从相应的数值表查用。若 $\alpha l \geqslant 4.0$ 则不受此限制，表 7.19 所列系数值对不同支承情况的桩均适用。

(4)桩侧横向压应力的计算

在横向力作用下，桩侧土对桩产生横向抗力的同时，也受到桩的横向压力，两者大小相等，作用方向相反。在桥梁桩基设计中，需验算桩对其侧面土的横向压应力。

z 深度处桩侧横向压应力 σ_{xz} 与横向抗力 σ_z 是一对作用力和反作用力，大小相等，方向相反，故可由式(7.34)、式(7.35)和式(7.45)可得

$$\sigma_{xz}=\sigma_z=mzx_z=mz\left(x_0A_1+\frac{\varphi_0}{\alpha}B_1+\frac{M_0}{\alpha^2EI}C_1+\frac{H_0}{\alpha^3EI}D_1\right) \tag{7.65}$$

将 x_z 采用简捷算法计算，即将式(7.52)、式(7.53)或式(7.57)中的 x_0 和 φ_0 代入式(7.65)，整理后得 σ_{xz} 的简捷计算公式为

$$\sigma_{xz}=\frac{\alpha H_0}{b_0}A_\sigma+\frac{\alpha^2M_0}{b_0}B_\sigma \tag{7.66}$$

式中，A_σ 和 B_σ 同样为无量纲系数，决定于 αl 和 αz，可从有关设计规范或手册查用。$\alpha l \geqslant 4.0$ 时的 A_σ 和 B_σ 列于表 7.19。

式(7.66)的适用范围与前述桩身内力和位移的简捷计算公式相同。

2)桩顶露出地面,在桩顶横向荷载 H_1、M_1 作用下的内力与位移

如图 7.22 所示,桩顶露出地面,基桩桩顶作用横向荷载:水平力 H_1、弯矩 M_1。分析时可将其看成由两段组成,一为地下段,或称入土段,长度为 l;二为地上段,或称悬臂段,长度为 l_0,其侧面无土抗力。

先求解地下段,地面处弯矩 M_0 和水平力 H_0 如下(图 7.22):

$$\left.\begin{aligned} M_0 &= M_1 + H_1 l_0 \\ H_0 &= H_1 \end{aligned}\right\} \tag{7.67}$$

按照前述桩顶与地面齐平的基桩的计算公式,即可计算地下段桩身的内力和位移及桩侧土的横向压应力。

此时,基桩在地面处的位移为:

$$\left.\begin{aligned} x_0 &= \delta_{\mathrm{HH}} H_1 + \delta_{\mathrm{HM}}(M_1 + H_1 l_0) \\ \varphi_0 &= -[\delta_{\mathrm{MH}} H_1 + \delta_{\mathrm{MM}}(M_1 + H_1 l_0)] \end{aligned}\right\} \tag{7.68}$$

地上段的内力可按悬臂梁计算。桩顶 O_1 处的横向位移 x_1 和转角 φ_1 可应用叠加原理计算。如图 7.23 所示。设桩顶的水平位移为 x_1,它是由桩在地面处的水平位移 x_0、地面处转角 φ_0 所引起的桩顶位移 $\varphi_0 l_0$、桩露出地面段作为悬臂梁在桩顶水平力 H_1 作用下产生的水平位移 x_{H} 以及在 M_1 作用下产生的水平位移 x_{M} 组成,即

$$x_1 = x_0 - \varphi_0 l_0 + x_{\mathrm{H}} + x_{\mathrm{M}} \tag{7.69}$$

因 φ_0 逆时针为正,故式中用负号。

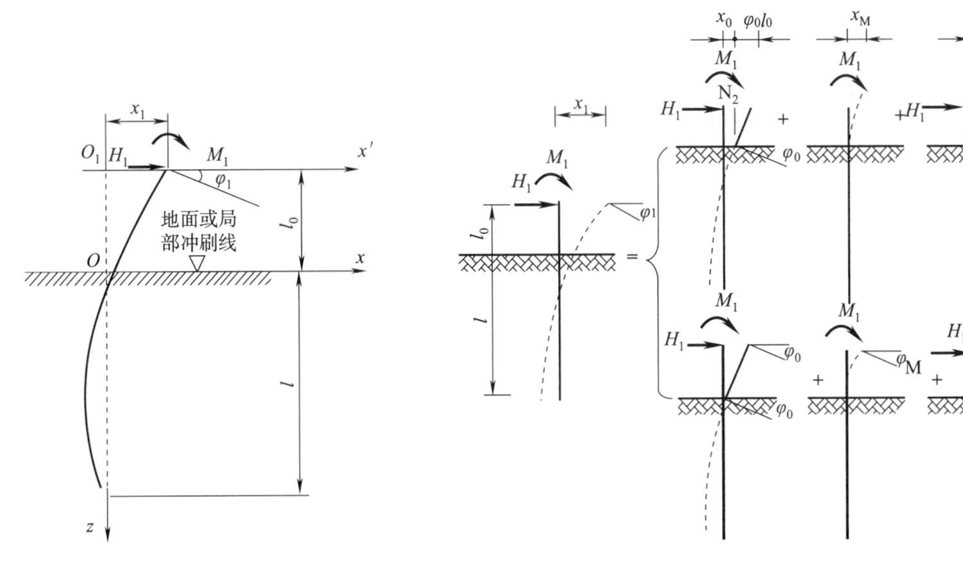

图 7.22　桩顶高出地面时基桩受力分析

图 7.23　单桩桩顶处位移与转角

桩顶转角 φ_1 则由地面处的转角 φ_0、桩顶在水平力 H_1 作用下引起的转角 φ_{H} 及弯矩 M_1 作用下所引起的转角 φ_{M} 组成,即

$$\varphi_1 = \varphi_0 + \varphi_{\mathrm{H}} + \varphi_{\mathrm{M}} \tag{7.70}$$

式(7.69)和式(7.70)中,x_{H}、x_{M}、φ_{H}、φ_{M} 是把地上段作为下端嵌固、跨度为 l_0 的悬臂梁计

算而得，即

$$\left.\begin{aligned}x_{\mathrm{H}}&=\frac{H_1 l_0^3}{3EI}\quad x_{\mathrm{M}}=\frac{M_1 l_0^2}{2EI}\\\varphi_{\mathrm{H}}&=-\frac{H_1 l_0^2}{2EI}\quad \varphi_{\mathrm{M}}=-\frac{M_1 l_0}{EI}\end{aligned}\right\}\tag{7.71}$$

将 x_0、φ_0、x_{H}、x_{M}、φ_{H}、φ_{M} 代入式(7.69)和式(7.70)，因为在式(7.69)和式(7.70)中，x_1、φ_1 是 x_0、φ_0 及 M_1、H_1 的函数，而 x_0、φ_0 又是 M_1、H_1 的函数即式(7.68)，经过一系列的整理，可得

$$\left.\begin{aligned}x_1&=\frac{1}{\alpha^3 EI}\cdot\bar{\delta}_1\cdot H_1+\frac{1}{\alpha^2 EI}\cdot\bar{\delta}_3\cdot M_1=\delta_1\cdot H_1+\delta_3\cdot M_1\\\varphi_1&=-\left(\frac{1}{\alpha^2 EI}\cdot\bar{\delta}_3\cdot H_1+\frac{1}{\alpha EI}\cdot\bar{\delta}_2\cdot M_1\right)=-(\delta_3\cdot H_1+\delta_2\cdot M_1)\end{aligned}\right\}\tag{7.72}$$

式中

$$\left.\begin{aligned}\bar{\delta}_1&=\bar{\delta}_{\mathrm{HH}}+2\alpha l_0\bar{\delta}_{\mathrm{HM}}+(\alpha l_0)^2\bar{\delta}_{\mathrm{MM}}+\frac{(\alpha l_0)^3}{3}\\\bar{\delta}_2&=-\bar{\delta}_{\mathrm{MM}}+\alpha l_0\\\bar{\delta}_3&=\bar{\delta}_{\mathrm{HM}}+\alpha l_0\bar{\delta}_{\mathrm{MM}}+\frac{(\alpha l_0)^2}{2}\end{aligned}\right\}\tag{7.73}$$

$$\left.\begin{aligned}\delta_1&=\frac{1}{\alpha^3 EI}\bar{\delta}_1\\\delta_2&=\frac{1}{\alpha EI}\bar{\delta}_2\\\delta_3&=\frac{1}{\alpha^2 EI}\bar{\delta}_3\end{aligned}\right\}\tag{7.74}$$

式中，δ_1、δ_2、δ_3 是单桩在桩顶处的柔度系数，即单位力作用在桩顶时对应的桩顶位移，如图7.24所示。

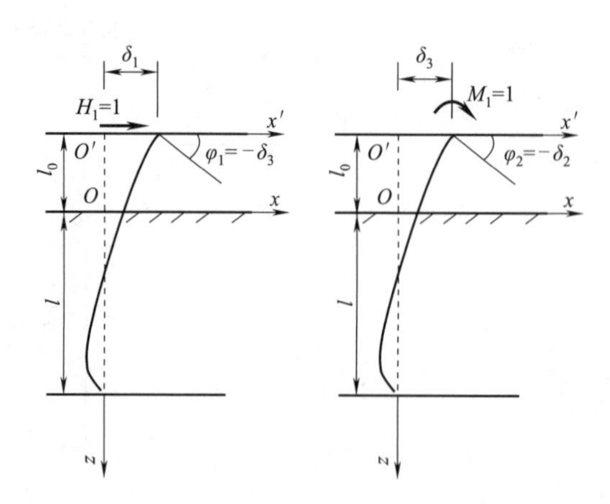

图7.24 单桩桩顶处柔度系数表征

根据式(7.73)和式(7.74)，知 δ_1、δ_2、δ_3 是取决于由 αl 和 αl_0 确定的系数 $\bar{\delta}_1$、$\bar{\delta}_2$、$\bar{\delta}_3$。表7.20列出了 $\alpha l\geqslant 4.0$ 时的 $\bar{\delta}_1$、$\bar{\delta}_2$、$\bar{\delta}_3$ 值。

表 7.20 $\bar{\delta}_1$、$\bar{\delta}_2$、$\bar{\delta}_3$ 表(注:仅列出 $\alpha l \geqslant 4.0$ 者)

αl_0	$\alpha l \geqslant 4.0$			αl_0	$\alpha l \geqslant 4.0$			αl_0	$\alpha l \geqslant 4.0$		
	$\bar{\delta}_1$	$\bar{\delta}_2$	$\bar{\delta}_3$		$\bar{\delta}_1$	$\bar{\delta}_2$	$\bar{\delta}_3$		$\bar{\delta}_1$	$\bar{\delta}_2$	$\bar{\delta}_3$
0.0	2.44	1.75	1.62	2.8	32.56	4.55	10.44	5.6	134.03	7.35	27.10
0.2	3.16	1.95	1.99	3.0	36.92	4.75	11.37	5.8	145.17	7.55	28.59
0.4	4.04	2.15	2.40	3.2	41.66	4.95	12.34	6.0	156.91	7.75	30.12
0.6	5.09	2.35	2.85	3.4	46.80	5.15	13.35	6.4	182.27	8.15	33.30
0.8	6.33	2.55	3.34	3.6	52.35	5.35	14.40	6.8	210.24	8.55	36.64
1.0	7.77	2.75	3.87	3.8	58.33	5.55	15.49	7.2	240.95	8.95	40.15
1.2	9.43	2.95	4.44	4.0	64.75	5.75	16.62	7.6	274.52	9.35	43.81
1.4	11.32	3.15	5.05	4.2	71.63	5.95	17.79	8.0	311.08	9.75	47.63
1.6	13.47	3.35	5.70	4.4	78.99	6.15	19.00	8.5	361.19	10.25	52.63
1.8	15.89	3.55	6.39	4.6	86.84	6.35	20.25	9.0	416.42	1.075	52.88
2.0	18.59	3.75	7.12	4.8	95.20	6.55	21.54	9.5	477.02	11.25	63.78
2.2	21.60	3.95	7.89	5.0	104.08	6.75	22.87	10.0	543.25	11.75	69.13
2.4	24.91	4.15	8.70	5.2	113.50	6.95	24.24				
2.6	28.56	4.35	9.55	5.4	123.48	7.15	25.65				

3)桩身最大弯矩位置 z_{Mmax} 和最大弯矩 $M_{\max}$ 的确定

将各深度 z 处的 M_z 值求出后绘制 M_z—z 图,即可从图中求得最大弯矩及所在位置,也可用如下简便方法求解。

$H_z=0$ 处的截面即为最大弯矩所在位置 z_{Mmax}。由式(7.64)得

$$H_z=H_0A_{\mathrm{H}}+\alpha M_0B_{\mathrm{H}}=0$$

则

$$\frac{\alpha M_0}{H_0}=-\frac{A_{\mathrm{H}}}{B_{\mathrm{H}}}=C_{\mathrm{H}} \tag{7.75}$$

或

$$\frac{H_0}{\alpha M_0}=-\frac{B_{\mathrm{H}}}{A_{\mathrm{H}}}=D_{\mathrm{H}} \tag{7.76}$$

式中,C_{H} 及 D_{H} 也是与 αz 有关的系数,当 $\alpha l \geqslant 4.0$ 时,从式(7.75)或式(7.76)求得 C_{H} 及 D_{H} 值后,可查表 7.21 确定相应的 αz,因为 α 为已知,所以最大弯矩所在的位置 $z=z_{\mathrm{Mmax}}$ 值即可确定。

由式(7.75)或式(7.76)得

$$\frac{H_0}{\alpha}=M_0D_{\mathrm{H}} \qquad 或 \qquad M_0=\frac{H_0}{\alpha}C_{\mathrm{H}} \tag{7.77}$$

代入式(7.63)得

$$M_{\max}=M_0D_{\mathrm{H}}A_{\mathrm{M}}+M_0B_{\mathrm{M}}=M_0K_{\mathrm{M}} \text{ 或 } M_{\max}=\frac{H_0}{\alpha}A_{\mathrm{M}}+\frac{H_0}{\alpha}B_{\mathrm{M}}C_{\mathrm{H}}=\frac{H_0}{\alpha}K_{\mathrm{H}} \tag{7.78}$$

式中,$K_{\mathrm{M}}=A_{\mathrm{M}}D_{\mathrm{H}}+B_{\mathrm{M}}$,$K_{\mathrm{H}}=A_{\mathrm{M}}+B_{\mathrm{M}}C_{\mathrm{H}}$,也均为 αz 的函数,也可按表 7.21 查用,然后代入式(7.77)即可得到 $M_{\max}$ 值,当 $\alpha z<4.0$ 时,可另查有关设计手册。

表 7.21　确定桩身弯矩及其位置的系数($\alpha l \geqslant 4.0$)

αz	C_H	D_H	K_H	K_M
0.0	∞	0	∞	1.000 00
0.1	131.252 32	0.007 60	131.317 79	1.000 50
0.2	34.186 40	0.029 25	34.317 04	1.003 82
0.3	15.544 33	0.064 33	15.738 37	1.012 48
0.4	8.781 45	0.113 88	9.037 39	1.029 14
0.5	5.539 03	0.180 54	5.855 75	1.057 18
0.6	3.708 96	0.269 55	4.138 32	1.101 30
0.7	2.565 62	0.389 77	2.999 27	1.169 02
0.8	1.791 34	0.558 24	2.281 53	1.273 65
0.9	1.238 25	0.807 59	1.783 96	1.440 71
1.0	0.824 35	1.213 07	1.424 48	1.728 00
1.1	0.503 03	1.987 95	1.156 66	2.299 39
1.2	0.245 63	4.071 21	0.951 98	3.875 72
1.3	0.033 81	29.580 23	0.792 35	23.437 69
1.4	−0.144 79	−6.906 47	0.665 52	−4.596 37
1.5	−0.298 66	−3.348 27	0.563 28	−1.875 85
1.6	−0.433 85	−2.304 94	0.479 75	−1.128 38
1.7	−0.554 97	−1.801 89	0.410 66	−0.739 96
1.8	−0.665 46	−1.502 73	0.352 89	−0.530 30
1.9	−0.767 97	−1.302 13	0.304 12	−0.396 00
2.0	−0.864 74	−1.156 41	0.262 54	−0.303 61
2.2	−1.048 45	−0.953 79	0.195 83	−0.186 78
2.4	−1.229 54	−0.813 31	0.145 03	−0.117 95
2.6	−1.420 38	−0.704 04	0.105 36	−0.074 18
2.8	−1.635 25	−0.611 53	0.074 07	−0.045 30
3.0	−1.892 98	−0.528 27	0.049 28	−0.026 03
3.5	−2.993 86	−0.334 01	0.010 27	−0.003 43
4.0	−0.044 50	−22.500 00	−0.000 08	+0.011 34

7.6　单桩横向承载力

桩能够承担水平荷载的能力称单桩水平承载力。目前确定单桩水平承载力的途径有 3 类：一是通过水平静载荷试验确定；二是由经验公式确定；三是通过理论计算，理论计算方法有弹性抗力法和考虑非线性的 p—y 曲线法等。下面介绍单桩水平静载荷试验，它是分析桩在水平荷载作用下性状的重要手段，也是确定单桩水平承载力最可靠的方法。同时介绍《铁桥基规》中的半经验半理论方法。

7.6.1　单桩水平(横向)静载试验

1)试验装置

试验装置包括加荷系统和位移观测系统。加荷系统采用可水平施加荷载的千斤顶;位移观测系统采用基准支架上安装百分表或电感位移计,如图7.25所示。

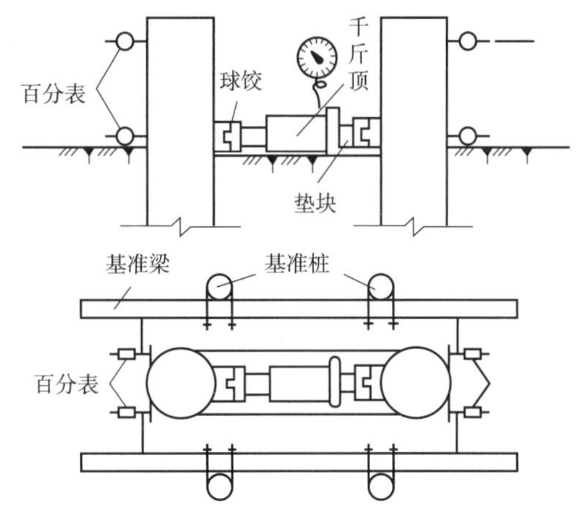

图7.25　水平静载荷试验装置

2)试验方法

(1)单向多循环加卸载法

这种加载方法只能模拟风浪、地震力、制动力、波浪冲击力和机器扰动力等循环性动力水平荷载。

试验加载分级,一般取预估横向极限荷载的1/10作为每级荷载的加载增量。每级荷载施加后,恒载每4 min后可测读横向位移,然后卸载至零,停2 min测读残余横向位移,至此完成一个加卸载循环。5次循环后,完成一级荷载的位移观测。

(2)慢速维持荷载法

这种加载方式主要模拟桥台、挡墙等长期静止水平荷载作用的情况,加、卸载分级以及水平位移的测读方式,应分别按照7.3.1节中单桩竖向抗压静载试验的规定进行。

(3)终止加载条件

当出现下列情况之一时,可终止加载:

①桩身折断。

②水平位移超过30～40 mm;软土中的桩或大直径桩时可取高值。

③水平位移达到设计要求的水平位移允许值。

3)成果资料

常规循环荷载试验一般绘制“水平力—时间—位移”($H_0—t—x_0$)曲线,如图7.26所示;采用慢速维持荷载法时,应分别绘制“水平力—位移”($H_0—x_0$)“曲线”和“水平力—位移梯度”($H_0-\Delta x_0/\Delta H_0$)“曲线”;利用循环荷载试验资料,取每级循环荷载下的最大位移值作为该荷载下的位移值,也可绘制上述关系曲线。

4)按试验成果确定单桩水平承载力

(1)单桩水平临界荷载 H_{cr}

单桩水平临界荷载 H_{cr} 相当于桩身开裂、受拉区混凝土退出工作时的桩顶水平力,可按下列方法综合确定:

①取循环加载时的 $H_0—t—x_0$ 曲线(图7.26)或慢速维持荷载时的 $H_0—x_0$ 曲线(图7.27)出现拐点的前一级水平荷载值;

②取 $H_0-\Delta x_0/\Delta H_0$ 曲线第一拐点对应的水平荷载值,如图7.28所示。

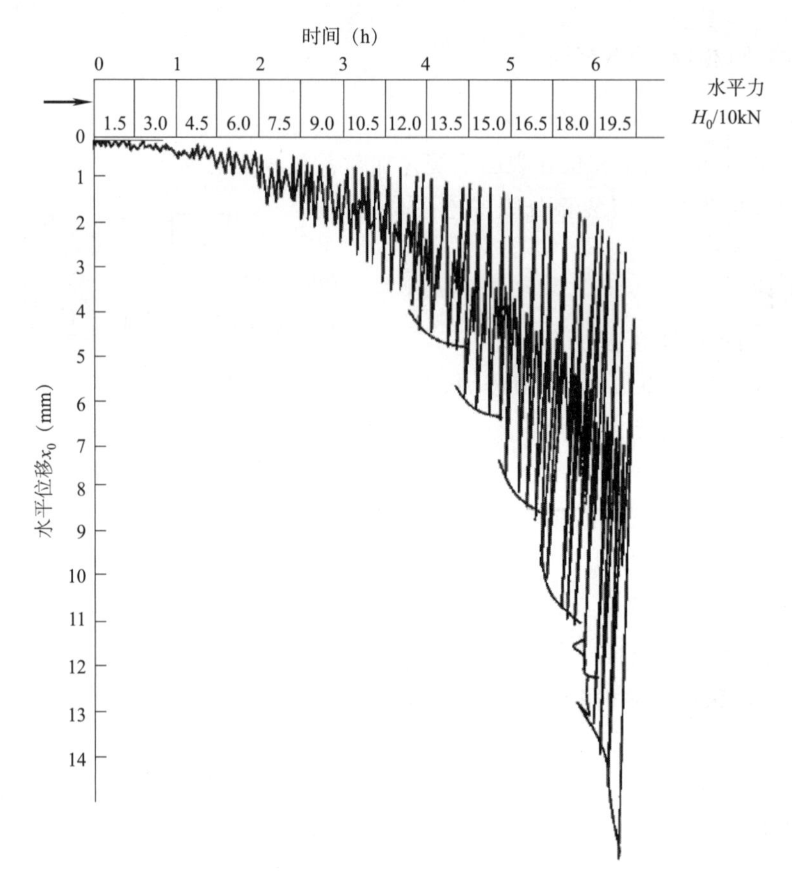

图 7.26　水平力—时间—位移(H_0—t—x_0)曲线

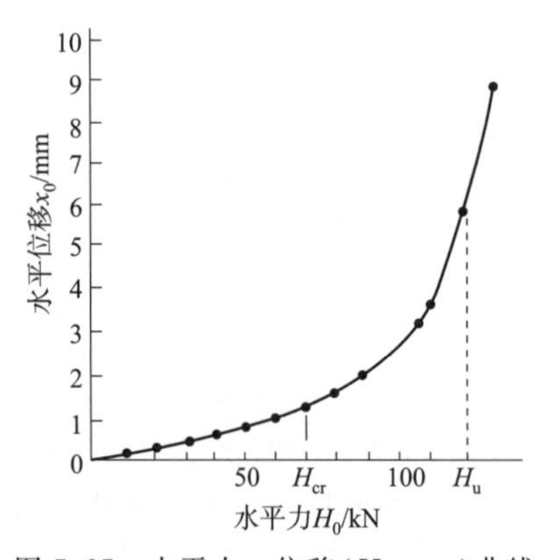

图 7.27　水平力—位移(H_0—x_0)曲线

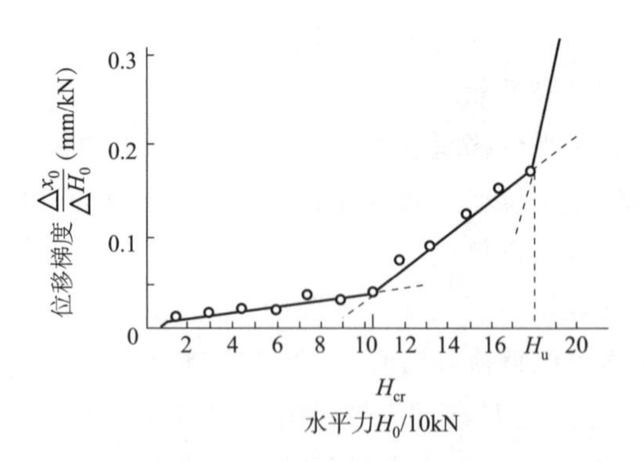

图 7.28　水平力—位移梯度($H_0-\Delta x_0/\Delta H_0$)曲线

(2)单桩水平极限荷载 H_u

单桩水平极限荷载是指桩身材料破坏或产生结构所能承受最大变形前的荷载。单桩水平极限荷载可按下列方法综合确定：

①取 H_0—t—x_0 曲线上明显陡变(位移包络线向下弯曲)的前一级荷载，如图 7.26 所示。

②取 H_0—$\Delta x_0/\Delta H_0$ 第二直线段终点(即第二拐点)对应的水平荷载值，如图 7.28 所示。

用水平静载试验确定单桩横向承载力时，还应注意到按上述强度条件确定的极限荷载时的位移是否超过结构使用要求的水平位移，若超过则应按变形条件来控制。

为设计提供依据的水平极限承载力和水平临界荷载，可按 7.3.1 节中单桩竖向抗压极限承载力的统计方法确定。

(3)单桩水平承载力特征值

《建筑桩基技术规范》(JGJ 94—2008)规定,对于受水平荷载较大的设计等级为甲级、乙级的建筑桩基,单桩水平承载力特征值应通过单桩水平静载试验确定。对于钢筋混凝土预制桩、钢桩、桩身正截面配筋率不小于0.65%的灌注桩,可根据静载试验结果取设计桩顶标高处水平位移为10 mm(对于水平位移敏感的建筑物取6 mm)所对应的荷载的75%为单桩水平承载力特征值;对于桩身配筋率小于0.65%的灌注桩,可取单桩水平静载试验临界荷载的75%为单桩水平承载力特征值;当设计对位移有要求时,则应取设计要求的水平允许位移对应的荷载作为单桩水平承载力特征值,且应满足桩身抗裂要求。

7.6.2 《铁桥基规》中基桩横向承载力的确定

当桩在横向力作用发生旋转时,桩的一侧产生主动土压力,另一侧产生被动土压力。在桥梁桩基设计中,为保证桩侧土在横向力作用下的稳定性,要求桩对其侧面土的横向压应力 σ_{xz}(与横向抗力 σ_z 是一对作用力和反作用力)不超过桩两侧被动土压力与主动土压力之差。这一要求可表示如下:

$$\sigma_{xz} \leqslant k[p_p - p_a] \tag{7.79}$$

式中 k——外力作用面内数个构件相互作用对构件侧面土的容许应力的影响系数,由于目前缺乏这方面的试验资料,可借用前面所述计算土抗力时的构件相互影响系数。倘若考虑基础平面形状对被动土压力的影响,则

$$\sigma_{xz} \leqslant \frac{k}{b}[b_0 p_p - b p_a] \tag{7.80}$$

式中 b_0——桩的土抗力计算宽度(m);

b——桩的实际宽度或直径(m);

p_p——地面或局部冲刷线以下 z 深度处的被动土压力强度(kPa),故

$$p_p = \gamma z \tan^2\left(45° + \frac{\varphi}{2}\right) + 2c\tan\left(45° + \frac{\varphi}{2}\right) = \gamma z K_p + 2c\sqrt{K_p}$$

p_a——地面或局部冲刷线以下 z 深度处的主动土压力强度(kPa)。故

$$p_a = \gamma z \tan^2\left(45° - \frac{\varphi}{2}\right) - 2c\tan\left(45° - \frac{\varphi}{2}\right) = \gamma z K_a - 2c\sqrt{K_a}$$

于是有

$$\begin{aligned}\sigma_{xz} &\leqslant \frac{k}{b}[b_0 p_p - b p_a] = \frac{k}{b}\left[b_0 \gamma z \tan^2\left(45° + \frac{\varphi}{2}\right) + 2b_0 c\tan\left(45° + \frac{\varphi}{2}\right)\right] - \\ &\quad \frac{k}{b}\left[b\gamma z \tan^2\left(45° - \frac{\varphi}{2}\right) - 2bc\tan\left(45° - \frac{\varphi}{2}\right)\right] \\ &= k\left[\gamma z(\eta K_p - K_a) + 2c(\eta\sqrt{K_p} + \sqrt{K_a})\right]\end{aligned} \tag{7.81}$$

式中
$$\eta = \frac{b_0}{b}, K_p = \tan^2\left(45° + \frac{\varphi}{2}\right), K_a = \tan^2\left(45° - \frac{\varphi}{2}\right)$$

考虑对于不同结构体系,要求的安全系数不一样,式(7.81)的右边应乘以系数 η_1,又考虑在恒载作用下对基础的要求比较高,所以式(7.81)的右边应再乘以 η_2,η_2 按恒载产生的力矩与总力矩之比值的关系来确定。考虑必要的安全储备,则桩侧横向压应力应满足如下条件:

$$\sigma_{xz} \leqslant \eta_1 \eta_2 k[\gamma z(\eta K_p - K_a) + 2c(\eta\sqrt{K_p} + \sqrt{K_a})] \tag{7.82}$$

式中 η_1——考虑上部结构安全度的系数,对超静定推力拱桥的墩台,$\eta_1 = 0.7$;其他结构体系

的墩台，$\eta_1=1.0$；

η_2——考虑总荷载中恒载所占比例的影响系数：当 $\alpha l\leqslant2.5$ 时，$\eta_2=1-0.8\dfrac{M_n}{M_m}$；当 $\alpha l\geqslant4.0$ 时，$\eta_2=1-0.5\dfrac{M_n}{M_m}$；当 $2.5\leqslant\alpha l\leqslant4.0$，$\eta_2$ 按直线内插法确定；

M_n——恒载对构件(桩基)承台底面坐标原点或沉井底面中心的力矩(kN·m)；

M_m——全部外力对构件(桩基)承台底面坐标原点或沉井底面中心的总力矩(kN·m)。

式(7.82)即为 σ_{xz} 应满足的条件。根据以往的经验，一般情况下，当 σ_x 的最大值对应的 $z\leqslant l/3$ 时，应验算该处的 σ_x；若该最大值对应的 $z>l/3$，则验算 $z=l/3$ 处的 σ_x 即可。但对于刚性桩，即当 $\alpha l\leqslant2.5$ 时，一般应验算 $z=l/3$ 和 $z=l$ 时处的 σ_{xz}。

7.7 桩的横向刚度系数

单桩刚度系数指单桩在桩顶处的刚度系数，即桩顶发生单位位移所对应的力，如图 7.29 所示，它们是：桩顶发生单位水平位移(垂直于轴线方向)所引起的桩顶横向力 ρ_2、弯矩 ρ_3；桩顶发生单位转角(此处顺时针转动为正)所引起的桩顶横向力 ρ_3、弯矩 ρ_4。此时，桩顶单位位移是指承台底面位移引起的桩顶单位位移，特点是：桩是固定于承台上的，不是自由的。

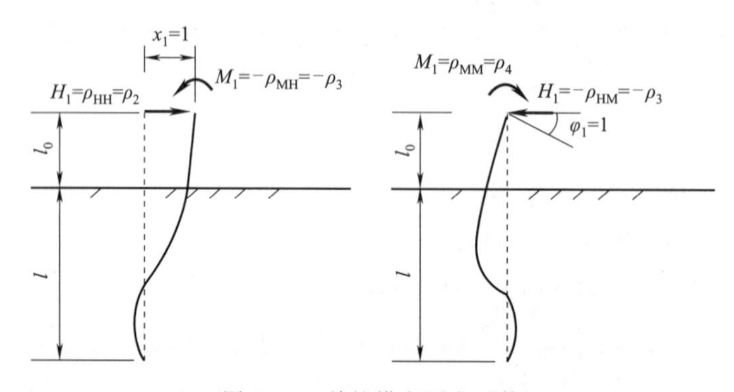

图 7.29 单桩横向刚度系数

为求解单桩刚度系数，可回到式(7.72)，即单桩在桩顶横向荷载(水平力 H_1、弯矩 M_1)作用下，桩顶位移(注意 φ_1 的负号在此处改为正号)为

$$\left.\begin{aligned}x_1&=\delta_1\cdot H_1+\delta_3\cdot M_1\\ \varphi_1&=\delta_3\cdot H_1+\delta_2\cdot M_1\end{aligned}\right\}\tag{7.83}$$

解此联立方程，可得桩顶力表达式：

$$\left.\begin{aligned}H_1&=\frac{x_1\delta_2-\varphi_1\delta_3}{\delta_1\delta_2-\delta_3^2}\\ M_1&=\frac{\varphi_1\delta_1-x_1\delta_3}{\delta_1\delta_2-\delta_3^2}\end{aligned}\right\}\tag{7.84}$$

根据 ρ_2、ρ_3 和 ρ_4 的定义，可知

令 $\begin{cases}x_1=1\\ \varphi_1=0\end{cases}$，由式(7.84)可求得 $\begin{cases}H_1=\rho_2\\ M_1=-\rho_3\end{cases}$

同理，令 $\begin{cases}x_1=0\\ \varphi_1=1\end{cases}$，由式(7.84)可求得 $\begin{cases}H_1=-\rho_3\\ M_1=\rho_4\end{cases}$

最终可得其表达式：

$$\left.\begin{aligned}\rho_2&=\frac{\delta_2}{\delta_1\delta_2-\delta_3^2}\\ \rho_3&=\frac{\delta_3}{\delta_1\delta_2-\delta_3^2}\\ \rho_4&=\frac{\delta_1}{\delta_1\delta_2-\delta_3^2}\end{aligned}\right\}\tag{7.85}$$

为便于计算，需编制计算表格供计算时查用。因此，需对式(7.85)进行变换。以 ρ_2 为例：

$$\rho_2=\frac{\delta_2}{\delta_1\delta_2-\delta_3^2}=\frac{\bar{\delta}_2/\alpha EI}{\dfrac{\bar{\delta}_1}{\alpha^3 EI}\dfrac{\bar{\delta}_2}{\alpha EI}-\left(\dfrac{\bar{\delta}_3}{\alpha^2 EI}\right)^2}=\alpha^3 EI\frac{\bar{\delta}_2}{\bar{\delta}_1\bar{\delta}_2-\bar{\delta}_3^2}=\alpha^3 EIY_H\tag{7.86}$$

同理可对 ρ_3 和 ρ_4 进行变换，最终可得

$$\left.\begin{aligned}\rho_2&=\alpha^3 EIY_H\\ \rho_3&=\alpha^2 EIY_M\\ \rho_4&=\alpha EI\varphi\end{aligned}\right\}\tag{7.87}$$

式中

$$\left.\begin{aligned}Y_H&=\frac{\bar{\delta}_2}{\bar{\delta}_1\bar{\delta}_2-\bar{\delta}_3^2}\\ Y_M&=\frac{\bar{\delta}_3}{\bar{\delta}_1\bar{\delta}_2-\bar{\delta}_3^2}\\ \varphi_M&=\frac{\bar{\delta}_1}{\bar{\delta}_1\bar{\delta}_2-\bar{\delta}_3^2}\end{aligned}\right\}\tag{7.88}$$

式(7.88)中各系数随 αl 及 αl_0 而变，$\alpha l\geqslant 4.0$ 时的系数值见表 7.22。

表 7.22 Y_H、Y_M、φ_M 表（仅列出 $\alpha l\geqslant 4.0$ 者）

αl_0	$\alpha l\geqslant 4.0$			αl_0	$\alpha l\geqslant 4.0$			αl_0	$\alpha l\geqslant 4.0$		
	Y_H	Y_M	φ_M		Y_H	Y_M	φ_M		Y_H	Y_M	φ_M
0.0	1.064	0.985	1.484	2.8	0.116	0.267	0.832	5.6	0.029	0.108	0.535
0.2	0.886	0.904	1.435	3.0	0.103	0.247	0.802	5.8	0.027	0.103	0.521
0.4	0.736	0.822	1.383	3.2	0.092	0.229	0.773	6.0	0.025	0.098	0.508
0.6	0.614	0.745	1.329	3.4	0.082	0.213	0.746	6.4	0.022	0.088	0.484
0.8	0.513	0.673	1.273	3.6	0.074	0.198	0.720	6.8	0.019	0.081	0.462
1.0	0.432	0.607	1.219	3.8	0.066	0.185	0.697	7.2	0.016	0.074	0.442
1.2	0.365	0.549	1.166	4.0	0.060	0.173	0.674	7.6	0.014	0.068	0.424
1.4	0.311	0.499	1.117	4.2	0.054	0.162	0.653	8.0	0.013	0.062	0.407
1.6	0.265	0.451	1.066	4.4	0.049	0.152	0.633	8.5	0.011	0.056	0.387
1.8	0.228	0.411	1.021	4.6	0.045	0.143	0.615	9.0	0.010	0.051	0.369
2.0	0.197	0.375	0.978	4.8	0.041	0.135	0.597	9.5	0.008	0.047	0.353
2.2	0.172	0.343	0.938	5.0	0.038	0.128	0.580	10.0	0.007	0.043	0.338
2.4	0.150	0.315	0.900	5.2	0.035	0.121	0.564				
2.6	0.132	0.289	0.865	5.4	0.032	0.114	0.549				

7.8 群桩基础内力及位移分析

群桩基础可视为具有刚性承台的空间刚架，如图 7.30(a)所示。桥梁桩基设计时，承台的厚度通常较大，计算时可近似认为承台为刚体，桩与承台也通常考虑为刚性连接，可将其简化为平面刚架，如图 7.30(b)所示。坐标原点 O 通常设置在承台底面各桩竖向刚度的中心处，作用于桩基上的外力向该点简化，即竖向力 N、水平力 H 和力矩 M 均作用于坐标原点 O；x 轴在承台底面上，z 轴竖直向下。当承台在荷载作用下发生水平位移 a、竖向位移 b 和转角 β 时，任意第 i 排桩桩顶的横向位移 a_i、轴向位移 b_i 和转角 β_i 为

$$\left.\begin{aligned} a_i &= a \\ b_i &= b+\beta x_i \\ \beta_i &= \beta \end{aligned}\right\} \tag{7.89}$$

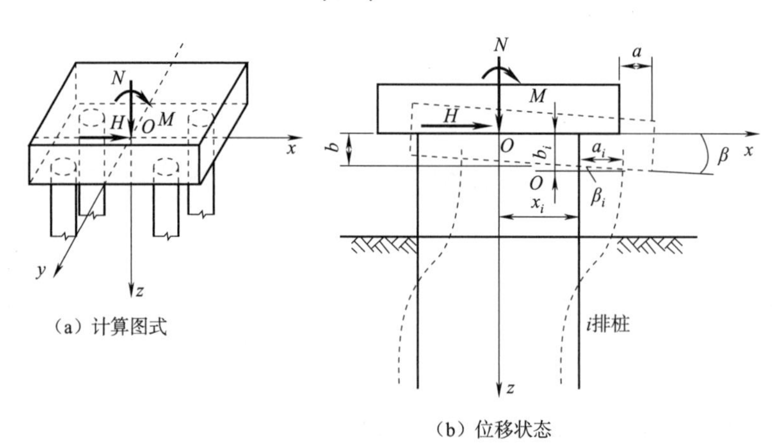

图 7.30 桩基础计算图式及荷载作用下位移状态

承台位移即为桩基础位移，桩基础分析的目的在于确定其大小。此后，按式(7.88)即可求得桩顶位移，从而可根据桩顶位移和桩的刚度系数求得桩顶荷载，并按照前述计算方法确定基桩内力、位移和桩侧土抗力。此外，承台位移还是计算上部结构位移的依据。

分析时有关变量的正负号规定如下：图 7.29 所示 N、H 和 M 均为正值；承台水平位移 a 和竖向位移 b 均以移向相应坐标轴(即 x 和 z 轴)，正向时为正；转角 β 以绕原点 O 顺时针旋转时为正(横向刚度系数的定义与此对应)。

7.8.1 高承台桩基础

如图 7.30 所示的高承台桩基础，设第 i 排有 n_i 根桩，桩基础共有 n 根桩。取承台为脱离体，由静力平衡条件可建立位移法的典型方程组如下：

$$\left.\begin{aligned} a\gamma_{aa}+b\gamma_{ab}+\beta\gamma_{a\beta}-H&=0 \\ a\gamma_{ba}+b\gamma_{bb}+\beta\gamma_{b\beta}-N&=0 \\ a\gamma_{\beta a}+b\gamma_{\beta b}+\beta\gamma_{\beta\beta}-M&=0 \end{aligned}\right\} \tag{7.90}$$

式中 $\gamma_{aa},\gamma_{ba},\gamma_{\beta a}$——承台仅产生单位水平位移时，各桩作用于承台的所有水平力之和、竖向力之和及力矩之和；

$\gamma_{ab},\gamma_{bb},\gamma_{\beta b}$——承台仅产生单位竖向位移时，各桩作用于承台的所有水平力之和、竖向

力之和及力矩之和；

$\gamma_{a\beta},\gamma_{b\beta},\gamma_{\beta\beta}$——承台仅产生单位转角时，各桩作用于承台的所有水平力之和、竖向力之和及力矩之和。

上述九个系数，亦称为总刚度系数，可根据其基本定义，利用力学原理求得。下面以对称布置的竖直桩桩基（桩的尺寸和类型及桩周土层条件均相同）为例说明总刚度系数的求解思路。

当承台仅做竖向位移，即 $b=1$、$a=0$、$\beta=0$。此时，各桩桩顶只有单位竖向位移，则各桩顶引起的轴力为 ρ_1，而无其他力，如图 7.31 所示，故

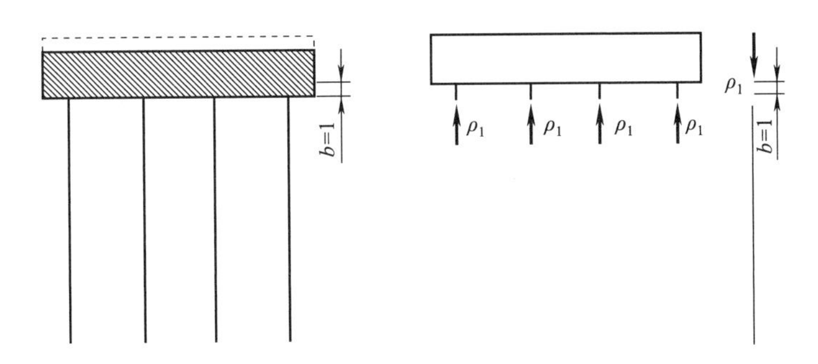

图 7.31　群桩总刚度系数计算简图一

$$\left.\begin{aligned}\gamma_{bb} &= \sum n_i \cdot \rho_1 \\ \gamma_{ab} &= 0 \\ \gamma_{\beta b} &= 0\end{aligned}\right\} \tag{7.91}$$

当承台仅做水平位移，即 $a=1$、$b=0$、$\beta=0$。此时，各桩桩顶只产生单位水平位移，因而在各桩桩顶引起的横向力为 ρ_2 和力矩 ρ_3，如图 7.32 所示，故

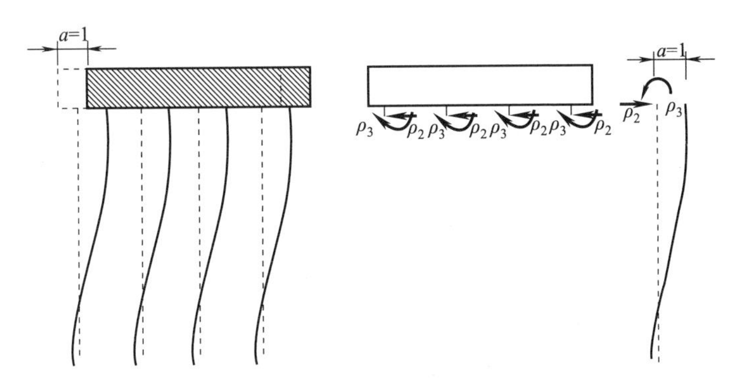

图 7.32　群桩总刚度系数计算简图二

$$\left.\begin{aligned}\gamma_{ba} &= 0 \\ \gamma_{aa} &= \sum n_i \cdot \rho_2 \\ \gamma_{\beta a} &= -\sum n_i \cdot \rho_3\end{aligned}\right\} \tag{7.92}$$

当承台底面仅绕坐标原点 O 转动单位转角时，即 $\beta=1$、$b=0$、$a=0$ 时，各桩桩顶也产生单位转角，因此，各桩桩顶竖向位移近似为 $x_i\beta_i=x_i$。单位转角引起的横向力和力矩分别为 ρ_3 和 ρ_4，轴向位移引起的轴向力为 $x_i\rho_1$，如图 7.33 所示，故

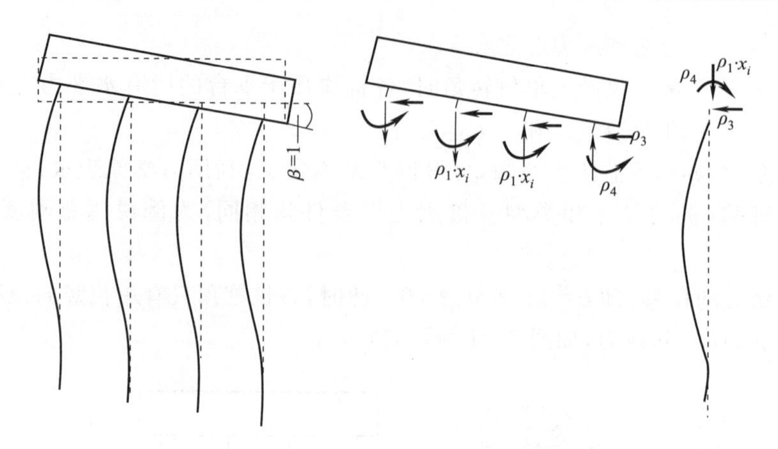

图 7.33 群桩总刚度系数计算简图三

$$\left.\begin{aligned}\gamma_{b\beta} &= 0\\ \gamma_{a\beta} &= -\sum n_i \cdot \rho_3\\ \gamma_{\beta\beta} &= \sum n_i \cdot \rho_4 + \sum n_i \cdot (x_i \cdot \rho_1) \cdot x_i = \sum n_i \cdot \rho_4 + \rho_1 \sum n_i \cdot x_i^2\end{aligned}\right\} \tag{7.93}$$

求得各系数后，代入典型方程式(7.90)，得

$$\left.\begin{aligned}a\gamma_{aa} + \beta\gamma_{a\beta} &= H\\ b\gamma_{bb} &= N\\ a\gamma_{\beta a} + \beta\gamma_{\beta\beta} &= M\end{aligned}\right\} \tag{7.94}$$

求解可得承台位移：

$$\left.\begin{aligned}b &= \frac{N}{\gamma_{bb}}\\ a &= \frac{\gamma_{\beta\beta}H - \gamma_{a\beta}M}{\gamma_{aa}\gamma_{\beta\beta} - \gamma_{a\beta}^2}\\ \beta &= \frac{\gamma_{aa}M - \gamma_{a\beta}H}{\gamma_{aa}\gamma_{\beta\beta} - \gamma_{a\beta}^2}\end{aligned}\right\} \tag{7.95}$$

式中

$$\begin{aligned}\gamma_{bb} &= \sum n_i \cdot \rho_1 = n\rho_1\\ \gamma_{aa} &= \sum n_i \cdot \rho_2 = n\rho_2\\ \gamma_{a\beta} &= \gamma_{\beta a} = -\sum n_i \cdot \rho_3 = -n\rho_3\\ \gamma_{\beta\beta} &= n\rho_4 + \rho_1 \sum n_i \cdot x_i^2\end{aligned} \tag{7.96}$$

任意一根桩如第 i 排桩中的第 j 根桩，桩顶处的轴向力 N_{ji}、横向力 H_{ji}、力矩 M_{ji} 可由式(7.97)求得。

$$\left.\begin{aligned}N_{ji} &= \frac{N}{\sum n_i} + x_i \cdot \beta \cdot \rho_1 = \frac{N}{n} + x_i \cdot \beta \cdot \rho_1\\ H_{ji} &= a\rho_2 - \beta\rho_3\\ M_{ji} &= \beta\rho_4 - a\rho_3\end{aligned}\right\} \tag{7.97}$$

7.8.2 低承台桩基础

当承台底面位于地面或局部冲刷线以下时，除考虑桩侧土的横向抗力外，尚可考虑承台侧面土的横向抗力。分析时假定：①桩侧土的横向抗力以承台底面为基准进行计算，在该平面处地基系数为零，以下随深度线性增大；②承台侧面土的横向抗力自地面或局部冲刷线算起，其地基系数及抗力分布示意如图 7.34 所示；③承台底面土对竖向荷载的分担作用及承台移动时的摩阻力均忽略不计；④承台转动引起侧面的水平位移沿高度呈线性变化，假定在承台底面处该位移为零。

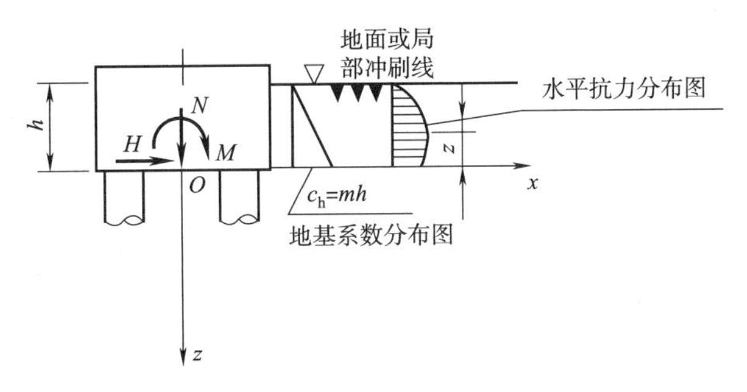

图 7.34 承台侧面土地基系数及横向抗力分布图

承台侧面土的横向抗力的合力 E_x 和对底面产生的力矩 M_{E_x} 可用如下方法算得。

按照前述假定，当承台有水平位移 a 和绕原点 O 转动 β 角时，承台侧面距底面为 z 处的水平位移为 $a+\beta z$，故该处单位面积的水平抗力为 $c(a+\beta z)$，其中 $c=c_h(h-z)/h$，c 为该处的地基系数，计算时 z 采用绝对值。如图 7.34 所示，$c_h=mh$，为承台底面处的地基系数。承台的计算宽度用 B_0 表示，可参照桩的计算宽度 b_0 的计算方法确定。由上述可得

$$E_x = B_0\int_0^h (a+\beta z)c\,\mathrm{d}z = B_0\int_0^h (a+\beta z)\frac{c_h}{h}(h-z)\mathrm{d}z = aB_0\frac{c_h h}{2}+\beta B_0\frac{c_h h^2}{6} \tag{7.98}$$

$$M_{E_x} = B_0\int_0^h (a+\beta z)cz\,\mathrm{d}z = B_0\int_0^h (a+\beta z)\frac{c_h}{h}(h-z)z\,\mathrm{d}z = aB_0\frac{c_h h^2}{6}+\beta B_0\frac{c_h h^3}{12} \tag{7.99}$$

E_x、M_{E_x} 和作用在承台上的外力 H、M 方向相反，起抵消一部分水平外力和力矩的作用。故应将 E_x 和 M_{E_x} 以负值计入式(7.90)中的外力项，于是得

$$\left.\begin{aligned} a\gamma_{aa}+b\gamma_{ab}+\beta\gamma_{a\beta} &= H-E_x \\ a\gamma_{ba}+b\gamma_{bb}+\beta\gamma_{b\beta} &= N \\ a\gamma_{\beta a}+b\gamma_{\beta b}+\beta\gamma_{\beta\beta} &= M-M_{E_x} \end{aligned}\right\} \tag{7.100}$$

将式(7.98)和式(7.99)代入式(7.100)，整理后得

$$\left.\begin{aligned} a\gamma'_{aa}+b\gamma_{ab}+\beta\gamma'_{a\beta} &= H \\ a\gamma_{ba}+b\gamma_{bb}+\beta\gamma_{b\beta} &= N \\ a\gamma'_{\beta a}+b\gamma_{\beta b}+\beta\gamma'_{\beta\beta} &= M \end{aligned}\right\} \tag{7.101}$$

式中

$$\left.\begin{aligned} \gamma'_{aa} &= \gamma_{aa}+B_0\frac{c_h h}{2} \\ \gamma'_{a\beta} &= \gamma'_{\beta a}=\gamma_{a\beta}+B_0\frac{c_h h^2}{6} \\ \gamma'_{\beta\beta} &= \gamma_{\beta\beta}+B_0\frac{c_h h^3}{12} \end{aligned}\right\} \tag{7.102}$$

解联立方程(7.101)即可求得低承台桩基考虑台侧土抗力时的承台位移 a、b 和 β。式(7.101)形式上与高承台桩基的式(7.90)相同,只是由于台侧土抗力的影响,总刚度系数不同。

如果是竖直桩桩基,且桩群对称布置时,$\gamma_{ba}=\gamma_{b\beta}=\gamma_{ab}=\gamma_{\beta b}=0$,则式(7.101)便简化为

$$\left.\begin{aligned} a\gamma'_{aa}+\beta\gamma'_{a\beta}&=H \\ b\gamma_{bb}&=N \\ a\gamma'_{\beta a}+\beta\gamma'_{\beta\beta}&=M \end{aligned}\right\} \tag{7.103}$$

式中 γ'_{aa} 等总刚度系数如式(7.102)所列,该式中的 γ_{aa}、γ_{bb} 等按式(7.96)计算。

从式(7.103)求得 a、b 和 β[式(7.104)],便可按式(7.97)计算桩顶荷载或内力 N_{ji}、H_{ji} 和 M_{ji}。

$$\left.\begin{aligned} b&=\frac{N}{\gamma_{bb}} \\ a&=\frac{\gamma'_{\beta\beta}H-\gamma'_{a\beta}M}{\gamma'_{aa}\gamma'_{\beta\beta}-\gamma'^{2}_{a\beta}} \\ \beta&=\frac{\gamma'_{aa}M-\gamma'_{a\beta}H}{\gamma'_{aa}\gamma'_{\beta\beta}-\gamma'^{2}_{a\beta}} \end{aligned}\right\} \tag{7.104}$$

应注意:为保证承台侧面土的抗力稳定可靠,在承台基坑开挖中不应使其附近的土体受到扰动,灌注承台时必须使其与侧面的土密贴;在抗震设防区,若基坑底以上为可液化土层,则不应考虑承台侧土抗力。

还必须指出,对工业与民用建筑的低承台桩基础,除台底以下有自重固结、自重湿陷、震陷或震动液化土层等情形外,在考虑承台侧土抗力的同时,还可考虑台底土的竖向抗力。其计算原理与上述类似,具体计算方法见《建筑桩基技术规范》(JGJ 94—2008)附录 C。

7.8.3 低承台桩基桩顶荷载的简化计算

低承台桩基础当水平荷载较小、承台可看成刚性的且其埋置深度足够大时,为了简化计算,实用上常假定水平荷载由承台侧面土的抗力所平衡,并忽略承台水平位移和转角的影响,认为各桩只发生轴向位移。这样,各基桩只承受由竖向力和力矩引起的轴向力。

如图 7.35 所示的低承台桩基础,设其有 n 根桩,各桩截面积均为 A,荷载 N、H 和 M_y 均作用于承台底面桩群重心 O,该点亦即图示坐标系的原点。根据材料力学可知,N 和 M_y 在任意第 i 桩顶面引起的轴向力可按照组合截面的偏向受压问题求解。

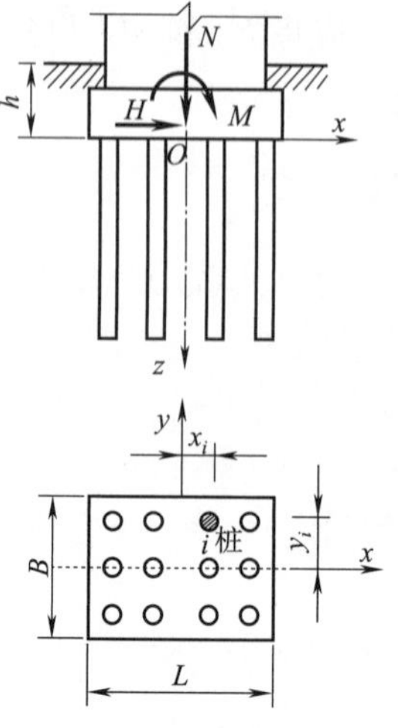

图 7.35 低承台桩基础简化计算

桩群组合截面对 y 轴的惯性矩为

$$I_y=\sum_{i=1}^{n}(I'_y+Ax_i^2)$$

式中,I'_y 为单桩对其自身与 y 轴平行的形心轴的惯性矩,由于它一般比 Ax_i^2 小许多,可忽略不计,故得

$$I_y=A\sum_{i=1}^{n}x_i^2$$

则第 i 桩桩顶轴向力为

$$N_i = A\left(\frac{N}{nA} \pm \frac{M_y x_i}{I_y}\right) = \frac{N}{n} \pm \frac{M_y x_i}{\sum_{i=1}^{n} x_i^2} \tag{7.105}$$

式(7.105)等号右边两项分别为竖向力 N 和力矩 M_y 引起的桩顶轴向力。若所得 $N_i<0$，则说明该桩承受上拔力。

上面讨论的是单向受力情形，相当于竖向力 N 作用于 x 轴上而对 y 轴有偏心距。若为双向受力，即竖向力 N 对 x 轴和 y 轴都有偏心距，则同时有绕 x 轴的力矩 M_x 和绕 y 轴的力矩 M_y 作用。此时，N_i 可由叠加原理求得

$$N_i = A\left(\frac{N}{nA} \pm \frac{M_y x_i}{I_y} \pm \frac{M_x y_i}{I_x}\right) = \frac{N}{n} \pm \frac{M_y x_i}{\sum_{i=1}^{n} x_i^2} \pm \frac{M_x y_i}{\sum_{i=1}^{n} y_i^2} \tag{7.106}$$

上述简化计算的适用条件是：承台埋置深度足够大，以保证作用在承台上的水平力被承台侧面的土抗力抵消，在以往的设计中，常要求承台底面的水平力 H 小于或等于承台侧面被动土压力的 2 倍，由此可得承台埋深 h 应满足以下条件

$$h \geqslant \tan\left(45° - \frac{\varphi}{2}\right)\sqrt{\frac{H}{\gamma B}} \tag{7.107}$$

式中 γ,φ——承台埋置深度内土的容重(kN/m³)和内摩擦角(°)；

B——与 H 作用方向垂直的承台侧面宽度(m)，参见图 7.35。

应注意到，上述桩顶荷载简化算法是有缺陷的。既然水平力 H 由承台侧面土的抗力所平衡，承台就要有相当的水平位移，使土抗力得以发挥；而承台水平位移必定会在桩顶引起横向力和力矩，使桩发生挠曲变形。当承台在力矩作用下发生转动时，也会在桩内引起同样的反应。因此，有的除按照简化算法计算桩顶轴向力外，还将水平力 H 平均分配给各桩，即按式(7.108)计算桩顶横向力。

$$H_i = \frac{H}{n} \tag{7.108}$$

必要时进行相应的验算，以弥补简化算法的不足。

7.9 群桩基础竖向分析及其检算

前述单桩竖轴向承载力确定方法是对独立单桩而言的，所确定的承载力是否就是群桩基础中一根桩的承载力？或者说，群桩的承载力是否等于独立单桩的承载力之和？桩基的沉降量是否与独立单桩相同？为弄清这些问题，必须对群桩共同作用的性状进行研究。

7.9.1 群桩基础的工作性状

群桩的共同作用实质上是承台—桩群—土的共同工作，不同类型的桩基有不同的工作特点。对于柱桩(端承桩)，桩底处为岩层或坚实的土层，竖轴向压力作用下桩身几乎只有弹性压缩而无整体位移，桩侧摩阻力的发挥受到很大限制，在桩底平面处地基所受压力可认为只分布在桩底面积范围内，如图 7.36 所示。在这种情况下，可以认为群桩基础各桩的工作情况与独立单桩相同。对于摩擦桩，随着桩侧摩阻力的发挥，桩土间发生荷载传递，故桩底平面处地基所受压力就扩散分布到较大的面积上，如图 7.37 所示。试验研究结果表明，当相邻桩的中心距 $S_a>6d$ 时(其中 d 为桩的直径)，桩底平面处压力分布图才不致彼此重叠，因而群桩中一根

桩与独立单桩的工作情况相同，如图 7.37(a)所示。而当桩间距较小(中心距 $S_a \leqslant 6d$)时，桩底平面处相邻桩的压力图将部分发生重叠现象，引起压力叠加，地基所受压力无论在数值及其影响范围和深度上都会明显加大，如图 7.37(b)所示；此时，群桩基础的沉降量也将比独立单桩的大。这种现象常称为群桩作用或群桩效应，设计时应予重视。

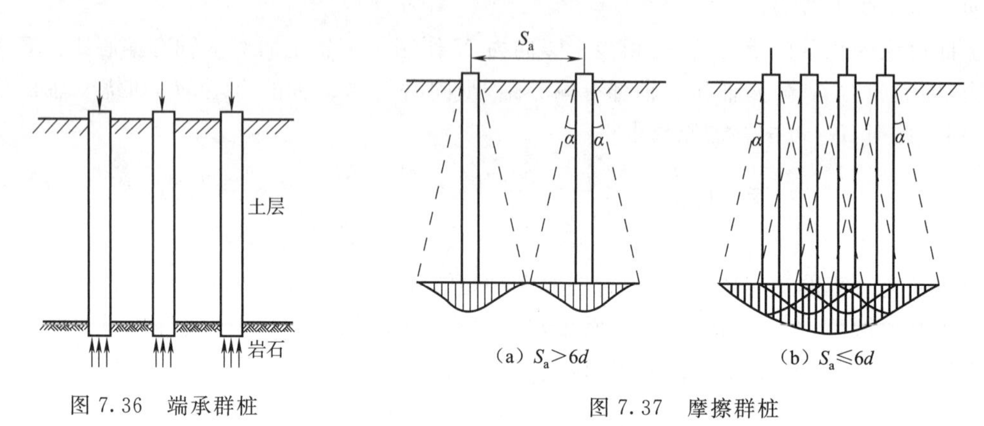

图 7.36 端承群桩

图 7.37 摩擦群桩

通过对不同桩间距群桩的室内外模型试验研究及理论分析发现：当桩间距足够大且土质较软时，群桩在竖向荷载作用下桩体与桩间土的剪切变形较大，而桩端刺入其下土层中，随着荷载加大，这些变形迅速发展，产生“刺入破坏”，如图 7.38(a)所示；当桩间距较小而土质坚硬时，群桩桩体与桩间土的剪切变形很小，而桩体夹带桩间土一起下沉，桩端以下土层受到明显压缩，随着荷载加大，桩端土达到极限平衡即整体剪切破坏，如图 7.38(b)所示。而一般情况下的群桩则兼有上述两种情况的特性，只是依据具体条件对这种破坏模式的趋近程度不同而已。

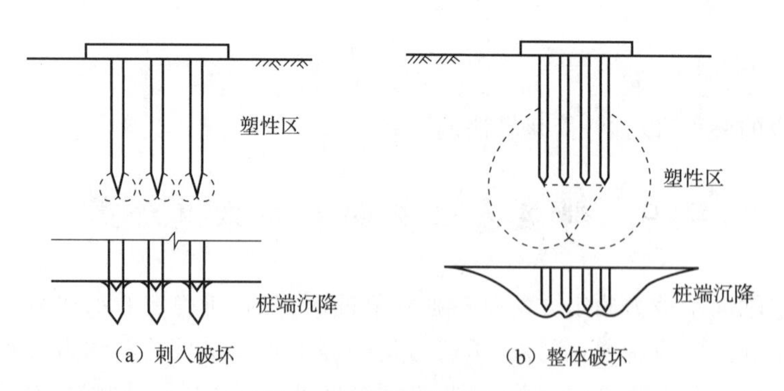

图 7.38 群桩破坏模式

根据以上分析可得如下结论：对于柱桩群桩和桩的中心距大于 $6d$ 的摩擦桩群桩，群桩的竖向承载力可认为等于各独立单桩承载力之和，沉降量也与独立单桩一致，因而仅需做单桩竖轴向承载力验算即可。而对于桩的中心间距小于或等于 $6d$ 的摩擦桩群桩，则除了验算单桩竖轴向承载力之外，还须验算群桩的竖向承载力及沉降。

7.9.2 铁路桥梁群桩基础的承载力及变形检算

1)地基承载力检算

如图 7.39 所示，验算时把群桩基础看成图中 1234 围成的实体基础。图中 φ 为桩侧土的内摩擦角，当桩穿越不同土层时采用加权平均值。按式(7.109)验算桩底平面处(即持力层土)的地基承载力。

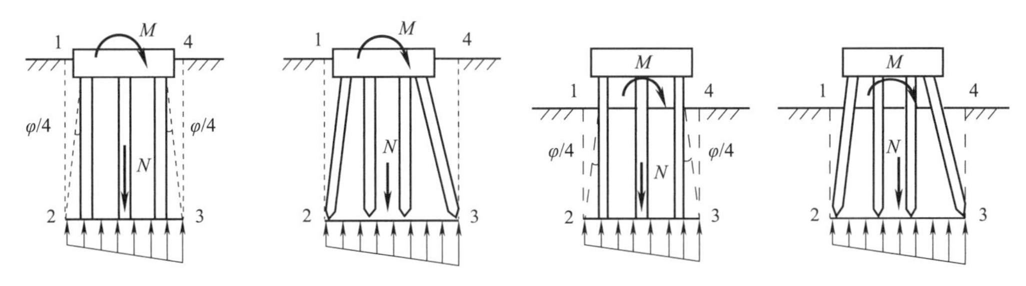

图 7.39 群桩基础地基承载力检算

$$\frac{N}{A}+\frac{M}{W}\leqslant[\sigma] \tag{7.109}$$

式中 N——实体基础底面形心处的竖向力(kN)，包括承台底面以上的竖向力、桩重及1234范围内土的重量；

M——低承台桩基承台底面以上外力对该平面处桩群重心的力矩，或高承台桩基地面或局部冲刷线以上外力对该平面处桩群重心的力矩(kN·m)；

A,W——实体基础底面的面积(m^2)和截面模量(m^3)；

$[\sigma]$——桩底平面处地基土的容许承载力(kPa)，按式(3.7)确定。

若桩底平面以下有软弱下卧层，还应按式(3.9)检算下卧层的承载力。

2)桩基沉降检算

摩擦桩群桩基础，当桩底平面处桩的中心距小于或等于6倍桩径时，应视桩基为实体基础(图7.38)，按式(3.15)进行沉降计算，进而检算桩基的沉降量或相邻桩基的沉降差，附加压应力应取桩底平面处的附加压应力，实体基础的底面积按图7.38计算。

7.9.3 建筑群桩基础的承载力及沉降检算

1)承台效应与复合基桩的竖向承载力

大量室内研究和现场实测表明，许多建筑物的承台底地基土不同程度起到分担外荷载的作用，尤其是桩长较短而桩距较大，或承台外围面积较大的桩基，承台下桩间土对荷载的分担效应较显著，因此计算群桩承载力时，应考虑承台底土反力效应。

(1)承台底土反力效应

一般认为，承台底土反力有如下特点：

①承台底土反力分布的总体特征是承台外缘(外区)大，桩群内部(内区)小，呈马鞍形或抛物线形。

②承台底土反力随着荷载水平提高，桩端贯入变形增大，桩、土界面出现滑移而提高。

③承台底土的压缩性越低、强度越高，承台底土反力越大。

④桩越短，桩长与承台宽度比越小，桩侧阻力发挥值越低，承台底土反力越高。

⑤桩距越大，承台底土反力越大；特别是承台底内区土反力随桩距增大而增大，外区土反力受桩距影响相对较小；承台底内、外区土反力的差异随桩距增大而增大。

在荷载作用下，考虑承台底土对荷载的分担作用，由桩和承台底地基土共同承担荷载的群桩基础称复合桩基，如图7.40所示。设计复合桩基时应注意：承台分担荷载是以桩基的整体下沉为前提，故只有在桩基沉降不会危及建筑物的安全和正常使用，且台底不与软土直接接触时，才宜于开发利用承台底土反力的潜力。因此，在下列情况下，通常不能考虑承台底土对荷载的分担作用。

①当有经常出现的动力荷载作用时，如铁路桥梁的桩基；

②承台下存在可能产生负摩阻力的土层，如湿陷性黄土、欠固结土、新近填土、高灵敏度软土及可液化土，或因水位下降而引起地基土与承台脱开；

③在饱和软土中沉入密集桩群，引起超静孔隙水压力和土体隆起，随着时间推移，桩间土逐渐固结下沉而与承台脱离。

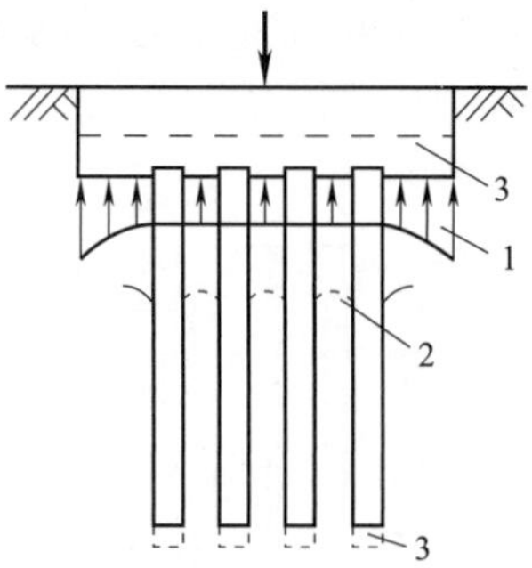

1—台底土反力；2—上层土位移；
3—桩端贯入、桩基整体下沉。
图 7.40　复合桩基

(2)复合基桩竖向承载力的确定

《建筑桩基技术规范》(JGJ 94—2008)规定，对于符合下列条件之一的摩擦型桩基，宜考虑承台效应确定其复合基桩的竖向承载力特征值：

①上部结构整体刚度较好、体型简单的建(构)筑物；

②对差异沉降适应性较强的排架结构和柔性构筑物；

③按变刚度调平原则设计的桩基刚度相对弱化区；

④软土地基的减沉复合疏桩基础。

《建筑桩基技术规范》(JGJ 94—2008)根据试验总结引入了承台效应系数 η_c，以考虑承台下土反力分担上部荷载的作用。考虑承台效应后，复合基桩竖向承载力特征值 R 可按下列公式计算：

不考虑地震作用时
$$R=R_a+\eta_c f_{ak}A_c \tag{7.110}$$

不考虑地震作用时
$$R=R_a+\frac{\zeta_a}{1.25}\eta_c f_{ak}A_c \tag{7.111}$$

$$A_c=(A-nA_{ps})/n \tag{7.112}$$

式中　η_c——承台效应系数，可按《建筑桩基技术规范》(JGJ 94—2008)表 5.2.5 取值；

f_{ak}——承台底以下 1/2 承台宽度范围且不超过 5 m 深度范围内各层土的地基承载力特征值按厚度加权的平均值(kPa)；

A_c——计算基桩所对应的承台底净面积(m^2)；

A——承台总面积(m^2)；

A_{ps}——桩身截面面积(m^2)；

ζ_a——地基抗震承载力调整系数，按现行《建筑抗震设计标准》(GB/T 50011—2010)(2024 年版)采用。

对于端承型桩基，桩数少于 4 根的摩擦型柱下独立桩基，或因地层土性、使用条件等不宜考虑承台效应时，基桩竖向承载力特征值应取单桩竖向承载力特征值。

2)桩顶作用效应检算

一般工业与民用建筑中通常采用低承台桩基，以承受竖向荷载为主，当水平荷载较小，承台可埋置深度足够大时，实用上常采用简化计算方法进行桩顶荷载的分配。因此，可按式(7.105)～式(7.108)计算确定桩顶的荷载效应。

在荷载效应标准组合情况下，承受轴心竖向力的基桩或复合基桩，其竖向承载力应符合式(7.113)要求。

$$N_k \leqslant R \tag{7.113}$$

偏心竖向力作用下，除满足式(7.113)外，尚应满足式(7.114)的要求。

$$N_{kmax} \leqslant 1.2R \tag{7.114}$$

在地震作用效应和荷载效应标准组合情况下，承受轴心竖向力的基桩或复合基桩，其竖向承载力应符合式(7.115)要求。

$$N_{Ek} \leqslant 1.25R \tag{7.115}$$

偏心竖向力作用下，除满足式(7.115)外，尚应满足式(7.116)的要求。

$$N_{Ekmax} \leqslant 1.5R \tag{7.116}$$

式中　N_k——荷载效应标准组合轴心竖向力作用下，基桩或复合基桩承受的平均竖向力(kN)；

N_{kmax}——荷载效应标准组合偏心竖向力作用下，基桩或复合基桩承受的最大竖向力(kN)；

N_{Ek}——地震作用效应和荷载效应标准组合下，基桩或复合基桩承受的平均竖向力(kN)；

N_{Ekmax}——地震作用效应和荷载效应标准组合下，基桩或复合基桩承受的最大竖向力(kN)；

R——基桩或复合基桩竖向承载力特征值(kPa)。

承受水平荷载的一般建筑物和水平荷载较小的高大建筑物单桩基础和群桩中基桩应满足式(7.117)要求。

$$H_{ik} \leqslant R_h \tag{7.117}$$

式中　H_{ik}——在荷载效应标准组合下，作用于基桩 i 桩顶处的水平力(kN)；

R_h——单桩基础或群桩中基桩的水平承载力特征值(kN)。对于单桩基础，可取单桩的水平承载力特征值 R_{ha}；对于群桩基础，则应考虑由承台、桩群、土相互作用产生的群桩效应，具体参见现行《建筑桩基技术规范》(JGJ 94—2008)5.7.3 条。

检算永久荷载控制的桩基的水平承载力时，应将单桩水平承载力特征值 R_{ha} 乘以调整系数 0.8；检算地震作用桩基的水平承载力时，应将单桩水平承载力特征值 R_{ha} 乘以调整系数 1.25。此外，无论哪种作用效应组合，基桩在荷载作用下还应满足桩身材料强度的要求。

3)桩基软弱下卧层承载力检算

当桩端平面以下荷载影响范围内存在承载力小于持力层 1/3 的软弱下卧层时，可能会引起冲破硬持力层的冲剪破坏，应进行下卧层的承载力检算。为了防止上述情况发生，需要进行相应的桩基软弱下卧层承载力检算，检算原则为：扩散到软弱下卧层顶面的附加应力与软弱下卧层顶面土自重应力之和应小于软弱下卧层的承载力特征值。对于桩中心距小于或等于 $6d$ 的群桩基础，可按下列公式检算软弱下卧层的承载力(图 7.41)：

$$\sigma_z + \gamma_m z \leqslant f_{az} \tag{7.118}$$

$$\sigma_z = \frac{(F_k + G_k) - 3/2(A_0 + B_0)\sum q_{sik} l_i}{(A_0 + 2t\tan\theta)(B_0 + 2t\tan\theta)} \tag{7.119}$$

式中　σ_z——作用于软弱下卧层顶面的附加应力(kPa)；

F_k——荷载效应标准组合下，作用于承台顶面的竖向力(kN)；

G_k——桩基承台和承台上土自重标准值(kN)，对稳定的地下水位以下部分应扣除水的浮力；

γ_m——软弱层顶面以上各土层容重(地下水位以下取

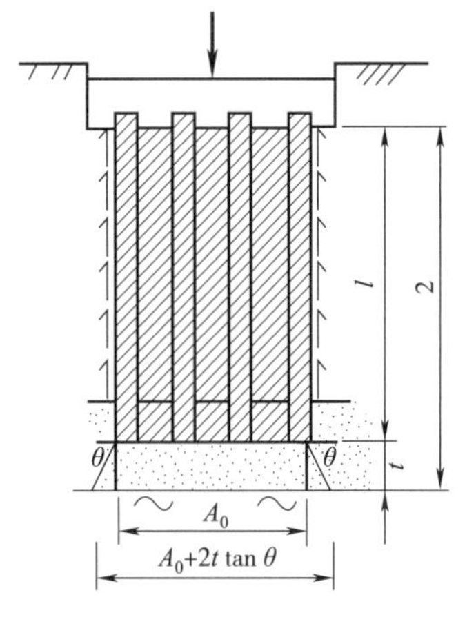

图 7.41　软弱下卧层承载力检算

浮容重)(kN/m³),注意计算厚度是从承台底至软弱下卧层顶面的距离,即图 7.41 中z表征的范围;

t——硬持力层厚度(m);

f_{az}——软弱下卧层经深度z(图 7.41)修正的地基承载力特征值(kPa);

A_0,B_0——桩群外缘矩形底面的长、短边边长(m);

q_{sik}——桩侧第i层土的极限侧阻力标准值(kPa),如无当地经验值时,可按《建筑桩基技术规范》(JGJ 94—2008)表 5.3.5.1 取值;

θ——桩端硬持力层压力扩散角(°),按表 7.23 取值。

表 7.23 地基压力扩散角 θ(°)

E_{s1}/E_{s2}	$t=0.25B_0$	$t\geqslant 0.5B_0$
1	4°	12°
3	6°	23°
5	10°	25°
10	20°	30°

注:①E_{s1}/E_{s2}分别为硬持力层、软弱下卧层的压缩模量;

②$t<0.25B_0$时,不再考虑压力扩散作用,取$\theta=0°$,必要时宜由试验确定;

③z/B_0在 0.25 与 0.50 之间可插值使用。

4)桩基竖向抗拔承载力及桩基负摩阻力检算

(1)桩基竖向抗拔承载力检算

承受拔力的桩基,应按下列公式同时检算群桩基础呈整体破坏和呈非整体破坏时基桩的抗拔承载力,并按现行《混凝土结构设计规范》检算基桩材料的受拉承载力及进行抗裂性检算。

$$N_k\leqslant(T_{gk}/2)+G_{gp} \tag{7.120}$$

$$N_k\leqslant(T_{uk}/2)+G_p \tag{7.121}$$

式中 N_k——按荷载效应标准组合计算的基桩拔力(kN);

T_{gk}——群桩呈整体破坏时基桩抗拔极限承载力标准值(kN),按式(7.29)计算;

T_{uk}——群桩呈非整体破坏时基桩抗拔极限承载力标准值(kN),按式(7.28)计算;

G_{gp}——群桩基础包围(群桩外边缘包围)体积的桩土总自重除以桩数(kN),地下水位以下取浮容重;

G_p——基桩自重(kN),地下水位以下取浮容重,对于扩底桩,应按表 7.14 确定桩、土柱体周长,计算桩、土自重。

(2)桩基负摩阻力检算

桩周土沉降可能引起桩侧负摩阻力时,应根据工程具体情况考虑负摩阻力对桩基承载力和沉降的影响;当缺乏可参照的工程经验时,可按下列规定检算。

①对于摩擦型基桩可取桩身计算中性点以上侧阻力为零,并可按式(7.122)检算基桩承载力。

$$N_k\leqslant R_a \tag{7.122}$$

式中 N_k——荷载效应标准组合下,基桩或复合基桩承受的竖向力(kN);

R_a——基桩的竖向承载力特征值(kN),只计中性点以下部分侧阻值及端阻值,且不考虑承台效应。

②对于端承型基桩除应满足式(7.122)要求外，尚应考虑负摩阻力引起基桩的下拉荷载Q_g^n，并可按式(7.123)检算基桩承载力。

$$N_k + Q_g^n \leqslant R_a \tag{7.123}$$

考虑群桩效应的基桩下拉荷载可按式(7.124)计算：

$$Q_g^n = \eta_n \cdot u_p \sum^{n} l_i q_{si}^n \tag{7.124}$$

$$\eta_n = \frac{s_{ax} \cdot s_{ay}}{\left[\pi d\left(\frac{q_s^n}{\gamma_m} + \frac{d}{4}\right)\right]} \tag{7.125}$$

式中 u_p——桩截面周长(m)；

n——中性点以上的土层数；

l_i——中性点以上桩周第 i 层土的厚度(m)；

q_{si}^n——桩侧第 i 层土负摩阻力标准值(kPa)；

η_n——负摩阻力群桩效应系数。对于单桩基础或按(7.22)计算的群桩效应系数 $\eta_n > 1$ 时，取 $\eta_n = 1$；

s_{ax}, s_{ay}——纵、横向桩的中心距(m)；

q_s^n——中性点以上桩侧土厚度加权平均负摩阻力标准值(kPa)；

γ_m——中性点以上桩侧土厚度加权平均容重(kN/m^3)，地下水位以下取浮容重。

5)桩基沉降计算

(1)桩基沉降原理

一般来说，采用桩基础比浅基础更有利于控制沉降，但是随着建筑规模和尺寸的增加，桩基础往往承受较大的荷载，所以很多情况下还需要检算桩基础的沉降是否满足工程要求。桩基础的沉降一般由三部分组成：桩身材料的弹性压缩，桩端以下土层在桩侧阻力和桩端阻力两者反力作用下的压缩变形，以及桩周土在桩侧阻力的反力和承台底部压力共同作用下的压缩变形。桩的弹性压缩和桩长成正比、与桩材料的弹性模量成反比，如果桩不是很长(不超过 40 m)，计算得到桩的弹性压缩量很小，可以忽略不计；第二部分桩端土的沉降，对嵌岩桩可忽略桩端以下土层的沉降，端承型桩基在地质条件不复杂、荷载均匀、桩端以下没有软弱土层的情况下也可以不计桩端以下土层的沉降；第三部分桩周土的沉降，在不计前两种沉降的前提下，只会引起承台底脱空，不产生桩基础的沉降。由此可见，对很多桩基可不进行沉降检算，只需按承载力计算。但对摩擦桩，第二、第三部分沉降不能忽略，特别是软土地基上的摩擦桩，沉降则很明显，而且具有显著的时间效应，常需要数年才能完全稳定，有的建筑竣工时的沉降不及最终沉降量的一半，所以，对摩擦型桩基应进行沉降检算。

(2)桩基沉降计算方法

目前桩和桩基的沉降分析方法繁多，诸如弹性理论法、荷载传递法、剪切变形传递法、有限单元数值法以及各种各样的半理论半经验的简化方法。

对于桩中心间距不大于 6 倍桩径的群桩基础，在工作荷载作用下的沉降计算方法，目前有两大类：一类是按实体基础计算模型，采用弹性半空间表面荷载下布辛奈斯克(Boussinesq)应力解计算地基内部附加应力，然后用分层总和法计算沉降；另一类是以半无限弹性体内部力作用下的明德林(Mindlin)解为基础计算沉降。由于桩的荷载(侧阻和端阻)分布于弹性体的内部，因此用明德林解代替布辛奈斯克解更为合理，这已为工程实践所证明，但明德林解计算过于复杂。

对于桩中心间距不大于 6 倍桩径的群桩基础,《建筑桩基技术规范》(JGJ 94—2008)采用等效作用分层总和法,按照实体深基础布辛奈斯克(Boussinesq)解和分层总和法计算沉降后,再乘以等效沉降系数,而等效沉降系数是群桩基础按明德林解与按布辛奈斯克解计算的沉降量之比。等效作用面位于桩端平面,等效作用面积为承台投影面积,等效作用面以下的应力分布采用各向同性均质直线变形体理论。计算模式如图 7.42 所示,桩基任一点最终沉降量可用角点法按式(7.126)计算。

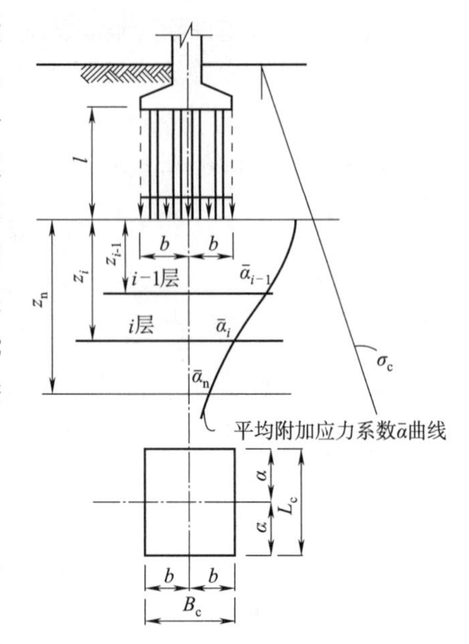

图 7.42 桩基沉降计算示意图

$$s=\psi\cdot\psi_e\cdot s'=\psi\cdot\psi_e\cdot\sum_{j=1}^{m}p_{0j}\sum_{i=1}^{n}\frac{z_{ij}\bar{\alpha}_{ij}-z_{(i-1)j}\bar{\alpha}_{(i-1)j}}{E_{si}} \tag{7.126}$$

式中 s——桩基最终沉降量(mm);

s'——采用布辛奈斯克(Boussinesq)解,按实体深基础分层总和法计算出的桩基沉降量(mm);

ψ——桩基沉降计算经验系数;

ψ_e——桩基等效沉降系数;

m——角点法计算点对应的矩形荷载分块数;

p_{0j}——第 j 块矩形底面在荷载效应准永久组合下的附加压力(kPa);

n——桩基沉降计算深度范围内所划分的土层数;

E_{si}——等效作用面以下第 i 层土的压缩模量(MPa);

z_{ij},$z_{(i-1)j}$——桩端平面第 j 块荷载作用面至第 i 层土、第 $i-1$ 层土底面的距离(m);

$\bar{\alpha}_{ij}$,$\bar{\alpha}_{(i-1)j}$——桩端平面第 j 块荷载计算点至第 i 层土、第 $i-1$ 层土底面深度范围内的平均附加应力系数。可按《建筑桩基技术规范》(JGJ 94—2008)附录 D 选用。

计算矩形桩基中点沉降时,桩基沉降量可按式(7.127)简化计算。

$$s=\psi\cdot\psi_e\cdot s'=4\cdot\psi\cdot\psi_e\cdot p_0\sum_{i=1}^{n}\frac{z_i\bar{\alpha}_i-z_{i-1}\bar{\alpha}_{i-1}}{E_{si}} \tag{7.127}$$

式中 p_0——荷载准永久组合下承台底的平均附加应力(kPa);

$\bar{\alpha}_i$,$\bar{\alpha}_{i-1}$——平均附加应力系数,根据矩形长宽比 a/b 及深宽比$\left(\frac{z_i}{b}=\frac{2z_i}{B_c},\frac{z_{i-1}}{b}=\frac{2z_{i-1}}{B_c}\right)$,按《建筑桩基技术规范》(JGJ 94—2008)附录 D 选用。

桩基沉降计算深度 z_n 应按应力比法确定,即计算深度处的附加应力 σ_z 与土的自重应力 σ_c 应符合下列公式要求:

$$\sigma_z\leqslant 0.2\sigma_c \tag{7.128}$$

$$\sigma_z=\sum_{j=1}^{n}a_j p_{0j} \tag{7.129}$$

式中 a_j——附加应力系数,可根据角点法划分的矩形长宽比及深宽比按《建筑桩基技术规范》(JGJ 94—2008)附录 D 选用。

桩基等效沉降系数 ψ_e 可按式(7.130)简化计算:

$$\psi_e = C_0 + \frac{n_b - 1}{C_1(n_b - 1) + C_2} \tag{7.130}$$

$$n_b = \sqrt{n \cdot B_c / L_c} \tag{7.131}$$

式中 n_b——矩形布桩时的短边布桩数,当布桩不规则时可按式(7.28)近似计算,$n_b > 1$;

C_0, C_1, C_2——根据群桩距径比 S_a/d、长径比 l/d 及基础长宽比 L_c/B_c,可按《建筑桩基技术规范》(JGJ 94—2008)附录 E 确定;

L_c, B_c, n——矩形承台的长、宽(m)及总桩数。

当布桩不规则时,等效距径比可按下列公式近似计算:

圆形桩
$$s_a/d = \sqrt{A}/(\sqrt{n} \cdot d) \tag{7.132}$$

方形桩
$$s_a/d = 0.886\sqrt{A}/(\sqrt{n} \cdot b) \tag{7.133}$$

式中 A——桩基承台总面积(m^2);

b——方形桩截面边长(m)。

当无当地可靠经验时,桩基沉降计算经验系数 ψ 可按表 7.24 选用。对于采用后注浆施工工艺的灌注桩,应根据桩端持力层类别,乘以 0.7(砂、砾、卵石)~0.8(黏性土、粉土)折减系数;饱和土中采用预制桩(不含复打、复压、引孔沉桩)时,应根据桩距、土质、沉桩速率和顺序等因素,乘以 1.3~1.8 挤土效应系数,土的渗透性低、桩距小、沉桩速率快时取大值。

表 7.24 桩基沉降计算经验系数 ψ

$\overline{E}_s$(MPa)	≤10	15	20	35	≥50
ψ	1.2	0.9	0.65	0.50	0.40

注:①$\overline{E}_s$ 为沉降计算深度范围内地基压缩模量的当量值,可按下式确定:

$$\overline{E}_s = \frac{\sum A_i}{\sum \frac{A_i}{E_{si}}}$$

式中,A_i 为第 i 层土平均附加应力系数沿该土层厚度的积分值,可近似按分块面积计算;

②ψ 可根据 $\overline{E}_s$ 内插取值。

当桩基形状不规则时,可采用等效矩形面积计算桩基等效沉降系数,等效矩形的长宽比可根据承台实际尺寸和形状确定。计算桩基沉降时,应考虑相邻基础的影响,采用叠加原理计算;桩基等效沉降系数可按独立基础计算。

对于单桩、单排桩、桩中心间距大于 6 倍桩径的疏桩基础,实测发现,其总沉降量较小,桩身弹性压缩有可能会超过总沉降的 50%,忽略桩身压缩会产生较大误差,因此,这类群桩基础的主要沉降构成是桩端土层的压缩变形和桩身弹性压缩。具体计算方法详见《建筑桩基技术规范》(JGJ 94—2008)。

应当指出,上面介绍的方法都是桩基沉降计算的简化方法。简化方法不能考虑承台和上部结构刚度调整沉降的作用,主要用于初步设计阶段,对于复杂和重要的工程,还宜采用上部结构—承台—桩土共同作用的方法进行计算和校核。

7.10 铁路桥梁桩基础设计

7.10.1 设计步骤

铁路桥梁桩基设计包括方案设计与施工图设计。为取得良好的技术与经济效果，通常（尤其是对大桥或特大桥）需作几种方案进行综合比较确定。其设计步骤如下：

(1)现场勘察与试验，勘察报告与设计资料的综合分析。

(2)桩基础持力层的几种方案确定。

(3)基桩类型的几种方案和桩的尺寸、构造及施工工艺确定。

(4)单桩容许承载力确定。

(5)桩基础形式及承台尺寸、标高和计算承台底面作用力确定。

(6)桩数、平面布置计算和参数确定。

(7)计算桩顶作用力和桩身内力，进行桩身配筋设计。

(8)依次检算单桩承载力（横向和竖向）、墩台顶水平位移、群桩基础承载力、必要时的群桩基础沉降，任一项不满足则重新拟定桩数，并重新进行平面布置及参数确定。

(9)检算桩身强度、稳定性、裂缝宽度，若不能满足，则重新拟定基桩方案和桩的尺寸、构造及施工工艺。

(10)承台结构强度计算与校核，已确定的形式和尺寸能否满足要求。

(11)几种方案的技术经济比较，能否作出最优选择，若不能满足，重新进行设计资料的综合分析。

(12)核对桩数，布置方案和承台结构作出技术上必要的调整，绘制施工图。

7.10.2 方案拟订

1)桩基础类型选择

选择桩基础类型时，应根据设计要求和现场条件，并考虑各种类型桩基础具有的不同特点，综合分析选择。

(1)承台高程的考虑

选择桩基础类型时，首先根据荷载、水文及地质资料等情况确定采用低承台桩基或高承台桩基。承台低则稳定性好，但在水中施工难度大，因而对水深较浅、季节性河流或冲刷深度较小的河流，大多采用低承台桩基，承台底面位于冻胀土层中时，应低于冻结线下不少于0.25 m。对于常年有水，水位较高，冲刷深度大且施工时不易排水的河流，在受力条件允许时，应尽可能采用高承台桩基。设计中在综合各方面条件的基础上，承台应尽量放低一些。在有流冰的河道上，承台底面标高应低于最低冰层面下不少于0.25 m。当有强大的流冰、流筏或其他漂流物时，承台底面也应适当放低，以保证基桩不会直接受到撞击，否则应设置防撞装置。当作用在桩基础上的水平力和弯矩较大，或桩侧土质较差时，为减少桩身所受的内力，可适当降低承台底面高程。有时为节省墩台身圬工数量，则可适当提高承台底面高程。

承台作为隐蔽的基础工程，其顶面标高应在地面以下或最低水位以下。其平面尺寸主要依据墩台身尺寸或桩的数量和布置确定。

(2)柱桩桩基和摩擦桩桩基的考虑

柱桩和摩擦桩的选择主要根据地质和受力情况确定。柱桩桩基础承载力大，沉降量小，较为安全可靠，因此当基岩埋深较浅时，应考虑采用柱桩桩基。若岩层埋置较深或受施工条件限制不宜采用柱桩，则可采用摩擦桩，但在同一桩基础中不宜同时采用柱桩和摩擦桩，同时也不宜采用不同材料、不同直径和长度相差过大的桩，以避免桩基产生不均匀沉降或丧失稳定性。

当采用柱桩时，除桩底支承在基岩上(端承桩)外，如覆盖层较薄，或水平荷载较大，还需将桩底端嵌入基岩中一定深度成为嵌岩桩，以增加桩基的稳定性和承载能力。为保证嵌岩桩在横向荷载作用下的稳定性，需嵌入基岩的深度与桩嵌固处的内力与桩周岩石强度有关，应分别考虑弯矩和轴力要求，由要求较高的来控制设计深度。

(3)桩型与施工方法的考虑

桩型与施工方法的选择应按照基础工程的方案，根据地质情况、上部结构要求、桩的使用功能、材料供应和施工技术设备等条件来确定，可选用钢筋混凝土预制桩、预应力混凝土桩、钻(挖)孔灌注桩或钢管桩等。仅就地质和水文条件来说，《铁桥基规》规定，桩的类型可按下列原则选定：

①打入桩可用于稍松至中密的砂类土、粉土和流塑、软塑的黏性土；振动下沉桩可用于砂类土、粉土、黏性土和碎石类土，桩尖爆扩桩可用于硬塑黏性土以及中密、密实的砂类土和粉土。

②钻孔灌注桩可用于各类土层和岩层；挖孔灌注桩可用于无地下水或地下水量不多的地层；管柱基础可用于深水、有覆盖层或无覆盖层、岩面起伏等桥址条件，可支承于较密实的土或新鲜岩层内。

(4)竖直桩与斜桩的考虑

竖直单桩的水平承载力远小于其竖向承载力，对高承台码头等以承受水平荷载为主的桩基，仅用竖直桩就不合适也不经济，这时可考虑采用单向斜桩或叉桩(双向斜桩)来承担水平荷载，其作用实际上是将竖直桩所产生的弯矩转换为受压或受拉。一般认为：外荷载合力与竖直线所成的夹角 $\theta \leqslant 5^\circ$ 时用竖直桩；当 $5^\circ < \theta \leqslant 15^\circ$ 时用斜桩；当 $\theta > 15^\circ$ 或受双向荷载时宜采用叉桩。

2)桩径、桩长的拟定

设计时，首先拟定尺寸，然后通过基桩计算，检算所拟定的尺寸是否经济合理，再作最后确定。

(1)桩径拟定

当桩的类型确定以后，桩的直径可根据各类桩的特点及常用尺寸来确定。对于铁路桥梁，预制桩通常采用外径为 400 mm 和 500 mm 的空心管桩。至于钻孔灌注桩的直径一般以钻头直径作为设计桩径，铁路桥梁桩基础施工钻头常用 800 mm、1 000 mm、1 250 mm、1 500 mm 等规格。挖孔桩的桩径或边宽应满足人工开挖时操作净宽的要求，不宜小于 1.25 m。

(2)桩长拟定

确定桩长的关键在于选择桩端持力层，由于桩端持力层对桩的承载力和沉降有着重要影响。设计时，可先根据地质条件选择适宜的桩端持力层初步确定桩长，并应考虑施工的可行性(如钻孔灌注桩钻机钻进的最大深度等)。

对于端承桩，应选择浅层范围内的坚实岩层或坚硬土层作为桩尖持力层初步确定桩长，以得到较大的承载力和较小的沉降。如施工条件容许的深度内没有坚硬土层存在，应尽可能选择压缩性小、强度较高的土层作为持力层。对于摩擦桩，有时桩底持力层可能有多种选择. 此时确定桩长与桩数两者相互牵连，遇此情况，可通过试算比较，选择较合理的桩长。摩擦桩的桩长不应拟定太短，一般不应小于 4 m，这是因为桩长过短达不到把荷载传递到深层或减小基础下沉量的目的，而且必然要增加桩数，扩大承台尺寸，进而影响施工进度。此外，为保证发挥摩擦桩桩底土层支承力，桩底端部应尽可能达到该土层桩端阻力的临界深度，一般不宜小于 1 m。当河床岩层有冲刷时，桩基须嵌入基岩，可假定弯矩由锚固侧壁岩石承受，锚固深度可不考虑水平剪力影响，其应嵌入基岩中的深度可按下列公式计算：

圆形桩
$$h_r=\sqrt{\frac{M}{0.066K\cdot R\cdot d}} \tag{7.134a}$$

矩形桩
$$h_r=\sqrt{\frac{M}{0.083K\cdot R\cdot b}} \tag{7.134b}$$

式中 h_r——自桩下端锚固点算起的锚固深度(m)；

M——桩下端锚固点(基岩顶面)处的弯矩(kN·m)；

K——根据岩层构造在水平方向的岩石容许压力换算系数，取 0.5～1.0。根据岩层侧面构造而定，节理发育的取小值，节理不发育的取大值；

d——钻孔直径(m)；

b——垂直于弯矩作用平面桩的边长(m)；

R——桩尖(端)土的极限承载力，若为岩石则为岩石单轴抗压强度，可按《铁桥基规》6.2.2 条确定。

3)确定基桩根数及其平面布置

(1)桩的根数估算

一个群桩基础所需桩的根数 n，可根据承台底面上的竖向荷载 N 及单桩容许承载力[P]按式(7.135)估算。

$$n=\mu\frac{N}{[P]} \tag{7.135}$$

式中 μ——经验数值，公路桥梁桩基础，可取 1.1～1.2；铁路桥梁桩基，近似取 1.3～1.8。

估算的桩数是否合适，在检算各桩的受力状况后方可确定。

此外，桩数的确定与承台尺寸、桩长及桩的间距的确定相关联，确定时应综合考虑。

(2)桩间距的确定

为了避免桩基础施工可能引起土的松弛效应和挤土效应对相邻基桩的不利影响，以及桩群效应对基桩承载力的不利影响，布设桩时，应该根据桩的类型及施工工艺和排列方式确定桩的最小中心距。具体规定和要求参见第 6 章“6.3.1 承台类型及构造”相关介绍。

(3)桩的平面布置

桩数确定后，可根据桩基受力情况选用单排桩或多排桩桩基。

多排桩稳定性好，抗弯刚度较大，能承受较大的水平荷载，水平位移小，但多排桩的设置将会增大承台的尺寸，增加施工困难，尤其深水中的多排桩，承台的施工会增加很大的工程量，有时还影响航道；单排桩与此相反，能较好地与柱式墩台结构形式配用，可节省圬工。因此，当桥跨不大、桥高较矮时，或单桩承载力较大，需用桩数不多时常采用单排排架式桩基础；公路桥梁自采用了具有较大刚度的钻孔灌注桩后，选用盖梁式承台双柱或多柱式单排墩台桩柱基础也较广泛。一般多排桩应用于上部结构较大的桥梁中，有时对一些中等跨径的桥台，当承受较大的土压力时，也常使用多排桩基础。对基础变形反应敏感且要求高的外超静定结构，如拱桥桥台、制动墩或单向推力墩等也多采用多排桩基础。对一些荷载大且集中的桥梁基础，如连续梁、连续 T 构及索体系桥梁的塔墩基础，必须采用大型的多排桩基础。

多排桩的排列形式常采用行列式[图 7.43(a)]和梅花式[图 7.43(b)]，在相同的承台底面积下，后者可排列较多的基桩，而前者有利于施工。桩基础中桩的平面布置，除应满足最小桩距等构造要求外，还应考虑对桩基受力有利。为使各桩受力均匀，充分发挥每根桩的承载能力，设计布置时，应尽可能使桩群横截面的重心与荷载合力作用点重合或接近，通常桥墩桩基础中的基桩采取对称布置，而桥台多排桩桩基础视受力情况在纵桥向采用非对称布置。当作用于桩基的弯矩较大时，宜尽量将桩布置在离承台形心较远处，采用外密内疏的布置方式，以增大基桩对承台形心或合力作用点的惯性矩，提高桩基的抗弯能力。

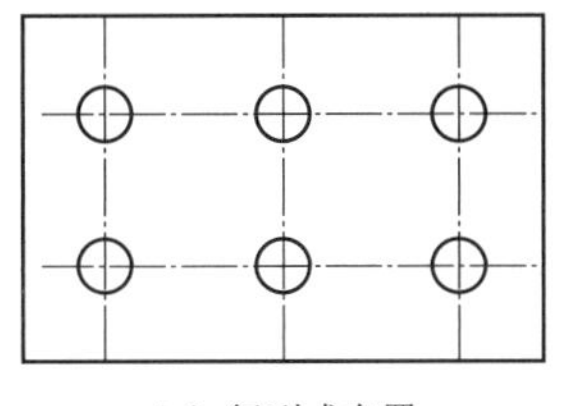

(a) 行列式布置　　(b) 梅花式布置

图 7.43　桩的平面布置

此外，基桩布置还应考虑使承台受力较为有利，例如桩柱式墩台应尽量使墩柱轴线与基桩轴线重合，盖梁式承台的桩柱布置应使承台发生的正负弯矩接近或相等，以减小承台所承受的弯曲应力。

7.10.3　计算与检算

根据上述原则所拟订的桩基础设计方案应进行检算，即对桩基础的强度、变形和稳定性进行必要的检算，以验证所拟订的方案是否合理，能否优选成为较佳的设计方案。为此，应计算基桩与承台在与验算项目相对应的最不利荷载组合下所受到的作用力及其产生的内力与位移，并进行下列检算。

1)单桩竖轴向承载力检算

目前通常仍采用单一安全系数即容许应力法进行检算。首先根据地质资料确定单桩承载力容许值，对于一般性桥梁和结构物，或在各种工程的初步设计阶段可按经验(规范)公式计算；而对大型、重要桥梁或复杂地基条件还应通过静载试验或其他方法，做详细分析比较，以便准确合理地确定。检算单桩承载力允许值，应以最不利作用效应组合计算出受轴力最大的一根桩进行检算。其计算确定和检算方法见 7.3.1 节和 7.3.2 节。

如果检算不满足要求，则应增加桩数 n 或调整桩的平面布置，也可加大桩的截面尺寸，增加桩长，直到检算符合要求为止。

2)单桩横向承载力检算

当有水平静载试验资料时，可以直接检算桩的水平承载力容许值是否满足地面处水平力的要求。无水平静载试验资料时，根据《铁桥基规》，检算方法应按照 7.6.2 节进行。

3)桩身配筋并按桩身材料强度确定和检算单桩承载力

计算桩顶作用力和桩身内力，并结合各类桩的构造要求(6.3.2 节)进行桩身配筋设计。根据《铁桥基规》的要求，计算基桩的内力和稳定性时，应考虑桩侧土弹性抗力的作用。钻孔灌注桩桩身强度、稳定性及裂缝宽度检算应符合《铁路桥涵混凝土结构设计规范》(TB 10092—2017)等相关章节的规定。

4)墩台顶水平位移检算

根据《铁桥基规》,墩台顶面水平位移的计算方法按其基础的刚度分为弹性桩基础和刚性桩基础两种。

(1)弹性桩基础($\alpha l>2.5$)墩台顶面水平位移(图 7.44)可按式(7.136)计算。

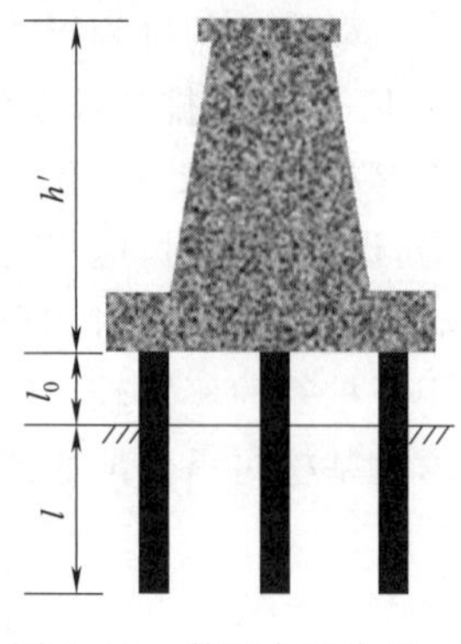

图 7.44　墩顶水平位移计算示意图

$$\delta=x_0-\varphi_0(l_0+h')+\delta_0 \tag{7.136}$$

式中　δ——墩台顶面水平位移(m);

h'——墩台顶面至承台底面的距离(m);

l_0——承台底面至地面或局部冲刷线的距离(m);

δ_0——地面或局部冲刷线以上基础和墩台身弹性变形引起的墩台顶面水平位移(m);

x_0,φ_0——地面或局部冲刷线处群桩重心的横向位移(m)和转角(rad)。

(2)刚性桩基础($\alpha l\leqslant 2.5$)墩台顶面水平位移计算具体又细分为两种情况。

支立于非岩石地基上的基础(包括支立于岩石风化层内和支立于岩层面上):

$$\delta=k_1\omega z_0+k_2\omega h+\delta_0 \tag{7.137}$$

嵌入岩石内的基础:

$$\delta=k_1\omega l+k_2\omega h+\delta_0 \tag{7.138}$$

式中　k_1,k_2——考虑基础实际刚度的系数,按《铁桥基规》表 D.0.3.3 采用;

z_0——地面或局部冲刷线至基础转动中心的距离(m),确定方法参见第 8 章沉井基础部分;

h——地面或局部冲刷线至墩台顶面的距离(m);

δ_0——在 h 范围内由于基础和墩台身变形引起的墩台顶面水平位移(m);

l——地面或局部冲刷线以下基础的高度(m);

ω——基础的转角(rad)。

计算出的墩台顶水平位移应小于其允许值[Δ],[Δ]的确定同浅基础部分对墩台顶水平位移的要求,故可按照式(3.17)计算确定。

5)群桩基础承载力和沉降量的检算

当摩擦型群桩基础的基桩中心距小于 6 倍桩径时,需检算群桩基础的地基承载力,包括桩底持力层承载力检算及软弱下卧层承载力验算;必要时还须检算桩基沉降量,包括总沉降量和相邻墩台的沉降差。检算方法如 7.9.2 节所述。

6)承台结构设计及检算

承台结构可先按构造要求(6.3.1 节)进行初步设计,根据经验,铁路桥梁基础的承台厚度不宜小于 1.5 m,混凝土的强度等级不应低于 C30,承台计算中一般按刚性结构处理,为此承台的厚度应满足承台底面处桩顶外缘位于自承台顶面处墩台身外缘向下按 45°角扩散的范围内,当承台过厚时可做成台阶式。

承台应进行局部受压、抗冲切、抗弯和抗剪强度检算,现行铁路规范中未给出具体的检算方法,可参考现行《公路钢筋混凝土及预应力混凝土桥涵设计规范》(JTG 3362—2018)和《建筑桩基技术规范》(JGJ 94—2008)中对承台的检算方法。经验算后若不满足有关要求,仍需修改设计,直至满足为止。

7.10.4 铁路桥梁桩基设计实例

图7.45为钢筋混凝土钻孔灌注桩铁路桥墩基础，桩身混凝土强度等级为C30，其受压弹性模量 $E_c=3.2\times10^7$ kPa，桩身材料容重为25 kN/m³，地基为中密粗砂层，地基系数的比例系数 m 为30 000 kPa/m²，土层的基本容许承载力 $\sigma_0=400$ kPa，饱和容重为20.0 kN/m³，内摩擦角 $\varphi_0=41°$。桩侧摩阻力极限值 $f_i=90$ kPa。其上部为跨度32 m的钢筋混凝土预应力梁。该墩由主力加纵向附加力控制设计，已知作用于承台底面的荷载为竖向力 $\sum N=9\ 875.2$ kN，弯矩 $\sum M=633.5$ kN·m，水平力 $\sum H=267.3$ kN。若桩基础设计直径采用1.0 m，按照最小桩间距的要求，采用6根桩，桩端土质良好，不易坍塌，清底良好，清底系数 $m_0=0.7$。设计该桩基础如下：

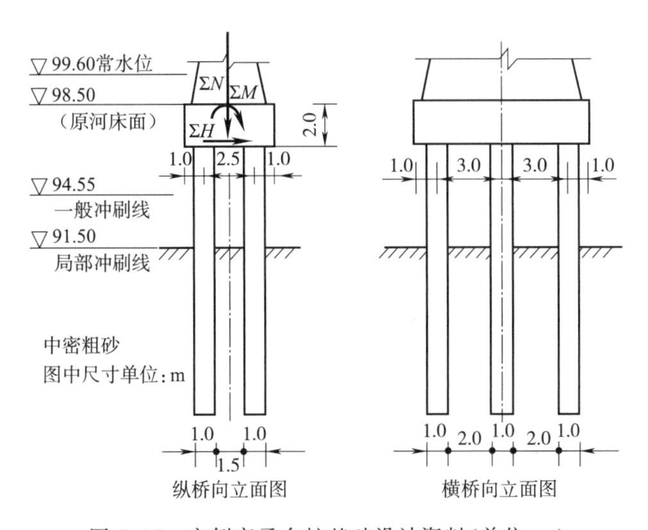

图7.45 实例高承台桩基础设计资料（单位:m）

(1)确定桩入土深度 l（初步假设 $l>10d$）

已知桩数 $n=6$，根据桩数估算公式得

$$[P]=\frac{1.3\times\sum N}{n}=\frac{1.3\times9\ 875.2}{6}=2\ 139.63(\text{kN})$$

$$[\sigma]=\sigma_0+k_2\gamma_2(4d-3)+k'_2\gamma_2(6d)$$

$$=400+5\times(20-10)\times(4\times1-3)+6\times\frac{5}{2}\times(20-10)\times1=600(\text{kPa})$$

又由钻孔桩的容许承载力公式，得

$$[P]=\frac{1}{2}U\sum f_il_i+m_0A[\sigma]=\frac{1}{2}\times\pi\times1\times90\times l+0.7\times\pi\times\frac{1.0^2}{4}\times600=141.3l+329.7$$

$l=\dfrac{[P]-282.6}{141.3}=\dfrac{2\ 139.63-282.6}{141.3}=12.8$(m)（$l$ 为桩的入土深度），满足最初的设计假定 $l>10d$。

考虑到承台底至局部冲刷线的距离 $l_0=98.5-2.0-91.5=5.0$(m)，为使桩长为整数，取 $l=13.0$ m，则桩长为 $l+l_0=18$ m。

(2)桩的内力及变位计算

①桩的计算宽度 b_0 及变形系数 α

$$b_0=K_f K_0 d=0.9(d+1)=0.9\times(1+1)=1.8(\mathrm{m})$$

水平力作用方向上相邻桩净距 $L_1=1.5$ m,考虑相互影响时桩的计算入土深度:

$$h_1=3(d+1)=3\times(1+1)=6(\mathrm{m})$$

因 $L_1=1.5\ \mathrm{m}<0.6h_1=3.6$ m,$n=2$ 时,$C=0.6$,故相互影响系数 k 计算如下

$$k=C+\frac{(1-C)}{0.6}\cdot\frac{L_1}{h_1}=0.6+\frac{1-0.6}{0.6}\times\frac{1.5}{6}=0.767$$

则修正后的 m 为

$$m=k\times30\ 000=0.767\times30\ 000=23\ 000\ \mathrm{kPa/m^2}$$

$$EI=0.8E_c I=0.8\times3.2\times10^7\times\frac{\pi\times1^4}{64}=1.26\times10^6(\mathrm{kN\cdot m^2})$$

$$\alpha=\sqrt[5]{\frac{mb_0}{EI}}=\sqrt[5]{\frac{23\ 000\times1.8}{1.26\times10^6}}=0.505(\mathrm{m^{-1}})$$

又 $\alpha l=0.505\times13=6.565>2.5$,故应按弹性桩设计。

②计算刚度系数 ρ_1、ρ_2、ρ_3 和 ρ_4

因是钻挖孔灌注桩,故 $\xi=1/2$,$EA=E_c A=3.2\times10^7\times\frac{\pi\times1^2}{4}=2.512\times10^7(\mathrm{kN})$

$C_0=m_0 l=3\times10^4\times13=3.9\times10^5\ (\mathrm{kN/m^3})$(此处,$m_0$ 为竖向地基系数的比例系数,取与横向地基系数的比例系数相等,但 m_0 不考虑临桩的相互影响,即不乘以 k 进行折减)。

扩散后的桩端直径 $D_0=d+2l\tan\frac{\varphi_0}{4}=1+2\times13\times\tan\frac{41°}{4}=5.7(\mathrm{m})>2.5$ m(桩中心距),故 $A_0=\frac{\pi\times2.5^2}{4}=4.91(\mathrm{m^2})$,则

$$\rho_1=\frac{1}{\frac{l_0+\xi l}{EA}+\frac{1}{C_0A_0}}=\frac{1}{\frac{5+0.5\times13}{2.512\times10^7}+\frac{1}{3.9\times10^5\times4.91}}=1.02\times10^6(\mathrm{kN/m})$$

$\alpha l=0.505\times13=6.565>4$,又 $\alpha l_0=0.505\times5=2.525$,查表 7.22 并内插,可得

$$Y_H=0.150-\frac{2.525-2.4}{2.6-2.4}\times(0.150-0.132)=0.138\ 8$$

$$Y_M=0.315-\frac{2.525-2.4}{2.6-2.4}\times(0.315-0.289)=0.298\ 8$$

$$\varphi_M=0.900-\frac{2.525-2.4}{2.6-2.4}\times(0.900-0.865)=0.878\ 1$$

则 $\rho_2=\alpha^3 EIY_H=0.505^3\times1.26\times10^6\times0.138\ 8=2.252\times10^4(\mathrm{kN/m})$

$\rho_3=\alpha^2 EIY_M=0.505^2\times1.26\times10^6\times0.298\ 8=9.601\times10^4(\mathrm{kN\cdot m/m})$

$\rho_4=\alpha EI\varphi_M=0.505\times1.26\times10^6\times0.878\ 1=5.587\times10^5(\mathrm{kN\cdot m/rad})$

③计算承台位移

$\gamma_{bb}=n\rho_1=6\times1.02\times10^6=6.12\times10^6(\mathrm{kN/m})$

$\gamma_{aa}=n\rho_2=6\times2.252\times10^4=1.351\times10^5(\mathrm{kN/m})$

$\gamma_{a\beta}=\gamma_{\beta a}=-n\rho_3=-6\times9.601\times10^4=-5.761\times10^5(\mathrm{kN/rad})$

$\gamma_{\beta\beta}=n\rho_4+\rho_1\sum n_i\cdot x_i{}^2$

$=6\times5.587\times10^5+1.02\times10^6\times[3\times1.25^2+3\times(-1.25)^2]=12.91\times10^6(\text{kN}\cdot\text{m/rad})$

则可得承台位移：

$$b=\frac{\sum N}{\gamma_{\text{bb}}}=\frac{9875.2}{6.12\times10^6}=1.614\times10^{-3}(\text{m})$$

$$a=\frac{\gamma_{\beta\beta}\sum H-\gamma_{a\beta}\sum M}{\gamma_{aa}\gamma_{\beta\beta}-\gamma_{a\beta}^2}=\frac{12.91\times10^6\times267.3+5.761\times10^5\times633.5}{1.351\times10^5\times12.91\times10^6-(-5.761\times10^5)^2}=2.702\times10^{-3}(\text{m})$$

$$\beta=\frac{\gamma_{aa}\sum M-\gamma_{a\beta}\sum H}{\gamma_{aa}\gamma_{\beta\beta}-\gamma_{a\beta}^2}=\frac{1.351\times10^5\times633.5+5.761\times10^5\times267.3}{1.351\times10^5\times12.91\times10^6-(-5.761\times10^5)^2}=1.696\times10^{-4}(\text{rad})$$

④计算桩顶内力(桩顶荷载分配计算)

该基础桩顶的最大轴向力为

$$N_{\max}=\frac{\sum N}{n}+x_{\max}.\beta.\rho_1=\frac{9\ 875.2}{6}+1.25\times1.696\times10^{-4}\times1.02\times10^6=1\ 862.1(\text{kN})$$

桩顶剪力(桩顶横向力)

$H_i=a\rho_2-\beta\rho_3=2.702\times10^{-3}\times2.252\times10^4-1.696\times10^{-4}\times9.601\times10^4=44.6(\text{kN})$

桩顶弯矩

$M_i=\beta\rho_4-a\rho_3=1.696\times10^{-4}\times5.587\times10^5-2.702\times10^{-3}\times9.601\times10^4=-164.7(\text{kN}\cdot\text{m})$

⑤计算局部冲刷线处桩身横向位移 x_0 和 φ_0

$$x_0=\frac{H_0}{\alpha^3EI}A_x+\frac{M_0}{\alpha^2EI}B_x\qquad\varphi_0=\frac{H_0}{\alpha^2EI}A_\varphi+\frac{M_0}{\alpha EI}B_\varphi$$

其中，$M_0=M_i+H_1l_0=-164.7+44.6\times5=58.3(\text{kN}\cdot\text{m})$

$H_0=H_i=44.6\ \text{kN}$

对于局部冲刷处，$\alpha z=0$，又 $\alpha l=6.565>4$，查表7.19，可得

$A_x=2.441$，$B_x=1.621$，$A_\varphi=-1.621$，$B_\varphi=-1.751$

则　$x_0=\frac{H_0}{\alpha^3EI}A_x+\frac{M_0}{\alpha^2EI}B_x$

$=\frac{44.6}{0.505^3\times1.26\times10^6}\times2.441+\frac{58.3}{0.505^2\times1.26\times10^6}\times1.621=9.7\times10^{-4}(\text{m})$

$\varphi_0=\frac{H_0}{\alpha^2EI}A_\varphi+\frac{M_0}{\alpha EI}B_\varphi$

$=\frac{44.6}{0.505^2\times1.26\times10^6}\times(-1.621)+\frac{58.3}{0.505\times1.26\times10^6}\times(-1.751)=-3.85\times10^{-4}(\text{rad})$

⑥计算桩身弯矩

$$M_z=\frac{H_0}{\alpha}A_M+M_0B_M=\frac{44.6}{0.505}A_M+58.3B_M=88.32A_M+58.3B_M$$

系数 A_M、B_M 可根据 $\alpha z=0$ 及 $\alpha l\geqslant4.0$ 查表7.19得到。局部冲刷线以下桩身弯矩 M_z 列表计算，计算结果见表7.25。将整个桩身弯矩分布绘于图7.46。

表 7.25　桩身弯矩 M_z 计算结果

αz	z(m)	A_M	B_M	$88.32A_M$	$58.3B_M$	M_z(kN·m)
0.0	0	0	1.000	0	58.30	58.30
0.2	0.40	0.197	0.998	17.40	58.18	75.58
0.4	0.79	0.377	0.986	33.30	57.48	90.78
0.6	1.19	0.529	0.959	46.72	55.91	102.63
0.8	1.58	0.646	0.913	57.05	53.23	110.28
1.0	1.98	0.723	0.851	63.86	49.61	113.47
1.2	2.38	0.762	0.774	67.30	45.12	112.42
1.4	2.77	0.765	0.687	67.56	40.05	107.61
1.6	3.17	0.737	0.594	65.09	34.63	99.72
1.8	3.56	0.685	0.499	60.50	29.09	89.59
2.0	3.96	0.614	0.407	54.23	23.73	77.96
2.2	4.36	0.532	0.320	46.99	18.66	65.65
2.4	4.75	0.443	0.243	39.13	14.17	53.30
2.6	5.15	0.355	0.175	31.35	10.20	41.55
2.8	5.54	0.270	0.120	23.85	6.70	30.55
3.0	5.94	0.193	0.076	17.05	4.43	21.48
3.5	6.93	0.051	0.014	4.50	0.82	5.32
4.0	7.92	0	0	0	0	0

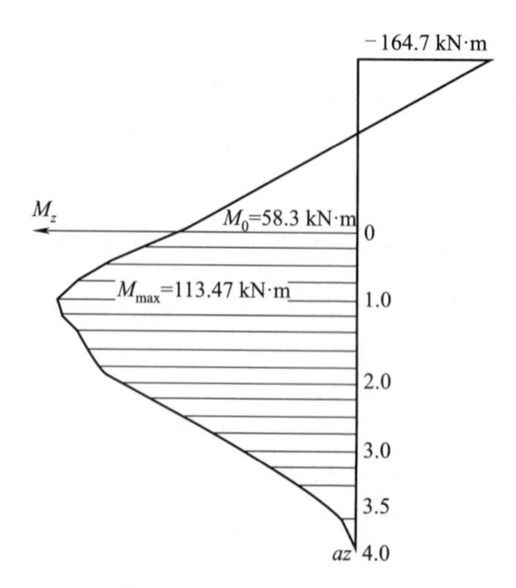

图 7.46　桩身弯矩分布图

(3)桩基础检算

①检算基桩轴向受压容许承载力

$$[P]=\frac{1}{2}U\sum f_i l_i+m_0A[\sigma]=\frac{1}{2}\times\pi\times1\times90\times13+0.7\times\pi\times\frac{1.0^2}{4}\times600=2\ 166.6(\text{kN})$$

桩身自重：$\frac{\pi\times1^2}{4}\times18\times(25-10)=211.95(\text{kN})$

与桩入土部分同体积的土重：$\frac{\pi \times 1^2}{4} \times 13 \times (20-10) = 102.05(\text{kN})$

则检算荷载：$P=1\ 862.1+211.95-102.05=1\ 972(\text{kN})<1.2[P]=1.2\times 2\ 166.6=2\ 599.9(\text{kN})$
故单桩轴向受压容许承载力满足要求。

②群桩承载力检算

该桩基础属于摩擦群桩基础，且桩尖平面处桩的中心间距小于 $6d$，故需按实体基础进行检算。

已知桩的外轮廓尺寸为 $a=7$ m，$b=3.5$ m，如图 7.47 所示，故假想实体基础底面尺寸 a'、b' 为

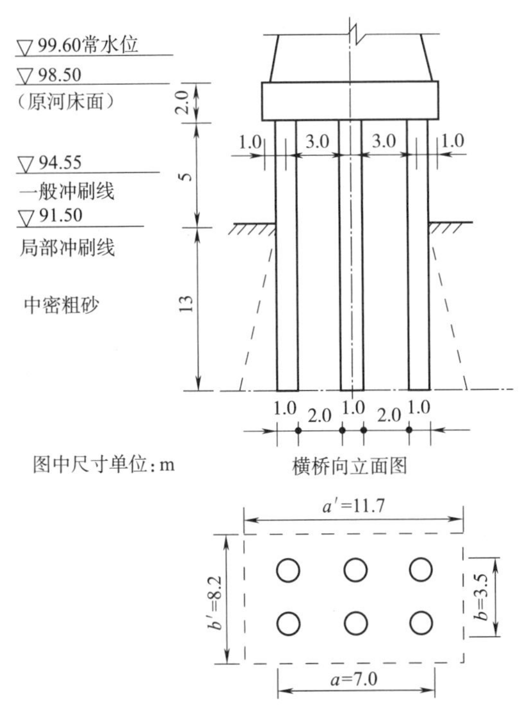

图 7.47 假想实体基础平面尺寸

$$a'=a+2l\tan\frac{\overline{\varphi}}{4}=7+2\times 13\times \tan\frac{41^\circ}{4}=11.7(\text{m})$$

$$b'=b+2l\tan\frac{\overline{\varphi}}{4}=3.5+2\times 13\times \tan\frac{41^\circ}{4}=8.2(\text{m})$$

则假想实体基础底面积 A 及截面模量 W 为

$$A=a'\times b'=11.7\times 8.2=95.94(\text{m}^2)$$

$$W=\frac{1}{6}a'\times b'^2=\frac{1}{6}\times 11.7\times 8.2^2=131.12(\text{m}^3)$$

作用于此基础底面处的弯矩应采用局部冲刷线处的弯矩 M 值，即

$$M=\sum M+\sum H\times l_0=633.5+267.3\times 5=1\ 970.0(\text{kN}\cdot\text{m})$$

作用于桩尖平面处的竖向力 N 为

$$N=\sum N+6\times\frac{\pi\times 1^2}{4}\times(5+13)\times(25-10)+11.7\times 8.2\times 13\times(20-10)-$$

$6\times\frac{\pi\times1^2}{4}\times13\times(20-10)=9\ 875.2+1\ 271.7+12\ 472.2-612.3=23\ 006.8(\text{kN}\cdot\text{m})$

假想实体基础的底面最大压应力为

$$\sigma_{\max}=\frac{N}{A}+\frac{M}{W}=\frac{23\ 006.8}{95.94}+\frac{1\ 970}{131.12}=239.80+15.02=254.82(\text{kPa})$$

桩尖平面处为中密粗砂，查《铁桥基规》表 4.1.3 实体基础宽、深修正系数 $k_1=3$、$k_2=5$，$\gamma_1=\gamma_2=20-10=10.0(\text{kN/m}^3)$，实体基础埋深 $h=13+(94.55-91.50)=16.05(\text{m})$（从一般冲刷线计起），故

$$[\sigma]=\sigma_0+k_1\gamma_1(b-2)+k_2\gamma_2(h-3)=400+3\times10\times(8.2-2)+5\times10\times(16.05-3)=1\ 238.5(\text{kPa})$$

$\sigma_{\max}=254.82\ \text{kPa}<[\sigma]=1\ 238.5\ \text{kPa}$，满足要求。

(4)群桩的沉降检算从略。

7.11 建筑结构桩基础设计

7.11.1 建筑桩基础设计原则和步骤

1)设计原则

根据建筑规模、功能特征、对差异变形的适应性、场地地基和建筑物体形的复杂性以及由于桩基问题可能造成建筑物破坏或影响正常使用的程度，将桩基设计分为 3 个安全等级，见表7.26。

表 7.26 建筑桩基设计等级

设计等级	建筑类型
甲级	(1)重要的建筑； (2)30 层以上或高度超过 100 m 的高层建筑； (3)体形复杂且层数相差超过 10 层的高低层(含纯地下室)连体建筑； (4)20 层以上框架—核心筒结构及其他对差异沉降有特殊要求的建筑； (5)场地和地基条件复杂的 7 层以上的一般建筑及坡地、岸边建筑； (6)对相邻既有工程影响较大的建筑
乙级	除甲级、丙级以外的建筑
丙级	场地和地基条件简单、荷载分布均匀的 7 层及 7 层以下的一般建筑

《建筑桩基技术规范》(JGJ 94—2008)规定，建筑桩基应以两种极限状态进行设计：一为承载能力极限状态，对应于桩基达到最大承载能力或整体失稳，或桩基已发生不适于继续承载的变形；二为正常使用极限状态，对应于桩基达到建筑物正常使用所规定的变形限值或达到耐久性要求的某项限值。

所有桩基均应进行承载能力极限状态的计算，其内容包括桩基的竖向承载力和水平承载力计算、桩身和承台结构承载力计算、软弱下卧层承载力验算、坡地或岸边桩基的整体稳定性验算、抗浮或抗拔桩基基桩和群桩的抗拔承载力验算及抗震设防区桩基的抗震承载力验算等。

正常使用极限状态验算内容包括桩基的沉降和水平位移以及桩身和承台的抗裂性或裂缝宽度。不同情况下的具体验算内容应根据建筑桩基设计等级、桩端持力层土的性质及使用条件等确定。

对下列建筑桩基应进行沉降计算：

(1)设计等级为甲级的非嵌岩桩和非深厚坚硬持力层的建筑桩基。

(2)设计等级为乙级的体形复杂、荷载分布显著不均匀或桩端平面以下存在软弱土层的建筑桩基。

(3)软土地基多层建筑减沉复合疏桩基础。

对受水平荷载较大，或对水平位移有严格限制的建筑桩基，应计算其水平位移。在某些情况下，应根据桩基所处的环境类别和相应的裂缝控制等级，验算桩和承台正截面的抗裂和裂缝宽度。

桩基设计时所采用的作用效应组合与相应的抗力应符合下列规定：

(1)确定桩数和布桩时，应采用传至承台底面的荷载效应标准组合；相应的抗力应采用基桩或复合基桩承载力特征值。

(2)计算荷载作用下的桩基沉降和水平位移时，应采用荷载效应准永久组合；计算水平地震作用、风载作用下的桩基水平位移时，应采用水平地震作用、风载效应标准组合。

(3)验算坡地、岸边建筑桩基的整体稳定性时，应采用荷载效应标准组合；抗震设防区，应采用地震作用效应和荷载效应的标准组合。

(4)在计算桩基结构承载力、确定尺寸和配筋时，应采用传至承台顶面的荷载效应基本组合。当进行承台和桩身裂缝控制验算时，应分别采用荷载效应标准组合和荷载效应准永久组合。

(5)桩基结构设计安全等级、结构设计使用年限和结构重要性系数 γ_0 应按现行有关建筑结构规范的规定采用，除临时性建筑外，重要性系数 γ_0 不应小于1.0。

(6)当桩基结构进行抗震验算时，其承载力调整系数应按现行国家标准《建筑抗震设计标准》(GB/T 50011—2010)(2024年版)的规定采用。

对软土、湿陷性黄土、季节性冻土和膨胀土、岩溶地区、抗震设防区和可能出现负摩阻力的桩基，均应根据各自不同的特殊条件，遵循相应的设计原则。

2)设计步骤

桩基础的设计应力求选型恰当、经济合理、安全适用，桩和承台有足够的强度、刚度和耐久性；地基(主要是桩端持力层)有足够的承载力和不产生过量的变形，其设计内容和步骤如图7.48所示。

(1)进行调查研究，场地勘察，收集有关资料(包括上部结构形式、荷载、工程地质勘察资料、材料来源和施工技术设备等情况，并尽量了解当地使用桩基础的经验以供设计参考)。

(2)综合勘察报告、荷载情况、使用要求、上部结构条件等确定桩基持力层。

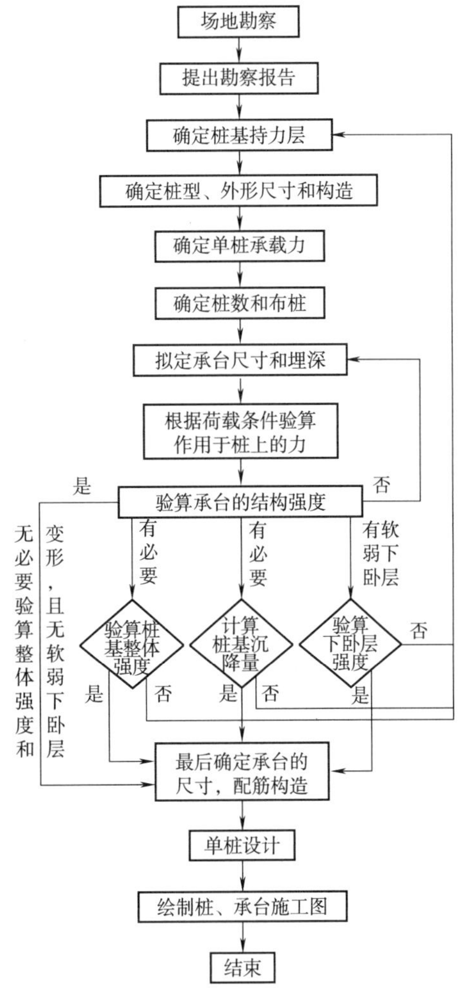

图7.48 桩基础设计流程图

(3)选择桩材,确定桩的类型、外形尺寸和构造。

(4)确定单桩承载力特征值,包括竖向抗压、抗拔及水平承载力等。

(5)根据上部结构荷载情况,初步拟定桩的数量和平面布置。

(6)根据桩的平面布置,初步拟订承台的轮廓尺寸。确定承台底标高。

(7)验算作用于单桩上的竖向和横向荷载。

(8)必要时验算桩基整体承载力和沉降量,当持力层下有软弱下卧层时,验算软弱下卧层的地基承载力。

(9)验算承台尺寸及结构强度。

(10)单桩结构设计,绘制桩和承台的结构及施工详图。

在上述设计步骤中若出现不满足要求的情况,应修改设计参数甚至方案,直至全部满足要求。

7.11.2 桩型、桩长、断面尺寸选择

1)桩型选择

桩基设计时,首先应根据建筑物的结构类型、荷载性质、桩的适用功能、穿越土层、桩端持力层、地下水位、施工设备、施工环境、施工经验、制桩材料供应条件等,按安全适用、经济合理的原则选择。选择时可按《建筑桩基技术规范》(JGJ 94—2008)附录A进行。

一般当土中存在大孤石、废金属以及花岗岩残积层中有未风化的石英脉时,预制桩将难以穿越;当土层分布很不均匀时,混凝土预制桩的长度较难掌握;在场地土层分布比较均匀的条件下,采用质量易于保证的预应力高强混凝土管桩比较合理。

挤土沉管灌注桩用于淤泥和淤泥质土层时,应局限于多层住宅桩基。

对于框架—核心筒等荷载分布很不均匀的桩筏基础,宜选择基桩尺寸和承载力可调性较大的桩型和工艺。

抗震设防烈度为8度及以上地区.不宜采用预应力混凝土管桩(PC)和预应力混凝土空心方桩(PS)。

2)断面尺寸的选择

选择桩的截面尺寸主要应考虑成桩工艺和结构的荷载情况。一般混凝土预制桩的截面边长不应小于200 mm;预应力混凝土预制实心桩的截面边长不宜小于350 mm;灌注桩的直径,一般以钻头直径作为设计桩径,建筑结构的桩基础施工钻头直径一般为300 mm以上。

从楼层数和荷载大小来看,10层以下的建筑桩基可考虑采用直径500 mm左右的灌注桩或边长为400 mm的预制桩;10～20层的可采用直径800～1 000 mm的灌注桩或边长为450～500 mm的预制桩;20～30层的可采用直径1 000～1 200 mm的钻(冲、挖)孔灌注桩、边长或直径≥500 mm的预制桩,30～40层的可采用直径大于1 200 mm的钻(冲、挖)孔灌注桩、边长或直径500～550 mm的预应力混凝土管桩和大直径钢管桩。楼层数更多的高层建筑可采用的挖孔灌注桩,直径可达5 m左右。

3)选择持力层、确定桩长

桩的设计长度主要取决于桩端持力层的选择。通常,应根据地质勘察报告中的地质剖面情况,尽可能使桩支承在承载力相对较高的坚实土层之上,桩端最好进入坚硬土层或岩层,采用嵌岩桩或端承桩;当坚硬土层埋藏很深时,则宜采用摩擦桩基,10层以下房屋,可选中等强度土层作持力层。

为提高桩的承载力和减小沉降，桩端全断面必须进入持力层一定深度，对于黏性土、粉土不宜小于 $2d$（d 为桩径），砂土不宜小于 $1.5d$，碎石类土不宜小于 $1d$。当存在软弱下卧层时，桩端以下硬持力层厚度一般不宜小于 $3d$。

对于嵌岩桩，嵌岩深度应综合荷载、上覆土层、基岩、桩径、桩长诸因素确定；对于嵌入倾斜的完整和较完整岩的全断面深度不宜小于 $0.4d$ 且不小于 0.5 m，倾斜度大于 30%的中风化岩，宜根据倾斜度及岩石完整性适当加大嵌岩深度；对于嵌入平整、完整的坚硬岩和较硬岩的深度不宜小于 $0.2d$，且不应小于 0.2 m。

4）承台埋深的选择

根据荷载、水文及地质资料等情况确定承台底面标高。建筑结构的承台底面标高与浅基础基底标高确定原则相同，一般工业及民用建筑物的桩基础考虑到环境因素宜采用低承台桩基。

此外，同一建筑物应避免采用不同类型的桩（沉降缝分开者除外）。同一基础相邻桩的桩底标高差，对于非嵌岩端承桩不宜超过相邻桩的中心距，对于摩擦型桩，在相同土层中不宜超过桩长的 1/10。

7.11.3　确定单桩承载力及布桩方案

1）确定单桩承载力

根据结构物对桩功能的要求及荷载特性，明确单桩承载力的类型，如竖向抗压、抗拔及水平承载力等，并根据确定承载力的具体方法及有关规范要求给出单桩承载力的特征值。

2）确定桩数

桩基特征值中的桩数可初步按单桩承载力特征值 R_a 确定。确定桩数和布桩时，应采用传至承台底面的荷载效应标准组合，相应的抗力应采用基桩或复合基桩承载力特征值。

轴心受压时，桩数 n 为

$$n \geqslant \frac{F_k + G_k}{R_a} \tag{7.139}$$

式中　F_k——相应于荷载效应标准组合时，作用于承台顶面的竖向力(kN)；

　　　G_k——承台及承台上填土的自重标准值(kN)，对稳定的地下水位以下部分应扣除水的浮力。

由于承台的平面尺寸尚未确定，即 G_k 是未知的，所以可按式(7.140)估算桩数。

$$n \geqslant \xi_G \frac{F_k}{R_a} \tag{7.140}$$

式中　ξ_G——考虑承台及上覆土重的增大系数，一般取 1.05～1.10。

对偏心受压的桩基，考虑偏心荷载，由式(7.141)计算桩数：

$$n \geqslant \xi_e \xi_G \frac{F_k}{R_a} = \mu \frac{F_k}{R_a} \tag{7.141}$$

式中　ξ_e——考虑荷载偏心的增大系数，一般取门 1.1～1.2；

　　　μ——经验数值，$\mu = \xi_e \xi_G$，对于建筑工程桩基础，取值常在 1.1～1.3 之间。

这样定出的桩数 n 是初步的，最终还要依据桩基总承载力与变形、单桩受力以及承台结构强度等检算要求决定。

对主要承担水平荷载的桩基，也可参照上述原则估计桩数，并由桩基总承载力与水平位移、单桩受力分析等最终决定桩数。

此外，在层厚较大的高灵敏度流塑黏土中，应尽量避免或减少成桩过程中对桩周土的扰动，故不宜采用桩距小而桩数多的打入式桩基，而宜采用承载力高、桩数少的灌注式桩基。

3)桩的平面布置

合理布桩是桩基设计中保证桩基最有效和最经济的重要环节。布桩应综合考虑桩的施工工艺、群桩效应、承台形状尺寸和内力等因素，做到与结构体系紧密结合。

根据上部结构的类型，承台可采用独立式、条形、井格式或圆(环)形等形式，如图 7.49 所示。柱下常选用独立式承台，其轮廓形状可以是三角形、矩形或多边形，一般按对称布置，如图 7.49(a)所示；墙下一般采用条形承台或井格式承台，按梅花式或行列式布置，如图 7.49(b)和图 7.49(c)所示；筏形或箱形基础下尽量沿柱网、肋梁或隔墙的轴线布置。对于桩箱基础、剪力墙结构桩筏(含平板和梁板式承台)基础，宜将桩布置于墙下。对于框架—核心筒结构桩筏基础应按荷载分布考虑相互影响，将桩相对集中布置于核心筒和柱下，外围框架柱宜采用复合桩基，桩长宜小于核心筒下基桩(有合适桩端持力层时)。

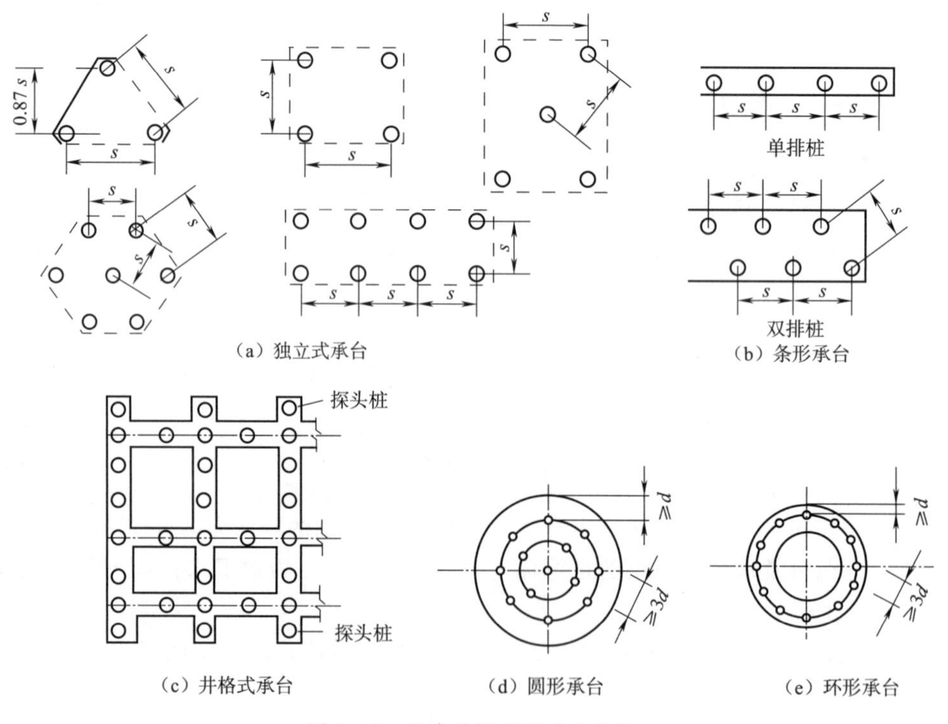

图 7.49 承台的平面形式及布桩

承台下布桩应遵循下列基本原则：

(1)基桩受力尽量均匀。为保证桩群中各基桩的桩顶荷载和桩顶沉降尽可能均匀，布桩时尽量使群桩的形心位置与上部结构荷载的合力作用点重合或接近。当上部荷载有不同组合时，上述合力作用点将发生变化，此时宜使桩群重心位于合力作用点的变化范围内。梁式承台下布桩，应按各段荷载情况合理布桩，如纵横交接处荷载较大，可采取最小间距；也可在交接处布桩。

(2)桩基础有较大的抗弯抵抗矩。布桩时应考虑使桩基础在弯矩方向有较大的抗弯截面模量，以增强桩基础的抗弯能力。对于柱下单独桩基础可采用外密内疏的布置方式，尽可能将桩布置在靠近承台的外围部分，并使基桩受水平力和力矩较大方向有较大抗弯截面模量，如可将力矩较大的方向设计为承台长边等。

(3)确定合适的桩距。桩距选择是关系桩基设计合理与否的重要环节。桩距太大会增加承台的面积,从而增大承台的内力,使其体积和用料加大而不经济;桩距太小则会使摩擦桩基产生群桩效应不利于承载,且沉降也会增大,还会给施工造成困难。相邻基桩的合理中心距一般控制在3～4倍桩径。

《建筑桩基技术规范》(JGJ 94—2008)规定基桩的最小中心间距见表7.27。对于柱下独立桩基承台,要求边桩中心至承台边缘的距离不应小于桩的直径或边长,且桩的外缘至承台边缘的距离不应小于150 mm。对于墙下条形承台梁,桩的外边缘至承台梁边缘的距离不应小于75 mm。

表7.27 基桩的最小中心距

土类与成桩工艺		排数不少于3排且桩数不少于9根的摩擦型桩基	其他情况
非挤土灌注桩		$3.0d$	$3.0d$
部分挤土桩	非饱和土 饱和非黏性土	$3.5d$	$3.0d$
	饱和黏性土	$4.0d$	$3.5d$
挤土桩	非饱和土 饱和非黏性土	$4.0d$	$3.5d$
	饱和黏性土	$4.5d$	$4.0d$
钻、挖孔扩底桩		$2D$ 或 $D+2.0$ m (当 $D>2$ m)	$1.5D$ 或 $D+1.5$ m (当 $D>2$ m)
沉管夯扩、钻孔挤扩桩	非饱和土 饱和非黏性土	$2.2D$ 且 $4.0d$	$2.0D$ 且 $3.5d$
	饱和黏性土	$2.5D$ 且 $4.5d$	$2.2D$ 且 $4.0d$

注:① d——圆桩设计直径或方桩设计边长,D——扩大端设计直径;

②当纵横向桩距不相等时,其最小中心距应满足“其他情况”一栏的规定;

③当为端承桩时,非挤土灌注桩“其他情况”一栏可减小至 $2.5d$。

布桩要充分考虑到桩的成桩工艺及施工干扰等因素,还要协调群桩效应与承台内力之间的关系。对承台底面弯矩较大情况,可适当加大桩间距,或采用在抗压一侧布桩加密的方法来增大桩基的惯性矩。

对主要承担竖向荷载的桩基,可以布置竖直桩;对承受水平荷载、上拔荷载或弯矩较大的桩基可采用斜桩、叉桩及竖直桩。

在确定好桩数、桩距和边距后,根据布桩的原则,选用合理的排列方式,即可定出桩基础的平面尺寸。

7.11.4 桩基础验算

桩基础承载力检算和沉降计算可按前述7.9.3节的要求和方法进行,对于各种桩基础,其变形主要有4种类型,即沉降量、沉降差、整体倾斜及局部倾斜,这些变形特征均应满足结构物正常使用所确定的限值要求。桩基的允许变形值以当地经验参考较好,如无当地经验时,可按《建筑桩基技术规范》(JGJ 94—2008)表5.5.4采用。

7.11.5 桩身结构设计

钢筋混凝土预制桩在各类建筑物中有着广泛的应用。这类桩的结构设计除应满足按材料强度提供可靠的承载力要求外，还必须满足其在搬运、堆存、吊立以及打入过程中的受力要求。对于较长的桩，应分段制作并有可靠的接桩措施。

钢管桩在使用时期及施工时期应分别进行强度和稳定性验算，以确定其管壁厚度。管壁设计厚度包括两部分：①有效厚度，按强度设计法依据有关规范设计；②腐蚀厚度，根据钢管桩使用年限，抗环境腐蚀能力及防腐措施等确定。

灌注桩一般只按使用阶段进行结构强度计算，其原理与混凝土预制桩相同。但由于灌注桩是现场成桩，故其构造要求与预制桩相比有较大差别。桩身构造要求详见 6.3.2 节。

7.11.6 承台设计计算

承台的设计包括确定承台的平面和剖面形状、承台的厚度、承台的配筋和承台的各项力学验算(包括局部承压、抗冲切、抗剪及抗弯验算等)。承台的平面和剖面形状、承台的厚度、承台的配筋构造如前 6.3.1 节所述，下面主要介绍承台的内力计算分析方法，内力确定后可按现行《混凝土结构设计标准》(GB/T 50010—2010)(2024 年版)进行相应的配筋计算。

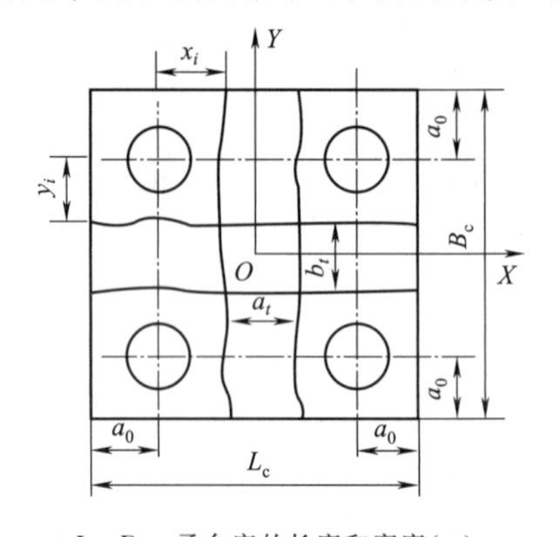

L_c、B_c—承台底的长度和宽度(m)；
x_i、y_i—垂直 Y 轴和 X 轴方向桩轴线到相应计算截面的距离(m)；
a_t、b_t—沿承台长度方向和宽度方向两计算截面的间距(m)；
a_0—桩顶中心到承台底边缘的间距(m)。

图 7.50 四桩独立矩形承台弯曲破坏模式

一般情况下，承台的厚度由承台受柱、桩等荷载的冲切和剪切控制，而承台主筋需要根据承台梁或板的弯矩配置。承台的内力分析，应按基本组合考虑荷载效应。对于低承台桩基(在承台不脱空条件下)应不考虑承台及上覆填土的自重，即采用净荷载求桩顶反力；而对高承台桩基则应取全部荷载。承台设计时须逐一满足这些方面的要求，否则应对平面尺寸进行调整。这项工作常需反复，直到全部符合要求为止。

1)承台的抗弯计算

当承台厚度较小，且配筋量又不足时，承台在柱荷载作用下，常发生弯曲破坏。为防止弯曲破坏，在承台板底部要配有足够数量的钢筋。大量模型实验表明，柱下独立桩基承台是“梁式破坏”，其挠曲裂缝在平行于柱边两个方向交替出现，如图 7.50 所示，最大弯矩产生于平行于柱边两个方向的屈服线处。

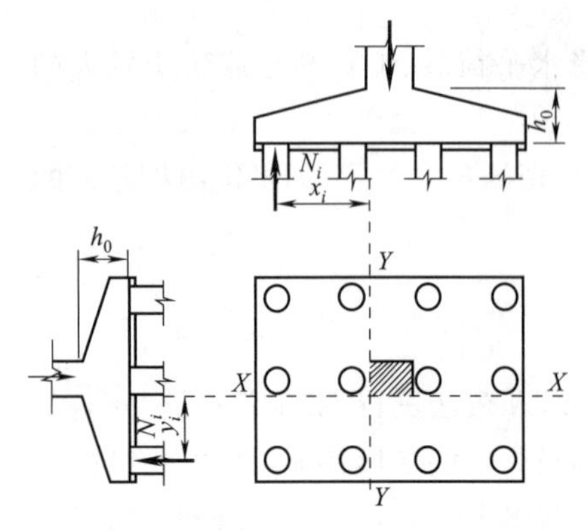

图 7.51 矩形多桩承台弯矩计算示意

(1)多桩矩形承台弯矩计算截面取在柱边和承台变阶处，如图 7.51 所示，可按式(7.142)计算。

$$M_x = \sum N_i y_i \qquad M_y = \sum N_i x_i \tag{7.142}$$

式中 M_x,M_y——绕 X 和 Y 轴计算截面处弯矩值(kN·m)；

x_i,y_i——垂直 Y 和 X 轴桩轴到计算截面距离(m)；

N_i——不计承台及其上土重，在荷载效应基本组合下第 i 基桩或复合基桩竖向反力设计值(kN)。

(2)对于等边三桩承台，其受弯破坏模式也呈梁式破坏，屈服线位于柱边处两个正交方向上，其计算模式与矩形承台相同。三桩承台弯矩计算截面取在柱边，如图 7.52 所示，弯矩按式(7.143)计算：

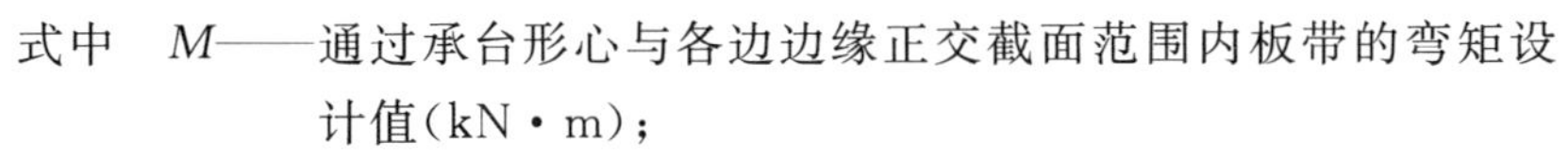

$$M=\frac{N_{max}}{3}\left(S_a-\frac{\sqrt{3}}{4}c\right) \tag{7.143}$$

式中　M——通过承台形心与各边边缘正交截面范围内板带的弯矩设计值(kN·m)；

N_{max}——不计承台及其上土重，在荷载效应基本组合下三桩中最大基桩或复合基桩竖向净反力设计值(kN)；

S_a——桩中心距(m)；

c——方柱边长(m)，圆柱时 $c=0.8d$(d 为圆柱直径)。

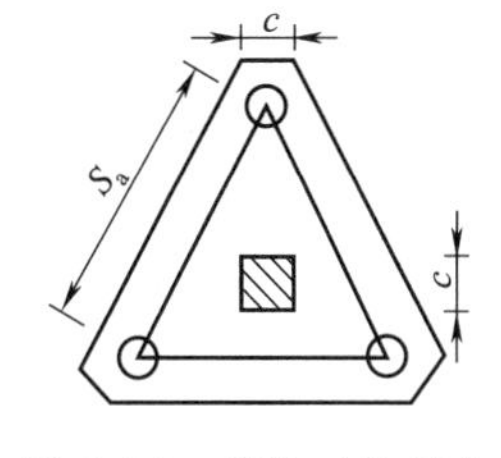

图 7.52　等边三桩承台弯矩计算示意

根据上述计算得到弯矩后，即可按《混凝土结构设计标准》(GB/T 50010—2010)(2024 年版)的有关规定验算其正截面受弯承载力，进行截面配筋计算，计算方法同一般梁板。

2)承台的抗冲切验算

桩基承台厚度应满足柱(墙)对承台的冲切和基桩对承台的冲切承载力要求。

(1)轴心竖向力作用下桩基承台受柱(墙)的冲切检算

冲切破坏锥体应采用自柱(墙)边或承台变阶处至相应桩顶边缘连线所构成的锥体，锥体斜面与承台底面之夹角不应小于 45°，如图 7.53 所示。

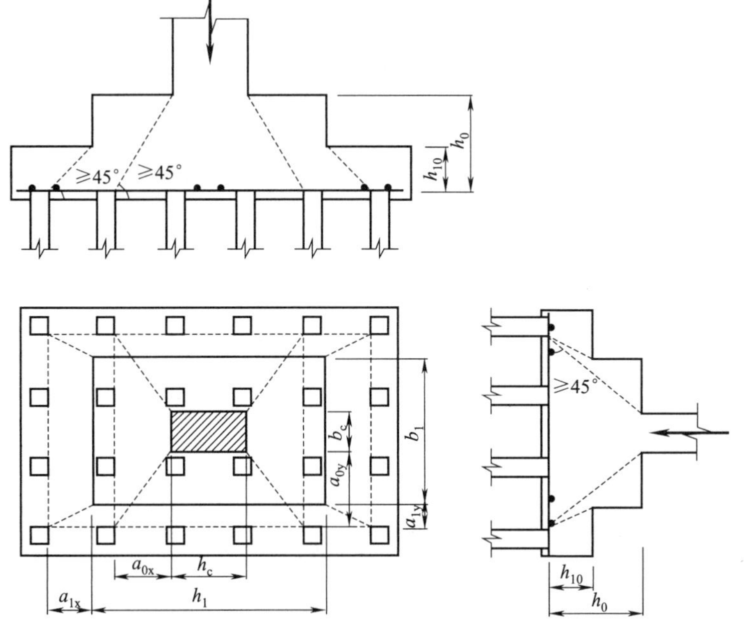

图 7.53　柱对承台的冲切计算示意

受柱(墙)冲切承载力可按下列公式计算

$$F_l\leqslant\beta_{hp}\beta_0 u_m f_t h_0 \tag{7.144}$$

$$F_l = F - \sum Q_i \tag{7.145}$$

$$\beta_0 = \frac{0.84}{\lambda + 0.2} \tag{7.146}$$

式中 F_l ——不计承台及其上土重，在荷载效应基本组合下作用于冲切破坏锥体上的冲切力设计值(kN)；

f_t ——承台混凝土抗拉强度设计值(kPa)；

β_{hp} ——承台受冲切承载力截面高度影响系数，当 $h \leqslant 800$ mm 时，β_{hp} 取 1.0，当 $h \geqslant$ 2 000 mm时，β_{hp} 取 0.9，其间按线性内插法取值；

u_m ——承台冲切破坏锥体一半有效高度处周长(m)；

h_0 ——承台冲切破坏锥体的有效高度(m)；

β_0 ——柱(墙)冲切系数；

λ——冲跨比，$\lambda = a_0/h_0$，a_0 为柱(墙)边或承台变阶处到桩边的水平距离；当 $\lambda <$ 0.25 时，取 $\lambda = 0.25$；当 $\lambda > 1.0$ 时，取 $\lambda = 1.0$；

F——不计承台及其上土重，荷载效应基本组合作用下柱(墙)底的竖向荷载设计值(kN)；

$\sum Q_i$ ——不计承台及其上土重，在荷载基本组合下冲切破坏锥体内各基桩或复合基桩的反力设计值之和(kN)。

因此，对于如图 7.53 所示的柱下矩形独立承台受柱冲切的承载力可按下列公式计算：

$$F_l \leqslant 2[\beta_{0x}(b_c + a_{0y}) + \beta_{0y}(h_c + a_{0x})]\beta_{hp} f_t h_0 \tag{7.147}$$

$$\beta_{0x} = \frac{0.84}{\lambda_{0x} + 0.2} \qquad \beta_{0y} = \frac{0.84}{\lambda_{0y} + 0.2} \tag{7.148}$$

$$\lambda_{0x} = a_{0x}/h_0 \qquad \lambda_{0y} = a_{0y}/h_0 \tag{7.149}$$

式中 h_c, b_c——x、y 方向的柱截面边长(m)；

a_{0x}, a_{0y}——x、y 方向柱边至最近桩边的水平距离(m)。

而对于如图 7.53 所示的柱下矩形独立阶形承台受上阶冲切的承载力可按下列公式计算：

$$F_l \leqslant 2[\beta_{1x}(b_1 + a_{1y}) + \beta_{1y}(h_1 + a_{1x})]\beta_{hp} f_t h_{10} \tag{7.150}$$

$$\beta_{1x} = \frac{0.84}{\lambda_{1x} + 0.2} \qquad \beta_{1y} = \frac{0.84}{\lambda_{1y} + 0.2} \tag{7.151}$$

$$\lambda_{1x} = a_{1x}/h_{10} \qquad \lambda_{1y} = a_{1y}/h_{10} \tag{7.152}$$

式中 h_1, b_1——x、y 方向承台上阶的边长(m)；

a_{1x}, a_{1y}——x、y 方向承台上阶至最近桩边的水平距离(m)。

对于圆柱及圆桩，计算时应将其截面换算成方柱及方桩，即取换算柱截面边长 $b_c = 0.8d_c$ (d_c为圆柱直径)，换算桩截面边长 $b_p = 0.8d$(d 为圆桩直径)。

(2)承台受角桩冲切的承载力检算

如图 7.54 所示的四桩以上(含四桩)承台受角桩冲切的承载力可按下列公式计算：

$$N_l \leqslant \left[\beta_{1x}\left(c_2 + \frac{a_{1y}}{2}\right) + \beta_{1y}\left(c_1 + \frac{a_{1x}}{2}\right)\right]\beta_{hp} f_t h_0 \tag{7.153}$$

$$\beta_{1x} = \frac{0.56}{\lambda_{1x} + 0.2} \qquad \beta_{1y} = \frac{0.56}{\lambda_{1y} + 0.2} \tag{7.154}$$

$$\lambda_{1x} = a_{1x}/h_0 \qquad \lambda_{1y} = a_{1y}/h_0 \tag{7.155}$$

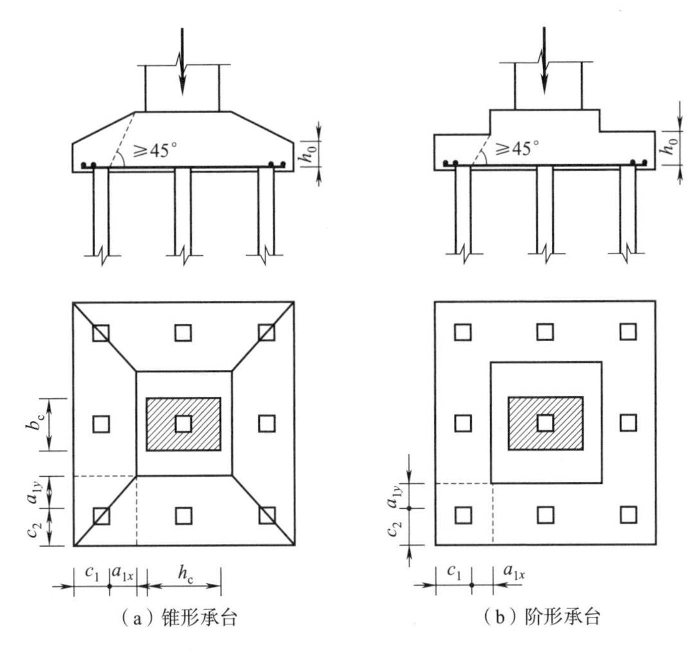

(a) 锥形承台　　(b) 阶形承台

图 7.54　四桩以上(含四桩)承台受角桩冲切计算示意

式中　N_l——不计承台及其上土重,在荷载效应基本组合作用下角桩(含复合基桩)反力设计值(kN);

β_{1x} , β_{1y}——角桩冲切系数;

a_{1x} , a_{1y}——从承台底角桩顶内边缘引 45°冲切线与承台顶面相交点至角桩内边缘的水平距离(m);当柱(墙)边或承台变阶处位于该 45°线以内时,则取由柱(墙)边或承台边界处与桩内边缘连线为冲切锥体的锥线,如图 7.54 所示;

h_0——承台外边缘的有效高度(m);

λ_{1x},λ_{1y}——角桩冲跨比,其值均应满足 0.25～1.0 的要求。

3)承台斜截面的抗剪切验算

柱(墙)下桩基承台,应分别对柱(墙)边、变阶处和桩边连线形成的贯通承台的斜截面的受剪承载力进行检算,当承台悬挑边有多排基桩形成多个斜截面时,应对每个斜截面的受剪承载力进行检算。承台斜截面受剪承载力(图 7.55)可按下列公式进行计算和检算:

$$V \leqslant \beta_{hs} \alpha f_t b_0 h_0 \tag{7.156}$$

$$\alpha = \frac{1.75}{\lambda + 1.0} \qquad \beta_{hs} = \left(\frac{800}{h_0}\right)^{1/4} \tag{7.157}$$

$$\lambda_x = a_x / h_0 \qquad \lambda_y = a_y / h_0 \tag{7.158}$$

式中　V——不计承台及其上土重,在荷载效应基本组合下,斜截面的最大剪力设计值(kN);

f_t——混凝土轴心抗拉强度设计值(kPa);

b_0——承台计算截面处的有效高度(m);

α——承台剪切系数;

λ——计算截面的剪跨比。当 $\lambda<2.5$ 时,取 $\lambda=0.25$;当 $\lambda>3$ 时,取$=3$;

a_{1x} , a_{1y}——柱(墙边)或承台变阶处至 y、x 方向计算一排桩的水平距离;承台计算截面处的计算宽度(m);

β_{hs}——受剪切承载力截面高度影响系数;当 $h_0<800$ mm 时,取 $h_0=800$ mm;当 $h_0>2\ 000$ mm 时,取 $h_0=2\ 000$ mm。

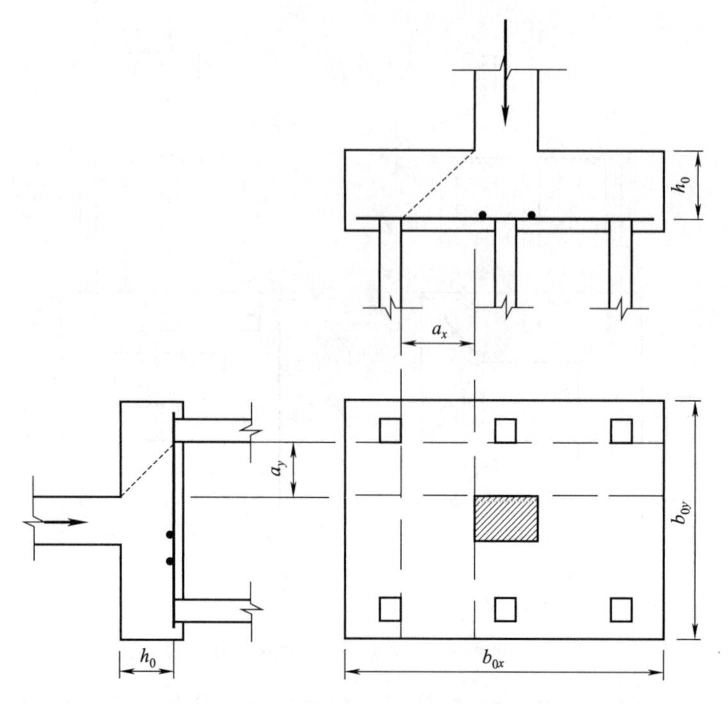

图 7.55 承台斜截面受剪计算示意

对于阶梯形承台(图 7.56)应分别在变阶处($A_1—A_1$,$B_1—B_1$)及柱边处($A_2—A_2$,$B_2—B_2$)进行斜截面受剪承载力计算。

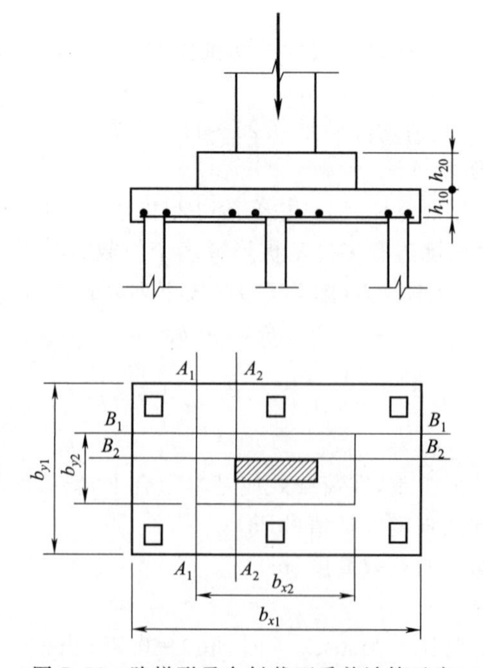

图 7.56 阶梯形承台斜截面受剪计算示意

计算变阶处截面($A_1—A_1$,$B_1—B_1$)的斜截面受剪承载力时,其截面有效高度均为 h_{10},截面计算宽度分别为 b_{y1} 和 b_{x1}。

计算柱边处截面（$A_2—A_2$，$B_2—B_2$）的斜截面受剪承载力时，其截面有效高度均为 $h_{10}+h_{20}$，截面计算宽度分别为 b_{y0} 和 b_{x0}，计算如下：

对 $A_2—A_2$ $$b_{y0}=\frac{b_{y1}\cdot h_{10}+b_{y2}\cdot h_{20}}{h_{10}+h_{20}} \tag{7.159}$$

对 $B_2—B_2$ $$b_{x0}=\frac{b_{x1}\cdot h_{10}+b_{x2}\cdot h_{20}}{h_{10}+h_{20}} \tag{7.160}$$

对于锥形承台应对变阶处及柱边处（$A—A$ 及 $B—B$）两个截面进行受剪承载力计算，如图 7.56 所示，截面有效高度均为 h_0，截面的计算宽度分别为 b_{y0} 和 b_{x0}，计算如下：

对 $A—A$ $$b_{y0}=\left[1-0.5\frac{h_{20}}{h_0}\left(1-\frac{b_{y2}}{b_{y1}}\right)\right]b_{y1} \tag{7.161}$$

对 $B—B$ $$b_{x0}=\left[1-0.5\frac{h_{20}}{h_0}\left(1-\frac{b_{x2}}{b_{x1}}\right)\right]b_{x1} \tag{7.162}$$

式中，对柱边进行计算时，b_{y2} 和 b_{x2} 如图 7.57 所示；对承台边阶处进行计算时，b_{y2} 和 b_{x2} 应取变阶处对应的尺寸。

4）承台的局部受压检算

对于柱下桩基，当承台混凝土强度等级低于柱或桩的混凝土强度等级时，应按现行《混凝土结构设计标准》（GB/T 50010—2010）（2024 年版）验算柱下或桩上承台的局部受压承载力。

5）承台的抗震检算

当进行承台的抗震验算时，应根据现行国家标准《建筑抗震设计标准》（GB/T 50011—2010）（2024 年版）的规定对承台顶面的地震作用效应和承台的受弯、受冲切、受剪承载力进行抗震调整。

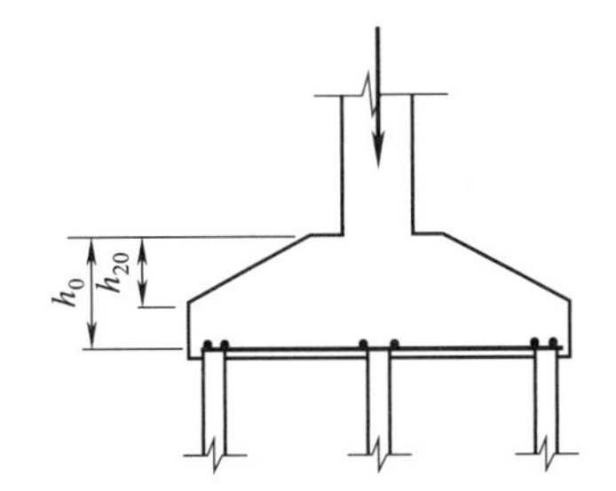

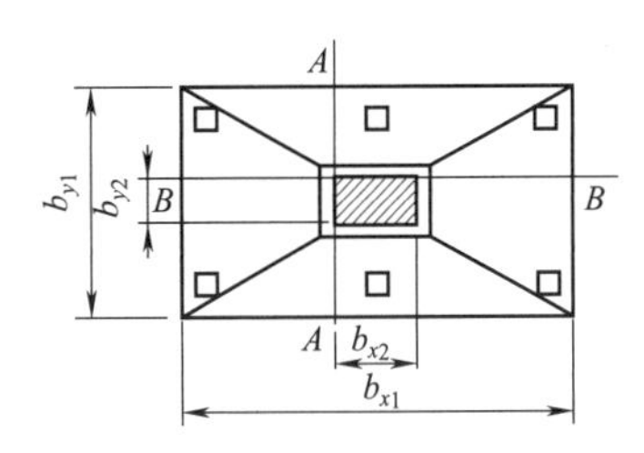

图 7.57 锥形承台斜截面受剪计算示意

7.11.7 建筑桩基设计实例

某建筑柱下桩基础如图 7.57 所示，柱截面尺寸为 1 000 mm×1 000 mm；作用于地面处的竖向荷载 $F=6\ 050$ kN，弯矩 $M=320$ kN·m，水平力 $H=450$ kN，承台底面埋深 2.0 m。现拟采用截面为 550 mm×550 mm 的预制钢筋混凝土方桩，建筑场地土层分布及土性资料如图 7.58 所示。第一层为素填土（厚 2 m）；第二层为粉质黏土（厚 8 m），容重 $\gamma=19$ kN/m^3，$e=0.85$，可塑状态，$q_{sk}=87$ kPa，$f_{ak}=240$ kPa；第三层为黏土（厚 3 m），$q_{sk}=63$ kPa；第四层为密实粉砂（地面 13 m 以下），$q_{sk}=74$ kPa，$q_{pk}=2\ 300$ kPa。试设计桩基础。

（1）选择桩端持力层、桩长、桩数及平面布置

①确定桩长

已知桩为截面 550 mm×550 mm 的预制钢筋混凝土方桩，为保证桩端的支承能力，选择桩端持力层为密实粉砂层，桩端进入持力层 2 m＞$1.5d=0.825$ m，则桩长 $l=8+3+2=13$（m）。

②确定单桩竖向极限承载力标准值 Q_{uk}

对于钢筋混凝土预制桩，根据土性指标和经验参数公式估算，其中，桩身截面周长 $u=4\times$

0.55=2.2(m)；桩端面积 $A_p=0.55^2=0.302\ 5\ m^2$。则

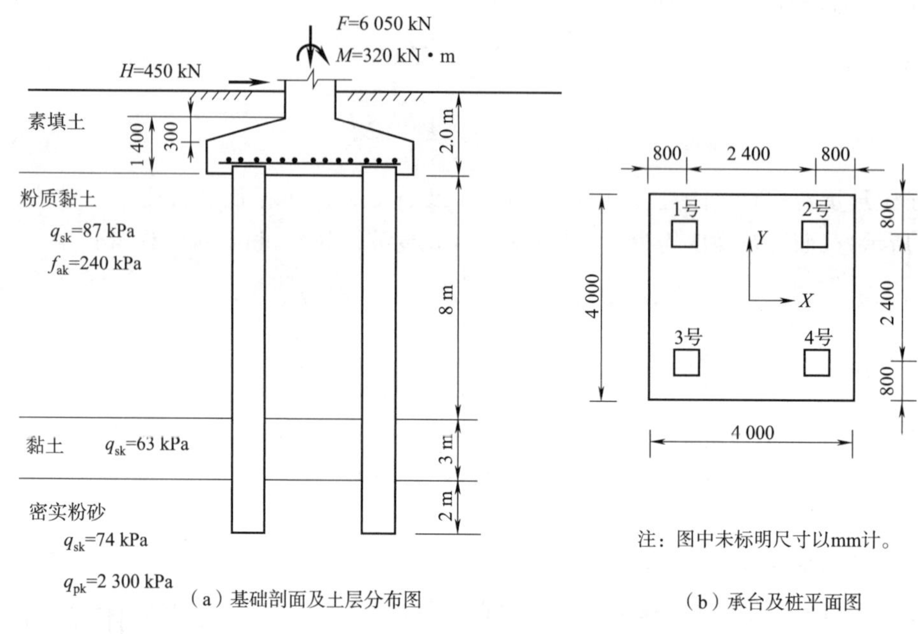

图 7.58 实例设计资料

$$
\begin{aligned}
Q_{uk} &= Q_{sk}+Q_{pk}=u\sum q_{sik}l_i+q_{pk}A_p \\
&=2.2\times(87\times 8+63\times 3+74\times 2)+2\ 300\times 0.302\ 5=2\ 282.6+695.75 \\
&=2\ 968.35(\text{kN})
\end{aligned}
$$

③确定基桩竖向极限承载力特征值 R 和桩数 n 及其平面布置

暂不考虑承台效应，估算单桩竖向承载力特征值，得

$$R_a=\frac{Q_{uk}}{2}=\frac{2\ 968.35}{2}=1\ 484.18(\text{kN})$$

取 $\mu=1.1$，则桩数 $n=\mu\dfrac{F_k}{R_a}=1.1\times\dfrac{6\ 050}{1\ 484.18}=4.5$(根)

显然桩数要多于或等于4根，应考虑承台效应，因承台效应能增加基桩的承载力，故从经济方面考量，桩数暂取4根，按行列式布置。桩中心间距取 $S_a=2.4$ m，承台底面尺寸取4 m×4 m。则

$$A_c=(A-nA_{ps})/n=(4\times 4-4\times 0.302\ 5)/4=3.70(\text{m}^2)$$

根据 $B_c/l=4/13=0.3$，$S_a/d=2.4/0.55=4.4$，查《建筑桩基技术规范》(JGJ 94—2008)表5.2.5通过内插得承台效应系数 $\eta_c=0.19$，考虑到预制桩为挤土桩，承台底的土又为粉质黏土(黏性土)，饱和时为最不利的状况，按表中要求应乘以0.8进行折减，故 $\eta_c=0.19\times 0.8=0.152$；则有

$$R=R_a+\eta_c f_{ak}A_c=1\ 484.18+0.152\times 240\times 3.70=1\ 619(\text{kN})$$

(2)桩基中各基桩竖向承载力检算

基桩所受的平均竖向作用力为

$$N=\frac{F+G}{n}=(6\ 050+20\times 4\times 4\times 2)/4=1\ 672.5(\text{kN})>R=1\ 619\ \text{kN}$$

因此,基桩竖向承载力检算不符合要求,可考虑增加桩数或增加桩长来调整从而使其能够满足要求,从安全和经济的综合考量来说,这里采用增加桩长 1 m 的方案。则

$Q_{uk} = 2.2 \times (87 \times 8 + 63 \times 3 + 74 \times 3) + 2\ 300 \times 0.302\ 5 = 3\ 131.15(\mathrm{kN})$

$R_a = \dfrac{Q_{uk}}{2} = \dfrac{3\ 131.15}{2} = 1\ 565.58(\mathrm{kN})$

$R = R_a + \eta_c f_{ak} A_c = 1\ 565.58 + 0.152 \times 240 \times 3.70 = 1\ 700.6(\mathrm{kN})$

于是 $N = \dfrac{F+G}{n} = (6\ 050 + 20 \times 4 \times 4 \times 2)/4 = 1\ 672.5(\mathrm{kN}) < R = 1\ 700.6\ \mathrm{kN}$,满足要求

桩基中基桩最大桩顶力为

2 号和 4 号桩:$N_{max} = \dfrac{F+G}{n} + \dfrac{M_y x_{max}}{\sum_{i=1}^{n} x_i^2} = 1\ 672.5 + \dfrac{(320 + 450 \times 2) \times 1.2}{4 \times 1.2^2} = 1\ 926.7(\mathrm{kN}) < 1.2 \times 1\ 700.6 = 2\ 040.7\ \mathrm{kN}$,满足要求

故复合基桩竖向承载力满足要求。

(3)承台结构计算

①承台抗冲切检算

取承台厚 1.4 m,近似取承台底面钢筋混凝土保护层厚度为 100 mm,则承台冲切破坏锥体的有效高度 $h_0 = 1.3$ m,如图 7.59 所示。

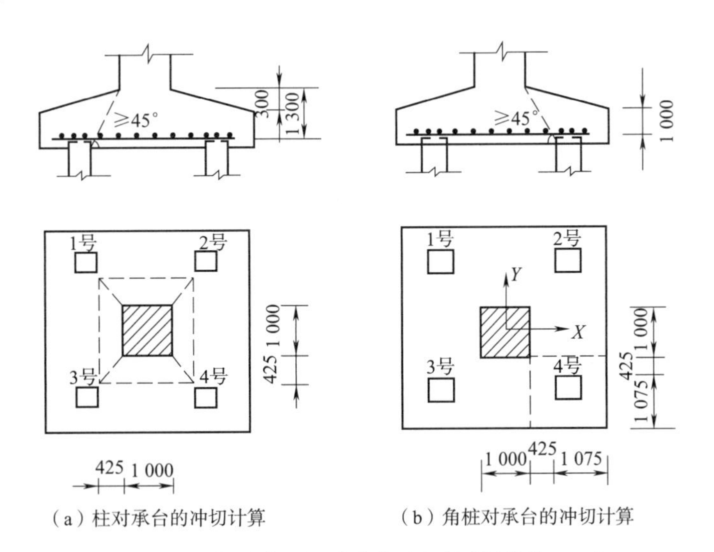

(a)柱对承台的冲切计算　　(b)角桩对承台的冲切计算

图 7.59 柱下独立矩形承台冲切检算(单位:mm)

a. 柱对承台的冲切检算

应采用式(7.147)进行检算,式中参数取值和计算如下:

$a_{0x} = a_{0y} = 0.425$ m,$h_c = b_c = 1.0$ m;

$\lambda_{0x} = a_{0x}/h_0 = 0.425/1.3 = 0.327$,$\lambda_{0y} = a_{0y}/h_0 = 0.425/1.3 = 0.327$;

$\beta_{0x} = \beta_{0y} = \dfrac{0.84}{0.327 + 0.2} = 1.594$,承台选用 C20 混凝土,$f_t = 1\ 100$ kPa;

《建筑桩基技术规范》(JGJ 94—2008)规定,当 $h \leqslant 800$ mm 时,β_{hp} 取 1.0,当 $h \geqslant 2\ 000$ mm

时，β_{hp} 取 0.9，其间按线性内插法取值。本例 $h=1\ 400$ mm，故 $\beta_{hp}=0.95$，则

$$2[\beta_{0x}(b_c+a_{0y})+\beta_{0y}(h_c+a_{0x})]\beta_{hp}f_t h_0$$
$$=4\times1.594\times(1.0+0.425)\times0.95\times1\ 100\times1.3=12\ 343.1(\text{kN})$$

本例中 $F_l=F-\sum Q_i=6\ 050-0=6\ 050(\text{kN})<12\ 343.1(\text{kN})$，故承台受柱冲切承载力满足要求。

b. 角桩冲切检算

应采用式(7.153)进行检算，式中参数取值和计算如下：

从角桩内边缘至承台外边缘的距离 $c_1=c_2=1.075$ m；$a_{1x}=a_{1y}=0.425$ m；承台外边缘有效高度 $h_0=1.3-0.3=1.0$ m；

$\lambda_{1x}=a_{1x}/h_0=0.425/1.0=0.425$，$\lambda_{1y}=a_{1y}/h_0=0.425/1.0=0.425$；

$$\beta_{1x}=\beta_{1y}=\frac{0.56}{0.425+0.2}=0.896\ 。$$

则 $\left[\beta_{1x}(c_2+\frac{a_{1y}}{2})+\beta_{1y}(c_1+\frac{a_{1x}}{2})\right]\beta_{hp}f_t h_0=2\times0.896\times(1.075+0.425/2)\times0.95\times1\ 100\times1.0=2\ 411.0(\text{kN})$

又基桩的净反力最大值、最小值为

$$N_{\min}^{\max}=\frac{F}{n}\pm\frac{M_y x_{\max}}{\sum_{i=1}^{n}x_i^2}=\frac{6\ 050}{4}\pm\frac{(320+450\times2)\times1.2}{4\times1.2^2}=1\ 512.5\pm254.2=\begin{matrix}1\ 766.7\\1\ 258.3\end{matrix}(\text{kN})$$

取 $N_l=N_{\max}=1\ 766.7\text{kN}<2\ 411.0(\text{kN})$

故承台受角桩冲切承载力满足要求。

②承台抗剪检算

如图 7.60 所示，应采用式(7.156)进行检算，式中参数取值和计算如下：

$a_x=a_y=0.425$ m，$h_0=1.3$m，$\lambda_x=\lambda_y=0.425/1.3=0.327$

因 $0.25<\lambda<3$

$$故\ \alpha=\frac{1.75}{\lambda+1.0}=\frac{1.75}{0.327+1.0}=1.319$$

$$\beta_{hs}=\left(\frac{800}{h_0}\right)^{1/4}=\left(\frac{800}{1\ 300}\right)^{1/4}=0.886$$

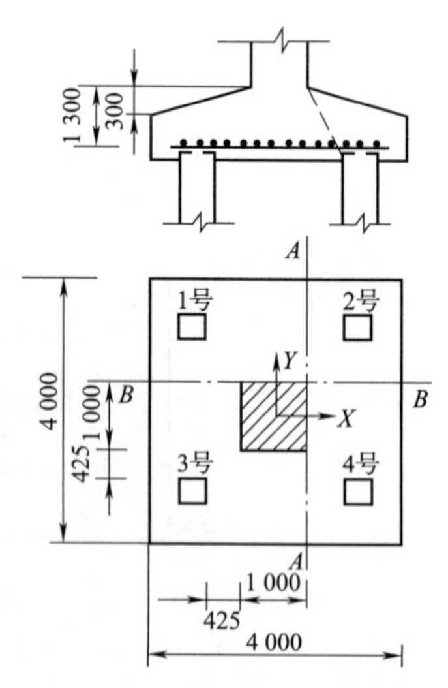

图 7.60 柱下独立矩形承台抗剪计算(单位:mm)

因为是锥形承台，对 $A—A$ 和 $B—B$ 两个截面计算宽度按下式计算：

$$b_{x0}=b_{y0}=\left[1-0.5\frac{h_{20}}{h_0}\left(1-\frac{b_{y2}}{b_{y1}}\right)\right]b_{y1}$$
$$=\left[1-0.5\times\frac{0.3}{1.3}\times\left(1-\frac{1}{4}\right)\right]\times4=3.654(\text{m})$$

则 $\beta_{hs}\alpha f_t b_0 h_0=0.886\times1.319\times1\ 100\times3.654\times1.3=6\ 106.4(\text{kN})$

$$V=2\times1\ 766.7=3\ 533.4(\text{kN})<6\ 106.4\ \text{kN}$$

故承台受剪承载力满足要求。

③承台受弯计算

根据前面计算可知在图 7.61 中：

1 号、3 号桩：$N_1=N_3=N_{\min}=1\ 258.3$ kN

2 号、4 号桩：$N_2=N_4=N_{\max}=1\ 766.7$ kN

各桩对 A—A 和 B—B 两个截面的弯矩分别为

$$M_{A-A}=\sum N_i x_i=1\ 766.7\times 2\times 0.7=2\ 473.4(\text{kN}\cdot\text{m})$$

$$M_{B-B}=\sum N_i y_i=(1\ 766.7+1\ 258.3)\times 0.7=2\ 117.5(\text{kN}\cdot\text{m})$$

得到弯矩后，即可按《混凝土结构设计标准》(GB/T 50010—2010)(2024 年版)的有关规定验算其正截面受弯承载力，并结合承台配筋的构造要求，进行截面配筋设计，此例从略。

桩身结构及配筋设计可根据 7.11.5 的要求进行，此例从略。

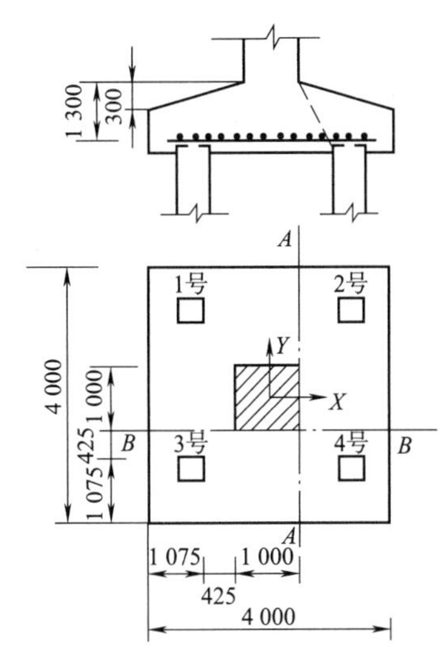

图 7.61　柱下独立矩形承台抗弯计算(单位：mm)

课程思政

本章主要介绍了桩和桩基础的承载特性及其设计计算，其育人举措和思路可从以下方面展开：

(1)采用类比法，通过比较分析桩横向和竖向承载特性的异同、各种单桩轴向受压破坏模式的特点和发生的条件、正负摩阻力对桩承载特性的影响、高承台桩基础和低承台桩基础分析计算方法的异同、铁路桥梁桩基础和建筑结构桩基础设计时的异同、各种单桩承载力确定方法的优势和不足等，在加深理解和记忆的同时，针对性地解决工程实际问题，构建比较思维。

(2)通过视频、虚拟仿真及工程缩尺模型等现代信息技术，将典型桩基础构造设计形式、现场静载荷试验方法引入教材和课堂，有效拉近学生与实际工程的距离，自觉构建“知行合一”的工程科学思维。通过引入先进的承载力确定方法，如单桩自平衡试验等，激励创新，自觉形成创新思维。

(3)对铁路桥梁桩基础和建筑结构桩基础设计内容及其计算验算方法进行严密的逻辑分析和推导，并结合实际工程算例进行阐释，深刻理解设计内容和设计要求的内在原因和逻辑，自觉树立严谨的科学态度和精益求精的工匠精神。

(4)分析现行规范桩基础设计计算方法存在的不足或缺陷，如不能很好考虑桩土相互作用、不能细致考虑群桩效应、采用弹性模型模拟土体不符合实际情况等，适时引入前沿的计算方法如数值仿真等，自觉树立敢于怀疑、勇于创新的科学精神。

思考题与习题

7.1　试述单桩轴向荷载的传递机理。

7.2　桩侧摩阻力是如何形成的？它的分布规律是怎样的？

7.3　为什么在黏土中打桩，桩打入土中后静置一段时间，一般承载力会增加？

7.4　试述桩端阻力的影响因素及其深度效应。什么是临界深度？

7.5　单桩轴向受压荷载作用下的破坏模式有哪些？

7.6　单桩轴向容许承载力如何确定？

7.7　打入桩与钻孔灌注桩的单桩轴向容许承载力计算的经验公式有什么不同？为什么不同？

7.8　什么是桩的负摩阻力？它产生的条件是什么？什么是中性点？影响中性点的因素有哪些？如何确定中性点的位置及桩侧负摩阻力的大小？

7.9　说明单桩水平承载力特征值的确定方法。

7.10　桩侧土水平抗力大小与哪些因素有关？

7.11　什么是“m”法？

7.12　试述桩的计算宽度及变形系数的概念。

7.13　简述弹性桩和刚性桩的概念。

7.14　试述群桩基础的工作特点。何谓群桩效应？在什么情况下会出现群桩效应？

7.15　如何验算群桩基础的承载力？试述铁路桥梁桩基础与建筑结构桩基础的群桩基础承载力验算方法的差别。

7.16　何种情况需对群桩基础进行沉降验算？简述其验算方法。

7.17　桩基础内的基桩，在平面布设上有什么基本要求？

7.18　如何确定承台的平面尺寸及厚度？设计时应做哪些验算？

7.19　如图所示铁路桥梁钻孔桩的桩径 $d=1.2$ m，实测桩身混凝土受压弹性模量 $E_h=2.9\times10^7$ kPa，桩顶荷载和地质资料如图中所示，试求

①桩身最大弯矩和位置，以及桩侧最大弯矩位置处的横向位移和横向抗力；

②局部冲刷线处的水平位移和桩顶水平位移。

7.20　试计算确定如图所示铁路桥梁钻孔桩基中各基桩桩顶所受的力及桩身最大弯矩及其位置。桩径 $d=1.2$ m，实测桩身混凝土受压弹性模量 $E_h=2.7\times10^7$ kPa，桩侧硬塑性黏性土的内摩擦角为 32°，其他资料如图中所示。

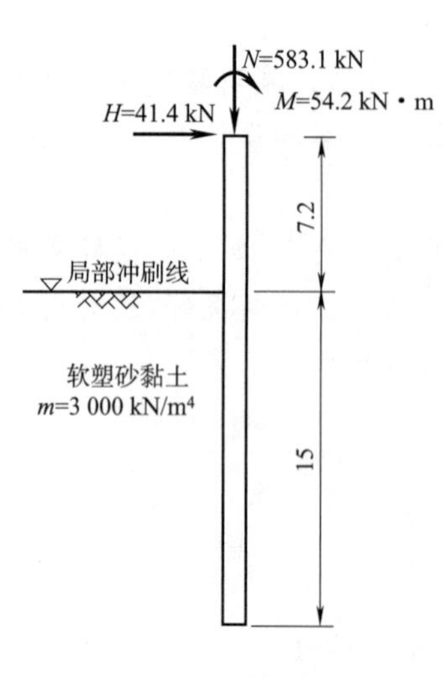

习题 7.19 附图

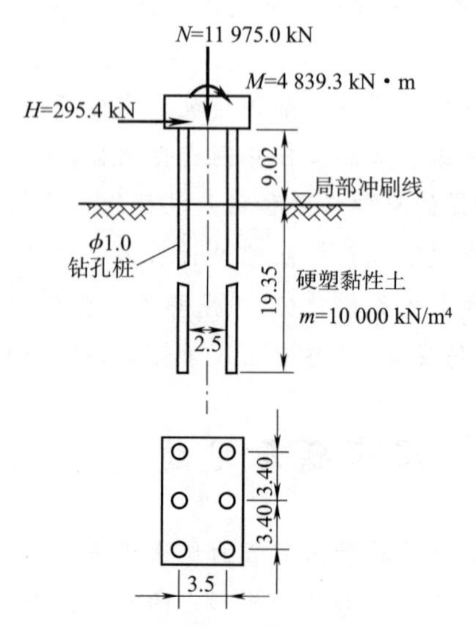

习题 7.20 附图

7.21 某铁路桥梁高承台桩基础的地质资料如图所示，已知作用于该承台底面的竖向力 N=3 790 kN，弯矩 M=340 kN·m，水平力 H=120 kN。若桩基础直径采用 1.0 m，桩身材料混凝土受压弹性模量 $E_c=3.2\times10^7$ kPa。试求

①桩身最大弯矩和位置及其最大弯矩处桩侧土的水平抗力；

②桩顶的水平位移和转角。

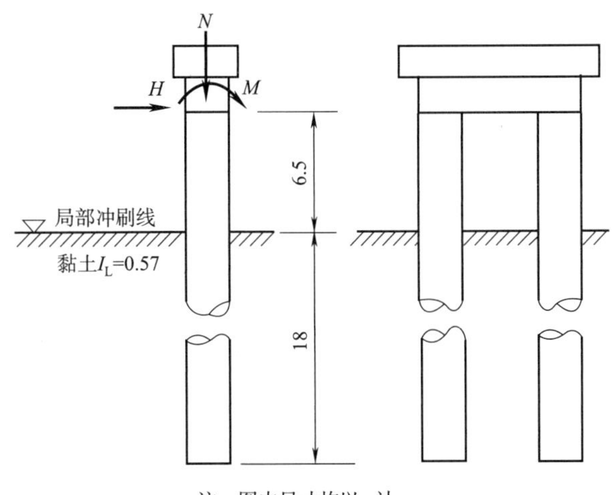

习题 7.21 附图

7.22 某建筑物地基的地质剖面如图所示，若基础顶面高程为地表下 0.5 m，承台底面埋设于地面下 2 m，上部结构传至基础顶面的荷载为竖向力 N=1 850 kN，弯矩 M=300 kN，水平力 H=50 kN，拟采用钢筋混凝土预制方桩，边长 300 mm，桩身长度为 10 m，试完成该桩基础的平面布置并验算竖向承载力。

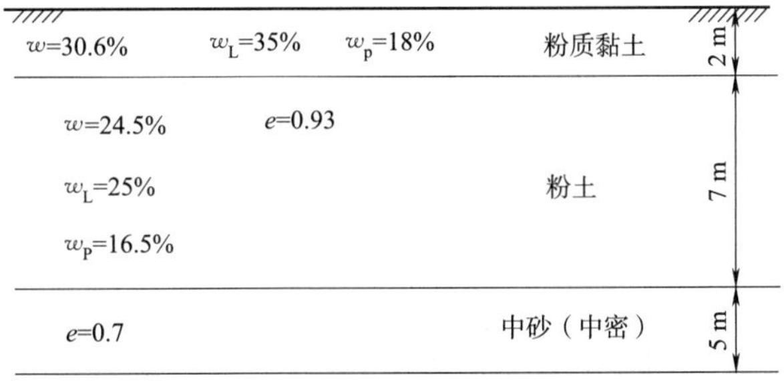

习题 7.22 附图

沉井基础及其他深基础

8.1 概　　述

当基础埋置比较深时，如果采用明挖法施工，则因基坑深，坑壁支撑或板桩围堰等所承受的土压力和水压力大，则需要更长、更强的板桩和支撑结构，施工很不方便，也不经济。如超过30 m时，在施工技术上困难更大，并且不易保证施工的安全，故宜采用沉井法施工。

沉井基础是一个井筒状的结构物，它是从井内挖土、依靠自身重力克服井壁摩阻力后下沉到设计标高，使其成为桥梁墩台或其他结构物的基础。在其施工中，一般先在地面上制作井筒成形，然后用机械或人工方法清除井筒内土石，筒身靠自重而逐渐下沉。当筒身大部分已沉入土中后，再接筑另一段井筒，接长筒身，再继续挖土下沉，一直到井底达设计标高为止。然后将井底封塞，再用土、石或混凝土将筒内空间填实，使整个筒体成为一个建筑物基础。如果需要利用井筒内的空间作为地下结构使用，则只要密封井底，做成空心沉井，在顶部浇筑钢筋混凝土盖板，即可建造上部结构，如图8.1所示。

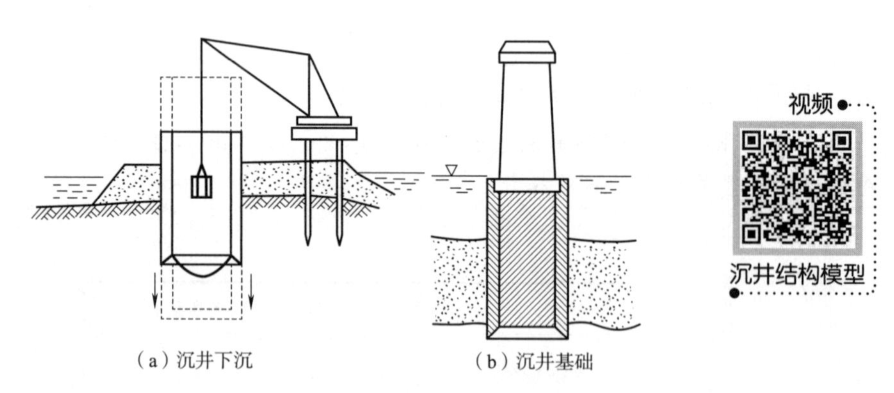

（a）沉井下沉　（b）沉井基础

图8.1　沉井基础示意图

沉井基础的特点是埋置深度可以很大，整体性强、稳定性好，有较大的承载面积，能承受较大的垂直荷载和水平荷载；沉井既是基础，又是施工时挡土和挡水的围堰结构物，施工技术比较稳妥可靠，下沉深度可以很大（大型沉井基础可以下沉几十米深），没有理论上的限制。目前，沉井基础已在桥梁工程中得到较广泛应用，尤其当河床中有较大卵石不便于桩基础施工以及基础需要承受较大的水平力和上拔力时，多采用沉井基础。同时，沉井施工时对邻近建筑物影响较小，且内部空间可以利用，因而常作为工业建筑物的地下结构物。如矿用竖井，沉管隧道两侧的通风竖井、地下泵房、水池、油库，地下设备基础，盾构隧道、顶管施工时的工作井和接收井等。此外，也可以采用薄壁钢筋混凝土修建沉井作为补偿性基础。

沉井的缺点是：施工期较长；对于粉细砂类土，在井内抽水易发生流砂现象，造成沉井倾斜；沉井下沉过程中遇到的大块石、树干或井底岩层表面倾斜过大，均会给施工带来一定困难。

选择沉井基础，一定要对地质情况进行详细勘察，根据“经济合理、施工可行”的原则进行分析比较，一般在下列情况，可以使用沉井基础：

(1)上部荷载较大，而表层地基土的容许承载力不足，做扩大基础开挖工作量大，以及支撑困难，但在一定深度下有好的持力层，采用沉井基础与其他深基础相比较，经济上较为合理时。

(2)在山区河流中，虽然土质较好，但冲刷大，或河中有较大卵石不便桩基础施工时。

(3)岩层表面较平坦且覆盖层薄，但河水较深，采用扩大基础施工围堰有困难时。

8.2　沉井的类型和构造

8.2.1　沉井的分类

1)按沉井下沉方法分类

沉井按沉井下沉方法可分成一般沉井和浮运沉井。

一般沉井：因为沉井本身自重大，一般直接在基础的设计位置上制造并就地下沉。在有水地区，需先人工筑岛，在岛上制井下沉。

浮运沉井：在深水地区(水深超过 10～15 m)，或河流的水流流速大，或有通航要求时，无法人工筑岛，采用在岸边制造，然后浮运到位，再下沉，这类沉井为浮运沉井。

2)按沉井建筑材料分类

沉井按沉井建筑材料可分为混凝土沉井、钢筋混凝土沉井、竹筋混凝土沉井和钢沉井等。

混凝土沉井：因为混凝土的抗压强度高，抗拉强度低，故一般多做成圆形，使混凝土主要承受压应力。当井壁较厚，下沉不深时，也有做成矩形的。但无筋混凝土沉井一般只适用于下沉深度不大(4～7 m)的松软土层中。

钢筋混凝土沉井：钢筋混凝土沉井是最常用的沉井。可以做成重型的或薄壁的就地制作、下沉的沉井，也可做成薄壁浮运沉井及钢丝网水泥沉井等。

竹筋混凝土沉井：沉井在下沉过程中，承受复杂的外力(受拉受压等)，井壁内力较大，当施工完毕后，沉井中的钢筋不再起作用，因此，可采用一种抗拉强度较高而耐久性较差的竹筋来代替钢筋，以节约钢材。我国南方各省盛产竹材，可以就地取材，予以充分利用。例如，南昌赣江大桥、川黔线白沙沱长江大桥南岸桥台沉井，杭甬线上两江桥(12 个墩台)的沉井都采用了竹筋混凝土(但刃脚部分和井壁分节的接头处仍用钢筋)。

钢沉井：用钢材作沉井，其刚度、强度都很高，拼装方便，适于制造空心浮运沉井。因用钢量过大，经济角度不适用，一般不宜采用。

其他材料的沉井：在某些工程中曾经用过木筋混凝土沉井、木沉井、砖砌圬工和浆砌片石圬工沉井等。除非在特殊情况下，考虑因地制宜和就地取材，现在基本上已不用。

3)按沉井形状分类

(1)按沉井平面形状分类

沉井的平面形状常用的有圆形、圆端形和矩形等。根据井孔的布置方式，又有单孔、双孔及多孔之分，如图 8.2 所示。

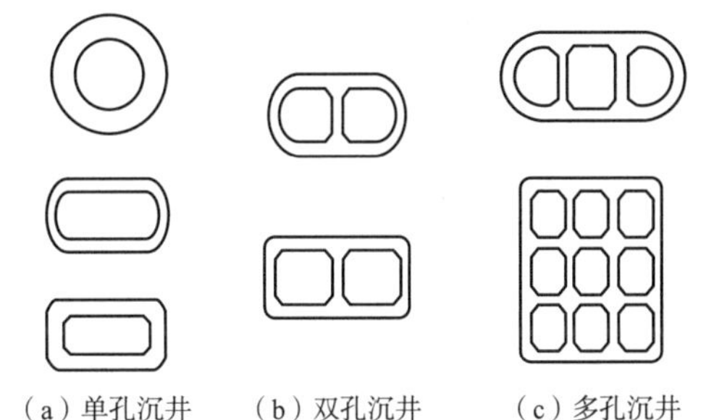

图 8.2　沉井的平面形状

①圆形沉井

在桥梁工程中，圆形沉井多用于斜交桥或流向不稳定的河流，这时桥墩一般也采用圆形，可减少水流冲击力和局部冲刷。从沉井本身受力方面考虑也是理想的，因它在水压力、土压力作用下，当四周的压力均布时，井壁只承受沿周边的轴向压力；当四周的压力非均布时，井壁中弯曲应力也不大。如上所述，无筋或少筋混凝土多做成圆形。而且圆形沉井用机械挖土比较方便，不像矩形沉井，其四角的土较难挖到，它比较能保证其刃脚均匀地支承在土层上，所以不易倾斜，下沉方向较易控制。缺点是：圆形沉井基底压力的最大值比同面积的矩形者大；当上部墩台身为矩形或圆端形时，会使一部分基础圬工不能充分发挥作用。

视频

圆形沉井半剖模型

②矩形沉井

矩形沉井的优缺点正好和圆形沉井相反。矩形沉井制造简单，其与上部墩台身的圆端形或矩形截面容易吻合，可节省基础圬工和挖土数量，较充分地利用地基的承载力。但机械挖土下沉时，不如圆形沉井好控制；且阻水系数较大，冲刷较严重；另外，沉井的四壁在侧压力作用下，将产生较大的弯曲应力，其长宽比愈大，则弯曲应力愈大，这是不利的。为了减少井壁弯曲应力，可在沉井内设置隔墙，减小受弯跨度，把沉井分成多孔，如图 8.2(b)和图 8.2(c)所示；棱角处宜用圆角或钝角。

视频

矩形沉井半剖模型

③圆端形沉井

圆端形沉井的优缺点介于前二者之间。控制下沉、受力条件、阻水冲刷等均较矩形沉井有利，但施工较为复杂。

(2)按沉井立面形状分类

沉井按立面形状可分为柱形、阶梯形和锥形沉井，如图 8.3 所示。柱形沉井受周围土体约束较均衡，下沉过程中不易发生倾斜，井壁接长较简单，模板可重复利用，但井壁侧阻力较大，当土体密实，下沉深度较大时，易出现下部悬空，造成井壁拉裂，故一般用于入土不深或土质较松软的情况。阶梯形沉井和锥形沉井可以减小土与井壁的摩阻力，井壁抗侧压力性能较为合理，但施工较复杂，消耗模板多，沉井下沉过程中易发生倾斜，多用于土质较密实，沉井下沉深度大，且要求沉井自重不太大的情况。通常锥形沉井井壁坡度为 1/50～1/20，阶梯形井壁的台阶宽为 100～200 mm，最底下一层台阶高度 $h_1=(1/4\sim1/3)H$。

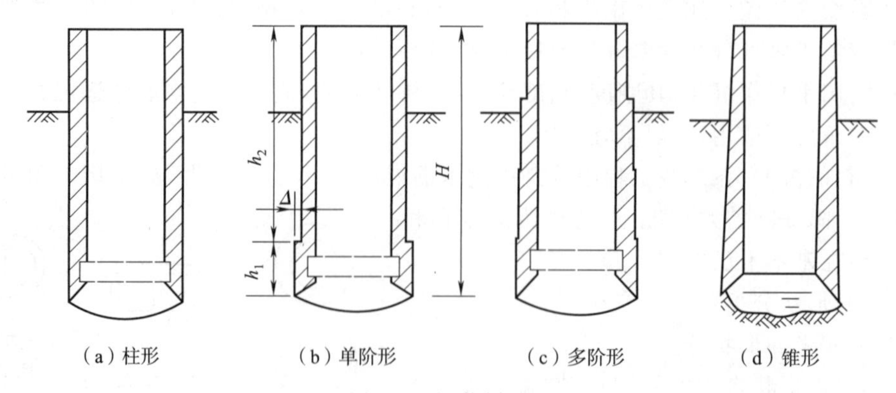

图 8.3　沉井剖面图

此外，沉井可按数量和相互影响，分为单井和群井。单个独立的沉井，或多个沉井，但沉井之间的间距较大，功能独立，互不影响可以称之为单井。沉井数量较多，沉井之间的间距较小，功能相互影响的沉井群可以称之为群井。沉井深度超过 30 m，可以称为大深度沉井。

8.2.2 一般沉井的构造及尺寸

现以最常用的钢筋混凝土沉井为例来说明沉井的构造及尺寸，如图 8.4 所示。沉井通常由刃脚、井壁、内隔墙（又称内壁）、井孔（又称取土孔）、凹槽、射水管组和探测管、封底混凝土（简称封底）、顶盖（顶板）等部分组成。下面主要介绍沉井各部分尺寸及沉井构造上的要求。

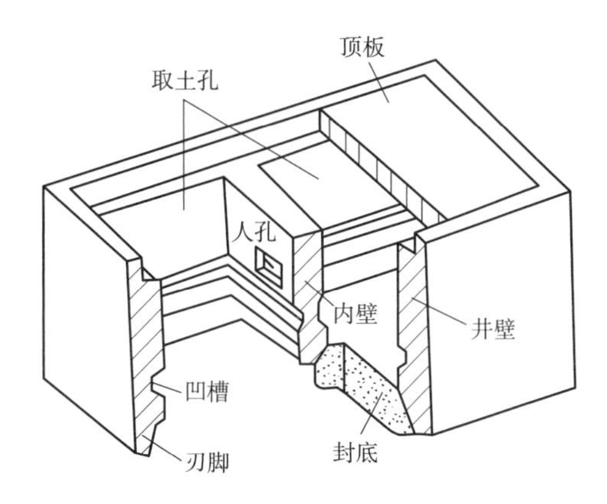

图 8.4 一般沉井的构造

1）沉井的平面尺寸

沉井顶面尺寸要比墩台身底面大一些，如同在平基中所要求那样，即在其四周留出襟边，其宽度应根据施工容许偏差确定，一般规定不得小于沉井总高的 1/50，也不得小于 0.2 m，对浮运沉井应另加 0.25 m。沉井顶部需设围堰者，其襟边宽度还应满足安装墩台身模板的需要，不致因沉井偏移而妨碍墩台身模板的安装。沉井底面尺寸应由地基容许承载力检算确定。

2）沉井的高度

水中沉井顶面应低于最低水位，如地面高于最低水位且不受冲刷时，则应低于地面。沉井底面标高由冲刷深度和地基容许承载力而定。井顶和井底标高之差为沉井高度。

沉井分节太高，不仅施工不便，且易失稳；太低则重量小，下沉慢，且又增加接高次数，影响施工进度。特别是底节沉井的高度更需注意，若太低，在抽除支垫或下沉沉井时，沉井部分被搁支，出现悬空，可能会使沉井开裂，故底节沉井的高度需要满足在不利的刃脚支承条件下，能有足够的竖向抗挠强度。一般情况下，在稳定条件许可时，沉井分节制作高度需要尽可能高一些，通常为 3～5 m；对位于松软地基上的底节沉井，其高度通常不超过沉井宽度的 0.8 倍。第二节沉井亦不宜过高，否则因沉井重心高而使沉井在下沉过程中发生倾斜，或使入土不深的底节沉井因下沉过快而发生问题。

3）井壁

井壁是沉井的主要部分，其厚度除考虑结构强度、抗渗、刚度和抗浮需要外，还应提供充足重量，使沉井能在自重作用下顺利下沉到设计高程，设计时通常先假定井壁厚度，验算下沉和抗浮，然后再计算配筋。一般沉井厚度可为 0.7～1.2 m，甚至达 1.5～2.0 m，最薄不宜小于 0.4 m（钢筋混凝土薄壁沉井及钢模薄壁浮运沉井可不受此限制），以便绑扎钢筋和浇筑混凝土。

对于薄壁沉井，由于自重较轻，应采用触变泥浆润滑套、壁外喷射高压空气等减阻助沉措施，以降低沉井下沉时的摩阻力，达到减小井壁厚度的目的。但对于这种薄壁沉井的抗浮问题，应谨慎核算，并采取有效的措施。

4）井孔

井孔又称取土孔，主要为排土用。井孔的布置和大小应满足取土机具所需净空和除土范围的要求，对顶部设置围堰的沉井，井孔布置应结合简化围堰支架结构统一考虑。井孔最小边长不宜小于 0.25～0.3 m，井孔应对称布置，以便对称挖土，保证沉井竖直下沉。井孔壁宜做成竖直的，不要有台阶，以便取土机具能顺利升降。

5）刃脚

外壁下端的尖利部分称为刃脚。其作用是使沉井在自重作用下便于切入土中，它是受力很集中的部分，必须有足够的强度和刚度，以免挠曲与受损。刃脚有多种形式，如图 8.5 所示，沉井沉入坚硬土层和到达岩层者，宜采用有钢刃尖的刃脚；沉入松软土层者，宜用带踏面的刃脚，但踏面宽度不宜大于 0.15 m。踏面可使沉井下沉初期不致下沉过快造成倾斜。刃脚斜面与水平面夹角不宜小于 45°。

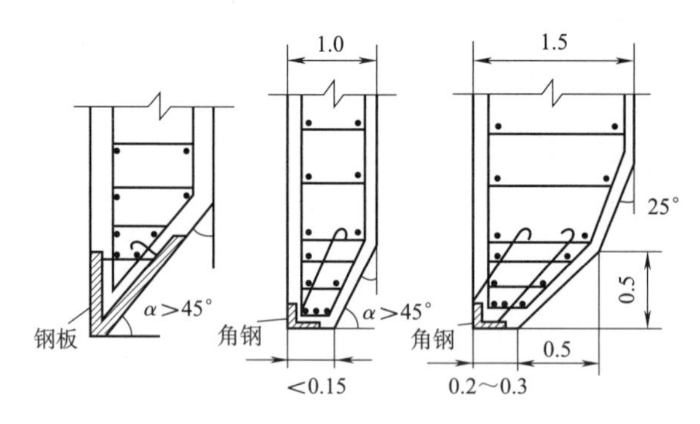

图 8.5　刃脚的构造（单位：m）

需要下沉至稍有倾斜的岩面时，在掌握岩层高低差变化的情况下，可将沉井刃脚做成与岩面倾斜相适应的高低刃脚。沉井刃脚配置钢筋时，竖直钢筋应伸入刃脚根部以上 $0.5S_1$（S_1 为井壁水平框架的最大计算跨度）。

6）内隔墙

隔墙又称内壁，其作用是加强沉井的刚度，减小外壁跨度，减少外壁的挠曲应力。同时又把沉井分成若干个对称布置的井孔，便于掌握挖土位置以控制下沉的方向。隔墙间距一般要求不大于 5～6 m，厚度可比井壁小 0.2～0.5 m。

在隔墙上，离顶部 2～3 m 深处宜预设直径 0.2 m 的连通管或 0.2 m×0.2 m 的透水孔若干个，以便单孔抽水或吸泥下沉补水时，保持各井孔水位一致。

隔墙底面距刃脚踏面高度，既要考虑支承刃脚悬臂，使其和水平方向的封闭框架共同起作用，而又不使隔墙底面下的土搁住沉井，妨碍下沉，此高度应高出刃脚底面不小于 0.5 m。如为人工挖土，必要时可在隔墙下端设置约 1.0 m×1.0 m 的过人孔，以便工作人员在井孔间往来。

7）凹槽

设立凹槽的目的是使封底混凝土嵌入井壁，形成整体，使封底混凝土底面的反力更好地传递给井壁。同时，当遇到意外困难，需将沉井改为沉箱时，可在凹槽处浇筑钢筋混凝土顶盖。凹槽的位置如图 8.4 所示，凹槽底面一般距刃脚踏面 2.5 m 左右，其深度为 0.15～0.25 m，高约 1.0 m。若井孔准备用混凝土或圬工填实的，可不设凹槽。

8)射水管组和探测管

(1)射水管组

当沉井下沉较深,并估计到土的阻力较大,下沉会有困难,则可在沉井壁中预埋射水管,管口设在刃脚下端和井壁外侧。射水管应均匀分布在井壁横向四周,并将其连成与平面中心线对称的互相独立的四组,各占一角。这样可通过每组射水管的水压大小和水量多少来调整沉井的下沉方向。

(2)探测管

在平面尺寸较大,不排水下沉较深的沉井中可设置探测管。一般采用直径0.2～0.5 m的钢管或在井壁中预制管道。其作用是:①探测刃脚和隔墙底面下的泥面标高;②清基射水或破坏沉井正面土层以利下沉;③沉井水下封底后,可以当作刃脚和隔墙下封底混凝土的质量检查孔。

9)井顶围堰

沉井顶面按设计要求位于地面或岛面以下一定深度时,井顶需接筑围堰,以挡土防水。井顶围堰可用木板或钢板桩等材料做成,视井顶在土面下的深度和是否需要防水而定。

10)封底混凝土

当沉井下沉到设计标高,经检验和清底后即可进行封底。封底可分干封和湿封(水下浇灌混凝土),有时需在井底设有集水井抽水后才进行封底。待封底素混凝土达到设计强度后,抽干积水,再在其上浇筑钢筋混凝土底板。封底混凝土的厚度按受力条件计算确定。其顶面应高出凹槽0.5 m。封底混凝土强度等级,非岩石地基不应低于C25,岩石地基不应低于C20。

11)顶盖

沉井封底后,如条件许可,为节省混凝土圬土量,或为减轻基础自重,在井孔内可不填充任何东西,做成空心沉井基础,或仅填以砂石。这时在井顶应设置钢筋混凝土顶盖,以承托上部墩台的全部荷重。顶盖厚度一般为1.5～2.0 m。钢筋配置由计算决定。

沉井井孔是否填充,应根据受力或稳定要求决定。在严寒地区,低于冻结线0.25 m以上部分,应用混凝土或圬工填实。

12)底梁和框架

在比较大型的沉井中,如由于使用要求而不能设置内隔墙时,则可在沉井底部增设底梁,构成框架以增加沉井的整体刚度。有时因沉井高度过大,常在井壁不同高度处设置若干道由纵横大梁组成的水平框架,以减小井壁(在顶、底部间)的跨度,使沉井结构受力合理。在松软地层中下沉沉井,底梁的设置尚可防止沉井“突沉”和“超沉”,便于纠偏和分格封底。但纵横底梁不宜过多,以免施工费时和增加造价。

8.2.3 组合式沉井

当采用低承台桩基而围水挖基浇筑承台有困难时,或当沉井刃脚遇到倾斜较大的岩层或在沉井范围内地基土软硬不均而水深较大时,可采用沉井下设置桩基的混合式基础,或称组合式沉井。

施工时按设计尺寸做成沉井,下沉到预定高程后,浇筑封底混凝土和承台,在井内其上预留孔位钻孔灌注成桩。这种混合式沉井既有围水挡土作用,又作为钻孔桩的护筒,还可作为桩基础的承台,可结合桩基础有关部分学习。

8.3 一般沉井的施工

一般沉井基础施工工艺

一般沉井基础施工分为旱地施工、水中筑岛两种。施工前应详细了解场地的地质和水文条件。水中施工应做好河流汛期、水深、流速、河床冲刷、通航及漂流物等的调查研究，并制订施工计划。尽量利用枯水季节进行施工，如施工须经过汛期，应有相应的措施，确保施工安全。下面介绍一般沉井的制造和下沉。

8.3.1 场地准备工作

制造沉井前，应先平整场地，要求施工场地平整，地面有一定的承载能力。

1)陆地沉井的场地准备工作

在陆地无水地区，若天然地面土质较硬，只需将地表杂物清净并整平，就可在其上制造沉井。如土质松软，则应换土或在其上铺填一层不小于 0.5 m 的砂或砂夹卵石，并夯实，以免沉井在混凝土浇灌之初，因地面沉降不均产生裂缝。有时为减少沉井在土中的贯入深度，可先开挖一个基坑，使其坑底高出地下水面 0.5～1.0 m，然后在坑底上制造沉井。

2)筑岛沉井的场地准备工作

沉井位于浅水或可能被水淹没的岸滩上时，一般施工期间最大水深不超过 5 m，宜采用筑岛法施工。筑岛之后沉井的施工方法同陆地沉井施工。

(1)对人工岛的一些要求

①岛面标高一般比施工期最高水位至少高出 0.5 m，有流冰时，应再适当加高。

②岛面面积等于沉井平面尺寸加护道宽。护道宽度在无围堰岛上一般不小于 2 m；在有围堰的岛上尽可能使沉井的重量对围堰壁不产生附加侧压力，否则应考虑其附加侧压力对堰壁的作用。在其周围设置交通道路和机具材料堆场及停放场。

③筑岛材料应采用透水性好，易于压实的土(砂土、砾石和较小的卵石)。地基如为淤泥等软土，应挖掉换填，填土要分层夯实或用机械碾压。岛面及地基承载力应满足灌注第一节沉井混凝土时产生的最大压应力的要求。可通过现场测试或经验鉴定确定。

④岛的临水面边坡应满足稳定和抗冲刷的要求，一般采用 1∶1.75～1∶3。有围堰的岛，围堰应防止漏土，否则，在制造和下沉过程中，会引起岛面沉降变形危及沉井安全。

筑岛施工时，还应考虑筑岛后压缩流水断面、加大流速和提高水位的影响。

(2)常用人工岛的类型及适用条件

根据围护情况，常用的筑岛方法有土岛(草袋麻袋防护土岛)、围堰防护的土岛、木板桩或钢板桩围堰筑岛和石笼筑岛等，如图 8.6 所示。

①土岛

土岛可分为无围堰防护和有围堰防护的两种。无围堰防护的土岛适用于水深小于 3 m，流速不大于 1.5 m/s 时的情况，如图 8.6(a)所示；当水的平均流速超过上述数值时，可用片石或盛土的草袋作为护坡，犹如草(麻)袋围堰一样，以防边坡被水冲刷。

土岛的缺点是：挡水面积大，需要土方多，而且因压缩河道易引起新的冲刷等。

有围堰防护的土岛，适用于水深在 1.5～15 m 时。围堰可由板桩或木桩夹挡板构成，位置立在岛的坡脚处，其入土应在冲刷线以下一定深度，主要承受水流的冲击力，如图 8.6(b)所示。

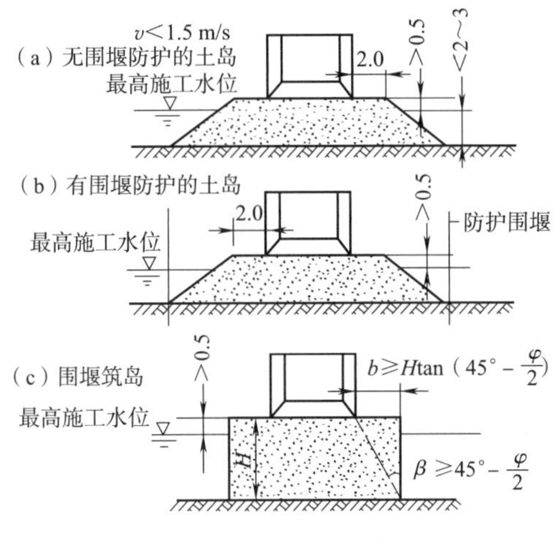

图 8.6 人工筑岛(单位:m)

②筑岛围堰

当水深较大(通常在 15 m 以内),或水虽不深,但流速较大时,宜采用围堰筑岛。

筑岛围堰的形状可分为矩形和圆形两种,矩形围堰适用于水深不太深(5～6 m)时的矩形基础,其优点是:围堰面积较小,挡水面积不大,对河道的堵塞较轻;其缺点是:外侧所需的支撑结构较为复杂,堰板内产生较大的力矩。当水深较大时,这些缺点更为突出。圆形筑岛围堰却相反,适用于水深较大时的圆形或长宽比较小的基础。圆形围堰填土后,只受到圆周环向拉力,材料强度可得到充分利用,也没有复杂的支撑结构,设计和施工都简单。

常用的筑岛围堰有木板桩和钢板桩围堰等。当水深在 5 m 以内,河床能够打桩时,用单层木板桩围堰筑岛颇为有效。钢板桩围堰有强度高、锁口紧密、不易漏土的特点,用钢板桩筑岛非常理想,它不仅可用来筑矩形岛,而且可用来筑圆形岛。

8.3.2 制造第一节沉井(底节沉井)

1)铺垫木

制造沉井前,为扩大刃脚踏面的支承面积,应先在刃脚处对称地铺设垫木,并按垫木定位立模板和绑扎钢筋,如图 8.7 所示。垫木一般采用普通枕木和短方木相间铺设,垫木与刃脚垂直铺放,垫木数量按垫木底面压力不大于 100 kPa 求算,其布置应考虑抽垫的方便。定位垫木的位置,一般根据沉井在自重作用下挠曲的正负弯矩大体相等而定,圆形沉井应布置在相隔 90°的 4 个点上。矩形沉井则应对称布置于长边,每条长边各设两点,距离为沉井长边尺寸的 0.6～0.7 倍。

为考虑抽取垫木方便,垫木下要垫一层约 0.3 m 厚的砂,垫木间的间隙也用砂填实(填到半高即可)。

2)立模板、绑扎钢筋

如有钢刃脚时,垫木铺好后要先拼装就位,然后立内模。其顺序如下:刃脚斜坡底模,隔墙底模,井孔内模,绑扎与安装钢筋,最后安装外模和模板拉杆。外模板接触混凝土的一面要刨光,使制成的沉井外壁光滑,以利下沉。目前已有些工地采用钢模板代替木模板,周转次数多,强度大,并具有其他许多优点。

模板及支撑应有较好的刚度,内隔墙与井壁连接处承垫应连成整体,以防止不均匀沉陷。

当场地土质较好时也可以用土模，包括填土内模和挖土内模，如图 8.8 所示，可节省大量垫木以及刃脚斜坡和隔墙的底模，并省去撤除垫木的麻烦。

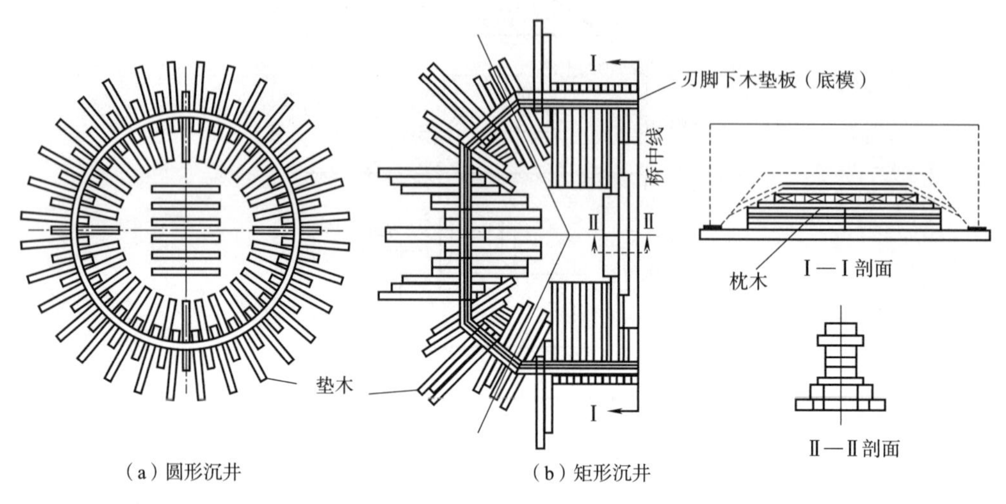

（a）圆形沉井　（b）矩形沉井

图 8.7　垫木铺设示例

(1)填土内模

如图 8.8(a)所示，填土内模的施工步骤如下：先用黏土、砂黏土按照刃脚及隔墙形状和尺寸分层填筑夯实，并修整表面使其与设计尺寸相符。为防水及保持土模表面平整，控制轮廓尺寸，可在土面抹一层 2～3 cm 厚的水泥砂浆面层。同时为增强砂浆面层与土模连接的整体性，在抹砂浆前可在土模表面每隔 15～20 cm 插入一根长 10～15 cm 的竹签，竹签露出表面长度略小于砂浆层的厚度。为使沉井混凝土不致与土模砂浆层黏连，可铺一层水泥纸袋隔离。

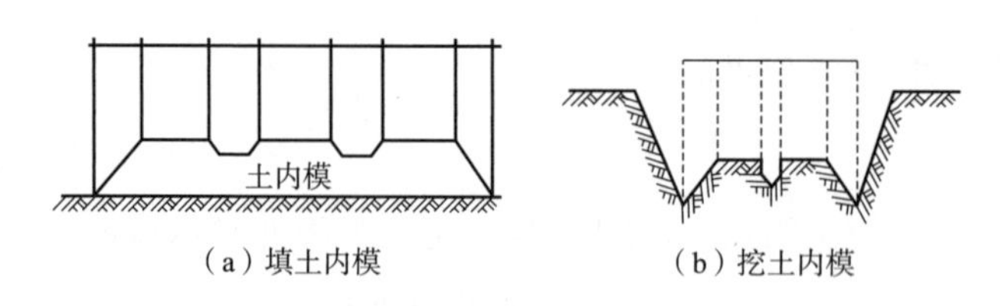

（a）填土内模　（b）挖土内模

图 8.8　土模施工

(2)挖土内模

当地下水位低，土质较好时，可采用挖土内模，如图 8.8(b)所示。挖土内模具有以下优点：①比填土内模可省去先填后挖的土方工作量；②一般比填土坚实，无需打夯，也无需用水泥砂浆抹面；③当地下水位很低，先开挖一定深度的基坑再建造沉井，既减小了沉井的施工高度，也无需搭设灌注混凝土支架，施工方便。

采用土内模施工时应注意以下几方面的问题：

①土模地基应满足承载力要求，可通过现场测试或经验鉴定。

②要有良好的防水排水设施，混凝土养护浇水时应细水匀浇，以免使填土流蚀或使土模产生不均匀沉陷。

③振捣混凝土时，振捣器不宜直接触及土模。

④挖除土模，不得先挖沉井外围土。

3)浇筑混凝土

浇筑沉井混凝土时,应对称、均匀地进行,以免因地面不均匀沉降引起沉井破裂,最好一次连续浇筑完成。

8.3.3 拆除模板和垫木

当沉井混凝土的强度达到设计强度的25%以上时,可拆除内外侧模板;达到设计强度75%时,可拆除隔墙底面和刃脚斜面模板。当混凝土达到设计强度后,就可拆除垫木。垫木中最后拆除的4根为定位垫木,常用红油漆标明。这4根垫木的位置,应能使沉井受力最佳,并足以保持沉井稳定。

拆除垫木的顺序是:先内壁,后外壁,先短边,后长边。长边下的垫木是隔一根撤一根,以定位垫木为中心,由远而近对称撤除,最后撤除四个固定垫木。撤垫木前,可先撬松垫木下的地基土,每撤除一根,在刃脚处随即用砂土回填捣实。以免沉井开裂、移动或倾斜。

8.3.4 挖土下沉

撤完垫木后,应检查沉井位置是否偏移或倾斜,位置正确,即可在沉井内挖土。挖土方法可分为以下两种:

1)排水挖土下沉

当场地无地下水或土层渗水量较小且稳定,不会因抽水而引起流砂现象时,则可边排水边挖土。挖土可用人力或机械抓斗。

2)不排水挖土下沉

遇与前者相反的情况时,应改为水下挖土。水下挖土可用抓土斗、水力吸泥机、空气吸泥机、水力吸石筒等。通过黏土、胶结层除土困难时,可采用高压射水破坏土层。经验表明,进行水下挖土时,空气吸泥机并辅以射水或抓土斗最为有效,甚至可以穿过密集的卵石层。

在下沉过程中应注意:①正确掌握土层情况,做好下沉测量记录,随时分析和检验土的阻力与沉井重量的关系;②在正常下沉时应均匀挖土,不使内隔墙底部受到支承。在排水下沉时,设计支承位置处的土应在分层分块挖土中最后挖除。为防止沉井下沉时偏斜,应控制井内除土深度和井孔间的土面高差;③随时调整偏斜,在下沉初期尤其重要。④弃土应远离沉井,以免造成偏压,在水中下沉时,应注意河床因冲刷和淤积引起的土面高差,必要时可对井外除土进行调整;⑤在不稳定的土层或砂土中下沉时,应保持井内水位高出井外1~2 m,防止翻砂,必要时要向井孔内补水;⑥下沉至设计标高以上2 m前,应控制井内挖土量,并调平沉井。

8.3.5 接筑沉井

当第一节沉井下沉至一定深度(井顶露出地面不小于0.5 m,或露出水面不小于1.5 m)时,停止除土,接筑下节沉井。接高的沉井中轴线应与底节沉井中轴线重合。为防止沉井在接高时突然下沉或倾斜,必要时在刃脚下回填。接高过程中应尽量对称均匀加重。混凝土施工接缝应按设计要求布置接缝钢筋,清除浮浆并凿毛,立模,然后对称均匀浇筑混凝土,待强度达设计要求后再拆模继续下沉。

8.3.6 设置井顶防水围堰

若沉井顶面低于地面或水面,应在井顶接筑临时性挡水围堰,围堰的下端与井顶上预埋锚杆相连。井顶挡水围堰应因地制宜,合理选用,常见的有土围堰、砖围堰、钢板桩围堰。若水流深急,围堰高度大于 5.0 m 时,宜采用钢板桩围堰。

8.3.7 基底检验和处理

沉井沉至设计标高后,应进行基底检验。检验内容:地基土质是否和设计相符?是否平整?并对地基进行必要的处理。如果是排水下沉的沉井,可以直接进行检查;如果是不排水下沉的沉井,则由潜水工进行检查或钻取土样检验。地基为砂土或黏性土时,可在其上铺一层砾石或碎石至刃脚底面以上 0.2 m。地基为风化岩石时,应将风化岩层凿掉,岩层倾斜时,应凿成阶梯形。若岩层与刃脚间局部有不大的孔洞,应由潜水工清除软层并用水泥砂浆封堵,待砂浆有一定强度后再抽水清基。不排水情况下,可由潜水工清基或用水枪及吸泥机清基。总之,要保证井底地基尽量平整,浮土及软土清除干净,以保证封底混凝土与地基紧密连接。

8.3.8 沉井封底

基底经检验合格后应及时封底。封底方法有两种:排水封底(干封)和不排水封底(湿封)。排水下沉时,如渗水量上升速度≤6 mm/min 且无流砂现象时,可采用普通混凝土封底,是为干封底,一般需要在连续排水的条件下进行。不排水下沉,或虽采用排水下沉,但干封底有困难时,可采用垂直导管法灌注水下混凝土封底,是为湿封底。若沉井面积大,可采用多导管先外后内、先低后高依次浇筑。封底一般为素混凝土,但必须与地基紧密结合,不得存在有害的夹层、夹缝。

8.3.9 井孔填充和顶板浇筑

待混凝土达到设计强度后,抽干井孔中的水,填充井内圬工。如井孔中不填料或仅填以砾石,则井顶应浇筑钢筋混凝土顶盖,以支承上部结构,且应保持无水施工。然后砌筑井上构筑物,并随后拆除临时性的井顶围堰。

8.4 浮运沉井的施工

在水深流急的大江大河中,当人工筑岛有困难时,则常采用浮运法下沉沉井,如图 8.9 所示。即把沉井做成空体结构,或采用其他措施(如装上钢气筒或临时性井底等),使之能在水中漂浮,沉井就位后,在井壁中灌水或混凝土下沉。浮运沉井可分为以下几种:

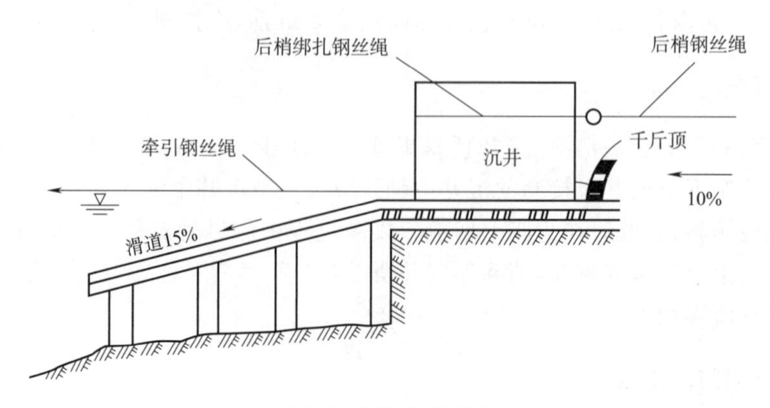

图 8.9 浮运沉井下水

1)双壁浮运(空体自浮式)沉井

它又可分为钢丝网水泥薄壁浮运沉井和双壁钢沉井。钢丝网水泥薄壁浮运沉井的内壁、外壁及横隔板都是用钢筋钢丝网水泥制成。钢丝网水泥由钢筋网、钢丝网和水泥砂浆组成。通常是将若干层钢丝网均匀地铺设在钢筋网的两侧,外面抹以不低于 M5 的水泥砂浆,使之充满钢筋网和钢丝网之间的空隙,且以 1～3 mm 作为保护层。当钢丝网和钢筋网达到一定含量时,钢丝网水泥就具有一种均质材料的力学性能,它具有很大的弹性和抗裂性。因此用来制造薄壁浮运沉井非常适宜,而且制作简单,无需模板和其他特殊设备,可节约钢材和木材。图 8.10即为钢丝网水泥薄壁浮运沉井的示例。

当沉井入水较深,直径较大或需沉入土中较深时宜用双壁钢沉井,耗钢料较多,但比较安全,制造不困难,施工方便。而且在封底混凝土以上部分,当墩身出水后可由潜水工在水下烧割回收重复使用。例如 1936 年美国旧金山—奥克兰大桥在水深 32 m、覆盖层厚 54.7 m 的条件下,采用 60 m×28 m 的双壁浮运钢沉井,定位后射水、吸泥下沉,基础深度达到 73.2 m。

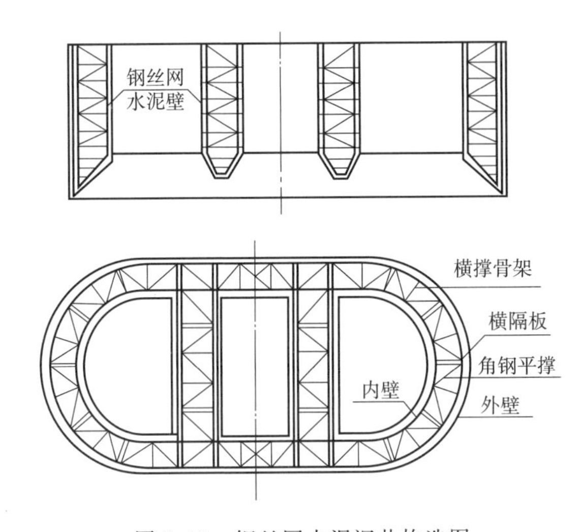

图 8.10　钢丝网水泥沉井构造图

2)带气筒的浮运沉井

当河水很深、沉井较大时,沉井逐节接高落入河底之前,为使沉井能在水上漂浮,可在沉井井孔位置上装若干个钢气筒,向气筒内打气使之浮起。当沉井落至河底后,切除气筒即为取土井孔,以后的施工步骤与一般沉井相同。如南京长江大桥桥墩基础除采用管柱基础外,也采用了钢气筒浮运沉井等一系列新型基础结构和施工新工艺。

3)带临时性井底的浮运沉井

该种浮运沉井是在取土井底部装上临时性井底,使之能在水中自浮。一般在底节的井孔下端刃脚处设置木质底板及其支撑。底板的结构应保证其水密性,能承受工作水压并便于拆除。

图 8.11 为带临时性井底的浮运沉井。沉井采用薄壁的钢筋混凝土空心井壳,上接防水木模板,临时性木井底用八字形斜撑支在井孔内侧特制的檐口上。沉井浮运定位后,向井孔内灌水,同时接筑井壁,使沉井逐渐下沉。当到达河底后,即可打开临时性井底。以后下沉,可按一般沉井进行。这种带底板的浮运沉井与筑岛法、围堰法施工相比,可以节省工程量,施工速度也较快,但仅适用于浅水、流速较小的情况。

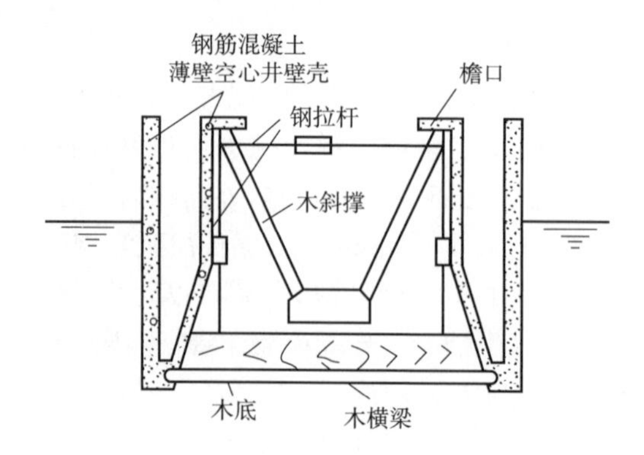

图 8.11　带临时性井底的浮运沉井

8.5　用泥浆套和空气幕下沉沉井

对于下沉较深的沉井，井侧土质较好时，井壁与土层间的摩阻力很大，若采用增加井壁厚度或压重等办法受限时，通常可采用触变泥浆润滑套(井壁外侧填充减摩泥浆)法和空气幕(井壁外侧压气)法，降低井壁侧面阻力。相对泥浆润滑套法，壁后压气法更为方便，在停气后即可恢复土对井壁的摩阻力，下沉量易于控制，且所需施工设备简单，可以水下施工，经济效果好，适用于细、粉砂类土和黏性土中。

8.5.1　用泥浆套下沉沉井

泥浆润滑套是借助泥浆泵和输送管道将特制的泥浆压入沉井外壁与土层之间，在沉井外围形成有一定厚度的泥浆层。泥浆通常由膨润土(35%～45%)、水(55%～65%)和碳酸钠分散剂(0.4%～0.6%)配置而成，具有良好的固壁性、触变性和胶体稳定性。主要利用泥浆的润滑减阻，降低沉井下沉中的摩擦阻力，可降低至 3～5 kPa(一般黏性土对井壁阻力为 25～50 kPa)。

泥浆润滑套的构造主要包括：射口挡板，地表围圈及压浆管。射口挡板可用角钢或钢板弯制，设置在每根压浆管的出口，固定在井壁台阶上，如图 8.12(a)所示，其作用是防止压浆管射出的泥浆直冲土壁，以免土壁局部坍落堵塞射浆口。泥浆地表围圈是埋设在地表附近沉井外围保护泥浆套的围壁，一般用木板或钢板制成，如图 8.13 所示，其作用是确保沉井下沉时泥浆套的正确宽度，防止表层土坍落在泥浆内，保持一定储量的泥浆的流动性，保证沉井下沉过程中泥浆补充到新造成的空隙内，以调整各压浆管出浆的不均衡。围圈高度与沉井台阶相同，为 1.5～2.0 m，顶面高出地面或岛面 0.5 m，圈顶面宜加盖，地表围圈外侧，应用不透水的土分层回填夯实。压浆管可分为外管法(薄壁沉井)和内管法(厚壁沉井)两种，分别如图 8.12(b)和图 8.13 所示，通常用管径为 ϕ38～50 mm 的钢管制成，沿井周边每 3～4 m 布置一根，射口方向与井壁成 45°。

此外，还需配备拌浆机及储浆池、压浆机以及连接压浆机和沉井压浆管的输浆管等。

用泥浆套下沉沉井过程中应做到三勤：勤补浆、勤观察、勤补水，发现倾斜、漏浆等问题要及时纠正。在清理基底过程中，因为井壁摩阻力较小，会造成边清基边下沉的现象，使清基工作难以达到要求。为此，应压入水泥砂浆置换泥浆，以增大井壁的摩阻力。此外，该法不宜用于容易漏浆的卵石、砾石土层。

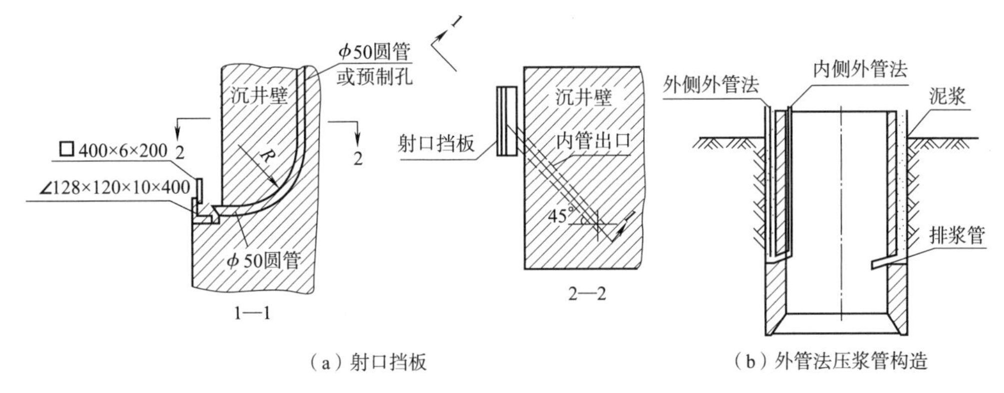

（a）射口挡板　　　（b）外管法压浆管构造

图 8.12　泥浆射口挡板与压浆管构造(单位:mm)

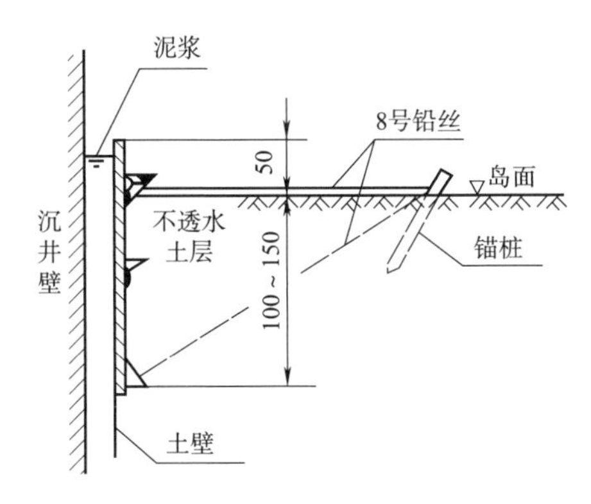

图 8.13　内管法与泥浆地表围圈(单位:cm)

用泥浆套下沉的优点为:①下沉稳,位移小,容易纠偏,具有良好的施工稳定性;②下沉速度快,施工效率高,特别是在细、粉砂中的效果更为突出;③可以减轻沉井自重,采用薄壁轻型沉井,大大节约混凝土圬工量。

8.5.2　用空气幕下沉沉井

用空气幕下沉沉井的方法可以有效减小下沉时井壁的摩阻力。其原理是向预先埋设在井壁四周上的气管中压入高压气流,气流由喷气孔喷出,再沿沉井外壁上升,在沉井周围形成一圈空气"帷幕"(又称空气幕、压气层),使井壁周围土松动或液化,从而减小井壁和土间的摩阻力,促使沉井顺利下沉。此法也称空气喷射法,壁后压气法。

1)压气系统

空气幕是在沉井构造上增加一套压气系统。压气系统决定着空气幕的效果,它由气龛、井壁中的气管、压缩空气机、贮气筒以及输气管路等组成,如图 8.14 所示。

①气龛(气斗)。气龛是沉井外壁上凹槽及槽中的喷气孔。凹槽的作用是保护喷气孔和使喷出的高压气流有一扩散空间,然后较均匀地沿井壁上升,形成气幕。气塞应布设简单、不易堵塞、便于喷气,目前多用棱锥形(150 mm×150 mm),喷气孔多为 ϕ1 mm 的圆孔,如图 8.15 所示。气龛的数量根据每个气龛的有效面积确定(当喷气孔直径为 ϕ1 mm 时,每个气龛的平均作用面积应小于 1.0～1.5 m^2/个),可等间距分布,上下层交错排列。

②井壁中的气管。气管有两种,一种是水平环形管或称水平喷气管,连接各层气龛,每1/4

或 1/2 周设一根，以便纠偏；另一种是竖管，每根竖管连接 2 根环形管，并伸出井顶。竖管和环形管可采用内径为 25 mm 的硬塑料管，沿井壁外缘埋设。压气时，高压气流由竖管进入环形管，然后从各气龛喷出。

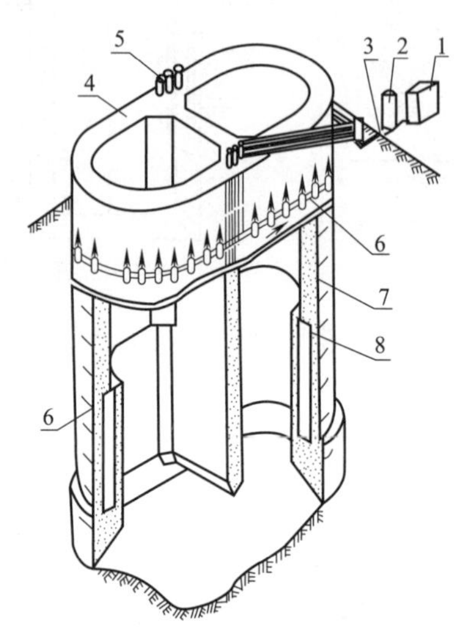

1—压缩空气机；2—储气筒；
3—输气管路；4—沉井；
5—井壁竖直气管；6—井壁环形水平气管；
7—气龛；8—气龛中的喷气孔。

图 8.14　空气幕沉井压气系统构造示意图

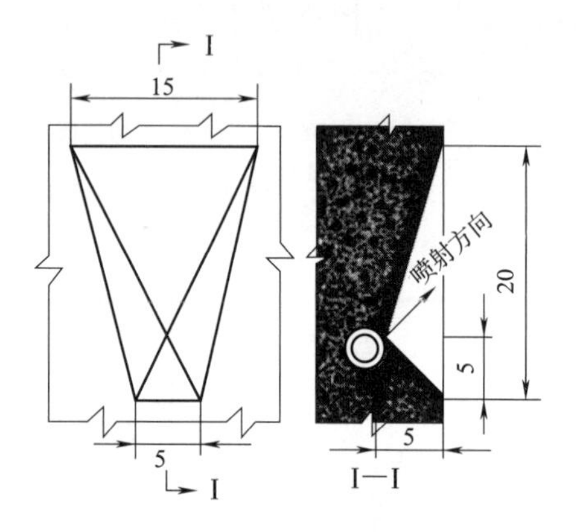

图 8.15　气龛构造图（单位：cm）

③压缩空气机和供气系统。压缩空气机的选用主要由气压和气量决定，供气量宜按每个气龛耗气 0.015～0.02 m^3/min 计算，并考虑可能的损耗。由压缩空气机输出的压缩空气应先输入贮气筒（又称风包）内，其作用是防止压气时压力骤然降低而影响压气效果，起到稳定气压的作用。贮风筒内的压缩空气由地面输气管路送至沉井。

2)压气下沉步骤

压气下沉按下列步骤进行：

(1)补水吸泥。在整个下沉过程中，应先在井内挖土，当井孔内土面低于刃脚 0.5～1.0 m 时，即停止吸泥。

(2)压气下沉。压气时间一般不超过 5 min/次。压气顺序应先下后上，以形成沿沉井外壁上喷的气流；送气压力宜大于气龛入土深度理论水压力的 1.4～2.0 倍，一般取静水压力的 2.5 倍，并尽可能使用风压机的最大值。

(3)下沉停止后，关上气阀，停止送风。停气时应先停下部气斗，依次向上，最后停上部气斗，并应缓慢减压，不得将高压空气突然停止，防止造成瞬时负压，使喷气孔内吸入泥砂而被堵塞。

(4)然后再补水吸泥，进行第二个循环。

8.6　沉井施工新方法简介

20 世纪 90 年代以来，在国外一些发达国家提出了压沉法、SS(space system caisson)法、

SOCS(super open caisson system)法、自动化沉井等施工方法。

SS 法是由日本日产建设和沉井研究所共同开发的沉井施工技术，其对沉井刃脚钢靴进行了外撇改形，外撇钢靴扩大了地层与井筒间的缝隙(20 cm)；缝隙中填充卵石辅助循环水技术，不仅使滑动摩擦变为球体滚动摩擦，下沉时阻力大幅度减小(可降至 7 kPa)；同时采用导槽技术控制姿态，保证井筒的垂直度(偏心量＜0.1 m，倾斜度＜1/150)，如图 8.16 所示。SS 沉井技术设备简单、成本低，且井筒不易发生倾斜、偏心，故问世以来，施工实例猛增。1998 年 6 月获日本国技术审查通过证书，成为一种极有竞争力的新施工方法。

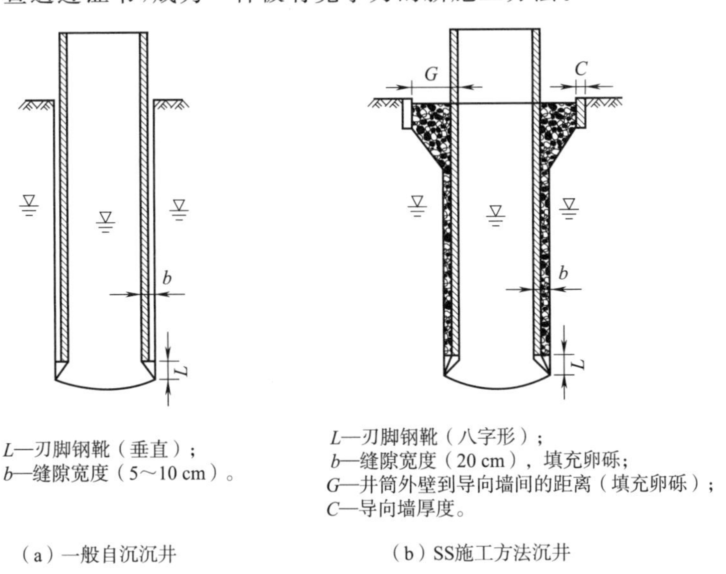

（a）一般自沉沉井　　（b）SS施工方法沉井

图 8.16　SS 沉井与普通自沉沉井

SOSC 法是采用预制管片拼接井筒，自动挖土、排土，自动压沉，并控制井筒姿态的高精度沉井施工方法，包括井筒预制管片拼装系统、自动挖土排土系统和自动沉降管理系统三部分构成的自动化施工系统。SOSC 施工方法适用的土质范围广，单轴抗压强度＜5 MPa 的地层均适用；作业周期短，对周围地层的影响小；节约人力，可以减轻作业人员的负担，成本低；对于直径 8～30 m 的沉井均适用；且施工过程振动小、噪声小；该施工方法极适合于有快速施工要求的市区施工。

另外，随着人工智能技术的发展，沉井基础的施工也越来越智能化，如张靖皋长江大桥在施工中运用了沉井 5D 智能建造系统，此系统能够自动识别其当前沉井所处的姿态和应力状态等，并能通过远程无线控制实现自动取土作业。

8.7　沉井下沉过程中的问题及处理

沉井在下沉过程中，经常会遇到各种问题，必须事先加以预防，当问题发生时，要及时处理。

8.7.1　沉井倾斜和偏移

沉井下沉初期，重心较高，井壁四周尚无约束力或约束力不大，或井内不均匀挖土都容易使沉井倾斜。此外，地层土质不均匀，也会引起沉井倾斜。在沉井下沉的过程中，应不断观察下沉的位置和方向，发现倾斜应及时纠正，否则下沉到一定深度后再想纠正就比较困难。在采取纠正措施之前，必须弄清楚情况，分析原因才能对症下药。

1)纠正倾斜的措施

①在沉得少的一侧多挖土，沉得多的一边少挖或不挖，若为排水挖土，还可在刃脚低的一侧适当回填砂石。

②可在井顶不对称加重(偏压重)、不对称射水，或在井顶施加水平力将沉井扶正。

③在沉得少的一侧井壁外围灌注膨润土泥浆，以减小沉井外壁与土之间的摩擦力。

2)纠正偏移的措施

可先偏挖土使沉井倾斜，然后均匀挖土，使沉井沿倾斜方向下沉至井底面中心接近设计中心的位置，最后再纠正沉井倾斜。若为排水挖土，还可在沉井一侧刃脚下加铺支垫，使沉井绕支垫旋转向有利方向倾斜，拆除支垫后，如沉井不能沿倾斜方向下沉，则可将支垫移至对侧，落平沉井，如此反复进行，以纠偏移。

8.7.2 刃脚下遇到障碍物

沉井下沉过程中若遇到大树根、孤石以及沉埋在土中的钢料、铁件等时，必须予以清除才能继续下沉。在能抽干水的情况下，可用人工排除。遇有大孤石，必要时可用少量炸药炸碎后清除。在不能排水的情况下，需由潜水工进行水下爆破和切割等方法处理。

8.7.3 沉井外壁土的摩擦力过大

如果沉井外壁土的摩擦力过大，沉井下沉就会困难。解决这一问题主要从加大沉井的下沉力和降低下沉时土对沉井的阻力两方面考虑。

可提早接筑上节沉井，增加沉井的自重；或在沉井顶加压砂袋、干垒块石等迫使沉井下沉。在不排水下沉时，可从井内抽水，减小浮力，从而增加下沉力迫使沉井下沉，但对于易发生流砂现象的土，不宜采用此法。

若能预先估计到下沉的困难情况，可事先把沉井外壁尽量做得光滑些。也可采用高压射水或设置泥浆润滑套、空气幕等措施。

8.7.4 沉井突然大幅下沉(简称突沉)

沉井的“突沉”是指沉井在下沉过程中，经过一定时间井内排土后，沉井没下沉，而在预想不到的某一时刻，却突然以极快速度下沉的现象。“突沉”的特点：一是时间短，二是下沉快。有的仅几秒钟，沉井就下沉了数米。沉井因瞬间下沉，易使作业人员毫无准备，对人员和设备的威胁很大，应注意避免。防止或减小“突沉”的要点如下：

(1)沉井接高后再次下沉时，不可将井内锅底土挖得过深。

(2)为使井壁始终处于稳定滑动摩擦下沉状态，应连续挖土下沉，不宜时停时挖以免出现静止摩阻力(因土触变特性，强度恢复，使摩阻力增加)阻碍下沉。

(3)挖土下沉时，先挖刃脚下土，后挖井孔中间部位的土。

(4)设计时在井孔底部设底梁，“突沉”时可起到增大阻力的作用。

8.7.5 沉井终沉时的超沉

超沉是指沉井下沉过大，低于了沉井刃脚设计标高的现象。沉井超沉不符合设计要求，往往会额外增加工程材料和费用,应力求避免。

沉井超沉的原因,往往是在沉井下沉后期,偏斜位移还较大,纠偏不合适;或是各种原因引起的突沉;或是井内出现流砂情况等。

防止超沉的主要措施有:

(1)在施工设计时,检验沉井下沉后期的下沉系数,若该系数偏大,则设计上应考虑减轻井壁重量、增大刃脚踏面。

(2)在沉井下沉后期,对沉井下沉要做到勤观察、慢下沉、防偏移、防流砂。

(3)采用不排水下沉时,当沉井下沉快达设计标高时,井内锅底状土不要开挖太深,若抽水助沉则要随时检查下沉情况,严格控制好下沉速度。

(4)采用泥浆套助沉沉井工艺时,当沉井下沉到设计标高,应立即用水泥浆置换井壁周围触变泥浆。

8.7.6 流砂

在粉、细砂层中下沉沉井,经常出现流砂现象,若不采取适当措施将造成沉井严重倾斜。产生流砂的主要原因是井内外土体中水力梯度大于临界值。故防止流砂的措施是:①排水下沉时发生流砂,可采取向井内灌水,即改为不排水除土;②采用井点、深井和深井泵降水,降低井外水位。以上两种措施均是通过减小井内外的水头差而降低水力梯度,从而消除流砂现象。

8.8 沉井的设计计算

沉井是深基础的一种类型,沉井在施工完毕后,由于它本身就是结构物的基础,就应按基础的要求进行各项验算;但在施工中,沉井是挡土、挡水的结构物,因而还要对施工过程中沉井所受的外力及其结构进行设计和计算。

沉井设计与计算前,必须掌握如下有关资料:①上部或下部结构尺寸要求和设计荷载;②水文和地质资料(如设计水位、施工水位、冲刷线或地下水位高程,土的物理力学性质,沉井下沉深度范围内是否会遇到障碍物等);③拟采用的施工方法(排水或不排水下沉,筑岛或防水围堰的高程等)。

8.8.1 尺寸拟定与材料选择

1)沉井立面尺寸

沉井顶面和底面两个标高之差即为沉井的高度。

沉井基础的顶面(墩底)不宜外露,一般要求埋在地面下 0.3 m 或在地下水位以下 0.5 m。

沉井的底面标高,即刃脚踏面的标高,须根据上部结构荷载、水文地质条件及各土层的承载力等确定,应选择较好的持力层以满足地基承载的需要,并且也应满足抗冲刷的要求,故刃脚应埋置在冲刷线以下足够深度,其埋深同时还应满足抗倾覆、抗滑移等稳定要求。而用于地下或水中的空腹式构筑物宜按净空要求确定沉井底面标高。

当沉井顶面标高和底面标高确定之后,由墩底面和沉井底面两个标高之差即可定出沉井高度。较高的沉井应分节制造和下沉,分节高度要求参见 8.2.2 节。

2)沉井平面形状和尺寸

沉井的平面形状及尺寸应根据建(构)筑物底面的形状、尺寸和地基容许承载力而定,并应考虑受力有利,简单对称,以及便于施工等因素。在河流中施工时,还应考虑减少阻水。

对矩形或圆端形墩,可采用相应形状的沉井。采用矩形沉井时,为保证下沉的稳定性,沉井的长边与短边之比不宜大于3。当墩的长宽比较为接近时,可采用方形或圆形沉井。

沉井顶面尺寸要比墩台身底面大一些,一般要求墩(台)身边缘应尽可能支承于井壁上,对井孔内不以混凝土填实的空心沉井不允许墩(台)身全部置于井孔位置上。由于下沉过程中,可能发生少许偏斜,所以要留有襟边,沉井顶面尺寸为墩(台)身底部尺寸加襟边宽度。襟边宽度要求参见8.2.2节。

当沉井平面尺寸确定后,井壁及内墙尺寸要根据沉井使用和施工的要求初步拟定,再经过几次检算,才能最后确定下来。

3)材料选择

沉井材料一般可选用钢筋混凝土。沉井填料可采用混凝土、片石混凝土或浆砌片石;在无冰冻地区也可采用粗砂和砂砾填料。粗砂、砂砾填料,沉井和空心沉井的顶面均需设置钢筋混凝土盖板。

沉井各部分混凝土强度等级要求为:刃脚不应低于C25,井身不应低于C20;当为薄壁浮运沉井时,井壁和隔板不应低于C25,腹腔内填料不应低于C15。封底混凝土强度等级,非岩石地基不应低于C25,岩石地基不应低于C20。

8.8.2 沉井作为整体深基础的计算

沉井作为整体深基础设计,主要是根据上部结构特点、荷载大小及水文地质情况,结合沉井的构造要求及施工方法,拟定出沉井埋深、高度和分节及平面形状和尺寸,井孔大小及布置,井壁厚度和尺寸,封底混凝土和顶板厚度等,然后进行沉井基础的计算。

根据沉井基础的埋置深度有两种不同的计算方法。当沉井埋置深度在最大冲刷线以下较浅仅数米时,可不考虑基础侧面土的横向抗力影响,而按浅基础进行设计和计算,具体可参见第3章;当埋深较大时,则不可忽略沉井周围土体对沉井的约束作用,因此在验算地基承载力、变形及沉井的稳定性时,需要考虑基础侧面土体弹性抗力的影响,应按刚性桩计算沉井结构内力和土抗力。

一般要求沉井下沉到坚实的土层或岩层上,其作为地下结构物,荷载较小,地基的承载力和变形通常不会存在问题。沉井作为整体深基础,如图8.17所示,可考虑沉井侧面摩阻力进行地基承载力计算,一般应满足:

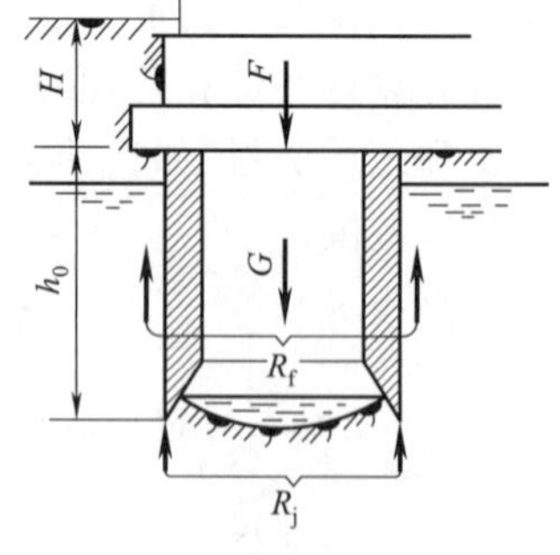

图8.17 作用在沉井上的力系

$$F+G \leqslant R_j+R_f \tag{8.1}$$

式中 F——沉井顶面处作用的荷载(kN);

G——沉井的自重(kN);

R_j——沉井底部地基土的总反力(kN);

R_f——沉井侧面的总摩阻力(kN)。

沉井底部地基土的总反力等于该处修正后的地基土容许承载力$[\sigma]$与支承面积A的乘积,即

$$R_j=[\sigma]A \tag{8.2}$$

可假定井侧摩阻力沿深度呈梯形分布,距地面5 m范围内按三角形分布,5 m以下为常

数,如图 8.18 所示,故总侧摩阻力为

$$R_f = U(l_i - 2.5)q_0 \tag{8.3}$$

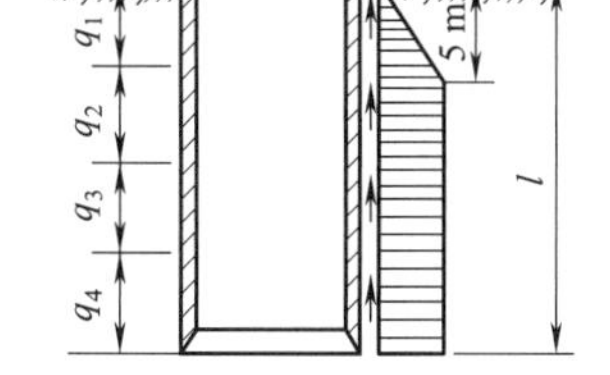

图 8.18 井侧摩阻力分布假定

式中 U——沉井的周长(m);

l——沉井的入土深度(m);

l_i——各土层厚度(m);

q_0——单位面积摩阻力加权平均值(kPa),

$$q_0 = \sum q_i h_i / \sum h_i \text{kN};$$

q_i——i 土层井壁单位面积摩阻力(kPa)。

土对井壁的摩阻力应根据实践经验或试验资料确定,缺乏上述资料时,可根据土的性质和施工措施按表 8.1 选用。

表 8.1 井壁与土体间的摩阻力

土的名称	井壁摩阻力(kPa)	土的名称	井壁摩阻力(kPa)
黏性土	25～50	砾石土	15～20
砂性土	12～25	软土	10～12
卵石土	15～30	泥浆套	3～5

注:泥浆套为灌注在井壁外侧的触变泥浆,是一种助沉材料。

考虑沉井侧壁土体弹性抗力时,通常可作如下基本假定:

(1)地基土作为弹性变形介质,水平向地基系数随深度呈正比例增加(即 m 法)。

(2)不考虑基础与土之间的黏着力和摩阻力。

(3)沉井基础的刚度与土的刚度之比视为无限大,横向力作用下只能发生转动而无挠曲变形。

根据上述假定,考虑基础底面的地质情况,又可分为非岩石地基和岩石地基两种情况,考虑土体弹性抗力,分别计算沉井结构内力、井壁外侧土抗力、基底压力和基底截面弯矩等。

1)非岩石地基上沉井基础的计算

如图 8.19 所示,基底平面以上的竖向力为 N,地面或局部冲刷线处的水平力为 H,力矩为 M。

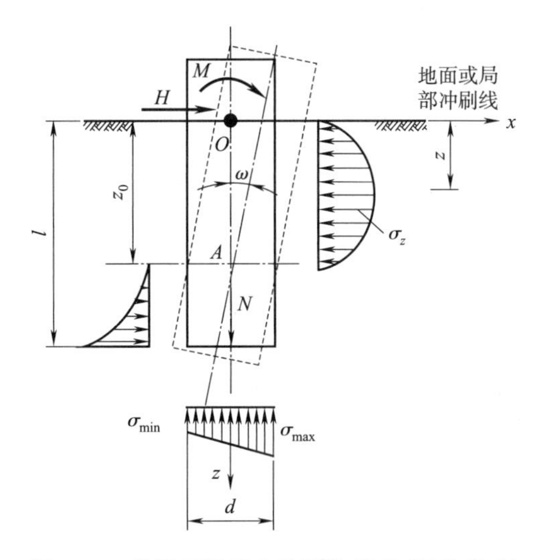

图8.19 非岩石地基上的刚性基础(沉井基础)

在 H 和 M 作用下，沉井将发生转动。设其转动轴通过基础轴线(即 z 轴)上的 A 点并垂直于 xOz 平面，转动角度为 ω。于是，在 z 深度处基础的横向位移

$$x_z=(z_0-z)\tan\omega=(z_0-z)\omega \tag{8.4}$$

式中 z_0——A 点的深度(m)，如图 8.19 所示。

当采用"m 法"的线性抗力模型时，深处 z 桩侧土的横向抗力为

$$\sigma_z=C_{xz}x_z=mz(z_0-z)\omega \tag{8.5}$$

可见，σ_z 随深度呈二次抛物线分布，如图 8.19 所示。

由于把沉井视为刚性基础，当它转动 ω 角时，其底面也转动 ω 角，引起基底反力，其大小可根据基底竖向位移和地基系数 C_0 求得。其底面转动引起的两侧边缘竖向位移分别为

$$s=\pm\frac{d}{2}\omega \tag{8.6}$$

相应的基底反力为

$$\pm\sigma=\pm\frac{1}{2}\omega dC_0 \tag{8.7}$$

在底面上该反力因转动引起的竖向位移一样为线性分布，如图 8.19 所示。

基础转动时，其侧面和底面还有摩阻力作用；忽略这些摩阻力，从图 8.19 可知，由水平力平衡条件得

$$H-\int_0^l(\sigma_z\mathrm{d}z)\cdot b_0=0 \tag{8.8}$$

式中 b_0——沉井计算宽度(m)，确定方法同桩的计算宽度，可按式(7.37)计算。

将式(8.5)代入式(8.8)得

$$H-mb_0\omega\int_0^l(z_0-z)z\mathrm{d}z=0 \tag{8.9}$$

由绕 A 点的力矩平衡可得

$$M+Hz_0-\int_0^l b_0\cdot\sigma_z(z_0-z)\mathrm{d}z-W\sigma=0 \tag{8.10}$$

将式(8.5)和式(8.7)代入式(8.10)可得

$$M+Hz_0-mb_0\omega\int_0^l(z_0-z)^2z\mathrm{d}z-W\cdot C_0\cdot\frac{d}{2}\cdot\omega=0 \tag{8.11}$$

联立式(8.9)和式(8.11)，可得

$$\omega=\frac{12(2Hl+3M)}{mb_0l^4+18WC_0d} \tag{8.12}$$

$$z_0=\frac{b_0ml^3(4M+3Hl)+6HC_0dW}{2b_0ml^2(3M+2Hl)} \tag{8.13}$$

沿深度取上半段为脱离体，可求得深度 z 处截面的弯矩

$$M_z=M+z\left[H-\frac{b_0\omega mz^2}{12}(2z_0-z)\right] \tag{8.14}$$

当横向力与竖向力 N 共同作用时，基础底面的竖向应力为

$$\begin{matrix}\sigma_{\max}\\ \sigma_{\min}\end{matrix}=\frac{N}{A_0}\pm\frac{1}{2}\omega dC_0 \tag{8.15}$$

式中 A_0——基底面积。

深度 z 处的剪力 H_z 也可求得。但由于刚性基础横截面积通常较大，抗剪强度一般能满足

要求，故一般无须计算 H_z。沉井对其侧面土的横向压应力 σ_{xz}，数值上与横向抗力 σ_z 相等，故可按式(8.5)计算。

2)嵌入岩层的沉井基础的计算

当沉井基础下端嵌入岩层，但入岩不深时，在横向荷载作用下，可假定基础整体转动时的转动轴通过基础底中心点 A 而与 xOz 平面垂直，并取 A 点坐标 $z=z_0\approx l$(地面或局部冲刷线到基岩面的距离)。岩面以下基础侧面的横向抗力设为 P，因其作用线距 A 点很近，故它对 A 点的力矩忽略不计，如图 8.20 所示。则 z 深处的横向抗力 σ_z 可由式(8.5)得

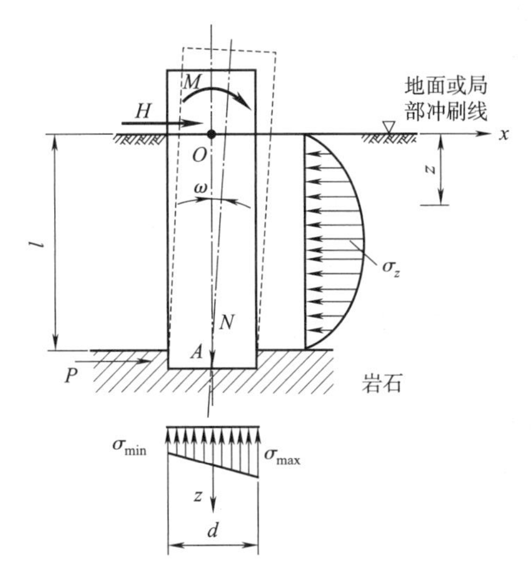

图 8.20 嵌入岩层的刚性基础(沉井基础)

$$\sigma_z=mz(l-z)\omega \tag{8.16}$$

基础底转动引起的反力同前。

根据上述，基础转角 ω 仍可由 A 点的力矩平衡，并令 $z_0=l$ 代入式(8.11)求得：

$$\omega=\frac{12(M+Hl)}{b_0ml^4+6C_0dW} \tag{8.17}$$

任意深度 z 处基础截面的弯矩 M_z，可由式(8.18)求得

$$M_z=M+z\left[H-\frac{b_0\omega mz^2}{12}(2l-z)\right] \tag{8.18}$$

由水平力的平衡，即得基础嵌入段承受的横向力 P 为

$$P=\frac{b_0\omega ml^3}{6}-H \tag{8.19}$$

若算出的 P 为负值，表示其方向与图 8.20 所示的方向相反，应作用于基础的另一侧。

基底竖向压力的计算式与式(8.15)相同。至于 σ_{xz}，即基础对其侧面土的横向压应力，同样由于数值上 $\sigma_{xz}=\sigma_z$，故可按式(8.5)计算。

3)作为整体基础的检算

(1)地基承载力检算

检算要求同浅基础，要求计算所得的沉井基底最大压应力不应超过沉井底面处的地基土容许承载力，即

$$\sigma_{max}\leqslant[\sigma] \tag{8.20}$$

(2)基础侧面任一深度处的水平压应力 σ_{zx} 应小于沉井周围土的容许抗力值即横向容许承载力，横向容许承载力的确定同桩基，具体计算可参见 7.6.2 节。

4)墩台顶水平位移的检算

沉井基础墩台顶水平位移的检算同桩基础，具体可参见 7.10.3 中墩台顶水平位移检算刚性桩部分。

5)沉井抗浮、抗滑移、抗倾覆稳定性验算

沉井作为整体深基础的计算，除上述沉井基础地基承载力及变形计算外，还包括沉井抗浮、抗滑移、抗倾覆稳定验算。

在正常使用阶段，应按照使用期内可能出现的最高水位进行抗浮稳定计算。抗浮重量应考虑沉井在使用阶段上部结构的自重。如抗浮仍不能满足，可采用设抗浮板或拉锚等措施。

位于江(河、湖、水库、海)岸的沉井，如果前后两侧水平作用相差较大，应验算沉井的滑移和倾覆稳定性。靠近江河岸边的沉井，还应进行土体边坡在沉井荷重作用下整体滑动稳定性的验算。

8.8.3 沉井作为围护结构的设计与计算

自底节沉井撤除垫木开始下沉，到沉至设计标高、封底和砌筑顶盖、砌筑墩身和架梁通车，沉井井体各部分(刃脚、井壁、封底混凝土和顶盖)在各个阶段的受力情况是不同的。因此，在设计沉井井体各部分时，首先要了解和确定它们各自的最不利受力状态，并拟定相应的计算图式，然后算出其内力、检算截面的强度和进行配筋。计算施工阶段荷载情况下的混凝土、钢筋混凝土沉井各计算截面强度时，材料容许应力可在主力加附加力的基础上加以提高，但提高的最大数值不得大于10%。沉井结构在施工过程中应主要进行下列验算。

1)确定下沉系数 K_1，下沉稳定系数 K_1' 和抗浮安全系数 K_2

在确定沉井主体尺寸后，即可算出沉井自重，以保证沉井在施工下沉时，保证在自重作用下能克服井壁摩阻力 R_f 而顺利下沉，亦即下沉系数 K_1 应为

$$K_1=\frac{G-B}{R_f} \tag{8.21}$$

式中 K_1——下沉系数，一般为 1.05～1.25，对位于淤泥质土层中的沉井宜取小值；处于其他土层的沉井可取较大值；

G——沉井在各种施工阶段时的总自重(kN)；

B——沉井下沉过程中地下水的总浮力(kN)；

R_f——井壁总摩阻力(kN)。

在沉井下沉过程中，式(8.21)的分子和分母都在不断变化，因此不仅要确定最终状态下，而且应跟踪整个下沉过程中 K_1 值的变化规律。

若沉井在软弱土层中接高有突沉可能时，应根据施工情况进行下沉稳定性验算，下沉稳定系数 K_1' 应为

$$K_1'=\frac{G-B}{R_f+R_1+R_2} \tag{8.22}$$

式中 K_1'——下沉稳定系数，一般取 0.8～0.9。

R_f——刃脚踏面及斜面下土的支承力(kN)；

R_2——隔墙和底架下土的支承力(kN)。

当沉井沉到设计标高，在进行封底并抽除井内积水后，而内部结构及设备尚未安装，井外应按各个时期出现的最高地下水位验算沉井的抗浮稳定性，抗浮安全系数 K_2 应为

$$K_2=\frac{G+R_f}{B_1} \tag{8.23}$$

式中 K_2——抗浮安全系数，一般取1.05～1.1，在不计井壁摩阻力时，可取1.05；

B_1——封底后沉井所受的总浮力(kN)。

2)刃脚的内力计算

沉井刃脚在下沉过程中，有时切入土中，有时悬空(刃脚下土被挖空)是沉井受力最大和最复杂的部分。它本身是一空间结构，为简化计算，一般按竖向和水平向分别计算。从竖向分析，可以近似地把刃脚看作是固定于刃脚根部井壁 $A—A$ 处的悬臂梁，如图8.21(a)所示。当刃脚切入土中时，在土对刃脚斜面的反力作用下，刃脚向外弯曲；当刃脚下土掏空时，则在外侧水压力和土压力作用下，刃脚向内弯曲。在水平面上，刃脚又是一个封闭的框架，在土压力和水压力作用下在水平面内发生弯曲变形，因此，刃脚内、外侧既需要设置竖向钢筋以承受竖向面内向外和向内的弯矩，又需要设置水平钢筋承受水平面内的弯矩。

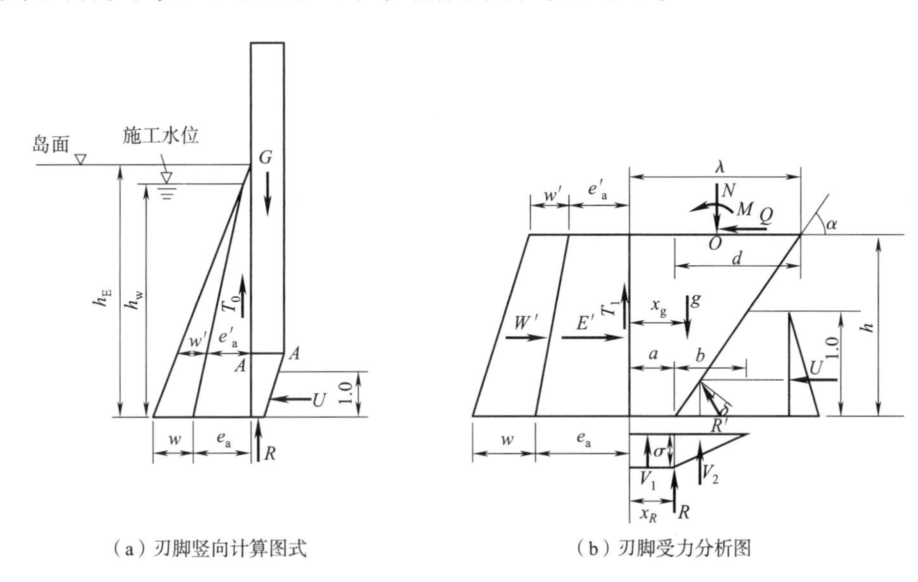

(a) 刃脚竖向计算图式　　(b) 刃脚受力分析图

图8.21 沉井下沉过程中刃脚外力计算

如上所述，刃脚在竖向和水平向分别按悬臂梁和封闭框架计算，因此，作用在刃脚上的水平外力有一个分配到悬臂梁和水平框架上各为多少的问题。这取决于悬臂梁和水平框架间的刚度比值。可根据悬臂梁半高处的挠度应等于水平框架跨中的挠度的关系近似地求出相应的分配系数。对于矩形沉井可近似采用以下系数。式(8.24)和式(8.25)中的 α 和 β 分别为分配到悬臂梁和水平框架上的水平力系数

$$\alpha=\frac{0.1S_1^4}{h^4+0.05S_1^4}\leqslant 1 \tag{8.24}$$

$$\beta=\frac{h^4}{h^4+0.05S_2^4}\leqslant 1 \tag{8.25}$$

式中 S_1——沉井外壁支承于内隔墙或外壁间的最大计算跨度(m)；

S_2——沉井外壁支承于内隔墙或外壁间的最小计算跨度(m)；

h——刃脚斜面部分的高度(m)。

但上述分配系数 α 和 β 只适用于当内隔墙底面距刃脚底面不超过 0.5 m，或虽大于 0.5 m 而有垂直梗肋时，否则，全部水平力都由悬臂作用承担，即 $\alpha=1$，不再按水平封闭框架计算水平钢筋(因为此时水平框架的刚度比悬臂梁的刚度要小很多)，可按构造要求布置少量水平钢筋，以使水平框架在隔墙处能承受一定的水平负弯矩，防止在隔墙附近开裂。

(1)刃脚在竖向平面内的内力计算

①计算刃脚的竖向内力，一般取一条单位宽井壁进行分析。将刃脚看作固定于井壁下部的悬臂梁，梁的跨度就是刃脚的高度，其计算图式如图 8.21(a)所示。下面按向外弯曲和向内弯曲两种情况来说明。

A. 向外弯曲

在沉井下沉过程中，应根据沉井接高等具体情况，取最不利位置，按刃脚切入土中 1 m，检算刃脚向外弯曲强度。此时，作用在井壁上的土压力和水压力根据下沉时的具体情况确定，作用在井壁外侧的计算摩阻力不得大于 $0.5E$(E 为井壁所受的主动土压力，含刃脚外侧的主动土压力)。

当整个沉井一次或分次浇灌成，沉井下沉之初，刃脚切入土中 1 m 时，其反力按设计规定已达最大值，此时外侧的压力尚小，所以这就是最不利位置。对于分节浇筑逐节下沉的沉井，当整个沉井浇筑完时，刃脚下土的反力达到最大，但这是外侧的土压力和水压力也已很大，两者抵消后，刃脚的向外弯矩不一定最大，所以，这种情况下产生最大向外弯矩的最不利位置可能是下沉过程中刚浇筑完某一节沉井开始继续下沉时。可根据具体的水文地质情况和施工方法等选择几个情况进行计算比较，以求出刃脚的最大向外弯矩。

作用在刃脚上的外力如图 8.21(b)所示，图中 h 为刃脚高度，λ 为井壁厚度，α 为刃脚斜面与水平面的夹角。

a. 刃脚下土的反力

刃脚下土的反力竖向分量为 R，水平方向分量为 U，由图 8.21(a)可知

$$R=G-T_0 \tag{8.26}$$

式中 G——单位宽井壁的自重(kN)，为安全计，把内隔墙的重量分配到外壁上，即 G 等于沉井总重量除以沉井周长，如不排水下沉，需扣去浮力。

T_0——单位宽井壁上的总摩阻力(kN)，取式(8.27)中的小者，目的是使反力 R 为最大值：

$$T_0=0.5E \quad 或 \quad T_0=f\cdot h_E\cdot 1 \tag{8.27}$$

其中 E——作用在单位宽井壁上的总主动土压力，含刃脚部分(kN)；

f——土与井壁间的摩阻力(kPa)；

h_E——沉井入土深度(m)。

为了求 R 的作用点离刃脚外侧的距离 x_R 和水平反力 U，假定刃脚踏面下土的竖向反力 V_1 为均匀分布，刃脚斜面下土的竖向反力 V_2 和水平反力 U 为三角形分布，如图 8.21(b)所示，则

$$R=V_1+V_2 \tag{8.28}$$

假定 V_1 的分布强度等于 V_2 的最大分布强度，均等于 σ，则

$$\frac{V_1}{V_2}=\frac{a\sigma}{0.5b\sigma}=\frac{2a}{b} \tag{8.29}$$

联立式(8.28)和式(8.29)，可得

$$V_2=\frac{R\cdot b}{2a+b} \tag{8.30}$$

按照工程力学中求面积矩的原理可求得

$$x_R=\frac{a^2+ab+\frac{1}{3}b^2}{2a+b} \tag{8.31}$$

同时可求得 $$U=V_2\tan(\alpha-\delta)=\frac{R\cdot b}{2a+b}\tan(\alpha-\delta) \tag{8.32}$$

U 的作用点离刃脚踏面为 1/3 m。式(8.32)中，δ 为土与圬工的摩擦角，其值可取 $\delta=\varphi$(φ 为土的内摩擦角)，a 为踏面宽度，b 为切入土中的刃脚斜面的水平投影，根据相似三角形原理可得

$$b=\frac{\lambda-a}{h} \tag{8.33}$$

b. 刃脚外侧的水平压力

若刃脚整体在施工水位以下，如图 8.21 所示，则刃脚根部处的主动土压力为

$$e_a'=[\gamma(h_E-h_w)+\gamma_b(h_w-h)]\tan^2\left(45°-\frac{\varphi_b}{2}\right) \tag{8.34}$$

沉井底面处的主动土压力为

$$e_a=[\gamma(h_E-h_w)+\gamma_b h_w]\tan^2\left(45°-\frac{\varphi_b}{2}\right) \tag{8.35}$$

式中 γ,γ_b——地下水位以上土的容重和地下水位以下土的浮容重(kN/m³)；

φ_b——地下水位以下土的内摩擦角(°)；

h_w——地下水位至刃脚踏面的距离(m)。

因此，刃脚外侧的总土压力 E' 为

$$E'=\frac{e_a'+e_a}{2}\cdot h \tag{8.36}$$

E' 的作用点距刃脚根部的距离根据面积距原理可得

$$y_E'=\frac{e_a'+2e_a}{e_a'+e_a}\cdot\frac{h}{3} \tag{8.37}$$

刃脚根部处的水压力 w' 为

$$w'=\Psi\gamma_w(h_w-h) \tag{8.38}$$

刃脚底面处的水压力 w 为

$$w=\Psi\gamma_w h_w \tag{8.39}$$

式中 γ_w——水的容重(kN/m³)；

Ψ——折减系数。

因此 $$W'=\frac{w'+w}{2}\cdot h \tag{8.40}$$

W' 的作用点到刃脚根部的距离为

$$y_w'=\frac{w'+2w}{w'+w}\cdot\frac{h}{3} \tag{8.41}$$

关于水压力折减系数 Ψ 应根据下沉时施工的具体情况而定。在不排水下沉时，理论上讲，沉井内外水头相同，作用在刃脚内外的水压力互相平衡，则 $\Psi=0$。但施工中用吸泥机吸泥时，往往形成内侧水头低于外侧，一般低 2～4 m。但在细砂层中下沉时，为了防止发生流砂上涌，井内水头又往往高于井外水头。当计算向外弯曲内力时，应从经济和安全两方面考虑，

根据施工中的实际情况而定。在计算向内弯曲内力时，一般建议井壁外侧水压力按100%计算，内侧水压力按50%计算，即$\Psi=0.5$。但也可按施工中可能出现的水头差计算。在排水下沉时，在不透水的土中，井壁外侧水压力可按静水压力的70%计算，故$\Psi=0.7$。

根据以上计算结果作用在刃脚外侧的水平总压力为$E'+W'$。当符合前述有关规定时，以上所得的总水平力尚需乘以分配系数α，α按式(8.24)计算。

c. 刃脚外侧高度上的摩阻力T_1

刃脚外侧高度上的摩阻力T_1按式(8.42)计算，取其中较大者，目的是使反力R为最大值：

$$T_1=0.5E' \quad 或 \quad T_1=f\cdot h\cdot 1 \tag{8.42}$$

E'按式(8.36)计算，其他负号同前。

d. 刃脚自重g

刃脚自重g为

$$g=\gamma_h\cdot h\cdot\frac{\lambda+a}{2} \tag{8.43}$$

式中 γ_h——混凝土或钢筋混凝土容重(kN/m³)。不排水下沉时应扣除浮力，其作用线通过刃脚的重心。

在求得作用在刃脚上所有外力的大小、方向和作用点后，即可计算刃脚根部断面中点上的内力：弯矩M、轴向力N、剪力Q。根据内力M和N可设计刃脚内侧的竖向钢筋。所设计的钢筋面积不得小于根部断面面积的0.1%，且应深入刃脚根部以上0.5 S_1(S_1为支撑于内隔墙间的井壁最大水平向计算跨度)，并在刃脚全高上按剪力和构造要求布置蹬筋。

对于圆形沉井尚应计算环向拉力。也即在沉井下沉途中，由于刃脚内侧的土反力的作用，使圆形沉井的刃脚产生环向拉力N，其值为

$$N=UR \tag{8.44}$$

式中 U——按式(8.32)计算(m)；

R——圆形沉井环梁轴线的半径(m)。

B. 向内弯曲

向内弯曲时的最不利位置显然是沉井已沉至(确切些讲是接近)设计标高，刃脚下的土已挖空。此时作用在井壁上的水压力，按设计和施工中的最不利水压力考虑，土压力按主动土压力计算。其计算图式及所受外力如图8.22所示。

a. 刃脚下土的反力

因为刃脚下的土已经挖空，所以

$$R=U=0 \tag{8.45}$$

b. 刃脚外侧土压力和水压力

刃脚外侧土压力和水压力的大小和作用点位置仍可用前述式(8.36)、式(8.37)、式(8.40)、式(8.41)计算，只是公式中的h_E应改为沉井入土总深度H，h_w应为地下水至基底设计标高的距离。

当符合前述有关规定时，所得的总水平力也需乘以分配系数α。

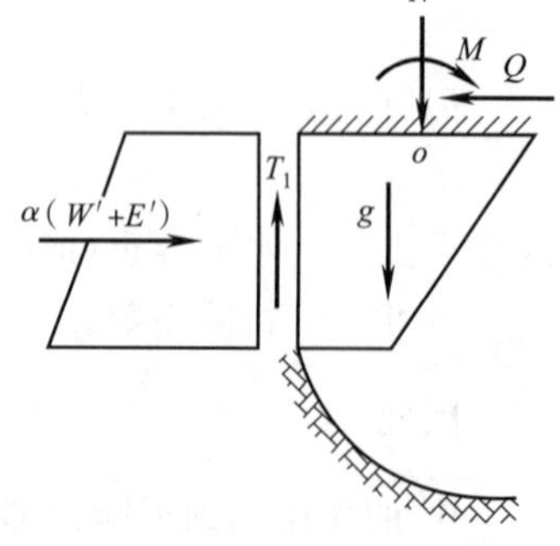

图8.22 沉井下沉过程中刃脚外力计算

c. 刃脚外侧高度上的摩阻力T_1

因为这时土对井壁的总摩阻力T_0等于井壁自重G，所以

$$T_1=G\times\frac{h}{H} \tag{8.46}$$

式中 G——沉至设计标高时单位宽井壁的自重(kN)。

d. 刃脚自重

刃脚自重的计算同式(8.43)。

求得作用在刃脚上所有外力的大小、方向和作用点后，即可计算刃脚根部断面中点上的内力：弯矩 M、轴向力 N、剪力 Q。根据 M 和 N 可设计刃脚外侧的竖向钢筋。其设计的配筋率同样不得小于根部断面面积的 0.1%，同时钢筋也应延伸到刃脚根部以上 $0.5S_1$ 的高度，并在刃脚全高上按剪力和构造要求布置蹬筋。

(2)刃脚在水平面内的内力计算

刃脚在水平面内的内力计算图式如前述是一封闭的平面框架，其形状取决于沉井的平面形状。

使刃脚在水平面内产生最大内力的最不利情况是：沉井已沉至设计标高，刃脚踏面下的土已挖空。这时，刃脚水平框架四周外侧受到最大的向内水平力，其值为 $p=\beta(E'+W')$，均匀分布，其中 E' 和 W' 就是前面求竖向向内弯曲内力时已求得的，β 是水平分配系数，由式(8.25)计算。

封闭框架是超静定结构，在上述计算荷载作用下，可求出控制断面上的弯矩 M、轴向力 N 和剪力 Q。然后，根据 M、N 和 Q 设计刃脚水平钢筋，因框架的跨间距一般都很小，为了便于施工，水平钢筋不必按正负力矩进行弯起，可按正负力矩的需要布置成内外两圈。

框架内力的计算，有不少设计计算手册可供参考。现举一种常见的双孔对称矩形沉井(图 8.23)的计算公式说明如下。

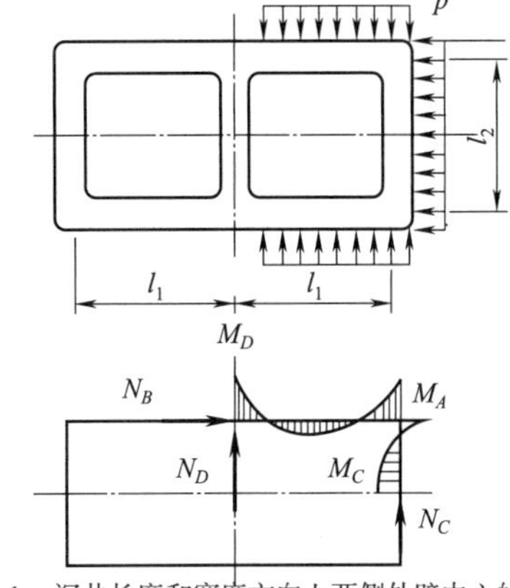

l_1、l_2—沉井长度和宽度方向上两侧外壁中心的间距（m）；
P—沉井外侧的荷载分布集度（kN/m）。

图 8.23 双孔对称矩形沉井内力

令 $K=\dfrac{l_2}{l_1}$，其中 l_1 及 l_2 的意义如图 8.23 所示，则

角点弯矩
$$M_A=-\frac{pl_1^2}{12}\cdot\frac{1+2K^3}{1+2K} \tag{8.47}$$

中间支点弯矩
$$M_D=-\frac{pl_1^2}{12}\cdot\frac{1+3K-K^3}{1+2K} \tag{8.48}$$

短边中点弯矩
$$M_C=\frac{pl_1^2}{24}\cdot\frac{2K^3+3K^2-2}{1+2K} \tag{8.49}$$

长边、短边及中间壁上的轴力分别为

$$N_B=\frac{1}{2}pl_2 \tag{8.50}$$

$$N_C=pl_1-\frac{1}{2}N_D \tag{8.51}$$

$$N_D=\frac{1}{2}pl_1\cdot\frac{2+5K-K^3}{1+2K} \tag{8.52}$$

3)底节沉井竖向破裂的检算

底节沉井在开始撤除垫木后，刃脚下的支点逐渐减少，最后仅支承在几个支点上。于是井体在自重作用下犹如一般梁体，在垂直面内产生弯曲，所以应检算底节沉井在自重作用下的弯曲应力。井体中的弯曲应力显然与支点的位置有关，在下沉过程中可能出现的支点位置在排

水和不排水条件下并不相同。

(1)排水下沉时，由于挖土可以控制，在整个下沉过程中，沉井的最后支点始终可控制在使井体弯曲最为有利的位置，使其跨中弯矩和支点上的负弯矩接近或相等，也就是使其最大弯矩的值为最小。如图 8.24(a)所示，当 $L/B>1.5$ 时(L 为沉井长度，B 为宽度)，这些支点可设在长边上，支点间距$(0.6\sim0.8)L$。若为圆形沉井，则可按支承在相互垂直的两个直径上的四个支点检算。

(2)不排水下沉时，由于一般用机械挖土刃脚下土的支承情况很难控制，故可能出现使底节沉井产生弯曲的两种最不利情况，如图 8.24(b)和图 8.24(c)所示，两种情况下都在长边跨中附近最弱截面上产生最大弯曲拉应力，前者使刃脚开裂，后者使底节沉井顶面开裂。故应检算这两种情况下沉井中线附近最小垂直截面上、下缘混凝土的弯曲拉应力。在不排水下沉时的圆沉井，若土层中有孤石、漂石或其他障碍物时也可按支承于直径上的两个支点检算。

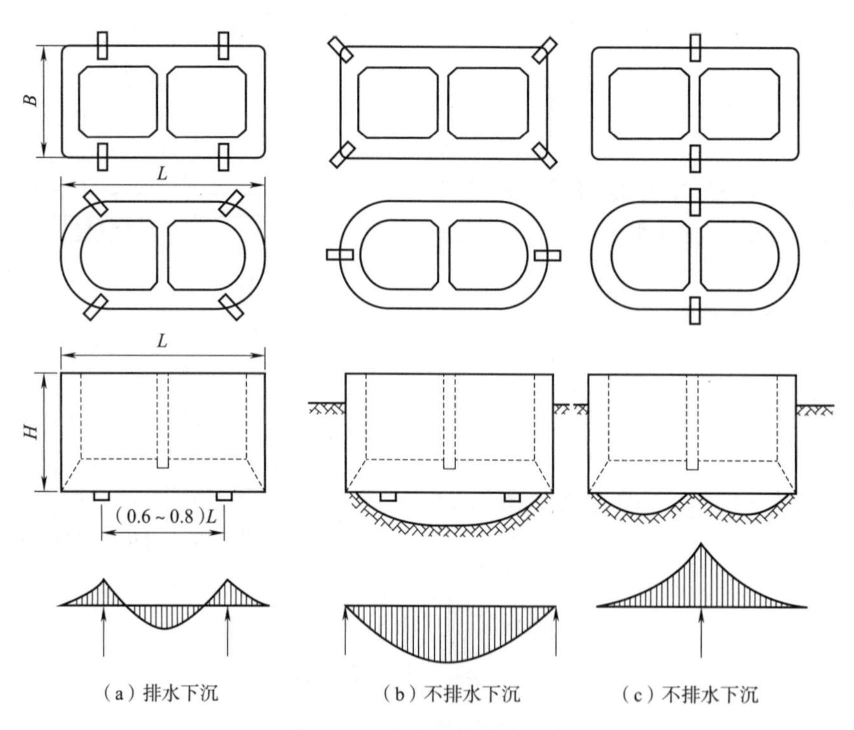

图 8.24　底节沉井计算图式

以上每种情况中，若算得的应力超过混凝土的容许拉应力时，则应加大底节沉井的高度，或按需要增设水平钢筋。底节钢筋混凝土结构截面最小配筋率可不受一般钢筋混凝土结构有关规定的限制，但不应小于 0.5‰。

此外，底节沉井当其内隔墙跨度较大时，尚需检算内隔墙。其受力情况为：隔墙下土已挖空，处于悬空状态，第二节沉井混凝土尚未凝固，此时内隔墙犹如两端支承在外井壁上的梁，其荷载除底节和第二节内隔墙自重外，尚应计入第二节内隔墙模板等施工荷载。若底节隔墙的强度不足，为节省钢材，施工时可在底节隔墙下回填粗砂并夯实，使第二节隔墙荷载直接传至粗砂层上。

4)井壁内力计算

井壁也按水平方向和竖向分别进行计算。

(1)井壁水平内力

井壁在下沉过程中,在水平方向始终承受四周的水压力和土压力,如图 8.25 所示。井壁上的水平压力由上到下大致随深度增加,所以井壁的水平内力在不同深度处其大小也大致为下大上小,须分段计算。其最不利情况是:沉井已沉至设计标高,而井孔尚未填充时。这时,每段井壁都受到了各自最大的水平力,同时产生最大水平内力。

计算井壁水平内力的计算图式与计算刃脚的水平内力时相同,按平面框架考虑。井壁上的土压力和水压力的计算也相同,参看式(8.34)~式(8.41)。

为了既保证各节沉井井壁在各自的外侧最大水平压力作用下有足够的强度,又能节约钢筋便于施工,通常取每节沉井受力最大的单位高度井壁(也即每节沉井最下部的 1 m)进行计算,并在全节高度上配置相同的钢筋。其计算截面和所受外力如图 8.25 所示。

在前面计算刃脚竖向的悬臂作用时,是假设刃脚固定在井壁下端,故刃脚之上这一段井壁除承受作用在本身外侧的土压力和水压力外,尚承受从刃脚根部传来的水平剪力 Q。因此,位于刃脚根部之上其高度等于井壁厚度 λ 的一段井壁,须另行单独设计。其计算截面和所受外力如图 8.26 所示。

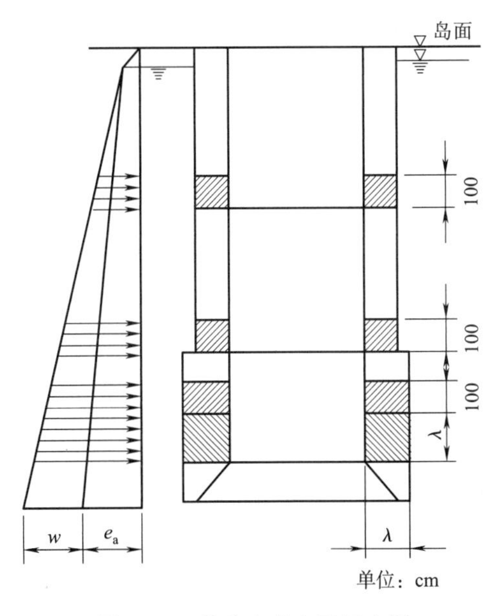

图 8.25　井壁上的水平压力图

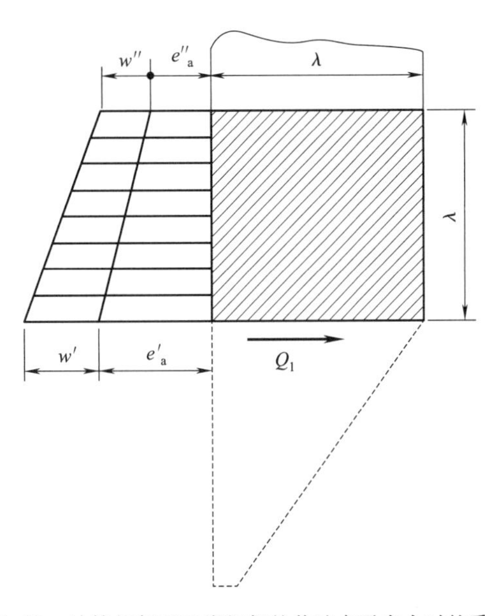

图 8.26　计算相邻于刃脚根部的井壁水平内力时的受力图

对采用泥浆套下沉的沉井,井壁压力应按泥浆压力计算,即泥浆比重乘以泥浆高度。泥浆台阶以下没有泥浆套处,仍按土压力和水压力计算。

采用空气幕下沉的沉井,井壁压力与普通沉井的计算方法相同。

(2)井壁竖向拉应力

沉井在下沉过程中,有时会被上部土层某处较大的摩阻力箍住,当刃脚下的土已挖空时,沉井就处于悬吊状态,因而在自重作用下有被拉断的危险,为此应检算井壁竖向拉应力,必要时配置适当的竖向钢筋。

沉井由于被悬吊而产生的最大拉力,取决于摩阻力的分布情况。如不能明确判断产生最大摩阻力的土层位置,可以近似地假定井壁上的摩阻力按倒三角形分布,其最不利的位置,显然是沉井下沉接近设计标高,且刃脚下的土已全被掏空时,如图 8.27 所示。

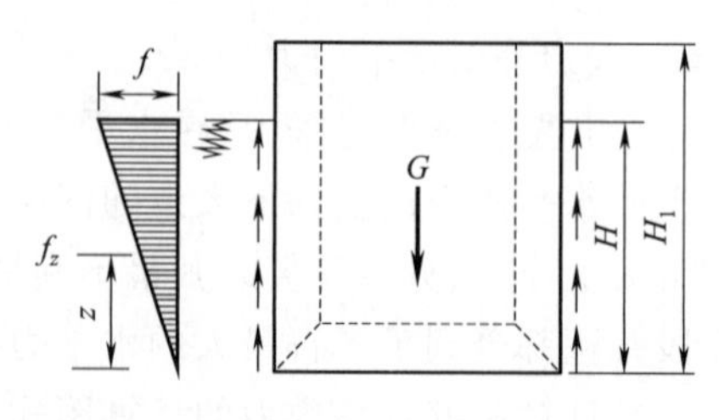

图 8.27 井壁最大竖向拉力的计算

假设沉井自重为G，H为沉井入土深度，沉井高度为H_1，u为井壁的周长，f为地面处井壁上的摩阻力，f_z为距刃脚底z处的摩阻力，当为不排水下沉时有

$$G=\frac{1}{2}fHu \tag{8.53}$$

可解出

$$f=\frac{2G}{uH} \tag{8.54}$$

由三角形相似原理可得

$$f_z=f\frac{z}{H}=\frac{2Gz}{uH^2} \tag{8.55}$$

由竖向上力的平衡条件，可得距离刃脚底z处的拉力S_z为

$$S_z=\frac{Gz}{H_1}-\frac{f_z}{2}zu=\frac{Gz}{H_1}-\frac{Gz^2}{H^2} \tag{8.56}$$

为求S_z的最大值S_{max}，可令$\frac{dS_z}{dz}=0$，即$\frac{G}{H_1}-\frac{2Gz}{H^2}=0$，解得

$$z=\frac{H^2}{2H_1} \tag{8.57}$$

将式(8.57)代入式(8.56)即可得最大拉力S_{max}为

$$S_{max}=\frac{GH^2}{4H_1^2}=\frac{G}{4} \tag{8.58}$$

若此时沉井全部沉入土中，即$H=H_1$，则

$$S_{max}=\frac{G}{4} \tag{8.59}$$

当排水下沉，沉井全部沉入土中，即$H=H_1$，且水位与地表齐平时有

$$\gamma AH=G=\frac{1}{2}fHu+\gamma_w AH \tag{8.60}$$

式中 A——沉井横截面积(m^2)；

γ——沉井整体等效容重(kN/m^3)；

γ_w——水的容重(kN/m^3)，取 10 kN/m^3。

由式(8.60)可得

$$f=\frac{2A(\gamma-\gamma_w)}{u} \tag{8.61}$$

同样由三角形相似原理可得

$$f_z=\frac{z}{H}f=\frac{2Az(\gamma-\gamma_w)}{uH} \tag{8.62}$$

同样由竖向上力的平衡条件，可得距离刃脚底z处的拉力S_z为

$$S_z=\gamma Az-\gamma_w AH-\frac{1}{2}f_z uz \tag{8.63}$$

将式(8.62)代入式(8.63)，可得

$$S_z=\left[\gamma z-\gamma_w H-\frac{(\gamma-\gamma_w)z^2}{H}\right]A \tag{8.64}$$

若$\gamma=24$ kN/m^3，则$G=24AH$，且

$$S_z=\left[24z-10H-\frac{14z^2}{H}\right]A \tag{8.65}$$

同样为求S_z的最大值S_{max}，可令$\frac{dS_z}{dz}=0$，即$24-\frac{28z}{H}=0$，解得

$$z=0.857H \tag{8.66}$$

将式(8.66)代入式(8.65)即可得最大拉力 S_{max} 为

$$S_{max}=0.012G \tag{8.67}$$

若 $\gamma=23\ kN/m^3$，按上述方法可得

$$S_{max}=0.007G \tag{8.68}$$

如有障碍物把沉井卡住时，可根据障碍物的位置作相应假定进行计算。

根据求得的 S_{max} 可以设计竖向钢筋。有时为了节约钢材，可以利用竹筋作为井壁的竖直钢筋。

混凝土沉井接缝处的拉应力由接缝钢筋承受，此时钢筋容许应力可用 0.8σ(σ 为钢筋的屈服应力)，并需检算钢筋的锚固长度。

5)封底混凝土和顶盖的计算

(1)封底混凝土的内力

对不排水下沉的沉井，需灌注水下封底混凝土。封底混凝土承受的荷载，视沉井是空心或实心而定。

①空心沉井。封底混凝土底面应承受通车后的最大地基反力。当井内填充砂石时，可计入填充物对封底混凝土的自重压力。

②实心沉井。沉井水下封底后，在填充圬工前，需将井内水抽干，这时封底混凝土将承受空心沉井自重作用下的地基反力和抽水水位水头作用下的水压力。如抽水时混凝土的龄期不足，应降低混凝土的容许应力。

封底混凝土的厚度一般比较大，在基底反力作用下，混凝土厚板中的应力分布很复杂，为简化计算，一般都极粗略地将其当作支承于刃脚斜面及隔墙上的周边支承板，板的各边支承情况(简支或固定)及其计算跨度在设计中视具体情况而定。

对于简支支承板，需检算跨中弯曲应力；对于固定支承板，需检算跨中及固端弯曲应力。计算所得的弯曲拉应力应小于混凝土容许弯曲拉应力。周边支承的双向板和圆板承受均布荷载时，其最大弯矩的计算，可参考有关计算手册。

计算图 8.28 所示的井孔范围内封底混凝土在其底面反力作用下，沿四周刃脚斜面高度上产生的剪切应力。若剪应力超过混凝土的容许纯剪应力(不考虑混凝土与井壁的黏着力)，则应在井壁和隔墙内设置凹槽或其他构造措施，加大封底混凝土的抗剪面积。

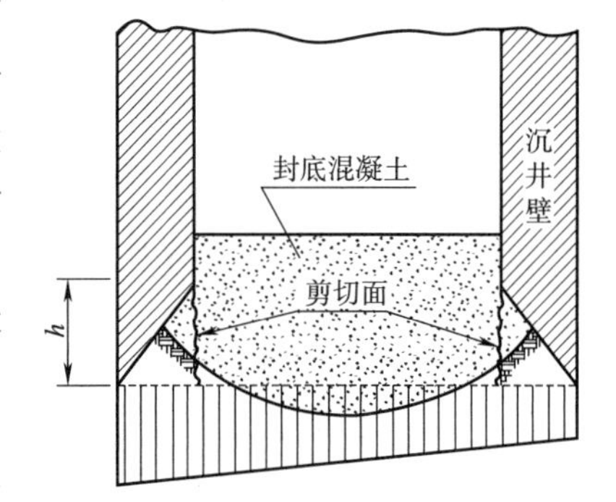

图 8.28　封底混凝土的剪应力计算图

最后，封底混凝土的厚度应考虑所用施工方法对混凝土质量的影响而适当加厚。

(2)顶盖的内力

如沉井是空心的，或仅填充以砂石，则井顶部分必须用钢筋混凝土顶盖将井孔盖住，用以承托墩台。为安全计，墩(台)身边缘应在一个或两个方向上坐落在井顶外壁上，不得全都落在取土井中。

钢筋混凝土顶盖，其厚度多已预先确定，只需进行配筋计算。计算按双向板、多孔连续板(对多孔沉井)或圆板考虑。

①墩身有足够的高度，其底面又有相当大的面积直接支承在井壁和隔墙上时，如图 8.29(a)

所示，顶盖可以按只承受灌注墩身时的混凝土重量计算板中的最大弯曲应力。并应按全部荷载(通车后的最不利荷载组合)检算顶盖和井壁间的承压强度，如图 8.29(a)中的②所示。

②墩身全部位于井孔内时，如图 8.29(b)所示，顶盖除应检算上述①中的要求外，尚应检算 $a—a$ 截面上的剪切应力和弯曲应力，如图 8.29(b)中的②所示。

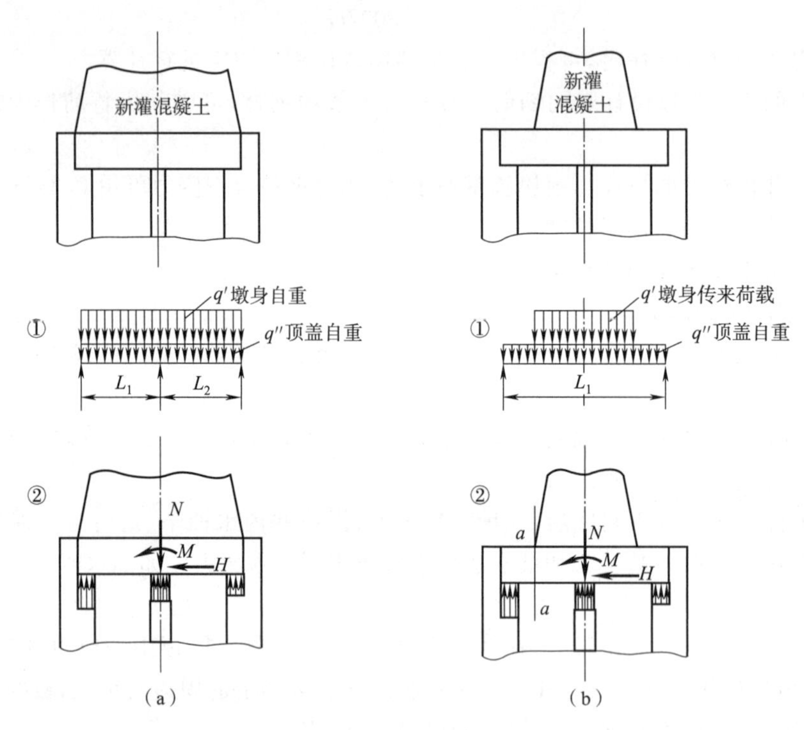

图 8.29 钢筋混凝土顶盖的计算图式

当灌注沉井顶盖混凝土时，需用底模板将井孔盖住以承受顶盖的混凝土，这种底模板通常用预制钢筋混凝土板做成，称为井孔盖板。井孔盖板的设计，也按双向板或圆板计算，计算的荷载一般为井孔上的顶盖混凝土自重和盖板自重。

8.9 一般沉井基础设计算例

一般沉井设计计算包括:沉井基底压力、偏心距、稳定性检算和沉井结构检算两大部分。

8.9.1 设计资料

(1)某单线桥位于平坡直线地段，其中某墩系圆端形桥墩，墩底截面长 6.8 m，宽 3.5 m，墩底标高为−0.30 m，拟采用沉井基础，沉井底标高为−16.30 m。

(2)该桥墩墩址处河床标高±0.00 m，最低水位 0.40 m，施工水位 1.40 m，一般冲刷线标高−1.0 m，局部冲刷线标高为−4.00 m。

(3)墩址处土层资料如图 8.30 所示。沉井拟用筑岛施工，筑岛用土的物理力学性质资料示于图上。

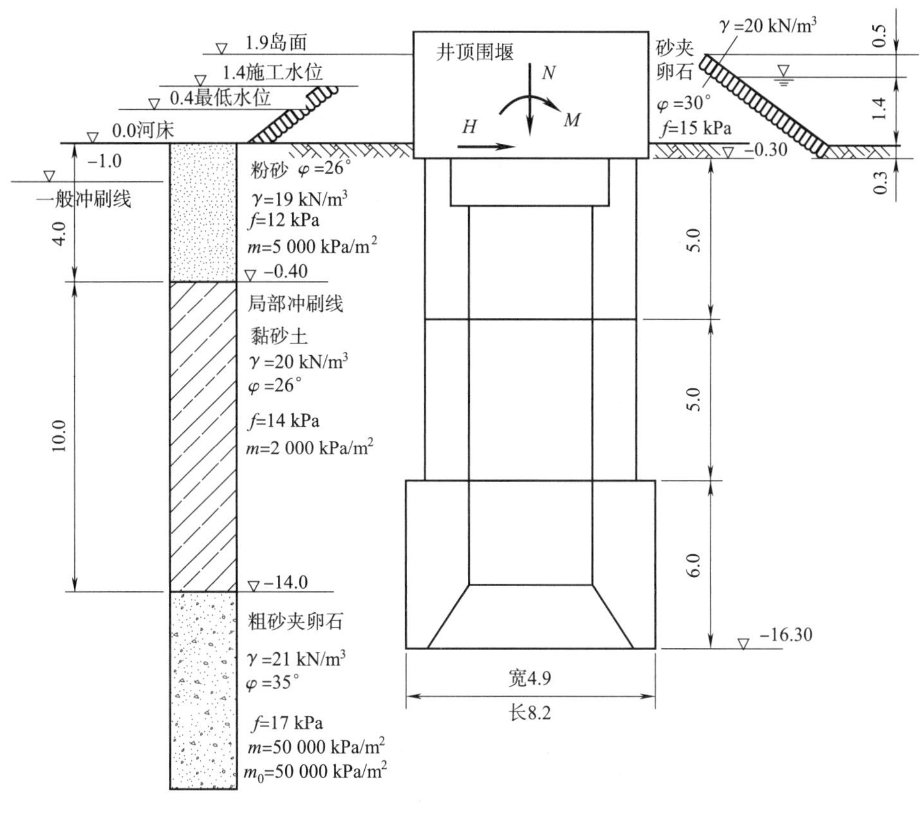

图 8.30　墩址处土层资料及沉井分节(单位:m)

(4)墩底荷载见表 8.2(其余荷载组合检算从略)。

表 8.2　墩底荷载

荷载类型(纵向)	垂直力 N(kN)	水平力 H(kN)	力矩 M(kN·m)
主力:双孔重载,低水位	16 033	0	350
主力+附加力:双孔重载,低水位	16 033	890	12 563.9

8.9.2　沉井各部分尺寸拟定

按沉井施工和构造要求,将沉井分为三节,每节尺寸如图 8.30 所示,并暂拟定各部尺寸如图 8.31 所示。采用钢筋混凝土沉井,底节混凝土用 C20,第二节、第三节沉井用 C15 混凝土。沉井沉至设计标高后,以水下混凝土封底,井孔中填以砂石,井顶采用钢筋混凝土盖板,厚 1.5 m。

8.9.3　沉井基础基底压力和侧面横向压力的检算

(1)基础自重

顶盖重 G_1:$G_1=(6.8\times3.5\times1.5)\times25=37.5\times25=892.5$(kN)

井孔中填砂石(容重 20 kN/m^3)重 G_2:

砂石高度为 $16.0-3.70-1.50=10.8$(m)

$$G_2=\left[\left(2.5\times2.5\times2-\frac{0.4^2}{2}\times8\right)\times10.8\right]\times20=11.86\times10.8\times20=2\ 561.8(\text{kN})$$

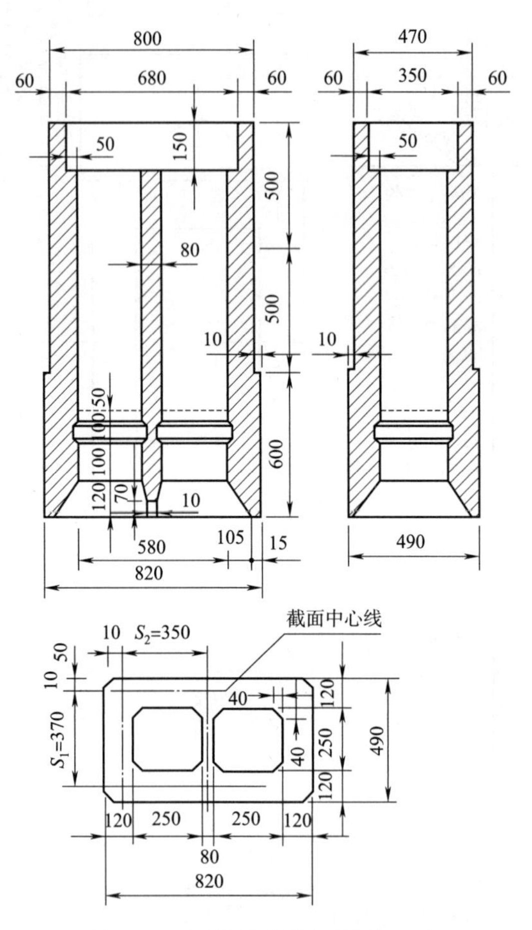

图 8.31　沉井尺寸拟定(单位:cm)

封底混凝土(容重 23 kN/m³)重 G_3,其厚度为

$$1.2+1.0+1.0+0.5=3.7(\text{m})$$

$$G_3=\left[11.86\times2.5+\frac{1.2}{3}(5.8\times2.5+7.9\times4.6+\sqrt{5.8\times2.5\times7.9\times4.6})-\frac{0.8+0.1}{2}\times0.7\times2.5\right]\times23=58.38\times23=1342.7(\text{kN})$$

沉井自重 G_4:底节因钢筋较多,容重取 25 kN/m³,其他各节取 23 kN/m³

$$G_4=\left[\left(8.2\times4.9-\frac{0.5^2}{2}\times4\right)\times6.0-58.38-11.86\times(6-3.7)\right]\times25+\left[\left(8.0\times4.7-\frac{0.5^2}{2}\times4\right)\times10-35.7-11.86\times(10-1.5)\right]\times23$$

$$=152.42\times25+234.49\times23=9\ 203.8(\text{kN})$$

不计浮力时基础自重为

$$G'=G_1+G_2+G_3+G_4=892.5+2\ 561.8+1\ 342.7+9\ 203.8=14\ 000.8(\text{kN})$$

沉井基础所受浮力为

$$G''=V\cdot\gamma_w=\left[\left(4.9\times8.2-\frac{0.5^2}{2}\times4\right)\times6.0+\left(4.7\times8.0-\frac{0.5^2}{2}\times4\right)\times10\right]\times10=6\ 090.8(\text{kN})$$

计浮力时基础自重 G:

$G=G'-G''=14\ 000.8-6\ 090.8=7\ 910(\text{kN})$

(2)基础计算简图

基础计算简图如图8.32所示，将外力移至局部冲刷线处，得

$N=16\ 033$ kN(未计入基础自重)

$H=890$ kN

$M_1=12\ 563.9+890\times3.7=15\ 857(\text{kN}\cdot\text{m})$

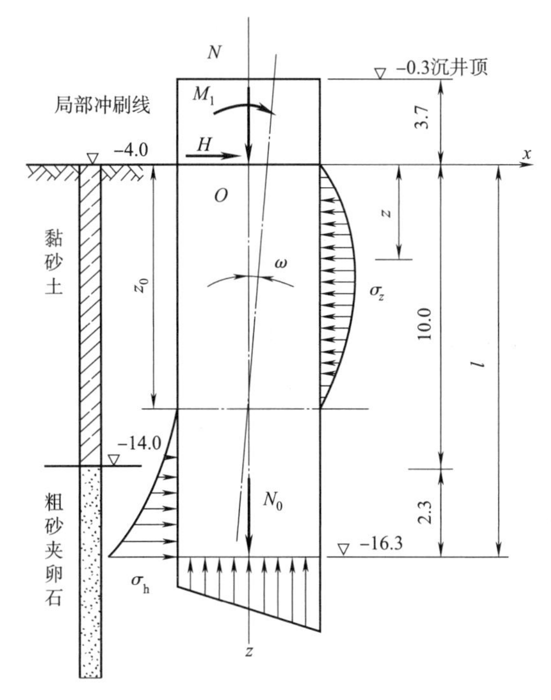

图8.32　沉井基础计算简图(单位:m)

(3)计算基础变形系数 α

$$m=\frac{m_1h_1^2+m_2(2h_1+h_2)h_2}{h^2}=\frac{20\ 000\times10^2+50\ 000\times(2\times10+2.3)\times2.3}{12.3^2}=30\ 170.5(\text{kPa/m}^2)$$

$E_h=27.0\times10^6$ kPa(用底节沉井数据，以下同)，$b_0=b+1=8.2+1=9.2(\text{m})$

$$I=\frac{1}{12}\times8.2\times4.9^3-2\times\frac{1}{12}\times2.5\times2.5^3-4\left[\frac{1}{36}\times0.5\times0.5^3+\frac{0.5^2}{2}\left(\frac{4.9}{2}-\frac{0.5}{3}\right)^2\right]+$$

$$8\left[\frac{1}{36}\times0.4\times0.4^3+\frac{0.4^2}{2}\left(\frac{2.5}{2}-\frac{0.4}{3}\right)^2\right]=72.07(\text{m}^4)$$

$$\alpha=\sqrt[5]{\frac{mb_0}{EI}}=\sqrt[5]{\frac{mb_0}{0.8E_hI}}=\sqrt[5]{\frac{30\ 170.5\times9.2}{0.8\times27\times10^6\times72.07}}=0.178(\text{m}^{-1})$$

$\alpha l=0.178\times12.3=2.19<2.5$，故可按刚性基础计算

(4)基底竖向压应力 $\sigma_{\min}^{\max}$ 和侧面横向压应力 σ_{xz}

基础的转角 ω

$C_0=m_0l=50\ 000\times12.3=615\ 000(\text{kPa/m})$

$$W=\frac{1}{2.45}\times\left\{\frac{8.2\times4.9^3}{12}-4\left[\frac{0.5\times0.5^3}{36}+\frac{0.5^2}{2}\left(\frac{4.9}{2}-\frac{0.5}{3}\right)^2\right]\right\}=\frac{77.78}{2.45}=31.75(\text{m}^3)$$

所以 $\omega=\dfrac{12(2Hl+3M)}{mb_0l^4+18WC_0d}=\dfrac{12\times(2\times890\times12.3+3\times15\ 857)}{30\ 170.5\times9.2\times12.3^4+18\times615\ 000\times31.75\times4.9}$

$=1.032\times10^{-4}$

基础旋转中心至局部冲刷线的距离 z_0 为

$$z_0=\frac{b_0ml^3(4M+3Hl)+6HC_0dW}{2b_0ml^2(3M+2Hl)}$$

$$=\frac{9.2\times30\ 170.5\times12.3^3(4\times15\ 857+3\times890\times12.3)+6\times890\times615\ 000\times4.9\times31.75}{2\times9.2\times30\ 170.5\times12.3^2\times(3\times15\ 857+2\times890\times12.3)}$$

$=8.61(\text{m})$

①基底竖向压应力

$$\begin{matrix}\sigma_{max}\\ \sigma_{min}\end{matrix}=\frac{N}{A_0}\pm\frac{1}{2}\omega dC_0=\frac{16\ 033+7\ 910}{4.9\times8.2-4\times\dfrac{0.5^2}{2}}\pm615\ 000\times2.45\times1.032\times10^{-4}$$

$$=603.4\pm155.5=\frac{758.9}{447.9}(\text{kPa})$$

地基容许承载力$[\sigma]$,根据《铁桥基规》可按下式计算:

$$[\sigma]=\sigma_0+k_1\gamma_1(b-2)+k_2\gamma_2(h-3)$$

根据土层资料查得:$\sigma_0=550$ kPa,$k_1=4$,$k_2=6$,又 $b=4.9$ m,由一般冲刷线算起的埋深 $h=-1-(-16.3)=15.3<4b$

$\gamma_1=21-10=11(\text{kN/m}^3)$

$$\gamma_2=\frac{9\times3.0+10\times10.0+11\times2.3}{3.0+10.0+2.3}=10(\text{kN/m}^3)$$

所以$[\sigma]=550+4\times11\times(4.9-2)+6\times10\times(15.3-3)=1\ 415.6(\text{kPa})$

当主力+附加力时:$[\sigma]_{主+附}=1.2[\sigma]=1.2\times1\ 415.6=1\ 698.7(\text{kPa})$

所以 $\sigma_{max}<1.2[\sigma]$(可)

②侧面横向压应力 σ_{xz}

通常只须检算 $z=\dfrac{l}{3}$ 和 $z=l$ 处的 σ_{xz} 值

a. $z=\dfrac{l}{3}=\dfrac{12.3}{3}=4.1$ m 处

$\sigma_{\frac{l}{3}}=mz(z_0-z)\omega=30\ 170.5\times4.1\times(8.61-4.1)\times1.032\times10^{-4}=57.57(\text{kPa})$

横向容许压应力 $\eta_1\eta_2[\gamma z(\eta K_p-K_a)+2c(\eta\sqrt{K_p}+\sqrt{K_a})]$,式中 η_1、η_2 均为 1.0。

平均容重 $\gamma=\dfrac{10\times10+11\times2.3}{12.3}=10.2(\text{kN/m}^3)$

平均内摩擦角 $\varphi=\dfrac{26°\times10+35°\times2.3}{12.3}=27.7°$

横向容许压应力:

$$10.2\times4.1\left[\frac{9.2}{8.2}\tan^2\left(45°+\frac{27.7°}{2}\right)-\tan^2\left(45°-\frac{27.7°}{2}\right)\right]=113.2\text{kPa}>\sigma_{\frac{l}{3}}(可)$$

b. $z=l=12.3$ m 处

$\sigma_l=mz(z_0-z)\omega=30\ 170.5\times12.3\times(8.61-12.3)\times1.032\times10^{-4}=-141.3(\text{kPa})$

横向容许压应力:

$$10.2\times12.3\left[\frac{9.2}{8.2}\tan^2\left(45^\circ+\frac{27.7^\circ}{2}\right)-\tan^2\left(45^\circ-\frac{27.7^\circ}{2}\right)\right]=339.5(\text{kPa})>\sigma_l(\text{可})$$

8.9.4 检算沉井的自重

沉井自重 $G_4=9\ 203.8$ kN

沉井自身所受浮力,由目前已知,底节沉井体积为 152.42 m³,上面两节体积为 234.49 m³,故所受浮力为

$(152.42+234.49)\times10=3\ 869.1(\text{kN})$

土与井壁间的平均单位摩擦力 f_m 为

$f_m=(12\times3.7+14\times10.0+17\times2.3)/16=13.97(\text{kPa})$

井周所受总摩擦力 T 为

$T=[(4.9+8.2)\times6.0+(4.7+8.0)\times10]\times2\times13.97=5\ 744.5(\text{kN})$

排水下沉时 $G=9\ 203.8\ \text{kN}>T$

不排水下沉时 $G=9\ 203.8-3\ 869.1=5\ 334.7(\text{kN})<T$,此时沉井自重小于井壁摩擦力,可考虑采用部分排水的方法,也可采用加压重 400~500 kN,或其他措施使其下沉。

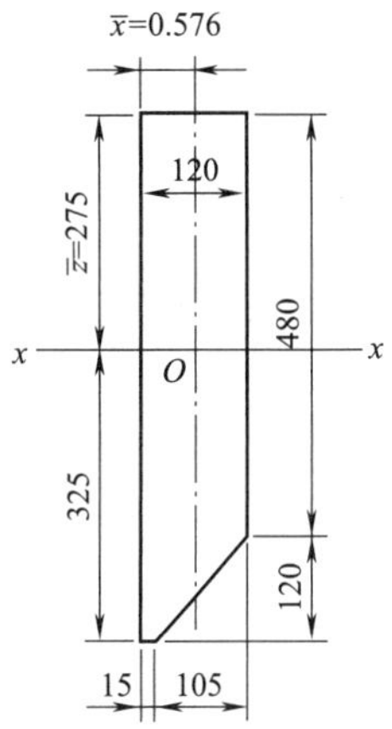

8.9.5 沉井结构计算

(1)底节沉井的检算。

底节沉井按不排水下沉检算,最不利支垫情况为支承于沉井四角和支承于长边中点。

①截面特性:底节高 6 m,如图 8.33 所示。

图 8.33 底节沉井的截面尺寸(单位:cm)

截面积 $A=1.2\times6.0-\frac{1}{2}\times1.2\times1.05=6.57(\text{m}^2)$

形心轴位置 $\bar{x}$,$\bar{z}$ 分别为

$$\bar{x}=\frac{1}{6.57}\times\left[1.20\times6.0\times\frac{1.2}{2}-\frac{1}{2}\times1.05\times1.2\left(1.2-\frac{1.05}{3}\right)\right]=0.576(\text{m})$$

$$\bar{z}=\frac{1}{6.57}\times\left[1.20\times6.0\times\frac{6.0}{2}-\frac{1}{2}\times1.05\times1.2\left(6.0-\frac{1.2}{3}\right)\right]=2.75(\text{m})$$

惯性矩

$$I_{x-x}=\frac{1}{3}\times1.2\times2.75^3+\frac{1}{3}\times1.2\times3.25^3-\left[\frac{1}{36}\times1.05\times1.2^3+\frac{1}{2}\times1.05\times1.2\left(3.25-\frac{1}{3}\times1.2\right)^2\right]$$

$$=16.88(\text{m}^4)$$

②底节沉井井壁沿周长每米重

$q=6.57\times1.0\times25=164.3(\text{kN/m})$

③支承于沉井四个角点,如图 8.34(a)所示,此时,长边 m—m 截面是控制截面,短边跨中 n—n 截面为非控制截面,不进行检算。

支承反力 R:应等于外壁、内隔墙和取土井梗肋部分的重量,计算如下

$$R=\left(\frac{8.2}{2}+\frac{2.5}{2}\right)\times164.3+\frac{1}{2}\times\left(0.8\times\frac{2.5}{2}\right)\times4.8\times25+\frac{1}{2}\times\frac{0.8+0.1}{2}\times0.7\times\frac{2.5}{2}\times$$

$25+\frac{1}{2}\times0.4^2\times4.8\times25\times2=963.1(\text{kN})$

长边跨中附近 $m—m$ 截面的正弯矩 M_{mm} 为

$$M_{mm}=963.1\times(1.2+2.5)-\frac{2.5}{2}\times164.3\times(1.2+2.5-0.576)-\frac{1}{2}\times164.3\times(1.2+2.5)^2-\frac{0.4^2}{2}\times4.8\times25\left[\left(2.5-\frac{0.4}{3}\right)+\frac{0.4}{3}\right]=1\ 773.3(\text{kN}\cdot\text{m})$$

$m—m$ 截面所受弯曲拉应力 σ_{wl} 为

$$\sigma_{\text{wl}}=\frac{M_{mm}(6.0-\bar{z})}{I_{x-x}}=\frac{1\ 773.3\times(6.0-2.75)}{16.88}=341.4(\text{kPa})<[\sigma_{\text{wl}}]$$

查《铁桥基规》，$[\sigma_{\text{wl}}]=1.4\times0.4\ \text{MPa}=560\ \text{kPa}$

剪应力 $\tau_{\max}$ 的检算略。

④支承于长边中点，如图 8.34(b)所示，$a—a$ 截面负弯矩 M_{aa} 为

$$M_{aa}=\frac{2.5}{2}\times164.3\times(1.2+2.5-0.576)+\frac{1}{2}\times164.3\times(1.2+2.5)^2+\frac{0.4^2}{2}\times4.8\times25\times\left[\left(2.5-\frac{0.4}{3}\right)+\frac{0.4}{3}\right]=1\ 790.2(\text{kN}\cdot\text{m})$$

该截面的拉应力为

$$\sigma_{\text{wl}}=\frac{M_{aa}\bar{z}}{I_{x-x}}=\frac{1\ 790.2\times2.75}{16.88}=291.7(\text{kPa})<[\sigma_{\text{wl}}]=560\ \text{kPa}$$

剪应力 $\tau_{\max}$ 的检算略。

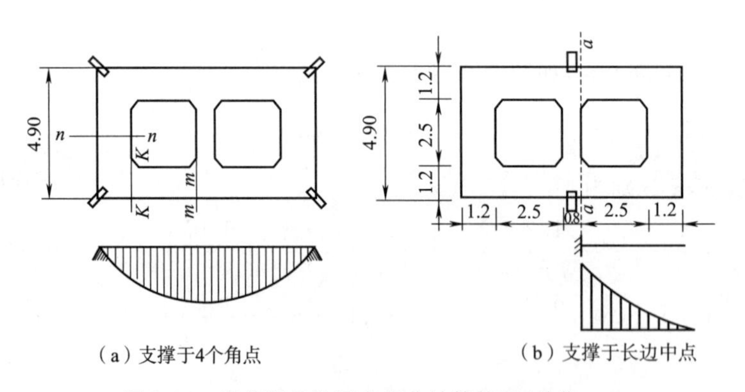

图 8.34　底节沉井的竖向挠曲计算简图(单位：m)

(2)计算刃脚内力。

①计算刃脚内力时，作用在沉井井壁上的外力按下面两种情况计算。

第一种情况：沉井下沉到中途，且井顶已接高一节沉井，刃脚切入土中 1 m。按不排水下沉考虑。此时刃脚根部截面上将产生最大的向外弯矩，它将控制刃脚内侧竖直向钢筋的设计，如图 8.35 所示。

此时沉井入土深度为 $h_{\text{E}}=\frac{1}{2}[1.9-(-16.30)]=9.10(\text{m})$

施工水位以下土的内摩擦角和容重的平均值为

$$\varphi_{\text{m}}=\frac{\sum l_i\varphi_i}{\sum l_i}=\frac{1.4\times30^\circ+(9.1-1.9)\times26^\circ}{1.4+(9.1-1.9)}=26.6^\circ$$

$$\gamma_m = \frac{\sum l_i\gamma_i}{\sum l_i} = \frac{1.4\times 20+4.0\times 19+3.2\times 20}{1.4+4.0+3.2}-10=9.5(\text{kN/m}^3)$$

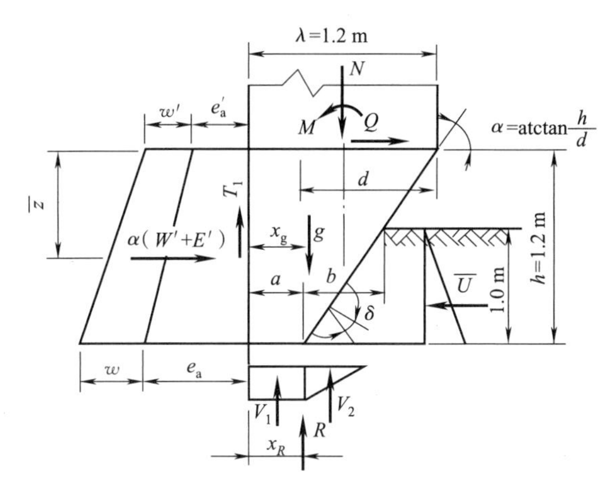

图 8.35　刃脚向外弯曲的计算简图

单位摩擦力的平均值 f_m 为

$$f_m = \frac{\sum l_i f_i}{\sum l_i} = \frac{1.9\times 15+4\times 12+3.2\times 14}{1.9+4.0+3.2}=13.3(\text{kPa})$$

第二种情况：沉井已沉至设计标高，刃脚下土已挖空，按排水下沉考虑，此时将产生最大的向内弯矩，它将控制刃脚外侧竖直钢筋设计，如图 8.36 所示。

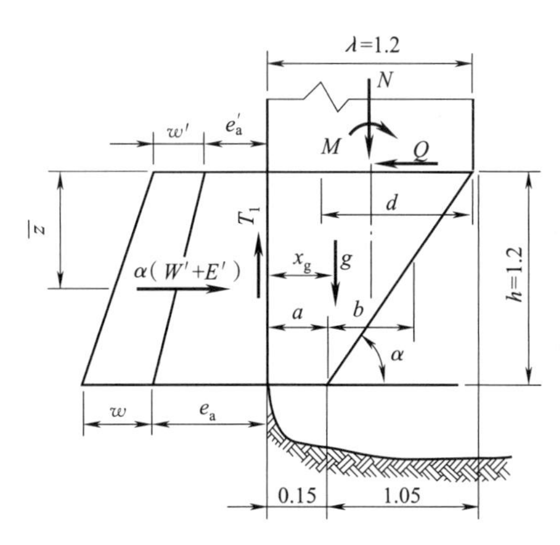

图8.36　刃脚向内弯曲的计算简图(单位：m)

此时沉井入土深度为 $h_E=1.9-(-16.30)=18.20(\text{m})$

施工水位以下土的内摩擦角和容重的平均值为

$$\varphi_m = \frac{\sum l_i\varphi_i}{\sum l_i} = \frac{1.4\times 30^\circ+14\times 26^\circ+2.3\times 35^\circ}{1.4+14+2.3}=27.5^\circ$$

$$\gamma_m = \frac{\sum l_i\gamma_i}{\sum l_i} = \frac{1.4\times 20+4.0\times 19+10.0\times 20+2.3\times 21}{1.4+4.0+10+2.3}-10=9.9(\text{kN/m}^3)$$

这时作用在沉井上的外力也是设计刃脚和井壁水平钢筋的依据。外力计算详见表 8.3。

表 8.3 作用在刃脚上的外力计算表

计算参数	单位	沉至中途时(不排水)	沉至设计标高时(排水)
沉井入土深度 h_E	m	9.10	18.20
沉井底面以上水深 h_w	m	8.60	17.70
水面上土高 h'_E	m	0.50	0.50
刃脚入土深度	m	1.00	刃脚下土已挖空
已筑沉井高度	m	16.00	16.00
$e''_a=\gamma h'_E\tan^2\left(45°-\frac{30°}{2}\right)$(水上)	kPa	$20\times0.5\tan^2 30°=3.3$	3.3
$e'_a=e''_a+\gamma_m(h_w-h)\times\tan^2\left(45°-\frac{\varphi_m}{2}\right)$	kPa	$3.3+9.5\times(8.6-1.2)\times\tan^2\left(45°-\frac{26.6°}{2}\right)=30.1$	$3.3+9.9\times(17.7-1.2)\times\tan^2\left(45°-\frac{27.5°}{2}\right)=63.4$
$w'=\gamma_w(h_w-h)$	kPa	采用 $\Psi=0.5$, $0.5(8.6-1.2)\times10=37.0$	采用 $\Psi=0.7$, $0.7(17.7-1.2)\times10=115.5$
$e_a=e''_a+\gamma_m h_w\tan^2\left(45°-\frac{\varphi_m}{2}\right)$	kPa	$3.3+9.5\times8.6\times\tan^2\left(45°-\frac{26.6°}{2}\right)=34.5$	$3.3+9.9\times17.7\times\tan^2\left(45°-\frac{27.5°}{2}\right)=67.8$
$w=\Psi\gamma_w h_w$	kPa	采用 $\Psi=0.5$, $0.5\times8.6\times10=43.0$	采用 $\Psi=0.7$, $0.7\times10\times17.7=123.9$
p'_{e+w}	kPa	$30.1+37.0=67.1$	$63.4+115.5=178.9$
p_{e+w}	kPa	$34.5+43.0=77.5$	$67.8+123.9=191.7$
井壁每米宽自重 $G=\frac{G_4}{u}$(u 为沉井周边中心线长)	kN/m	$\Psi=\frac{9\ 203.8}{2\times(3.7+7.0)}=430.1$	430.1
井壁每米营帐浮力 $q=\frac{G}{\gamma_h H}\gamma_w h_w$	kN/m	$\frac{430.1}{25\times16.0}\times10\times8.6=92.5$	0
井壁每米宽所受总土压力 $E=\frac{e''_a}{2}h'_E+\frac{e''_a+e_a}{2}h_w$	kN/m	$\frac{3.3\times0.5}{2}+\frac{3.3+34.5}{2}\times8.6=163.4$	—
井壁每米宽总摩阻力 T_0	kN/m	$f_m\cdot h_E=13.3\times9.1=121.0$ $0.5E=81.7$ 取小值 81.7	$T_0=G=430.1$
刃脚部分土压力和水压力 $W'+E'=\frac{h}{2}(p_{e+w}+p'_{e+w})$	kN/m	$\frac{1.2}{2}\times(67.1+77.5)=86.76$	$\frac{1.2}{2}\times(178.9+191.7)=222.4$
$(W'+E')$距刃脚根部的距离 $\bar{z}=\frac{h}{3}\cdot\frac{2p_{e+w}+p'_{e+w}}{p_{e+w}+p'_{e+w}}$	m	$\frac{1.2}{3}\times\frac{2\times77.5+67.1}{77.5+67.1}=0.614$	$\frac{1.2}{3}\times\frac{2\times191.7+178.9}{191.7+178.9}=0.607$
刃脚部分摩阻力 T_1	kN/m	$0.5E'=0.5\times\frac{30.1+34.5}{2}\times1.2=19.4$ $f_m\cdot h=13.3\times1.2=16.0$ 取大值 19.4	$T'=T\times\frac{h}{H}=430.1\times\frac{1.2}{16.0}=32.3$

续上表

计算参数	单位	沉至中途时(不排水)	沉至设计标高时(排水)
$\alpha=\dfrac{0.1S_1^4}{h^4+0.05S_1^4}\leqslant 1$		$\dfrac{0.1\times 3.7^4}{1.2^4+0.05\times 3.7^4}>1.0$ 采用1.0	1.0
$\alpha(W'+E')$	kN/m	86.76	222.4
$R=G-q-T_0$	kN/m	430.1−92.5−81.7=255.9	0
$V_2=\dfrac{R\cdot b}{2a+b}$①	kN/m	$\dfrac{255.9\times 0.875}{2\times 0.15+0.875}=190.6$	—
$x_R=\dfrac{a^2+ab+\frac{1}{3}b^2}{2a+b}$	m	$\dfrac{3\times 0.15^2+3\times 0.15\times 0.875+0.875^2}{3\times(2\times 0.15+0.875)}=0.348$	—
$U=V_2\tan(\alpha-\delta)$②	kN/m	$190.6\times\tan(48.8°-26°)=80.1$	—

注:①$b=\dfrac{\lambda-a}{h}=\dfrac{1.20-0.15}{1.20}=0.875$ m;②$\alpha=\arctan\dfrac{1.2}{1.05}=48.8°$,$\delta=\varphi=26°$。

②刃脚根部截面内力计算

计算竖向内力时,将刃脚视作悬臂梁。

刃脚每米宽自重:$g=\dfrac{1.2+0.15}{2}\times 1.2\times 1\times 25=20.25(\text{kN/m})$

g 的作用点距外壁距离:$x_g=\dfrac{1.2\times 1.2\times\frac{1.2}{2}-\frac{1}{2}\times 1.05\times 1.5\times\left(1.2-\frac{1.05}{3}\right)}{1.2\times 1.2-\frac{1}{2}\times 1.05\times 1.2}=0.406(\text{m})$

按上述沉井沉至中途和沉至设计标高两种情况所得的数据计算得刃脚根部截面竖向内力,见表8.4和表8.5。

表8.4 沉至中途时刃脚(悬臂)根部截面内力计算表

项目	内力			
	水平力(kN/m)	垂直力(kN/m)	力臂(m)	力矩(kN·m/m)
土压力及水压力 $\alpha(W'+E')$	−86.76	—	0.614	−53.27
土的水平反力 αU	80.1	—	$h-\frac{1}{3}=1.2-\frac{1}{3}=0.867$	69.45
土的垂直反力 R	—	255.9	$\frac{1.2}{2}-x_R=0.6-0.348=0.252$	64.49
刃脚部分摩阻力 T_1	—	19.4	$\frac{1.2}{2}=0.6$	11.64
刃脚部分自重 g	—	−20.25	$\frac{1.2}{2}-0.406=0.194$	−3.93
总计	−6.66	255.1	—	88.38

	水平力	垂直力	力矩
正负号规定: +	←	↑	内壁受拉
−	→	↓	外壁受拉

表 8.5　沉至设计标高时刃脚(悬臂)根部截面内力计算表

项目	内力			
	水平力(kN/m)	垂直力(kN/m)	力臂(m)	力矩(kN·m/m)
土压力及水压力 $\alpha(W'+E')$	−222.4	—	0.607	−135
土的水平反力 αU	—	—	—	—
土的垂直反力 R	—	—	—	—
刃脚部分摩阻力 T_1	—	32.3	$\frac{1.2}{2}=0.6$	19.38
刃脚部分自重 g	—	−20.25	0.194	−3.93
总计	−222.4	12.05	—	−119.55

	水平力	垂直力	力矩
正负号规定：＋	←	↑	内壁受拉
−	→	↓	外壁受拉

计算水平方向的内力时，将刃脚作为水平封闭框架计算，其最不利位置为沉井已沉至设计标高，此时刃脚下的土已挖空，且按排水下沉考虑，如图 8.37 所示。

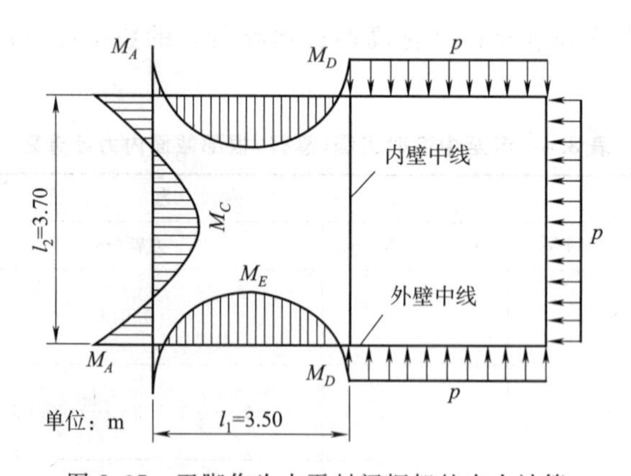

图 8.37　刃脚作为水平封闭框架的内力计算

水平荷载分配系数 $\beta=\dfrac{h^4}{h^4+0.05S_2^4}=\dfrac{1.2^4}{1.2^4+0.05\times3.5^4}=0.216$

根据有关规定，当 $\alpha>1$ 时，作用在刃脚上的全部外力由悬臂作用所承受无须再按封闭框架计算，但需要按构造要求配置适量的水平钢筋。作为练习仍进行计算，从计算结果看(表 8.6)，其弯矩值很小。

表 8.6 刃脚及井壁水平框架的内力计算表

离刃脚踏面高度(m)	距水面距离 h_w(m)	土压强度 $e_a=3.3+3.645h_w$[①](kPa)	水压强度 $w=0.7\times\gamma_w h_w$(kPa)	$p_{e+w}=e_a+w$(kPa)	井壁框架位置	断面高度(m)
0	17.70	67.8	123.9	191.7	—	—
1.20	16.50	63.4	115.5	178.9	刃脚部分(0～1.2)	1.20
2.40	15.30	59.1	107.1	166.2	刃脚部分(1.2～2.4)	1.20
3.40	14.30	55.4	100.1	155.5	第一节沉井(2.4～3.4)	1.00
6.00	11.70	45.9	81.9	127.8	—	—
7.00	10.70	42.3	74.9	117.2	第二节底部(6.0～7.0)	1.00
11.00	6.70	27.7	46.9	74.6	—	—
12.00	5.70	24.1	39.9	64.0	第三节底部(11.0～12.0)	1.00

土压水压合力($W'+E'$)	框架上的水平荷载 p(kN/m)	沉井四角弯矩 $M_A=-0.090pl_1^2$(kN·m)	内隔墙处弯矩 $M_D=-0.080pl_1^2$(kN·m)	短边井壁中点弯矩 $M_C=-0.0497pl_1^2$(kN·m)	短边井壁轴向力 $N_C=0.51pl_1$(kN)	长边井壁轴向力 $N_B=0.51pl_2$(kN)	内隔墙轴向力 $N_D=0.98pl_1$(kN)
第一节沉井(含刃脚):$l_1=3.5$ m,$l_2=3.7$ m							
222.4	48.0[③]	52.9	47.0	29.2	85.7	88.8	164.6
207.1	429.5[④]	473.5	420.9	261.5	766.7	794.6	1 473.2
160.9[②]	160.9	177.4	157.7	98.0	287.2	297.7	551.9
第二、三节沉井:$l_1=3.45$ m,$l_2=3.6$ m							
122.5	122.5	131.2	116.6	72.5	215.5	220.5	414.2
—	—	—	—	—	—	—	—
69.3	69.3	74.2	66.0	41.0	121.9	124.7	234.3

注:① $e_a=e_a''+\gamma_m h_w\tan^2\left(45°-\frac{\varphi_m}{2}\right)=3.3+9.9h_w\tan^2\left(45°-\frac{27.5°}{2}\right)=3.3+3.645h_w$;

② 土水压合力($W'+E'$)按梯形面积算,如(2.4～3.4)部分为$\frac{1}{2}\times1.0\times(166.2+155.5)=160.9$(kN/m);

③ 作用在刃脚水平框架上的水平荷载 $p=\beta(W'+E')=0.216\times222.4=48.0$(kN/m);

④ 刃脚根部水平框架还承担刃脚因悬臂作用所传来的外力,故为 $207.1+222.4=429.5$(kN/m)。

本沉井的平面为双孔对称矩形框架,可按式(8.47)～式(8.52)进行计算:

令 $K=\frac{l_2}{l_1}=\frac{3.7}{3.5}=1.057$

沉井四角弯矩:

$$M_A=-\frac{pl_1^2}{12}\cdot\frac{1+2K^3}{1+2K}=-\frac{1}{12}\cdot\frac{1+2\times1.057^3}{1+2\times1.057}pl_1^2=-0.090pl_1^2$$

内隔墙处弯矩：

$$M_D=-\frac{pl_1^2}{12}\cdot\frac{1+3K-K^3}{1+2K}=-\frac{1}{12}\cdot\frac{1+3\times1.057-1.057^3}{1+2\times1.057}pl_1^2=-0.080pl_1^2$$

短边中点弯矩：

$$M_E=\frac{pl_1^2}{24}\cdot\frac{2K^3+3K^2-2}{1+2K}=\frac{1}{24}\cdot\frac{2\times1.057^3+3\times1.057^2-2}{1+2\times1.057}pl_1^2=0.049\ 7pl_1^2$$

内隔墙所受轴向力：

$$N_D=\frac{1}{2}pl_1\cdot\frac{2+5K-K^3}{1+2K}=\frac{1}{2}\cdot\frac{2+5\times1.057-1.057^3}{1+2\times1.057}pl_1=0.980pl_1$$

长边井壁轴向力：$$N_B=\frac{1}{2}pl_2=\frac{1}{2}pl_2$$

短边井壁轴向力：$N_C=pl_1-\frac{1}{2}N_D=\left(1-\frac{1}{2}\times0.980\right)pl_1=0.510pl_1$

以上全部内力的计算见表 8.5。

(3)井壁内力的计算。

①水平内力：计算公式和上述刃脚水平向内力的计算公式同。全部计算结果亦示于表 8.5。

②竖向最大拉力 S_{max}，排水下沉条件下为

$$S_{max}=\frac{Q}{4}=\frac{9\ 203.8}{4}=2\ 301(\text{kN})$$

(4)封底混凝土和顶盖的内力计算从略。

8.10 其他深基础简介

8.10.1 沉箱的概念及特点

沉井如果在下沉前先封闭井筒的底部或顶部，则称为沉箱，也有人把沉井称作开口沉箱。沉箱基础如图 8.38 所示，顶盖上面装有特制的井管和气闸，当工作室进入水下时，可通过气闸和气管打入压缩空气，把工作室内的水排出，工人仍能在里面工作。在室内不断挖土的同时在箱顶上不停地砌筑圬工，直到下沉到设计标高，然后用混凝土填死工作室，并撤去气闸和井管.即可建成沉箱基础。

沉箱法的主要优点有：①压缩空气能有效防止地下水涌入，施工安全性好；②适用于各种地质条件，对于密实砂层、砂卵层、卵石层等涌水量大的地层，下沉深度大时，沉井效果不理想，而采用沉箱可收到很好效果，在下沉过程中能处理任何障碍物；③对地下水影响极小，地表沉降极小，适于近接施工；④可以直接鉴定和处理基底，可直接进行地层承载力试验；⑤不用水下混凝土封底，基础质量较为可靠；⑥对容易液化的土层而言，比沉井施工法抗震性好。其缺点是：工人要在高压空气中工作，不但工作效率较低，而且若不遵守有关操作规则，易引起沉箱病(一种严重的职业病)。人体至多只能承受 4 个大气压，为安全计，沉箱的最大下沉深度是在水下 35 m，使用范围受到限制。另外，沉箱作业需要许多复杂的施工设备、如气闸、压缩空气机站等，其施工组织比较复杂，进度较慢，故造价较高。

8.10.2 墩基础的概念及特点

墩基础是一种利用机械或人工在地基中开挖成孔后灌注混凝土形成的长径比较小的大直

径桩基础，由于其直径粗大如墩(一般直径 d 大于 1.8 m)，常以单个桩墩代替群桩及承台，故称为墩基础。其功能与桩相似，底面可扩大成钟形。随着施工机具及技术的发展，墩底直径最大已达 7.5 m，深度一般为 20～40 m，最大可达 60～80 m。

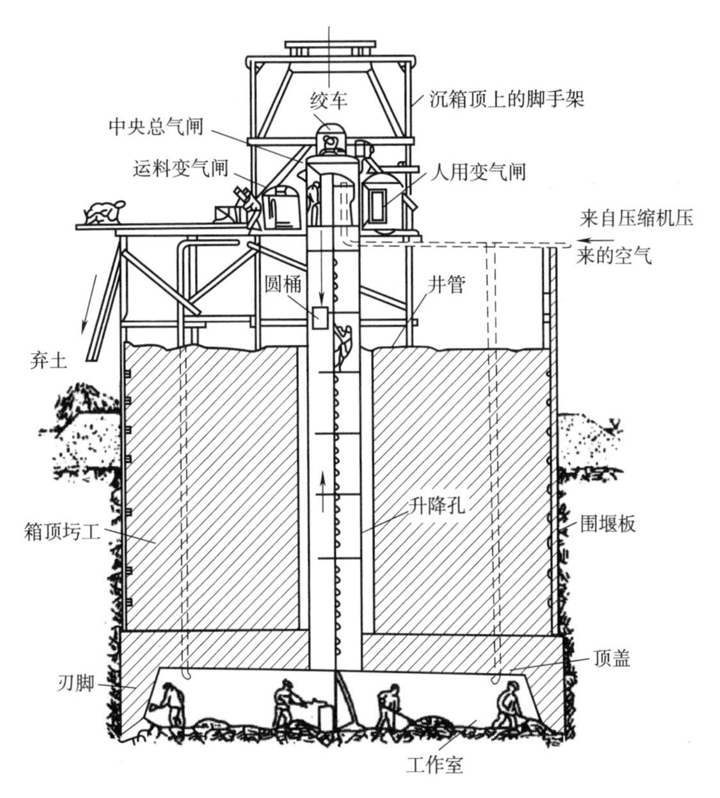

图 8.38 沉箱基础构成及施工

墩基础能较好地适应复杂的地质条件，墩身可穿过浅层不良地基达到深层基岩或坚实土层，并可通过扩底工艺获得很高的单墩承载力。当支承于基岩上时，竖向承载力可达 60～70 MN，且沉降量极小。与沉井、沉箱等深基础相比，墩基础施工一般只需轻型机具，在适当的地基与环境条件下，常有较大的经济优势。墩基的施工没有像打桩那样强烈的噪声，可以减轻噪声公害。

由上可见，墩基础适应性很强，在港口码头、公路及铁路桥梁、海洋钻井平台、堤坝与岸坡以及高层建筑等结构中应用十分广泛，尤其在高层建筑及重型构筑物设计中，单墩支持单柱的方案越来越多。

一般而言，对于上部结构传递的荷载较大且要求基础墩身面积较小的情况，可考虑墩基础方案。墩基础的优点在于墩身面积小、美观、施工方便、经济，但其混凝土用量大，施工时有一定难度，外力太大时，纵向稳定性较差，对地基要求也高，尤其在可能受较大船撞击的河流中应用此类型桥墩更应注意，故不宜用于荷载较小、地下水位较高、水量较大的小型工程及相当深度内无坚硬持力层的地区。墩成孔施工中遇到地下水位以下的砂层可能引起流砂等现象，应特别注意。

目前，对墩基工作机理的认识还不很充分，因而设计思想和设计方法尚不成熟，其承载力及变形计算可参照桩基础设计并进行一定修正；施工与检测技术也还有待进行深入地的研究与开发，以满足墩基础实际应用的需要。

视频
竖井地连墙施工前的准备

8.10.3 地下连续墙的概念和使用条件

地下连续墙，简称地连墙，是在地面用专用的挖槽孔设备，在土中开挖出一定宽度与深度的槽孔来，在泥浆护壁的条件下，在槽孔中修建一段段墙段，各墙段以特定的接头方式相互连接成整体，形成一条连续的地下墙体，成为地下连续墙。地下连续墙的优点是：结构刚度大；整体性、防渗性和耐久性好；无须放坡、土方量小；施工时基本无噪声、无振动，全盘机械化，施工速度快，建造深度大，能适应较复杂的地质条件；无须降低地下水位、节省挡土结构造价，还可作为地下主体结构的一部分。

地下连续墙这种施工方法起源于欧洲，意大利1950年首次应用于意大利的Santan Malia大坝防渗工程（深达40 m的截水止漏墙）和Venafro的储水池及引水工程（深达35 m的防渗止水墙）。1954年以后，相继传入法国、德国、墨西哥、加拿大等国，并很快得到广泛应用。日本从1959年引进该项技术，随后广泛应用于建筑物、地铁及市政下水道的基坑开挖支护中，并应用作为地下室外墙承受上部结构的垂直荷载，也大量用作桥梁的墩台基础。

我国于1958年开始，在北京密云水库白河主坝等水利工程中采用地下墙作为防渗墙。1976年后，逐渐推广到建筑、地铁和矿山等工程建设项目的施工中。20世纪90年代从修建虎门大桥开始在桥梁基础中应用，获得良好效果，并在修建我国最大跨度悬索桥润扬长江公路大桥中也采用地连墙锚碇基础。近些年地下连续墙在我国广州、上海、南京等各大城市中广泛应用于地铁车站施工中，发挥了巨大的作用。到目前为止，地下墙施工技术已经成为我国基础工程施工技术中的一种重要类型，广泛应用于水库大坝地基防渗、竖井开挖、桥梁墩台、高层建筑深基础、地下室、地铁车站、码头等各类永久性工程。

当然，地下连续墙也存在一些不足和局限性，主要是施工工序多，施工专业化程度高，地下连续墙施工机械设备价格昂贵，造价较高，使该项技术的推广受到一定限制。另外也有弃土及废泥浆，须妥善处理；如施工不当或土层条件特殊，还可能出现不规则超挖或槽壁坍塌，引发相邻地面沉降、坍塌，危害邻近建筑和地下管线的安全。因此，对其选用必须经过技术经济比较，合理选用。

课程思政

本章主要介绍了沉井基础的概念、构造、施工及其设计计算，其育人举措和思路可从以下方面展开：

（1）采用类比法，通过比较分析各类沉井基础的特点、一般沉井基础和浮运沉井基础施工方式的异同、沉井基础和刚性桩基础在设计计算上的联系和区别、各类深基础的优势和不足等，加深理解和记忆，并针对性地解决工程实际问题，构建比较思维。

（2）通过视频、虚拟仿真及工程缩尺模型等现代信息技术，将典型沉井基础结构形式、沉井施工方法和工艺生动地引入教材和课堂，有效拉近学生与实际工程的距离，自觉构建“知行合一”的工程科学思维。

（3）通过深入分析沉井下沉过程中容易遇到的问题及对工程和生命安全的影响，阐释相应处理措施对保护生命和工程安全的重要作用和意义，自然形成安全第一、生命至上的工程理念，树立工程责任观。

(4)对沉井基础的设计内容及其计算验算方法进行严密的逻辑分析和推导,并结合实际工程算例进行阐释,深刻理解设计内容和设计要求的内在原因和机理,自觉树立严谨的科学态度和精益求精的工匠精神。

(5)分析现行规范沉井基础设计计算方法存在的不足或缺陷如不能考虑沉井结构与土的相互作用、沉井作为整体刚性基础计算时假设有两个转动中心与实际不符等,并适时引入前沿的计算方法如数值仿真等,自觉树立敢于怀疑和创新、勇攀高峰的科学精神。

(6)通过引入沉井基础新的施工方法以及其他新的深基础结构形式,并引入智能建造的理念,激发与时俱进,不断开拓创新的勇气,树立持续创新的理念。

思考题与习题

8.1　沉井有哪些特点?适用于什么条件?

8.2　简述沉井的分类情况。

8.3　试介绍一般沉井主要由哪几部分组成?简要介绍各部分的作用。

8.4　试介绍一般沉井的施工工序?

8.5　沉井下沉过程中,可能遇到哪些问题?假若遇到这些情况,如何进行针对性地分析与处理?

8.6　泥浆润滑套和空气幕下沉都有何特点和作用?

8.7　沉井基础与桩基础的荷载传递机理有何异同?

8.8　一般沉井应进行哪些检算?在刃脚内力计算和井壁竖向拉力计算时,如何分析和确定沉井的最不利位置?

8.9　什么是沉箱基础?沉箱基础主要优缺点有哪些?

8.10　墩基础和地下连续墙各有哪些优缺点?

8.11　等截面矩形沉井如图所示,沉井侧面为黏性土,其 $m=12\ 000\ \text{kN/m}^4$,沉井底为粗砂,其 $C_0=320\ 000\ \text{kN/m}^3$。在竖向荷载作用下沉井下沉 $S=1.6$ mm(不考虑沉井本身压缩量),在横向荷载作用下转动 $\omega=5\times10^{-4}$ rad,转动中心在地面以下 6 m 处。试求该沉井在地面以下 3 m 和 8 m 处土的横向抗力及基底最大、最小反力。

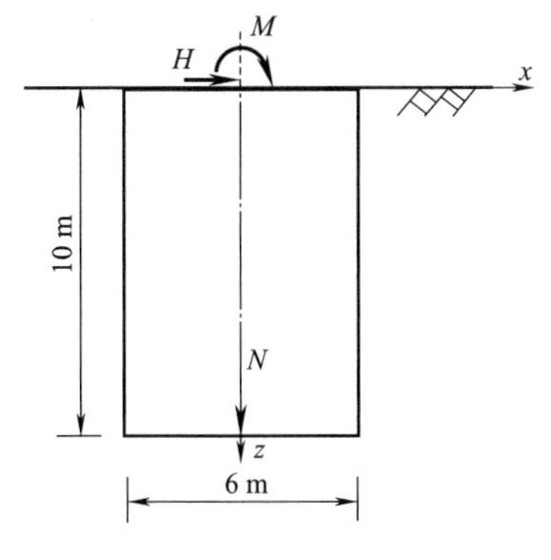

习题 8.11 附图

参考文献

[1] 华南理工大学,浙江大学,湖南大学. 基础工程[M].4版. 北京:中国建筑工业出版社,2012.
[2] 赵明华. 基础工程[M].4版. 北京:高等教育出版社,2023.
[3] 李亮,魏丽敏. 基础工程[M]. 长沙:中南大学出版社,2009.
[4] 富海鹰. 基础工程[M].3版. 北京:中国铁道出版社有限公司,2019.
[5] 吴兴序. 基础工程[M]. 成都:西南交通大学出版社,2007.
[6] 白建光. 基础工程[M]. 北京:北京理工大学出版社,2016.
[7] 周景星,李广信,张建红,等. 基础工程[M].3版. 北京:清华大学出版社,2019.
[8] 中华人民共和国建设部. 岩土工程勘察规范(2009年版):GB 50021—2001[S]. 北京:中国建筑工业出版社,2009.
[9] 中华人民共和国水利部. 土工试验方法标准:GB/T 50123—2019[S]. 北京:中国计划出版社,2019.
[10] 中国电力企业联合会. 工程岩体试验方法标准:GB/T 50266—2013[S]. 北京:中国计划出版社,2013.
[11] 中华人民共和国住房和城乡建设部. 混凝土结构设计规范(2015年版):GB 50010—2010[S]. 北京:中国建筑工业出版社,2015.
[12] 中华人民共和国住房和城乡建设部. 建筑地基处理技术规范:JGJ 79—2012[S]. 北京:中国建筑工业出版社,2012.
[13] 中华人民共和国住房和城乡建设部. 建筑桩基技术规范:JGJ 94—2008[S]. 北京:中国建筑工业出版社,2008.
[14] 中华人民共和国住房和城乡建设部. 建筑基坑支护技术规程:JGJ 120—2012[S]. 北京:中国建筑工业出版社,2012.
[15] 中华人民共和国住房和城乡建设部. 建筑基桩检测技术规范:JGJ 106—2014[S]. 北京:中国建筑工业出版社,2014.
[16] 中华人民共和国交通运输部. 公路钢筋混凝土及预应力混凝土桥涵设计规范:JTG 3362—2018[S]. 北京:人民交通出版社股份有限公司,2018.
[17] 中华人民共和国交通运输部. 公路桥涵地基与基础设计规范:JTG 3363—2019[S]. 北京:人民交通出版社股份有限公司,2020.
[18] 中华人民共和国交通运输部. 公路桥涵施工技术规范:JTG/T 3650—2020[S]. 北京:人民交通出版社股份有限公司,2020.
[19] 国家铁路局. 铁路桥涵混凝土结构设计规范:TB 10092—2017[S]. 北京:中国铁道出版社,2017.
[20] 国家铁路局. 铁路桥涵地基和基础设计规范:TB 10093—2017[S]. 北京:中国铁道出版社,2018.
[21] 国家铁路局. 铁路桥涵设计规范:TB 10002—2017[S]. 北京:中国铁道出版社,2017.
[22] 中华人民共和国住房和城乡建设部. 建筑抗震设计规范(2016年版):GB 50011—2010[S]. 北京:中国建筑工业出版社,2016.
[23] 中华人民共和国住房和城乡建设部. 建筑结构可靠性设计统一标准:GB 50068—2018[S]. 北京:中国建筑工业出版社,2019.
[24] 中华人民共和国住房和城乡建设部. 工程结构可靠性设计统一标准:GB 50153—2008[S]. 北京:中国建筑工业出版社,2009.
[25] 中华人民共和国住房和城乡建设部. 建筑结构荷载规范:GB 50009—2012[S]. 北京:中国建筑工业出版社,2012.
[26] 中华人民共和国住房和城乡建设部. 建筑地基基础设计规范:GB 50007—2011[S]. 北京:中国建筑工

业出版社,2011.
[27] 中华人民共和国住房和城乡建设部．高层建筑筏形与箱形基础技术规范:JGJ 6—2011[S]. 北京:中国建筑工业出版社,2011.
[28] 中华人民共和国住房和城乡建设部．冻土地区建筑地基基础设计规范:JGJ 118—2011[S]. 北京:中国建筑工业出版社,2012.
[29] 罗筠．基础工程施工[M]. 重庆:重庆大学出版社,2020.
[30] 刘国彬,王卫东．基坑工程手册[M].2 版．北京:中国建筑工业出版社,2009.
[31] 马建林．土力学[M]. 北京:中国铁道出版社,2011.
[32] 王晓谋．基础工程[M].5 版．北京:人民交通出版社股份有限公司,2021.
[33] 张丽娟,刘勇健．基础工程[M]. 北京:北京大学出版社,2023.